ENCYCLOPEDIA OF PLANT PHYSIOLOGY

EDITED BY

W. RUHLAND

COEDITORS

E. ASHBY · J. BONNER · M. GEIGER-HUBER · W. O. JAMES
A. LANG · D. MÜLLER · M. G. STÅLFELT

VOLUME XIII

TRANSLOCATION IN PLANTS

CONTRIBUTORS

H. FISCHER · R. J. HELDER
W. SCHUMACHER · J. WILLENBRINK

SUBEDITED BY

W. SCHUMACHER

WITH 53 FIGURES

SPRINGER-VERLAG
BERLIN · HEIDELBERG · NEW YORK
1967

HANDBUCH DER PFLANZENPHYSIOLOGIE

HERAUSGEGEBEN VON

W. RUHLAND

IN GEMEINSCHAFT MIT

E. ASHBY · J. BONNER · M. GEIGER-HUBER · W. O. JAMES
A. LANG · D. MÜLLER · M. G. STÅLFELT

BAND XIII

DER STOFFTRANSPORT IN DER PFLANZE

BEARBEITET VON

H. FISCHER · R. J. HELDER
W. SCHUMACHER · J. WILLENBRINK

REDIGIERT VON

W. SCHUMACHER

MIT 53 ABBILDUNGEN

SPRINGER-VERLAG
BERLIN · HEIDELBERG · NEW YORK
1967

ISBN-13: 978-3-642-94999-9 e-ISBN-13: 978-3-642-94998-2
DOI: 10.1007/978-3-642-94998-2

Softcover reprint of the hardcover 1st edition 1967

Library of Congress Catalog Card Number 56–3135

Titel-Nr. 5678

Inhaltsverzeichnis. — Contents.

I. Einleitung. — Introduction.

II. Der Stofftransport zwischen parenchymatischen Zellen (Nahtransport). — Translocation in parenchyma cells.

Seite

III. Die Fernleitung der Stoffe im Pflanzenkörper. — Long-distance translocation.

IV. Spezielle Beobachtungen über den Transport gewisser anorganischer Substanzen. — Special observations on the translocation of some anorganic substances.

Mitarbeiter von Band XIII. — Contributors to volume XIII.

HERMANN FISCHER, Dr., apl. Professor und Wissenschaftl. Rat, Botanisches Institut der Universität, 5300 Bonn, Meckenheimer Allee 170.

R. J. HELDER, Dr., Botanisch Laboratorium, Grote Rozenstraat 31, Groningen (Niederlande).

WALTER SCHUMACHER, Dr., ord. Professor und Direktor der Botanischen Anstalten der Universität Bonn, 5300 Bonn, Meckenheimer Allee 170.

JOHANNES WILLENBRINK, Dr., Dozent, Botanisches Institut der Universität, 5300 Bonn, Meckenheimer Allee 170.

Einleitung.

Von

Walter Schumacher.

Der Transport bestimmter Stoffe im Pflanzenkörper ist so vielfältig mit dem gesamten physiologischen Geschehen verbunden und steht so zentral im Mittelpunkt des ganzen Lebensgetriebes, daß es einerseits sehr wohl berechtigt ist, dieser Erscheinung besondere Aufmerksamkeit zuzuwenden und eine besondere Darstellung zu versuchen, daß es andererseits aber recht schwierig ist, eine klare Abgrenzung von einer Vielfalt von Erscheinungen vorzunehmen, die alle damit in engerer oder weiterer Beziehung stehen. So gibt es keinen Stoffwechselvorgang in der Zelle, der nicht notwendig mit einer Bewegung der Reaktionspartner zum Reaktionsort hin und einem Abstrom der Reaktionsprodukte von diesem hinweg verbunden wäre. Jeder Stoffaustausch zwischen den Organellen der Zelle, Stoffaufnahme wie Stoffabgabe sind mit Transportvorgängen verknüpft und können überhaupt nicht davon getrennt werden. Es wird später zu erörtern sein, wie weit die hier tätigen Kräfte, die uns schon auf kleinstem Raume innerhalb der Zelle begegnen, auch die Grundlagen bilden für jene Vorgänge, die in der folgenden Darstellung unter dem eigentlichen und engeren Begriff des Stofftransportes verstanden werden sollen.

Wir sprechen hier nämlich immer dann von einem Stofftransport, wenn Stoffe *durch* eine Zelle hindurchtransportiert werden oder wenn sie zum mindesten von einer Zelle in die Nachbarzelle übertreten. Wiederholt sich der Vorgang mehrmals von Zelle zu Zelle, erfolgt also eine *Durchwanderung* einer Zellkette oder eines ganzen Gewebeverbandes, dann tritt der Charakter dieses Stofftransportes besonders klar zutage. Zugleich aber wird deutlich, daß hier auch eine gewisse Polarisierung der einzelnen Zelle mitspielen muß, indem am einen Ende Stoffe aufgenommen, am anderen Ende abgegeben werden, was natürlich einen „Fluß" durch die Zelle einschließt. Solche polaren Stofftransporte durch ganze Zellverbände sind wiederholt beobachtet worden. Es sei hier nur an die Bewegung von Wuchsstoffen erinnert. Sie ist auch der einzelnen Zelle nicht fremd, wie vor allem die Erscheinung der Exkretion bzw. Sekretion zeigt. Schon innerhalb einer Zelle kann es zu einer einseitigen, also polaren Ansammlung bestimmter Stoffe kommen, z. B. der formbestimmenden, kernabhängigen Stoffe im Plasma der Stielzelle von *Acetabularia.* Ob allerdings Polarisierung die notwendige Voraussetzung für das Zustandekommen eines Stofftransportes überhaupt und demzufolge enger mit der Mechanik desselben verknüpft ist, läßt sich zur Zeit noch nicht genauer sagen. Es ist immerhin daran zu erinnern, daß es gleichzeitige Stofftransporte in entgegengesetzter Richtung in einem Organ gibt, z. B. das Aufwärtswandern einer inaktiven Vorstufe und das Abwärtswandern des aktiven Wuchsstoffes in einer *Avena*-Koleoptile, wenn auch hier wie in allen derartigen Fällen nicht näher bekannt ist, ob beides gleichzeitig wirklich in denselben Zellen oder gar Bahnen erfolgt. Unsere modernen Einsichten in die erstaunliche Ultrastruktur des Protoplasmas würde jedoch selbst dieses nicht unmöglich erscheinen lassen. Aber auch dann, wenn Stoffe anscheinend in beiden Richtungen durch einen Zellverband wandern, schließt dies die Aufnahme an der einen und die Ab- bzw. Weitergabe an der anderen Seite, also eine gewisse polare oder pumpenartige Tätigkeit der Zelle, nicht aus.

Jedenfalls dürfte aus dem Gesagten hervorgehen, daß die Grundlage jedes Stofftransportes die einzelne Zelle und ihre Tätigkeit bilden muß. Es läßt sich freilich erwarten, daß die auch quantitativ eindrucksvollsten Stofftransporte in einer Pflanze erst über größere Entfernungen zur Beobachtung kommen, etwa der Transport der Assimilate aus den grünen Laubblättern bis in die Wurzeln eines großen Baumes oder zu den reifenden Früchten und sonstigen Speicherorganen, und daß hier der Transport von Zelle zu Zelle, so wie er vorstehend geschildert wurde, nicht mehr ausreichen kann. In der Tat sind bei solchen vielzelligen und großgestaltigen Gewächsen besondere Leitbahnen ausgebildet, in denen der Ferntransport erfolgt, die Siebzellen und Siebröhren, bei denen die auch schon zwischen Parenchymzellen vorhandenen plasmatischen Verbindungen eine besonders starke Ausprägung erfahren haben. Die Bedeutung der Einzelzelle scheint hier gegenüber einem „Symplasten“ stärker zurückzutreten, obgleich die Persistenz der Siebplatten die celluläre Abgrenzung immer noch klar erkennen läßt und doch vielleicht auch in mechanischer Beziehung von Bedeutung ist. Davon wird im folgenden ausführlich gehandelt werden.

Es wird aber auch klar werden, daß selbst diese Ferntransporte unauflösbar verknüpft sind mit dauernden Stoffein- und -austritten aus und in parenchymatische Gewebe, so daß das allem zugrunde liegende Grundphänomen des cellulären Stofftransportes erhalten bleibt. Aus diesem Grunde dürfte es berechtigt sein, wenn für die folgende Darstellung unterschieden wird zwischen einem *Nah-* und einem *Ferntransport* im Pflanzenkörper, und wenn unter ersterem der Transport *durch* relativ wenig differenzierte *parenchymatische Zellen* und auf kurzen Strecken, unter letzterem der Transport in besonders differenzierten Leitbahnen über größere Entfernungen und mit erheblicher Geschwindigkeit verstanden werden soll.

Nicht behandelt werden die engeren Fragen der Stoffaufnahme, der Permeabilität und ihrer Mechanismen, die in früheren Bänden des Handbuches genügend dargestellt sind, obwohl sie in der allgemeinen Physiologie vielfach bereits als Transportvorgänge beschrieben werden und vermutlich auch solche auf kleinstem Raume darstellen, sowie die Fragen des Wassertransportes, die nur insofern kurz berührt werden, als die Transpirations- oder Guttationsströme auch andere Stoffe passiv mit sich führen können. Daß der Wasserhaushalt nicht völlig von den Fragen des Stofftransportes gelöst werden kann, wird bei der Behandlung der Mechanik des Transportes gebührend hervorgehoben werden. Schließlich kann Wasser genau so Transportstoff sein wie jede andere Substanz und wird oft als Hydratationswasser oder aus anderen Gründen eine Verlagerung von Stoffen begleiten. Entscheidend ist allein die Frage, ob es seinerseits passiv Stoffe mechanisch wie ein Fluß mitreißt oder nicht. Darauf wird später eingegangen werden.

Der Stofftransport zwischen parenchymatischen Zellen (Nahtransport).

Allgemeine Übersicht.

Von

Walter Schumacher.

Mit 2 Abbildungen.

Daß gewisse Stoffe zwischen Parenchymzellen bzw. parenchymatischen Geweben transportiert werden müssen, konnte lange Zeit nur aus gewissen theoretischen Überlegungen oder Indizien, wie etwa einer wechselnden Stärkebildung oder -lösung indirekt abgeleitet werden. So ist es klar, daß die Assimilate, die im Licht vorwiegend in den Palisaden eines Laubblattes gebildet werden und in den Chloroplasten teilweise als Stärkekörnchen erscheinen, in der Nacht aber wieder verschwinden, aus den Palisaden etwa in die „Sammelzellen" und von dort noch in einige andere Parenchymzellen übertreten müssen, bis sie durch die Scheidenzellen in das Phloem und speziell in die Siebröhren der Leitbündel gelangen. Auch ein Transport in die Epidermiszellen ist anzunehmen (Rywosch 1908, Heimerdinger 1947, Huber 1948). Desgleichen ist der Austritt der Assimilate aus den Bündeln in das umliegende Parenchym (über das Wechselspiel zwischen Siebröhren und Phloemparenchym wird später noch näher gesprochen werden) häufig nur durch die Stärkebildung gewisser am Rande liegender Parenchymzellen in etwa kenntlich, in seiner genauen Lokalisation aber ebenfalls noch ganz unbekannt. Auch die Markstrahlen gelten seit alters her, vor allem wieder auf Grund ihres wechselnden Stärkegehaltes als parenchymatische Bahnen des Assimilattransportes, wobei der mutmaßliche Ort des Übertritts der Stoffe aus den Siebelementen zuweilen wie bei den „Eiweißzellen" Strasburgers anatomisch besonders ausgestaltet ist (zuletzt Kollmann, im Druck). Nähere Einzelheiten über diesen Transport, der vermutlich in radialer Richtung von außen nach innen wie von innen nach außen, also in beiden Richtungen, erfolgen kann, sind noch kaum bekannt (Ziegler 1959, 1961). Das gleiche gilt auch für Ablagerung von Stoffen der verschiedensten Art im Parenchym des Markes wie der Rinde von Sprossen und Wurzeln. Teilweise dürften auch hier Markstrahlzellen als Leitbahnen fungieren.

Besonders interessant ist hier die Rinde der Wurzeln. Bei jungen Wurzeln ist ja kein Zweifel, daß sie als Aufnahmeorgane für Wasser und Nährsalze fungieren. Hier bewegt sich also ein Wasser- und Nährsalzstrom vom Boden durch das Rindenparenchym in den Zentralzylinder, wo er nach Eintritt in die Gefäßbahnen hochsteigt, um dann in der mannigfaltigsten Weise von dem umliegenden Gefäßparenchym resorbiert und weitergeleitet zu werden. Davon war ja in früheren Bänden dieses Handbuches bereits die Rede (Wasseraufnahme, Bd. III, Mineralsalztransport, Bd. IV). Es muß hier nur darauf hingewiesen werden, daß die genaue Lokalisation dieser Stoffbewegungen weder für das Wasser noch für die Mineralsalze feststeht. Plasma, Zellwand oder Vacuole stehen noch immer zur Diskussion. WEIGL und LÜTTGE (1962) und ZIEGLER, WEIGL und LÜTTGE (1963) haben den Durchtritt von $^{35}SO_4$ durch die *tertiäre* Endodermis bzw. deren Durchlaßzellen radioautographisch zu erfassen gesucht. Die angewendete Methode erlaubt aber nicht viel mehr als die Feststellung, daß die Durchlaßzellen, die ohnehin nicht viel anders gedeutet werden konnten, die speziellen Orte des Stoffdurchtrittes nach innen sind, und zwar wahrscheinlich das Plasma, auf keinen Fall die Wand (WEIGL u. LÜTTGE 1962, H. ZIEGLER, WEIGL u. LÜTTGE 1963). Absorptionen und Wanderungen von außen nach innen dürften ja in diesem Entwicklungsstadium der Wurzel kaum mehr eine größere Rolle spielen. Es muß aber hier nachdrücklich darauf aufmerksam gemacht werden, daß überhaupt, auch in den jüngeren, noch durchaus absorptionsfähigen Zonen der Wurzel mit einem gleichzeitigen *gegenläufigen* Stofftransport durch die Endodermis von innen nach außen gerechnet werden muß, da ja das Rindenparenchym seine gesamten organischen Bau- und Speicherstoffe nur aus den Phloemsträngen des Zentralzylinders empfangen kann, in denen die Assimilate aus den oberirdischen, autotrophen Teilen der Pflanze den Wurzeln zuströmen. Während also Wasser und Nährsalze von außen nach innen wandern, bewegen sich gleichzeitig Zucker, Aminosäuren, Wirkstoffe u. a. von innen nach außen. Es ist nicht bekannt, ob dies in denselben Zellen und in welchen Organellen der Zellen geschieht. Die immer wieder nachgewiesenen Exkretionen organischer und anorganischer Stoffe aus Wurzeln sind jedoch ebenfalls ein Beweis für dieses Geschehen.

Ein weiteres Problem bilden die Vegetationspunkte sowohl bei den Wurzeln wie bei den Sprossen. Die Fernleitbahnen mit ausgebildeten Siebelementen führen ja nur bis zu einer gewissen Entfernung an diese Zentren heran. Es wird später zu erörtern sein, wie weit Procambialstränge noch ohne erkennbare anatomische Differenzierung bereits Leitfunktionen besitzen. Sicher ist, daß die äußersten Schichten eines Vegetationspunktes nur noch auf dem Wege eines Stoffübertrittes von Embryonalzelle zu Embryonalzelle versorgt werden können, wobei z. B. das Dermatogen nur von Stoffen erreicht werden kann, die bereits andere Zellen passiert haben und von diesen freigegeben wurden. Die Zellen der Wurzelhaube können nur durch einen parenchymatischen Stoffaustausch und Stofftransport ernährt werden.

Ähnlich dürfte es auch bei der Versorgung der Samenanlagen und reifenden Samen stehen. Hier führen ja zwar meist Leitbündel mit Phloemen in die Integumente hinein und durch die Chalaza bis in die Nähe des Embryosackes. Über den eigentlichen Stofftransport ist jedoch kaum etwas Näheres bekannt. Aber bei der Ausbildung und Auffüllung der Endosperme z. B. dürfte mit großer Wahrscheinlichkeit wieder nur ein Transport von Zelle zu Zelle bis zum Embryo in Frage kommen. Ebenso läßt das anatomische Bild eines keimenden Samens oft keine andere Möglichkeit zu. Bei mächtig entwickelten Endospermen, wie etwa bei Gramineen, müssen die mobilisierten Kohlenhydrate sicher größere parenchymatische Komplexe durchsetzen, bis sie vom Scutellum, das ja ebenfalls parenchymatischen (wenn auch drüsenähnlichen) Charakter zeigt, aufgenommen und an den Embryo weitergegeben werden. Man kann bei den Endospermen allerdings nach den Beobachtungen von WEISSFLOG (1924) im Zweifel sein, wie weit hier noch lebende Zellen eine aktive Transportfunktion ausüben, oder nur noch passive Diffusionsvorgänge im toten Gewebe die Stoffe bis zu den sicher lebenden Scutellumzellen führen (WEISSFLOG 1924). Dagegen dürfte in den peripheren Aleuronschichten eine *tangentiale* Stoffbewegung sehr wahrscheinlich sein, wie auch die reiche Ausbildung von Plasmodesmen auf etwas derartiges hindeutet (SCHANDER 1934, KRULL 1960). Wie weit bei den chloroplastenfreien Epidermen, deren Zellen ja sicher vom Palisadenparenchym aus mit Assimilaten versorgt werden, ebenfalls eine tangentiale Stoffleitung durch die in gleicher Weise auffällig von Plasmodesmen durchsetzten Antiklinalwände erfolgt, ist noch nicht näher bekannt.

Klare Fälle eines parenchymatischen Stofftransportes bieten ferner die vielzelligen Haare, Drüsen, Nektarien usw. Besonders dort, wo etwa ein aus mehreren Zellen aufgebauter Haarstiel terminal von einem Drüsenköpfchen gekrönt wird, ist kein Zweifel, daß sowohl die Bau- wie die Betriebsstoffe durch die basale Fußzelle eintreten und durch die Zellkette nach oben transportiert werden müssen. Davon ist experimentell von SCHUMACHER bei seinen später zu besprechenden Farbstoffversuchen (1936) und von ARISZ bei *Drosera*-Tentakeln Gebrauch gemacht worden (vgl. den Artikel von HELDER, S. 44ff.). Bei vielzelligen Nektarien ist ähnlich wie bei den Vegetationspunkten fast immer der Fall realisiert, daß die äußerste Drüsenschicht erst nach Durchsetzung einer Reihe anderer sehr plasmareicher Zellagen erreicht wird, so daß hier ähnliche Verhältnisse wie bei den embryonalen Vegetationspunkten gegeben sind. Die reiche Versorgung dieser Komplexe mit Leitbündeln und besonders auch mit Phloemen, auf die unter anderem AGHTE (1951) aufmerksam gemacht hat, ändert nichts an dieser Tatsache, da sie nie bis zur epidermalen Schicht führt.

Im allgemeinen sind die Strecken, über die ein rein parenchymatischer Stofftransport geleitet wird, nicht sehr lang und liegen etwa in der Größenordnung von höchstens einigen Millimetern. Dabei können jedoch eine ganze Reihe von aneinandergrenzenden Zellen gerichtet durchwandert werden, wobei durchaus Anhaltspunkte dafür bestehen, daß die Polarität in manchen Fällen jedenfalls nicht allein durch die Lage der Stoffquelle bedingt wird. Das bekannteste Beispiel hierfür bietet zweifellos der polare Transport von β-Indolylessigsäure durch die Parenchymzellen der Gramineen-Koleoptile, wobei selbst Strecken von mehreren Zentimetern mit einer Geschwindigkeit von ca. 1—1,5 cm/h durchwandert werden können (s. dieses Handbuch, Bd. XIV). Es handelt sich dabei sicher um Wanderungen von Parenchymzelle zu Parenchymzelle, da die Beteiligung der Leitbündel klar ausgeschlossen werden konnte. Diese Vorgänge sind auch deshalb besonders interessant, weil gleichzeitig mit dem polaren Abwärtstransport des aktiven Auxins ein Aufwärtstransport der inaktiven Vorstufen aus dem Korn angenommen werden muß. Aber auch in diesen Fällen ist über die feinere intracelluläre Lokalisation der Stoffströme ebenso wenig wie über ihre Mechanik etwas Näheres bekannt (s. auch Handbuch, Bd. XIV, ferner HERTEL und LEOPOLD 1963, GOLDSMITH 1966).

Wie weit das sog. Leitparenchym der Leitbündel, insbesondere das ihrer Phloemteile, seinen Namen zu recht trägt, also wirklich eine Stoffleitung in der Längsrichtung ermöglicht, ist recht zweifelhaft. Viel wahrscheinlicher ist es, daß in diese langgestreckten Zellen aus den eigentlichen Fernleitungsbahnen, den Siebröhren, bevorzugt Stoffe in radialer bzw. tangentialer Richtung austreten und von ihnen auch wieder in die Siebröhren abgegeben werden, daß sie also als temporäre Puffer und Speicher dienen, wie dies im III. Abschnitt beim Ferntransport ausführlicher behandelt wird. Jedenfalls hat SCHUMACHER (1930) nach einer Vergiftung der Siebröhren mit Eosin den restlosen Stillstand des N-Transportes durch die Leitbündel nachweisen können, obwohl in diesen das Leitparenchym nicht erkennbar angegriffen wurde. Auch Versuche, eine N-Auswanderung durch breite Komplexe des parenchymatischen Markes zu leiten, scheiterten, sobald die Siebröhren ausgeschaltet waren. Dagegen scheint das Nervparenchym der Blätter, vor allem auch die großen langgestreckten Zellen der Epidermis, die einen größeren Blattnerven bedecken, nach den Beobachtungen von ZECH (1952) u. U. infektiöses Virusmaterial des Tabakmosaikvirus zu leiten, wobei allerdings ähnlich wie auch beim Ferntransport dahingestellt bleiben muß, ob das ganze riesige Ribonucleinsäuremolekül oder kleinere Bruchstücke transportiert werden.

Recht ungeklärt scheint auch die Funktion der sog. „Leitstränge" bei Laubmoosen (HABERLANDT 1886, MÄGDEFRAU 1936, TANSLEY u. CHICK 1901, HUME 1913, ZACHERL 1954). Es erscheint heute als möglich, daß diese Zellen sich bei elektronenoptischer Untersuchung genau so als Siebzellen erweisen werden, wie es bei den von BEHNKE (1965) untersuchten Knotenzellen der Dioscoreaceen der Fall gewesen ist, so daß man hier nicht eigentlich von einem Transport in parenchymatischen Zellen sprechen kann.

Schließlich muß noch auf die Verhältnisse bei höheren Schmarotzerpflanzen wie etwa *Cuscuta* oder *Orobanche* hingewiesen werden. Nach den Untersuchungen von SCHUMACHER (1934) und SCHUMACHER und HALBSGUTH (1938) erfolgt zum mindesten der Übertritt der Stoffe aus den Siebröhren der Wirtspflanzen in den Haustorialkörper durch eine Kette von Zellen, die jedenfalls lichtmikroskopisch noch keinen Siebröhrencharakter erkennen lassen. Siebröhren kommen erst in einiger Entfernung von den Absorptionsstellen im Körper des Schmarotzers vor. Ob allerdings die elektronenoptische Untersuchung derjenigen Zellen, die die Brücke zwischen den Fernleitbahnen des Wirtes und denen des Schmarotzers bilden, nicht doch in ihrer Feinstruktur ähnlich wie in den Phloemknoten der Dioscoreaceen Siebröhrencharakter ergibt, muß die Zukunft zeigen (DÖRR, unveröff.).

Der Transport in Pilzhyphen soll hier nicht behandelt werden, da die Unterschiede zwischen einer Hyphe und einer Parenchymzelle einer höheren Pflanze doch zu groß sind. Es wird darauf im Abschnitt III noch einmal zurückzukommen sein.

Was die Frage der zwischen Parenchymzellen transportierten Stoffe und die Natur dieser Verbindungen betrifft, so kann vielleicht gesagt werden, daß praktisch alle anorganischen wie organischen Verbindungen, sofern sie überhaupt von einer Zelle aufgenommen werden, auch transportiert werden können. Ob Beziehungen zwischen der Größe der Moleküle und ihrer Transportfähigkeit bestehen, wie sie aus Permeabilitätsstudien, aber auch aus Diffusionserscheinungen möglich wären, ist noch nicht näher bekannt. Im allgemeinen kann man sicher sagen, daß alle lebenswichtigen und lebensnotwendigen Stoffe auch transportiert werden können. Die Frage hat insofern ein besonderes Interesse, als ja der Ort des Stoffübertrittes von Zelle zu Zelle noch durchaus problematisch ist. Davon wird gleich näher gesprochen werden. Wenn man bedenkt, daß selbst ganze Zellkerne u. U. von einer Zelle zur anderen übertreten können, wird man kaum geneigt sein, der Größe der Moleküle bei der Frage ihrer Wanderungsfähigkeit eine besondere Bedeutung zuzuerkennen.

Wie schon zu Beginn betont wurde, stützt sich der Nachweis eines Stofftransportes im Parenchym häufig nur auf gewisse Indizien. Die genauere Analyse eines Transportvorganges setzt aber voraus, daß man den zu untersuchenden Stoff in der Zelle selbst genau nachweisen und seine Verlagerung in eine Nachbarzelle nach Möglichkeit direkt intra vitam verfolgen kann. Die exakte Realisierung dieser Forderung rückt erst neuerdings durch den Einsatz von Isotopen in den Bereich der Möglichkeit. Immerhin hat man auch schon in früheren Jahren mit den damals zur Verfügung stehenden Hilfsmitteln versucht, näheren Aufschluß zu gewinnen. So ist zuerst das flammenspektroskopisch leicht nachweisbare Lithiumnitrat, das natürlich auch nicht gerade als zelleigener Stoff bezeichnet werden kann, zu allerlei Studien verwendet worden (McNab 1875, Sachs 1878, Bierberg 1909, Birch-Hirschfeld 1920, Bodenberg 1929, Kok 1933). Cl-Salze sind wegen ihrer leichten Färbbarkeit mit Silbersalzen vor allem von Arisz und seiner Schule (s. Artikel Helder in diesem Band) eingesetzt worden, desgleichen NH_4-Verbindungen, Phosphate oder Rhodansalze (Strugger 1940), Coffein, Asparagin bzw. andere Aminosäuren (s. ebenfalls Helder). Auch Eisensalze wurden wiederholt von verschiedenen Autoren wegen der Möglichkeit einer Farbreaktion verwendet. Bei der Untersuchung von Nektarausscheidungen hat M. Zimmermann (1953) mit der chromatographisch leicht nachweisbaren Arabinose gewisse Erfolge erzielt. Auch mit Wuchsstoffen, natürlichen wie künstlichen (2,4-D!), hat man viel gearbeitet. Sie können zwar noch immer nicht in ihrer Lokalisation und Bewegung innerhalb einer Zelle oder zwischen Zellen nachgewiesen werden, sondern nur an der physiologischen Wirkung der aufgefangenen Ausscheidungsprodukte nach einer Durchwanderung eines parenchymatischen Gewebes im Testversuch. Experimente mit autoradiographischem Nachweis isotop markierter Wuchsstoffmoleküle, wie dies vielfach beim Ferntransport (s. Abschnitt III dieses Bandes) versucht worden ist, sind, soweit dem Verfasser bekannt ist, beim parenchymatischen Nahtransport noch nicht angestellt worden, obwohl schon wiederholt isotop markierte Auxine verwendet wurden.

Der naheliegende Gedanke, Farbstoffe als Indicatoren zu verwenden, führte ebenfalls lange Zeit nicht zu einem nennenswerten Erfolg (zuerst Birch-Hirschfeld mit Methylenblau in Anlehnung an die Versuche Pfeffers 1920), wobei dahingestellt bleiben muß, ob es die Schwierigkeit, körperfremde Farbstoffe überhaupt zur Aufnahme und dann weiter zu einem Transport zu bringen, war, die einen erkennbaren Effekt verhinderte, oder die Unmöglichkeit, einen Farbstoff im Lichtmikroskop in einer lebenden Zelle zu sehen, so lange er nicht zu erheblicher Konzentration angereichert wird. Auch wurden und werden vielfach die experimentellen Bedingungen nicht so gewählt, daß mit einem größeren Stofftransport gerechnet werden kann. Herausgeschnittene Kolepotilzylinder oder Blattfragmente müssen in dieser Beziehung immer als fragwürdig erscheinen! Gewisse erste Erfolge mit Farbstoffen erzielte Dietrich (1930) mit der lichtoptischen Beobachtung von Chrysoidin bei Pilzen und Haarzellen. Aber erst die Verwendung einer fluorescenzoptischen Methode zum Nachweis von Fluorescein (Schumacher 1933) und, etwas weniger gut, von Äsculin (Döring 1935, Schumacher 1936, 1937) brachte hier einen größeren Fortschritt. Dagegen können die später bekannt gewordenen „Fluorochrome", vor allem das von Strugger (1938, 1939, 1940) eingeführte Berberinsulfat und das oxypyrensulfosaure Natrium, das Strugger (1938) vor allem zum freilich fraglichen Nachweis von Wasserströmen benutzte, nur mit großer Vorsicht und Zurückhaltung auch zum Studium eines organischen Stofftranportes verwendet werden (Hülsbruch 1956). Ist doch selbst gegen Fluorescein und Äsculin eingewendet worden, daß sie eben keine zelleigenen Verbindungen sind. Immerhin haben sich (s. auch III) bisher kaum Hinweise darauf finden lassen, daß letztere sich in wesentlichen Zügen vom Transport der zelleigenen Substanzen unterscheiden, wenngleich dieser Punkt dauernd im Auge behalten werden muß. Sicherlich sind diese Fluorescenzfarbstoffe in vielem heute noch selbst der Verwendung von Isotopen überlegen, weil sie bisher allein die *vitale* Beobachtung und Lokalisation erlauben, selbst innerhalb einer einzelnen Zelle, was heute noch keiner Autoradiographie isotoper Elemente möglich ist. Die Markierung mit ^3H hat zwar in tierischen Zellen schon zu gewissen Lokalisierungserfolgen geführt, ist aber im Bereich pflanzlicher Transportgewebe zur Zeit noch ohne Erfolg gewesen. Darum wird auch auf diese Versuche, mit Hilfe von Fluorescein oder Äsculin einen Wandervorgang direkt zu erfassen, im folgenden in einem besonderen Abschnitt noch eingegangen werden müssen (II/B).

Eine Frage von grundlegender Bedeutung ist natürlich die, in welchen Teilen einer Zelle der eigentliche Stofftransport erfolgt, ob also die Wanderbahn in der Zellwand, in oder am Protoplasma oder gar durch die Vacuole verläuft. Von ihrer Beantwortung hängt weitgehend auch die Lösung des Problems der Mechanik des Stofftransportes sowie des Stoffübertrittes von Zelle zu Zelle ab. Dieses Problem hat bereits KOK (1933) unter Hinzuziehung der damals vorhandenen Literatur eingehend besprochen. Aber schon PFEFFER (1876, 1904) und SACHS (1879, 1887) haben darüber bestimmte Vorstellungen entwickelt. Besonders SACHS hat, teilweise auf Grund der überraschend leichten Beweglichkeit von Lithiumsalzen, auf die große Wegsamkeit besonders der verholzten Membranen hingewiesen und darauf seine Inbibitionstheorie des Wassertransportes aufgebaut. Später hat dann STRUGGER (ab 1938) auf Grund seiner Beobachtungen mit Berberinsulfat und anderen Fluorochromen sowie auf Grund unserer modernen Einsichten in die Ultrastruktur der Zellwände die inzwischen allgemein angenommene Kohäsionstheorie des Wassertransportes auch auf die intermicellaren Capillarräume der normalen Zellwände ausgedehnt. Daß die zweifellos vorhandene Wegsamkeit der Zellwände für Wasser noch keinen Beweis dafür darstellt, daß der Transport auch anderer, vor allem organischer Stoffe, im unverletzten Pflanzenkörper ebenfalls diese Bahnen benutzt, war schon vorstehend kurz angedeutet worden. HÜLSBRUCH (1944) hat in einer sehr sorgfältigen und kritischen Untersuchung gezeigt, daß Wasser und Farbstoff keineswegs immer dieselben Bahnen einschlagen (s. auch dieses Handbuch, Bd. III, 1956). Auch SCHUMACHER (1950) beobachtete, daß der Farbstoff Fluorescein selbst aus einer zweimolaren Zuckerlösung, also gegen einen osmotisch angesogenen Wasserstrom, durch das Blattnervparenchym bis in die Siebröhren von *Pelargonium* einwanderte. Daher sind die Folgerungen, die sowohl STRUGGER (1938) wie BAUER (1953) für den Transport von Fluorochromen gezogen haben, in keiner Weise stichhaltig. Hinzu kommt, daß STRUGGER selbst die Beobachtung machen mußte, daß Plasmolyse wie Narkose einen angeblichen Wandtransport deutlich hemmten, eine Erscheinung, die kaum ohne Beteiligung des Plasmas erklärt werden kann (s. auch HYLMÖ 1953). Was schließlich bei allen diesen wie auch den im folgenden noch zu schildernden Versuchen überhaupt nicht beachtet wurde, das ist das freilich nicht ohne weiteres zu beobachtende, aber mit Sicherheit anzunehmende Vorkommen von sehr zahlreichen Plasmodesmen, die quer zu einem Längstransport in der Wand verlaufen und deren dauernde Berührung und Umspülung, vielleicht weniger mit Wasser als mit den eigentlichen Wanderstoffen, nicht gleichgültig sein kann. Man macht sich im allgemeinen wohl keine ganz zutreffende Vorstellung von der Zahl dieser plasmatischen Hindernisse, aber nach den letzten Messungen und Berechnungen von KRULL (1960) wird allein die Wand einer einzigen Zelle aus dem Rindenparenchym von *Viscum album* von bis zu 24000 Plasmodesmen durchsetzt! Die zweifellos vorhandene Wegsamkeit der meisten Zellwände für Wasser besagt also im Grunde für die uns hier in erster Linie interessierende Frage des Transportes der anderen Stoffe sehr wenig.

Auf ganz andere Weise hat schon STEWARD (1930) versucht, die Frage zu klären, ob in den Zellwänden ohne Beteiligung des Plasmas ein Stofftransport möglich ist und auch tatsächlich erfolgt. Er prüfte die Diffusion von Glucose und KH_2PO_4 durch 1,5 mm dicke Scheiben aus dem Rübenkörper von *Beta vulgaris* und aus Kartoffelknollen und fand, daß die Diffusionsgeschwindigkeit geringer ist als in reinem Wasser, daß aber dieser Diffusionswiderstand stark nachläßt, wenn das Gewebe plasmolysiert wird. Dasselbe war auch der Fall, wenn die Intercellularen mit Wasser infiltriert wurden. Er führte den erheblichen Widerstand gegen eine Diffusion auf das lebende Plasma zurück und schloß aus seinen Versuchen, daß jedenfalls Glucose und Phosphat wenig Möglichkeiten finden, sich durch freie Diffusion in Zellmembranen auszubreiten. Auch SKENE (1943) wies auf den erheblichen Widerstand hin, den größere Moleküle, wie etwa Rohrzucker, in den Subcapillaren von Cellulosewänden finden dürften. Natürlich muß man bedenken, daß in solchen Versuchen, wie schon früher angedeutet wurde, kaum die experimentellen Bedingungen derartig waren, daß mit einem größeren normalen Stofftransport gerechnet werden konnte. Allein dies gilt leider für viele derartige Versuche.

Eine normale Wanderung von Nahrungsstoffen (einschließlich Wasser) glaubten PRIESTLEY u. Mitarb. (1922, 1923, 1926) besonders in den Zellwänden von Vegetationspunkten annehmen zu sollen. Sie schlossen dies besonders aus einem Vergleich zwischen etiolierten und normalen Pflanzen, wobei die Zellwände etiolierter Pflanzen größere Mengen von fettartigen Stoffen und Eiweißen enthalten sollen, die unter Druck eingepreßte Lösungen von Säuregrün nicht wie die Wände normaler Pflanzen passieren lassen. Auch die bekannte Entstehung einer Endodermis mit Casparyschen Streifen in etiolierten Sprossen wird von ihnen als eine Hemmerscheinung zur Verhinderung eines Wandtransportes gedeutet. Man wird jedoch nicht sagen können, daß alle diese Beobachtungen, so interessant sie für das Problem des Etiolements sein mögen, irgend etwas über die Lokalisation des normalen Stofftransportes aussagen können.

Man wird auch die Spezialfrage nach der Bedeutung der *Endodermis* und ihres *Casparyschen Bandes* nicht ohne weiteres zur Entscheidung der Frage, wo in gewöhnlichen Parenchymzellen die Stoffe wandern, heranziehen können. Im einzelnen sei auf Band III dieses Handbuches verwiesen. Es scheint ziemlich sicher, daß das Casparysche Band gewisse Stoffe nicht durch die Wand hindurchdringen läßt und sie zwingt, den Weg über das Protoplasma zu wählen. Wenn aber die lebenden Endodermiszellen irgendeine Kontrollfunktion über den Ein- oder Austritt gewisser Stoffe in oder aus dem Zentralzylinder ausüben, könnte der Einbau einer Wandsperre dennoch lediglich eine Art von „Vorsichtsmaßnahme“ sein, um bei Verweigerung der Passage ein seitliches Ausweichen in die Wände zu verhindern. Daraus kann man also nicht schließen, daß der normale Weg in anderen Zellen über die Wand führt.

Die exaktesten Beweise dafür, daß der Transport von Salzen nicht in den Zellwänden von *Vallisneria*-Blättern vor sich gehen kann, stammen von ARISZ und seiner Schule. Sie zeigten unter anderem, daß ein Transpirationszug keinen beschleunigenden Einfluß auf die Geschwindigkeit der Ausbreitung von Salzen ausübt (vgl. HELDER, S. 20ff.), und daß auch einmal in das Blatt aufgenommene und hier weitertransportierte Stoffe nicht mehr in das umgebende Wasser austreten. Da das ganze Blatt bei *Vallisneria* nur zwei Zellschichten dick ist und unter Wasser liegt, ist dieser Befund besonders eindrucksvoll. Er besagt natürlich noch nichts Endgültiges, wo nun die Stoffe im Inneren des Blattes eigentlich wandern. Bestimmte Beobachtungen ließen eine Zeitlang auch die großen *Zellsafträume* als mögliche Wanderbahnen erscheinen. Vor allem die Untersuchungen von KOK (1933) über die Fortbewegung von Coffein in den Tentakelstielen von *Drosera*, das in den Zellsäften eine sichtbare Fällung erzeugt, legten einen solchen Gedanken nahe. Wie die Darstellung von HELDER (S. 44ff.) im einzelnen zeigt, haben jedoch die späteren Untersuchungen von ARISZ und seinen Mitarbeitern klar erkennen lassen, daß die Vacuole nur ein Depot der Zelle darstellt, in das unter aktiver Arbeitsleistung allerlei Stoffe aus dem Plasma lediglich abgeschieden werden. Natürlich verteilen sich diese Stoffe in einem Zellsaftraum dann durch Diffusion, und dies ist auch genau das, was KOK beobachtete. Soll aber ein Stoff, der erst einmal in eine Vacuole sezerniert worden ist, in eine Nachbarzelle transportiert werden, so setzt dies voraus, daß die Substanz zunächst einmal ins Plasma wieder rückresorbiert wird, da ja keine direkte Verbindung von dem Zellsaftraum der einen Zelle zum Zellsaftraum der anderen Zelle besteht. Alsdann könnte der Stoff vom Plasma der einen Zelle ins Plasma der anderen Zelle gelangen, auf einem Wege, der gleich noch näher zu diskutieren sein wird, und müßte darauf in der zweiten Zelle abermals in die Vacuole abgeschieden werden. Ob dies wirklich der Weg ist, den KOK aus ihren Versuchen folgern zu können glaubte, steht dahin. Denn das Coffein, das, ohne in eine Vacuole überzutreten, allein im Plasma transportiert wurde, konnte von ihr gar nicht beobachtet werden, da allein die Fällungsreaktionen im Zellsaft mikroskopisch erkannt werden konnten. KOK fand lediglich, daß die Ausbreitung des Coffeins im Zellsaftraum etwa der Diffusionsgeschwindigkeit entsprach, während der Übertritt in den Zellsaft der Nachbarzelle deutlich verlangsamt war. Insgesamt aber kann man sowohl aus den experimentellen Beobachtungen wie aus theoretischen Überlegungen ableiten, daß die Zellsafträume kaum als Wanderbahnen für den parenchymatischen Stofftransport in Frage kommen können.

Somit bleibt als dritte der möglichen Bahnen nur noch das *Protoplasma* der Zelle selbst übrig, und es muß kurz erörtert werden, welche Argumente für diese Auffassung sprechen. Da das Protoplasma einer Zelle durch Plasmodesmen mit dem Plasma der Nachbarzelle in unmittelbarer Verbindung steht, ist hier ebenfalls wie in den Zellwänden eine ununterbrochene Wanderbahn gegeben, der „Symplast", wenn vorausgesetzt wird, daß der Übertritt von einer Zelle zur anderen wirklich auf diesem Wege erfolgt. Darüber wird im folgenden noch näher gehandelt werden müssen. Eine *direkte* mikroskopische Beobachtung der Ausbreitung einer bestimmten Substanz im Protoplasma lebender Zellen und ihres Übertrittes in die Nachbarzellen ist bis heute allein SCHUMACHER (1936) bei dem Fluorescenzfarbstoff Fluorescein (und etwas weniger gut beim Äsculin) gelungen, weshalb über diese Versuche auch im folgenden Abschnitt (S. 17ff.) gesondert berichtet wird. Die Autoradiographie isotop markierter zelleigener Substanzen ist, wie schon vorstehend erwähnt, bisher noch nicht so weit entwickelt, daß sie mit Sicherheit den lokalen Nachweis innerhalb einer Zelle erlaubt, selbst wenn man davon absieht, daß sie bisher stets nur mit abgetötetem und wochenlang exponiertem Material arbeiten kann und einen vitalen Bewegungsvorgang überhaupt nicht zu erfassen erlaubt (vgl. z. B. WEIGL und LÜTTGE 1962). Überstrahlungseffekte in den geringen Dimensionen einer Zelle lassen auch daran zweifeln, daß dies bei aller Verbesserung im einzelnen grundsätzlich möglich ist. Immerhin bietet vielleicht die Markierung mit ^3H künftig doch einen Weg, um hier noch weiter zu kommen.

Im übrigen gibt es nur indirekte Hinweise darauf, daß die Lebenstätigkeit des Protoplasmas mit dem Stofftransport verbunden ist. Hier sind es wieder in erster Linie die Beobachtungen des Arbeitskreises um ARISZ über die Hemmung des Stofftransportes durch spezifische Atmungsgifte (s. HELDER, S. 39 und 51) sowie die Notwendigkeit von Sauerstoff, die darauf hinweisen, daß das Protoplasma das eigentliche Transportmedium darstellt. Auch von seiten der Wuchsstofforschung sind ähnliche Erfahrungen gemacht worden (HERTEL und LEOPOLD 1963, GOLDSMITH 1966). Man muß aber heute auf Grund der vor allem elektronenoptisch gewonnenen Einsichten in die Ultrastruktur des Protoplasmas noch weiter fragen, welche Elemente des Protoplasmas denn nun die eigentlichen Bahnen darstellen. Die fluorescenzoptischen Beobachtungen SCHUMACHERs ließen keinen Schluß darüber zu, daß etwa die Plasmamembranen des Tonoplasten oder des Plasmalemmas bevorzugt würden, woran zu denken wäre, wenn Grenzflächenerscheinungen die motorischen Kräfte lieferten. Heute liegt es nahe, das Endoplasmatische Reticulum als besonderes Transportsystem zu betrachten, zumal dieses Reticulum auch in die Plasmodesmen hinein und durch sie hindurchführt. Doch liegen für diese Ansicht, der auch ARISZ zuneigt, gegenwärtig noch keinerlei wirkliche Beweise vor. Hier bietet vielleicht der Versuch von DRAWERT (1964) zur Fluorochromierung des Endoplasmatischen Reticulums mit Tetracyclin eine Möglichkeit, weiter vorzustoßen. Fluorescein und Äsculin scheinen das gesamte Plasma ganz gleichmäßig durchzufärben, doch mag dieser durch die Eigenstrahlung des Farbstoffes zustande kommende Eindruck durch Überstrahlung täuschen und bestimmte Lokalisationen überdecken.

Ein Problem besonderer Art stellt natürlich die Frage dar, wo die Stoffe von einer Zelle in die andere übertreten. Daß dies durch die Plasmodesmen geschieht, ist eine aus mancherlei Gründen einleuchtende Annahme, die jedoch kaum experimentell gestützt ist. Die Kontinuität der plasmatischen Bahn durch diese Plasmabrücken (der Symplast) ist eine der Hauptstützen dieser Ansicht, die auch ARISZ in seiner Konzeption sich ohne weiteres zu eigen macht. Die weitere, schon auf PFEFFER (1897) zurückgehende, und dann besonders von MÜNCH (1930) zum Mittelpunkt seiner weit ausgespannten Hypothesen über die Mechanik des Stofftransportes gemachte Annahme, daß die impermeablen Grenzschichten des Lemmas und des Tonoplasten die Stoffe gleichsam am Ausritt hinderten, auf das Mesoplasma begrenzten und hier durch das als ruhend gedachte Gerüstwerk des Grundplasmas osmotisch hindurchpreßten, wäre ein weiterer Hinweis darauf, daß auch beim Zellübertritt die semipermeablen Grenzschichten nicht durchsetzt zu werden brauchten, wenn sich das Plasma röhrenförmig durch die Plasmodesmen hindurchzöge. Allein schon PFEFFER (1897) hat ganz klar darauf hingewiesen, daß es keineswegs nur die Plasmodesmen sein müssen, die den Stoffübertritt von einer Zelle zur anderen vermitteln. So schreibt er (1897) folgendes: „Zur Erreichung einer genügend schnellen Wanderung sind die Plasmaverbindungen nicht unbedingt notwendig. Denn tatsächlich haben die Plasmaverbindungen mit der Zufuhr der Nährstoffe sowie mit der Abfuhr der Stoffwechselprodukte nach außen nichts zu tun, und so lehren diese Vorgänge unmittelbar, daß ohne die Plasmaverbindungen die Ausscheidung und die Aufnahme in zureichender Weise möglich ist. ... Auch ist für die Anilinfarben direkt zu erweisen, daß sie, so schnell, wie man das erwarten kann, ohne Mithilfe von Plasmaverbindungen von Zelle zu Zelle wandern. Ein diosmotischer Übergang vermag also nicht nur den Ansprüchen zu genügen, sondern wird auch tatsächlich in der Stoffwanderung benutzt, in der aber deshalb doch die Plasmaverbindungen eine Rolle spielen könnten." PFEFFER hielt also die Vorstellung, daß die Stoffe auf der einen Seite aus dem Plasma ausgeschieden würden, durch die Zellwand diffundierten und dann von der anderen Plasmagrenzschicht wieder resorbiert würden, durchaus für diskutabel. Auch CZAPEK (1897) entwickelte ähnliche Vorstellungen, desgleichen WEEVERS (1931). [Aus der Tatsache, daß Coffein in plasmolysierten *Drosera*-Tentakeln sich genau so schnell ausbreitet wie in nichtplasmolysierten, schloß KOK (l. c.), daß Plasmodesmen beim Stoffübertritt keine Rolle spielten, doch ist über diese Versuche schon vorstehend das Notwendigste gesagt worden.] Neuerdings werden auch beim Wuchsstofftransport von manchen Forschern der (polaren) *Sekretion* am einen Zellende und der Wiederaufnahme des durch die Zellwand diffundierenden Auxins seitens der Nachbarzelle erhöhte Bedeutung zugeschrieben (HERTEL und LEOPOLD 1963, zuletzt s. GOLDSMITH 1966), ohne daß aber hierfür wirklich zwingende Beweise vorlägen. Die Tatsache, daß am basalen Ende einer abgeschnittenen Gramineenkoleoptile laufend Wuchsstoff in die Agar-Agarunterlage übertritt, trägt allerdings alle Merkmale einer Sekretion, doch besagt dies noch wenig über die Verhältnisse in einem intakten Gewebeverband.

Dagegen werfen auch die Untersuchungen von SCHUMACHER und HALBSGUTH (1938) über die Anschlußverhältnisse höherer Parasiten an die Siebröhren der Wirtspflanzen ein bezeichnendes Licht auf unsere Frage. Nachdem es SCHUMACHER (1934) gelungen war, mittels Fluorescein den leichten und raschen Farbstoffübertritt aus den Siebröhren von *Pelargonium zonale* in die Haustorien und Sprosse von *Cuscuta odorata* nachzuweisen und die anatomischen Verhältnisse des Anschlusses zwischen beiden Organismen lichtoptisch zu klären, versuchten die Autoren, die Frage zu beantworten, ob zwischen den Leitbahnen der Wirtspflanze und zwischen den Absorptionszellen der Schmarotzer plasmatische Verbindungen in Form von Plasmodesmen zustande kommen oder nicht. Sie fanden weder bei *Cuscuta* noch bei *Orobanche* oder *Lathraea* Plasmodesmen zwischen Wirtssiebröhren und Schmarotzerzelle und zogen daraus den Schluß, daß der starke Assimilatstrom, der aus den Siebröhren in die Schmarotzerzellen übergeht, nicht auf der Bahn von Plasmodesmen geleitet werden kann. Es muß in diesem Fall ähnlich wie bei den Haustorien vieler parasitärer Pilze ganz nach den Vorstellungen PFEFFERs zu einem Stoffaustritt aus den Siebröhren auf breiter Fläche und zu einer Stoffaufnahme kommen. Die Mechanik des Vorganges ist noch ganz unbekannt. Neueste Befunde im Laboratorium des Verfassers (DÖRR, unveröff.) zeigen eine ungewöhnlich starke Entwicklung des Endoplasmatischen Reticulums in den absorbierenden Zellen des Parasiten, das demnach irgendeine Rolle bei der Stoffaufnahme und Stoffableitung spielen dürfte.

Es steht natürlich dahin, wie weit man solche Befunde auf den normalen Stoffübertritt zwischen Parenchymzellen eines Gewebes oder Zellverbandes verallgemeinern will. Die Möglichkeit, daß Stoffe aus einer Zelle austreten und von der anderen Zelle resorbiert werden, besteht jedenfalls in diesen besonderen Fällen eines Stofftransportes zwischen zwei verschiedenartigen Zellen nachweislich. Fassen wir nun aber die Plasmodesmen als mögliche Leitbahnen näher ins Auge, so haben die elektronenoptischen Untersuchungen der letzten Jahre gewisse Aufschlüsse über die Ultrastruktur dieser Gebilde gebracht, die in jede Theorie über Ort und Mechanik des parenchymatischen Stofftransportes einbezogen werden müssen.

Wie Abb. 1 erkennen läßt, ist jeder Plasmodesmos, der eine Wand durchquert ringsum von Plasmalemma umkleidet, das die direkte Fortsetzung des normal der Wand anliegenden Plasmalemmas ist. In diesen röhrenförmigen Kanal führt aber, ebenfalls in Röhrenform, das Endoplasmatische Reticulum hinein und hindurch. Meist sieht man es beiderseits im Plasma der miteinander verbundenen Zellen bläschenartig erweitert. Wie weit darüber hinaus weiter unmittelbare Verbindung mit den Zisternen und Röhren des das übrige Plasma durchziehenden Reticulums vom einen bis zum anderen Pol der Zelle besteht, läßt sich z. Z. aus den vorliegenden Dünnschnitten noch nicht ganz sicher ablesen und könnte erst aus speziell darauf ausgerichteten Schnittserien entnommen werden. Sie ist aber durchaus wahrscheinlich. Die retikuläre Röhre im Plasmodesmos erscheint bei der Fixierung meist als kompakter Faden, d. h. als Strich oder Punkt. Abb. 1 läßt sie aber deutlich erkennen. Auch SCHNEPF (1964) gelang einmal eine Darstellung über die ganze Breite der Wand, d.h. im Längsschnittbild. Zwischen dem Plasmalemma, das ist der äußeren Röhrenwand, und der Röhre des Reticulums ist natürlich die Matrix des Grundplasmas anzunehmen. Abb. 1 läßt vermuten, daß auch ihm noch eine gewisse Struktur zukommt (DOLZMANN 1965).

Wenn nun die Stoffe durch derartig gebaute Plasmodesmen hindurchtreten sollen, können sie einmal in dieser Matrix, zum anderen aber im Kanal des Endoplasmatischen Reticulums wandern bzw. an dessen Membranen. Irgendwelche experi-

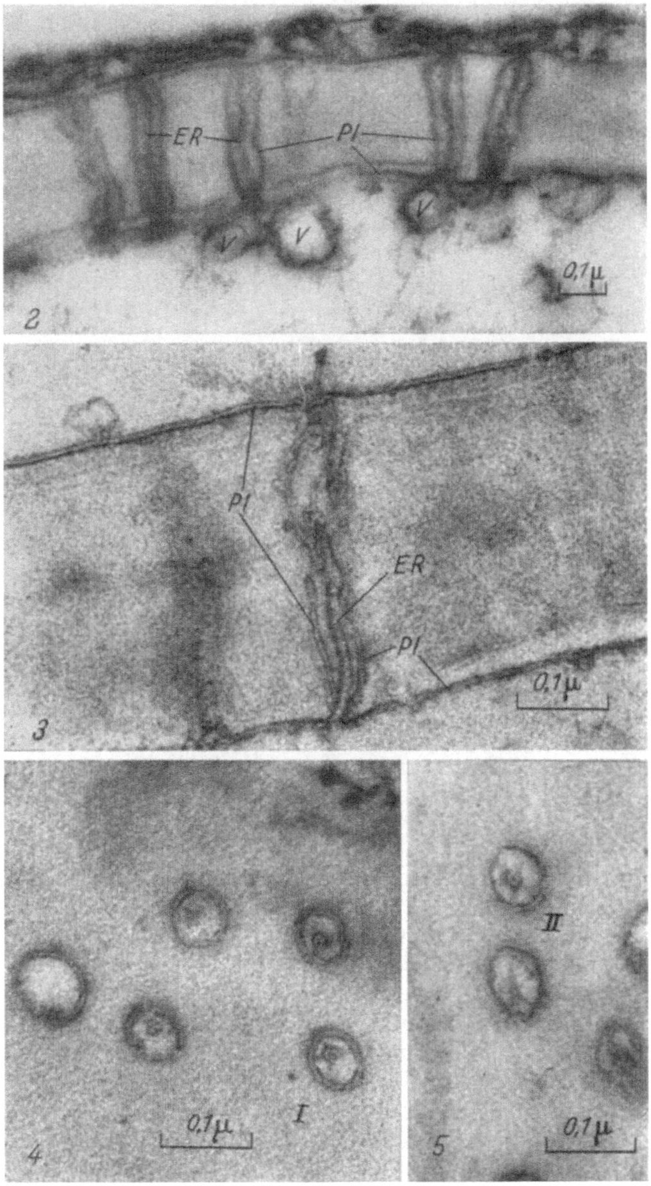

Abb. 1. Plasmodesmen in der Wand zwischen Kuppelzelle und erster Absorptionszelle der Saughaare von *Tillandsia usneoides*. *2*, *3* Längsschnitte; *4*, *5* Querschnitte mit Plasmalemma und zentralem *ER*; *Pl* Plasmalemma; *ER* Röhren in den Plasmodesmen; *V* Vesikel des *ER*. (Nach DOLZMANN.)

mentellen Unterlagen gibt es z. Zt. darüber noch nicht. Es mag nur darauf hingewiesen werden, daß die Zahl der Plasmodesmen häufig unterschätzt wird. Darüber hat KRULL (1960) nähere Angaben gemacht. Abb. 2 aus der Aleuronschicht von *Avena sativa* gibt dafür ein instruktives Bild. Die Rolle der Mittelknoten, die ebenfalls von KRULL erstmals untersucht wurden, inzwischen aber auch von anderen Untersuchern wiederholt beobachtet wurden (z.B. KOLLMANN und SCHUMACHER 1963), ist dabei noch völlig ungeklärt. Die Versuche SCHUMACHERs (1936), Plasmodesmen mit Fluorescein anzufärben bzw. den Übertritt des Fluorochroms in den Plasmodesmen direkt zu sehen, schlugen fehl, vielleicht, weil die Kapazität und Leuchtkraft dieser feinen Plasmafäden zu gering ist, um visuell erkannt werden zu können. Wohl aber beobachtete SCHUMACHER, wie auch aus dem folgenden Abschnitt hervorgeht, wiederholt, daß der Farbstoff,

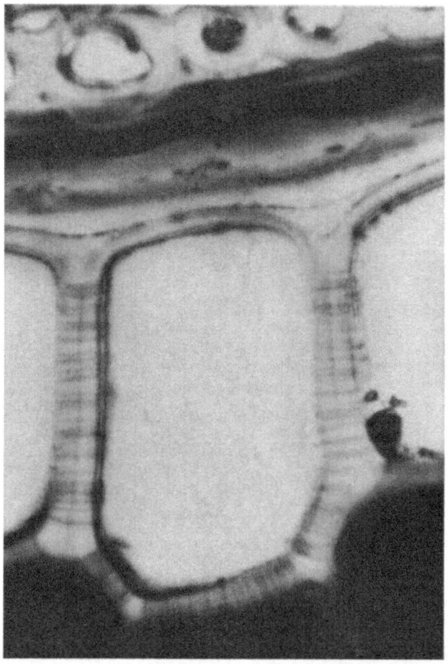

Abb. 2. Querschnitt durch die Aleuronschicht einer lufttrockenen Frucht von *Triticum sativum* mit zahlreichen Plasmodesmen in den Wänden. Lichtoptisch ca. 1000×. (Nach KRULL.)

nachdem er das eine Zellende erreicht hatte, nicht sofort in die andere Zelle übertrat, sondern längere Zeit verharrte, bis sich plötzlich die Schleusen öffneten und das Fluorescein mit größter Geschwindigkeit die Wand durchdrang und im Plasma der anliegenden Zelle sichtbar wurde. Sofern man für diesen Stoffübertritt die Plasmodesmen in Anspruch nehmen will, bedeutet dies, daß sie den Stoffübertritt regulieren können und keinesfalls einfach offene Diffusionswege darstellen. Eine Abscheidung durch die ganze Plasmaoberfläche würde natürlich ebenfalls sekretorische Kräfte erfordern. Darüber läßt sich leider z. Zt. noch gar nichts aussagen, da diese Beobachtungen wohl die einzigen sind, die bisher überhaupt über den Stoffübertritt von Zelle zu Zelle vorliegen. Wir beschränken uns daher hier darauf, die eigentliche Problematik aufzuzeigen.

Literatur.

AGTHE, C.: Über die physiologische Herkunft des Pflanzennektars. Diss. TH Zürich 1951.

BAUER, L.: Zur Frage der Stoffbewegungen in der Pflanze mit besonderer Berücksichtigung der Wanderung von Fluorochromen. Planta (Berl.) **42**, 367—451 (1953). — BEHNKE, H.-D.: Über das Phloem der Dioscoreaceen unter besonderer Berücksichtigung ihrer Phloembecken. I. Lichtoptische Untersuchungen zur Struktur der Phloembecken und ihrer Einordnung in das Sproßleitsystem. Z. Pflanzenphysiol. **53**, 97—125 (1965). — Über das Phloem der Dioscoreaceen unter besonderer Berücksichtigung ihrer Phloembecken. II. Elektronenoptische Untersuchungen zur Feinstruktur des Phloembeckens. Z. Pflanzenphysiol. **53**, 214—244 (1965). — BIERBERG, W.: Die Bedeutung der Protoplasmarotation für den Stofftransport in den Pflanzen. I. Einleitung und Geschichtliches. Flora (Jena) **99**, 52—80 (1909). — BIRCH-HIRSCHFELD, L.: Untersuchungen über die Ausbreitungsgeschwindigkeit gelöster Stoffe in der Pflanze. Jb. wiss. Bot. **59**, 171—262 (1920). — BODENBERG, E. T.: Lateral transfer of lithium nitrate in *Salix*. Amer. J. Bot. **16**, 229—237 (1929). —

CZAPEK, F.: Leitungswege organischer Baustoffe. S.-B. Akad. Wiss. Wien **106**, 1—54 (1897).

DIETRICH, F.: Beobachtungen über Stoffwanderung in lebendigen Zellen. Protoplasma (Wien) **8**, 161—198 (1930). — DÖRING, H.: Versuche über die Aufnahme fluoreszierender Stoffe in lebende Pflanzenzellen. Ber. dtsch. bot. Ges. **53**, 415—437 (1935). — DOLZMANN, P.: Elektronenoptische Untersuchungen an den Saughaaren von *Tillandsia usneoides*. II. Einige Beobachtungen zur Feinstruktur der Plasmodesmen. Planta (Berl.) **64**, 76—80 (1965). — DRAWERT, H., u. U. RÜFFER-BOCK: Fluorochromierung von Endoplasmatischem Reticulum, Dictyosomen und Chondriosomen mit Tetracyclin. Ber. dtsch. bot. Ges. **77**, 440—449 (1964).

GOLDSMITH, M. H. M.: Movement of indolyle acetic acid in coleoptiles of *Avena sativa* L. II. Suspension of polarity by total inhibition of the basipetal transport. Plant Physiol. **41**, 15—27 (1966). (Daselbst neuere Literatur über Auxin-Transport!)

HABERLANDT, G.: Beiträge zur Anatomie und Physiologie der Laubmoose. Jb. wiss. Bot. **17**, 359—498 (1886). — HEIMERDINGER, G.: Zur Mikrotopographie der Saftströme im Transfusionsgewebe der Koniferennadel. II. Entwicklungsgeschichte und Physiologie. Planta (Berl.) **40**, 93—111 (1951). — HERTEL, R., u. A. C. LEOPOLD: Versuche zur Analyse des Auxintransportes in der Koleoptile von *Zea Mays* L. Planta (Berl.) **59**, 535—562 (1963). — HUBER, B.: Zur Mikrotopographie der Saftströme im Transfusionsgewebe der Koniferennadel. I. Anatomischer Teil. Planta (Berl.) **35**, 331—351 (1948). — HÜLSBRUCH, M.: Fluoreszenzoptische Untersuchungen über den Wasserweg in der Wurzel. Planta (Berl.) **34**, 221—248 (1944). — Die Wasserleitung in Parenchymen. In: Handbuch der Pflanzenphysiologie, Bd. III, S. 522—540. Berlin-Göttingen-Heidelberg: Springer 1956. — HUME: Histology of the leptoids in *Polytrichum*. Rep. Brit. Ass. Birmingham 1913/2, p. 708. — HYLMÖ, B.: Transpiration and ion absorption. Physiol. Plantarum (Kbh.) **6**, 333—405 (1953).

KOK, A. C. A.: Über den Transport körperfremder Stoffe durch parenchymatisches Gewebe. Rec. Trav. bot. néerl. **30**, 23—139 (1933). — KOLLMANN, R., u. W. SCHUMACHER: Über die Feinstruktur des Phloems von *Metasequoia glyptostroboides* und seine jahreszeitlichen Veränderungen. IV. Weitere Beobachtungen zum Feinbau der Plasmabrücken in den Siebzellen. Planta (Berl.) **60**, 360—389 (1963). — KRULL, R.: Untersuchungen über den Bau und die Entwicklung der Plasmodesmen im Rindenparenchym von *Viscum album*. Planta (Berl.) **55**, 598—629 (1960).

LEOPOLD, A. C.: Siehe HERTEL u. LEOPOLD.

MÄGDEFRAU, K.: Untersuchungen über die Wasserversorgung des Gametophyten und Sporophyten der Laubmoose. Z. Bot. **29**, 337—375 (1935). — MCNAB, W. R.: Experiments on the movement of water in plants. Parts I and II. Trans. roy. Irish Acad. **25**, 343—369 (1874); 567—579 (1875). — MÜNCH, E.: Die Stoffbewegungen in der Pflanze. Jena 1930.

PFEFFER, W.: Über die Wanderung organischer Baustoffe in der Pflanze. Landwirtschaftl. Jb. **5** (1876). — Pflanzenphysiologie, 2. Aufl., Bd. I, S. 202ff. Leipzig 1897. — PRIESTLEY, J. H.: Light and growth. II. On the anatomy of etiolated plants. New Phytologist **25**, 145—170 (1926). — PRIESTLEY, J. H., and J. EWING: Physiological studies in plant anatomy. VI. Etiolation. New Phytologist **23**, 30—44 (1923). — PRIESTLEY, J. H., and E. E. NORTH: Physiological studies in plant anatomy. III. The structure of the endodermis in relation to its function. New Phytologist **21**, 113—139 (1922). — PRIESTLEY, J. H., and R. M. TUPPER-CAREY: Physiological studies in plant anatomy. IV. The water relations of the plant growing point. New Phytologist **21**, 210—229 (1922).

RYWOSCH, S.: Zur Stoffwanderung im Chlorophyllgewebe. Bot. Z. **66**, 121—130 (1908).

SACHS, J.: Ein Beitrag zur Kenntnis des aufsteigenden Saftstromes in transpirierenden Pflanzen. Arb. d. Bot. Inst. Würzburg **2**, 148—184 (1878). — Über die Porosität des Holzes. Arb. d. Bot. Inst. Würzburg **2**, 291—332 (1879). — Vorlesungen über Pflanzenphysiologie, 2. Aufl., S. 221. Leipzig 1887. — SCHANDER, H.: Keimungsphysiologische Studien über die Bedeutung der Aleuronschicht bei *Oryza* und anderen Gramineen. Z. Bot. **27**, 432—515 (1934). — SCHNEPF, E.: Zur Cytologie und Physiologie pflanzlicher Drüsen. IV. Teil: Licht- und elektronenmikroskopische Untersuchungen an Septalnektarien. Protoplasma (Wien) **58**, 137—171 (1964). — SCHUMACHER, W.: Untersuchungen über die Lokalisation der Stoffwanderung in den Leitbündeln höherer Pflanzen. Jb. wiss. Bot. **73**, 770—823 (1930). — Untersuchungen über die Wanderung des Fluoreszeins in den Siebröhren. Jb. wiss. Bot. **77**, 685—732 (1933). — Die Absorptionsorgane von *Cuscuta odorata* und der Stoffübertritt aus den Siebröhren der Wirtspflanze. Jb. wiss. Bot. **80**, 74—91 (1934). — Untersuchungen über die Wanderung des Fluoreszeins in den Haaren von *Cucurbita Pepo*. Jb. wiss. Bot. **82**, 507—533 (1936). — Weitere Untersuchungen über die Wanderung von Farbstoffen in den Siebröhren. Jb. wiss. Bot. **85**, 422—449 (1937). — Zur Bewegung des Fluoreszeins in den Siebröhren. Planta (Berl.) **37**, 626—634 (1950). — Schumacher, W., u. W. Halbsguth: Über den Anschluß einiger höherer Parasiten an die Siebröhren der Wirtspflanzen. Jb. wiss. Bot. **87**, 324—355 (1938). — Skene, M.: The permeability of the cellulose cell wall. Ann. Bot., N. S. **7**, 261—273 (1943). — Steward, F. C.: Diffusion of certain solutes through membranes of living plant cells and its bearing upon certain problems of solute movement in the plant. Protoplasma (Wien) **11**, 521—557 (1930). — Strugger, S.: Die lumineszenzmikroskopische Analyse des Transpirationsstromes in Parenchymen. I. Mitt.: Die Methode und die ersten Beobachtungen. Flora (Jena), N. F. **33**, 56—68 (1938). — Die lumineszenzmikroskopische Analyse des Transpirationsstromes in Parenchymen. Biol. Zbl. **59**, 274—288 (1939). — Studien über den Transpirationsstrom im Blatt von *Secale cereale* und *Triticum vulgare*. Z. Bot. **35**, 97—113 (1940).

Tansley, A. G., and E. Chick: Notes on the conducting tissue-system in *Bryophyta*. Ann. Bot. **15**, 1—38 (1901). — Tupper-Carey, R. M., and J. H. Priestley: The composition of the cell wall at the apical meristem of stem and root. Proc. roy. Soc. B **95**, 109—131 (1923).

Weevers, Th.: Aufnahme, Verarbeitung und Transport der Zucker im Blattgewebe. Rec. Trav. bot. néerl. **28**, 400—420 (1931). — Weigl, J., u. U. Lüttge: Mikroautoradiographische Untersuchungen über die Aufnahme von $^{35}SO_4$ durch Wurzeln von *Zea mays* L. Die Funktion der primären Endodermis. Planta (Berl.) **59**, 15—28 (1962). — Weissflog, J.: Leben und Lebensdauer in den Reservestoffbehältern keimender Samen. Bot. Arch. **5**, 283—312 (1924).

Zacherl, H.: Physiologische und ökologische Untersuchungen über die innere Wasserleitung bei Laubmoosen. Diss. München 1954. — Zech, H.: Untersuchungen über den Infektionsvorgang und die Wanderung des Tabakmosaikvirus im Pflanzenkörper. Planta (Berl.) **40**, 461—514 (1952). — Ziegler, H.: Our knowledge of translocation in rays. Proc. IX. Internat. Bot. Congr. **2** (1959). — Unsere Kenntnis der Stoffleitung in den Markstrahlen. Rec. Advanc. Bot. **2**, 1229—1232 (1961). — Ziegler, H., J. Weigl u. U. Lüttge: Mikroautoradiographischer Nachweis der Wanderung von $^{35}SO_4$ durch die Tertiärendodermis der Iris-Wurzel. Protoplasma (Wien) **56**, 362—371 (1963). — Zimmermann, M.: Papierchromatographische Untersuchungen über die pflanzliche Zuckersekretion. Ber. schweiz. bot. Ges. **63**, 402—429 (1953).

Der Transport von Fluorescein in Haarzellen.

Von

Walter Schumacher.

Die erstmalige Verwendung von Fluorescein und sein im Fluorescenzmikroskop noch in hoher Verdünnung vital möglicher Nachweis setzte SCHUMACHER (1933, 1936) in die Lage, bestimmte Aussagen über den Ort sowie über die Art der Stoffbewegung in einer parenchymatischen Zelle wie zwischen zwei Zellen zu machen. Natürlich ist Fluorescein kein körpereigener Stoff, und die Schlüsse, die von da auf den Transport zelleigener Verbindungen gemacht werden können, müssen mit gebührender Vorsicht gezogen werden. Immerhin hat auch der Einsatz von Äsculin, das als Glykosid wenigstens in gewissen Pflanzen vorkommt, zu grundsätzlich gleichartigen Ergebnissen geführt. Solange keine besseren Methoden gefunden sind (und der Nachweis von Isotopen ist, wie schon mehrfach betont wurde, weder vital möglich, noch erreicht er bisher die Schärfe des fluorescenzoptischen Nachweises, obwohl man sich darüber klar sein muß, daß auch fluorescenzoptisch erst eine große Anzahl von Molekülen, nicht das einzelne Teilchen gesehen werden muß), muß man sich mit den hier erzielten Ergebnissen auseinandersetzen. SCHUMACHER schnitt die aus 6—8 Zellen bestehenden und bis 5 mm langen Haare jüngerer Blattstiele von *Cucurbita pepo* samt ihren epidermalen Sockelzellen mit einem feinen Messerchen ab und klebte sie auf einem Objektträger auf ein kleines Wollfetttröpfchen, das Fluorescein-Kalium, Fluorescein-Natrium (Uranin) oder Äsculin enthielt. Auch die zarteren und daher weniger zu Versuchszwecken geeigneten mehrzelligen Haare von *Primula sinensis* wurden mit grundsätzlich gleichem Erfolg verwendet. Ein Tropfen flüssigen Paraffins schützte die Haare vor Transpirationsverlusten und schloß gleichzeitig die Beteiligung eines Wasserstromes als eines möglichen Vehikels des Farbstofftransportes aus. Auf diese Weise konnte nun im Fluorescenzmikroskop (Blaulichtmikroskopie, kein schädliches Ultraviolett!) direkt die Aufnahme des Farbstoffes durch die Basalzelle und sein Weitertransport von Zelle zu Zelle beobachtet werden. Es war klar zu sehen, daß sich nur das lebende Protoplasma anfärbte, Zellwand und Vacuole blieben absolut dunkel. Da das Protoplasma in den Kürbishaarzellen nicht nur wandständig ist, sondern in mannigfaltigen Strängen die Vacuole durchzieht und lebhafte Zirkulationsströmung zeigt, war gleichzeitig Gelegenheit gegeben, zu beobachten, ob der Farbstoff, der von der Basalseite her eindrang, im Wandbelag schneller vorrückte als in den zentralen Strängen. Dies hätte auf eine eventuelle Beteiligung der Zellwand deuten können. Tatsächlich zeigte sich jedoch stets, daß das Fluorochrom das Plasma ganz gleichmäßig durchsetzte, bis der obere Pol der Zelle erreicht war. Die frei durch den Zellsaftraum ziehenden Stränge blieben in keiner Weise hinter dem Wandbelag zurück, so daß eine Beteiligung der Wand als Wanderbahn völlig ausscheidet. Der Einwand, daß die Zellsafträume, die gleichfalls im Fluorescenzlicht absolut dunkel blieben, den Farbstoff in gebundener, nicht zum Selbstleuchten erregbarer

Form enthalten könnten, ist dadurch zu widerlegen, daß bei einem Abtöten der Zellen der Farbstoff sofort in diesen Zellsaft austritt und hier deutlich fluoresciert, so daß nicht gut größere Mengen fluorescenzlöschender Stoffe im Zellsaft vorhanden sein können. Das klare fluorescenzoptische Bild, in dem nur das lebende Plasma leuchtet, dürfte daher den unmittelbaren und bisher einzigen Beweis darstellen, daß wirklich das Protoplasma auch Träger und Wanderbahn für den Stofftransport darstellt. Die Ausbreitung erfolgt in einem deutlich sichtbaren Konzentrationsgefälle. Während die Basis meist hell strahlt, zeigt die Spitze eben erkennbare Fluorescenz, die sich dann langsam verstärkt. Offenbar wird ein Teil des Farbstoffes im Protoplasma adsorptiv oder chemisch gebunden, auch der Kern leuchtet meist frühzeitig auf, während in den Plastiden, die ebenfalls durchdrungen werden, allein die Stärkekörnchen eine starke Bindung und Konzentrierung zeigen, die durch hohe Leuchtkraft geradezu einen Vitalnachweis von Plastidenstärke ermöglicht. Der Übertritt in die Nachbarzelle erfolgt oft ohne jede Verzögerung, so daß man den Eindruck erhält, die Wand stelle überhaupt kein Hindernis für den Stoffübergang dar. Dies erfolgt aber keineswegs immer. Vielmehr kann das weitere Vordringen des Farbstoffes an einer Zellgrenze stundenlang völlig abgestoppt werden, auch wenn die Nachbarzelle bei tageslichtoptischer Betrachtung keinerlei Beschädigung und vor allem keinen Stillstand der Plasmaströmung zeigt. In solchen Fällen kann dann aber mitunter die Hemmung plötzlich aufgehoben werden, der Farbstoff erscheint plötzlich im Basalplasma der Nachbarzelle und breitet sich von hier aus durch die übrige Zelle aus. Versuche des Verfassers, das Fluorochrom bei seinem Durchtritt durch die Wand zu sehen und eventuell zu lokalisieren, also die Frage zu entscheiden, ob die Plasmodesmen die Leitkanäle sind oder ein Übertritt auf der ganzen Fläche erfolgt, scheiterten bisher stets, sei es, weil die Leuchtdichte, die ein Plasmodesmos maximal erreichen kann, noch unter der Sichtbarkeitsgrenze bleibt, sei es, daß eben tatsächlich ein Übergang auf breiter Fläche erfolgt. Das Beobachtungsbild würde eher für die zweite Möglichkeit sprechen, einen Beweis stellt es nicht dar.

Überraschenderweise hat sich gezeigt, daß die Protoplasmaströmung beim Transport der Farbstoffe keine Rolle spielt. Zu diesem Schluß war, wenn auch mit wesentlich schlechterer Methodik, bereits Kok (1933) gekommen. In den Haarzellen von *Cucurbita* herrscht eine meist lebhafte Zirkulationsströmung. Durch abwechselnde Beobachtung im Fluorescenz- und im Tageslicht ließ sich feststellen, daß die Ausbreitung des Fluoresceins in einem Plasmastrang ganz unabhängig davon voranschritt, ob die Strömung in oder gegen die Wanderrichtung erfolgte. Auch wenn die Strömung stillstand, breitete sich der Farbstoff nicht langsamer aus als bei lebhafter Zirkulation. Das Leuchtbild erlaubt leider noch keine genaue Lokalisation des Fluorochroms im Plasma. Das Endoplasmatische Reticulum ist nicht gesondert sichtbar. Da bekannt ist, daß bei einer Plasmaströmung nie alle Teile des Plasmas in Bewegung sind, und insbesondere die Grenzschichten, Lemma wie Tonoplast, als relativ ruhig gelten, könnte angenommen werden, daß die Farbstoffe sich bevorzugt hier ausbreiten. Dem widerspricht jedoch die Beobachtung, daß stets auch Zellkern und Plastidenstärke den Farbstoff aufnehmen. Es ist also z. Zt. noch nicht zu sagen, wo sich die Fluorochrome bewegen. Jedenfalls kann die im Lichtmikroskop sichtbare Plasmaströmung, ohne die Bewegung der Farbstoffe zu behindern, gleichsinnig, gegensinnig oder auch in Ruhe sein. Ein Wasserstrom, der osmotisch (Münch 1930) oder als Transpirationsstrom die Zellkette durchlaufen und die Farbstoffe nur passiv mitschleppen könnte, ist nach der ganzen Versuchsanstellung ausgeschlossen.

Dies deutet natürlich auf einen Transport der einzelnen Moleküle, sei es in Form einer Spreitung, sei es als reine Diffusion. In der Tat hat die genaue messende Verfolgung der Wanderungsgeschwindigkeit viele Ähnlichkeiten mit einem Diffusionsvorgang. So nehmen die in der Zeiteinheit durchwanderten Strecken in steigender Entfernung von der Stoffquelle proportional zur Wurzel aus der Zeit ab. Erhöhung der Konzentration des Farbstoffes in der Quelle erhöht auch die in der Zeiteinheit durchwanderte Strecke, desgleichen die Erhöhung der Temperatur. Verglichen mit einer reinen Diffusion im wäßrigen Medium war die Wanderungsgeschwindigkeit jedoch geringer, ganz abgesehen von den oben beschriebenen vielfachen Regulationen an den Zellgrenzen, u. U. aber auch mitten im Plasma einer einzelnen Zelle. Bei *Cucurbita* wie bei *Primula* wurden bei ca. 25° C etwa 5—6 Zellen mit einer Gesamtstrecke von 2—3 mm durchwandert. Man muß bedenken, daß in vielen Fällen die Strecken des parenchymatischen Stofftransportes nicht viel größer sein dürften (Wurzelrinde, Markstrahlen u. a.). Nur im Falle des Wuchsstofftransportes kann die Strecke in Gramineen-Koleoptilen mehrere Zentimeter ausmachen, und auch die Wanderungsgeschwindigkeit dürfte (mit ca. 1,5 cm/h) wesentlich höher sein (s. Handbuch Bd. XIV, S. 671 ff.). Ob es sich hierbei wirklich um etwas grundsätzlich anderes handelt als bei anderen Stofftransporten und den an den Modellsubstanzen der Fluorochrome beobachteten Verhaltungsweisen, läßt sich noch in keiner Weise absehen.

Etwas, was auch beim Transport wenigstens der β-Indolylessigsäure ausgeprägt ist, wurde auch beim Fluoresceintransport in Haarzellen beobachtet: die Polarität. Bekanntlich wird das Auxin in Haferkoleoptilen immer nur von der Spitze zur Basis transportiert, nicht in umgekehrter Richtung (während die inaktive Vorstufe gleichzeitig nach oben wandert!). Etwas Ähnliches wurde auch beim Transport von Fluorescein durch die Zellkette der *Cucurbita*- oder Primelhaare beobachtet: Die Fluorochrome wandern immer nur von der Basis zur Spitze, nicht in umgekehrter Richtung! Diese Polarisierung, die wahrscheinlich weit verbreitet ist, dürfte nach den Beobachtungen SCHUMACHERs nicht so sehr mit einem polaren Transportmechanismus, als mit einer Verweigerung der Stoffaufnahme am oberen Ende der Zelle zusammenhängen. Dies würde natürlich bedeuten, daß der Stoffübertritt von Zelle zu Zelle doch eher durch die gesamte Zellgrenzfläche geht als durch die Plasmodesmen. Doch kann man diese Versuche mit Fluorochromen sicher erst als erste Pionierarbeit betrachten, der weitere Versuche folgen müssen. Beobachtet wurde lediglich, daß Fluorescein, obwohl es mit dem Plasma angeschnittener oberer Zellen in der Haarkette in Berührung gebracht wurde, nicht zur Basis wanderte, während *gleichzeitig* ein leichter Transport von unten her bis zu der verwundeten Zelle, die da die Aufnahme verweigerte, möglich war.

Literatur.

KOK, A. C. A.: Über den Transport körperfremder Stoffe durch parenchymatisches Gewebe. Rec. Trav. bot. néerl. **30**, 23—139 (1933).

MÜNCH, E.: Die Stoffbewegungen in der Pflanze. Jena 1930.

SCHUMACHER, W.: Untersuchungen über die Lokalisation der Stoffwanderung in den Leitbündeln höherer Pflanzen. Jb. wiss. Bot. **73**, 770—823 (1930). — Untersuchungen über die Wanderung des Fluoreszeins in den Siebröhren. Jb. wiss. Bot. **77**, 685—732 (1933). — Untersuchungen über die Wanderung des Fluoreszeins in den Haaren von *Cucurbita Pepo*. Jb. wiss. Bot. **82**, 507—533 (1936).

Translocation in *Vallisneria spiralis.*

By

R. J. Helder.

With 12 figures.

Introduction.

Transport by parenchymatous tissue is an essential part of the overall transport process in intact plants. However, a study of this aspect of transport is hindered by a lack of suitable experimental material. One of the most favourable and still most promising materials has proved to be the submerged leaves of *Vallisneria spiralis*, one reason for this being their relatively simple anatomic structure (SOLEREDER 1913). The tissue consists mainly of parenchymatous cells, the small epidermal ones and the familiar sub-epidermal ones, which are much bigger. One median bundle and two smaller bundles, running side by side, are embedded in this tissue, the bundles themselves consisting of parenchymatous cells and a few, often less developed sieve elements. Xylem vessels are completely absent. However, large intercellular spaces do exist, but they are divided up by perpendicular partition membranes formed by a large number of small cells, so that movement of a liquid is impossible even by means of hydrostatic pressure (KOK 1933).

These anatomical features are clearly correlated with the fact that *Vallisneria* is a water plant with submerged leaves. As intake of substances from the surrounding medium is a normal function of these leaves, it is quite natural to introduce substances into the tissue by placing them in solutions of various composition or by placing them between strips of agar containing the substances needed for the investigation. In this way the uptake process can be studied in much the same way as is done for plant roots or tissue slices. By allowing a restricted part of a leaf to absorb a substance, both its absorption and its translocation to other parts of this leaf or to other leaves of the same plant can be studied.

Moreover, *Vallisneria* leaves show a number of additional advantages, and for this reason they have been extensively used for the past thirty years by ARISZ and some of his pupils in the Botanical Laboratory at Groningen. These advantages can, therefore, be illustrated best by a short survey of the work done in this laboratory.

One of the older problems in the field of translocation studies is the relationship between protoplasmic streaming and the rate of translocation (DE VRIES). As the sub-epidermal cells of *Vallisneria* are suitable material for studying protoplasmic streaming, Miss KOK (1933) carried out an investigation into this problem by determining the rate of translocation of lithium salts and caffeïne in material with reduced and with stimulated protoplasmic streaming. No effect of streaming on translocation was found, but whereas the absorption and transport of lithium ions and caffeïne molecules in those experiments showed all the characteristics of simple passive processes, the introduction of other substances and the study of the influence of light soon made it clear that active processes may be involved.

This proved to be the case for asparagine, a substance used previously in a study of uptake by the tentacles of *Drosera capensis* (ARISZ and OUDMAN 1937, 1938). This was deduced from results concerning the effect of oxygen withdrawal, the relationship between external concentration and rate of absorption, and the wounding effect etc. But it was also based on results obtained by determining the increase in the osmotic value of the leaf tissue by plasmolytic and plasmometric methods, *Vallisneria* being a suitable material for these techniques also as is well-known from studies on permeability (ARISZ and VAN DIJK 1939).

Miss VAN SCHREVEN found, by chance, that there is an increase in the osmotic value if *Vallisneria* leaves are kept in tap water in the light. This opened a field of research into the problems of active absorption and translocation of ions, and in particular chloride ions (ARISZ 1943, 1945, 1947).

The importance of active accumulation in the vacuoles was emphasized by ARISZ' "vacuole-secretion"-theory. The significance of the active absorption across the outer membrane was firmly established by extended research (ARISZ 1963).

Further insight into the complex nature of the processes involved was obtained by studying the promoting effect of adding sugar and the differentiating effects of various inhibitors (ARISZ 1953; ARISZ and SOL 1956).

Of fundamental importance was the observation that light may have a direct influence on absorption and translocation i.e. the processes are promoted by light and also in the absence of carbon dioxide. In order to stress the importance of this, ARISZ called the process photo-accumulation. This photo-accumulation was then studied in closer detail by VAN LOOKEREN CAMPAGNE (1957), who found that chlorophyll is responsible for the effect of light on absorption. There can be little doubt that this phenomenon will be one of the main issues in the field of active absorption studies for years to come.

In recent years the use of labelled substances has opened up new possibilities for transport studies. They were used in the *Vallisneria* work from 1955 onwards, and soon afterwards they were used by WINTER (1961) in a study of passive ("apparent free space") and active absorption of cations, and in a study of the interrelationship between these two processes.

The problem of the exchangeability of absorbed ions and of translocated ions was also tackled with labelled substances (ARISZ 1960), and labelled substances have likewise been used in experiments on translocation over longer distances, mainly in intact plants (ARISZ 1960, 1961).

Autoradiography has proved to be a useful and valuable technique in these studies. As the main results of this work will be dealt with in the following sections no attempt will be made to go into greater detail here.

What has been said about the work done with *Vallisneria* should give a convincing demonstration of the advantages of this material for absorption and translocation studies. A little should perhaps be said about its apparent disadvantages. First of all there are the large intercellular spaces which may interfere a great deal in the determination of photosynthetic activity (VAN LOOKEREN CAMPAGNE 1957), or which may become infiltrated during the experimental absorption period (KOK 1933, ARISZ 1943, 1963). This last phenomenon depends largely on the condition of the material and its resistance to experimental treatments. It has been possible to demonstrate the favourable effects of a number of factors during a pretreatment period on the subsequent ability for absorption and translocation (light, the addition of sugar). However it has not been possible to arrive at a definite method for growing plants in such a way that an ample supply of plant material is provided under all circumstances and at all times. Large concrete tanks can be used with various types of clay soil and filled with demineralized water, kept at a constant temperature of 25° C. High pressure mercury lamps have been shown to provide the best method of illumination. Fresh cultures of young plants should be started at regular intervals to prevent the material from growing too old, as this causes an accumulation of organic material in the medium and consequently may give rise to infection by bacteria and blue-green algae.

A more theoretical drawback arises from the fact that it is difficult to separate completely the process of translocation from that of absorption. In nearly all experiments set up to study translocation in *Vallisneria* leaves, a small part of a leaf (the absorbing part) is allowed to absorb the experimental substance. This means that translocation in the other part of the leaf takes place simultaneously with absorption by the absorbing part, as the substances in the absorbing part will have to move from the superficial cell layers to the deeper ones i.e. even in this absorbing part, a cell-to-cell transport will take place. It should be added that these difficulties are also met with in other material, e.g. plant roots, and that they are even greater in these cases.

Nevertheless, in spite of all these practical and theoretical difficulties interesting results have been obtained, as is apparent from the short survey given above. In the following sections an attempt will be made to select and discuss those experimental findings which are most closely related to the phenomenon of translocation. Clearly, this selection is bound to be somewhat arbitrary and the reader is therefore urgently requested to consult the original papers for further details with regard to both experimental and theoretical aspects.

Translocation in intact plants.

In the majority of the experiments on translocation in *Vallisneria*, short leaf segments have been used. As will be discussed in the following chapters, they provide important quantitative data for an analysis of the processes involved in transport phenomena. However, before entering into the details of these experiments, some recent qualitative results, obtained using intact plants, will be discussed (ARISZ 1960, 1961, 1963).

By using intact plants not only is wounding avoided, but translocation over long distances can be studied i.e. from one leaf to an other leaf of the same plant and even from one plant to another, as the propagation of *Vallisneria* is mainly by means of runners which produce the young plants.

In Fig. 1a the set-up for a translocation experiment with intact plants is shown. The tip of a single leaf is dipped into the experimental solution, the remaining parts of the plants being kept in water. As the information supplied by the experiment depends on the sensitivity of the analytical methods, it is very necessary to use a labelled substance. This has the additional advantage of making it possible to produce an autoradiogram at the end of the experiment after the plant-material has been freeze-dried, as illustrated by Fig. 1b.

In this experiment a leaf tip was allowed to absorb labelled chloride for 48 hours, and as result of this treatment a large amount of labelled chloride was found in this part of the leaf as is apparent from the blackening of the autoradiogram. However, it is also apparent that a fairly large amount of chloride has been translocated from this absorbing tip to the basal part of this leaf, and from here upwards into other leaves of the same plant, and also via the runner to the younger plants connected to the mother plant.

The result is, at first sight, reminiscent of similar experiments with *Fragaria*, but with *Vallisneria* we have the advantage of a submerged waterplant i.e. suction forces are absent as transpiration is impossible. Xylem vessels are lacking, and

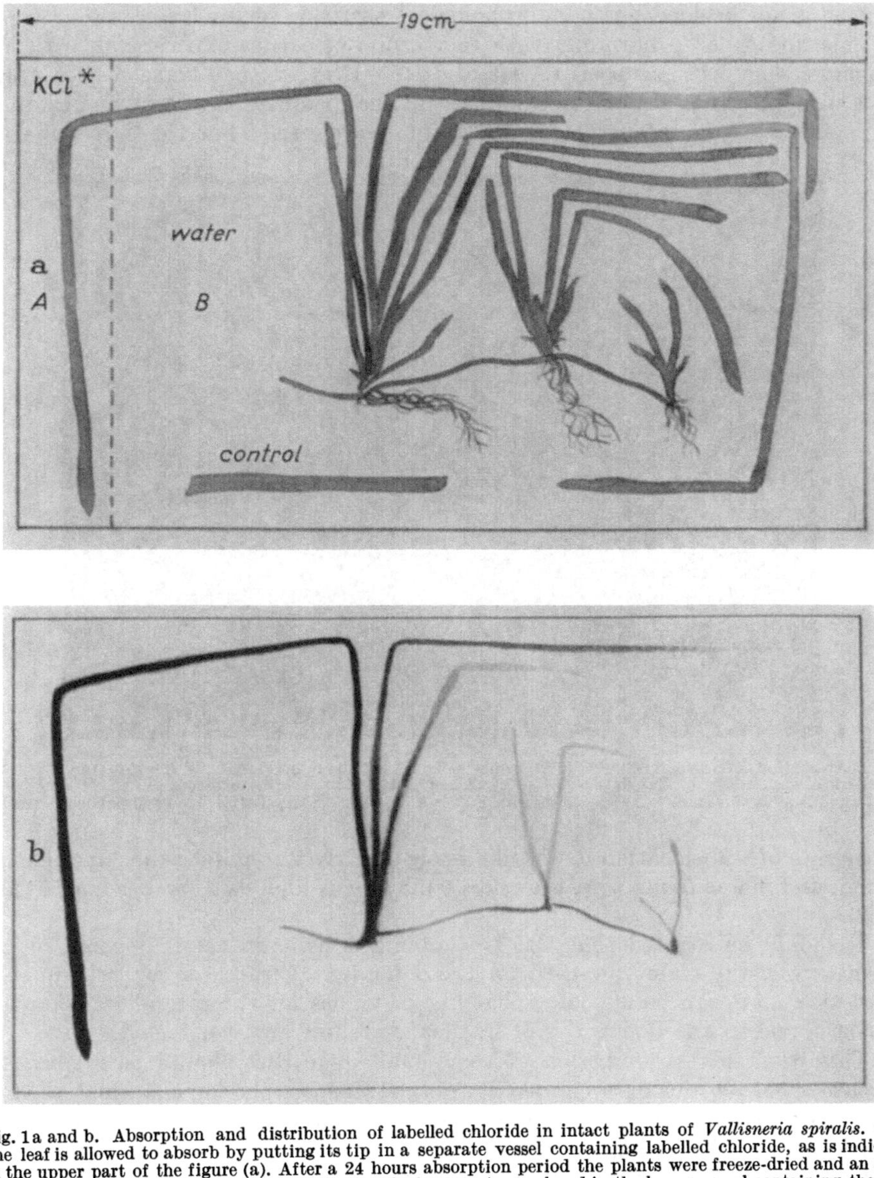

Fig. 1a and b. Absorption and distribution of labelled chloride in intact plants of *Vallisneria spiralis*. Only one leaf is allowed to absorb by putting its tip in a separate vessel containing labelled chloride, as is indicated in the upper part of the figure (a). After a 24 hours absorption period the plants were freeze-dried and an autoradiogram was made (lower part) (b). A separate leaf segment was placed in the larger vessel containing the bulk of the plants in order to trace whether any leakage of labelled chloride into the water had occurred. (Drawing based on Fig. 2 from ARISZ 1960.)

translocation through the cell walls is virtually ruled out by the fact that no labelled chloride could be traced in the water surrounding the main part of the plant. This demonstration could be made by placing an isolated young leaf segment with the intact plants (see Fig. 1a). In contrast to the young leaves of the intact plants this leaf segment did not show any appreciable activity. This problem of wall transport will be discussed further in the next section. Here it will be sufficient to say that the translocation found depends on the activity of the living tissue. We saw that the substance may be translocated downwards, as well as from the base of a leaf to its tip. This means that the direction of translocation is not decided by the morphological structure of the leaf.

This finding is in harmony with the results of earlier experiments with leaf segments, where it has been repeatedly demonstrated that translocation takes place in both directions at the same speed. The distances over which substances are translocated in intact plants are quite considerable. For the determination

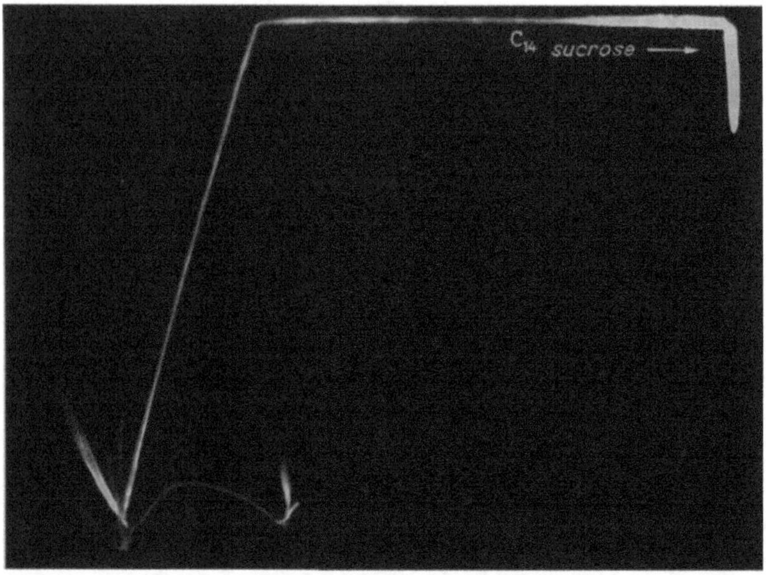

Fig. 2. Absorption and distribution of labelled sucrose in intact plants of *Vallisneria spiralis*. Only the tip of a single leaf was allowed to absorb sucrose-C_{14} for 24 hours. After the absorption period the plants were freeze-dried and an autoradiogram was made. Compare Fig. 1 for further details. (After ARISZ, unpublished results.)

of the rate of translocation it was obviously necessary to reduce the experimental period, and it was found that the *velocity* may be as high *as 4 cm.* per hour (ARISZ 1963).

It should be realized that this is a minimum estimate, as it depends on the sensitivity of the technique used for the detection of traces of the experimental substance, so it can be expected that higher values for the rate of translocation will be found in the future if still smaller amounts can be detected.

This need for the detection of very small quantities should be emphasized because of the physiological complexity of the transport phenomena which produce the pattern shown by the autoradiogram. The chloride seems to be primarily translocated to the younger still active growing parts, and this points to the fact that a fixation and accumulation of the ions occurs in additon to their translocation. That this is so will become apparent from the discussion of some experiments in the following sections. At any rate, it is quite conceivable that the possibility of demonstrating the presence of the translocated substance in any part of the plant is not only dependant on its translocation from the point of entry to this particular part, but also on some kind of accumulating mechanism which increases the concentration of the substance up to a level detectable by analytical methods.

These few considerations have far reaching consequences in the interpretation of the experimental data. On the one hand, the accumulating processes may be a prerequisite for translocation of the substance, on the other hand this same process may reduce the rate of transport of the substance to parts of the plants farther removed from the point of application. For similar reasons it is difficult, as yet, to give a precise meaning to the fact that the distribution of the labelled chloride shows an obvious concentration gradient from the region of entry. Other experiments, to be discussed below, are necessary to elucidate this point.

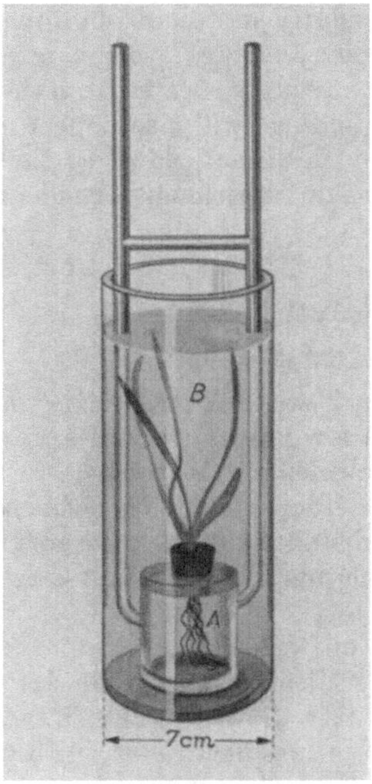

a

b

Fig. 3 a and b. Absorption and distribution of labelled sucrose in an intact plant of *Vallisneria spiralis*. a: Arrangement for the administration of the labelled substance to the roots (*A*), the leaves being kept in water (*B*). b: Autoradiogram of a plant which was allowed to absorb sucrose-C_{14} through its roots for 24 hours. (After ARISZ, and WIERSEMA 1966.)

It goes without saying that no conclusion can yet be drawn with regard to the pathway of the transported ions apart from the fact mentioned above, that the cell walls do not participate in this transport to any considerable degree, but that the living protoplasm of the tissue is involved.

Other substances can be studied in a similar way. If weak β-emitters are used, such as C-14, excellent autoradiograms can be obtained, which reveal details not obtained with other isotopes. So far, rubidium, phosphate, calcium and bicarbonate have been tested in addition to chloride ions. A number of organic molecules such as glucose, sucrose (Fig. 2), malic acid, aspartic acid, asparagine, leucine, serine, alanine and indol acetic acid are now being studied (ARISZ, and WIERSEMA 1966).

The general distribution pattern found proves to be very similar for most the substances tested, i.e. if a substance is introduced into the cytoplasm it will also be translocated. This indicates that the translocation mechanism does not show much specificity once a substance is taken into the living tissue. However, there are interesting differences among the substances mentioned with regard to the amounts translocated, rate of translocation, distribution over bundle and parenchyma tissue. These differences are now being studied in closer detail.

The substances mentioned can also be administered via the roots of the intact plants by using the set-up illustrated by Fig. 3a. So far, chloride, sucrose and calcium have been tested. In this case also, all leaves appear to be able to translocate the substances supplied via the root system, but it is the younger ones, which in the end show the highest levels. However, much work remains to be done on this subject, particularly with regard to *calcium*, which shows no translocation in experiments with leaf segments.

Obviously, autoradiograms are particularly useful in obtaining valuable information on the translocation of labelled substances within intact *Vallisneria* leaves and plants. Some conclusions could already be drawn from the experimental findings, but the interpretation of these findings will also depend on our insight into other mechanisms which are going on in intact plants at the same time as translocation. This insight has to be based on experimental evidence obtained in quite another way.

The pathway of translocation.

Translocation in leaf segments.

As was stated in the introduction, *Vallisneria* leaves consist mainly of parenchymatous tissue, although, there are a few vascular bundles. In order to trace the relative importance of the various elements of the tissue in translocation, experiments were carried out with leaves from which either the parenchyma or the bundles were removed over a certain distance so that transport was restricted to so called "bundle bridges" or "parenchyma bridges" (Arisz and Schreuder 1956).

These operations can be carried out on intact plants, but for quantitative work the use of series of randomized short leaf segments are an advantage. In these experiments one part of a leaf segment is allowed to absorb the experimental substance. This part will be called the absorbing part. Most substances absorbed in this way will travel to the other part of the leaf segment, the so-called free part (Fig. 4).

In most experiments the length of the leaf segments was 7.5 cm, the absorbing part being 2.5 cm, the free part 5 cm. At the end of the experiments the leaf segments were cut into 2.5 cm leaf sections and the absorbing part and the two sections of the free part analysed separately, thus providing data about the amount of substance found in the absorbing part itself, the amount translocated to a zone of the free part adjacent to the absorbing part and to a zone farther removed from the absorbing part. From these data the total amount absorbed from the medium can be calculated. It should be realized that the figures given always refer to sets of eight treated leaf segments.

Fig. 5 shows the results of an experiment in which a bundle bridge was made between the absorbing part and the free one. Such a bundle bridge was obtained by removing all the tissue on either side of the median bundle over a distance of 4, 8 and 16 mm. The longer the bridge the weaker the transport, but the effects are slight and in point of fact transport is hardly effected at all as long as the bridges are only 8 mm. or less in length.

This might indicate that in non-treated leaves the translocation of substances from one part of the leaf to another one takes place predominantly in the median bundle. However, it is equally possible that the rate of transport is a non-limiting process and that the amounts of substance translocated are determined by the rate of entry into the absorbing part and by the rate of accumulation in the free parts, or by either of these two processes.

In a similar way, all the bundles can be cut so that the absorbing part and the free part of a leaf segment remain connected by two small bridges of parenchyma-

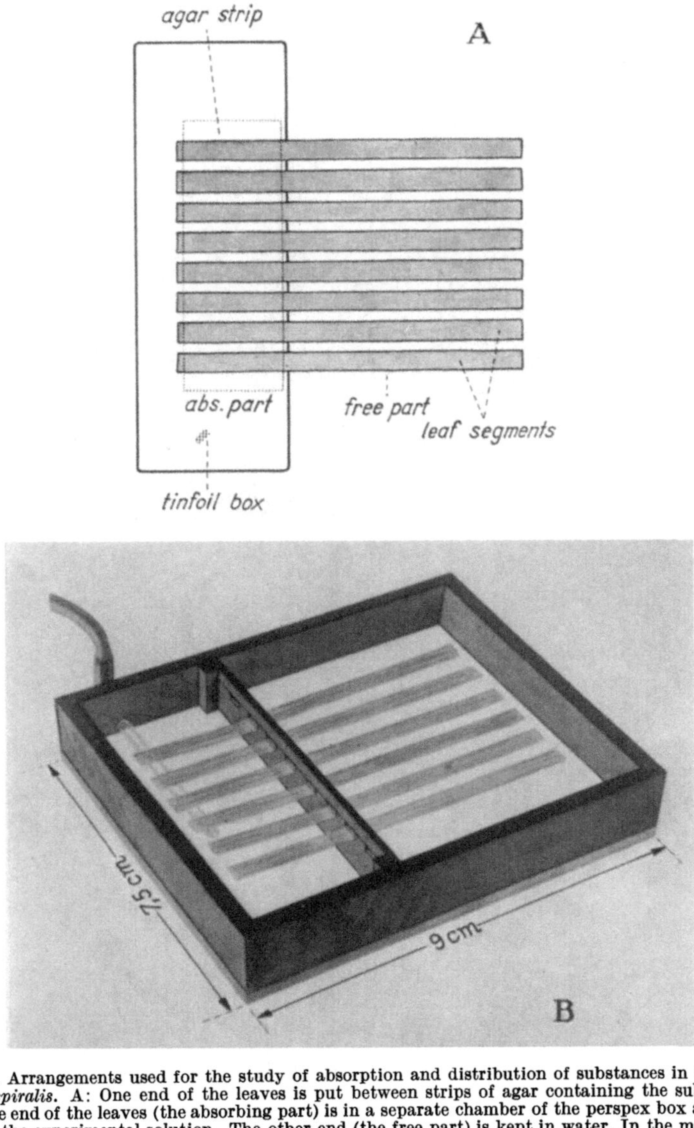

Fig. 4A and B. Arrangements used for the study of absorption and distribution of substances in leaf segments of *Vallisneria spiralis*. A: One end of the leaves is put between strips of agar containing the substance to be studied. B: One end of the leaves (the absorbing part) is in a separate chamber of the perspex box and is allowed to absorb from the experimental solution. The other end (the free part) is kept in water. In the majority of the experiments, the leaf segments were 7.5 cm. in length. At the end of the experiment the 8 segments were cut into three 2.5 cm. zones. In this way three figures were obtained, one for the absorbing part and two for the free part. (From ARISZ 1953, 1964.)

tous tissue only. In these experiments the distance over which the tissue is cut proved to have a greater influence and for that reason most of these experiments were made with 4 mm. bridges only (Fig. 6).

In an exceptional case the transport in such treated leaves was as high as in an untreated leaf, but in the majority of these experiments transport was reduced

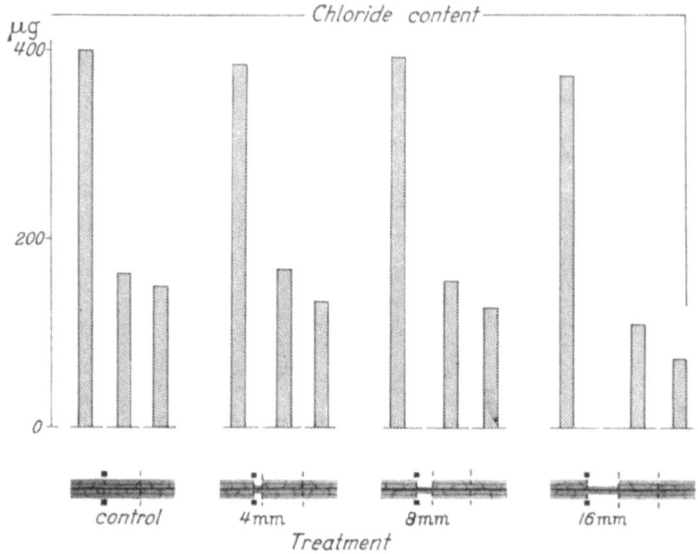

Fig. 5. Translocation of chloride through bundle bridges of various length (4, 8, 16 mm.) in leaf segments of *Vallisneria spiralis*. Only the absorbing part was allowed to absorb chloride for 24 hours. The chloride had to pass through the bundle tissue, which connected the two parts of the leaf segment, in order to reach the free part. Figures refer to sets of 8 leaf segments. (After Arisz and Schreuder 1956.)

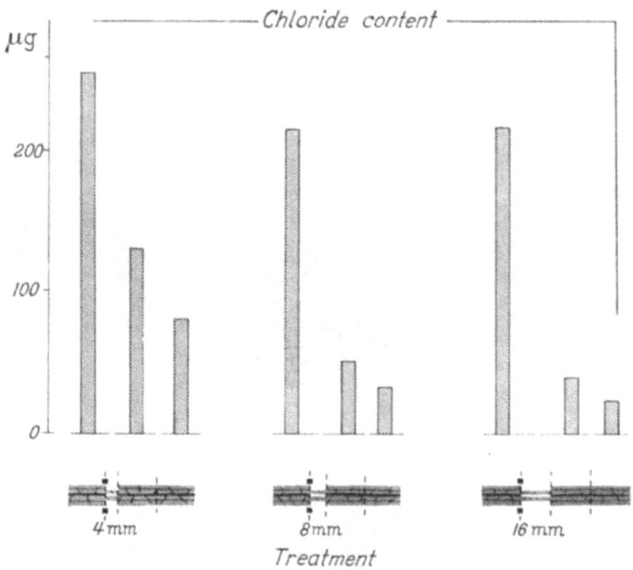

Fig. 6. Translocation of chloride through parenchyma bridges of various length (4, 8, 16 mm.) in leaf segments of *Vallisneria spiralis*. The absorbing part and the free part of the leaf segments were only connected by two bridges of parenchymatous tissue. For further details see Fig. 5.

in the treated leaf. Nevertheless, the amounts of chloride or asparagine translocated through these parenchymatous bridges was always considerable in spite of a wounding effect, which may be more serious in case of parenchyma bridges than with bundle bridges.

These results were confirmed by experiments in which normal leaf segments were compared with leaf segments having either a bundle bridge or a parenchyma bridge. In case of chloride transport, parenchymatous bridges appeared to be somewhat less efficient than bundle bridges were. No difference was found in the case of a few experiments on asparagine transport. Here, transport in both the bundles and the parenchyma was apparently so easy that it was not a limiting factor in the translocation of the substance from the medium into the absorbing part of the leaf and from here to the accumulating cells of the free part (Fig. 7).

If labelled substances such as chloride, phosphate, sucrose or malate were used, autoradiograms showed that a substance translocated through a median bundle was rapidly distributed over the whole tissue of the free part of a leaf segment. On the other hand, a substance which was forced to pass through parenchymatous bridges was soon observed in the bundles of the free part, where a quick further transport takes place (see ARISZ 1960, Fig. 13 and 14).

These findings are based on experiments in which it could be demonstrated with the aid of control segments that no appreciable leakage from the tissue had occurred during the experiments, in spite of the serious wounds that had to be made. As with the experiments on intact plants this indicated that translocation is effected by the living tissue and that the role played by cell walls is of little or no importance.

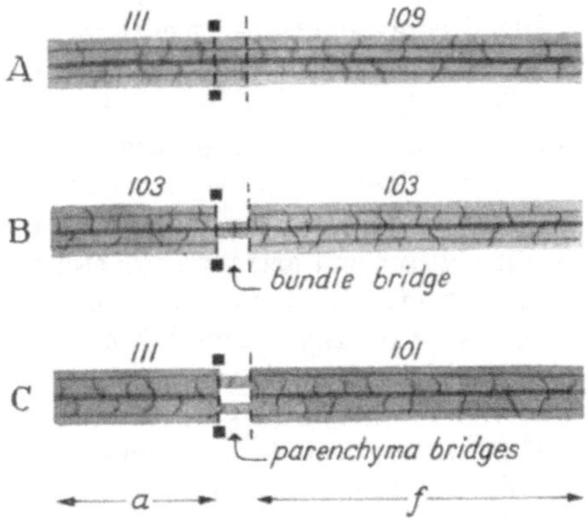

Fig. 7 A—C. Translocation of absorbed asparagine through intact tissue or tissue bridges. Only the absorbing part was allowed to absorb asparagine for 24 hours. The absorbing part (*a*) and the free part (*f*) of the leaf segments were connected by either intact tissue (A) or one bundle bridge (B) of two parenchyma bridges (C). Figures refer to sets of 8 leaf segments. Asparagine content is represented by the increase of the N-content. (After ARISZ and SCHREUDER 1956.)

Active absorption and symplasmatic translocation.

So far, the absence of leakage from leaf zones in which translocation takes place while they are kept in water has been considered as evidence against the concept of a passive movement of substances through cell walls. Additional evidence may be derived from experiments showing that active absorption is an essential initial step prior to any translocation. This neccessitates a discussion of the absorption process, but as a full account of this aspect is somewhat beyond the scope of the present subject, the discussion will be kept as brief as possible.

Vallisneria has for many years been used as a suitable subject for the study of passive permeation. Among the substances which have been traced during both absorption and translocation are those such as lithium ions and caffeïne molecules (BIERBERG 1909, KOK 1933).

However, when amino acids were tested in similar experiments, it became apparent that active absorption plays a dominant role as could be deduced from the influence of a number of internal and external factors. The previous history and the wounding resulting from cutting the leaf segments have an important influence on subsequent absorption capacity. For that reason a pre-treatment of 24 hours in water is always given. Illumination or the addition of sugar during this pre-treatment always enhances subsequent absorption (ARISZ and SOL 1956). Unpublished results (Miss VAN DER MOLEN e.a.) suggest that a light period followed by a dark period gives the best results.

Absorption proper depends on such factors as oxygen supply (if the leaves are kept in the dark), temperature (ARISZ and OUDMAN 1937), external concentrations and inhibitors in a fashion similar to that observed in experiments using other experimental material. There is no doubt that this active absorption is made possible by the simultaneous occurrence of respiration.

However, the green leaves of *Vallisneria* are capable of photosynthesis also and this makes it possible to study the relationship between absorption and illumination. Illumination of the leaves either during a pre-treatment or during the absorption period enhances active absorption to a considerable extent (ARISZ 1948, ARISZ and SOL 1956). The most essential aspect of this relationship is, however, that the influence of light is also apparent in the absence of or at least in reduced concentrations of carbon dioxide. This suggests that light energy can be used in a more direct way in the process of active absorption.

This phenomenon was called photo-accumulation (ARISZ: S.E.B. lecture Oxford 1950) and was studied in closer detail by MOOK and VAN LOOKEREN CAMPAGNE (1957), who were able to demonstrate that chlorophyll is the absorbing pigment in this process. There can be little doubt that this process of photo-accumulation will attract the attention of workers in this field in years to come.

However, the demonstration that ion accumulation in *Vallisneria* leaves depends on energy derived from either respiration or light does not imply that inactive absorption does not occur or, moreover, that an inactive step may not be involved in the process of absorption. In fact, WINTER (1961) found that some of the labelled rubidium absorbed during a short period in a solution will be given up very easily to water and even more will be given up to an unlabelled rubidium solution.

From further analysis this exchangeable fraction was found to be present in the cell walls, and these ions may accumulate during a period in water under conditions conducive to active accumulation.

It will be clear from what has been said about passive and active absorption and their interrelationship, that it is quite conceivable that ions are taken into the free space of the cell wall by a part of the leaf which is in contact with a solution, and that these ions may move through cell walls to other parts of the leaf, which are in contact with water, and where active accumulation of these ions may occur.

However, it already seemed likely that this transport through cell walls must be of little importance, if any, because of the absence of leakage from the tissue in which translocation and accumulation occurred. This may partly be due to the low value of the concentrations normally used in these translocation experiments. They are mostly of the order of 1—2 millimols per litre, which means that the amounts of exchangeable cations must have been small.

Additional evidence is provided by experiments in which a suction stream was created by keeping part of a leaf segment in an atmosphere of reduced vapour pressure, the other part being in contact with the experimental solutions (ARISZ and SCHREUDER 1956).

In earlier work attempts had been made to induce a mass flow through the tissue by applying a hydrostatic pressure to one end of a leaf segment (KOK 1933). In all experiments of this kind the results were negative. In fact, the amounts of solute translocated and accumulated were often less than the corresponding amounts in the controls where no mass flow had been induced.

However, the most convincing evidence against a possible role by the cell walls comes from experiments in which it could be demonstrated that active absorption is necessary for translocation. In these experiments the free part of the leaf segment was kept under conditions favourable for active accumulation. If now the other part was brought into contact with a solution, conditions for passive absorption into the wall space and subsequent transport through the walls and active accumulation in the cells of the free part, were fulfilled; but no translocation was obtained if the absorbing part was kept under conditions which prevented active absorption.

As was discussed before, active absorption can be prevented by a number of factors e.g. inhibitors, darkness. Some results of an experiment on the influence of illuminating the absorbing part of a leaf on translocation of chloride to the free part are given in Table 1.

So we arrive at the conclusion that a solute has to be introduced into the living protoplast before it can be translocated from cell to cell. In doing so, the solute has to pass through adjacent cell walls. At first sight this would involve on the one side a leakage out of a cell and on the other side an active absorption by its neighbouring cell. This would mean an enormous waste of energy and also the possibility of a leakage of valuable substances to the surrounding medium during cell transport. As no leakage is observed we must, therefore, conclude that the transfer of substances from one cell to an other also remains under the controlling influence of the living protoplasm. This is possible if the substances are transferred from cell to cell by protoplasmatic connections (plasmodesmata), the individual protoplasts of the cells of the leaf tissue thus forming one single living unit, the symplasm. Symplasm is not restricted to the parenchymatous tissue, but as shown by the results on translocation through tissue bridges comprises also the conducting elements present in the bundles.

Table 1. *The influence of light on the absorption and translocation of chloride by leaf segments of Vallisneria spiralis.*

Only the absorbing part was allowed to absorb for 24 hours and was kept in either darkness or light. Figures refer to sets of 8 leaf segments. (After ARISZ and SOL 1956.)

Treatment and increase in chloride		Total absorption
absorbing part	free part	
dark 124 μg	light 43 μg	167 μg
light 353 μg	light 123 μg	476 μg

Absorption and accumulation.

We learned from the data of Fig. 6, that active absorption, influenced amongst other things by illumination of the leaf cells, is a necessary step in the movement of ions from the outside solution into the symplasm of the leaf tissue. The same data may be used to illustrate the fact that with respect to translocation the symplasm does not represent a simple compartment of the tissue.

In the first place it is clear that the concentration of the solute may be quite different in the various parts of the leaf. It is particularly striking that the overall concentration in the free part may be higher than the concentration in the absorbing part. We would rather expect the reverse picture or at least a rapid levelling of concentration differences if the symplasm was a system in which a rapid movement into all directions could take place. But in view of the distribution of solute found, we cannot but conclude that there is some sort of an accumulating mechanism, which is sensitive to illumination, resulting in little accumulation in the absorbing zone provided this zone is kept in the dark.

The presence of an active accumulating mechanism in addition to an active mechanism that takes solutes out of the external solution into the living symplasm, is stressed by experiments in which the metabolic activity of the free part of a leaf segment is controlled by such factors as light, darkness or the addition of sugar. Any change in the amounts of solute found in this part must be due to a change in the accumulating power of this part of the leaf as no direct absorption from the medium could take place here.

In Table 2, a summary is given of some of the results of experiments in which the absorbing parts of the controls were always kept in the light and the free parts in the dark. Very similar but often more irregular results were obtained when other conditions for the controls were used.

It is obvious that by exposure of the free part as well as by the addition of sugar, the accumulation in this part of the leaf could be greatly enhanced. This enhancement is nearly always accompanied by a slight increase of the amount of solute found in the absorbing part, which might be due to either a somewhat higher rate of accumulation here or merely to an increased absorption from the medium. In an exceptional case, the increased accumulation in the free part resulted in a slight decrease of the amount of solute found in the absorbing part. This points to a competition between the absorbing part and the free part of the leaf for the solute absorbed.

Such a competition could be demonstrated more clearly in experiments in which the absorbing part was kept in the dark while the free part remained in the light. If sugar was now administered to the absorbing part, total absorption was increased, but in spite of this, it was found in many experiments that a smaller amount of the absorbed solute was transferred to the free part, apparently as a result of an increased accumulation in the absorbing part itself (Table 3).

It follows from these observations that there are at least three aspects of the overall process of uptake and translocation: there is first of all an active process that takes solutes from the medium into the symplasm of the tissue; then, within the symplasm itself there are at least two compartments, in one of them the process of translocation occurs, and in the other one the ions can be actively accumulated from the translocation compartment. At any rate there are at least two separate active processes to be distinguished, absorption from the medium and accumulation within the tissue. This could be confirmed and even more firmly established by experimental evidence obtained using various metabolic inhibitors.

Table 2. *The influence of light (A) or the addition of sugar (B) on absorption and translocation of chloride in leaf segments of Vallisneria spiralis.*

Only the absorbing part was allowed to absorb in the light for 24 hours. The free part was kept in water under the conditions indicated.

The figures refer to sets of 8 leaf segments. (After ARISZ and SOL 1956.)

	Treatment and increase in chloride		Total absorption
	absorbing part	free part	
A	light 271 μg	dark 88 μg	359 μg
	light 309 μg	light 151 μg	460 μg
B	light 240 μg	dark 88 μg	328 μg
	light 257 μg	dark + sugar 119 μg	376 μg

Table 3. *Competition for chloride between absorbing part and free part of leaf segments of Vallisneria spiralis.*

Only the absorbing part was allowed to absorb for 24 hours under the conditions indicated.

Figures refer to sets of 8 leaf segments. (After ARISZ and SOL 1956.)

Treatment and increase in chloride		Total absorption
absorbing part	free part	
dark 85 μg	light 57 μg	142 μg
dark + sugar 170 μg	light 32 μg	202 μg

Metabolic inhibitors and transport processes.

From the effects brought about by these inhibitors, two groups can be distinguished: on the one hand, cyanide, arsenate and uranyl nitrate, on the other hand di-nitro-phenol and azide.

As an example of the first group Fig. 8 gives the effect obtained with uranyl nitrate at concentrations of 3×10^{-6} M. and 10^{-5} M. If this inhibitor is given to the absorbing part of the leaf, absorption from the medium is reduced considerably. Moreover, most of the chloride absorbed is accumulated in the absorbing part, and no significant amounts are transferred to and accumulated in the free part of the leaf. If, on the other hand, the inhibitor is applied to the first zone of the free part at the same concentrations, both total absorption and distribution are hardly affected.

Here it should be borne in mind that a reduction in absorption from the medium itself will also affect the distribution. Anyhow, it is obvious that quite contrasting

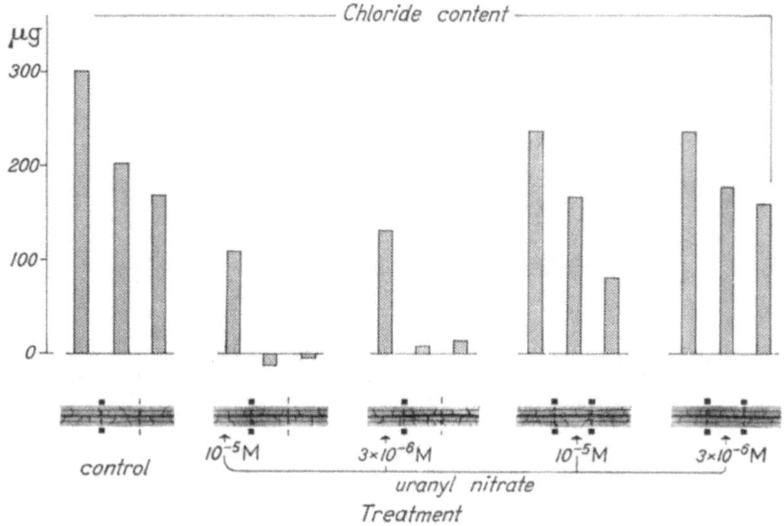

Fig. 8. The effect of uranyl nitrate on absorption and distribution of chloride in leaf segments of *Vallisneria spiralis*. Uranyl nitrate was applied at two different concentrations either to the absorbing part or to a zone of the free part adjacent to the absorbing part. Figures refer to sets of 8 leaf segments. (After ARISZ 1958.)

results are obtained with an appropriate inhibitor at a very low concentration when adding it to either the absorbing part or the free part of the leaf.

The same can be said about an inhibitor like azide, which also gives different result according to whether it is applied to the absorbing part or a zone of the free part of the leaf. Fig. 9 gives the results of an experiment, in which azide was given either to the absorbing part or to the first zone of the free part of the leaf. In contrast to what was found for uranyl-nitrate, absorption and translocation may continue while accumulation in the absorbing part is greatly reduced if azide is given to this part. Similarly accumulation in the first zone of the free part is inhibited if azide is applied here. In this case also very low concentrations are sufficient to obtain these effects as is demonstrated by Fig. 10, and the effect was completely restricted to the zone of application.

Other inhibitors such as arsenite, iodoacetate, phlorizin and fluoride have been tested, but they cause a more general inhibition of the processes of absorption, accumulation and translocation.

It is well-known that the sensitivity of living material to inhibitors is a very variable one, and consequently, the results obtained in the experiments discussed here can also be expected to be somewhat variable. First of all the material has to be in an excellent condition to withstand the drastic treatments with metabolic inhibitors. This proved to be particularly true for di-nitro-phenol. In less resistant material there is also a greater tendency for the inhibitor to affect the processes going on in the untreated zones. For further details reference should be made for the original publications (Arisz 1953, 1958).

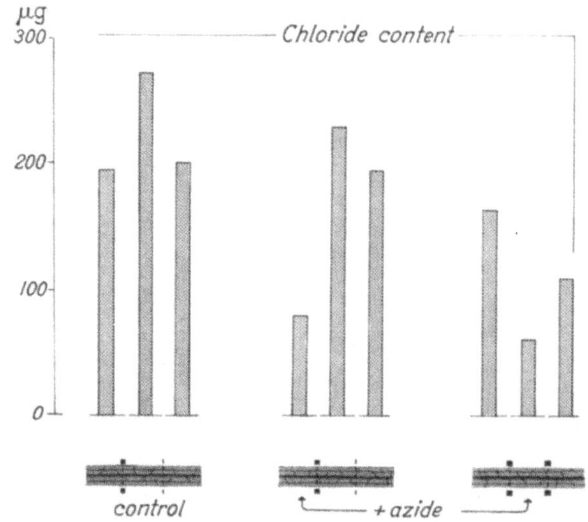

Fig. 9. The effect of azide on absorption and distribution of chloride in leaf segments of *Vallisneria spiralis*. Azide was applied at a concentration of 1.5×10^{-4} M. either to the absorbing part or to a zone of the free part adjacent to the absorbing part. (After Arisz 1958.)

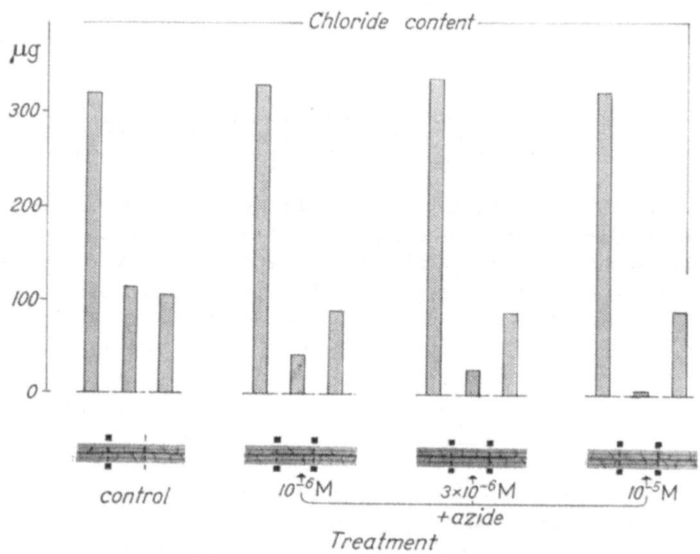

Fig. 10. The effect of azide in increasing concentrations on the accumulation of chloride in leaf segments of *Vallisneria spiralis*. Azide was applied at the concentrations indicated to the first zone of the free part only. Figures refer to sets of 8 leaf segments. (After Arisz 1958.)

One more remarkable result, obtained with azide, should be mentioned in this context. All the results of experiments on the influence of inhibitors were obtained not only with normal leaf segments but also with dissected ones i.e. segments in which the absorbing part and the free part were only connected by either the median bundle or two parenchyma bridges, as described earlier. If now azide was administered to the absorbing part, translocation and accumulation in the free zone was completely stopped in the case of a bundle bridge but not in the case of a parenchyma bridge (Fig. 11).

This result suggests that metabolism is involved in the movement of chloride ions from the parenchyma into the bundle tissue. However, this particular effect by azide was not always obtained. If plant material, grown at another time and which was presumably much younger, was used, the effect was completely absent.

The suggestion was made that these contrasting results were related to the stage of development of the sieve elements in the bundle tissue and the azide effect was assumed to be related to the movement of ions from the parenchyma cells into the mature sieve elements of full grown leaves (ARISZ 1958). If this assumption is right, it means that the symplasm consists of at least three compartments, two of which are concerned with translocation the third one comprising the accumulated solutes.

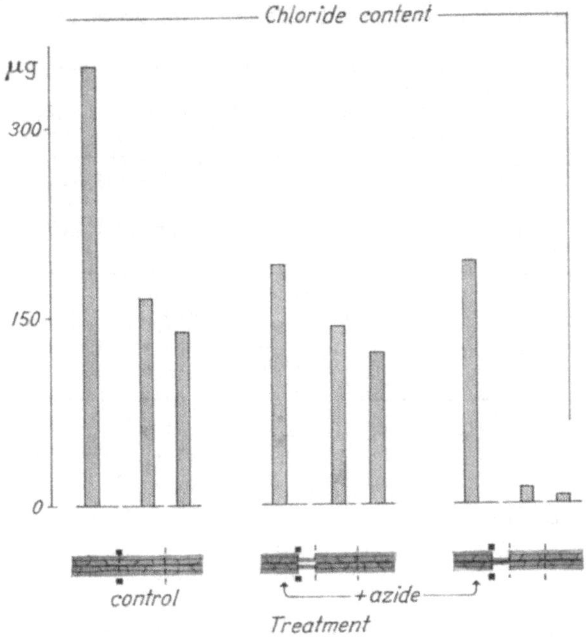

Fig. 11. The effect of azide on translocation of chloride through tissue bridges in leaf segments of *Vallisneria spiralis*. Azide was applied to the absorbing part of those leaf segments in which absorbing part and free part were connected by either parenchyma bridges or bundle bridges. Figures refer to sets of 8 leaf segments. (After ARISZ 1958.)

There can be little doubt, that the vacuoles represent an important site for this accumulation. From the very beginning of the study on absorption in *Vallisneria*, use was made of the fact that these leaves are very suitable material for the plasmolytic determination of the osmotic value of the cell-sap. From the determinations made, it became clear that the active absorption caused a corresponding increase of the osmotic value, indicating that the solute was accumulated in the sap (ARISZ and VAN DIJK 1939).

As this accumulation was clearly an active process, it led to the formulation of the vacuole-secretion theory (ARISZ 1948). However, when it became clear that prior to the secretion of solutes into the vacuoles, an active entrance occurs into the protoplasm it was realized that solutes may be accumulated in the protoplasm itself or at least in some of its particles. In *Vallisneria*, however, little is known about such an accumulation in cell organelles like mitochondria, chloroplasts etc. So far, attempts to study the absorption of ions by isolated chloroplasts have not been successful.

Anyhow, further research will be needed to find out if there are any more compartments which contain solutes removed from the translocating system proper. Obviously, continued research may tend to restrict the pathway for translocation more and more and it does not seem unreasonable for the present author to assume that the transport is confined to special protoplasmic strands or to parts of the membrane system. Whatever the outcome may be, and however complicated the compartmentalization of the symplasm may prove to be, it seems justified to continue the use of the term symplasmatic transport, especially as it indicates that the transport from cell to cell is by means of plasmatic connections.

Redistribution.

If it is realized that only some of a substance present in leaf tissue is available for further translocation, whereas the remainder is accumulated and therefore presumably more or less fixed, the problem arises as to whether the amounts which are or are not available for translocation can be determined.

Two types of experiments will be discussed here. First of all, it is possible to allow a leaf segment with an absorbing and a free part to absorb chloride for some time. If the absorbing part is kept in the light and the free part remains in the dark, hardly any translocation occurs and the substance absorbed is found almost exclusively in the absorbing part.

If now the whole leaf segment is transferred to water and the light conditions are reversed i.e. the part that was absorbing in the light is now kept in the dark and the free part is illuminated, some of the chloride absorbed previously into the absorbing part is now moved to the free part (Table 4). This movement is fast at first and then slows down, but whether it stops after 24 hours redistribution cannot be seen from the data. The amount of chloride that has been induced to move out of the absorbing part was about 36 μg Cl i.e. about 18% of the total amount present in that leaf part at the end of the absorption period. If the values found after 8 hours and 24 hours redistribution are extrapolated by assuming a normal decay curve, a final value of about 25% is arrived at. These values may be considered to represent the amount of chloride present in the symplasm of the absorbing part whereas the remaining amount would refer to the chloride accumulated in the vacuoles. If this is correct, it is at once clear that the amount present in the symplasm may be quite considerable. It seems to indicate that ions like chloride can also be accumulated within the symplasm, but in a reversible way so that they may remain available for further transport. It is also conceivable that ions accumulated in the vacuoles previously were involved in this redistribution process.

Table 4. *Redistribution of chloride previously absorbed in leaf segments of Vallisneria spiralis.*

During the absorption period only the absorbing part was allowed to absorb chloride for 16 hours. In the subsequent redistribution period both absorbing and free parts were kept in water. The light conditions are indicated.

Figures refer to sets of 8 leaf segments. (After ARISZ 1954.)

		Treatment and increase in chloride during the period indicated		Total absorption
		absorbing part	free part	
Absorption period	16 h	light +208 μg	dark +17 μg	+225 μg
Redistribution period	8 h	dark −19 μg	light +28 μg	+9 μg
	24 h	dark −36 μg	light +44 μg	+8 μg

As a rule little loss from the vacuoles occurs and the osmotic value remains unchanged for a long period, but the dark treatment necessary here to bring about redistribution may have changed the permeability conditions so that ions are given up by the vacuoles. If this were so, one would expect a continued release of chloride ions from the absorbing part to the free part until almost all ions had left the absorbing part and were accumulated in the free part. The experimental data do not permit one to draw any conclusion as yet. One difficulty is the deterioration in the condition of the material if it is exposed to these experimental conditions for an extended period.

Similar limitations due to experimental difficulties were met with in experiments with labelled ions in which the fate of the unlabelled ions already present in the tissue of a series of leaf segments was also studied. In the experiments represented by Table 5, each 2.5 cm zone contained 616 µg unlabelled chloride, i.e. the absorbing part contained 616 µg whereas the free part, being twice as long, contained 1232 µg. If now the absorbing part was immersed in a labelled chloride solution its total uptake per 24 hours was 363 µg Cl*. About a quarter of this amount was translocated to the free part. However, at the same time some of the unlabelled chloride already present in the absorbing part, had also moved into the free part. This amount was twice as high as the amount redistributed in the previous experiment, but the total amount present in the absorbing part was also much higher.

Table 5. *Absorption and translocation of labelled chloride and simultaneous redistribution of unlabelled chloride in leaf segments of Vallisneria spiralis.*

The absorbing part was allowed to absorb labelled chloride (Cl*) for 24 hours. It contained 616 µg unlabelled chloride (Cl°) at the start of the absorption period.

All figures refer to sets of 8 leaf segments. (After ARISZ 1964.)

	Change in labelled and unlabelled chloride content		Total change
	absorbing part	free part	
Cl*	+267 µg	+ 96 µg	+363 µg
Cl°	− 77 µg	+ 72 µg	− 5 µg
total Cl	+190 µg	+168 µg	+358 µg

Here, also, any further conclusions about the total amount available for redistribution as well as about the localization of the chloride involved in this process is hampered by the fact that the time course of these phenomena is difficult to ascertain. Apart from troubles arising out of the variability and condition of the plant material, the requirements for the analytical and experimental procedure have proved to be so exacting that little progress could be made in this respect in spite of serious attempts made over a period of years.

One more aspect of the results of the experiment given in Table 5 should be mentioned. No significant loss of chloride already present in the tissue at the start of the experiment could be demonstrated.

This finding could be corroborated by a large number of absorption experiments on the uptake of labelled chloride (ARISZ 1963, 1964) indicating a completely impermeable outer cell membrane, which is necessary condition for efficient active absorption. However, this impermeability can be lost temporarily, under the influence of a large number of various treatments, particularly by treatments following the absorption experiments proper. One of the factors is the general condition of the plant material used, which in turn, depends on its previous history. Other factors are the wounding of the tissue brought about by cutting the leaves, the changing of the medium and the composition of the medium.

Recent unpublished results of experiments done by students, point to a particular interplay of light conditions and monovalent ions, especially potassium in the permeability of the cells for rubidium ions (see also: HELDER 1956).

In conclusion it can be said that experiments on redistribution also suggest the existence of a two compartment system. At the same time they give some idea of the amounts of substance present in either of these compartments, but far more data must be obtained in order to give a better insight into these important aspects.

Finally, ions subjected to a process of redistribution are not readily given up to the medium. This indicates that these processes take place behind an impermeable barrier.

Active and inactive aspects of translocation.

Protoplasmic streaming and translocation.

From the discussion of the pathway of transport of substances in *Vallisneria* leaves, it became clear that the living protoplasm plays a dominating role. Even the transport from cell to cell must be under the control of the living protoplasm, presumably by means of plasmatic connections.

The first impression is that translocation takes place according to concentration gradients, but it was realized that active processes of uptake into the tissue and of accumulation in the vacuoles and perhaps also in the protoplasm itself, go on side by side with those of the translocation. Therefore, although the tissue as a whole is actively involved in the absorption and distribution of substances, it is quite possible that translocation in the strict sense of the word is restricted to a small compartment of the symplasm e.g. the endoplasmatic reticulum and that active processes are not so intimately related to this part of the overall process as might be suggested by that first impression.

The most likely activity of the living cell, which might play some part in translocation is protoplasmic streaming. As was indicated in the introduction, the study of the relationship between transport and protoplasmic streaming was the very starting point of the work on *Vallisneria* discussed here (KOK 1933).

If leaves of *Vallisneria* are kept in distilled water in the dark, protoplasmic streaming will come to a stand-still within a few days. A resumption of streaming can then be affected easily e.g. by illumination or by addition of small traces of various substances (FITTING's "Chemodinese"). In this way both material that shows no streaming and material with vigorous protoplasmic streaming can be obtained.

If the transport of lithium ions or caffeïne molecules was now tested no difference between "streaming" and "non-streaming" material could be found, although an accelerating effect for the passive movement of these substances seems quite likely (BIERBERG 1909).

JAGER (1958), studying the effect of the addition of substances on the initiation of protoplasmic streaming in quiescent cells rather than the effect of streaming on the transport of substances, found that streaming can be initiated by asparagine, sodium, lithium, magnesium, strontium, lanthanum, luteo-cobalt and rhodanide salts. This is not the case if potassium or rubidium chloride, nitrate, bicarbonate, sulphate, phosphate or calcium sulphate were used. These salts could even prevent a subsequent light reaction i.e. an initiation of the protoplasmic streaming by illumination after a prolonged stay in darkness. This was, in fact, the main subject of JAGER's study.

The most striking fact about the contrasting effects of the salts mentioned is that ions which are normally engaged in active absorption do not induce streaming, whereas those ions which are far less important in this respect, do. It confirms the feeling of those who have used *Vallisneria* leaves for active absorption and transport studies that resistant material, displaying a high rate of absorption and translocation, shows hardly any protoplasmic streaming whereas less suitable material does (Miss HEIKENS, ARISZ 1948, 1956).

There is no evidence therefore that there is any close relationship between protoplasmic streaming and transport, at least as far as *Vallisneria* leaves are concerned.

Metabolism and translocation.

As visible protoplasmic streaming is not related to transport in *Vallisneria* leaves we might proceed further down to the molecular level and ask whether metabolic processes are necessary for translocation.

For this problem further reference can be made to the previous discussion on the effect of inhibitors on the overall process of absorption and distribution. It was found that some inhibitors mainly affect absorption from the medium into the tissue whereas others reduce accumulation within the tissue. Clearly, translocation was also influenced in these experiments, though more indirectly.

In order to trace the effects of inhibitors on translocation proper, both absorption of substances into the tissue and accumulation have to proceed in some

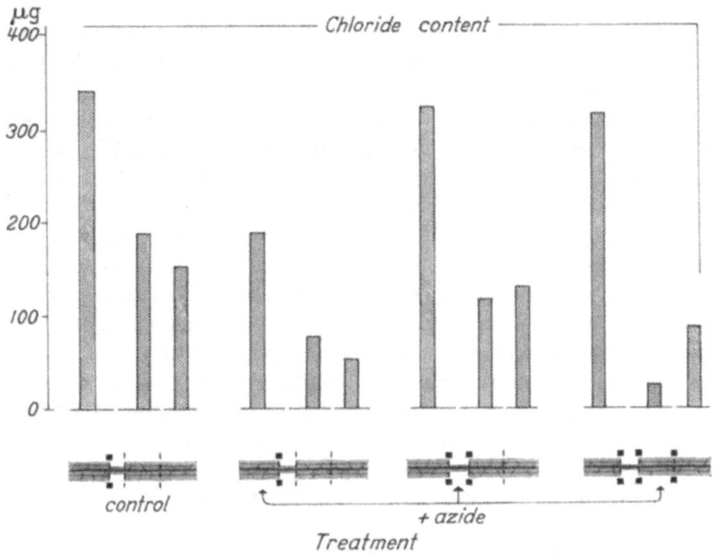

Fig. 12. The effect of azide on absorption and distribution of chloride in leaf segments of *Vallisneria spiralis* with bundle bridges. All segments were treated in such a way that the chloride ions had to pass through a bundle bridge in order to reach the free part of the segments. Azide was applied to either the absorbing part, or bundle bridge or the first zone of the free part. Figures refer to sets of 8 leaf segments. (After Arisz 1958.)

way. For this reason experiments were carried out in which the absorbing part was kept under conditions conducive to rapid absorption; and one zone of the free part was allowed to accumulate ions supplied by the absorbing part freely while the other zone, lying between the two zones mentioned, was subjected to a treatment by a suitable inhibitor.

In the experiment illustrated by Fig. 10 azide was applied to the middle zone of a leaf segment. As a result of such a treatment accumulation in this zone is reduced or even stopped if the azide concentration is raised from 10^{-6} to 10^{-5} M, whereas accumulation in the other free zone is unaffected by this treatment. This indicates that the translocation from the absorbing part to this accumulating free zone could take place unhindered through the azide treated zone.

The same result was obtained with dissected leaf segments in which absorbing part and free part were connected by the median bundle only. Azide applied to this isolated bundle did not reduce transport through it (Fig. 12).

Similar results were supplied by experiments with other inhibitors. The results are, however, not always as clear-cut as the ones just mentioned. This depended very much on the resistance of the leaf material, the type of the inhibitor, and its concentration.

In Fig. 8 the effect of increasing concentrations of uranyl nitrate is illustrated. Accumulation in the treated zone proves to be far more sensitive to the application of the inhibitor than translocation through this zone. Cyanide gave a similar picture. Clearly, it is always possible to stop some process by metabolic inhibitors provided sufficiently high concentrations are used, but important information can be missed in this way.

The results, discussed here, indicate that there is no direct relationship between metabolic activity and translocation proper, but that structural changes occurring at higher concentrations of inhibitors may cause a decrease in the ability of the tissue for translocation.

Inactive aspects of translocation.

So far we have found no evidence for any direct relationship between cellular activity, either in the form of protoplasmic streaming or metabolic processes, and the translocation of substances in a strict sense. It indicates that physico-chemical or purely physical principles are fundamental for the translocation process.

One of these principles might be the flow of a solution. We need not discuss this aspect in detail here, as we have seen that attempts to induce or increase translocation by suction forces have been in vain.

On the other hand, it can be argued that accumulation of a substance in the vacuole increases the osmotic value, which in turn leads to an increased suction tension causing water absorption, so there will always be a simultaneous entrance of solute particles and water molecules on account of osmosis. Very little is known about the interaction of moving solute particles and water molecules apart from osmotic and hydration phenomena. In thermodynamics this interaction is accounted for by so-called entrainment constants (STAVERMAN 1954). We have to realize, therefore, that it is quite possible that any movement of a solute is accompanied by water movement. Unfortunately, till now we have hardly any insight into the quantitative meaning of these phenomena.

Equally important is the possible interaction between various kinds of moving solute particles. Only a few experiments have been carried out to study the simultaneous absorption and distribution of two different substances. Some results have been obtained for potassium and rubidium (ARISZ 1960, 1961).

If rubidium is supplied to the absorbing zone, it is taken up and partly transferred to the free part if this is kept in water in the dark. However, if potassium is added to the free part it stops the translocation of the rubidium ions, which causes a piling up of rubidium in the absorbing part. Obviously, translocation of rubidium is governed by concentration gradients, whereas an exchange of ions between different parts of a leaf cannot be detected.

Recent experiments with organic substances have yielded some promising results, but metabolic conversion may clearly be one of the complicating factors. This applies in particular to the study of the simultaneous translocation of two different substances in opposite directions.

In Table 6 results are given of a single experiment on the simultaneous absorption and translocation of an organic and inorganic substance namely asparagine and chloride. By administering chloride to one end of the leaf segment and asparagine to other simultaneous translocation in opposite directions were demonstrated.

Clearly, this would be impossible if translocation could only take place by means of a streaming solution. On the other hand the rate of translocation of each of the two substances is retarded as compared with the rate observed if the other substance is absent. Such a competition is also observed if sucrose, malate or phosphate is used instead of asparagine (ARISZ 1965).

In further reference to the interaction of water relations and translocation of solutes one point should be added in conclusion. It was stated that translocation of a solute could not be increased by the application of a suction tension caused by adding an osmotically active substance to the free part or by allowing the free part to lose water by evaporation. In fact, absorption from the medium was actually reduced if the absorbing part was in the dark.

If sucrose was added to the free part, it stimulated accumulation in this part of the leaf but at the same time it decreased accumulation in the absorbing part. This decrease could be reduced or even completely removed by adding sucrose to the absorbing part also or by illumination of this part. Further analysis of this phenomenon showed that it was based on a long-distance osmotic effect, which causes some dehydration of the symplasm (ARISZ and SCHREUDER 1956).

Table 6. *Simultaneous translocation of chloride and asparagine in opposite directions in leaf segments of Vallisneria spiralis.*

Chloride was added to one end (chloride absorbing part) of the leaf segment whereas asparagine was added to the other end (asparagine absorbing part). The part in between (median part) was kept in water. All parts were in the light.

Figures refer to sets of 8 leaf segments. (After ARISZ 1960.)

	Increase in chloride and nitrogen content		
	chloride absorbing part	median part	asparagine absorbing part
chloride	301 μg	123 μg	52 μg
asparagine-N	33 μg	109 μg	157 μg

Concluding remarks.

We saw that the translocation of solutes in the submerged leaves of *Vallisneria* is based essentially on physical principles. It is rapid as compared with other transport phenomena closely related to it. As a result it is a non-rate-limiting step in the overall process of absorption and distribution.

Translocation does not show much specificity and it takes place according to concentration gradients. However, it is too fast for normal diffusion, the more so as preliminary results with indolacetic acid suggest that very weak concentrations may suffice. Accelerated diffusion seems to be the best description of the phenomenon, for the time being, and a spreading along interphases the best explanation for this rapid diffusion, as the molecular heat movement of the solutes is then restricted from a three-dimensional to a two-dimensional space. Moreover, it makes it understandable why movement of a substance can be stopped near one end of the system if another solute is added to the other end without giving rise to a certain mixing or exchange of both substances.

Such translocation must take place from cell to cell by means of plasmatic connections and the plasmatic structures responsible for the spreading phenomena must be assumed to run from cell to cell through these plasmodesmata. As to these structures, nothing can be said with certainty at this stage. One might think of special protoplasmatic strands or of a more specific structure like the endoplasmatic reticulum, which seems well adapted for this special purpose, seeing its enormous surface area.

Even in the case of such a non-specific translocation system, interactions between various solutes remain possible e.g. by competition for space in the interphases. Suppression of spreading may be another aspect of such an interaction.

It was discussed that translocation of solutes will be associated with transport of water though the exact quantitative relationship remained obscure. Such a displacement of water may in turn cause some transport of solutes, giving rise to an even more complicated interaction between the transport of various solutes and water.

Finally, it has to be realized that the composition of this translocating compartment of the symplasm may be influenced by the composition of the other phases of the symplasm, as a steady loading and unloading of this compartment will take place, causing a constant interchange of substances between this compartment and the symplasm as a whole. Such an interchange would have an enormous influence on the rate of translocation of a specific substance. The interchange is especially likely for substances which are closely related and it represents, therefore, a serious complication in the use of labelled substances in translocation studies.

So far no attention has been paid to the role of metabolism. This is justified because structural features of the symplasm seem to be more important than metabolic ones. These structural features, however, may be changed by a number of factors. By osmotic influences the hydration of the symplasm can be changed and this proved to have a reducing effect on translocation. However, structural features also depend on metabolic processes, so it is small wonder that translocation can be changed by factors changing metabolism drastically e.g. by the use of metabolic inhibitors at high concentrations. Wounding also reduces the power of translocation for a number of hours. At the same time protoplasmic streaming is most active. In this case it is perhaps the visible aspect of drastic structural changes which results in a temporary loss of the structural integrity necessary for translocation.

Nevertheless, normal changes of metabolism may also have an influence on translocation. This, however, is the result of the close link between translocation and the processes of active absorption from the medium and accumulation in the vacuoles and other symplasmatic compartments. The translocating system is loaded and unloaded by means of this last process. It is these processes which mainly determine the amounts of solutes translocated and which, on account of their need for free energy, are responsible for the effect of metabolism on translocation.

It should be added here, that there seems to be an active process taking solutes from the surrounding tissue into the sieve elements. However, as this process was only demonstrable in older leaves, this reminds one of ARISZ' view that sieve elements should be considered as being specialized parenchyma cells, from which they gradually develop both from a structural and functional point of view.

One advantage that the sieve elements have is doubtless their much greater length. This considerably reduces the number of cells to be crossed and there are reasons for believing that the bottle neck in translocation is the movement of a solute from one cell to another. This cell to cell transport is made possible by plasmatic connections and it is quite possible that the reduction in the rate of translocation owing to structural changes must be first of all ascribed to changes occurring in these plasmodesmata.

To sum up, the translocation of some definite substance in the leaves of *Vallisneria* is a result of the interplay of a large number of processes, some of which require free energy and others which do not. One of the big advantages of this material is that it is possible to separate experimentally a few of the processes involved. Clearly, it is to be expected that further research along these lines in which full use is made of the advantages possessed by *Vallisneria*, still more underlying principles will be discovered, and it is hoped that these principles will prove to be of value for our insight into the translocation phenomena in general.

Literature.

ARISZ, W. H.: Het actief en passief opnemen van stoffen door *Vallisneria*. Versl. Ned. Akad. v. Wet. afd. Nat. **52**, 639 (1943). — Contribution to a theory on the absorption of salts by the plant and their transport in parenchymatous tissue. Proc. Kon. Ned. Akad. v. Wetensch. **48**, 420 (1945). — Uptake and transport of chloride by parenchymatic tissue of leaves of *Vallisneria spiralis*. Proc. Kon. Ned. Akad. v. Wetensch. **50**, 51 (1947/48). — Transport of organic compounds. Ann. Rev. Plant Physiol. **3**, 109 (1952). — Active uptake, vacuole secretion and plasmatic transport of chloride ions in leaves of *Vallisneria spiralis*. Acta bot. neerl. **1**, 506 (1953). — Transport of chloride in the symplasm of *Vallisneria* leaves. Nature (Lond.) **174**, 223 (1954). — Influence of inhibitors on the uptake and the transport of chloride ions in leaves of *Vallisneria spiralis*. Acta bot. neerl. **7**, 1 (1958). — Translocation of salts in *Vallisneria* leaves. Bull. Res. Council Israel, Sect. D, Botany **8**, 247 (1960). — Symplasmatischer Salztransport in *Vallisneria*-Blättern. Protoplasma (Wien) **52**, 309 (1960). — Symplasm theory of salt uptake into and transport in parenchymatic tissue. Recent advances in Botany (Intern. Bot. Congr. Montreal) 1961. — Observations on translocation in parenchyma and their significance for long distance transport. Recent advances in Botany (Intern. Bot. Congr. Montreal) 1961. — Influx and efflux of electrolytes by leaves of *Vallisneria spiralis*. I. Active uptake and permeability. Protoplasma (Wien) **57**, 5 (1963). — Ionenopname en transport in *Vallisneria* bladeren. Versl. Kon. Akad. v. Wetensch., Afd. Nat. **72**, 80 (1963). — Influx and efflux of electrolytes by leaves of *Vallisneria spiralis*. II. Leakage out of cells and tissues. Acta bot. neerl. **13**, 1 (1964). — Translocation of labelled chloride ions in the symplasm of *Vallisneria* leaves. Proc. Kon. Ned. Akad. v. Wetensch. **67**, 128 (1964). — ARISZ, W. H., and P. J. S. VAN DIJK: The value of plasmolytic methods for the demonstration of the active asparagine intake by *Vallisneria* leaves. Proc. Kon. Akad. v. Wetensch. **42**, 820 (1939). — ARISZ, W. H., and J. OUDMAN: On the transport of introduced nitrogenous substances in the leaves of *Vallisneria spiralis*. Proc. Kon. Akad. v. Wetensch. **40**, 440 (1937). — Absorption and transport of asparagine in leaves of *Vallisneria*. Proc. Kon. Akad. v. Wetensch. **41**, 810 (1938). — ARISZ, W. H., and M. J. SCHREUDER: The path of salt transport in *Vallisneria* leaves. Proc. Kon. Ned. Akad. v. Wetensch., Ser. C, **59**, 454 (1956). — Influence of water withdrawal through transpiration on the salt transport in *Vallisneria* leaves. Proc. Kon. Ned. Akad. v. Wetensch., Ser. C, **59**, 461 (1956). — ARISZ, W. H., and H. H. SOL: Influence of light and sucrose on the uptake and transport of chloride in *Vallisneria* leaves. Acta bot. neerl. **5**, 218 (1956). — ARISZ, W. H., and E. P. WIERSEMA: Symplasmatic long distance transport in *Vallisneria* plants investigated by means of autoradiograms. Proc. Kon. Ned. Akad. v. Wetensch., Ser. C, **69**, 223 (1966).

BIERBERG, W.: Die Bedeutung der Plasmarotation für den Stofftransport. Flora (Jena) **99**, 52 (1909).

FITTING, H.: Untersuchungen über die Auslösung von Protoplasmaströmung. Jb. wiss. Bot. **64**, 281 (1925).

HELDER, R. J.: The loss of substances by cells and tissues (salt glands). Encyclopedia of plant physiol. II. Berlin-Göttingen-Heidelberg: Springer 1956. — HONERT, T. H. VAN DEN: On the mechanism of the transport of organic materials in plants. Proc. Kon. Ned. Akad. v. Wetensch. **35**, 1104 (1932).

JAGER, G.: The influence of salts on protoplasmic streaming generated by light in subepidermal cells of *Vallisneria* leaves. Acta bot. neerl. **7**, 635 (1958).

KOK, A. C. A.: Über den Transport körperfremder Stoffe durch parenchymatisches Gewebe. Rec. Trav. bot. néerl. **30**, 23 (1933). — KYLIN, A.: The apparent free space of *Vallisneria* leaves. Physiol. Plantarum (Kbh.) **10**, 732 (1957).

LOOKEREN CAMPAGNE, R. N. VAN: Light dependent chloride absorption in *Vallisneria* leaves. Acta bot. neerl. **6**, 543 (1957).

SCHWEICKERDT, H.: Untersuchungen über Photodinese bei *Vallisneria spiralis*. Jb. wiss. Bot. **68**, 79 (1928). — SOL, H. H.: Pretreatment and chloride uptake in *Vallisneria* leaves. Acta bot. neerl. **7**, 131 (1958). — SOLEREDER, H.: Systematisch-anatomische Untersuchung des Blattes der Hydrocharitaceen. Beih. Bot. Zbl. **30**, 1 (1913). — STAVERMAN, A. J.: The physics of the phenomena of permeability. Acta physiol. pharmacol. neerl. **3**, 522 (1954).

VRIES, H. DE: Über die Bedeutung der Zirkulation und der Rotation des Protoplasma für den Stofftransport in der Pflanze. Bot. Ztg **43**, 17 (1885).

WINTER, H.: The uptake of cations by *Vallisneria* leaves. Acta bot. neerl. **10**, 341 (1961).

Transport of substances through the tentacles of *Drosera capensis*.

By

R. J. Helder.

With 4 figures.

Introduction.

The various species of the genus *Drosera* have always attracted the attention of both the botanist and the layman. No doubt this is due mainly to the conspicuous leaves with their numerous tentacles, each bearing a drop of mucilage on its tip, and to the fact that the *Drosera* species are carnivorous.

The observation that *Drosera* is capable of movement and capturing small insects was made by Roth in 1779, but it was not until the middle of the nineteenth century that a good picture of the direction and rapidity of the movement was obtained by the many original observations of Nitschke and Darwin.

Since Darwin, different trends of research can be followed, but it is the problems of feeding that are of most concern here. There has been doubt about the significance of the insectivorous mode of nutrition to these plants. This problem was settled by feeding experiments, from which it became clear that *Drosera* plants thrive well if nitrogen and other substances are applied to the leaves of plants growing in a substrate lacking these nutrients (Oudman 1935, 1936). On the other hand, if there is an ample supply from the substrate, feeding via the leaves does not make any difference. There is, however, no longer any doubt that insectivorous feeding can be of great importance to the plant, and it is now clear why *Drosera* species grow where the soil is poor in nutrients, as in *Sphagnum* swamps.

Nutrient substances are taken up by the tentacles of the leaves. These tentacles consist of a stalk or pedicel topped by a more or less spherical gland. The gland is responsible for the conspicuous drop of fluid which is a secreted mucilage containing enzymes, acid, aseptic substances and ascorbic acid. It is also responsible for the reception and transmission of stimuli and last, but not least, for the absorption of the products of digestion.

The fact that nutrients applied to the tentacles are absorbed only by the gland can easily be traced under the microscope if substances as caffeïne or asparagine are added to an isolated tentacle. Caffeïne causes a granulation to take place in the cells of the tentacle and asparagine releases a curious reaction in the cells known as aggregation. In some cases there are tiny secondary glands on the stalk of the tentacles, and where they are present, granulation and aggregation can be seen to begin in these glands, as well as in the main gland and the cut end of the tentacle. Obviously, the cuticle covering the stalk prevents substances from entering it at other places.

The substances taken up have, therefore, to be translocated from the glandular tip to the base of the tentacle. In the centre of the tentacle there is a vascular strand running through the whole length of its stalk from its insertion on the leaf blade into the apical gland. In the gland there is a spherical mass of tracheids which are connected by this vascular strand with the xylem system of the leaf. It can be shown by increasing the osmotic flow of water towards the glands that this vascular system is not involved in the transport of the substances applied to the tentacles. These substances therefore have to pass through the remaining tissue which consists only of parenchymatous cells. Sieve tubes are completely lacking. Tentacles of *Drosera* species do, therefore, seem to be very suitable material for studying the transport of substances through parenchymatous tissue.

It was with this idea in mind that experiments with *Drosera capensis* were started by ARISZ and his pupils in the Botanical Laboratory in Groningen, and they have supplied important data concerning transport in parenchymatous tissue. On the other hand, many experimental and theoretical difficulties had to be faced when carrying out the experiments, as will become clear from the following sections. For that reason, this line of research has not been pursued to such an extent or in such detail as has been the case for leaves of *Vallisneria spiralis*. Nevertheless, some interesting results have been obtained as will be discussed below.

During the last few years the study of transport in *Drosera* species has been extended by VAN RAALTE and his pupils by using labelled substances and paper and thin layer chromatography. However, in these studies emphasis has been laid on the metabolic conversion of nutrients taken up, and on transport in the leaf blades (BOASSON, VAN RAALTE, and ZWEEP 1965). For this reason they will not be included in the present article, which is devoted to the transport through the parenchyma cells of the tentacles of *Drosera capensis*.

Material and methods.

The experiments to be discussed here have all been done with plants of *Drosera capensis* which were raised from seeds on moist ground peat dust in a greenhouse. This species has the advantage of having fairly large elongated leaves with numerous rigid tentacles.

Transport by the tentacles can be studied most easily by placing cut tentacles in a solution under the microscope. If the entrance of a substance into the cells of the tentacle causes visible changes of the contents of the cells, transport can be studied by following the course of these visible changes. Thus caffeïne will cause a granulation, i.e. a precipitate formed as a result of the presence of tannin in the vacuoles.

Clearly, this method is limited to only a few substances. Moreover, the supply of oxygen is often restricted so that only passive movements can be studied under these conditions. This is why most experiments have been carried out with intact leaves in stead of isolated tentacles.

These leaves are placed on a glass plate and kept in position by a strip of glass or perspex which is placed lengthwise across the middle of the blade and stuck to the glass plate by means of plasticine. The marginal tentacles on either side of the leaf are then placed between two strips of agar measuring $7 \times 7 \times 50$ mm.

These agar strips contain the substance the transport of which is to be studied. On average there were some 120 tentacles on either side of the blade which were in touch with the agar strip (Fig. 1).

Many experimental difficulties with this set-up had to be overcome. First of all the agar used had to be of a very pure quality, as ordinary agar often contains traces of substances which cause aggregation in the cells of the tentacles.

It is also desirable to keep bacterial contamination as low as possible, and the best control of bacteria was obtained by using amino benzene sulfonamide which was added in a concentration of .05%.

An even greater complication arises from the fact that *Drosera* leaves begin to show all kinds of growth movements on feeding the tentacles. To keep the leaves still the glass strip was put onto the blade and the osmotic value of the agar was raised up to 0.3 M sucrose to reduce the turgor of the tentacle cells, thus preventing them from curving. There are substances like caffeïne which also prevent curvature, but they also reduce transport by the tentacles.

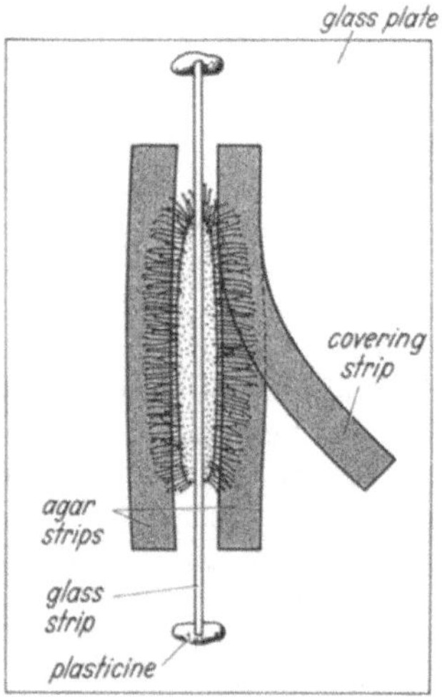

Fig. 1. Experimental set-up for the study of transport through the tentacles of a leaf of *Drosera capensis*. (After ARISZ 1953.)

Finally, there proved to be a large variability in the transporting capacity of various leaves. For that reason six plants were taken. From each plant six consecutive leaves, which looked as much alike as possible, were removed. Six sets of six leaves were then made up from this material after systematic randomisation with regard to age and the plant from which the leaves were taken. This procedure gave reasonably reproducible results, but nevertheless the accuracy was still rather limited. Moreover, the number of experiments which could be done in this way had to be low in view of the large mass of plants needed and, thus, of the amount of time needed to allow the *Drosera* plants to recover from the regular harvest.

The experiments were carried out in a dark room at 25° C. Each set of six leaves was placed in a large Beyerinck box with some water on the bottom to keep the leaves in a moist atmosphere.

At the end of the experimental period the agar was removed, the leaves washed (see below) and analysed. In case of N-compounds (e.g. asparagine), the increase in the N-content of the leaves was determined by the Kjeldahl method.

The values found were all expressed on a fresh weight basis. In order to determine fresh weight, the leaves had to be washed carefully in running tap water in order to remove the secretion produced by the tentacles. This secretion may amount to half the fresh weight of the leaf itself, and the production of the secretion during the experimental period (one day) may be as high as one fifth of the leaf weight (ARISZ 1953). If it is not removed, therefore, this secretion may introduce a serious error into the determinations of fresh weight.

Experiments.

The time course of transport.

As was stated in the previous section, the transport of a substance like caffeïne in an isolated tentacle can be traced under the microscope, because even minute amounts of caffeïne cause granulation in the vacuoles. The experiment is simple and well suited for practical work by students. It can easily be seen that transport takes place in longitudinal rows of cells. Within a single cell the transport from one end to the other is rather rapid. However, there is a marked time lapse from the moment granulation reaches the other end of a cell, until granulation becomes apparent in the adjacent cell (KOK 1933).

If the distance travelled by the caffeïne, as judged from the appearence of the granulation, is plotted against time the relationship found appears to be best represented by a quadratic relation between distance and time i.e. the distance is proportional to the square root of time (Fig. 2). From this Miss KOK (1933) deduced that the transport of caffeïne represents a diffusion process.

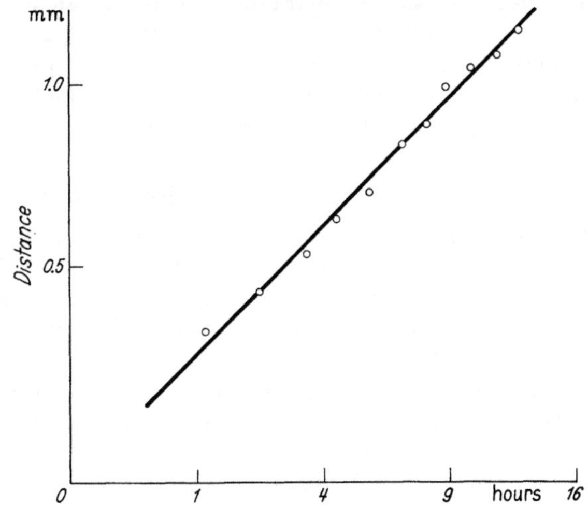

Fig. 2. The time course of caffeïne transport in an isolated tentacle of *Drosera capensis*. (After KOK 1933.)

OUDMAN (1935, 1936) studied the transport of both caffeïne and asparagine. He found that asparagine was absorbed at a lower rate than caffeïne was, but on the other hand this asparagine absorption did not show the time course characteristic of a diffusion process.

Other substances were included as these investigations were extended (ARISZ 1942, 1944, 1953). Fig. 3 gives a summary of the time course of transport of asparagine, phosphate and potassium.

Owing to the variability of the experimental results some irregularities may be expected. Nevertheless, the overall result suggests that the transport of the substances mentioned may continue at an almost constant rate for at least three days. At any rate, there is no gradual slowing down of the process. This means that transport is not influenced by the amount of a substance already taken up: in other words it is independent of the internal concentration. Clearly, transport does not represent a simple diffusion process in these cases.

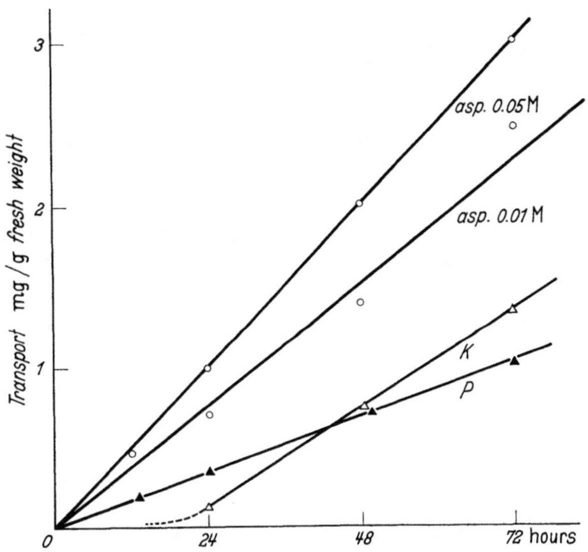

Fig. 3. The time course of the transport of various substances through the tentacles of leaves of *Drosera capensis*. (After ARISZ 1944.)

In these experiments it is also possible, to determine how much of the substance absorbed is found in the tentacles, and how much reaches the leaf blade (ARISZ 1953). From these determinations it appeared that almost all of the substance taken up into the leaves can be found in the leaf blade. This even applies to substances like caffeïne and ammonium carbonate which produce a clearly visible granulation in the cells of the tentacles. So the figures obtained by analysing the leaves do, therefore, represent transport through the tentacles.

This conclusion enables us to calculate the rate of transport in these tentacles. Bearing in mind that each leaf absorbs the experimental substance through some 1200 tentacles, each being about 4 mm long and having a diameter of about .04 mm, the rate of asparagine transport can be calculated to be of the order of .04 mg per mm^2 per hour (ARISZ 1942). It should be realized that this figure represents a minimum estimate because the total cross section has been considered as being effective in the process of transport. This, however, is very doubtful as will appear from the following section.

The pathway of transport.

From what has been said about the transport of caffeïne it will be clear that the vacuoles represent the most important pathway for the transport of this substance, and here diffusion plays a dominant role. Moreover, this transport is not a polar phenomenon, as caffeïne is equally well transported from the base to the tip of the tentacle.

However, most of substances studied do not cause granulation so that their pathway cannot be determined so easily. As was indicated in the previous sections, these substances are also probably transported by a mechanism that differs from normal diffusion. Moreover, they induce another interesting phenomenon known as aggregation (ARISZ and OUDMAN 1937).

This phenomenon consists first of all of a swelling of the cytoplasm thus increasing its volume at the expense of the vacuole. The rotation of the cytoplasm becomes more complicated and changes into circulation, and the single vacuole becomes broken up into many smaller ones by folds of the cytoplasm. The contents of the vacuoles become more and more concentrated and they finally show all kinds of queer movements, so that a most dramatic display of protoplasmatic activities can be observed under the microscope.

This aggregation can be observed as soon as nutrient substances, whose transport does not depend solely on diffusion, are administered to the tentacles. So aggregation is observed if asparagine, glutamine, amino acids, phosphates, urea or ammonium carbonate are fed to the leaves.

On the other hand, caffeïne causes no aggregation, and it can even inhibit this process if applied simultaneously with the substances just mentioned. In that case transport is also inhibited.

So there seems to be a very close correlation between transport of a substance and the phenomenon of aggregation. Seeing that the main difference between cells with and without aggregation lies in the fact that the volume of the cytoplasm has increased to at least twice its original volume, ARISZ and OUDMAN (1937) came to the conclusion that most of the substances, readily taken up, are transported through the cytoplasm. They do not penetrate so easily into the vacuoles as caffeïne and related compounds do. This also explains why diffusion is of little or no importance in the transport of these substances, because their transport will depend on cytoplasmatic activities. This active transport will be discussed in closer detail below.

A little should be added about the metabolic pathway of the substances absorbed. There can be no doubt that most of the substances studied will be converted into other compounds. Very little has been done on this problem till now. OUDMAN (1936) demonstrated that no increase in protein content occurred if asparagine was fed to intact plants. He concluded that most of the asparagine taken up by the leaves was transported even further out of the leaves.

External concentration and rate of transport.

As the relationship between rate of transport and external concentration was studied (OUDMAN 1936) it was soon realized that the transport of substances is not always a mere diffusion. A summary of the results of these experiments is given by Fig. 4.

It is clear that there is no simple relation between rate of absorption and external concentration. But in the case of phosphate and asparagine a maximum value for the rate of transport is found at a low concentration, whereas for caffeïne, the rate of transport remains dependent on the external concentration. The saturation curve is reminiscent of the familiar adsorption curve according of

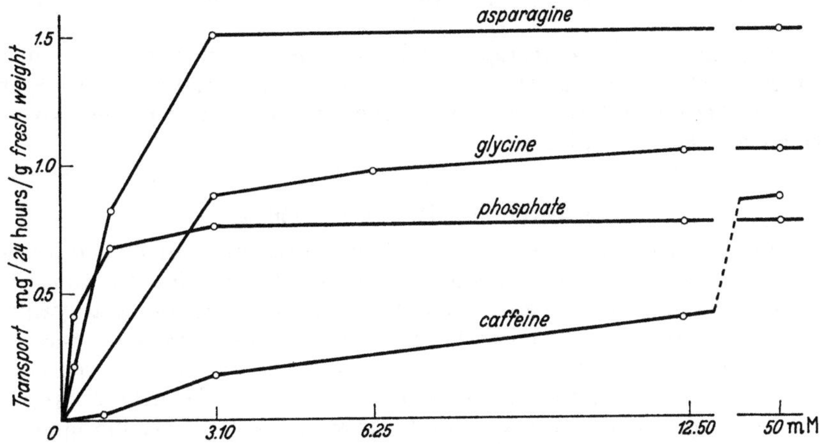

Fig. 4. The relationship between external concentration and the rate of transport of various substances through the tentacles of leaves of *Drosera capensis*. (After ARISZ 1953.)

FREUNDLICH or LANGMUIR, and is commonly found in studies on active absorption by plants tissue.

The active aspect of transport processes is stressed even more by a comparison between internal and external concentration. In many cases the internal concentration at the end of an experiment exceeds the external concentration. The so-called accumulation factor may be as high as 135× for the transport of glycine. For asparagine and phosphate 37× and 30× were found respectively. However, for caffeïne this factor was nearly always less than 1× and never exceeded this value. This points once more to the fact that with respect to transport in tentacles of *Drosera capensis* there are two groups of substances.

Temperature and transport.

The high values found for the accumulation factor clearly indicate that metabolism must play a role in transport processes. The relationship between metabolism and any processes can be demonstrated by determining the Q_{10} of the process.

In Table 1 some results of experiments on the influence of temperature on the rate of transport have been collected (ARISZ 1953). They show that increasing temperature from 5° C. up to 15° C. has a marked effect on the rate of transport of most substances. There are again two groups with respect to the Q_{10} values. Low values of about 2 are found in the case of the transport of caffeïne, phenylurea and ammonium carbonate. Values exceeding 3 are found for ammonium chloride, asparagine, urea and a very high value is found for the transport of phosphate.

Table 1. *The influence of temperature on the transport of various substances through the tentacles of Drosera capensis.* (After Arisz 1953.)

Substance	Transport in mM/24 hours			Q_{10}	
	5° C	15° C	25° C	5°—15° C	15°—25° C
Caffeïne .05 M	7.6	12.6	20.0	1.6	1.6
Phenylurea .05 M	8.6	16.0	22.8	1.8	1.4
Ammonium-carbonate .01 M	25.4	57.5	77.0	2.2	1.3
Ammonium-chloride .05 M	10.7	36.4	56.4	3.4	1.5
Asparagine .01 M	4.3	14.6	22.7	3.4	1.6
Urea .05 M	3.0	19.6	28.5	6.5	1.5
Phosphate .005 M	0.2	2.3	3.6	11.0	1.5

A further increase in temperature did speed up transport processes but to a far lesser extent, indicating that other processes than those operating in the lower range became limiting. Moreover, the contrast between the two groups of substances mentioned disappeared.

Oxygen supply and transport.

As transport may take place against a concentration gradient it is an energy requiring process. It is easy to assume from this that respiration would be the most essential metabolic process related to transport. In order to prove this assumption the effect of oxygen withdrawal on the rate of transport was studied by placing some of the cut leaves of *Drosera* plants under an anaerobic jar.

In Table 2 some of the results obtained with different substances are presented. As might be expected the transport of asparagine is completely inhibited in low external concentrations in the absence of oxygen. The same applies to the transport of glutamine and amino acids like glycine, alanine and leucine. The transport of phosphate and of ammonium (if added as ammonium chloride) is similarly dependent on respiration. However, under conditions of high external concentrations of the substances mentioned, some transport did occur, even in a completely anaerobic atmosphere.

Table 2. *The inhibition of transport of various substances through the tentacles of Drosera capensis by lack of oxygen.* (After Arisz 1953.)

Substance	Inhibition
Amino acids	~ 100%
Asparagine and glutamine	~ 100%
Ammonium chloride	~ 100%
Phosphate	~ 100%
Urea	~ 76%
Thiourea	~ 52%
Caffeïne	~ 20%
Ammonium carbonate	~ 20%

Surprisingly enough, the other substances also showed at least some dependence on oxygen supply. Earlier results had suggested that the transport of caffeïne etc. took place by simple diffusion, and hence one would expect no influence of oxygen withdrawal on the transport of these substances. However, Table 2 clearly shows that even in the case of caffeïne and ammonium carbonate there is a reduction in the rate of transport of the order of 20% of the control value. Thiourea and urea display an even greater sensitivity to oxygen supply.

The main conclusion drawn from these results was that even in the case of apparent simple diffusion, metabolic processes, in particular respiration, may influence transport, and a sharp distinction between various substances into two separate groups of compounds, one comprising substances which are taken up actively and one comprising the substances taken up passively, was not tenable any longer.

Inhibitors and active transport.

It is not surprising that any factor which limits metabolism in some way will also reduce the rate of transport in the tentacles. So, not only lack of oxygen but also narcosis induced by ether will effect this transport. The same applies to metabolic inhibitors.

The use of metabolic inhibitors has many advantages. Firstly, they can be applied to the tentacles so that their effects are restricted to these organs. Oxygen withdrawal and narcosis affect the metabolism of the whole leaf. Moreover, for several inhibitors it is known which steps in the overall metabolism are blocked by these agents. It was for this reason that experiments were done with cyanide, azide, fluoride, arsenite and di-nitro-phenol, as these are known to inhibit either the electron flow in the terminal phase of the respiration chain, or the oxidative phosphorylation connected with it (ARISZ 1952, 1953).

As appears from Table 3, all inhibitors mentioned inhibit the transport of all the substances tested at very low concentration. This means that this transport is directly dependent on the processes inhibited, and that inhibition is not due only to secondary structural changes of the living cells of the tentacles.

Table 3. *The influence of different inhibitors on the transport of asparagine and phosphate through the tentacles of Drosera capensis.* (After ARISZ 1953.)

Inhibitor	Average conc. giving 50% inhibition
Cyanide	10^{-4} M
Azide	10^{-5} M
Fluoride	10^{-2} M
Arsenite	10^{-5} M
Iodoacetate	10^{-5}—10^{-6} M
2,4-Dinitrophenol	10^{-7}—10^{-6} M
8-Hydroxy-quinoline	3.10^{-3}—10^{-3} M
Eosin	3.10^{-4} g/l
Fluorescein	10^{-1} g/l

Other substances, which slow down metabolism in a more general way, were also tested. Caffeïne, antipyrine and ammonium carbonate have a paralysing effect on the tentacles, i.e. these substances will not show aggregation and curvature any longer and they prevent the active transport of the other substances. One may speculate whether this explains at the same time why paralysing substances themselves are taken up chiefly by passive permeation.

An important result was obtained with the dye-stuffs eosin and fluorescein. Eosin is known to make the sieve tubes incapable of transport because it destroys the sieve tube contents and promotes callus-formation (SCHUMACHER 1930). It was therefore most remarkable that eosin appeared to inhibit transport through the parenchymatous cells of the tentacles also.

Fluorescein behaved similarly, although it does not have the same drastic effect on sieve tubes (SCHUMACHER 1933). Obviously, these dye-stuffs, which belong to the group of triphenyl methan compounds, inhibit some general metabolic processes which is of importance to active transport.

So far, substances have been discussed which inhibit transport processes in a general way i.e. they reduce the rate of transport of all solutes taken up, although there may be some difference in the extent to which transport of the various substances is inhibited. However, a few inhibitors display a higher specificity.

Of the various antibiotics tested, penicillin proved to reduce the transport of asparagine, but not that of phosphate. On the other hand, phloridzin inhibits specifically the transport of phosphate. Arsenate also inhibited the transport of asparagine only. The absence of inhibition of phosphate transport here may be due to the large excess of phosphate ions, as a result of which the arsenate ions are competitively removed from their sites of action.

These findings suggest that specific chemical reactions play a part in the overall transport process of various compounds. They led ARISZ (1953) to assume that binding to plasmatic particles is one step in the transport process.

The selectivity of the transport process.

Various substances are taken up by the tentacles of the leaves of *Drosera capensis* as has become clear from the data so far discussed. However, no transport of substances like salicine, sugar, potassium chloride and nitrate could be demonstrated. Thus, it would appear that the tentacles are capable of selecting substances from those offered to the leaves.

Table 4. *Interaction between asparagine and phosphate or glycine and alanine during transport through the tentacles of Drosera capensis.* (After ARISZ 1953.)

Substances transported	Transport in 24 hours
A. Phosphate	0.39‰ P
Asparagine	1.21‰ N
Phosphate + asparagine	0.31‰ P + 1.18‰ N
B. Glycine	0.91‰ N
Alanine	0.74‰ N
Glycine + alanine	0.99‰ N

Additional evidence for the selective power of the transport process came from experiments in which two substances, both of which are known to be transported easily, are administered to the leaves simultaneously (ARISZ 1944, 1953). As appears from Table 4 no interaction is found between asparagine and phosphate transport. However, there is competition between asparagine and alanine and also between alanine and glycine when the two substances are supplied simultaneously, for in this case total transport is less than the sum of the transport figures obtained if the substances are transported separately.

These data indicated that the transport mechanism displays a certain specificity, a view already arrived at when discussing the effect of special inhibitors.

The role of the gland of the tentacle.

Although the tentacle is mainly composed of parenchyma cells, it shows a clear differentiation so that stalk and a gland can be distinguished (LLOYD 1942). In order to determine the role played by the gland and the stalk separately, transport can be studied by comparing leaves with intact tentacles and leaves with tentacles, the gland of which has been removed with a pair of scissors (OUDMAN 1936, ARISZ 1953).

Table 5. *The transport of asparagine through intact tentacles and tentacles without glands of Drosera capensis.*

Substance	Transport in 24 hours per gram fresh weight	
	tentacles intact	tentacles without glands
Asparagine .05 M	0.97 mg	0.55 mg
	1.03 mg	0.77 mg
Asparagine .01 M	0.70 mg	0.13 mg
	0.52 mg	0.12 mg

In the case of phosphate no significant difference was found whether the gland had been removed or not, although one might expect some reduction owing to the serious wounding resulting from this treatment. Such a reduction could be demonstrated for the transport of asparagine (Table 5) particularly if the asparagine was applied in a low concentration.

Even more important than the effect of this treatment on the rate of transport is the problem of whether the nature of the transport process remains the same under both conditions. Withdrawal of oxygen was shown to reduce the transport of phosphorus and asparagine in tentacles without glands as it does in intact tentacles. In the case of asparagine transport the sensitivity for oxygen supply was reduced but only to a slight extent. The same applies to the phenomenon of aggregation induced by phosphorus or asparagine.

Very promising results were obtained with the metabolic inhibitors mentioned earlier. They inhibit transport in tentacles without glands also with the exception of iodo-acetate and di-nitrophenol. This migth indicate that the metabolism associated with the transport process in tentacles without glands differs from that associated with transport in intact tentacles. However, here also it remains possible that the effects are influenced by wounding (Arisz 1953).

Generally speaking, one might say that the transport processes in both types of tentacles do not differ essentially. This can be interpreted as indicating that transport from cell to cell in the stalks is an active process. But also here, the substances have first to enter from the outside into the living tissue.

At any rate the gland does not seem to be an essential structure for the absorption of substances. Its specialized structure is primarily related to its ability for producing a secretion necessary for the digestion of the prey.

Conclusion.

As was stated in the introduction, the analysis of the process of transport in parenchymatous tissue has proved to be more difficult for the tentacles of the leaves of *Drosera capensis* than for the leaves of *Vallisneria spiralis*. One reason for this in the limited supply of the experimental material, which limits the number of experiments that can be carried out in a given period and which causes an increased variability of the results obtained. However, the main difficulty arises from the fact that it is impossible to study the absorption of substances and their further translocation separately as can be done so nicely in case of *Vallisneria* leaves.

There is no doubt that the absorption and translocation of most substances in the tentacles represent an active transport. This became apparent from the course of transport, the effects of external concentration, temperature, oxygen supply, inhibitors and the selectivity displayed by this process. The effects found are exactly those by which the process of active absorption in plant tissue is characterized. Now, if this absorption by the tentacles is the limiting step in the overall process of transport, little can be said about a relationship between metabolism and the translocation of substances from cell to cell in the parenchyma of the tentacles. Even the demonstration that transport in tentacles without glands show the same features as transport in intact tentacles cannot be considered as definite proof for this relationship between metabolism and translocation. On the other hand, the drastic changes which are visible in the cell contents, which accompany the translocation of substances, make it very likely that there may be some interplay between metabolism and translocation.

One of the most striking results obtained was that the transport of all substances is influenced by a supply of oxygen. Even the transport of substances like caffeïne and urea can be inhibited to a certain extent by a withdrawal of oxygen, although these substances permeate readily into the cells and their transport seems to be based on diffusion.

An interesting interpretation of this phenomenon was given by Arisz (1942). According to him, active transport is restricted to the cytoplasm. This means, that substances, which permeate readily through the tonoplast into the vacuole, are removed from the system of active transport and by this their transport becomes dependent on a process of diffusion. The greater the permeability of a substance the more will diffusion become the only way of transport, and the greater the impermeability of a substance the more will it show the characteristics of active transport.

The influence of the substance transported on metabolism may also play a role. E.g. caffeïne has a general paralysing effect. In particular it inhibits the aggregation and also the active transport of other substances. Whether aggregation is an essential prerequisite for active transport is difficult to prove, as all substances actively transported also cause aggregation. Nevertheless, there is a close correlation between the appearance of aggregation and active transport, and a relationship between these two phenomena does fit quite well into the picture that active transport is accomplished by the living cytoplasm.

Literature.

ARISZ, W. H.: Transport door de tentakels van *Drosera*. Versl. verg. Ned. Akad. v. Wetensch., Afd. Nat. **50**, No 10 (1941). — Absorption and transport by the tentacles of *Drosera capensis*. I. Active transport of asparagine in the parenchyma cells of the tentacles. Proc. Kon. Ned. Akad. v. Wetensch. **45**, 2—8 (1942). — II. The activation of the transport of different substances by oxygen. Proc. Kon. Ned. Akad. v. Wetensch. **45**, 794—801 (1942). — Absorptie en transport door de tentakels van *Drosera capensis*. III. De absorptie van aminozuren en zouten door binding aan het plasma. IV. Gelijktijdige absorptie van verschillende stoffen. Versl. verg. Ned. Akad. v. Wetensch., Afd. Nat. **53**, 236—260 (1944). — Invloed van remstoffen op het transport bij *Drosera* tentakels. Versl. verg. Ned. Akad. v. Wetensch. **61**, 39—42 (1952). — Transport of substances through the tentacles of leaves of *Drosera capensis* L. Nature (Lond.) 29. Nov., No 4335 (1952). — ARISZ, W. H., and J. OUDMAN: On the influence of aggregation on the transport of asparagine and caffeine in the tentacles of *Drosera capensis* L. Proc. Kon. Ned. Akad. v. Wetensch. **40**, 431—439 (1937).

BOASSON, L., M. H. VAN RAALTE, and J. ZWEEP: Uptake and translocation of L- and D-amino acids in leaves of *Drosera*. (In the press).

COELINGH, W. M.: Over stoffen, die invloed uitoefenen op de aggregatie bij *Drosera*. Diss. Utrecht 1929.

DARWIN, CH.: Insectivorous plants. London: John Murray 1875.

KOK, A. C. A.: Über den Transport körperfremder Stoffe durch parenchymatisches Gewebe. Rec. Trav. bot. néerl. **30**, 23—139 (1933).

LLOYD, F. E.: The carnivorous plants. Waltham (Mass.): Chronica Botanica Co. 1942.

OUDMAN, J.: Über Aufnahme und Transport N-haltiger Verbindungen durch die Blätter von *Drosera capensis* L. Diss. Groningen 1936. Rec. Trav. bot. néerl. **33**, 351—433 (1936).

SCHUMACHER, W.: Untersuchungen über die Lokalisation der Stoffwanderung in den Leitbündeln höherer Pflanzen. Jb. wiss. Bot. **73**, 770—823 (1930). — Untersuchungen über die Wanderung des Fluoreszeins in den Siebröhren. Jb. wiss. Bot. **77**, 685—732 (1933).

Schlußbemerkungen.

Von

Walter Schumacher.

Im Vorstehenden wurden lediglich einige Fälle des parenchymatischen Stofftransportes beschrieben, die besonders eingehend untersucht sind. Es fällt schwer daraus schon allgemeine Prinzipien über die Mechanik abzuleiten. Daß die *Protoplasmaströmung nicht* das treibende Element sein kann, scheint festzustehen, so einleuchtend auch eine solche Vorstellung erscheinen möchte und so sehr sie immer wieder besonders von Wuchsstoff-Forschern herangezogen wird. Unsere neuen, vor allem auf elektronenoptischem Wege gewonnenen Vorstellungen machen es ohnehin sehr schwierig, festzustellen, ob die speziellen Organelle des Plasmas, die eventuell als die eigentlichen Transportbahnen und Transportträger (z. B. das Endoplasmatische Reticulum) betrachtet werden müßten, bei diesen Protoplasmaströmungen überhaupt bewegt werden. Darüber ist z. Zt. noch kaum etwas bekannt. Daß jede spezielle Zellmechanik außerdem noch einen besonderen Apparat für den Stoffübertritt von Zelle zu Zelle erfordert, war vorstehend ausführlicher dargestellt worden. Grundlegend bleiben nach wie vor die Feststellungen von ARISZ und seiner Schule, die auch von der Wuchsstoff-Forschung bestätigt werden, daß Sauerstoff und durch typische Atmungsgifte hemmbare Enzymreaktionen am Stofftransport beteiligt sind. Dabei ist allerdings gerade bei diesen Versuchen häufig schwierig zu entscheiden, ob die Stoffaufnahme, der Transport oder die Abgabe am anderen Zellende selbst das bevorzugt betroffene Glied in der Kette ist. Es hat daher wenig Sinn, die gesamte Literatur über eine eventuelle Beteiligung der Protoplasmaströmung hier näher zu besprechen. Es sei nur hingewiesen auf die Arbeiten von DE VRIES (1885), der wohl als erster die Plasmaströmung als Transporterscheinung deutete, auf BIERBERG (1909), BIRCH-HIRSCHFELD (1920), KOK (1933) sowie auf die mannigfachen Studien über den Transport von Wuchsstoffen, über die an anderer Stelle dieses Handbuches (Bd. XIV) berichtet wird. Der Befund von CLARK (1938), daß Saponinlösungen die Plasmaströmung in den Zellen der *Avena*-Koleoptilen zum Stillstand bringen, ohne den Wuchsstofftransport zu hemmen, während umgekehrt Natriumglykocholat den Wuchsstofftransport hemmt, ohne die Plasmaströmung zu behindern, entzog eigentlich allen Spekulationen über engere Zusammenhänge bereits den Boden, nachdem vorher schon die Beobachtungen SCHUMACHERS (1936) über die Unabhängigkeit des Fluoresceintransportes dasselbe Ergebnis gezeitigt hatten. Trotzdem rechnen z. B. HERTEL und LEOPOLD (1963) beim Wuchsstofftransport durch eine einzelne Zelle erneut mit der Plasmaströmung. Experimentelle Untersuchungen sind allerdings nicht vorhanden.

Daß Diffusionsvorgänge beteiligt sein können, ergibt sich nicht nur aus den genaueren Messungen SCHUMACHERS (1936), sondern auch aus ganz allgemeinen Erwägungen für den Stofftransport auf kleinsten Strecken. Daß sie die einzigen sind, erscheint jedoch sehr unwahrscheinlich, zumal die Vorgänge beim Stoffübertritt von Zelle zu Zelle kaum damit erklärt werden können, ebenso wenig wie die Beobachtungen von Arisz, die deutlich auf eine aktive, d. h. energiezehrende Beteiligung des Protoplasmas hinweisen.

Etwas aber sollte hier noch deutlich gemacht werden, obwohl heute wohl kaum ein Forscher noch ernsthaft an die Realität der seinerzeit vor allem von Münch (1930) weit ausgesponnenen Hypothesen der sog. *Druckströmung* im Parenchym glaubt. Wohl spielen diese Vorstellungen auch heute noch bei der Erklärung des Stoff-Ferntransportes in den Siebröhren eine gewisse Rolle und werden daher unter III. eingehender besprochen. Es wird auch dort Gelegenheit genommen, über die Vorstellungen der Phosphorylierung und Dephosphorylierung speziell beim Zuckertransport aus dem Assimilationsparenchym in die Siebröhren und umgekehrt zu sprechen, die seither weitgehend die Diskussion beherrschen. Es soll hier nur das Problem erwähnt werden, wie weit osmotisch bedingte *Wasserströme* im Pflanzengewebe andere Stoffe *passiv* mitreißen und transportieren könnten. Denn dies war die Vorstellung Münchs: Der beiderseits (Plasmalemma, Tonoplast) von semipermeablen Grenzschichten abgeschlossene Protoplasma„schlauch“ saugt auf Grund der in seiner wäßrigen Phase befindlichen osmotischen Substanzen (Zucker, Salze) Wasser sowohl aus seiner Umgebung wie möglicherweise aus seiner Vacuole an und entwickelt so in seinem Innern einen osmotischen Binnendruck, der die Lösung durch das als ruhend gedachte Plasmagerüst und die als einfache Kanäle angenommenen Plasmodesmen dann in die Nachbarzelle pressen muß, wenn diese in ihrem osmotischen Wert niedriger konzentriert ist als die Ausgangszelle. Natürlich muß dann aus ihr ein Teil des überschüssigen Wassers ausgepreßt werden, bis sich die Konzentrationen ausgeglichen haben. Die Vorstellung erscheint heute auf Grund unserer Kenntnisse über die Ultrafeinstruktur des Plasmas wie der Plasmodesmen beinahe grotesk, auch stimmen viele experimentelle Erfahrungen (Schumacher 1936, Arisz s. S. 43 und 53 u. a. m.) absolut nicht damit überein. Dennoch enthält sie einige wesentliche Punkte: Vacuole und Wand sind als Wanderbahnen ausgeschlossen, natürlich rein hypothetisch, der Transport erfolgt *im* Protoplasma (Symplasma) und führt von Zelle zu Zelle über die *Plasmodesmen*. Was strömt, ist stets die Lösung einer *Vielheit* von Substanzen, da ja entscheidend allein die Gesamtkonzentration *aller* in der Lösung befindlichen Stoffe ist. Das heißt: die Wanderrichtung wird allein von der osmotischen Konzentration der in größter Menge vorhandenen Substanzen bestimmt, während alles andere, d. h. alle nur in geringen Konzentrationen vorhandenen Stoffe passiv, u. U. auch gegen ihr eigenes Konzentrationsgefälle mitgerissen würden. Es bestände daher für eine Pflanze keine Möglichkeit, Wirkstoffe, Wuchsstoffe, Spurenelemente u. a. m. gesondert zu transportieren, da natürlich die stets überwiegend vorhandenen Zucker allein die Transportrichtung beherrschten. Gegen eine solche Vorstellung haben sich daher schon früh schwere physiologische Bedenken erhoben, die auch nicht dadurch ausgeräumt werden konnten, daß man für solche in geringer Menge vorhandenen Stoffe (z. B. Wuchsstoffe, auch für das ja zweifellos durch die Pflanze transportierte Fluorescein) andere (unbekannte!) Bahnen und andere Mechanismen in Vorschlag bringen wollte. Im Grunde ist ja die Frage, ob das Wasser bei seinem Weg durch die Pflanze auch andere Stoffe passiv mitreißt, sehr alt und wurde bereits bei der Wasser- und Nährsalzaufnahme durch eine Pflanze gestellt (s. Bd. II und III dieses Handbuches). Auch hier glaubt man heute nur noch beim Ferntransport durch die Gefäße daran, daß etwas Derartiges wenigstens zeitweise erfolgt, während der Transport der Salze im Parenchym (auch durch die Wurzelrinde bis zu den Gefäßen!) sich nicht dieses Transportmittels bedinet. Natürlich bedeutet das nicht, daß nicht Salze und andere Moleküle bei ihrer Bewegung auch ihrerseits Wasser mitreißen könnten und daß nicht Wasser- und

Stofftransport u. U. miteinander gekoppelt sein könnten. Es soll nur der Vorstellung, als ob jeder Stofftransport im Pflanzenkörper im Grunde ein Wassertransport sei, der die gelöste Substanz nur passiv mitschwemmt, klar eine Absage erteilt werden. Der Verfasser, der von Anfang an diese Hypothese abgelehnt hat, möchte es sich heute und an dieser Stelle versagen, näher darauf einzugehen, zumal wohl niemand mehr auch die hypothetischen Berechnungen MÜNCHs über den Filtrationswiderstand des Protoplasmas und die daraus abgeleiteten geringen Wanderungsgeschwindigkeiten ernst nehmen kann. Unsere heutigen Einsichten in die Struktur des Plasmas wie in die Geschwindigkeit der Wanderung bestimmter Stoffe sind andere als zu der Zeit, da diese Hypothese konzipiert wurde. Wohl aber könnten Erscheinungen wie die der Sekretion aus Drüsen oder der Guttation den Gedanken nahelegen, daß hier nicht nur gleichzeitig Wasser und gelöste Substanzen ausgeschieden werden, sondern der eine Partner, eventuell das Wasser, passiv den anderen mitbefördert. Solange jedoch über den Mechanismus dieser Sekretionen noch so wenig bekannt ist, wird man gut tun, mit allen Erklärungsversuchen zurückhaltend zu sein. Die elektronenoptischen Studien, etwa von SCHNEPF (1963—1965) an den Drüsen von Insectivoren, Hydathoden u. a., sprechen hier eine deutliche Sprache. Die hier tätigen Mechanismen dürften mit Sicherheit andere als rein osmotische sein. Auch Wasser kann natürlich aktiv transportiert und ausgeschieden werden, ebenso wie andere Substanzen, und es besteht z. Zt. kein Grund, an eine unlösbare mechanische Verkettung beider Vorgänge zu glauben. Der experimentelle Nachweis des Fluoresceintransportes in Kürbishaaren durch SCHUMACHER (1936), bei dem ein Wasserstrom klar ausgeschlossen war, hat jedoch gezeigt, daß Stoffwanderungen (d. h. Wanderungen der Moleküle) ohne Wasserbewegung möglich sind. Es liegt daher nahe anzunehmen, daß nicht nur das Umgekehrte, sondern u. U. auch beides gleichzeitig möglich ist. Doch läßt sich gegenwärtig noch kaum etwas Konkretes darüber sagen.

Aber auch ganz andersartige Vorstellungen über eine mögliche Transportmechanik in Parenchymen sind entwickelt worden und sollen hier wenigstens kurz gestreift werden. Es handelt sich einmal um die Rolle *elektrischer Potentiale*, zum anderen um *Oberflächen-(Adsorptions-)Kräfte*. In beiden Fällen werden also Moleküle, natürlich eventuell mit ihren Hydratationshüllen, transportiert, nicht aber in erster Linie Wasser. Nach der Entdeckung der Wuchsstoffe ist vor allem von F. W. WENT (1932) der Gedanke ausgesprochen worden, daß die negativ geladene β-Indolylessigsäure elektrophoretisch in einem Potentialgefälle zum positiven Pol des Pflanzenkörpers transportiert werde. Tatsächlich pflegt ja die Wurzel gegenüber dem Sproß positiv geladen zu sein, auch ist bekannt, daß bei geotropischer Reizung die Organunterseite sich stets positiv gegenüber der Oberseite auflädt, und daß auch der Wuchsstoff sich stets auf der positiven Seite anreichert. Auch beim Phototropismus, der ebenfalls mit einer einseitigen Wuchsstoffvermehrung gekoppelt ist, entspricht diese Wuchsstoffverlagerung stets einem elektrischen Potentialgefälle. Die experimentellen Unterlagen WENTs konnten allerdings kaum überzeugen. Auch CLARK (1937, 1938) konnte bei seinen Untersuchungen keine Anhaltspunkte dafür gewinnen, daß ein elektrophoretischer Transport des Auxins in der Pflanze erfolgt. Weder konnte eine künstlich induzierte Umkehrung der elektrischen Pole im Pflanzenorgan die Richtung des polaren Auxintransportes gleichfalls umkehren, noch hob eine Sistierung des Wuchsstofftransportes durch verdünnte Lösungen von Na-Glykocholat die bestehende elektrische Polarisierung auf. Man muß sich ferner darüber klar sein, daß auf elektrophoretische Weise ja nur Substanzen mit entsprechenden Eigenladungen transportiert werden können, während gerade ein Teil der wichtigsten im Pflanzenkörper wandernden Stoffe, wie etwa die Zucker, kaum hier einzuordnen sind. Daß gleichzeitig mit dem polar zur Basis der *Avena*-Koleoptile ziehenden Strom der aktiven β-Indolylessigsäure die inaktive Vorstufe entgegengesetzt wandert, war schon früher erwähnt worden. Nach GOLDSMITH (1966) soll der basale Transport irgendwie aktiv sein, während der akropetale lediglich in einer Diffusion bestehen soll. Der Versuch WENTS (1939), die Wanderbahn für aktives Auxin in besondere Grenzschichten des Protoplasmas zu verlegen, hat zwar vermutlich für alle Fälle, wo gegenläufige Transporte durch eine Zelle ziehen, manches für sich, verlangt aber für den Wuchsstofftransport eine Sonderstellung und auch besondere Mechanismen, die man ihm nicht ohne zwingende Gründe zubilligen kann. Sie ist zudem rein hypothetisch und müßte heute schon durch elektronenmikroskopische Untersuchungen der plasmatischen Substrukturen in den *Avena*-Zellen untermauert werden, wobei wiederum auf den Zellübertritt, die Plasmodesmenfrage und die Polarität hingewiesen werden muß, wie dies vorstehend schon einmal geschehen ist. Ob es auf diese Weise gelingt, tiefer in die Geheimnisse des Protoplasmas und seines Transportmechanismus einzudringen, muß die Zukunft zeigen.

Es muß aber in diesem Zusammenhang auch auf die Vorstellungen hingewiesen werden, die LUNDEGÅRDH zunächst für die Aufnahme von Salzen in das Protoplasma, später und weniger klar auch offenbar für den gesamten innerplasmatischen Transport entwickelt hat (s. auch dieses Handbuch Bd. XII). Es war vorstehend wiederholt darauf hingewiesen worden, daß die Atmungsenergie irgendwie mit dem Transportgeschehen verknüpft ist. Vor allem die in II/C von HELDER dargestellten Versuche von ARISZ und seinen Mitarbeitern hatten klar gezeigt, daß Atmungsgifte den Transport hemmen. LUNDEGÅRDHs sog. Anionen-Atmungstheorie könnte dann eine *elektrische* Erklärung geben, wenn man das Grundschema übernimmt, daß nämlich der oszillierende Valenzwechsel der Cytochromkette eine gleichzeitige Anziehung und immerwährende nachfolgende Abstoßung für Anionen bewirkt, die auf diese Weise gleichsam über eine Treppe immer weiter transportiert würden. Macht die Vorstellung, daß diese Kette in geschlossener Bahn quer durch das Protoplasma bis etwa zur Ausscheidung in die Vacuole reicht, schon einigermaßen Schwierigkeiten, seitdem man die Lokalisation der Cytochrome in den Mitochondrien kennt und nichts darauf hindeutet, daß die Mitochondrien miteinander eine solche geschlossene Kette bildeten, so wird es vollends fast unmöglich, etwas Derartiges im Längsverlauf einer Zelle durch den ganzen protoplasmatischen Wandbelag anzunehmen. Es wird daher hier nur auf diese Vorstellung verwiesen.

Denn auch die folgende, keineswegs auf eine Elektrophorese oder elektrische Polarisierung aufgebaute Hypothese arbeitet im Grunde mit einer ganz ähnlichen wechselnden Anziehung und Abstoßung wandernder Moleküle durch die Elemente des Protoplasmas. Schon 1917 hat MANGHAM, vorzugsweise für den Ferntransport, aber im Grunde natürlich auch für den Nahtransport, eine Hypothese entwickelt, die annimmt, daß die wichtigsten Wanderstoffe adsorptiv von den zahlreichen Plasmapartikelchen, die man damals natürlich in ihrer eigentlichen Natur noch nicht kannte, gebunden würden. Je nach der Stärke dieser adsorptiven (elektrischen ?) Bindungen sollte sich ein Gleichgewicht entwickeln zwischen den in Lösung befindlichen und den gebundenen Molekülen. Jede Konzentrationsänderung an irgendeiner Stelle eines solchen Systems müßte entweder (bei Konzentrationszunahme) zu einer Verstärkung der adsorptiven Bindung oder (bei Konzentrationssenkung) zu einer Abgabe gebundener Moleküle an das Lösungsmedium führen. Sofern die adsorbierenden Partikel wie in einem Sol nicht unmittelbare Berührung miteinander haben, wird an ein oszillierendes Überspringen von einem Teilchen zum anderen, eventuell unter Diffusion durch das trennende

Lösungsmittel, gedacht. Bei einem Kontinuum der dispersen Phase, wie sie in Gelen häufig sein dürfte, müßten die anziehenden oder abstoßenden Kräfte eine Beschleunigung der Bewegung bewirken, die sich „wellenförmig" zu dem Ort hin oder von dem Ort hinweg ausbreitete, an dem das bisherige Adsorptionsgleichgewicht (durch Konzentrationsänderung, Verbrauch oder Mobilisierung der Stoffe) gestört wurde. Hier tritt deutlich eine gewisse Ähnlichkeit mit den Vorstellungen LUNDEGÅRDHs zutage, trotz aller Verschiedenheit im einzelnen. Aber auch die unter II/B näher beschriebenen Fluorescenzversuche SCHUMACHERs (1936) legen den Gedanken nahe, daß gewisse Bindungen des Farbstoffes im Plasma bei der Bewegung eine Rolle spielen könnten. Daß es sich, wie zuweilen von gewissen Kritikern behauptet worden ist, um Sekundäradsorption handeln könnte, ist bereits vorstehend eingehend widerlegt worden. Sicher ist, daß das lebende Protoplasma eine ganz beträchtliche Speicher- und Bindungskapazität für Fluorochrome besitzt und daß zuweilen (nicht immer) Farbstoff erst an die Nachbarzelle weitergegeben wird, wenn sich die erste Zelle damit bis zu einem gewissen Grade abgesättigt hat. Dies hat SCHUMACHER (1937) besonders bei seinen Versuchen am Nervparenchym der Blätter von *Pelargonium zonale* beobachtet, wo sich zuweilen besonders die Scheidenzellen erst mit einer ziemlich hohen Menge des Fluorochroms beladen, bis auch nur die erste Spur in die Siebröhren des Leitbündels abgegeben wird. Bei den Haarzellen von *Cucurbita* wurde allerdings weit öfter gesehen, daß sich der Farbstoff in einem deutlichen Konzentrationsgefälle, scheinbar ohne durch die Zellgrenzen beeinflußt zu werden, ausbreitete (Ausnahmen s. unter II/B). Die vor allem für Siebröhren beschriebenen „Schiebeeffekte" bei mehrmaliger Farbstoffgabe (s. III., S. 162) weisen jedoch klar auf das Mitspielen von Bindungen irgendwelcher Art im Protoplasma und auf Vorgänge etwa nach den Vorstellungen MANGHAMs hin, wenn es auch z. Zt. noch nicht möglich ist, etwas Bestimmtes darüber auszusagen. Auch hier ist die Unmöglichkeit einer feineren Lokalisation der Wanderbahn in der Substruktur des Plasmas ein schwer zu überwindendes Hindernis. Immerhin muß darauf hingewiesen werden, daß die Versuche mit Fluorescein und Äsculin (SCHUMACHER 1937) klar die Unabhängigkeit der beiden im Plasma wandernden Stoffe voneinander erwiesen, die Orte der Adsorption also im Sinne MANGHAMs verschieden sein müssen. Dies spricht deutlich gegen eine so einfache Hypothese, wie sie hier entwickelt wurde, und für die Richtigkeit der Ansicht, daß vor einer näheren Lokalisation kaum weiterzukommen sein wird. Auch ist die eigentliche Bewegungsmechanik in der Hypothese MANGHAMs noch ziemlich unklar (vgl. z. B. JENNY und OVERSTREET 1939).

Dagegen könnten u. U. *Spreitungsvorgänge an Grenzflächen* sehr viel eher geeignet sein, eine rasche Bewegung auch über größere Entfernungen hin zu ermöglichen. In dieser Beziehung ist ein Modellversuch von Interesse, den VAN DEN HONERT (1932) angegeben hat, eigentlich für die Bewegung in Siebröhren. Doch hat er natürlich in gleicher, ja vielleicht noch in verstärkter Weise auch für den Nahtransport Interesse, weshalb schon hier kurz auf ihn hingewiesen werden muß. An einer Grenzfläche zwischen Wasser und Äther breitet sich K-Oleat mit großer Geschwindigkeit bis zu einer Strecke von 1 m von den Orten der erniedrigten Oberflächenspannung zu den Stellen höherer Spannung aus. Die Bewegung folgt einem Konzentrationsgefälle und scheint auch mit wachsender Zeit und Entfernung von der Stoffquelle abzunehmen. Solche Spreitungsvorgänge könnten an den Plasmagrenzflächen, etwa gegen die Vacuole, statthaben, sie sind aber auch denkbar an allen Endomembransystemen des Plasmas, also etwa am Endoplasmatischen Reticulum. Sie setzen bei der wandernden Substanz allerdings elektropolare Gruppen und damit Oberflächenaktivität voraus, und man muß zweifeln, ob gerade Zucker und manche andere der zelleigenen Wanderstoffe diese Eigenschaften besitzen. Die Untersuchungen über die Bewegung der Fluorochrome bieten bisher noch keine näheren Anhaltspunkte, da fluorescenzoptisch das gesamte Plasma gleichmäßig durchgefärbt erscheint und keine Konzentrierung auf Grenzflächen erkennen läßt. So bleibt nur dieses weitere Prinzip einer molekularen Bewegung als Deutmöglichkeit, und es muß der zukünftigen Experimentalforschung vorbehalten bleiben zu entscheiden, welche der im Vorstehenden genannten Prinzipien das eigentlich bewegende Agens beim parenchymatischen Stofftransport ist. Es dürfte aus dem Vorstehenden klar hervorgehen, daß gegenwärtig selbst bei diesen scheinbar so einfachen Stoffbewegungen durch eine einzelne Zelle und von Zelle zu Zelle noch in keiner Weise eine befriedigende Erklärung der Bewegungsmechanik gegeben werden kann. Man wird sehen, daß auch beim Ferntransport ganz ähnliche Probleme auftauchen und dort nochmals besprochen werden müssen.

Literatur.

BIERBERG, W.: Die Bedeutung der Protoplasmarotation für den Stofftransport in den Pflanzen. I. Einleitung und Geschichtliches. Flora (Jena) **99**, 52—80 (1909). — BIRCH-HIRSCHFELD, L.: Untersuchungen über die Ausbreitungsgeschwindigkeit gelöster Stoffe in der Pflanze. Jb. wiss. Bot. **59**, 171—262 (1920).

CLARK, W. G.: Electrical polarity and auxin transport. Plant Physiol. **12**, 409—440 (1937). — Polar transport of auxin and electrical polarity in coleoptile of *Avena*. Plant Physiol. **12**, 737—754 (1937). — Electrical polarity and auxin transport. Plant Physiol. **13**, 529—552 (1938).

GOLDSMITH, M. H. M.: Movement of indoleacetic acid in coleoptiles of *Avena sativa* L. II. Suspension of polarity by total inhibition of the basipetal transport. Plant Physiol. **41**, 15—27 (1966).

HERTEL, R., u. A. C. LEOPOLD: Versuche zur Analyse des Auxintransportes in der Koleoptile von *Zea Mays* L. Planta (Berl.) **59**, 535—562 (1963). — HONERT, T. H. VAN DEN: On the mechanism of the transport of organic materials in plants. Proc. Kon. Ned. Acad. v. Wetensch. **35**, 1104—1111 (1932).

JENNY, H., and R. OVERSTREET: Cation interchange between plant roots and soil colloids. Soil Sci. **47**, 257—272 (1939).

KOK, A. C. A.: Über den Transport körperfremder Stoffe durch parenchymatisches Gewebe. Rec. Trav. bot. néerl. **30**, 23—139 (1933).

LUNDEGÅRDH, H.: The translocation of salt and water through wheat roots. Physiol. Plant. **3**, 103—151 (1950). — The cytochrome-cytochrome oxidase system. Handb. Pflanzenphysiol., Bd. XII, 311—364 (1960).

MANGHAM, S.: On the mechanism of translocation in plant tissues. An hypothesis, with special reference to sugar conduction in sieve-tubes. Ann. Bot. **31**, 293—311 (1917). — MÜNCH, E.: Die Stoffbewegungen in der Pflanze. Jena 1930.

SCHNEPF, E.: Zur Cytologie und Physiologie pflanzlicher Drüsen. 3. Teil. Cytologische Veränderungen in den Drüsen von *Drosophyllum* während der Verdauung. Planta (Berl.) **59**, 351—379 (1963). — Zur Cytologie und Physiologie pflanzlicher Drüsen. IV. Teil: Licht- und elektronenmikroskopische Untersuchungen an Septalnektarien. Protoplasma (Wien) **58**, 137—171 (1963). — Über Zellwandstrukturen bei den Köpfchendrüsen der Schuppenblätter von *Lathraea clandestina* L. Planta (Berl.) **60**, 473—482 (1964). — Licht- und elektronenmikroskopische Beobachtungen an den Trichom-Hydathoden von *Cicer arietinum*. Z. Pflanzenphysiol. **53**, 245—254 (1965). — SCHUMACHER, W.: Untersuchungen über die Wanderung des Fluoreszeins in den Haaren von *Cucurbita Pepo*. Jb. wiss. Bot. **82**, 507—533 (1936). — Weitere Untersuchungen über die Wanderung von Farbstoffen in den Siebröhren. Jb. wiss. Bot. **85**, 422—449 (1937).

VRIES, H. DE: Über die Bedeutung der Circulation und der Rotation des Protoplasma für den Stofftransport in der Pflanze. Bot. Z. **43**, 1—6, 17—26 (1885).

WENT, F. W.: Eine botanische Polaritätstheorie. Jb. wiss. Bot. **76**, 528—557 (1932). — Transport of inorganic ions in polar plant tissues. Plant Physiol. **14**, 365—369 (1939).

Die Fernleitung der Stoffe im Pflanzenkörper.

Von

Walter Schumacher.

Mit 22 Abbildungen.

Wie schon in der Einleitung betont wurde, ist das Grundproblem einer Stoffwanderung im Pflanzenkörper ein Zellproblem. Jede lebende Zelle hat das Vermögen, Stoffe aufzunehmen und Stoffe abzugeben und Stoffe durch ihren Körper zu transportieren. Es ist in den vorhergehenden Abschnitten versucht worden, die Schwierigkeiten aufzuzeigen, die bereits der Erklärung dieser auf verhältnismäßig kleinem Raume und über kleine Strecken sich abspielenden Vorgänge entgegenstehen. Fragen wie die nach der Mechanik einer Stoffaufnahme und Stoffabscheidung einschließlich des Permeabilitätsproblems, die Verknüpfung mit der übrigen Lebenstätigkeit und insbesondere mit der Atmungstätigkeit der Zelle, ja Lokalisationsfragen, Polaritätserscheinungen u.v.a.m. sind aufs engste mit diesen Transportvorgängen verbunden und machen es fast unmöglich, das Stoffwanderungsproblem isoliert einer Kausalanalyse zu unterziehen.

Man könnte daher meinen, daß es sehr viel leichter und erfolgversprechender sein müßte, die allgemeinen Fragen der Stoffbewegung auf dem Gebiet der Fernleitung anzugreifen, wo nicht nur die Strecken, über die eine Wanderung erfolgt, sondern auch die Mengen der transportierten Stoffe ganz andere Dimensionen erreichen und wo spezifische und als solche deutlich gekennzeichnete Fernleitungsbahnen im vielzelligen Pflanzenkörper entwickelt sind, die in ihrer besonderen Struktur allein schon besondere Aufschlüsse über die Mechanik der Vorgänge versprechen. Es wird aus den folgenden Abschnitten hervorgehen, daß jedoch bisher allein die Lokalisationsfrage des Ferntransportes eine gewisse Klärung erfahren konnte, daß aber hinsichtlich der Erklärung der Bewegungsmechanik ähnliche Schwierigkeiten wie beim Nahtransport auftreten, ja, daß der parenchymatische Nahtransport auf das engste mit diesen Ferntransporten verbunden ist, weil sowohl der Stoffeintritt wie der Stoffaustritt in und aus den spezifischen Fernleitungsbahnen durch parenchymatische Zellen bewerkstelligt werden muß, und ein Ferntransport ohne diese Tätigkeit der anliegenden parenchymatischen Zellen vielleicht gar nicht erfolgen kann. Möglicherweise greifen parenchymatische Zellen sogar direkt in die Bewegungsmechanik ein!

Die Ausgestaltung eines vielzelligen Organismus von größeren Dimensionen ist stets und notwendig mit einer Differenzierung spezifischer Organe und Gewebe im Organismus verbunden. Arbeitsteilungen, wie etwa die Konzentrierung von besonders chlorophyllreichen Zellen an Stellen des Körpers, die besonders gut vom Licht durchstrahlt werden und besonders gut mit CO_2 versorgt werden können, mußten zwangsläufig dazu führen, daß von diesen Orten aus die hier reichlich gebildeten Kohlenhydrate zu den weniger gut versorgten oder eventuell ganz auf eine Zufuhr angewiesenen Teilen des Körpers abtransportiert werden. Darauf hat schon SACHS hingewiesen. Bei der höher organisierten Landpflanze mit ihren frei in den Luftraum ragenden und assimilierenden Blättern und ihren im feuchten Erdreich steckenden farblosen unterirdischen Organen ist eine solche Arbeitsteilung überhaupt nur denkbar, wenn zwischen den Orten der Stofferzeugung und den Stellen des ausschließlichen Verbrauches besondere Leitbahnen entwickelt sind, die die Überwindung solcher großen Strecken mit der nötigen Geschwindigkeit erlauben. Da es sich besonders bei Bäumen um Wanderstrecken von vielen Metern handeln muß, ist es einleuchtend, daß der Transport durch rein parenchymatisches Gewebe nicht mehr ausreicht, auch wenn die einzelne Parenchymzelle, wie Sonderfälle beweisen (z.B. Haustorien von *Cuscuta*, s. S. 12) durchaus für einen solchen raschen Massentransport kein unüberwindbares Hindernis zu bilden braucht. Vielleicht ist es die Hintereinanderschaltung vieler solcher Einzelelemente, die normalerweise, d.h. in Gestalt der üblichen Parenchymzellen, dem Bedarf nicht mehr genügt und die Ausbildung und Existenz spezifischer Fernleitungsbahnen für den Transport organischer Stoffe zu einer notwendigen Voraussetzung für die Möglichkeit und Behauptung großdimensionierter Pflanzenkörper werden ließ. Es ist nun für das Verständnis und die Klärung der mit dem Ferntransport der Stoffe im Pflanzenkörper zusammenhängenden Fragen unbedingt notwendig, die besonderen Baueigentümlichkeiten und Eigenschaften dieser besonderen Fernleitungsbahnen genau zu kennen. Da dies leider bis heute nur in sehr beschränktem Ausmaße der Fall ist, muß im folgenden zunächst dem anatomischen Bau derselben einige Aufmerksamkeit gewidmet werden.

A. Die Leitbahnen des Ferntransportes.

Es ist bis heute keineswegs für alle Stoffe und in allen Fällen geklärt, in welchen besonderen Bahnen ihr Ferntransport durch den Pflanzenkörper erfolgt, von der feineren Lokalisation innerhalb eines spezifischen Leitelementes, wo ähnliche Schwierigkeiten wie bei den Parenchymzellen auftreten, ganz abgesehen. Davon wird im folgenden noch ausführlicher die Rede sein. Grundsätzlich bieten sich nach unserem heutigen Wissen zwei besondere Differenzierungsformen pflanzlicher Zellen als spezifische Leitelemente an, die toten Gefäße des Xylems der Leitbündel und des Holzes auf der einen Seite und die lebenden Siebröhren des Phloems der Bündel oder des Bastes auf der anderen Seite. Von den Milchröhren wird später noch zu sprechen sein. Sie kommen kaum für den Ferntransport in Frage. Nachfolgend mag zuerst einiges über den Ferntransport im Xylem und besonders in den Gefäßen des Xylems gesagt werden.

1. Das Xylem als Ferntransportbahn für organische Stoffe.

Die Gefäße dienen sicher in erster Linie der Fernleitung von Wasser, wobei die Richtung des Transportes bestimmt wird durch die Stellen des maximalen Wasserverbrauches bei der Transpiration oder durch die Lokalisation der Druckerzeugung bei Guttation und Blutung (s. die entsprechenden Abschnitte Bd. III, Huber: Gefäßleitung, Stocking: Guttation and bleeding, root pressure usw.). Im allgemeinen führen daher diese Wasserströme von den Wurzeln aufwärts zu den Blättern und wachsenden Trieben. Sie sind aber auch ein mit mehr oder weniger großer Intensität dauernd durch eine Pflanze aufwärts ziehendes Transportmittel, das geeignet sein muß, alle Stoffe, die zusätzlich in seinen Fluß hinein abgeschieden werden, auf größere Strecken passiv mit sich zu reißen und wegzuführen, bis sie an anderen Orten wieder durch die den Gefäßen anliegenden lebenden Zellen resorbiert werden. Es ist bekannt genug, daß dies in erster Linie für einen Teil der *anorganischen* Salze gilt, die mit dem Transpirations-(Guttations-)strom emporgeführt werden, wobei hier nicht der Ort ist, auf die Probleme einzugehen, die der Aufnahme dieser Salze in die Wurzeln und ihrer Abscheidung in die Gefäße sowie dem Zustandekommen des Wurzeldruckes zugrunde liegen (s. Bd. III, IV D, VI C, a). Es interessiert hier allein die Tatsache, daß anorganische Salze mit dem Wasserstrom in den Gefäßen passiv befödert werden, wenn dies auch, wie später näher ausgeführt werden wird, keineswegs die einzige Möglichkeit eines Ferntransportes dieser Stoffe im Pflanzenkörper ist, zumal seine Richtung ja einseitig durch die übergeordneten Bedürfnisse der Wasserversorgung bestimmt wird (s. Bd. III, VI C a, S. 669, KISSER: Wasserumsatz und Salzstoffwechsel).

Wieweit darüber hinaus nun organische Substanzen dauernd oder zeitweise auf derselben Bahn befördert werden, ist eine Frage, die sich zur Zeit noch nicht erschöpfend beantworten läßt. Schon STRASBURGER (Jena 1891) hat aus Ringelungs- und Quetschungsexperimenten, vor allem an reifenden Fruchtständen von Umbelliferen, geschlossen, daß ein Teil des von den jungen Früchten benötigten Bau- und Speichermaterials, vor allem N-haltige Substanzen, auch durch die Gefäßbahnen befördert werden könnten und wahrscheinlich auch befördert werden. Zuletzt haben noch BACHOFEN und WANNER mit Hilfe von Isotopen bei wachsenden Früchten von *Phaseolus* das junge, noch unverholzte Xylem der Fruchtstiele als die eigentliche Wanderbahn der Assimilate gedeutet (BACHOFEN und WANNER 1962). MÜNCH, CURTIS, vor allem aber BURSTRÖM und sein Mitarbeiter KROGH bezweifeln zwar, daß *Carpinus*- und Buchenknospen, vor allem hinsichtlich der anorganischen Salze, völlig aus dem Blutungssaft ernährt werden können (B. F. CURTIS 1920, BURSTRÖM 1948, BURSTRÖM und KROGH 1946, 1947). Allein es ist sicher, daß im frühjährlichen Blutungssaft mancher Bäume erhebliche Mengen organischer Substanzen, wie Zucker, Aminosäuren, Allantoin, Citrullin, Fermente u. a. m. gefunden werden, die offenbar bei der Mobilisierung der Speicherstoffe aus den Parenchymzellen des Holzes, aber teilweise wohl auch bereits aus den Speicherzellen der Wurzeln in die Gefäße abgeschieden werden, und, wenn dieser „Saft" auch hier in unverletzten Zweigen ähnlich wie bei der Blutung bewegt wird, mit diesem emporgepumpt werden müssen (vgl. Bd. III, IV C, aber auch H. R. BODE 1934). Nach dem Laubaustrieb scheinen allerdings bei Bäumen die organischen Substanzen aus dem Gefäßwasser mehr/weniger wieder zu verschwinden oder doch an Menge hinter den anorganischen Salzen zurückzutreten. Ob dies aber immer und zu allen Zeiten der Fall ist, muß stark bezweifelt werden. Schon die älteren Angaben von A. FISCHER (1891) (s. auch ANDERSSEN 1929 und BOLLARD 1953) über das Vorkommen von Glucose im Gefäßwasser mancher Pflanzen auch in den Sommermonaten stimmen hier nachdenklich, wenn sie auch vielleicht mit neueren Methoden nachgeprüft werden sollten. Die Beobachtungen von GREENHILL und CHIBNALL (1934) sowie von CURTIS (1944), daß nach stärkerer N-Düngung im austretenden Guttationswasser von Gräsern Glutamin auftritt, sowie die Befunde von MOTHES und seinen Mitarbeitern (MOTHES u. ENGELBRECHT 1952, REUTER u. WOLFFGANG 1955, G. REUTER 1957) über das Vorkommen von Allantoinsäure und Allantoin sowie von Citrullin in Blutungssäften auch noch nach voller Ausbildung des Laubes im Hochsommer bei Ahorn (für Boraginaceen s. L. ENGELBRECHT 1954, 1955) lassen kaum Zweifel daran, daß diese Stoffe zum Teil aus den Reserveorganen bzw. Zellen, zum Teil aber auch in den Wurzeln neu gebildet und in die Gefäßbahnen entleert werden, wo sie durch Guttation oder Transpiration nach oben befördert werden. Dasselbe scheint auch für gewisse *Alkaloide* zu gelten, die ja zum Teil bevorzugt in der Wurzel gebildet werden (s. u.a. MOTHES und HIEKE 1943, MOTHES 1953, MOTHES u. Mitarb. bis 1965). Auch N-freie Stoffe, Polyphenole (Buche, Hainbuche), Cumarinderivate (Esche) sind in Blutungssäften entdeckt worden (WOLFFGANG u. MOTHES 1953). Antibiotica können durch die Wurzeln mancher Pflanzen aufgenommen werden und ebenfalls im Blutungs- bzw. Guttationswasser nachgewiesen werden (Penicillin bei Kresse, Aureomycin bei *Phaseolus lunatus* (s. A. G. Winter u. Willeke 1951, Winter 1952, F. A. Blanchard und V. M. Diller 1951). Während die Bedeutung eines Transportes von Antibiotica noch unklar erscheint, liegt bei den durch Parasiten erzeugten Welketoxinen ein klarer Fall vor, in dem ebenfalls organische Stoffe im Wasserstrom der Gefäße verfrachtet werden (u.a. Gäumann 1951, Gäumann, Kern u. Santhoff 1952, Gäumann, Stoll u. Kern 1953). Natürlich wird man bei allen Folgerungen, die aus der stofflichen Zusammensetzung von Blutungssäften gezogen wurden, die Frage zu bedenken haben, wieweit ihre Zusammensetzung dem natürlichen Gefäßinhalt entspricht oder durch das Anschneiden erst pathologisch verändert wurde (s. z.B. James und Baker 1933, für den Blutungssaft von Ahorn aber auch Huber 1943) oder gar durch aus dem Siebteil kommende Stoffe verfälscht oder ersetzt wurde. Letzteres dürfte vielleicht für den Blutungssaft von Palmen zutreffen (Tammes 1933, 1958). Indessen dürfte doch die Analyse von Guttationsstoffen, die aus unverletzten Pflanzenorganen stammen, sowie die Gesamtheit der bisher vorliegenden Erfahrungen den Schluß rechtfertigen, daß die normalerweise durch den Pflanzenkörper hindurchfließenden Wasserströme zum mindesten zeitweise auch organische Stoffe transportieren können, sobald diese von den die Gefäße umgebenden Parenchymzellen in diese abgeschieden werden. Wie oft dies geschieht, entzieht sich noch weitgehend unserer Kenntnis. Der Umstand, daß die Richtung dieser Stofftransporte nicht eigentlich durch die besonderen Bedürfnisse der Pflanze bestimmt wird, sondern daß hier lediglich ein aus anderen Gründen in Gang gehaltenes und vorwiegend einseitig von unten nach oben führendes Transportmittel benutzt wird, wenn die vorgegebene Richtung zufällig übereinstimmt, schränkt die Bedeutung dieser Transportmöglichkeit wohl ziemlich sein. Man wird aber im Auge behalten müssen, daß gelegentlich auch darüber berichtet wurde, daß in einzelnen Gefäßzügen auch entgegengesetzte Strömungsrichtungen auftreten können (Rücksaugungen beim lokalen Ausgleich der Wasserbilanz ?). Auf keinen Fall aber dürfen diese Transportmöglichkeiten im Gefäßwasser bei einer generellen Betrachtung des Stofftransportes im Pflanzenkörper ganz außer acht gelassen werden. Die Frage, auf welchen Bahnen bestimmte Stoffe über größere Entfernungen durch den Pflanzenkörper transportiert werden, wird also in jedem einzelnen Fall gesondert geprüft werden müssen, auch wenn, wie aus dem folgenden hervorgeht, heute kein Zweifel mehr daran besteht, daß für den Ferntransport organischer Substanzen in der Regel nicht die Gefäße, sondern andere spezifische Leitelemente, nämlich die Siebelemente, benutzt werden. Besonders Kursanov und seine Mitarbeiter (Pristupa u. Kursanov 1957) haben darauf hingewiesen, daß die in die Wurzel von oben her eintretenden organischen Assimilate Acceptoren für die anorganischen Nährsalze bildeten, diese in organische Bindungen überführten (besondere Salze oganischer Säuren), und so mit dem Transpirationsstrom wieder in die Höhe führten, so daß eine Art von Kreislauf dieser Stoffe durch den Pflanzenkörper anzunehmen wäre. Es ist aber noch ungewiß, in welchem Umfang dies regelmäßig geschieht.

2. Das Phloem als Transportbahn.

a) Der Nachweis eines Stofftransportes im Phloem und speziell in den Siebröhren.

Es wird hier nicht beabsichtigt, eine historische Schilderung der Entwicklung unserer derzeitigen Kenntnisse zu geben. Es mag zu diesem Zweck auf mehrere zusammenfassende Darstellungen der letzten Jahre verwiesen werden (Münch

1930, CURTIS 1935, HUBER 1937, SWANSON 1959, CRAFTS 1961, ESAU 1961, KURSANOV 1963). Wichtig erscheinen hier allein die Grundgedanken und die sie stützenden anatomischen und physiologischen Erfahrungen. Schon SACHS (1875) hat mit Recht darauf hingewiesen, daß mit der Erkenntnis, daß die grünen Laubblätter die Hauptstätten der organischen Stoffproduktion sind, die Existenz eines von hier ausgehenden Stoffstromes zu den übrigen heterotroph lebenden Pflanzenteilen eine einfache logische Folgerung war, die im Grunde genommen keines Beweises bedurfte. Die Bezeichnung eines „absteigenden Saftstromes" war allerdings bereits etwas hypothetisch, da weder ohne weiteres angenommen werden konnte, daß dieser Saftstrom immer und ausschließlich nach den Wurzeln zu gerichtet war, noch daß hier „Säfte" bewegt wurden. Darüber wird noch später ausführlich zu sprechen sein.

Was zunächst exakt bewiesen werden mußte, das waren die Bahnen dieses Stofftransportes und schließlich die Mechanik der Bewegung. Hinsichtlich der Lokalisation war lange Zeit die Interpretation der Folgen von Ringelungsexperimenten die einzige Grundlage. Solche Ringelungsexperimente, wie sie zuerst schon von MALPIGHI 1686 durchgeführt wurden, ermöglichten vor allem v. HANSTEIN in sorgfältigen und kritischen Versuchen (1860) den Schluß, daß das Phloem der Innenrinde und der Phloemteile der Leitbündel (HANSTEIN arbeitete auch mit Pflanzen, bei denen intraxyläre Bündel bzw. Phloemstränge vorkamen, die keinen Ringelungseffekt zeigten!) in enger Beziehung zur Regeneration abgeschnittener Pflanzenteile, zur Bewurzelung von Stecklingen bzw. zum Austreiben schlafender Augen stehen mußte. Die tatsächliche Ausdrucksweise v. HANSTEINs, daß hier ein „Säftestrom" fließe, der durch die Ringelung unterbrochen werde, war bereits eine über die experimentell erwiesenen Tatsachen hinausgehende, vielleicht dem Autor gar nicht bewußte Hypothese, da weder die Existenz eines Flüssigkeitsstromes noch die Existenz eines Stromes der Blattassimilate in den Phloemteilen, sondern lediglich sekundäre Folgen der Phloemunterbrechung wie Regenerationen usw. beobachtet wurden, die, wie gleich ersichtlich, auch anders gedeutet werden könnten. Zwar hatte schon TH. HARTIG gefunden, daß aus angeschnittenen Innenrinden große Safttropfen hervortreten konnten, und diese Tatsache ist nicht nur die Grundlage der späteren Münchschen Druckstromhypothese geworden, sondern spielt bis in die jüngste Zeit, wie später noch ausgeführt werden wird, eine große Rolle bei dem Versuch einer Erklärung der Mechanik der Stoffbewegungen. Allein die ganzen Ringelungsfolgen konnten, wie KASTENS (1924) ausführte, auch ebensogut durch die Annahme erklärt werden, daß im Phloem nur gewisse akzessorische Wirkstoffe, nicht aber die Blattassimilate selbst geleitet werden, die für die Regenerationen notwendig sind. Diese Regenerationen aber waren ja, wie gesagt, die einzigen Erscheinungen, aus denen auf einen Stofftransport geschlossen wurde. Die sich gerade in jenen Jahren entwickelnde Wuchs- und Wirkstoff-Forschung zeigte nur zu deutlich die logische Berechtigung dieses Einwandes gegen die Deutung aller damals bekannten Ringelungsexperimente, auch wenn wir heute wissen, daß er dennoch nicht das Richtige traf. Aber auch von DIXON und seinen Mitarbeitern (DIXON und BALL 1922) war ein andersartiger Einwand gegen die Deutung der Ringelungsexperimente gemacht worden, der allerdings nicht die Versuche v. HANSTEINs an Pflanzen mit intraxylären Bündeln berücksichtigte. DIXON machte nämlich geltend, daß bei allen Ringelungen stets auch die jüngsten, gerade aus dem Cambium differenzierten Gefäße verletzt würden, und daß eben diese Gefäße die Assimilate leiteten (vgl. auch BACHOFEN u. WANNER 1962, und PEEL und WEATHERLEY 1962, auf die noch später näher eingegangen wird).

Der Grund, warum ohne wirkliche Beweise viele Botaniker das Phloem als die eigentliche Leitbahn des organischen Stofftransportes betrachteten, war aber auch ein anatomischer. Hier im Phloem der Rinden war nämlich schon 1837 von THEODOR HARTIG ein besonderes Bauelement, die „Siebfasern" oder Siebröhren, entdeckt, wenn auch noch nicht richtig erkannt worden, die nach ihrem ganzen anatomischen Bau („Gitterzellen") besonders für einen Stofftransport geeignet erscheinen mußten (TH. HARTIG 1837). In Unkenntnis der chemischen Form der transportierten Stoffe dachten spätere Autoren besonders an „kolloidale" Stoffe wie etwa die Eiweißkörper, die, besonders auffällig bei Cucurbitaceen, durch die offenen Poren der als Siebplatten ausgebildeten Querwände hindurchtreten könnten (so schon NÄGELI 1861, zuletzt noch HABERLANDT 1924). Daß Eiweiß nicht in fertiger Form wandert, war damals noch ganz unbekannt. Dagegen wurden für die löslichen Kohlenhydrate vielfach nicht die Siebröhren, sondern die langgestreckten Parenchymzellen des Phloems oder gar die Bündelscheiden als Wanderbahnen in Anspruch genommen, weil man in ihnen stets (transitorisch?) reichlich Stärkekörner beobachtete (SCHIMPER 1885, DELEANO 1911, RUHLAND 1912). Allerdings hatte schon CZAPEK (1897) dem widersprochen und die Wanderbahn auch der Kohlenhydrate in die Siebröhren verlegt. Aber entscheidende Versuche blieben auch ihm versagt. Die Beobachtungen von SCHNEIDER-ORELLI (1909), daß es in Apfelblättern immer dann zu einer Stärkestauung kommt, wenn die Gänge der Miniermotte das Phloem der Blattnerven, nicht aber, wenn sie das Xylem durchschneiden, wies zwar wieder nachdrücklich auf das Phloem als Wanderbahn auch für Kohlenhydrate hin. Auch die Stärkestauungen bei Viruserkrankungen, etwa bei der Blattrollkrankheit der Kartoffel, die zu Phloem-Nekrosen führt, wurden von QUANJER (1913) als Beweis dafür angeführt, daß der normale Transport der Kohlenhydrate im Phloem erfolgen müsse. Eigentliche Beweiskraft haben jedoch natürlich solche Beobachtungen über Stärkebildung und -lösung nicht, da ebensogut Aktivitätsänderungen von Fermenten oder veränderte Atmung zu solchen Folgen führen kann, ohne daß Zufuhr oder Abfuhr von Zucker damit verbunden ist. Hier konnten erst quantitative Methoden Aufschluß über den wirklichen Stofftransport und seine eventuelle Hemmung durch Ringelung usw. erbringen.

Es bedeutet daher einen entscheidenden Fortschritt in der Erkenntnis, als MASON, MASKELL u. Mitarb. in einer Reihe von Arbeiten ab 1928 den Einfluß einer Ringelung auf den Zucker- und Stickstofftransport usw. bei Baumwollpflanzen streng quantitativ untersuchten und den eindeutigen Nachweis führen konnten, daß eine Ringelung, d. h. eine Unterbrechung des inneren Rindenphloems, tatsächlich zu einer Stauung von Zuckern, N-haltigen Substanzen u. a. m. oberhalb der Unterbindungsstelle führt, wobei sich diese Stauung oft auf weitere Strecken bis in die Blätter hinein bemerkbar machte. Fast gleichzeitig konnte SCHUMACHER (1930) ebenfalls quantitativ nachweisen, daß der Abtransport von Stickstoffverbindungen aus vergilbenden Blättern durch operativ isolierte Phloemteile der Blattstielbündel mit normaler Geschwindigkeit erfolgt, und daß eine experimentelle Blockierung der Siebröhren durch Eosin diesen Transport verhindert. Und man darf wohl sagen, daß erst durch diese quantitativ untermauerten Analysen das alte Problem, wo in der Pflanze der Transport organischer Stoffe verläuft, aus allen Zweifeln gelöst worden ist: Der Ferntransport verläuft im Phloem, wenn auch dieses Phloem ja in sich noch ein sehr heterogenes Gewebe ist, so daß die weitere Frage nach der Rolle der Siebröhren noch immer nicht ganz befriedigend gelöst war. Zwar hatte SCHUMACHER (1930) im Eosin einen Stoff gefunden, der offenbar selektiv die Siebröhren abtötete, worauf die oben erwähnte Stoffstauung eintrat. Dies war schon ein sehr starkes Argument zugunsten der Annahme, daß die Siebröhren die besonderen Leitorgane waren. Restlos befriedigen konnte es deshalb nicht, weil nicht ganz sicher war, ob nicht die übrigen Phloemzellen ebenfalls, wenn auch anatomisch nicht erkennbar, durch Eosin geschädigt wurden. MASON und seine Mitarbeiter hatten versucht, durch eine mechanische Unterteilung der abgelösten Rinde in eine äußere, siebröhrenfreie, und in eine mittlere und innere, besonders siebröhrenreiche Schicht, Aufschluß zu erhalten, in welchen Teilen besonders ausgeprägte Staueffekte auftraten. Sie fanden Stauungen besonders in der Innenschicht lokalisiert und schlossen daraus, daß die Siebröhren die besonderen Organe der Stoffspeicherung und Wanderung sein mußten. Allein auch diese Schichten der Innenrinde waren anatomisch noch ein sehr heterogenes Gewebe, das neben den Siebröhren noch große Mengen langgestreckter Parenchymzellen und Markstrahlzellen enthielt (s. auch A. S. CRAFTS 1938), so daß vor allem, weil in diesen Versuchen die Stauung und Speicherung das eigentlich Erfaßte war, eine klare Aussage noch immer nicht möglich war (MASON und MASKELL 1928, PHILLIS und MASON 1933, MASKELL und MASON 1929, 1930; MASON und PHILLIS 1934, MASON und MASKELL 1931, 1934; MASON, MASKELL und PHILLIS 1936, PHILLIS und MASON 1936, MASON und PHILLIS 1936, PHILLIS und MASON 1936, MASON und PHILLIS 1934, 1937; in letzterem guter Gesamtüberblick!).

Der Versuch von CRAFTS, die Zellwände der Siebröhren als eigentliche Wanderbahnen zu erklären, hatte allerdings von vornherein wenig Wahrscheinlichkeit für sich. Er wird hier lediglich angeführt als Beweis für die immer noch fortbestehende Unsicherheit hinsichtlich der eigentlichen Lokalisation (CRAFTS 1931, 1932; dagegen aber STEWART und PRIESTLEY 1932). Letzte Klarheit darüber, daß die Siebröhren wirklich Leitorgane für einen Stoff-Ferntransport sind, wurde erst gewonnen, als es endlich SCHUMACHER 1933 gelang, im Fluorescein einen Stoff zu finden, der von vielen Pflanzen anscheinend ohne Schaden in die Phloeme aufgenommen wird und hier im Fluorescenzmikroskop vital direkt in den Siebröhren und nur in diesen gesehen werden konnte (SCHUMACHER 1933). Wenn man z.B. die Epidermis der Blattnerven auf der Unterseite eines *Pelargonium*-Blattes an einer Stelle mit dem Skalpell leicht anschabt, und auf die Wunde eine Gelatinegallerte aufträgt, die Fluorescein-Kalium oder -Natrium zu 0,1% enthält, so kann man, wenn man das Phloem der Blattstiele oder des Stammes einige Zeit später in 20—50 cm Entfernung von der Einführungsstelle im Fluorescenzmikroskop untersucht, leicht sehen, daß ein Teil der Siebröhren samt ihren Geleitzellen gelb-grün zu leuchten beginnt, während alle sonstigen Bestandteile des Phloems, vor allem die unmittelbar anliegenden Parenchymzellen, dunkel bleiben. Dies besagt, daß das Fluorescein vom Ort seiner Einführung in den Blattnerven ausschließlich in den Siebröhren transportiert worden sein muß, hier also eine spezifische Fernleitungsbahn und auch ein Leitungsmechanismus vorhanden sein muß, der es transportiert. Die späteren Angaben von PHILLIS und MASON (1936) sowie von RHODES (1937), wonach das Fluorescein primär im Xylem wandere, und erst von dort seitlich in das Phloem übertrete, beruhten offenbar auf experimentellem Ungeschick und konnten eindeutig widerlegt werden, indem die Wanderung auch durch isolierte Phloemstränge beobachtet wurde (SCHUMACHER 1937). Es ist bis heute nicht gelungen, einen besseren Lokalisationsbeweis für die Funktion bestimmter Siebröhren als Wanderstoffleitbahnen zu finden. Berberinsulfat, das von BAUER (1949, 1953) empfohlen wurde, erwies sich leider als völlig ungeeignet (SCHUMACHER u. HÜLSBRUCH 1955). Nur das von DÖRING (1935) zuerst angewandte Äsculin kann an seiner Blaufluorescenz in ähnlicher Weise in den Siebröhren selbst gesehen werden (und nur hier!), wenn keine größeren Wanderstrecken (<10 cm) überbrückt werden müssen (SCHUMACHER 1937).

Die in jener Zeit noch nicht mögliche, heute aber sehr naheliegende und inzwischen auch oft benutzte Verwendung von Isotopen (Biddulph 1941 und später u. a.), sei es durch Darbietung von am C-Atom markierten $^{14}CO_2$, wobei dann die Assimilate der Photosynthese, vor allem die Zucker oder sonstige organische Verbindungen, markiert werden, sei es durch anorganische Isotope (^{32}P, ^{35}S), erlauben bisher nur eine sehr unscharfe Lokalisation der Wanderstoffe im Phloem der Leitbündel, da die Radioautographien einer ^{14}C-Aktivität infolge Überstrahlung die einzelne Siebröhre nicht isoliert zur Darstellung bringen, geschweige denn Orte innerhalb einer Siebröhre wiedergeben können (s. z. B. Biddulph u. Cory 1960, am besten bisher Kollmann 1965, s. Abb. 151). So wertvoll diese Methoden für andere Zwecke auch sind (s. später), für die Frage der reinen Lokalisation der Stoffwanderung und für die Vitalbeobachtung sind sie den fluorescenzoptischen Verfahren bisher noch immer deutlich unterlegen. Natürlich sind die Fluorochrome nicht ohne weiteres den körpereigenen Substanzen, den Zuckern, Aminosäuren usw. gleichzusetzen, und Schumacher selbst hat schon 1933 ausdrücklich davor gewarnt. Das gleiche gilt aber wahrscheinlich auch von manchen isotopen-markierten synthetischen Wirkstoffen, wie sie vor allem Crafts (1961) zu autoradiographischen Transportstudien vielfach verwendet hat. 2,4-D z.B. ist keine körpereigene Substanz. Wo es indessen, wie bei den Fluorochromen Schumachers, nur um die Frage geht, ob und wo in bestimmten Geweben des Pflanzenkörpers eine zum Transport befähigte Leitbahn existiert, da leisten diese vitalen fluorescenzoptischen Nachweismethoden bisher noch immer mehr als die Tracer-Technik. Ob bei der grundsätzlich wohl möglichen Verfeinerung der Methodik, vor allem durch Verwendung tritiummarkierter Verbindungen, der dringend erwünschte Lokalisationsnachweis im Innern der Siebröhre gelingt, bleibt abzuwarten. Die Versuche von Aronoff u. Gage (1961) stellen wohl einen Beginn dar.

Eine außerordentlich elegante Methode muß aber hier schon kurz besprochen werden. Besonders Münch (1930) hatte ja seine Druckstromhypothese ausschließlich auf der schon von Hartig (1837, 1856, 1858, 1859, 1860, 1861) gemachten Beobachtung aufgebaut, daß beim Anschneiden der Innenrinde vieler Bäume, vor allem im Herbst, große Tropfen einer wäßrigen, stark zuckerhaltigen Flüssigkeit austreten, die als „Siebröhrensaft" bezeichnet und als angeblicher Beweis benutzt wurde, daß in den Siebröhren ein Flüssigkeitsstrom fließe. Der Einwand, daß dies eine pathologische Blutungserscheinung ähnlich wie bei den Milchröhren sein könne, und daß es sehr unwahrscheinlich erscheinen müsse, daß dieser „Saftstrom" bei Bäumen nur im Herbst fließe, wo dieses Phänomen meist erst beobachtet wird, in den übrigen Monaten der Vegetationsperiode aber kein Stofftransport stattfinde, ist nie widerlegt worden. Nun haben aber Kennedy und Mittler erstmals 1953 eine Methode angegeben, bei der der grobe Wundeffekt beim Anschneiden der Siebröhren vermieden werden kann. Es war schon länger bekannt (Rawitscher 1933), daß Blattläuse offenbar bevorzugt die Siebröhren anstechen. Die Autoren arbeiteten eine Methode aus, durch die nach dem Einstich die Rüssel von den Tieren abgetrennt und als feine Kanüle in den Siebröhren steckenblieben. Aus diesen feinen Zapfkanälen trat nun ebenfalls eine stark zuckerhaltige Flüssigkeit, bei günstigen Objekten unter Umständen tagelang und in großen Tropfen, aus. Wie unter anderem Peel und Weatherley (1962) zeigten, tritt hier auch C^{14}-markierter Zucker, der in den Blättern photosynthetisch aus $C^{14}O_2$ erzeugt und nach abwärts geleitet wurde, aus, so daß die Wahrscheinlichkeit, daß er auch in den Siebröhren transportiert wurde, sehr groß ist. Über die Entstehung und Beweiskraft dieses Saftflusses muß allerdings später noch eingehend gesprochen werden (s. S. 149).

b) Der anatomische Bau der Siebelemente.

Man sollte erwarten, daß es die erste Voraussetzung für die Aufklärung der Mechanik des Ferntransportes sein müßte, genaue Unterlagen über den anatomischen Bau der Leitungsbahnen zu besitzen. Leider haben viele Physiologen geglaubt, ohne solche Kenntnisse voreilig weitgehende und bis in Einzelheiten ausgesponnene Hypothesen aufstellen zu können. Darauf ist manche Verwirrung und manche Auseinandersetzung der letzten Jahre zurückzuführen, da oft nicht einmal die sorgfältigen lichtoptischen Untersuchungen früherer Autoren genügend berücksichtigt wurden. Die modernen, in der letzten Zeit unternommenen elektronenoptischen Untersuchungen haben manche Überraschung gebracht, aber auch immer wieder gezeigt, daß diese Fernleitungsbahnen zu den am schwierigsten zu fixierenden und zu untersuchenden Elementen des Pflanzenkörpers gehören, so daß unsere Kenntnisse leider noch immer nicht jenen Grad der Sicherheit erreicht haben, die für die folgenden Ausführungen und für die Aufklärung der Transportmechanik eigentlich erforderlich wäre. Immerhin rechtfertigt diese Situation die Notwendigkeit, auch in einem Handbuch der Physiologie zunächst die anatomischen Erkenntnisse zu beschreiben, die gerade in den letzten Jahren an Siebröhren erarbeitet werden konnten. Es wird dabei nur so weit auf Strukturen eingegangen, als dies für die Physiologie des Stofftransportes notwendig erscheint. Sonst unterrichtet das Buch von ESAU, Plant Anatomy, New York 1965, sehr gut über den allgemeinen Bau der Leitelemente. Über neuere Arbeiten s. KOLLMANN (1964).

Seit der Entdeckung der Siebelemente durch THEODOR HARTIG (1838) galt das anatomische Merkmal der offenen siebartigen Durchbrechung einzelner Wandpartien (vor allem die der Querwände in der Achsenlängsrichtung) als Einrichtung, die den Stoffdurchtritt von einer Zelle zur anderen erleichtern und derartige Zellzüge als spezifische Fernleitungsbahnen charakterisieren sollte. Noch HABERLANDT dachte in seiner „Physiologischen Pflanzenanatomie“, 6. Aufl. 1925, besonders an eine Leitung kolloidaler Eiweiße, ohne daß hierfür wie überhaupt für die Fernleitung irgendwelcher anderer Stoffe in diesen Bahnen ein exakter Beweis vorlag. Bei einzelnen Objekten mit besonders großen Siebporen, besonders bei dem wegen seiner Besonderheiten eigentlich wenig geeigneten Paradeobjekt aller anatomischen Anfängerübungen, dem Kürbis (*Cucurbita* sp.), wurde auch schon von SACHS (1863) klar gesehen, daß eine offene Verbindung zwischen zwei aneinander grenzenden Elementen, also ohne die sonst bei Tüpfeln ausgebildete Schließhaut, bestand, wobei zum mindesten an eine plasmatische Verbindung (die „connecting-strands“ der angloamerikanischen Sprache) gedacht wurde, während eine Vacuolenverbindung durch diese Plasmastränge erst später, vor allem durch die Hypothesen MÜNCHs (1930) in die Diskussion gebracht wurde, bis heute aber nicht klar erwiesen, ja teilweise widerlegt ist (BUVAT 1963). Nach BUVAT besteht zu keinem Zeitpunkt eine Vacuolenverbindung, da der Tonoplast schon vor dem Porendurchbruch aufgelöst wird! Die Angaben von VOLZ (1952) und von HUBER und KOLBE (1948) über das Fortbestehen von „Schließhäuten“ in den Siebporen dürften auf einer falschen Ausdeutung der damals noch in den Anfängen steckenden elektronenoptischen Untersuchungsmethoden beruhen. Auch da, wo, wie bei vielen Pflanzen, die Poren sehr eng und im Lichtmikroskop lediglich als zarte Punkte bzw. Striche zu erkennen sind, muß angenommen werden, daß in den Fernleitungsbahnen ein kontinuierlicher Protoplast die gesamte Pflanze durchzieht. Als besonders engporige Siebelemente sind die Leitbahnen bei Pteridophyten und Coniferen (aber auch z.B. bei Rosaceen u.a.) bekannt. Bei Coniferen hat HILL (1901) die „Mittelknoten“ in den Plasmasträngen beschrieben und von der Umwandlung des ganzen Verbindungsstranges in

„Schleim" gesprochen, ein sehr unglücklicher Ausdruck, der bis heute manche Verwirrung angerichtet hat, während STRASBURGER (1891 u. 1901) diese Mittelknoten noch als gequollene Wandpartien auffaßte, also zuerst die offene Porenstruktur leugnete. Über unsere heutigen mit Hilfe des Elektronenmikroskopes gewonnenen Einsichten in diese Porenstrukturen wird später gesprochen werden. Auch auf die Entstehung dieser offenen Plasmaverbindungen braucht hier nicht näher eingegangen zu werden (s. FREY-WYSSLING u. H. R. MÜLLER 1957; ESAU, CHEADLE und RISLEY 1962; s. auch FISCHER 1885 und 1886).

Dagegen muß hier etwas über die Weite der Poren gesagt werden. Die Poren sind stets an bestimmten Stellen der Wand in Gruppen vereinigt, die als Siebfelder bezeichnet werden. In der Literatur wird gewöhnlich unterschieden zwischen Siebzellen und Siebröhren. Die Definitionen sind jedoch wenig befriedigend (s. ESAU 1953, S. 274). Man wird der Sachlage vielleicht am besten gerecht, wenn man langgestreckte, spindelförmige Zellen mit einer mehr oder weniger diffusen Verteilung gleichartiger Siebfelder auch auf den Längswänden als Siebzellen bezeichnet, wobei allerdings die Zahl der Siebfelder auf der steilen Schrägwand zur nächsten Siebzelle hin gewöhnlich gehäuft ist. Die Poren sind relativ eng. Beispiele bieten die Siebzellen der Coniferen, doch sind auch manche Angiospermen hier einzuordnen (z.B. *Dioscorea* u.a.). Ist die Gestalt des einzelnen Siebelementes jedoch mehr oder weniger zylinderförmig und beschränkt sich die siebartige Durchbrechung deutlich auf die Querwände, so spricht man von Siebröhren bzw. Siebröhrengliedern. Stehen die „Querwände" wirklich quer, d.h. im rechten Winkel zur Längswand, dann ist meist nur ein einziges Siebfeld, oft mit besonders großen Poren, ausgebildet, das man als Siebplatte bezeichnet. Oft stehen die Querwände aber auch mehr oder weniger schräg, und dann können mehrere Siebfelder dicht benachbart, fast leiterförmig nebeneinander zu einer sog. zusammengesetzten Siebplatte vereinigt sein. Liegen zwei Siebröhren unmittelbar nebeneinander, so können auch auf den Längswänden zwischen ihnen Siebplatten bzw. Siebfelder ausgebildet sein, die allerdings oft wesentlich engere Poren besitzen als die Platten der Querwände. Hier gibt es also deutliche Unterschiede in der Ausbildung der Siebfelder bzw. der Dicke der Verbindungsstränge, stark ausgebildete auf den Querwänden und schwächer ausgebildete auf den Längswänden, das charakteristische Bild überhaupt der Siebröhren. Es gibt aber gleitende Übergänge zwischen Siebzellen und Siebröhren, und der Verfasser zieht es oft vor, nur allgemein von Siebelementen zu sprechen, zumal einer der Gründe für die Unterscheidung, nämlich die Analogie zwischen Siebzelle und Siebröhre einerseits, und zwischen Tracheide und Trachee andererseits, doch eben nur sehr äußerlich sein dürfte. Ist es doch gerade das Merkmal der Siebelemente, daß sie im aktiven Zustand einen lebenden Protoplasten enthalten und ihre Funktion einstellen, wenn dieses Protoplasma abstirbt. während die Gefäße eben erst nach dem Tode des Plasmas funktionsfähig werden.

Mit diesen lebenden Protoplasten der Siebelemente hängt es aber auch zusammen, daß die Angaben über die Weite der Siebporen und damit über den Durchmesser der plasmatischen Verbindungsstränge in der Literatur stark wechseln und offenbar auch mit dem Entwicklungszustand des Siebelementes wechseln müssen. Es wird noch später wiederholt darauf hingewiesen werden müssen, daß wir noch wenig darüber wissen, von welchem Stadium der Entwicklung an ein Siebelement seine Leitfunktion aufnimmt und wann diese beendet wird. Tatsache ist jedenfalls, daß die Wandungen der Siebporen fast stets, wenn auch nicht immer, schon in jungem Entwicklungszustand von einer besonderen Substanz, der sog. Kallose, ausgekleidet werden, die den Porenkanal mehr oder weniger zylindrisch einengt und unter Umständen völlig verschließt. Dies ist bestimmt der Fall, bevor die meist kurzlebigen (Wochen oder Monate!) Siebelemente ihre Funktion einstellen. Dann kann die gesamte Siebplatte (also nicht nur die Poren) von einem einheitlichen dicken Polster aus dieser Kallose bedeckt sein. Merkwürdigerweise findet man allerdings oft später, wenn die Siebelemente völlig abgestorben sind, daß die Kallose wieder gelöst wird, wobei nicht ganz klar ist, wie und von wo aus diese Lösung zustande kommt. Die Kallose ist, wie besonders durch die Untersuchungen von KESSLER (1958) erkannt wurde, ein Polysaccharid, ein Glucan, bei dem β-Glucose in 1,3-Bindung, also anders als bei Cellulose mit ihrer 1,4-Bindung, zu langen vielleicht spiralig gewundenen Ketten verknüpft ist (KESSLER 1958, ESCHRICH 1956, 1961). Die nebenstehende Formel zeigt 4 Kettenglieder in Schraubenanordnung (nach FREY-WYSSLING 1965). Eine besondere feinstrukturelle Anordnung, wie etwa in der Cellulose, ist bis jetzt noch nicht gefunden worden (s. aber EVERT und DERR 1964, wo für die Winterkallose bei *Tilia* Schichtung angegeben wird). Sie wird offenbar mit großer Leichtigkeit und Geschwindigkeit vom Plasma besonders rings um die Verbindungsstränge ausgeschieden, die dabei natürlich eingeengt werden müssen, so daß man daran gedacht hat, daß hierin eine Regulationsmöglichkeit für den Stofftransport ausgebildet sein könnte. Nähere Untersuchungen darüber fehlen leider (s. W. ULLRICH 1962). Nach ESAU, CHEADLE und RISLEY (1962) scheint Kallose schon bei der primären Ausbildung der Siebporen eine Rolle zu spielen, da sich immer an den Stellen, an denen aus einem Plasmodesmos schließlich eine größere Siebpore entwickelt, zunächst eine Kalloseschicht darüber lagert, die später wohl wieder aufgelöst wird. Synthese wie Lösung erfolgt natürlich fermentativ (Ferment: Kallase; ESCHRICH 1961 und 1963). Besonders interessant sind dabei die Siebelemente bei denjenigen Pflanzen (*Vitis, Tilia, Liriodendron*, wahrscheinlich auch einige Monokotyle sowie Pteridophyten, s. ESAU 1953), bei denen die Poren im Herbst durch dicke Kallosepolster verschlossen, im Frühjahr aber wieder geöffnet werden. Hier sind die Siebelemente trotz Fehlen des Zellkerns also mehrjährig und bleiben längere Zeit am Leben. Für *Vitis* wird Zweijährigkeit, für *Tilia* (wenn auch in letzter Zeit bezweifelt) sogar eine Lebenszeit bis 4 Jahre, für Rhizome von Monokotylen ebenfalls mehrere Jahre angegeben (STRASBURGER 1891; JANCZEWSKI 1881: Rhizome von *Phragmites communis* und *Typha latifolia*). Die Siebröhren sollen hier so lange wie das ganze Rhizom am Leben bleiben. Daß sie auch die für den Kalloseauf- und -abbau notwendigen Fermente enthalten, kann kaum bezweifelt werden (s. später). Besonderes Interesse dürften hier nach den Ergebnissen ZIMMERMANNs (Edinburgh 1964) Palmen wie überhaupt alle mehrjährigen Pflanzen ohne sekundäres Dickenwachstum, also besonders Monokotyle und Gefäßkryptogamen, verdienen.

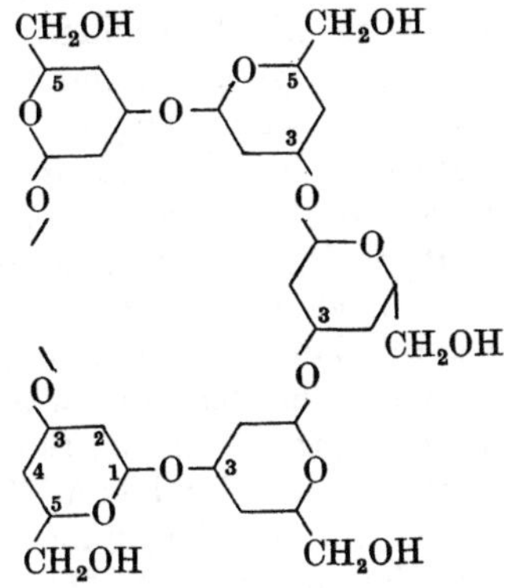

Kallose
(Teilglied einer längeren Schraubenkette)

Daß die Kallosebildung um die plasmatischen Verbindungsstränge in den Siebfeldern lediglich eine durch die Präparation bedingte Wundreaktion der Siebelemente sein sollte, ist kaum anzunehmen. Wohl hat schon FISCHER (1886) angegeben, daß nicht abgeschnittene abgekochte Stengel von *Cucurbita* kaum Kallose enthielten. Etwas Kallose ist aber nach seinen Angaben schon vor der Öffnung der Siebporen auf den Querwänden abgelagert (s. auch ESAU u. Mitarb. 1962). Sie müßte dann nach Durchbruch der Poren wenigstens teilweise wieder gelöst werden. Auch ZIMMERMANN (1960) berichtet von Beobachtungen, daß Baumsiebröhren bei Frischschnitten frei von Kallose seien. ESCHRICH (1963) fand bei *Cucurbita ficifolia*, bei der das Fixiermittel von der Markhöhle her ohne Anschneiden angesetzt wurde, einige Siebplatten ohne jegliche Kallose-Auflage. Neuerdings haben EVERT und DERR (1964) an abgeschnittenen Rindentrieben von *Acer negundo, Juglans nigra, Populus grandidenta, Prunus serotina, Robinia pseudacacia, Tilia americana*, die entweder innerhalb weniger Sekunden in flüssigem Stickstoff eingefroren wurden oder erst nach 15 min mit verschiedenen Fixierungsmethoden behandelt wurden, beobachtet, daß bei den sofort getöteten Geweben die Siebröhren entweder gar keine oder nur schwach ausgebildete Kallosebeläge aufwiesen, während nach 15 min, besonders bei Osmiumfixierung, die bekanntlich langsam eindringt, starke Kallosebildung zu verzeichnen war. Dies steht in Übereinstimmung mit den Angaben von CURRIER und STRUGGER (1956), daß auch an den Tüpfeln von Parenchymzellen bei Verletzung innerhalb weniger Minuten Kallose gebildet werden kann (s. auch CURRIER 1957). Nach den Angaben von ENGLEMAN (1962) finden sich bei den Siebröhren von *Impatiens sultanii* bei sehr raschem Abtöten (10 sec!) an den meisten Siebplatten geringe Mengen von Kallose, während Parenchymzellen nach dieser Zeit noch keine Wundreaktion zeigen. Bei Siebröhren wurde Wundkallose an den Platten erst nach ca. $^1/_2$ Std gebildet. Man wird also annehmen müssen, daß bei vielen Präparaten ein Teil der immer in Siebröhren zu beobachtenden Kallose eine Folge der Verwundung ist. Ob dies mittels einer „Reizübertragung" durch den Siebröhrenprotoplasten geschieht, wie ESCHRICH (1963) erwägt, ist noch völlig ungewiß. Schon 1930 hatte SCHUMACHER entdeckt, daß die Einführung einer verdünnten Eosinlösung in die Blattnerven zu einer sehr starken Kallosebildung an den Siebplatten auch in größerer Entfernung von dem Ort der Aufnahme binnen 24 Std führte, die die Siebporen mit unförmigem Kallosepolster verstopfte; teilweise wurden aber die Siebröhren auch abgetötet, bevor es zu einer stärkeren Kalloseproduktion kam. Er deutete die Erscheinung damals als eine Abwehrreaktion der Pflanze gegen das Vordringen dieses ja ähnlich wie das Fluorescein gebauten, aber im Gegensatz zu diesem giftigen Körpers. Aus den Befunden von ULLRICH (1963) ist zu entnehmen, daß die reversible Transporthemmung in den Siebröhren durch Cyanid nicht sekundär über eine reversible Kallosebildung zustande kommt, vielmehr beide Vorgänge, Transport und Kallosebildung, offenbar durch HCN gehemmt werden können (s. auch ESAU u. Mitarb. 1962 sowie CRAFTS und CURRIER 1963, besonders S. 195). Neuerdings haben CURRIER und WEBSTER (1964) in Keimlingen der Baumwolle durch Ultraschall sowohl im Parenchym wie in den Siebröhren Kallosebildung hervorrufen können, die bei nicht zu starker Schädigung sogar reversibel war.

Es steht also fest, daß sowohl mechanische wie Wundreize, aber auch chemische Stoffe Einfluß auf die Kallosebildung haben können, und daß diese Kalloseabscheidungen durch das Protoplasma der lebenden Siebröhren unter Umständen sogar mit erheblicher Geschwindigkeit ablaufen können, wobei in der Mehrzahl der Fälle die Siebporen die bevorzugten Orte der Kallosebildung sind. Daß sie fermentativ gesteuert werden muß, steht außer Zweifel.

Trotzdem glaubt der Schreiber dieser Zeilen nicht daran, daß alle in Siebröhren zu beobachtende Kallose ein artifizielles Produkt der Präparationstechnik ist. Vielmehr dürfte es sich auch in unverletzten Pflanzen um ganz normale Vorgänge handeln, durch die vor allem alternde Siebröhren ihre Leitfunktion beenden. Ob schon während der relativ kurzen Lebensdauer dieser Leitelemente durch zunehmende Kalloseabscheidung die Weite ihrer Siebporen verändert und hierdurch ein Einfluß auf die Stoffleistung ausgeübt wird, scheint noch nicht genügend geklärt. Die Angaben von Eschrich u. Mitarb. (1965) über den Einfluß von durch Borsäure in einem Teil der Siebröhren von *Cucurbita* erzeugten Kallosebildung auf den Assimilattransport besagen gar nichts, solange nicht wirklich alle Siebröhren verschlossen waren (nur 37%!). Sicher ist, daß der völlige Verschluß der Siebporen auch den Stoffverkehr abriegeln muß, wobei vor allem auf die mehrjährigen Siebröhren mit ihrem winterlichen Verschluß der Siebporen hinzuweisen ist, der im Frühjahr wieder aufgelöst wird, was in besonders eindringlicher Weise die Unhaltbarkeit der Hypothese von der „Prämortabilität" der kernlosen Siebröhren unter Beweis stellt. Hier spielen also keine Wund- oder Reizreaktionen eine Rolle, das Geschehen ist in die natürliche Entwicklung und Funktion der Siebröhren einbeschlossen. Über das Vorkommen mehrjähriger Siebröhren war vorstehend schon gesprochen worden. Besonders bei dikotylen Bäumen soll zwar beim Eintritt in die Ruheperiode ein Verschluß der Leitelemente durch Kallose erfolgen, was teilweise auch aus dem Verhalten von saugenden Blattläusen gefolgert wird. Im ersten Frühjahr soll dann eine „Reaktivierung" dieser Siebröhren erfolgen, wenn sich die Knospen öffnen und solange die jungen Blätter noch nicht autotroph ihren Bedarf zu decken vermögen. Sowie dieses aber der Fall ist, sollen diese Siebröhren ihr Leben beenden und durch neu aus dem Cambium entstehende ersetzt werden, die nun allein die Ableitung aus den voll entfalteten Blättern übernehmen. Diese Verhältnisse scheinen je nach der Pflanzenart verschieden zu sein und bedürfen dringend weiterer eingehender anatomischer Prüfung (s. Zimmermann 1964).

Die folgenden Angaben sind daher alle mit dem Unsicherheitsfaktor belastet, daß genaue Angaben über das Alter und damit über die Weite der Siebporen wie über die Dicke der Kalloseauskleidung fehlen. Trotzdem sind Angaben über die allein leitende Querschnittsfläche von Bedeutung. A. Schumacher hat 1948 angegeben, daß bei *Bryonia dioica* die Zahl der Poren pro Platte trotz starker Schwankungen des Plattendurchmessers im Verlauf des 7,4 m langen Sprosses nicht besonders stark abweicht und etwa im Größenbereich zwischen 66 und 77 liegt. Wohl aber werden die Poren mit den Platten sowohl nach der Spitze wie nach der Wurzel hin kleiner und enger, besonders auch in den Blattnerven, wo wohl auch ihre Zahl abnimmt (s. später, S. 105). Doch gibt es gerade bei *Bryonia* oft im selben Bündel nebeneinander Siebröhren mit großen und solche mit sehr engen Poren. Wird die Kallose mit KOH oder Eau de Javelle weggelöst, so bestehen 46—68% der Platte aus Poren, während bei erhaltenen Kallosezylindern für den eigentlichen plasmatischen Konnex mittels der Plasmastränge nur 4—6% übrigblieben. Auch in diesem Punkt erwies sich daher die Behauptung von Münch, daß die Siebplatten keine Verringerung des Siebröhrenquerschnittes und daher kein Hindernis für einen Stromdurchfluß darstellten, bei einer genauen Nachprüfung als unrichtig. Nach Angaben von Crafts (1933) beträgt das Porenareal bei *Fraxinus* 8%, bei *Solanum tuberosum* gar nur 2,3% der Plattenfläche (s. aber Translocation in plants 1961, S. 84, wo für *Pinus* 36% für die Verbindungsstränge angegeben wird, für *Fraxinus* gar 98,5%!!). Etwas anders liegen natürlich die Dinge, wenn Siebplatten, vor allem zusammengesetzte Siebplatten, schräg stehen, oder wenn gar Siebzellen in Betracht gezogen werden. Die umfassendsten Messungen haben hier Esau und Cheadle (1959) an 160 Dikotylen durchgeführt. Ihre Beobachtungen erstrecken sich verständlicherweise nicht auf die Formen mit engsten Poren, obwohl diese in der Überzahl sein dürften, sondern auf Pflanzen, deren Porenweite im Lichtmikroskop noch deutlich meßbar, also relativ groß waren. Es gibt ja einige Pflanzen mit extrem weiten Siebporen, die jedoch als Ausnahmen zu gelten haben. Auch ist nicht bekannt, ob hier wirklich ein besonders leichter und rascherer Stofftransport stattfindet als in engerporigen Typen. Hierzu gehören: *Fraxinus sp.* mit bis zu 15 μ weiten Poren, *Ailanthus altissima* mit 14,3 μ, *Tetracera sp.* mit 13,1 μ, *Cucurbita sp.* mit 10,3 μ, *Wistaria sp.* 8,6 μ, *Ulmus americana* 8,5 μ. Bei den zusammengesetzten Siebplatten von *Catalpa bignonioides* wurde eine maximale Porenweite von 4,6 μ gemessen, desgleichen für eine *Passiflora sp.* (*Passiflora coerulea* hat nach Kollmann 1960 nur etwa 0,2 μ, ohne Kallose 0,2—1 μ weite Poren!), bei *Quercus coccinea, Carya cordiformis* und *Salix pentandra* eine solche von 4 μ. Die durchschnittliche Kalloseeinengung der Poren wird auf $^3/_5$ geschätzt, was aber aus den oben genannten Gründen nur ein sehr relativer Wert sein kann. Immerhin wurde auch eine ganze Reihe von Pflanzen gefunden, deren Porenweite bei oder unter 1 μ lag (*Crataegus, Sorbus, Spiraea, Pyrus communis, P. malus,* also Rosaceen, deren Siebelemente, wohl zu Unrecht, bereits als Siebzellen bezeichnet wurden, aber z.B. auch *Dioscorea sp.*). Im allgemeinen dürften die weitesten Poren bei quergestellten Siebplatten, die engsten bei zusammengesetzten und stark schräg gestellten Siebplatten ausgebildet sein. Auch die Poren der seitlichen Siebfelder zwischen zwei Siebelementen sind meist deutlich enger als die auf den Querwänden. Für zehn Bäume geben die Autoren an, daß bei quergestellten Platten das Gesamtareal der plasmatischen Verbindungsstränge 49,3% des Siebröhrenquerschnittes beträgt, während bei schrägstehenden, zusammengesetzten Siebplatten sogar nur 32% der Querschnittsfläche erreicht wird. Diese Werte sind zwar wesentlich höher als die oben genannten, zeigen aber abermals im Gegensatz zu Münch, daß durch die Ausbildung von Siebplatten der leitende Querschnitt der Transportbahnen erheblich eingeengt wird, bei den schräggestellten, und daher meist mit mehr, aber auch engeren Siebporen versehenen Siebplatten sogar stärker als bei den quergestellten, wo die Porenweite offenbar die Zahl überkompensiert. Nach den Messungen von Behnke an *Dioscorea*-Arten mit extrem schräg gestellten, aus vielen Siebfeldern zusammengesetzten Siebplatten betrug für *Dioscorea reticulata* der mittlere Porendurchmesser ohne Kallose 0,4—0,7 μ, im Durchschnitt 0,5 μ, der jedoch durch Kallose bis ca. auf 0,2 μ eingeengt wurde. Bei den ersteren Werten würden die Poren ca. 40% der hier ja sehr großen Querschnittsfläche der Siebröhre erreichen, bei den zweiten nur ca. 15%. Bei sehr großen Siebplatten mit sehr stark schräg gestellten Siebplatten würden schließlich nur noch 5% übrigbleiben, so daß auch auf Grund dieser Beobachtungen kein Zweifel sein kann, daß Siebplatten ganz allgemein den leitenden Querschnitt der Siebröhren herabsetzen müssen. Auch wurde von A. Schumacher (1948, s. auch S. 105) bei *Bryonia* beobachtet, daß die Länge der Siebröhrenglieder zur Wurzel hin ab-, die Zahl der Platten also mit steigender Entfernung von der Stoffquelle zunimmt. Dies spricht für irgendeine Funktion der Siebplatte bei der Mechanik der Stoffbewegung! (s. auch S. 164).

Einige Maße für relativ enge Poren mögen hier noch angeführt werden. Huber und Kolbe (1948) sowie Volz (1952) geben nach Herauslösen der Kallose, also als maximale Weite, für die Siebzellen von *Pseudotsuga Douglasii* 0,4—1 μ, für *Larix* (*sp.*), *Pinus silvestris* und *P. cembra* 1—2 μ an. Die wirklichen Durchmesser der Plasmastränge liegen also darunter. Ihre Werte müssen indes wegen der mangelhaften Technik (s. S. 69) sehr fraglich erscheinen. Kollmann und Schumacher (1963) fanden für die einzelnen Plasmastränge eines Siebfeldes von *Metasequoia* Stränge, die sich allerdings im sog. Mittelknoten dann stark erweitern, gar nur Werte zwischen 0,05 und 0,07 μ. Crafts gibt für *Pinus strobus* lichtmikroskopisch 0,1 μ an (1961, S. 89). In den Siebzellen eines Farnes, *Polypodium vulgare*, hat Maxe (1964) jüngst eine Weite von 0,5 μ gemessen. Man versteht aus solchen Werten erst die ganze Kühnheit der Spekulation von Münch (1930) und die Berechtigung schon der ersten Kritik durch W. Schumacher

(1931/32). Aber auch bei Angiospermen geben HUBER und VOLZ nach Kalloselösung für *Betula verrucosa* nur 0,5—2 μ, für *Sorbus aucuparia* 1—1,5 μ an. RESCH (1954, 1961) findet bei *Vicia faba* 0,5—1,3 μ, in den Siebprimanen von *Lepidium sativum* nach Kalloselösung 1 μ. ZIEGLER (1960) gibt für *Heracleum Mantegazzianum* 0,04—0,5 μ, HOHL für *Datura stramonium* 0,2—1 μ an (HOHL 1960). Nach BEHNKE (1965) erreichen die Plasmabrücken in den innersten Siebelementen der Phloembecken von Dioscoreen gar nur die Dimension von Plasmodesmen.

In den aus anderen Gründen als Siebröhren angesprochenen Elementen der Blattnerv-Enden von *Capsicum annuum* und *Phaseolus vulgaris* konnte LANGE DE MORRETES (1962) lichtoptisch überhaupt keine Verbindungsstränge mehr erkennen, ihre Dimensionen müssen daher auch hier wirklich plasmodesmenähnlich sein (s. auch PRAY 1954). Schon A. FISCHER hatte 1885 angegeben, daß auf den sehr engen Siebplatten der äußersten Blattnerven mit der damaligen Optik keine Poren mehr erkennbar waren, obwohl es noch zu Schlauchkopfbildungen an diesen Querwänden kam. Auch W. SCHUMACHER (1934) konnte in den mit Anilinblau sich färbenden Querwänden der Haustorien von *Cuscuta odorata* lichtoptisch keine Poren mehr sehen, obwohl diese Zellen deutlich Fluorescein aus dem Körper der Wirtspflanze geleitet hatten und eine plasmatische Verbindung anzunehmen ist.

Man sieht daraus, daß es ganz falsch wäre, wenn man sich bei der Erklärung der Mechanik des Stofftransportes nur auf die relativ wenigen Formen mit extrem weiten Poren stützen wollte und die wahrscheinlich sehr viel zahlreicheren Fälle mit Porenweiten um oder unter 1 μ vernachlässigen würde. Über die elektronenoptisch gelungene Aufklärung der Feinstruktur gerade solcher engen Plasmastränge wird später Näheres mitgeteilt werden.

Zuvor muß hier nun das Protoplasma der Siebelemente selbst etwas breiter behandelt werden, soweit unsere immer noch beschränkten Kenntnisse heute schon reichen. Denn dieses Plasma zeigt manche Eigentümlichkeiten, die es deutlich von dem gewohnten Zellplasma unterscheiden und die vermutlich etwas mit der Funktion desselben zu tun haben. Die immer wieder beobachtete starke Substanzarmut und Fixierungslabilität ist wohl auch der Grund, warum bis heute noch so wenig Übereinstimmung über den Feinbau erreicht werden konnte. Selbst der Lebenszustand wurde ja längere Zeit bezweifelt, der Protoplast sollte keine Semipermeabilität besitzen und in einem rätselhaften Zustand der „Prämortabilität" verharren, was bei den langlebigen Siebröhrentypen besonders grotesk erscheint (CRAFTS 1939). Dabei verschloß der Wunsch, eine vorgefaßte Meinung zu bestätigen, manchem Autoren die Augen vor ihren eigenen Ergebnissen (HUBER und ROUSCHAL 1938 mit Abbildung einer plasmolysierten Siebröhre von *Cucurbita*!). Nachdem SCHUMACHER bereits 1933 präzise Angaben über die Plasmolysierbarkeit der Siebröhren von *Pelargonium zonale* gemacht und diese 1939 auf 27 andere Pflanzenspecies erweitert hatte, wurde die Tatsache, daß die Siebelemente eine ganz normale Semipermeabilität ihrer Protoplasten aufweisen, auch von anderen Autoren immer wieder bestätigt. Sie wird heute allgemein anerkannt (O. F. CURTIS und ASAI 1939; ROUSCHAL 1941; schließlich CURRIER, ESAU und CHEADLE 1955; KOLLMANN 1960). Wie jede Zelle durchläuft auch das einzelne Siebelement eine ganz bestimmte Entwicklung und erfährt eine spezifische Differenzierung, die unter anderem auch zu der ungemeinen Substanzarmut und Empfindlichkeit des Siebzell-Protoplasten führt. Der Hauptgrund für die Widersprüche, die noch immer zwischen den einzelnen Autoren bestehen, dürfte darin zu suchen sein, daß der Zusammenhang zwischen Funktion und Differenzierung noch nicht näher bekannt ist, ja, von der Mehrzahl der Autoren der Frage keine Beachtung geschenkt wird, von welchem Entwicklungszustand ab ein Siebelement seine Leitfähigkeit gewinnt, und von welchem Moment ab diese wieder eingestellt wird. Die meisten Siebelemente sind ja sehr kurzlebig und dürften nur Wochen oder wenige Monate aktiv sein, so daß immer die Gefahr besteht, daß bereits zu alte Siebröhren untersucht werden. Schumacher hat bei seinen Plasmolyseversuchen (1933 und 1939) die Leit- bzw. Speicherfähigkeit für Fluorescein als Kriterium dafür verwendet, daß er wirklich funktionstüchtige Siebelemente untersuchte, was zweifellos auch heute noch die beste Methode darstellt, da es sich hier um eine Vitalfärbung handelt, und Radioautographien bisher noch nie ein einzelnes Siebelement zur Darstellung bringen konnten, ganz abgesehen von der Tatsache, daß hier stets nur mit abgetöteten Elementen gearbeitet werden kann. Bei diesen Untersuchungen (1933) wurde aber auch beobachtet, daß selbst Elemente der Procambiumstränge, die lichtmikroskopisch noch keine Differenzierung zu ausgesprochenen Siebelementen und vor allem keine Siebporen(!) erkennen ließen, das Fluorescein bis wenige Zellschichten unter das Dermatogen der Vegetationspunkte leiteten, so daß schon in einem sehr frühen Zeitpunkt der Zelldifferenzierung mit der Leitungsfunktion gerechnet werden muß. Andererseits kann man natürlich nicht aus dem Umstand, daß in einem Leitbündel in gewissen Siebröhren Fluorescein geleitet worden ist, schließen, daß *alle* Siebröhren in einem solchen Bündel in gleicher Weise leitfähig gewesen sein müßten, wie dies Ziegler (1960) fälschlicherweise sogar bei seinen elektronenmikroskopischen Untersuchungen ableiten wollte. Ob nämlich das in seinen Ultradünnschnitten gerade betrachtete einzelne Element wirklich noch oder schon leitfähig war, kann so gar nicht gesagt werden, da in jedem Bündel jüngere und ältere Elemente zusammenliegen und nach den Beobachtungen Schumachers sicher nie alle Fluorescein leiten. Kollmann (1960) hat bei seinen Untersuchungen über die Siebröhren von *Passiflora coerulea* angenommen, daß Siebröhren, bei denen der Nucleolus bereits aus dem Kern ausgetreten war, leitungsaktiv sein müßten, was natürlich ebenfalls nur die Erreichung eines gewissen Entwicklungszustandes, nicht aber bereits dessen Überschreitung bedeutet. Die Schwierigkeit ist hier bei allen primären Phloemen besonders groß. Deshalb haben Kollmann und Schumacher bei ihren elektronenoptischen Untersuchungen über das Phloem von *Metasequoia* (1961—1964) in einem besonderen Zielpräparationsverfahren Siebzellen auf Radialschnitten durch das sekundäre Phloem untersucht, weil hier trotz des geringen Bildausschnittes und der hierdurch bedingten Schwierigkeit der Orientierung eine weitgehende Lage- und Altersbestimmung im Verhältnis zum Cambium einigermaßen möglich war. Die meisten anderen bekannt gewordenen elektronenoptischen Untersuchungen von Siebelementen lassen bedauerlicherweise dieses Moment völlig beiseite bzw. beschränken sich höchstens auf einige Angaben über die Ausbildung der Siebporen oder den Zustand des Zellkerns. Die restlose Verstopfung der Poren durch Kallose dürfte aber nur eine Endphase in der Entwicklung eines Siebelementes sein, die nichts darüber aussagt, ob die Funktionsfähigkeit nicht schon früher eingestellt worden ist. Der Autor vermutet, daß die Gefahr, daß zu alte, nicht mehr aktive Siebröhren untersucht wurden, wesentlich größer ist als die Möglichkeit, ein noch nicht voll leistungsaktives Siebelement studiert zu haben! Das Ideal wäre zweifellos, wenn in jedem Falle das physiologische Experiment mit der anatomischen Untersuchung gekoppelt würde, wie dies leider bisher nur bei vitaler lichtoptischer Untersuchung mit Hilfe des Fluoresceins, nicht aber, oder nur begrenzt bei elektronenoptischen Studien möglich ist. Hier kann erst die Auffindung neuer Markierungsmethoden einen weiteren Fortschritt bringen. In jüngster Zeit hat aber KOLLMANN (1965, 1966 im Druck) sowohl radioautographisch wie auch durch Lokalisation der Stichkanäle von Läusen für *Metasequoia*, den Nachweis führen können, daß offenbar nur die jüngsten cambiumnahen Siebzellen aktiv leiten! (s. Abb. 21, S. 22).

Ein sehr charakteristisches und im Pflanzenreich einzigartiges Geschehen bei der Differenzierung der Siebelemente und ihres Protoplasmas ist nun die frühzeitige Auflösung des *Zellkerns*, ohne daß hierdurch offensichtlich und merkwürdigerweise die Lebensfähigkeit des Siebelementes beeinträchtigt würde. Zwar sind die Siebelemente, wie schon erwähnt, im allgemeinen relativ kurzlebige Zellen. Doch gibt es Ausnahmen, wie schon S. 71 erwähnt wurde, wo diese kernlosen Elemente z.B. den Winter überdauern und auch im zweiten Frühjahr wieder aktiv werden können, nachdem die Kallosepfropfen aufgelöst wurden. Selbst mehrjährige Siebelemente kommen ja, wie erwähnt, vor. Es ist nicht bekannt, ob und in welcher Beziehung diese Kernauflösung zur Leitfunktion steht. Nach ESAU (1953, S. 277) soll dieser Kernschwund die Vollendung der Differenzierung bedeuten, doch fehlen, wie schon erwähnt, dafür eigentliche Beweise. Die deutliche Ausgestaltung (Perforierung) der Siebplatten scheint meist ungefähr gleichzeitig mit der Kernauflösung zu geschehen, doch gibt es auch Erfahrungen, die diese Gleichzeitigkeit nicht unbedingt kausal miteinander verknüpft erscheinen lassen. Nach ROUSCHAL (1940) soll die Siebplattenbildung bei *Robinia* vor der Kernauflösung erfolgen. Dies dürfte auch bei *Metasequoia* der Fall sein. Die Procambialstränge leiten bei *Pelargonium* auch vor einer Kernauflösung bereits Fluorescein, und dasselbe geschieht auch in den Haustorien von *Cuscuta* (SCHUMACHER 1934). Zum anderen fand ESCHRICH (1953) bei der Ausbildung von Wundsiebröhren, die unterbrochene Phloembündel bei *Impatiens* wieder miteinander verbinden, daß diese aus Parenchymzellen umgebildeten Leitelemente nach Ausbildung von Siebplatten und deutlicher Leitung von Fluorescein noch wochenlang ihre Zellkerne behalten. Auch in den Siebzellen von *Isoetes* wurden Zellkerne gefunden, wenn auch ihr Zustand etwas fraglich erscheint (ESAU, CHEADLE und GIFFORD 1953). Dies mahnt zu einer gewissen Vorsicht, die Kernauflösung in allzu enge Beziehung zur Leitfunktion zu bringen. Sicher aber ist sie ein Merkmal einer weitgehenden plasmatischen Veränderung und Differenzierung. Nach den Angaben von RESCH (1954, 1958, 1961), der sich besonders intensiv mit der Cytologie des Zellkerns beschäftigt hat, kann der Kern in einem jungen Siebelement zunächst sogar noch endomitotisch polyploid werden, bevor seine „Chromatolyse" einsetzt (über den Vorgang der Kernauflösung s. auch KOLLMANN 1960). Nach STRASBURGER (1891) teilt sich der Kern in den Siebzellen von Coniferen sogar noch 1—2mal, bevor seine Auflösung beginnt. Die Auflösung des Kerns kann bis zum völligen Schwund erkennbarer Strukturelemente führen (RESCH: *Vicia faba*), es kann aber auch sein, daß das Kernkörperchen austritt und allein erhalten bleibt, wie dies zuerst ESAU (1947) bei *Rubus*, *Gossypium* und *Eucalyptus* beobachtete. Über besondere Strukturen in diesem ausgestoßenen Nucleolus bei *Passiflora* s. KOLLMANN (1960, S. 76). Erstaunlich, aber auch im Gegensatz zu der oben erwähnten Meinung von ESAU, ist die Beobachtung von RESCH (1954), daß die Siebelemente von *Vicia faba* auch nach der Kernauflösung noch mit dem Streckungswachstum fortfahren, wobei sie oft ein merkwürdiges Spitzenwachstum zeigen. Auch diese Erfahrung zeigt, daß die Differenzierung nicht mit der Kernauflösung beendet ist, und daß es ganz unrichtig wäre, von einer „Prämortabilität" des Plasmas zu sprechen, so wenig wie man dies bei den ebenfalls kernlosen Blutkörperchen etwa des menschlichen Blutes tut. Bei den mehrjährigen Siebelementen ist dies ohnehin selbstverständlich. Wohl aber ist etwas zu beachten: Es wird später noch näher die Rede sein von der engen plasmatischen Verbindung, die die Siebröhren der Angiospermen mit den Geleitzellen verknüpft. Diese Geleitzellen besitzen stets auffällig große Zellkerne, die auch erhalten bleiben, und es wäre wohl denkbar, daß diese ihren Einfluß in irgendeiner Weise auf das Plasma der Siebröhren geltend machen. Man kennt ja solche Wirkungen auf die Wandbildung bei Plasmolyseexperimenten, wo die Verbindung eines kernlosen Plasmafragmentes mit einem kernhaltigen durch einen ganz dünnen Plasmafaden genügt, um ersteres noch zu einer neuen Wandbildung zu befähigen. In diesem Zusammenhang ist es nicht uninteressant, auf die alte Angabe von TOWNSEND (1897) zu verweisen, derzufolge kernlose Siebröhrenstücke von *Cucurbita* noch zu einer Wandbildung befähigt sein sollen. Nähere Studien darüber fehlen. Nach RESCH (1954) beginnt auch die Celluloseablagerung auf den Primärwänden der Siebelemente erst während der Kernauflösung. Die Längswände der älteren Siebröhren zeigen teilweise, wie schon den älteren Botanikern bekannt war, eine eigentümliche Verdickung, die sie wie verquollen erscheinen läßt, und die einen eigentümlichen Perlmutterglanz (französisch nacré) besitzt. ESAU und CHEADLE (1958) haben diese Erscheinung unter 142 untersuchten Dikotylen 45mal beobachtet. Sie scheint mehr auf einer besonderen Lagerung der Cellulosefibrillen als auf einer besonders starken Hydratation der Zellwände zu beruhen (FREY-WYSSLING u. MÜLLER 1957, s. auch RESCH 1954, der auch polarisationsoptische Studien anstellte). Die Bedeutung dieser Verdickung ist unbekannt. BUVAT (1963) bringt den Wandaufbau mit Vesikeln der Dictyosomen bzw. des Endoplasmatischen Reticulums in Verbindung. Die von CRAFTS (s. S. 67) einmal ausgesprochene Hypothese, daß der eigentliche Stofftransport in der Zellwand verlaufen könnte, ist nicht nur durch die ganzen seitherigen Erfahrungen widerlegt, sondern auch durch den Umstand, daß solche verdickten Zellwände eben nur bei einem Teil der Siebelemente vorkommen.

Neben dem Schwund des Zellkernes erfährt aber sicher auch das übrige Protoplasma der Siebelemente noch eine weitgehende Differenzierung und Spezialisierung. Von der auffälligen Substanzarmut war bereits die Rede. Welche Ursachen die von CRAFTS beobachtete Tatsache, daß nur junge Siebröhren Neutralrot speichern, besitzt, muß dahingestellt bleiben. ROUSCHAL (1948) glaubte, eine Verarmung an Lipoiden im Siebröhrenplasma dafür verantwortlich machen zu sollen. KOLLMANN (1960b) gibt für *Passiflora coerulea* nach elektronenoptischen Messungen an, daß der wandständige Plasmabelag nach der Kernauflösung nur noch eine Dicke von 0,1—0,3 μ besitze. Eine solche Messung hat aber, wie aus den folgenden Ausführungen hervorgehen wird, nur einen bedingten Wert, solange nämlich eine deutliche Abgrenzung gegen den Zellsaftraum durch einen Tonoplasten erkennbar ist. Nun ist aber schon länger (z.B. ROUSCHAL 1940; CURRIER, ESAU u. CHEADLE 1955) und von verschiedenen Autoren behauptet worden, daß in den vollentwickelten Siebelementen ein Tonoplast fehle. Wie man sich unter solchen Umständen den Übergang zwischen Plasma und Zellsaft vorstellen sollte, ist freilich merkwürdigerweise von den Autoren nie näher erörtert worden. Ein wesentliches Moment bei der Beurteilung dieser eigenartigen Zustände des Plasmas in den Siebzellen spielt dabei die nie bestrittene Tatsache, daß in den Siebelementen vieler Pflanzen Stärke vorkommt, die zwar mit Jod eine eigentümliche rot-violette Färbung annimmt, aber zweifellos nur eine Modifikation darstellt. Obwohl nun Stärke allgemein nur in Plastiden entsteht, wurde doch immer wieder angegeben, daß diese Siebröhrenstärke im Zellsaft liege (CRAFTS 1933). Bei rascher und sorgfältiger Anfertigung und Beobachtung von Schnitten durch lebendes Material kann man indessen leicht beobachten, daß die Stärkekörnchen zunächst vornehmlich im Wandplasma und diffus über das ganze Siebelement verteilt sind (KOLLMANN 1960a), sich aber nach einiger Zeit in Bewegung setzen und vor einer Siebplatte ansammeln, wo sie eine lebhafte wimmelnde Bewegung zeigen, die sich auch nach Jodfixierung fortsetzt und offenbar nur eine Brownsche Molekularbewegung ist. Dies war schon STRASBURGER (1891) bekannt. KOLLMANN hat dann (1960a) bei *Passiflora* sehr schön zeigen können, daß diese Stärke vital sehr wohl in dem wandständigen Plasmasaum eingeschlossen liegt und bei Plasmo- und Deplasmolyse allen Bewegungen dieses Plasmasaumes folgt. Durch den Druckausgleich und die hierbei künstlich herbeigeführte Strömung beim Schneiden werden die stärkehaltigen Plastiden aber sehr leicht aus ihrer Verankerung im Plasma herausgerissen. Schon ROUSCHAL sah sie zunächst vom Wandbelag aus in das Innere des Zellraumes hineinragen, und KOLLMANN (1960b) hat dann elektronenoptisch gezeigt, daß sie tatsächlich oft nur noch von einer dünnen Plasmahaut umspannt und mit dem Wandplasma in Verbindung gehalten werden, so daß ein Ab- und Herausreißen durch eine plötzliche Strömung verständlich wird. Die Ansammlung vor den Siebplatten ist also wahrscheinlich immer ein pathologischer Vorgang. In den späteren hochaufgelockerten Entwicklungsstadien dürften die Plastiden ohnehin nur noch von dünnsten Plasmafäden gehalten werden (s. auch Abb. 1 bei *Metasequoia*). SCHUMACHER (1933) hatte jedoch aus der Tatsache, daß sich vital die Siebröhrenstärke stets mit Fluorescein anfärbt, und die Siebröhren auch nach einer solchen Stärkestauung vor einer Siebplatte in ihrem Plasma gefärbt bleiben, gefolgert, daß der pathologische Effekt nicht allzu schwerwiegend sein konnte, da sonst beim Absterben des Plasmas die Fluorescenz des ganzen Siebelementes erlöschen müßte. Wie die elektronenoptischen Untersuchungen KOLLMANNs zeigten, bleibt von der Binnenstruktur der Plastiden, die in jungen Elementen noch einige der üblichen Membranen zeigt, nach reichlicher Stärkebildung (bis zu 6 Stärkekörnern im selben Plastiden!) kaum etwas anderes übrig als die äußere doppelte Begrenzung des Plastiden. Dennoch dürften die für den Stärkeaufbau wie -abbau notwendigen Fermente noch in der „Innenmatrix" erhalten bleiben, wie das wechselnde Auftreten und Schwinden der Stärke zeigt (s. auch Abb. 10). Die Existenz dieser Plastiden, also typischer Organelle des Plasmas, in den Siebelementen zeigt daher erneut, daß dieses Plasma nicht „prämortal" ist, wohl aber vielleicht in einer sehr merkwürdigen aufgelockerten Form den gesamten Binnenraum des Siebelementes erfüllt. STRASBURGER (1891), der nie daran zweifelte, daß die Stärke im Plasma liegt, gibt wiederholt an, auch stärkefreie Leukoplasten gesehen zu haben. In der Tat gibt es Siebröhren, die keine Stärke enthalten (z.B. *Cucurbita*). Man wird allerdings heute Zweifel haben müssen, ob die von STRASBURGER gesehenen, mit Jod gelb gefärbten Körperchen Leukoplasten oder etwa Mitochondrien waren. Ganz ungewöhnliche Plastiden hat neuerdings FALK (1964) in den Siebröhren von *Tetragonia expansa* beobachtet. Sie lösen sich später auf, wobei zahlreiche Fibrillen unbekannter Zusammensetzung frei werden. Auch BEHNKE (1965) hat über unbekannte Speicherstoffe in den Plastiden der Siebröhren von Dioscoreaceen berichtet.

Zweifellos gibt es nun noch weitere Organelle im Plasma der Siebelemente, nämlich Mitochondrien. Nach SALMON (1946) hat wohl zuerst MCGIVERN (1957) nach lichtoptischer Färbung mit Janusgrün in Siebzellen Gebilde beobachtet, die sie als Mitochondrien ansprach, während RESCH (1958) zu keiner klaren Entscheidung kam. KOLLMANN (1960b) hat dann elektronenoptisch bei *Passiflora* eindeutig Mitochondrien mit einem den Mitochondrien in gewöhnlichen Pflanzenzellen vergleichbaren charakteristischen Feinbau nachgewiesen (Abb. 1). Sie sind, wenn man von den später zu besprechenden Verhältnissen der geleitzellfreien Siebzellen der Conifere *Metasequoia* absieht, wo sie ausgezeichnet erhalten sind (Abb. 8, 12, S. 43) nicht eben besonders zahlreich, jedenfalls in geringerer Zahl als etwa in den Geleitzellen der Angiospermen selbst vorhanden. Die negativen Ergebnisse von BEER (1959) bei *Cucurbita* und von ZIEGLER (1960) bei *Heracleum Mantegazzianum* sind vermutlich auf schlechte Fixierung, vielleicht auch auf einen zu weit fortgeschrittenen Entwicklungszustand zurückzuführen. Auch hier tritt nämlich das schon früher berührte Problem störend

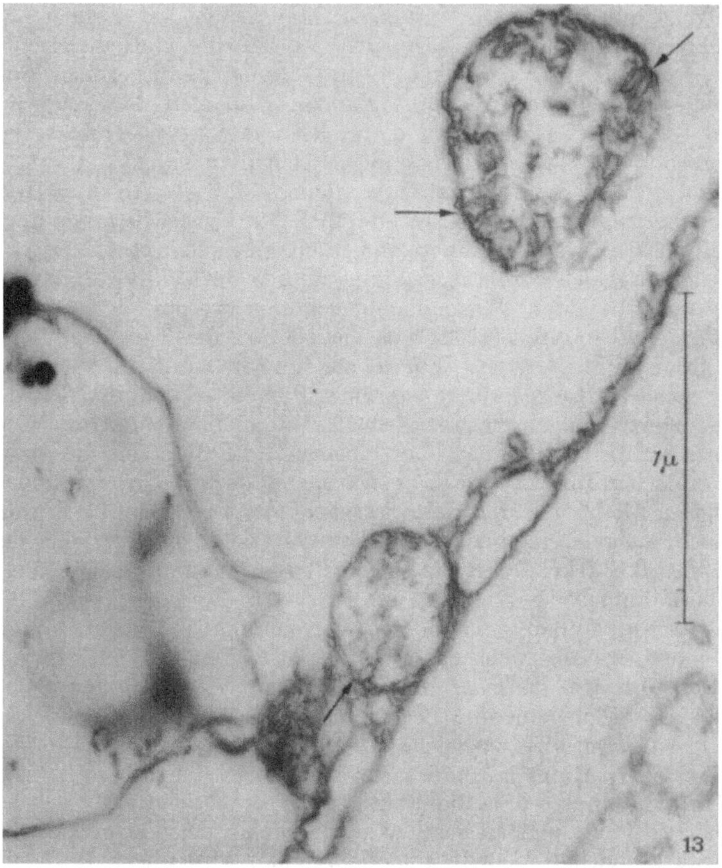

Abb. 1. Mitochondrien aus einer Siebröhre von *Passiflora coerulea* (Pfeile). Links unten Teil eines in das Zellumen vorragender Plastiden mit Stärkekörnern. (Nach KOLLMANN.)

in Erscheinung, daß keine genauen Angaben über die Funktionsfähigkeit und den Entwicklungszustand der untersuchten Siebelemente gemacht wurden. So haben BUVAT (1960), ESAU und CHEADLE (1962) ebenso wie ESCHRICH (1963) Mitochondrien bei *Cucurbita* gefunden. Ihre Bilder entstammen dem primären Phloem, eine genaue Angabe über die Lage des Siebelementes, die einen Rückschluß auf sein Alter ermöglichte, war bei ihrer Technik jedoch nicht möglich. ESAU und CHEADLE glauben zwar, mit der fortschreitenden Entwicklung des Siebelementes einen zunehmenden Rückgang in der tubulären Differenzierung der Mitochondrien feststellen zu können, die sie mit einer verringerten Funktion in Zusammenhang bringen möchten. Hier ist jedoch beim gegenwärtigen Stand unseres Wissens größte Vorsicht geboten. Die Fixierungen mit übersättigter $KMnO_4$-Lösung sind bei diesen Autoren ganz bestimmt nicht optimal gewesen, was ohne weiteres aus einem Vergleich des durch ESCHRICH (1963) bei *Cucurbita ficifolia* dargestellten feinen Plasmanetzes oder der Bilder von BUVAT (1963) mit dem amorphen körnigen Niederschlag im Innern der Siebröhren von *Cucurbita maxima* bei ESAU und CHEADLE hervorgeht. Das dürfte sich auch auf die Erhaltung der Mitochondrien ausgewirkt haben. Auch auf den sonst ausgezeichneten Bildern von PORTER und MACHADO (1960) ist z.B. der Erhaltungszustand der Mitochondrien in embryonalen Wurzelzellen während einer Kernteilung schlecht (s. auch die schlechte Erhaltung der Mitochondrien-Strukturen in den Geleitzellen bei DULOY, MERCER u. RATHGEBER (1961), wo sonst stets eine starke Binnenstrukturierung beobachtet wurde. Welche Beziehungen aber zwischen stärkerer und schwächerer Ausbildung, vielleicht auch nur Erhaltung der Innenstrukturen bei der Fixierung und zwischen der Funktion bestehen, läßt sich zur Zeit noch kaum mit genügender Sicherheit angeben. Sollte wirklich aus den Bildern von ESAU und CHEADLE eine abnehmende energetische Leistung der Mitochondrien zu folgern sein, so wäre noch immer zu fragen, ob dies nicht auch auf die Funktion des ganzen untersuchten Siebelementes zutrifft, das eventuell schon zu alt war. Immerhin dürfte die Aufrechterhaltung der Semipermeabilität, die Kallosebildung u.a.m. Energie erfordern, die funktionsfähige Mitochondrien nicht unwahrscheinlich macht. Eine völlige Auflösung der Organelle wie beim Zellkern hat jedenfalls noch niemand beobachtet. Neuerdings hat denn auch BUVAT (1963) gerade bei der Entwicklung der Mitochondrien von *Cucurbita pepo* überhaupt keinen solchen stetigen Abbau in diesen Organellen beobachtet. Einige persistieren sogar auffällig lang!

Nun sind sowohl Plastiden wie Mitochondrien typische Organelle des Protoplasmas, und die Frage wird immer dringender, wie dieses Plasma der Siebelemente eigentlich gebaut sein mag. Daß Plastiden und Mitochondrien nicht im Zellsaft liegen können, dürfte hinreichend klar sein, obwohl das elektronenoptische Bild oft diesen Eindruck erweckt. SCHUMACHER und KOLLMANN (1959) haben bei *Passiflora coerulea* sogar noch ein weiteres cytoplasmatisches Organell in Gestalt von Dictyosomen (Golgi-Körper) gefunden, was auch später von ESAU u. Mitarb. sowie BUVAT (ESAU und SCHEADLE 1962; ESAU, CHEADLE und RISLEY 1962; BUVAT 1963) bei ihren Objekten bestätigt worden ist, allerdings nur für junge Siebelemente, während sie später zu verschwinden scheinen. Sie haben wahrscheinlich etwas mit der Wandbildung zu tun (s. auch KOLLMANN u. SCHUMACHER 1964 an *Metasequoia* und Abb. 7, S. 42). Daneben fand aber KOLLMANN (1960b) bei *Passiflora* eine eigenartige fädige, netzartige Komponente mit teilweise deutlichen Parallelstrukturen in der Längsrichtung des Siebelements (s. auch BEHNKE 1965). die vom plasmatischen Wandbelag aus die ,,Vacuole" zu durchsetzen schien, besonders dort, wo ein deutlicher Tonoplast, wie vor allem in der Nähe der Siebplatten, nicht mehr zu erkennen ist. Auch BUVAT hat bei *Cucurbita pepo* (1960, 1963) diese feinfädigen Strukturen, vor allem in der Nähe der Siebporen, beobachtet, desgleichen SPANNER (1962) bei *Nymphoides*, FALK bei *Tetragonia* und BEHNKE in den Siebelementen der Knoten von *Dioscorea* (1965). Deutlich ist auch ein durchgehendes feinfädiges Netzwerk bei *Cucurbita ficifolia* von ESCHRICH (1963) und besonders von BUVAT (1963) dargestellt worden. Auf den Aufnahmen von ESAU und ihren Mitarbeitern (1961, 1962) ist davon wenig zu sehen, ebenso wie auf den Bildern von DULOY u. Mitarb. (1961), die alle am selben Objekt offenbar mit den zu starken $KMnO_4$-Lösungen oder aus anderen Gründen die wesentlichen Strukturen zerstörten. Sieht man sich die Bilder von ESAU und CHEADLE (1961, z.B. Fig. 10, 1962, Fig. 10) näher an, dann fällt allerdings auf, daß die innere Begrenzung ihres ,,Ektoplasten", der keineswegs mit dem Plasmalemma identisch sein kann, und der noch allerlei kleine Vesikel einschließt, wie dies schon KOLLMANN (1960b) für *Passiflora* und besonders BUVAT (1963) bei *Cucurbita* beschrieben haben, eine merkwürdige körnige und faserige Oberfläche zeigt. Merkwürdigerweise diskutieren die erstgenannten Autoren lediglich das Fehlen eines Tonoplasten, nicht aber die Vorstellung, die man sich dann von dem Übergang zwischen Plasma und Zellsaft doch in irgendeiner Weise machen muß. Es widerspricht ja jeder Erfahrung, daß eine solche Grenze nicht durch eine Plasmamembran gebildet werden sollte. Dagegen weisen die fädigen Strukturen im Innern der Siebelemente auf die Möglichkeit, daß hier das Plasma als feines Netzwerk das gesamte Zellumen durchzieht, wie das für Gele typisch ist, so daß eine Trennung zwischen Plasma und Zellsaft im üblichen Sinne überhaupt nicht mehr besteht. Gerade diese Vorstellung aber hat BUVAT (1963) durch sehr sorgfältige entwicklungsgeschichtliche Studien für sein Objekt *Cucurbita pepo* eingehend entwickelt und durch ausgezeichnete Photographien belegt (s. Abb. 2—4). BUVAT hat Schritt für Schritt verfolgt, wie sich die Schleimkörper, deren RNS-Gehalt er nachgewiesen hat, etwa gleichzeitig mit der Auflösung des Zellkerns im Plasma dispergieren, und wie mit dem Schwund des Tonoplasten dieses Plasma, das sehr reich an Ribosomen ist, sich über das ganze Zellumen ausdehnt, d.h. aufquillt, und, wie bei der bekannten Kappenplasmolyse, offenbar den gesamten Zellsaft in sich aufnimmt. Wenn die Durchbrechung der Siebporen, die offenbar jeweils von einem Plasmodesmos ihren Ausgang nimmt, erfolgt, befindet sich in den offenen Poren offensichtlich etwas dichteres Plasma, wie vor allem aus der Anhäufung von Ribosomen geschlossen werden kann (Abb. 2, *2* u. 3). Interessanterweise berichtet BUVAT schon vor der Porenöffnung von einer gewissen Polarität der einzelnen Siebröhrenglieder, die stets über der unteren (in Stromrichtung ?) Querwand eine verstärkte Plasmaanhäufung zeigen. Diese bleibt auch nach der Porenöffnung bestehen, ist also sicher nicht immer die Folge eines Druckausgleiches (s. Schlauchkopfbildung) beim Anschneiden der Stengel oder Blattstiele. Gerade das aber beweist, daß der Poreninhalt kein fließendes, sondern statisches Plasma enthält.

Im späteren Verlauf der Entwicklung aber verschwinden die Ribosomen immer mehr, und nun tritt das oben erwähnte Fadennetzwerk, an dem vorher offenbar die Ribosomen saßen, immer deutlicher zutage (s. Abb. 4), das BUVAT als strukturelle Komponente des nun das gesamte Lumen ausfüllenden hochverdünnten Siebröhrenplasmas anspricht. Ob allerdings in diesen Stadien noch eine Leitfunktion existiert, ist nicht nachgewiesen, denn offensichtlich handelt es sich schon um ein ziemlich spätes Entwicklungsstadium. Auch BUVAT ist der Meinung, daß wahrscheinlich schon sehr frühzeitig, unter Umständen noch vor Durchbrechung der Siebporen, eine Stoffleitung in diesen Elementen erfolgen kann. Mit dieser Konzeption könnten nun die verschiedensten Beobachtungen eine befriedigende Erklärung finden. Das eigenartige Fluorescenzbild von Siebröhren, in denen Fluorescein oder Äsculin gewandert ist (SCHUMACHER 1933 und 1937), deutet ja weit mehr auf eine homogene Raumerfüllung als auf eine exzeptionelle Lokalisation in dem schmalen Wandbelag. Auf einem Bild von ESCHRICH (1963, Abb. 4) sind mitten in dem auch von ihm, allerdings sehr viel grober, dargestellten Fadennetzwerk einige retikuläre Elemente zu sehen, die schwerlich im Zellsaft liegen können. Dasselbe gilt von einer Aufnahme von ENGLEMAN (1963) für *Impatiens* sowie für die vielen oben erwähnten „Vesikel", die ebenso wie die Mitochondrien und Plastiden in eigenartiger Weise am „Ektoplasten" zu kleben scheinen, in Wirklichkeit aber, da in den Bildern von ESAU u. Mitarb. wohl die Binnenstruktur zerstört wurde, wahrscheinlich an diesen Plasmafäden aufgehängt waren. Schließlich deutet vor allem die Feinstruktur der Poren, von der später näher gesprochen werden soll, darauf hin, daß sich das Plasma der Siebelemente in einem hochgradig aufgelockerten, fädigen Zustand befinden muß, von dem bei der üblichen Fixierung und Entwässerung dem Untersucher natürlich nur noch ganz wenig Substanzfragmente in der Hand bleiben.

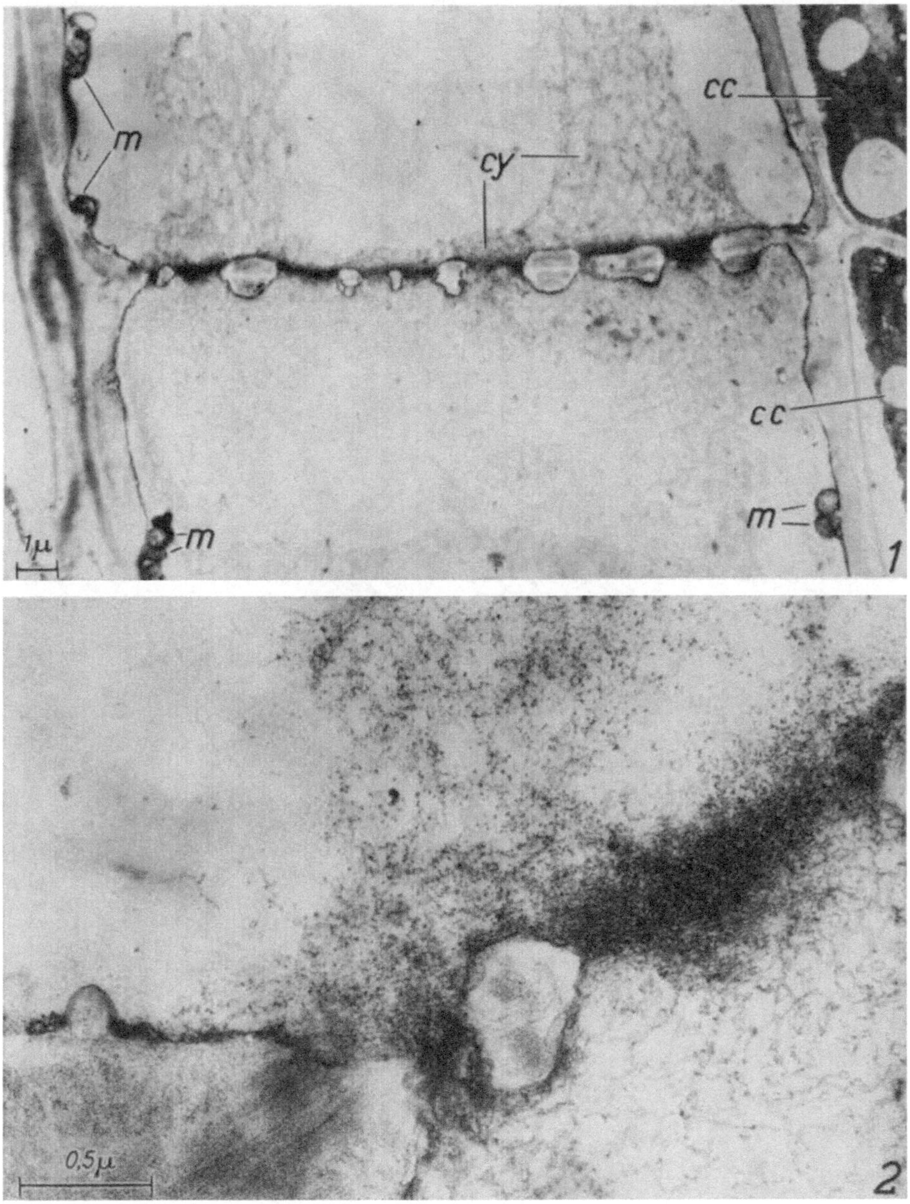

Abb. 2. Längsschnitt durch eine junge Siebplatte von *Cucurbita Pepo*. *cy* Cytoplasma; *m* Mitochondrien; *cc* Geleitzelle. (Nach BUVAT.) *2* Pore stärker vergrößert mit zahlreichen Ribosomen.

Es mag hier darauf hingewiesen werden, daß die fädige Strukturkomponente dieses Plasmas nicht identisch ist mit den wesentlich derberen Plasmasträngen, die CRAFTS (1939) auf einer theoretischen (!) Zeichnung durch das Innere der Siebröhren von *Nicotiana* hindurchziehen läßt (ähnlich auch SINNOT und WILSON 1955), und die leider keiner direkten Beobachtung, sondern lediglich einer hypothetischen Vorstellung entsprechen. Die Angaben von Anneliese Schumacher (1948, S. 671) über Plasmafäden und Netze bei *Pelargonium*, *Bryonia*, *Gunnera* und

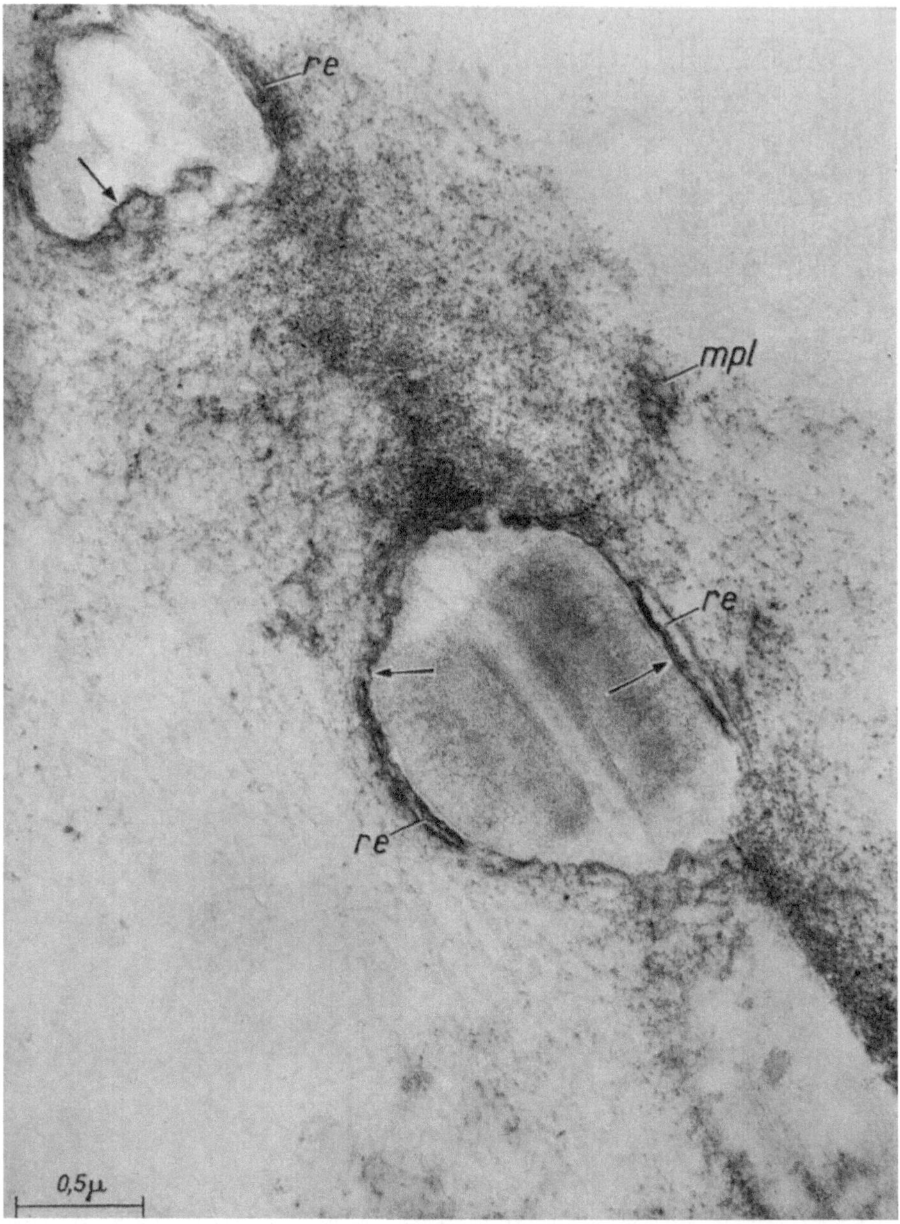

Abb. 3. Ausschnitt aus einer Siebplatte von *Cucurbita Pepo*. In den Poren Ribosomen und Plasmafäden. *re* Reticulum; *mpl* plasmatische Membranen (Vesikel). (Elektronenoptisch nach Buvat.)

Petasites dürften nach Kollmann (1960a) pathologisch und größtenteils dem äußeren Plasmamantel bei der Schlauchkopfbildung zugehörig sein. Immerhin fällt auf, daß auch ältere Beobachter, z. B. Schmidt (1917) nach Fixierung

Plasmanetze dargestellt haben, die natürlich ganz anderen Dimensionen als die jetzt elektronenoptisch sichtbar gewordenen Strukturen angehören. Auch die ziemlich massiven Plasmastränge, in denen THAINE (1962) sogar Plasmaströmung

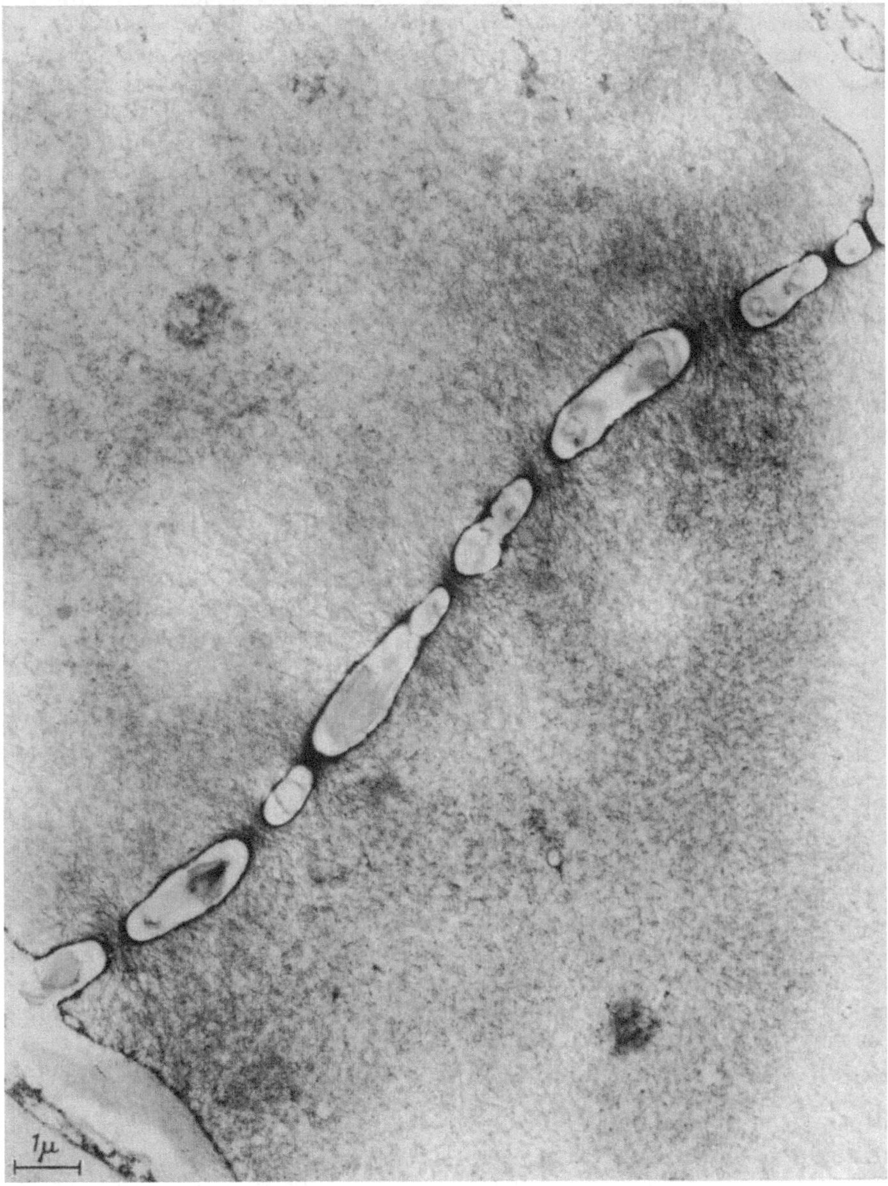

Abb. 4. Längsschnitt durch die Siebplatte einer älteren Siebröhre von *Cucurbita Pepo*. Ribosomen verschwunden. Deutliche Fadenstruktur des Plasmas, besonders in den Poren. (Nach BUVAT.)

beobachtet zu haben glaubt, sind wahrscheinlich keine normalen Bestandteile der Siebelemente selbst, zumal sonst ziemlich übereinstimmend angegeben wird, daß Plasmaströmung in voll entwickelten Siebröhren fehlt (STRASBURGER 1891). Aber auch EVERT und DERR (1964) geben neuerdings in den Siebröhren des sekundären Phloems von einer Anzahl von Bäumen in Längsrichtung der Siebröhren verlaufende Stränge an, die durch die Poren hindurchziehen sollen und diese sogar keineswegs erfüllen, so daß sogar noch eine Vacuolenverbindung existieren soll! Ihre nur lichtoptisch bei etwas über 500facher Vergrößerung reproduzierten Bilder machen allerdings nicht den Eindruck, als ob es sich wirklich um vitale und nicht um pathologische Erscheinungen handelte. Auch bestätigen sie keineswegs alle Angaben von THAINE. Es ist vollends verwirrend, wenn sie dauernd von „slime"-Strängen sprechen, ohne diesen Begriff näher zu definieren. Hier sind weitere Untersuchungen vonnöten, da ihr Einwand, die elektronenoptische Präparation zerstöre die Strukturen, beim heutigen Stand der elektronenoptischen Technik kaum mehr Anklang finden dürfte. Es kann auch hier nur wirklich auf die gleichzeitigen lichtoptischen und elektronenoptischen Untersuchungen von KOLLMANN (1960a) an *Passiflora* verwiesen werden.

Dagegen muß hier nochmals diskutiert werden, ob diese fädigen Strukturelemente der Stoffleitungsbahnen, die das ganze Lumen erfüllen, vielleicht gar nicht dem strukturellen Protoplasma selbst angehören, sondern einem inerten Stoffwechselprodukt, eben dem sog. *Siebröhrenschleim*, zuzuschreiben sind. Vor allem ESAU hat immer wieder auf das Vorkommen von „Schleim" in den Siebelementen vieler (nicht aller [!], z.B. nicht: Monokotylen, Gymnospermen, Gefäßkryptogamen) Pflanzen aufmerksam gemacht und in ihm ein wichtiges, anscheinend aber nicht plasmatisches Bauelement sehen wollen. Dieser „Schleim", der chemisch nichts mit den üblichen Pflanzenschleimen zu tun hat, gibt allerdings deutliche Eiweißreaktionen und läßt sich daher schon aus diesem Grunde schwer vom Plasma unterscheiden. In jungen Siebelementen von *Cucurbita* liegt er zunächst in großen, kompakten Tropfen im Cytoplasma, verteilt sich aber später, etwa gleichzeitig mit der Kerndegeneration, indem er nach Meinung von ESAU in den Zellsaft übertritt, nach den klaren Befunden von BUVAT (1963) jedoch einen Teil der Plasmakomponente bildet (1953, s. aber auch A. FISCHER 1885). „Schleim" kommt aber teilweise auch in Geleitzellen vor. Bei *Vicia faba* erscheint nach den Beobachtungen von RESCH (1954, ähnlich schon STRASBURGER 1891 für *Robinia*) ein Schleimkörper erst während der Kernauflösung und bleibt dann, sich vergrößernd und oft die ganze Breite des Zellumens einnehmend, etwa in der Mitte des Siebelementes, wahrscheinlich an Plasmafäden aufgehängt. Ähnliches findet man bei den meisten Leguminosen, auch bei *Robinia* (s. auch BOUCK und CRONSHAW 1965). Man sollte daher bei der Diskussion der Mechanik der Stoffwanderung über diese mechanischen Hindernisse vielleicht nicht so leichthin hinweggehen, wie dies vielfach geschehen ist. Bei einer Lösungsströmung ist nämlich schlecht einzusehen, wie dieser Schleimpfropf nicht hinweggeschwemmt werden sollte. Bei Verletzungen erscheint er oft in den sog. Schlauchköpfen über einer Siebplatte. Auch KOLLMANN (1960a) hat ihn bei *Passiflora* erst als Wundeffekt auftreten sehen. Bei der Conifere *Metasequoia* ist von KOLLMANN u. SCHUMACHER (1961—1964) nie „slime" gesehen worden. Auch die fädigen Elemente, die BEHNKE (1965) in den Beckenzellen von Dioscoreaceen beschrieben hat, sind bestimmt kein Schleim.

Es ist also sehr unwahrscheinlich, daß die fädigen Strukturelemente des Siebröhrenplasmas in diesen Fällen mit diesem Schleim identisch sind (s. aber DULOY, MERCER und RATHGEBER 1962). DULOY u. Mitarb. haben gerade in austretendem Siebröhrenschleim keine fädige oder netzartige Struktur gesehen (1961), was jedoch auf schlechter Fixierung beruhen könnte (s. ESCHRICH 1963). Dagegen spricht jedoch das deutliche Vorkommen von retikulären Elementen inmitten dieser Fadennetze, also ausgesprochener plasmatischer Gebilde. Es erscheint unmöglich, daß endoplasmatisches Reticulum, Mitochondrien usw. im wäßrigen Zellsaft liegen bzw. in einer inerten Komponente des Zellsaftes, nämlich dem Schleim. Man muß viel eher daraus folgern, daß dieser Schleim eine Komponente dieses eigenartigen Siebröhrenplasmas ist! Hierfür sprechen ja besonders die Befunde von BUVAT (1963), der in den Schleimtropfen von *Cucurbita Pepo* RNS nachgewiesen hat, seine Verteilung im Grundplasma beschrieb und auch elektronenoptisch auf die ähnliche Struktur der Nucleolen aufmerksam macht, desgleichen Befunde von FALK (1964), der an *Tetragonia* fibrilläre Strukturen aus Plastiden hervorgehen sah und den Verdacht äußerte, daß manche der Schleimkörper früherer Autoren ähnlichen Ursprungs sein könnten. Vielleicht aber ist das, was als „Siebröhrenschleim" beschrieben wurde, keineswegs in allen Fällen identisch, sondern teils eine Komponente des Plasmas, wie bei *Cucurbita*, teils ein Exkret, wie im Falle der Leguminosen u.a.m.

Eine wesentliche Erweiterung unserer Kenntnisse über die Struktur des Plasmas von Siebelementen haben nun die ausgedehnten elektronenoptischen Untersuchungen von KOLLMANN und SCHUMACHER (1961, 1962a, 1962b, 1963, 1964) an den Siebzellen der Conifere *Metasequoia glyptostroboides* gebracht. Diese Autoren fanden nämlich neben den bereits erwähnten plasmatischen Organellen (die Mitochondrien treten hier bei den geleitzellfreien Siebelementen in etwas größerer Zahl auf!) ein auffällig stark entwickeltes *Endoplasmatisches Reticulum* in Gestalt von zahlreichen, feinen, vorwiegend in der Längsrichtung gestreckten Röhren oder eines Netzwerkes. Diese Elemente können in der einzigen den Winter überdauernden Siebzellschicht (*Metasequoia* ist wie *Larix* laubabwerfend) bis auf einen Durchmesser von 20—30 nm (1 nm $= {}^{1}/_{1000}\,\mu$) verengt sein. Im Frühjahr aber setzt in eben dieser Schicht, aber in gleicher Weise auch in den neuen aus dem Cambium hervorgehenden Siebzellschichten offenbar eine starke Wasserdurchtränkung und Auflockerung des Plasmas ein. Dann zeigen auch die endoplasmatischen Röhren eine starke Verbreiterung und lokale Aufblähung, auch wohl Vernetzung, die bis zum Zerfall in viele einzelne Vesikel gehen kann. Möglicherweise ist aber dieser Vesikelzerfall nur ein Fixierungsartefakt in dem jetzt ja sehr stark aufgelockerten Hyaloplasma, in dem bisher jedoch keine fädige Komponente wie bei den Angiospermen zur Darstellung gebracht werden konnte. Die Zisternen und Vesikel des ER scheinen vielmehr in einem ganz strukturlosen Medium zu schweben, das aber natürlich sicher kein Zellsaft, sondern eben jenes abnorme Siebelementplasma sein muß, von dem auch bei den Angiospermen die Rede war und dessen Auflösung sich zur Zeit noch unserer Technik entzieht. Es grenzt sich gegen die Zellwand mit einem deutlich darstellbaren Plasmalemma ab; der in jungen, d.h. cambiumnahen Siebelementen noch deutlich sichtbare Tonoplast verschwindet später, d.h. es bildet sich eben jener eigentümliche scheinbar strukturlose Zustand aus, wie er auch von BUVAT für *Cucurbita* angenommen wird und bei dem zwischen Zellsaft und „Plasma" nicht mehr unterschieden werden kann, der aber hier durch die Persistenz eines ausgeprägten endoplasmatischen Reticulums besonders anschaulich wird. Dieses „Plasma" erfüllt das ganze Zellumen. Die Abb. 5—10 illustrieren die geschilderten Verhältnisse wohl besser als alle Worte. Ein Schleimkörper wurde bis jetzt bei *Metasequoia* nicht beobachtet. Früher lichtoptisch bei Coniferen beschriebene Gebilde sind vermutlich identisch mit besonders stark gepackten Membranstapeln, die die plasmatische Natur besonders deutlich machen. Dies mag besonders im Hinblick auf die völlig irrige Kritik von EVERT und MURMANIS (1965) betont werden, die angesichts dieser Bilder kaum verständlich erscheint.

Ein ganz besonderes Interesse erfordert nun, auch im Hinblick auf die Vorstellungen über die Mechanik des Stofftransportes, die Struktur der Verbindungsstränge in den *Siebporen*. Es war ja der erste Einwand, der gegen die osmotische

Druckstromhypothese von Münch (1930) seinerzeit erhoben wurde, daß hier zwischen den aneinandergrenzenden Siebelementen durch die Siebplatten hindurch eine offene Zellsaftverbindung angenommen wurde, die schon dem damaligen anatomischen Wissen nicht entsprach (Münch 1930, Fig. 8, S. 60 und

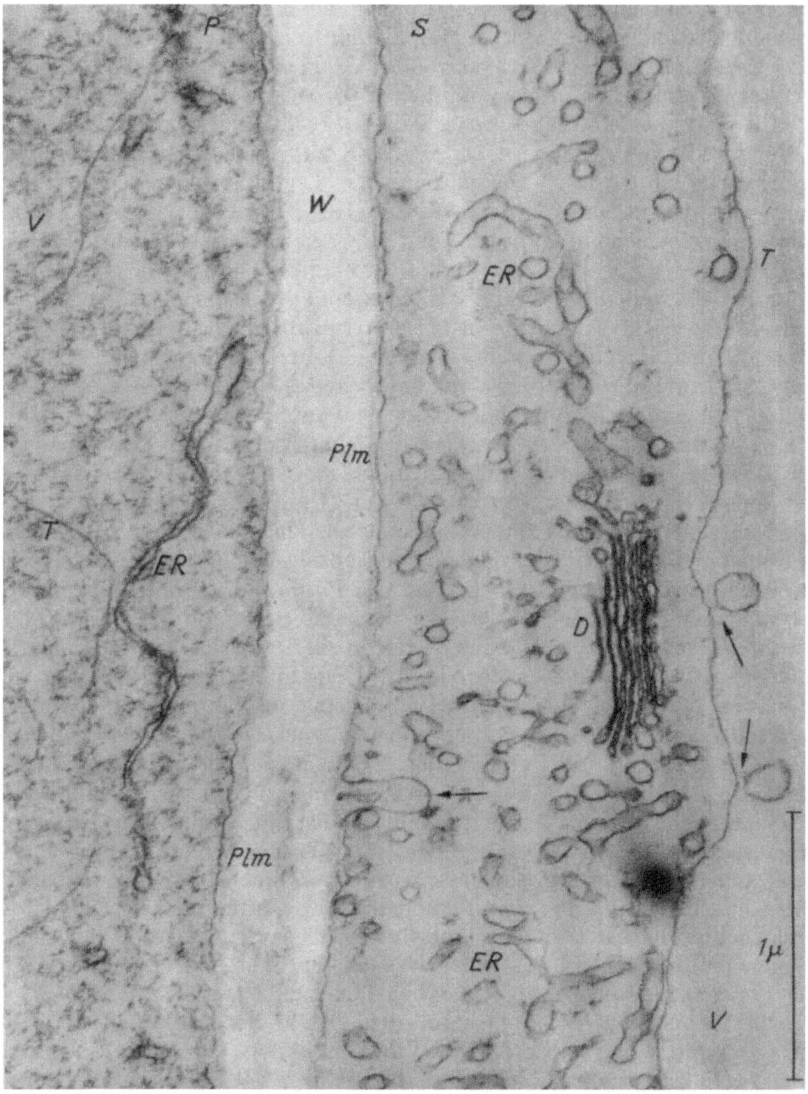

Abb. 5. Längsschnitt durch eine cambiumnahe Siebzelle von *Metasequoia glyptostroboides*. Rechts (*S*) Siebzelle, links (*P*) Parenchymzelle. Plasma der Siebzelle durch deutliches Plasmalemma (*Plm*) gegen Wand (*W*) abgegrenzt, stark aufgelockert mit Endoplasmatischem Reticulum (*ER*), Dictyosom (*D*) und noch erhaltenem Tonoplast (*T*). *V* Vacuole. (Nach Kollmann und Schumacher.)

S. 134; dagegen Schumacher 1931/32 und 1933). Die späteren Entgegnungen Münchs (1943) brachten leider nur neue Spekulationen, aber keine neuen anatomischen Erkenntnisse. Die Ausführungen über die Weite der Siebporen (S. 56) demonstrieren das zur Genüge. Dagegen berichteten die jüngeren Untersucher übereinstimmend, daß die Verbindungsstränge in den Siebporen aus Plasma

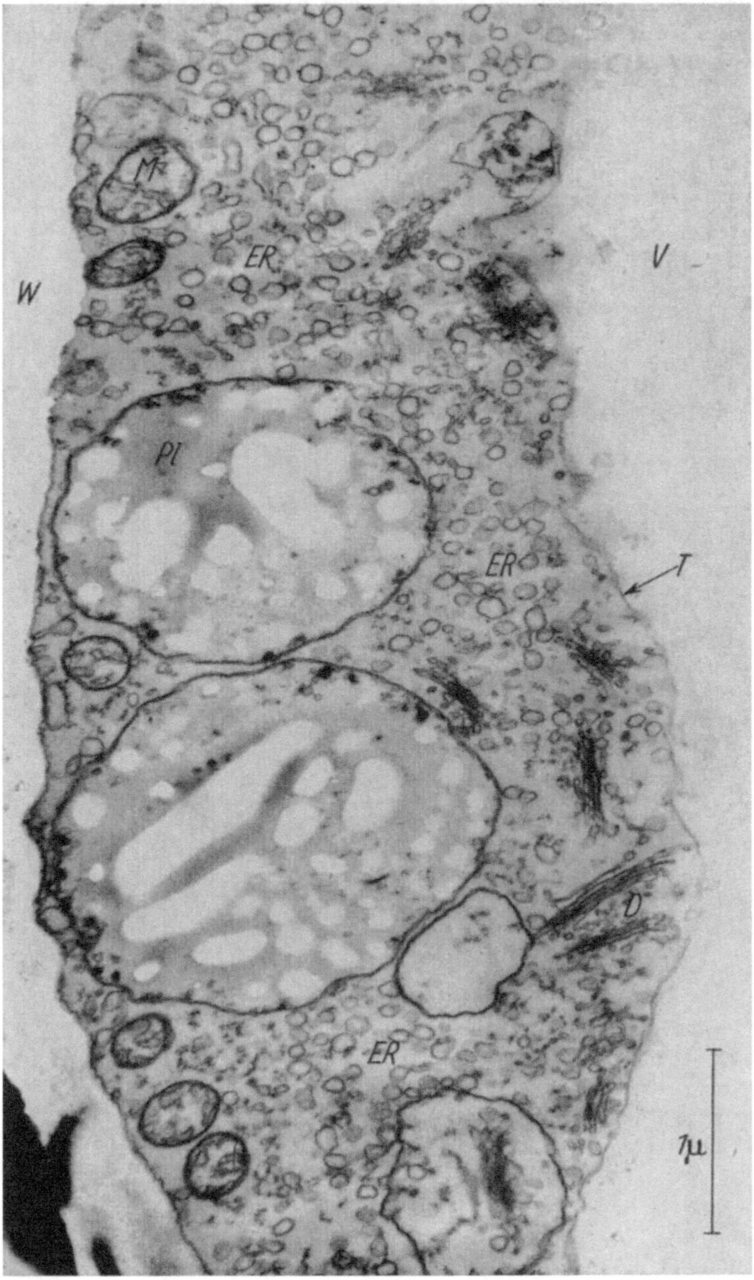

Abb. 6. Teilausschnitt aus dem Längsschnitt durch eine sich differenzierende Siebzelle von *Metasequoia glyptostroboides* mit Stärke enthaltenden Plastiden (*Pl*), zahlreichen Mitochondrien (*M*), Dictyosomen (*D*) und Tonoplast (*T*). *V* Vacuole. (Nach KOLLMANN und SCHUMACHER.)

bestünden (unter anderem CRAFTS 1939, ESAU 1953), wobei allerdings ESAU immer wieder glaubte, daß das Innere der Verbindungsstränge aus ,,Schleim" bestünde, ohne jedoch jemals diesen Schleim und seine Unterscheidung vom

Protoplasma klar definieren zu können. Für die Möglichkeit einer Flüssigkeitsströmung im Sinne Münchs mußte das Hindernis übrigens ziemlich gleich sein, gleichgültig ob „Schleim“ oder Plasma die Poren ausfüllte. Schon Hill (1901)

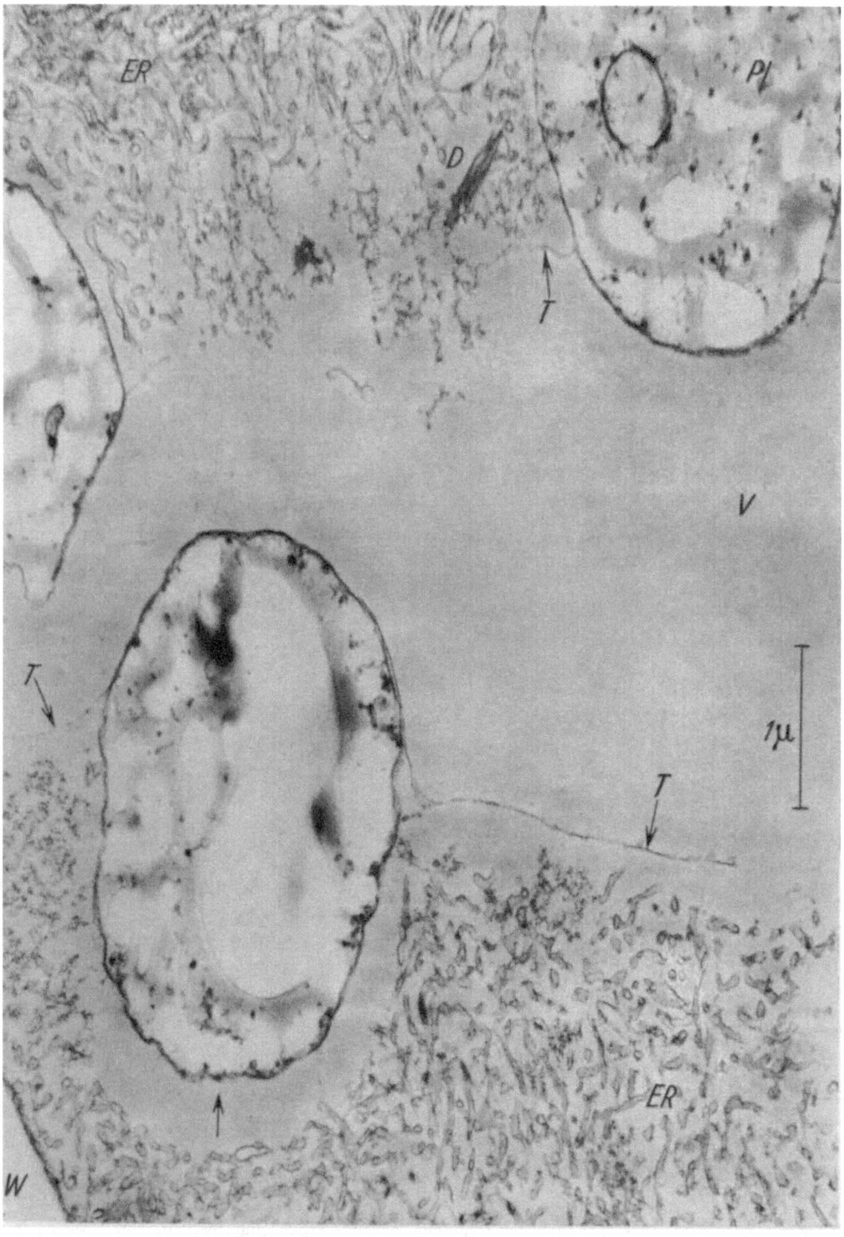

Abb. 7. Beginnende Auflösung des Tonoplasten (*T*). Aufschwellen des stark von ER durchsetzten Plasmas einer Siebzelle von *Metasequoia glyptostroboides*. *Pl* Plastiden mit Stärke. (Nach Kollmann und Schumacher.)

hatte ja bei den feinen Verbindungssträngen zwischen den Siebzellen von *Pinus* von einer Umwandlung der Plasmabrücken in „Schleim“ gesprochen, mit diesem sehr unglücklichen Ausdruck aber nichts anderes gemeint als eine im Laufe

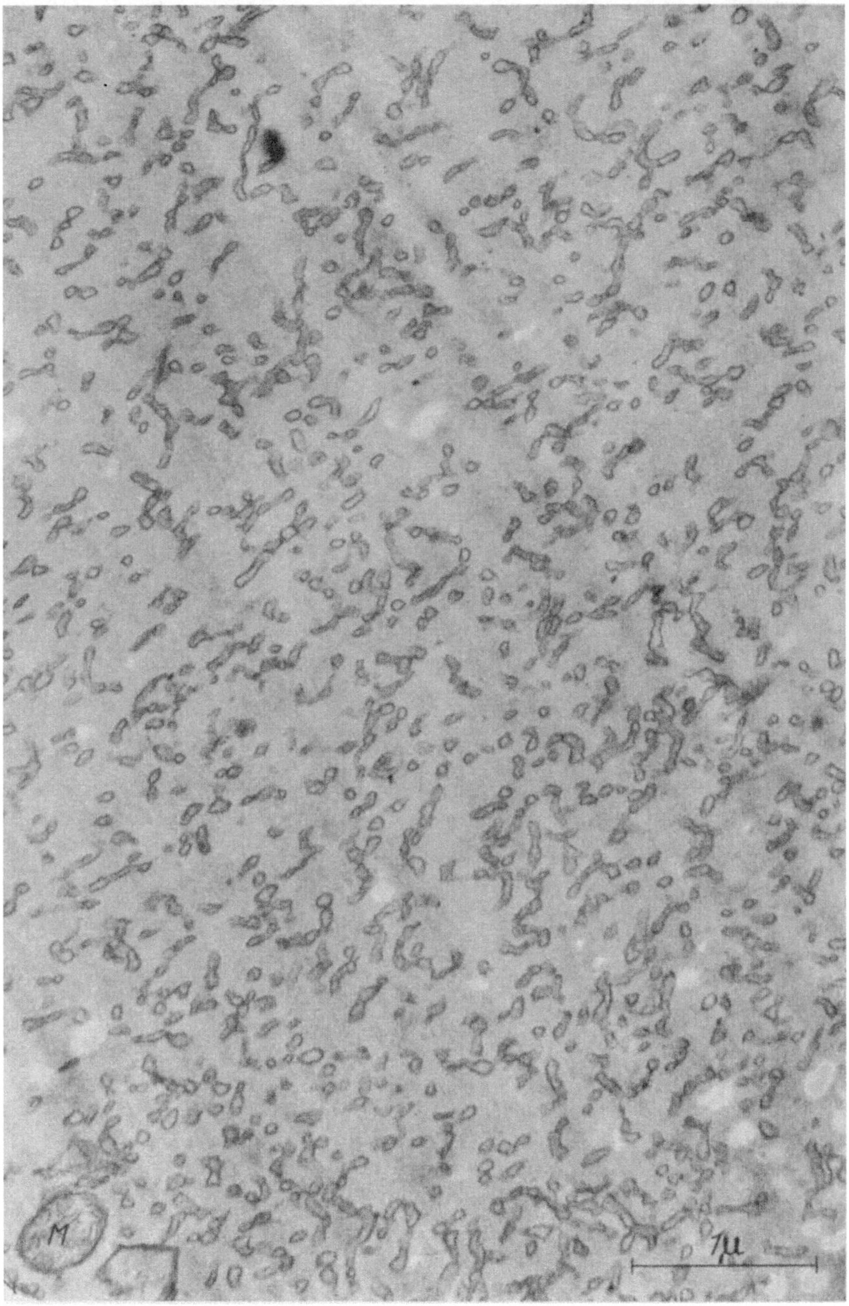

Abb. 8. Scheinbar strukturloses Plasma einer Siebzelle von *Metasequoia glyptostroboides* mit zahlreichen Anschnitten des ER. (Nach KOLLMANN und SCHUMACHER.)

der Differenzierung einsetzende färberische Veränderung im Verhalten der Verbindungsstränge. Von einer offenen Vacuolenverbindung durch diesen „Schleim“-Strang hat erst der Forstbotaniker MÜNCH mit apodiktischer Bestimmtheit,

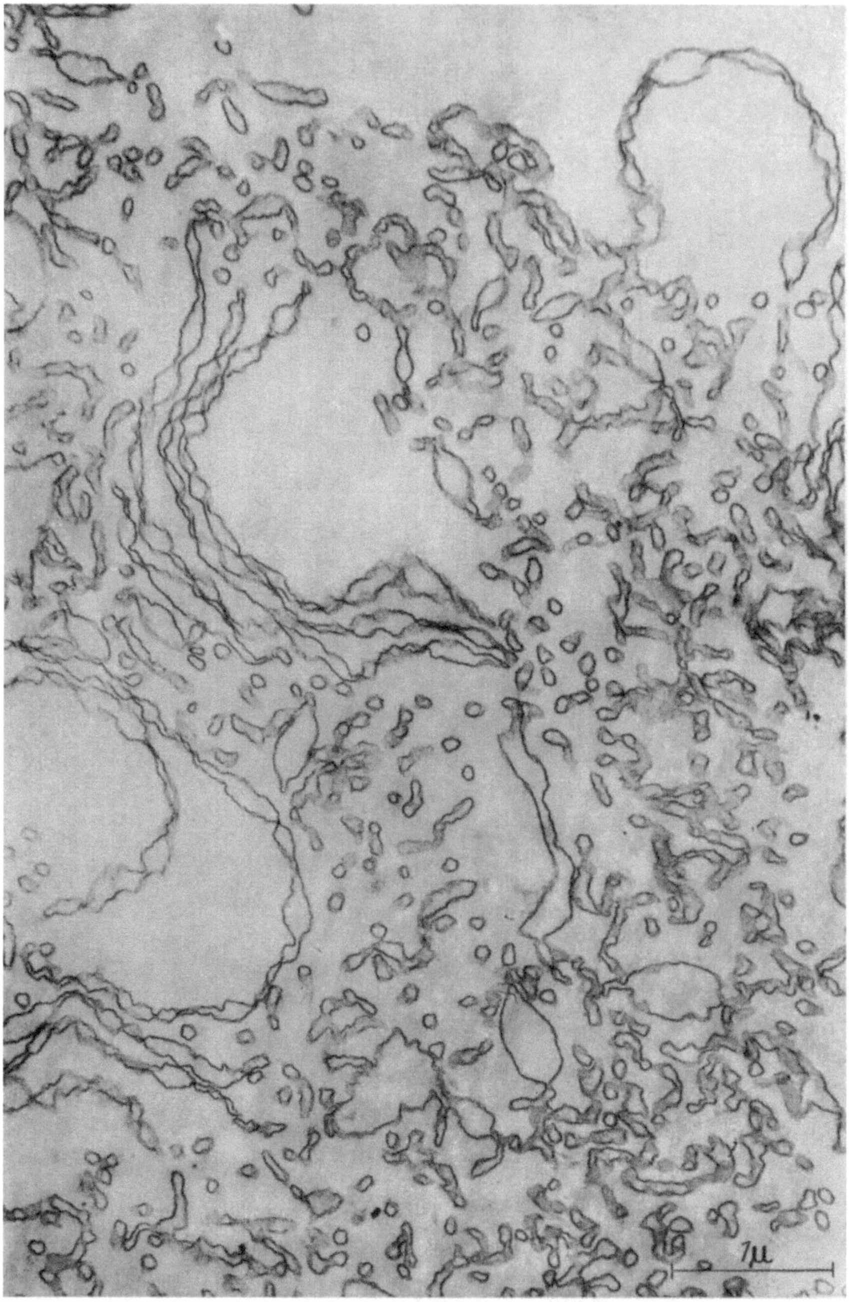

Abb. 9. Endoplasmatisches Reticulum im scheinbar strukturlosen Protoplasma einer Siebzelle von *Metasequoia glyptostroboides*. (Nach KOLLMANN und SCHUMACHER.)

aber ohne eigene Studien gesprochen. Die wirkliche Struktur konnte auch hier erst durch den Einsatz des Elektronenmikroskopes erkannt werden.

Bedauerlicherweise haben HEPTON, PRESTON und RIPLEY (1955) ihre ersten Bemühungen gerade bei dem schwierigst zu fixierenden Objekt *Cucurbita*, das vermutlich eine ziemliche Ausnahmestellung einnimmt, angesetzt. Ihre Bilder zeigen daher zwar klar eine zusammenhängende Verbindung einer als plasma-

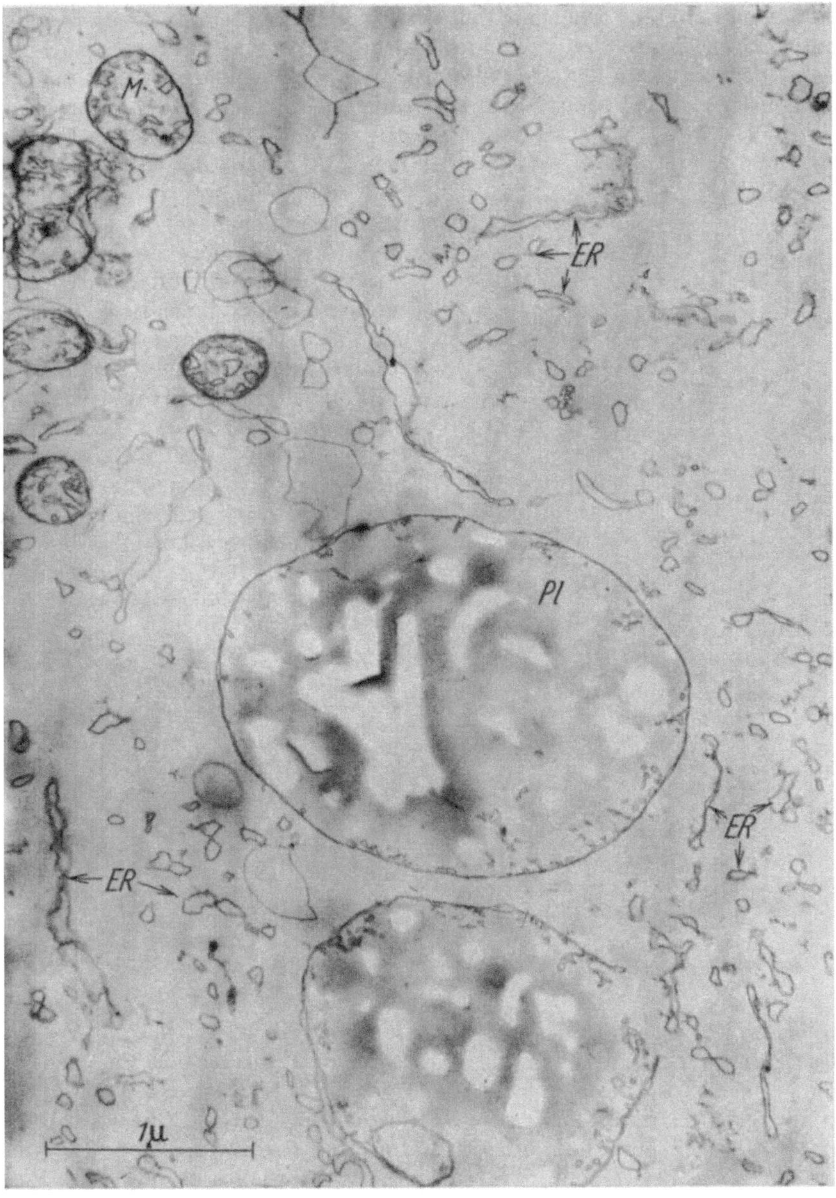

Abb. 10. Noch stärker aufgelockertes, scheinbar strukturloses Protoplasma mit *ER*, Plastiden (*Pl*) und mehreren, deutlich strukturierten Mitochondrien (*M*) in einer Siebzelle von *Metasequoia glyptostroboides*. (Nach KOLLMANN und SCHUMACHER.)

tisch gedeuteten Masse durch die Poren einer Siebplatte, erlauben aber keine weitere Strukturauflösung. Dasselbe gilt für eine spätere Arbeit (HEPTON und PRESTON 1960), wo man vielleicht auf Fig. 8 und 9 links bei *Vitis vinifera* die Andeutung eines Plasmanetzes vermuten könnte, doch sind die Autoren der festen Überzeugung, daß nur plasmatische und keine Zellsaftverbindungen zwischen den Siebelementen existieren, da sie an die Möglichkeit, daß Zellsaft und Plasma in den Siebelementen eine Einheit darstellen könnten, damals noch nicht denken konnten. Die erste feinstrukturelle Darstellung eines durch eine Siebpore hindurchführenden Verbindungsstranges ist dann erst KOLLMANN (1960b gelungen, der bei *Passiflora coerulea* fand, daß ein solcher Strang aus einem ganzen Büschel mehr oder weniger parallel geordneter Fäden (Durchmesser 10—15 nm) besteht (Abb. 11). Sie gehen außerhalb der Siebpore in die fädigen Elemente des Cytoplasmas über, von denen schon genügend die Rede war. Ähnliche Bilder haben auch MEHTA und SPANNER (1962) in den Siebporen der Blattstiele von *Nymphoides peltata* gefunden. Auf der uns freundlicherweise zur Verfügung gestellten Originalaufnahme sieht man im Gegensatz zu der wenig scharfen Reproduktion parallele Doppelmembranen und "tubular structures of about 300 Å overall diameter" recht deutlich, ebenso wie auch fädige Strukturen außerhalb der Siebplatten, die in allem den Verhältnissen an *Passiflora*

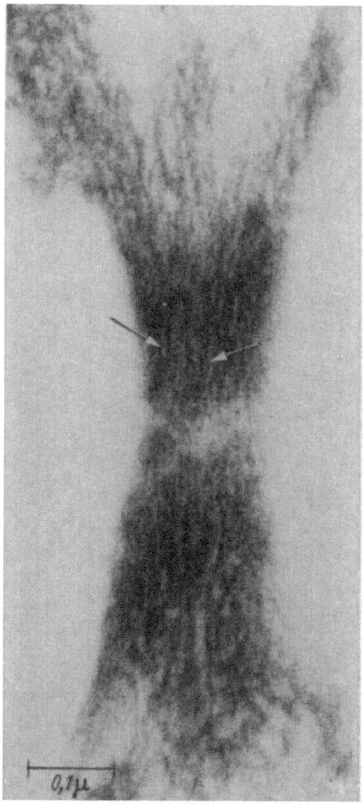

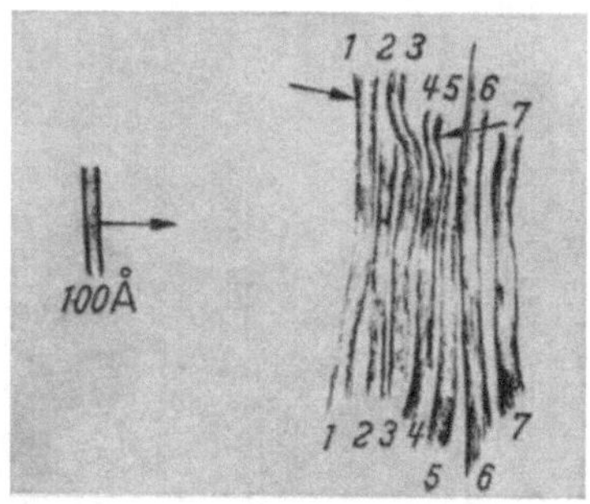

Abb. 11. Längsschnitt durch eine Siebpore von *Passiflora coerulea*. Rechts schematische Zeichnung der Fibrillen. (Nach KOLLMANN.)

entsprechen. Dagegen zeigen weder die Bilder von ZIEGLER (1960) an *Heracleum Mantegazzianum* noch die von HOHL (1960) einen hinreichenden Erhaltungszustand, um hier diskutiert werden zu können. Die Aufnahmen von ESAU und CHEADLE (1961, 1962) an *Cucurbita* aber zeigen ebenso wie die von DULOY u. Mitarb. (1961) mit Ausnahme eines auffällig dünnen ,,Ektoplasten", der jedoch im Gegensatz zu der Meinung ESAUs keineswegs identisch mit dem Plasmalemma sein kann, kaum mehr irgendeine Struktur, sondern lediglich eine körnige Fällung, wahrscheinlich von Braunstein, so daß der Verdacht besteht, daß durch die angewendeten sehr starken Oxydationsmittel (übersättigte 5%ige $KMnO_4$-Lösung!) die labilen Feinstrukturen zerstört wurden. Sie sind jedenfalls in keiner Weise zu vergleichen mit den Bildern von ESCHRICH (1963) und besonders von BUVAT (1963, s. Abb. 4—6), die ebenfalls in den Siebelementen von *Cucurbita* ein feines Netzwerk dargestellt haben, das, etwas anders als bei den oben genannten Objekten (*Cucurbita* kann durchaus ein Sonderfall sein!), durch die

Poren hindurchzieht. In den Poren selbst erkennt man bei BUVAT und selbst auf den Aufnahmen von ESAU eine Verdichtung der Substanz, die nur plasmatisch sein kann. Die jüngsten Bilder von BEHNKE (1965) von den Siebelementen der merkwürdigen Phloem-Beckenzellen von Dioscoreaceen haben abermals, vor allem in den innersten Beckenzellen, aber auch in den anschließenden Siebröhren, eine ausgeprägte fädige Struktur erkennen lassen, die das ganze Lumen der Siebzelle erfüllt und sich in den Siebporen zusammendrängt, wobei deutliche Strukturen des ER im Siebporus selbst dargestellt werden konnten. An einer weitgehenden Plasmaerfüllung der Siebporen kann also gar kein Zweifel sein. Ganz besonders schöne Bilder gelangen in letzter Zeit BOUCK und CRONSHAW (1965) an den Stengelsiebröhren von *Pisum sativum* mittels eines besonderen Fixierungsverfahrens. Sie fanden, wie Abb. 12 zeigt, im wandständigen Plasma ein besonders ausgeprägtes Endoplasmatisches Reticulum, das deutlich in die Siebporen hineinführt, wenn auch die Feinstrukturen innerhalb der Siebporen selbst nicht so deutlich dargestellt wurden, wie dies KOLLMANN bei *Passiflora* gelang. Diese erstmalig bei einer Angiosperme in dieser Ausdehnung gefundenen retikulären Zisternen und Tubuli des ER gleichen weitgehend den Befunden von KOLLMANN und SCHUMACHER (1961—1964) an der Conifere *Metasequoia*, die somit ihre Sonderstellung verliert. Hier war ja von vornherein klar, daß, wie gleich noch näher beschrieben wird, die Siebporen nicht von „slime" oder gar von Zellsaft erfüllt waren, sondern von einem hochgeordneten plasmatischen System durchzogen werden. Ob die Fixierung von BOUCK und CRONSHAW auch für die zentralen Teile des Siebelementplasmas schon optimal war, mag dahingestellt bleiben. Auch das Alter der Siebröhren ist nur ungefähr bestimmt. Der Fortschritt ist jedoch offensichtlich. Die Aufnahmen von ENGLEMAN (1963) an *Impatiens sultanii* zeigen, soweit die dargestellten Siebelemente mit $KMnO_4$ fixiert wurden, wie bei ESAU keine Struktur mehr, während bei OsO_4-Fixierung wenigstens noch eine fädige Komponente erkannt werden kann. Auf das gelegentliche Vorkommen von Elementen des ER in diesem „Schleim" war schon hingewiesen worden. Diese Ausführungen zeigen erneut die ganze Schwierigkeit der naturgetreuen Darstellung bei diesen hochempfindlichen Siebelementen, die natürlich bei der Präparation für die Elektronenmikroskopie eher noch größer sind als bei der Lichtmikroskopie, und die ihren eigentlichen Grund offenbar in der hochgradig aufgelockerten Struktur dieses Plasmas besitzen. Man wird auch hier vermutlich am meisten Erfolg haben, wenn man nicht, wie bisher, immer Siebelemente mit extrem weiten Siebporen, sondern gerade solche mit engen Verbindungssträngen bevorzugt, die ja im Pflanzenreich weit häufiger sind.

Mit aus diesen Gründen wurde daher von KOLLMANN und SCHUMACHER (1961—1964) besonders eine *Conifere (Metasequoia)* untersucht, die auch hinsichtlich der Struktur ihrer Verbindungsstränge sehr überraschende Aufschlüsse brachte. Es zeigte sich hier, daß die Verbindungsstränge in ihrem Feinbau tatsächlich erweiterten Plasmodesmen ähneln, die in ihrem Mittelknoten aber noch besondere Strukturen erkennen lassen. Das mehr oder weniger röhrenförmige Endoplasmatische Reticulum des Siebzellenplasmas tritt mit einem Durchmesser von ca. 6—9 nm in Ein- oder Zweizahl in je einen Verbindungsstrang ein, der wie bei den Plasmodesmen außen von einem Plasmalemma begrenzt und wahrscheinlich, soweit er nicht durch die retikulären Röhrchen ausgefüllt wird, eine „Matrix" enthält, deren Struktur bisher noch nicht weiter aufgelöst werden konnte. Die Verbindung zwischen dem ER des Plasmas und den Siebporen zeigt besonders schön Abb. 13, wo man das Zusammendrängen der ER-Röhren vor den Siebfeldern und ihren Eintrittsporen erkennt.

Ein besonderes Interesse mußten nun die sog. Mittelknötchen in diesen plasmatischen Verbindungssträngen erfordern, die seit den klassischen Untersuchungen von Hill (1901) und Strasburger (1901) lichtoptisch immer wieder

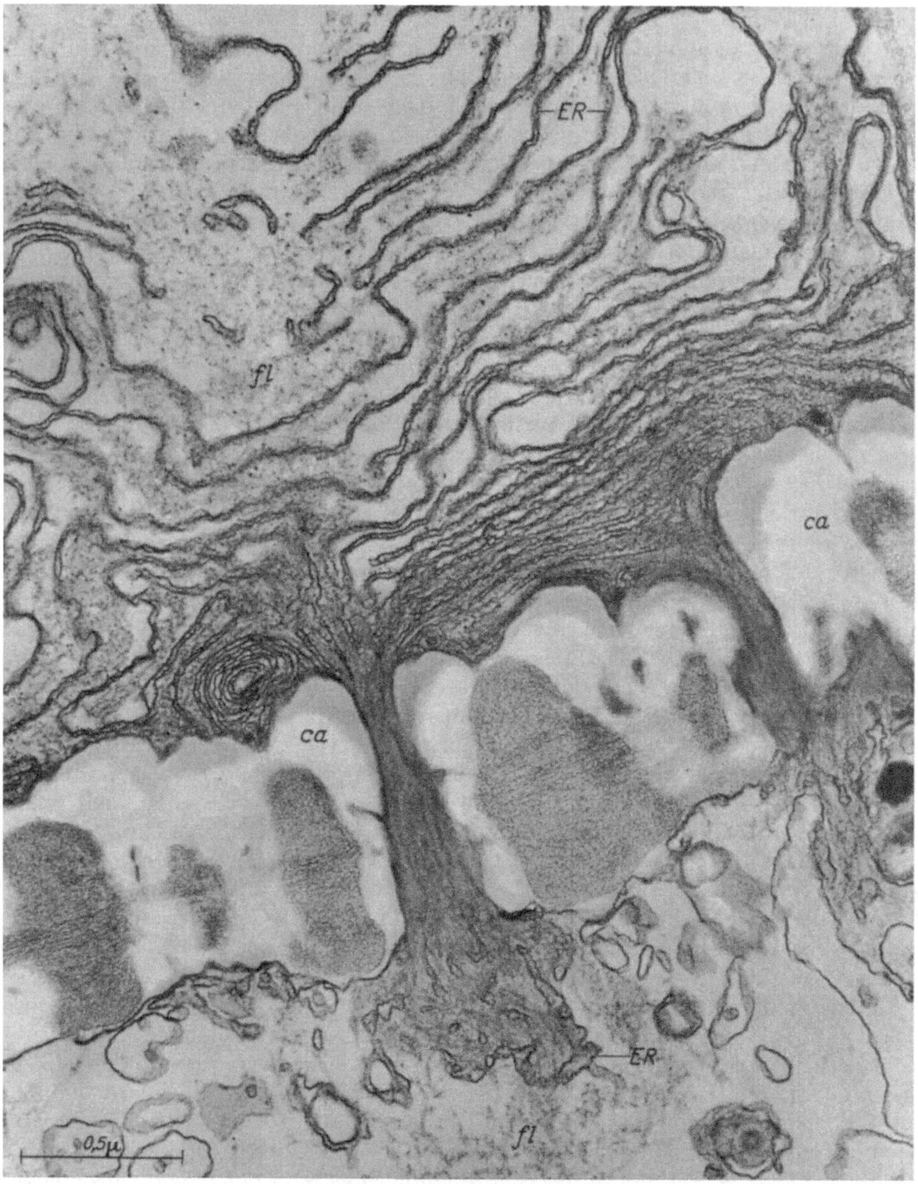

Abb. 12. Ausschnitt aus einer längsgeschnittenen Siebplatte von *Pisum sativum*. Starke Entwicklung des *ER*, das in die Siebporen hineinzieht. *ca* Kallose; *fl* plasmatische Fibrillen. (Nach Bouck und Cronshaw.)

beobachtet wurden (s. auch Abbe und Crafts 1939; Crafts 1961). Noch ein so guter Beobachter wie Strasburger hatte diese Mittelknoten ursprünglich (1891 und 1901) für gequollene Mittellamellen gehalten und ihnen Plasmanatur abgesprochen! (Vgl. aber Strasburger 1902, wo er zugibt, daß eventuelle

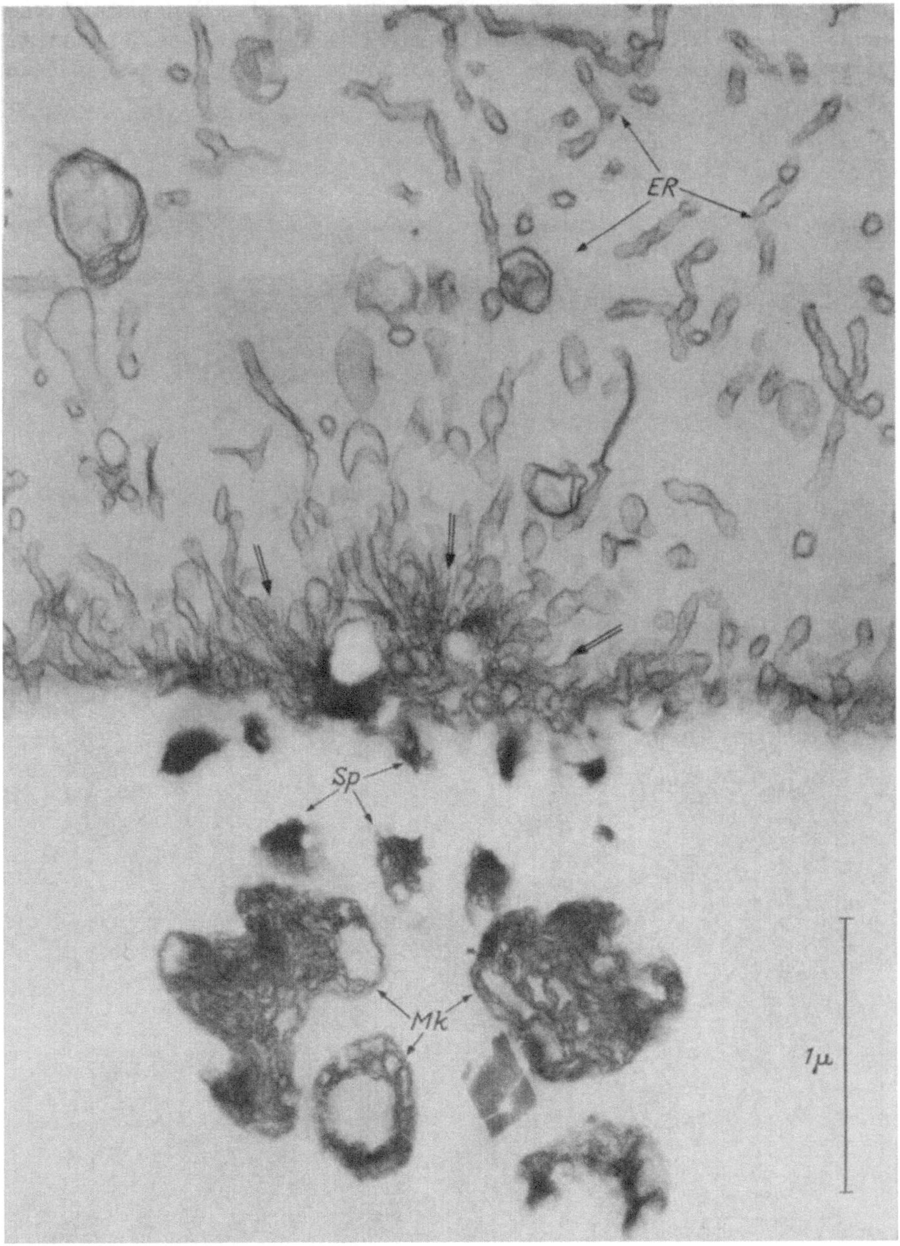

Abb. 13. Schrägschnitt durch ein Siebfeld und das Plasma einer Siebzelle von *Metasequoia glyptostroboides*. Zusammendrängen der *ER*-Tubuli vor den Siebporen (Pfeile). *Mk* Mittelknoten der Plasmabrücken angeschnitten. (Nach Kollmann und Schumacher.)

Plasmodesmen durch die Knötchen gehen könnten.) Die elektronenoptischen Aufnahmen von Hepton und Preston (1960) zeigten wenigstens an Stelle der Mittelknoten linsenförmige Hohlräume im Bereich der Mittellamellen und Primärwände. Kollmann und Schumacher konnten indessen beobachten, daß dieser Mittelknoten offenbar ein hochorganisiertes plasmatisches Gebilde ist, in dem eine Vielzahl von gewundenen Röhren und Zisternen des Endoplasmatischen Reticulums knäuelartig angeordnet ist (Abb. 14). Ja, in diesen Mittelknoten führen sogar mehrere Verbindungsstränge von der einen Seite des Siebfeldes

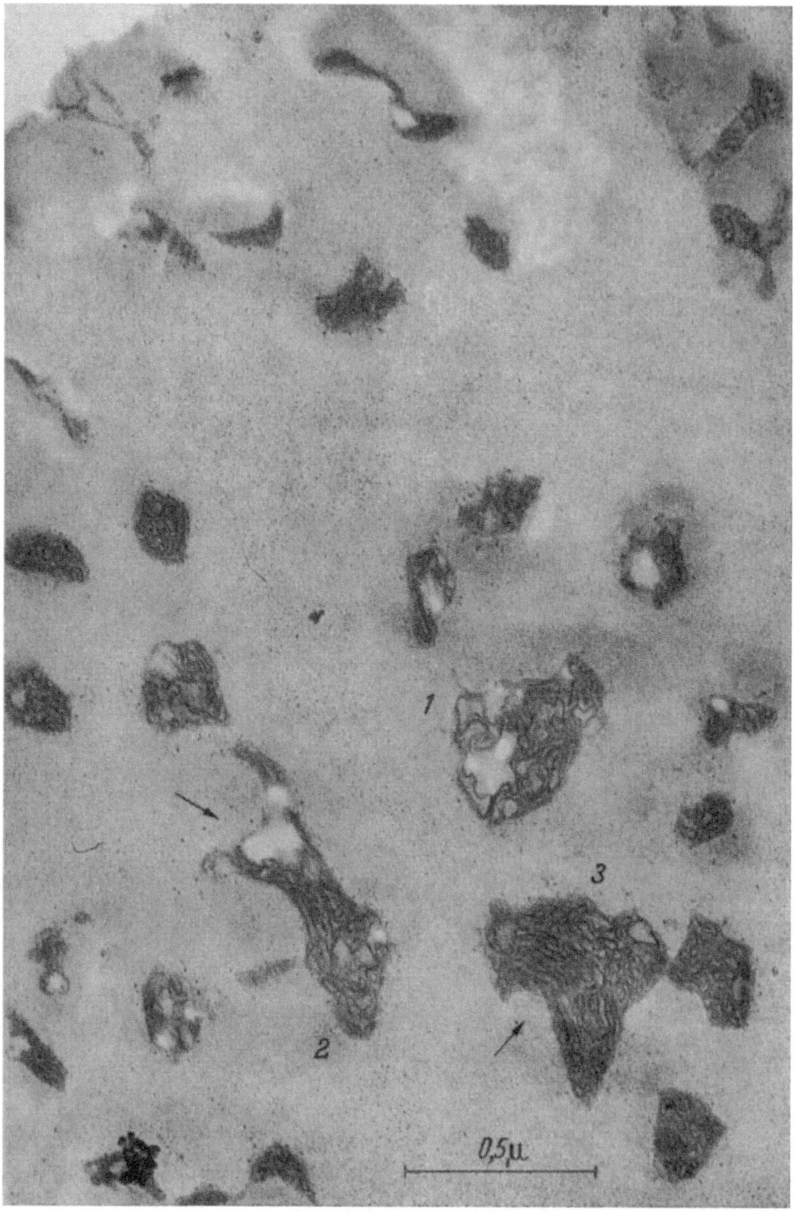

Abb. 14. Radialer Schrägschnitt durch das Siebfeld einer Siebzelle von *Metasequoia glyptostroboides*. Mittelknoten der Plasmabrücken mit knäuelartig angeordneten Elementen des ER. (Nach KOLLMANN und SCHUMACHER.

hinein und strahlen ebenso nach der anderen Seite in die zweite Siebzelle ab (Abb. 15). Das Prinzip entspricht offenbar den verzweigten Plasmodesmen, wie sie KRULL (1960) für Rindenzellen von *Viscum album* erstmalig beschrieben hat. Auch hier zeigte sich, daß breite plasmatische Mittelknoten bei den verzweigten Plasmodesmen vorkommen, ohne daß es allerdings gelungen wäre, die strukturelle Auflösung so weit wie bei den Siebzellen von *Metasequoia* voranzutreiben. Aber schon auf den sorgfältigen Zeichnungen HILLs kann man er-

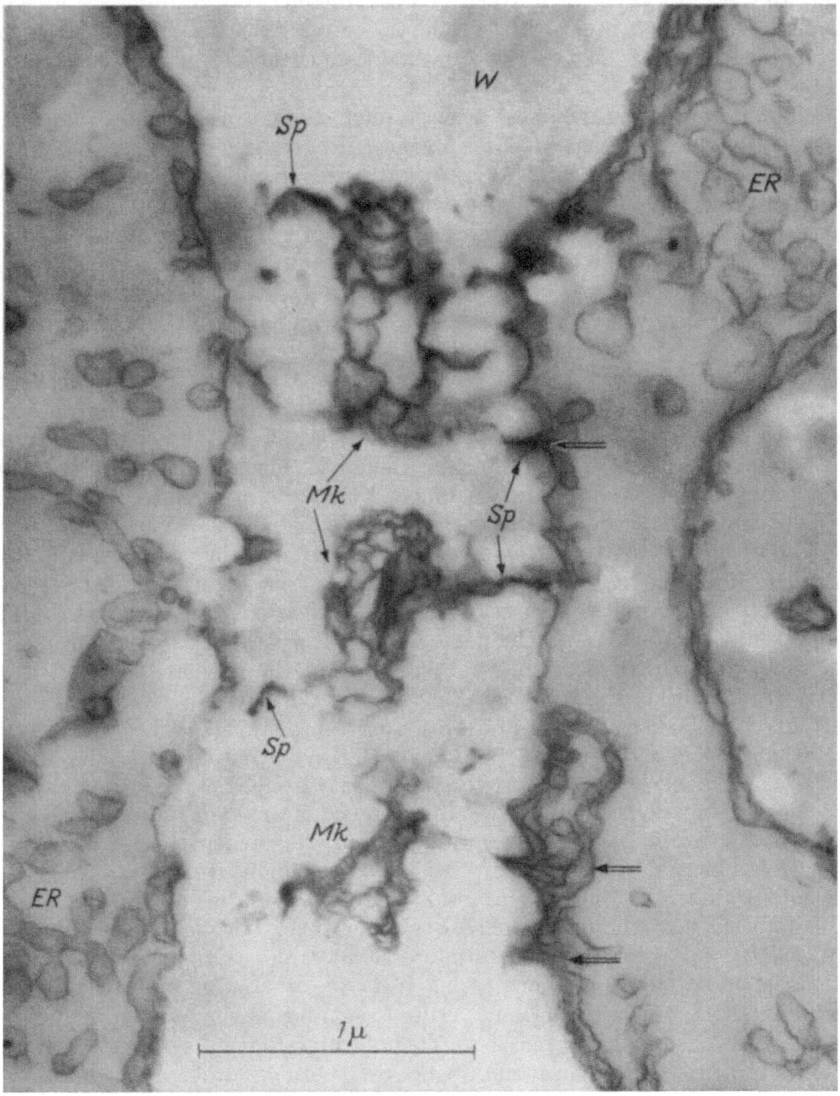

Abb. 15. Tangentialer Längsschnitt durch ein Siebfeld von *Metasequoia glyptostroboides*. *Mk* Mittelknoten, stark tubulär aufgeknäuelt; *Sp* einzelne, zum Mittelknoten führende Verbindungsstränge, in die das *ER* (Doppelpfeile) hineinreicht. (Nach KOLLMANN und SCHUMACHER.)

kennen, daß unter Umständen mehr als ein Verbindungsstrang in einen Mittelknoten einmündet, obwohl dies vom Autor nicht besonders erwähnt und in seiner Bedeutung offenbar auch nicht richtig erkannt worden ist. Dasselbe gilt, wenn auch weniger klar, für die Fig. 6—7d in dem erwähnten Buch von CRAFTS (1961) für *Sequoia sempervirens*. Bei *Metasequoia glyptostroboides* ist es jedenfalls völlig klar, daß keine einfachen „Schleimstränge" durch die Poren der Siebfelder hindurchführen und auch keine einfache Vacuolenkommunikation besteht, sondern ein hochentwickeltes plasmatisches System, das natürlich bei der Erklärung der Mechanik des Stofftransportes berücksichtigt werden muß. Seine Entdeckung rechtfertigt noch nachträglich die frühe Kritik des Schreibers dieser Zeilen an den wirklich primitiven Vorstellungen von MÜNCH (SCHUMACHER 1931/32). Denn daß angesichts solcher komplizierter Strukturen hier nicht einfach eine Lösung osmotisch durchgepreßt werden kann, leuchtet ohne weiteres ein.

Recht interessante Ergebnisse zeitigte auch die erstmalige elektronenoptische Untersuchung der Siebelemente eines Farnes, *Polypodium vulgare*, durch M. MAXE (1964), die die immerhin 0,5 μ weiten und anscheinend kallosefreien Siebporen erfüllt fand von einem System plasmatischer Membranen, das die Autorin zwar nicht ausdrücklich als ER bezeichnet, in der vorläufigen Veröffentlichung aber ganz auffällig den von KOLLMANN und SCHUMACHER bei Coniferen gefundenen Strukturen gleicht. Man wird die angekündigte entwicklungsgeschichtliche Untersuchung abwarten müssen, zumal die bisher untersuchten Siebelemente aus einer Fixierung im Dezember und offensichtlich aus altem Material stammten.

Eine andere Frage ist, wieweit die hier aufgeklärte Struktur der Verbindungsstränge einer Conifere mit den Strukturen von *Passiflora*, *Nymphoides* und eventuell *Cucurbita* (ESCHRICH 1963, BUVAT 1964) sowie *Tetragonia* (FALK 1964) in Verbindung gebracht werden können. Leider ist hier die Basis noch zu schmal, um endgültig Aussagen machen zu können. Das bei *Metasequoia* schon im Plasma der Siebzelle stark hervortretende ER, das vollends die Verbindungsstränge beherrscht, scheint bei den Angiospermen nicht in gleicher Weise erhalten zu bleiben (s. aber die S. 96 erwähnten Befunde von BOUCK u. CRONSHAW bei *Pisum*, Abb. 12). Anscheinend tritt bei der Differenzierung an seine Stelle ein den ganzen Zellraum durchsetzendes feines Netzwerk, das allerdings an den Poren sich noch zu Strukturen zusammendrängt, die sowohl bei *Passiflora* wie bei *Nymphoides* den Eindruck retikulärer Röhren erweckt, während sonst an dem Wandbelag, aber auch da und dort inmitten des Netzwerkes und der Poren nur Reste von ER-Strukturen gefunden wurden. Von diesem stark aufgelockerten Siebelement-Plasma war ja schon vorstehend die Rede. Bei den selteneren Fällen sehr weiter Poren zieht entweder wie dies die leider wenigen Bilder von ESCHRICH (1963) bei *Cucurbita ficifolia* vermuten lassen, das plasmatische Netz in aufgelockerter Form durch die Siebporen (s. aber auch BUVAT!), oder es wird, vielleicht in alternden Siebröhren, ganz aufgelöst, wie dies die Bilder von ESAU und DULOY u. Mitarb. darzustellen scheinen. Da aber auch hier von BUVAT (1960, 1963) mit besserer Technik andere Strukturen gefunden wurden, die sich mehr unserer Auffassung nähern, wonach das ganze Innere einer Siebröhre von stark aufgelockertem Protoplasma erfüllt ist und nach Auflösung des Tonoplasten keine Grenze mehr zwischen Vacuole und Plasma existiert, kann leider der Verdacht auf Fixierungsartefakte bei den vorgenannten Autoren nicht ausgeräumt werden. Hier können erst weitere Arbeiten mit verbesserter, vielleicht auch neuer Technik endgültig Aufklärung geben. Man sollte aber schon jetzt nicht vergessen, daß diese Pflanzen mit breiten Siebporen in der Minderzahl sind und sicher auch der naturgetreuen Präparation besonders große Schwierigkeiten entgegensetzen, und daß eine umfassende Theorie der Stoffbewegung die engporigen Typen und die weitgehende Strukturaufklärung der besonders feinen Verbindungsstränge bei Coniferen nicht außer acht lassen kann, sondern sie einschließen muß. Abb. 16 zeigt schematisch, wie man sich die Struktur des Plasmas und der Siebporen bei Angiospermen (A) und Gymnospermen (B) in etwa vorstellen kann.

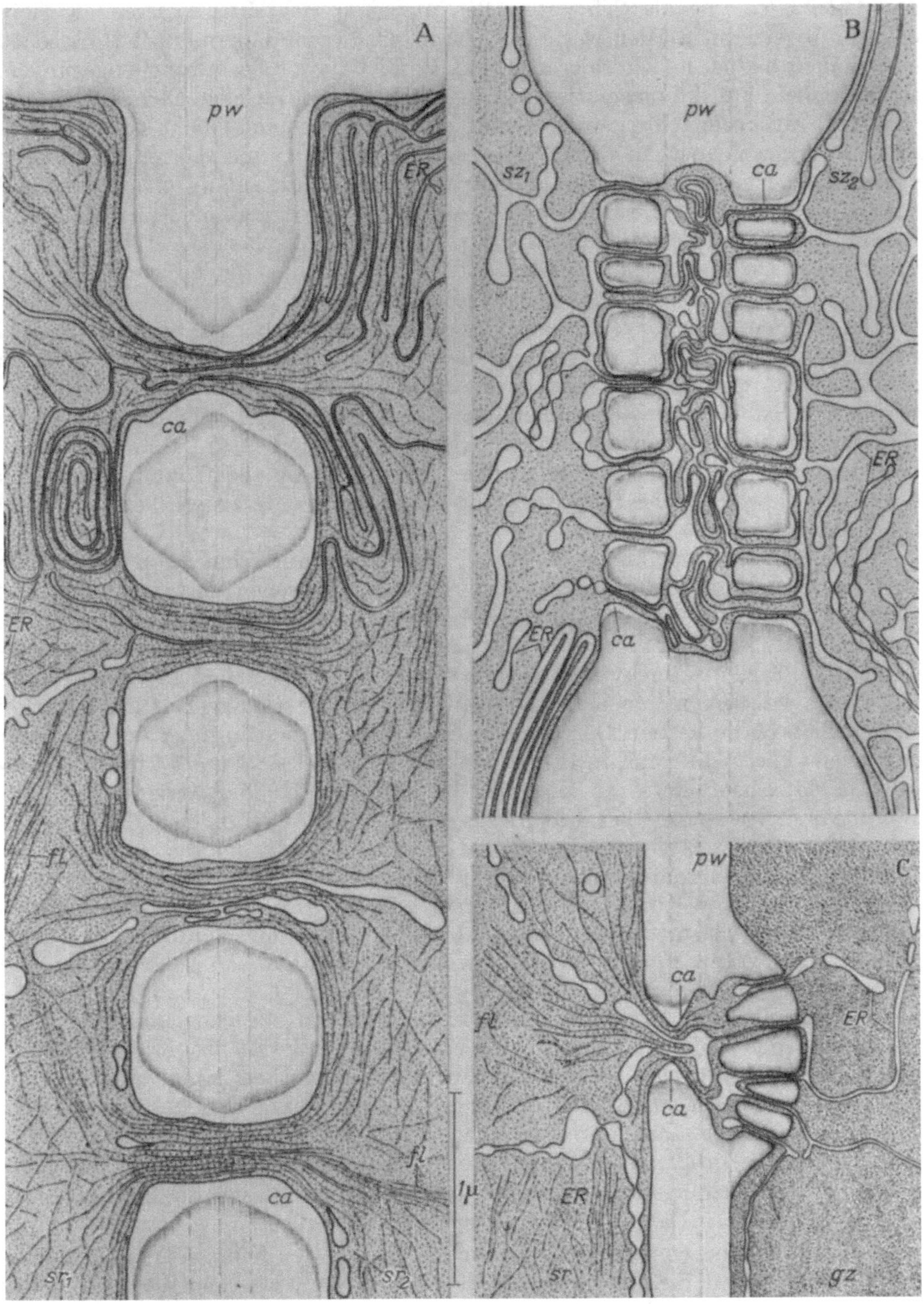

Abb. 16 A—C. Schematische Darstellung der Siebporen einer Angiospermen (A) und einer Gymnospermen (B). *ER* Endoplasmatisches Reticulum; *fl* Fadenstrukturen des Plasmas; *ca* Kallose; *pw* Zellwand. C Siebtüpfel zwischen Geleitzelle rechts (*gz*) und Siebelement links (*sr*). (Nach KOLLMANN.)

Nicht unwesentlich für die Frage des Plasmazustandes, des Kernverlustes und vielleicht auch für die Transportmechanik ist nun die Tatsache, daß wenigstens die Siebelemente der Angiospermen aufs engste verbunden sind mit den sog. *Geleitzellen*, die als Schwesterzellen aus dem sich differenzierenden Siebelement abgetrennt werden, vermutlich aber mit diesem dauernd auch funktionell eine Einheit bilden. Es wird hier nicht auf die Vielfalt der Gestaltung eingegangen, sondern allein auf die plasmatische Ausgestaltung dieser Geleitzellen. Im Gegensatz zu den Siebelementen sind sie stets durch ein besonders dicht strukturiertes Plasma ausgezeichnet, in dem Vacuolen zurücktreten, und das einen auffällig großen Zellkern, der durch Endomitose polyploid werden kann (z.B. tetraploid bei Geleitzellen, die keine Unterteilung erfahren) und einen mächtigen Nucleolus besitzt. Die Cytologie des Zellkerns hat besonders Resch (1954, 1961) genauer untersucht. Die zahlreichen wohlausgebildeten Plastiden bilden merkwürdigerweise im Gegensatz zu den Plastiden der Siebelemente in der Regel keine nennenswerten Mengen von Stärke. Besonders bemerkenswert aber ist die große Anzahl wohlstrukturierter Mitochondrien, auf die zuerst Kollmann (1960b) aufmerksam gemacht hat, und die den Drüsenaspekt dieser Geleitzellen vervollständigen. Wiederholt ist in den Geleitzellen im Gegensatz zu den Siebzellen lebhafte Plasmaströmung beobachtet worden (Strasburger 1891). „Schleimtropfen" kommen auch in ihnen gelegentlich vor, was man vor allem dann, wenn man dem „slime" wesentliche Bedeutung für die Siebelemente zusprechen will, wohl beachten sollte!

Wie schon erwähnt, bilden die Siebelemente zusammen mit ihren Geleitzellen eine engere plasmatische Einheit, als sie etwa zwischen Siebelementen und Phloemparenchym besteht. Darauf hat schon A. Fischer (1886) hingewiesen, der angab, daß zwischen Siebelement und Geleitzelle zahlreiche, zwischen Siebelement und Siebparenchym aber nur wenige Tüpfel bestünden. Auch Resch (1954) sah bei seinem Macerationsverfahren stets die Geleitzellen am festesten an den Siebröhren haften. Der Feinbau der Tüpfel ist erst in jüngster Zeit klarer geworden; ein nicht ganz medianer elektronenoptischer Schnitt wird bei Eschrich (1963) abgebildet, ein ähnlicher bei Behnke (1965). Neuerdings haben Wooding u. Northcote bei *Acer pseudoplatanus* (1965) gefunden, daß von seiten der Geleitzelle mehrere Plasmodesmen in einen Zentralknoten münden, der seinerseits zur Siebröhre hin eine breite Plasmastrangverbindung besitzt. Dies entspricht dem von Kollmann gegebenen Schema Abb. 18c. Daß hier wirklich ein ganz enger plasmatischer Konnex besteht, hat schon Schumacher (1933) klar gezeigt: Wenn Fluorescein sich in den Siebröhren von *Pelargonium* und anderen Pflanzen ausbreitet, färben sich stets die Geleitzellen zugleich mit den Siebröhren mit dem Fluorescenzfarbstoff an, während alle benachbarten Parenchymzellen des Phloems davon frei bleiben. Auch die Beobachtung, daß die Geleitzellen stets gleichzeitig mit den Siebröhren absterben, hängt offensichtlich mit dieser engen plasmatischen Verbindung zusammen. Man hat daher auch, wie schon früher erwähnt, daran gedacht, daß der Kernverlust der Siebelemente selbst durch die großen Kerne der Geleitzellen kompensiert wird, ja, daß auch noch andere Beziehungen zwischen Geleitzelle und dem Plasma des Siebelementes existieren könnten. Davon wird noch später die Rede sein.

In den Blattnerven zeigt sich gewöhnlich, daß in den feinsten Auszweigungen der Durchmesser der Siebelemente immer enger wird, während die Geleitzellen hier quantitativ überwiegen (A. Fischer 1885; Pray 1957; Lange de Morretes 1962). Zuweilen findet sich neben einem Gefäß noch ein Siebelement samt den sehr plasmareichen kernhaltigen Zellen, die hier offenbar die Geleitzellen ersetzen bzw. das einzige Phloemelement darstellen, das noch ausgebildet wird; oft aber besteht das Nervende nur noch allein aus einer Tracheide und einer plasmareichen Zelle („Übergangszelle" A. Fischers), während die Siebelemente schon früher verschwinden. Bezeichnenderweise wird übereinstimmend angegeben, daß die Querwände der ersten, überaus schmalen Siebelemente, die wieder durch ihre Plasmaarmut und Kernverlust auffallen, sich zwar mit Kallosefarbstoffen anfärben, lichtmikroskopisch aber keine Poren mehr erkennen lassen. Die Poren müssen also auf alle Fälle sehr fein sein.

Während es bei Angiospermen die Regel ist, daß einem Siebelement mindestens eine, oft auch zwei und mehr Geleitzellen verbunden sind, gibt es doch auch bezeichnenderweise Ausnahmen. So gaben zunächst BAILEY und SWAMY (1949) bei *Austrobaileya scandens* das völlige Fehlen von erkennbaren Geleitzellen an. Dann fanden auch CHEADLE und ESAU (1958), daß mitunter im sekundären Phloem von Calycanthaceen Siebröhren vorkommen, die der Geleitzellen ermangeln, wenn auch die Mehrzahl solche besitzt. Besonders interessant ist aber der Umstand, daß die Siebelementprimanen des Protophloems in der Regel keine Geleitzellen besitzen (ESAU 1953). Nach RESCH (1961) haben die Primanen in den Wurzeln von *Sinapis alba* und *Cucurbita Pepo* nur teilweise, diejenigen von *Rhoeo discolor* und *Tradescantia albiflora* überhaupt keine Geleitzellen. Ob hier andere plasmareiche Zellen unmittelbar neben den Siebelementen die Funktion der Geleitzellen übernehmen, ist ähnlich wie in den Blattnervenenden noch nicht genügend untersucht.

Dagegen ist es schon lange bekannt, daß die Siebzellen der Coniferen durchweg keine Geleitzellen besitzen. Sie können hier also für die Mechanik des Stofftransportes nicht wesentlich sein. Zwar befinden sich stets auch hier, bei den Taxodiaceen in besonders regelmäßiger radialer Reihenfolge, Parenchymzellen in unmittelbarer Berührung mit den Siebzellen. Wir können aber für *Metasequoia* bestätigen, daß weder Siebfelder noch Tüpfel in den Tangentialwänden zwischen Siebzellen und Parenchymzellen ausgebildet sind, also auf keinen Fall ein so enger plasmatischer Konnex zwischen beiden Phloemelementen besteht, wie dies bei den Geleitzellen der Angiospermen typisch ist. Die Siebfelder der Siebzellen verbinden lediglich in tangentialer Richtung ganze Bänder von nebeneinanderliegenden Siebelementen, wohl auch gelegentlich eine zwischen ihnen in derselben Reihe liegende Parenchymzelle. Und sie haben, worauf schon STRASBURGER (1891) aufmerksam gemacht hat, durch Siebfelder, die einseitig von der Siebzelle aus gebildet werden, Verbindung mit gewissen Markstrahlzellen, nämlich mit den oft an den oberen und unteren Rändern der Markstrahlen, aber gelegentlich auch in deren Mitte liegenden sehr plasmareichen Zellen, die STRASBURGER als „Eiweißzellen" bezeichnete. Manche Markstrahlen bestehen sogar nur aus diesen „Eiweißzellen". Eine Nachprüfung bei *Metasequoia glyptostroboides* (KOLLMANN, im Druck) hat ergeben, daß der Querschnitt täuscht, und daß auf einem tangentialen Längsschnitt die Mehrzahl (aber keineswegs alle!) der ja sehr langen Siebzellen (Länge im Durchschnitt von 46 Siebzellen 940 μ [433—1672 μ], also ca. 1 mm gegenüber ca. 0,5 mm bei den Siebelementen der Dikotylen, s. CRAFTS 1961) mindestens einmal, meist jedoch mehrmals, Berührung mit einer solchen „Eiweiß"-Markstrahlzelle hat. KOLLMANN fand unter 46 genau verfolgten Siebzellen 11 ohne Kontakt mit Eiweißzellen, 35 hatten im Durchschnitt mit 4,4 Berührung, wobei die höchste Zahl 14, die niedrigste 1 betrug. Allerdings ist die Länge des Kontaktes zwischen Siebzelle und Markstrahlzellen sehr gering, wenn man etwa bedenkt, daß viele Geleitzellen bei Angiospermen die ganze Längswand einer Siebröhre bedecken (s. aber CHEADLE und ESAU 1958 bei Calycanthaceen!). Bei 32 Siebzellen maß die durchschnittliche Länge des Kontaktes nur 188 μ, also knapp $^1/_5$ der Gesamtlänge, wobei die Länge der Siebfelder insgesamt im Durchschnitt mit 34 μ anzusetzen ist. Die Zahl der Siebfelder zwischen einer Siebzelle und einer Eiweißzelle unterlag dabei ebenfalls starken Schwankungen; meist sind mehrere ausgebildet. Selbst wenn man eine

Berührung mit mehreren Markstrahlen annimmt, bedeutet das doch nur eine ganz kleine Fläche, auf der die kernlose Siebzelle mit der kernhaltigen Markstrahlzelle unmittelbar in Verbindung steht und von ihr eventuell nach Art einer Geleitzelle beeinflußt werden könnte. Es erscheint daher einigermaßen fraglich, ob diese „Eiweißzellen" tatsächlich dieselbe umfassende Funktion, wie sie den Geleitzellen der Angiospermen zugeschrieben werden, ausüben und nicht lediglich die Stellen sind, an denen die Assimilate aus den Siebzellen zur radialen Leitung in die Markstrahlen austreten, wie es schon Strasburger (1891) angenommen hat. Dafür spricht auch der Befund Kollmanns (im Druck), daß diese Eiweißzellen bei *Metasequoia* nur im Bereich der beiden cambiumnahen Siebzellbänder, denen aus anderen Gründen die Hauptleitfunktion zugesprochen werden muß, besonders stark entwickelt sind, während sie weiter außen, selbst da, wo die Siebzellen noch turgeszent sind, bereits kollabieren. Da auch die sonstige plasmatische Strukturierung der Coniferensiebzellen von den Siebelementen der Angiospermen stärker abweicht, kann darüber natürlich nichts Allgemeingültiges gesagt werden. Man wird aber alle diese Abweichungen im Auge behalten müssen, wenn man zu einer umfassenden Theorie der Stoffbewegung im Phloem kommen will.

Zum Schluß soll hier noch kurz auf die Lage der Siebelemente im Gewebeverband eingegangen werden. Es wird später erörtert werden, daß die Frage des leichten Wasseraustausches zwischen Phloem und Xylem bei vielen Vorstellungen über die Mechanik des Stofftransportes eine wesentliche Rolle spielt. In der Tat ist ja der enge Zusammenschluß zwischen Xylem und Phloem in den meisten Leitbündeln überaus charakteristisch. Und auch beim sekundären Dickenwachstum trennen immer nur wenige cambiale Schichten die aktiven Siebelemente von den leitenden Gefäßelementen. Gerade darum soll darauf hingewiesen werden, daß dies nicht immer und überall der Fall ist. Es gibt ja isolierte, d.h. nicht in unmittelbarem Konnex mit den Wasserleitungsbahnen und in Gefäßbündeln verlaufende Siebelemente (s. unter anderem A. Fischer 1884). Für die Behauptung von Wanner (1953), daß die extrafasciculären Siebröhren der Cucurbitaceen einen ganz anderen Bau und eine andere Funktion besitzen als die fasciculären, scheint der experimentelle Beweis zu fehlen wie auch für die größeren isolierten Phloembündel ohne Xylem bei manchen anderen Pflanzen (zuletzt Resch 1959). Aber auch bei der Differenzierung der Leitbündel, im sog. Protophloem (Esau 1953), ist es immerhin beachtlich, daß die Primanen sowohl der Gefäße wie der Siebelemente auf einem Querschnitt an den entgegengesetzten Polen in möglichst großer Entfernung voneinander ausgebildet werden, so daß ein eventueller Stoff- oder auch nur Wasseraustausch gerade in diesen stark wachsenden Teilen durch einen ganzen Komplex noch undifferenzierter embryonaler Zellen erfolgen müßte, wenn ein solcher mit dem Stofftransport notwendig verknüpft sein sollte. Daß beim Phloem des sekundären Dickenwachstums ein Wassertransport aus den jüngsten Leitbahnen des Holzes durch das Cambium bis zu den Siebröhren des Bastes erfolgen kann, scheint allerdings durch die Experimente von Weatherley u. Mitarb. bewiesen (1959). Darüber wird später noch eingehend zu sprechen sein.

Nicht unwichtig sind auch Angaben über die *Weite* der Stoffleitungsbahnen, über ihre Veränderung, die sie im Längsverlauf durch eine Pflanze erfahren und über die Zahl, in der sie im Pflanzenkörper vorkommen. Hier hat besonders Anneliese Schumacher (1948) genauere Messungen an einigen Pflanzen durchgeführt. Die Stoffleitungsbahnen der Siebelemente sind durchweg enge Capillaren, deren Weite sich gegen die Vegetationsspitzen des Sprosses wie der Wurzel sowie in den Blattnerven stark verengt. Bei 32 verschiedenen Pflanzengattungen wurde nach den bisherigen Beobachtungen die maximale Weite der Leitbahnen etwa im unteren Sproßdrittel erreicht. Dasselbe scheint auch für die Weite der Poren zu gelten, während die Zahl pro Siebplatte erst in den Blattnerven reduziert wird. Bei einem 7,4 m langen Exemplar von *Bryonia dioica* wurde 10 cm unter dem Vegetationspunkt ein mittlerer Durchmesser der Siebröhren von 20 μ gemessen, 1,7 m über der Basis betrug die Weite der Siebröhren 40 μ, 2 cm über der Basis gar 55 μ, um dann zur Wurzel zu wieder abzunehmen. Ähnlich große Weiten erreichen auch die Siebröhren bei *Hedera helix* und *Clematis vitalba*, während bei *Dioscorea batatas* für das Internodium sogar eine maximale Weite von über 60—70 μ angegeben wird (BRAUN 1957, BEHNKE 1965) für *D. reticulata* 110 μ, während eine ältere Angabe von JUNGNER (1888) bei *D. retusa* sogar von 140 μ spricht. *Pelargonium zonale*, um ein weiteres Beispiel, das mehr der Norm entsprechen dürfte, zu nennen, hat dagegen engere Siebröhren. Hier beträgt die Weite in Blattnerven nur 5 μ, im Sproß 10 cm hinter der Spitze 10 μ und kurz über dem Wurzelhals als Maximalwert 16 μ. Die Veränderung der Weiten der Siebelemente scheint in Zusammenhang mit der Aufnahme der Leitungsbahnen aus den Seitenorganen zu stehen, da bei *Bryonia* gefunden wurde, daß das Gesamtvolumen stets um das Volumen der seitlich einmündenden Leitelemente vergrößert wird. Auch hier also konnte die hypothetische, durch keine Beobachtung gestützte Annahme von MÜNCH, wonach in den unteren Teilen einer Pflanze durch die Aufnahme von Seitenbahnen eine relative Einengung des Querschnittes und zugleich eine Beschleunigung der Stromgeschwindigkeit erfolgen sollte, durch die sorgfältige Nachmessung nicht bestätigt werden. Die Gesamtzahl der Siebröhren auf einem Querschnitt durch die über 7 m lange Hauptachse eines Exemplars von *Bryonia dioica* betrug zwischen 300 und 400, das Gesamtvolumen dieses Leitsystems nur 4 cm^3, d.h. eine einzige Siebröhrenbahn enthält bei 7 m Länge nur ca. 10 mm^3! Auch darauf wird später noch einmal zurückzukommen sein.

Auch die Länge der Siebelemente bzw. Siebröhrenglieder muß beachtet werden, weil sie ein Urteil über die Zahl der Siebfilter ermöglicht, die von dem Stoffstrom durchsetzt werden muß (S. CRAFTS 1961). Nach den Messungen von A. SCHUMACHER (1948) nimmt bei *Bryonia* die Länge des einzelnen Siebröhrengliedes vom obersten Sproßdrittel zur Basis hin ab, d.h. die Zahl der Filter und damit der Widerstände nimmt mit der Länge der Bahn zu und nicht ab, wie es bei einer osmotischen Druckströmung zu erwarten wäre! Auch die phylogenetischen Spekulationen führten zu Überraschungen. So haben Coniferen, wie schon erwähnt wurde, sehr viel längere Siebelemente als Angiospermen, was vielleicht noch mit der Enge der Siebporen erklärt werden könnte. Auch die Internodialsiebröhren der Dioscoreaceen können sehr lang sein, nach BEHNKE (1965) bis 3,5 mm lang! Doch fanden ESAU und CHEADLE (1955), daß bei zahlreichen Dikotylen im sekundären Phloem offensichtlich die Tendenz besteht, die Siebröhren durch Teilung der Abkömmlinge des Cambiums zu verkürzen, und also die Zahl der Siebplatten zu vermehren. Dies war schon STRASBURGER (1891) bekannt und deutet eher darauf hin, daß die Siebplatte nicht ein Hindernis, sondern eine notwendige Einrichtung für den Stofftransport ist (s. später).

Einen bisher einzigartigen Sonderfall im Aufbau der organischen Leitbahnen, der ebenfalls im Auge behalten werden muß, stellen die Sprosse der Dioscoreen dar, auf die im Hinblick auf die daraus zu ziehenden Folgerungen für den Stofftransport zuerst MASON (1926) aufmerksam gemacht hat. Später haben auch BROUWER (1953) und BRAUN (1957) sich mit den eigenartigen anatomischen Verhältnissen beschäftigt, ohne sie allerdings allein mit lichtoptischen Mitteln schon ganz richtig erfassen zu können. Auf alle Fälle werden die sehr großen

Siebröhren der Internodien jeweils in den Knoten durch einen mehrschichtigen, dünnwandigen und plasmareichen Zellkomplex, ein „Phloembecken", unterbrochen, durch den hindurch der Stofftransport erfolgen muß. In den inneren Siebelementen der Phloembecken fehlen Siebfelder oder gar Platten bzw. sie sind durch eine Vielzahl feinster Plasmodesmen ersetzt, die allerdings Kallose aufweisen. Während alle bisherigen Untersucher auch Zellkerne angeben, scheint nach elektronenoptischen Untersuchungen in diesem Phloembecken doch eine Differenzierung aufzutreten, indem ein Teil der Zellen die Kerne verliert und in seinem Inneren ein dichtes Plasmanetz mit mehr oder weniger parallelen Fadenstrukturen ausbildet, wie es auch sonst für Siebröhren typisch ist (Behnke 1965). Diese Strukturen sind natürlich mit der einfachen osmotischen Druckströmung ebenfalls unvereinbar, weshalb man sich nicht wundern darf, daß sie von Münch (1930) ebensowenig erwähnt wurden wie von späteren Darstellern der Anatomie und Physiologie des Stofftransportes (Esau 1953, 1961, Crafts 1961), obwohl natürlich kein Zweifel sein kann, daß sie in eine umfassende Theorie des Stofftransportes eingeordnet werden müssen und eine Erklärung fordern.

Mit diesen Ausführungen dürften die anatomischen Grundlagen des Stofftransportes, soweit sie heute näher bekannt sind, hinreichend beschrieben sein. Es wird auf sie bei der späteren Erörterung der Mechanik des Stofftransportes immer wieder zurückzuverweisen sein. Im folgenden wird ergänzend zunächst noch über die Inhaltsstoffe der Leitbahnen und andere Beobachtungen berichtet.

c) Die chemische Natur der in den Siebröhren gefundenen Substanzen.

Unsere Kenntnisse über die in Siebröhren vorkommenden Stoffe beruhen im wesentlichen auf einer chemischen Analyse der aus angeschnittenen Innenrinden von Bäumen oder aus Leitbündeln (Cucurbitaceen) ausfließenden Flüssigkeit, in den letzten Jahren auch der aus abgeschnittenen Blattlausrüsseln austretenden Säfte. Demgegenüber liefern natürlich Extraktionen ganzer Gewebeteile wie etwa die der Innenrinde, wie sie früher unter anderem besonders von Mason u. Mitarb., aber auch von vielen späteren Untersuchern erarbeitet wurden, oder ganzer Stengel, wesentlich unsichere Resultate, da bei ihnen stets zu berücksichtigen ist, daß hier auch die Inhaltsstoffe anderer Bauelemente des Phloems, Geleitzellen, Parenchym und Markstrahlzellen mit erfaßt werden. Daß diese Untersuchungen in anderer Beziehung von Wichtigkeit sind, wird später erörtert werden.

Aber auch die „Siebröhrensäfte" können nicht alle Bestandteile der Siebröhren enthalten. Da in den Siebröhren ein hoher osmotischer Druck herrscht, wird beim plötzlichen Durchschneiden oder Punktieren natürlich Flüssigkeit ausgepreßt. Sind die Siebporen sehr weit, so mag mehr oder weniger reiner „Saft" austreten. Der dadurch bewirkte Druckabfall läßt sich bei Bäumen oft meterweit von der Wundstelle weg vor allem nach oben verfolgen (Münch 1930)! Wenn die Vorstellungen, die wir uns nach dem Vorstehenden von der Struktur des Siebröhrenplasmas machen müssen, zutreffen, wird besonders beim Anschneiden jedoch eine gewisse Störung und eventuelle Zerreißung der plasmatischen Netzstrukturen nicht ausbleiben können. Die Siebporen werden allerdings, da sie ja in der Regel eben doch Siebe mit engen Maschen bilden, ein Durchtreten von größeren plasmatischen Organellen (Plastiden, Mitochondrien usw.) kaum gestatten. Es ist daher (vielleicht von *Cucurbita* und einigen anderen großporigen Objekten abgesehen; s. auch Eschrich 1963) kaum damit zu rechnen, daß wesentliche Mengen von Siebröhrenplasma in diesen Säften gefunden werden. Man mag ihn als Zellsaft bezeichnen, wenn diese Bezeichnung auch bei der eigentümlichen Struktur der Siebröhren (Fehlen des Tonoplasten) kaum mehr zutreffend sein dürfte. In noch verstärktem Maße gilt dies für den Austritt von Saft aus Blattlausrüsseln. Daß bei engporigen Typen durch das Anschneiden die Leitfunktion nicht verlorengeht, zeigten auch die Versuche SCHUMACHERs (1950), der nachwies, daß Fluorescein bei den Stielen abgeschnittener Blätter bis wenige Millimeter über die Schnittstelle der Blattstiele einzuwandern vermag. Jedenfalls wird man allen Folgerungen, die aus dem Fehlen gewisser Substanzen in Siebröhrensäften gezogen werden, sehr vorsichtig gegenüberstehen müssen.

α) Die Kohlenhydrate.

Unter Hinweis auf die Ausführungen von H. FISCHER in diesem Handbuch, Band VI (1958) und die älteren Angaben von WISLICENUS und HEMPEL (1933) kann heute festgestellt werden, daß der verbreitetste Zucker in Siebröhrensäften offenbar *Saccharose* ist. Dies haben schon MASON u. Mitarb. (1928) für Baumwolle klar erkannt. Die Konzentrationen sind natürlich je nach Pflanzenart und auch wohl je nach der Jahres- und Tageszeit verschieden; die im folgenden aufgeführten Zahlenwerte haben daher nur orientierenden Charakter. Auf die Schwankungen wird später eingegangen werden. WEATHERLEY, PEEL und HILL (1959) geben für den aus Blattlausrüsseln austretenden Saft der Rinde von *Salix viminalis* einen Rohrzuckergehalt zwischen 5 und 15%, ZIEGLER und MITTLER (1959) für den ebenso gewonnenen Saft der Innenrinde von *Picea abies* 10% Rohrzucker an. Wesentlich höhere Werte werden von ZIEGLER (1956 und 1962) für die durch Anschneiden der Innenrinde gewonnenen Säfte einer ganzen Anzahl von Bäumen angegeben, wobei allerdings besonders bei den refraktometrisch gewonnenen Werten nicht immer klar und sicher ist, ob ausschließlich Rohrzucker erfaßt wurde. Nachdem schon MASON und MASKELL (1928) für Baumwollpflanzen und WANNER (1952) in den Phloemsäften von *Robinia pseudacacia, Carpinus betulus* und *Hoya carnosa* nur Rohrzucker und „höchstens Spuren von Monosacchariden" gefunden hatten, bestätigte ZIEGLER (1956) das ausschließliche Vorkommen von Rohrzucker in einer etwa halbmolaren Konzentration (= ca. 17%) für *Acer platanoides, Robinia pseudacacia, Quercus borealis* und *Tilia platyphyllos*. Die von ihm in dieser Arbeit auch für *Fraxinus americana* angegebenen Werte bedürfen jedoch der Nachprüfung, da hier nach den Befunden ZIMMERMANNs Oligosaccharide die Saccharose überwiegen dürften (s. später). Nach H. und J. ZIEGLER (1962) liegen die Gesamtzucker-Konzentrationen im Herbst, wo die höchsten Werte gefunden werden, bei manchen Bäumen über 20% und erreichen bei *Aesculus hippocastanum* 25,5, bei *Castanea sativa* gar 26,5%. Auch für das krautige *Heracleum Mantegazzianum* geben ZIEGLER und MITTLER Werte zwischen 20 und 25% an (Rüsselpunktation!). Die älteren Werte von TH. HARTIG, (1860) die bis zu 33% gehen, bedürften wohl mit moderneren Methoden der Nachprüfung. Nach MÜNCH (1930) wird für *Acer platanoides* einmal auch 27,8% angegeben. Die Zuverlässigkeit mag dahingestellt bleiben. ROECKL (1948) gibt allerdings auch für *Robinia pseudacacia* einmal im Herbst Werte von 28,4 und 29,3% an.

Während man vielleicht sagen kann, daß Saccharose der am häufigsten gefundene Zucker in Siebröhrensäften ist, kann doch kein Zweifel sein, daß es auch Pflanzen gibt, in denen neben Rohrzucker noch andere Zucker auftreten und diesen sogar quantitativ überwiegen können. Vor allem ZIMMERMANN (1957, 1958) hat bei *Fraxinus americana,* aber auch bei *Ulmus americana* und *Tilia americana* darauf aufmerksam gemacht, daß neben Rohrzucker noch Galaktose enthaltende *Oligosaccharide* vorkommen können. Am interessantesten ist hier der Siebröhrensaft von *Fraxinus americana*. Hier fand Zimmermann, daß nur $^1/_5$—$^1/_{10}$ der Gesamtzucker aus Saccharose bestand, und daß bei einer Gesamtkonzentration von 10—25% nur 1,7—5,1% Rohrzucker, aber 10—20% Stachyose und 2,5—5% Raffinose nebst Spuren von Verbascose vorhanden waren. Nach Pristupa (1959) soll auch bei *Cucurbita Pepo* 80% der Assimilate aus Stachyose bestehen, doch wurde nicht Siebröhrensaft, sondern ganzes Stengelgewebe mit Hilfe von Isotopen untersucht. Auf den außerdem noch vorhandenen Zuckeralkohol Mannit wird gleich noch zurückzukommen sein. Die chemischen Zusammenhänge werden aus folgendem von Zimmermann (1958) gegebenem Formelbild klar:

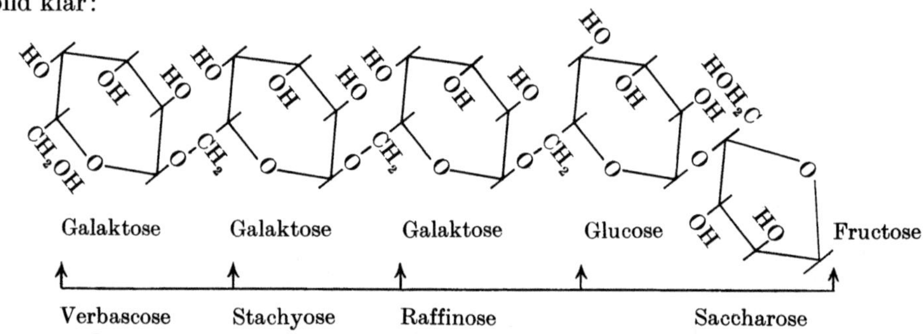

Zusammensetzung der wichtigsten Oligosaccharide in Siebröhren. (Nach Zimmermann.)

Raffinose ist ein Trisaccharid, bei dem ein Molekül Galaktose an Rohrzucker gebunden ist, Stachyose enthält 2 Moleküle Galaktose, Verbascose 3 Moleküle. Es sind demnach wesentlich größere Moleküle als einfache Hexosen, die da in Siebröhrensäften als Transportform, vielleicht aber auch nur als Speicherform gefunden wurden.

Geringere Mengen von Raffinose oder Stachyose (0,5%) gibt Zimmermann (1957) auch für die Siebröhrensäfte von *Populus tremuloides*, *Fagus grandifolia*, *Castanea dentata*, *Liriodendron tulipifera*, *Prunus serotina*, *Acer pensylvanica*, *Rhamnus cathartica* und *Nyssa silvatica* an, nachdem schon Hull (1952) etwas Raffinose im Blutungssaft von Tomaten und Zuckerrüben gefunden hatte. Meyer-Mevius (1959) fand Raffinose bei *Tilia cordata*, *Cucumis sativus*, *Cucurbita Pepo*. Weatherley u. Mitarb. (1959) finden im Siebröhrensaft von *Salix viminalis* 0,4% Raffinose neben 5—15% Saccharose. Bachofen (1962) gibt im Gegensatz zu Meyer-Mevius auch für *Phaseolus multiflorus* etwas Raffinose an, allerdings in Extrakten ganzer Gewebe. Dagegen fand Eschrich (1961) im Saft von *Tilia tomentosa* neben Saccharose Raffinose und Stachyose.

Besonders merkwürdige, aber auch voneinander abweichende Angaben werden über die Säfte von Cucurbitaceen gemacht. Hier findet sich bei Meyer-Mevius eine Tabelle verschiedener Kürbissorten, aus der allein für eine Riesenmelonenart das Fehlen von Saccharose (aber dafür Glucose, Fructose und Galaktose) auffällt, während alle anderen Kürbisarten Saccharose, aber keine Galaktose, zwei, wie oben schon erwähnt, aber zusätzlich Raffinose aufwiesen. Raffinose und Saccharose wurden neuerdings auch von Eschrich und Kating (1964) bei *Cucurbita ficifolia* gefunden (s. aber die früheren gegenteiligen Angaben von Eschrich 1963!). Pristupa (1959) gibt sogar für Gewebeextrakte aus *Cucurbita Pepo*-Sprossen 80% der Assimilate als Stachyose bzw. Verbascose an. In allerletzter Zeit geben Webb und Gorham (1964) für *Cucurbita melopepo torticollis* Stachyose neben Saccharose an, während von Starck und Gorham (unpublished) in derselben Arbeit bei *Mentha* und *Saintpaulia* Verbascose und Stachyose verzeichnet wird. Auch in einer weiteren Arbeit bezeichnen Webb und Burley (1964) bei *Cucurbita*

Pepo Stachyose neben Raffinose und Saccharose als den Hauptwanderzucker, während Verbascose nur in geringer Menge angegeben wird. Es ist also kaum zweifelhaft, daß bei vielen Pflanzen neben Saccharose auch noch andere Kohlenhydratverbindungen in den Siebröhrensäften vorhanden sind, obgleich Cucurbitaceen auch in anderer Beziehung eine gewisse Ausnahmestellung unter den Pflanzen einzunehmen scheinen.

Ungeklärt scheint auch noch immer die Frage, wieweit *Monosen* und *Monosephosphate* im Siebröhrensaft normalerweise auftreten. Die Analysen von MEYER-MEVIUS geben mit Ausnahme von *Helianthus tuberosus* und *Wistaria sinensis*, wo allein Saccharose gefunden wurde, stets auch noch Glucose und Fructose an. Auch von anderer Seite werden immer wieder ähnliche Angaben gemacht (z.B. VERNON und ARONOFF 1952). Die Einwände, die gegen diese Befunde erhoben werden und die im wesentlichen darauf abzielen, daß die Monosen sekundär nicht in den Siebröhren selbst, sondern in den umliegenden Phloemzellen entstünden, treffen natürlich nur da zu, wo ganze Phloeme extrahiert wurden (s. z.B. SWANSON und EL-SHISHINY 1958, ZIMMERMANN 1960, BACHOFEN 1962), nicht aber da, wo relativ „reine" Siebröhrensäfte untersucht wurden. Doch könnten geringere Mengen natürlich auch noch bei der Extraktion hydrolytisch aus Saccharose entstehen. Deswegen sind auch die Angaben von PAVLINOVA und AFANASJEVA (1962) über das Vorkommen von Glucose-6-phosphat und Fructose-6-phosphat in den Leitbündeln der Zuckerrübenblätter nur mit Vorbehalt zu betrachten. ESCHRICH (1963a) glaubt allerdings im Saft von *Cucurbita ficifolia* Hexosephosphate mikrochemisch nachweisen zu können, ebenso wie 1961 im Saft von *Tilia tomentosa*. Er erblickt darin Bausteine für die Bildung von Kallose, doch müßte diese Frage wohl noch an anderen Objekten bestätigt werden. Uridinphosphatglucose, die ZIEGLER (1960) als Zwischenglied der Saccharosesynthese ansieht, ist von dem Autor leider ebenfalls nur aus dem Gesamtphloem, nicht aber aus den Siebröhren von *Heracleum Mantegazzianum* isoliert worden.

Einen Sonderfall scheint auch das Auftreten des Zuckeralkohols *Mannit* darzustellen. Wie HUBER (1953) berichtete, stammt das technisch gewonnene Eschen-Manna aus dem Siebröhrensaft der Manna-Esche *Fraxinus ornus*, eventuell auch *Fraxinus excelsior*. Das Manna der Bibel soll beim Stich von Zikaden oder Blattläusen aus *Tamarix mannifera* ausfließen, vermutlich auch aus Siebröhren. Aber auch für *Syringa* und *Ligustrum*, *Olea*, *Eucalyptus*, *Larix* (!), *Terminalia* (Combretaceae), *Bambus* und *Phragmites* wird Mannit angegeben (v. WIESNER 1928, s. auch ZIMMERMANN 1960). Nach ZIMMERMANN beträgt die Konzentration von Mannit in den Siebröhrensäften von *Fraxinus americana* 0,9—3,6%, bei den eigentlichen Manna-Eschen dürfte sie wesentlich höher sein, doch gibt HUBER darüber leider keine Angaben. Vielleicht spielt der meist alkalische Zellsaft der Siebröhren eine gewisse Rolle, da Mannit in reinem Wasser schwerer löslich ist. Auch über die Entstehungsweise dieses Zuckeralkohols fehlen noch biochemische Unterlagen. Nach WEBB und BURLEY (1962) scheint bei Äpfeln auch *Sorbit* als Transportstoff in Frage zu kommen.

Schließlich muß noch auf die in vielen Siebröhren vorkommende *Stärke* aufmerksam gemacht werden Die vielfachen Angaben, daß diese Siebröhrenstärke im „Zellsaft" der Siebröhren vorkomme, dürften durch die sorgfältigen Untersuchungen von KOLLMANN (1960a, b) widerlegt sein. Sie entsteht wie üblich in Plastiden, und diese sind wie immer Organelle des Cytoplasmas. Bei der stark aufgelockerten Struktur des Siebröhrenplasmas wird die Stärke nur beim Anschneiden der Siebröhren aus ihrer natürlichen Lage herausgerissen. Worauf die eigentümliche rotviolette Färbung mit Jod („Siebröhrenstärke") beruht, ist nicht bekannt. Sie deutet natürlich auf irgendeine konstitutionelle Besonderheit dieser Kohlenhydratspeicherform hin, die aber wohl kaum von größerer Bedeutung ist.

β) Die N-Verbindungen.

Auch dafür muß im wesentlichen auf die Ausführungen von H. FISCHER in diesem Handbuch, Band VIII (1958) hingewiesen werden. Es sollen daher hier nur in Kürze diejenigen Befunde erwähnt werden, bei denen es ziemlich sicher erscheint, daß sie sich mehr oder weniger ausschließlich auf „Siebröhrensäfte" beziehen, die durch Anschneiden, noch besser durch isolierte Rüsselkanülen von saugenden Insekten nach der Methode von KENNEDY u. MITTLER (1953) sowie MITTLER (1957, 1958) gewonnen wurden. Durch Anschneiden gewonnener Siebröhrensaft verschiedener Eichen enthält nach ZIEGLER (1956) durchschnittlich etwa 1 mg/ml = 0,1% durch Trichloressigsäure fällbares Eiweiß, für *Robinia* wird von demselben Autor etwa das Doppelte angegeben (nach MOOSE 1938 beträgt aber der Gesamt-N-Gehalt 0,1 = 0,7% Aminosäuren!). Nach ZIEGLER und SCHNABEL (1961) liegt er bei *Acer*-Arten zwischen 1,4 und 4 mg/ml Gesamt-N und ca. 0,3 mg/ml Eiweiß-N. Die Meinung, daß es sich bei diesem Eiweiß um das Plasma der Siebröhren handelt, ist nur dann diskutabel, wenn man sich unserer Ansicht anschließt, daß das Plasma in sehr starker Auflockerung das ganze Innere der Siebröhren erfüllt. Vielleicht gilt dies auch für den abnorm hohen Eiweißgehalt des Siebröhrensaftes von *Cucurbita,* wo schon nach den Analysen von COOIL (1941) ca. 3% des Frischgewichtes und ca. $^1/_3$ des Safttrockengewichtes aus Eiweiß bestehen soll. Nach CRAFTS und LORENZ (1944) würden sogar ca. 50% des Trockengewichtes (= 8,6—11,3% des Frischgewichtes) auf Eiweiß entfallen. Auch ist hier der sog. Siebröhrenschleim zu erwähnen, der mindestens zum Teil aus Eiweiß besteht (s. Anatomischer Teil). Kaum einer der neueren Autoren nimmt an, daß dieses Eiweiß Transportstoff und nicht stationär ist. Bei Annahme einer Lösungsströmung ergibt sich hieraus aber die Konsequenz, daß die strömende Lösung durch diesen „Schleim" hindurchfiltriert und mehr oder weniger in ihrer Geschwindigkeit gehemmt werden müßte. Leider sind, wie schon erwähnt, die Ansichten über Herkunft, Lokalisation und Struktur dieses ja keineswegs bei allen Pflanzen vorhandenen Siebröhrenschleimes (Plasma, Zellsaft) noch sehr verworren. Seine Bedeutung wird vermutlich überschätzt. Nach den Erfahrungen von BUVAT (1963) enthalten die Schleimtropfen von *Cucurbita Pepo* RNS, so daß auf sie später noch einmal zurückzukommen ist.

Sehr viel wichtiger dürften die im „Siebröhrensaft" echt gelösten N-Verbindungen, in erster Linie Aminosäuren und Amide sein, da in ihnen vermutlich die eigentlichen wanderungsfähigen Stoffe zu suchen sind. Auch hier ist, wenn man die Gesamtkonzentration betrachtet, die Gesamtmenge mit Ausnahme der im Herbst gesammelten Saftproben (Vergilben des Laubes mit Mobilisation und Abtransport der Blatteiweiße) relativ gering. Nach MITTLER (1958) beträgt der Total-N, von dem nach ZIEGLER (1960) die Hälfte Eiweiß-N sein soll (— obwohl es zweifelhaft erscheint, daß soviel lösliches Eiweiß durch die Rüsselkanülen und Siebporen strömen soll —) im Siebröhrensaft schwellender Knospen von *Salix sp.* (?) 0,2%, während der Knospenentfaltung 0,12%, um während des Sommers bei voll entfaltetem Laub auf 0,03% abzufallen. Während die Blätter vergilben, steigt er wieder auf 0,13%. WEATHERLEY u. Mitarb. (1959) geben ebenfalls für *Salix* einen Aminosäuregehalt von 0,5%, was ungefähr mit den Total-N-Werten von MITTLER übereinstimmen dürfte. Auch sie beobachteten eine starke Erhöhung im Herbst. Folgende Aminosäuren wurden von MITTLER im Saft gefunden: Alanin, Valin, Leucin oder Isoleucin, Serin, Threonin, Phenylalanin, Asparaginsäure, Glutaminsäure, wahrscheinlich γ-Aminobuttersäure (γ-Aminobuttersäure gibt auch KURSANOV (1959b) für *Rheum rhaponticum* an neben Serin und Alanin) sowie die Amide Asparagin und Glutamin. MOOSE (1938) gibt den Total-N-Gehalt des Siebröhrensaftes im Sommer für *Fraxinus pennsylvanica* mit 0,049%, für *Robinia pseudacacia* mit 0,056% und für *Platanus occidentalis* mit 0,02% an. Nur für *Fraxinus americana* lauten die Zahlen höher: 0,24—0,36%.

ZIEGLER (1956) findet für verschiedene *Quercus*-Arten sowie *Acer platanoides* im Sommer 0,04—0,05% in Trichloressigsäure löslichen N, bei *Robinia pseudacacia* 0,065—0,085% N, also in derselben Größenordnung wie MOOSE (1938). Auch er beobachtet ein starkes Ansteigen im Herbst bei der Vergilbung des Laubes bis über das Zehnfache (0,17—0,4%). Während er im Sommer bei den *Quercus*-Arten wie bei *Acer* nur vorwiegend Glutaminsäure und Asparaginsäure neben wenig Alanin fand, traten beim Vergilben noch Valin, Serin, Leucin, Methionin sowie die Amide Glutamin und Asparagin auf. Bei *Robinia* verschoben sich nur die prozentualen Anteile. Hier wurden im Siebröhrensaft Leucin, Valin, Alanin, Prolin, Serin, Lysin, Methionin, Glutaminsäure und Asparaginsäure neben ihren Amiden gefunden. Es sind also immer eine ganze Reihe von Aminosäuren, etwa 10—12, die in wechselnder Menge gefunden werden, wobei übereinstimmend eine starke Erhöhung der Konzentration beim Vergilben, d.h. beim herbstlichen Abtransport des N aus dem Laub angegeben wird.

Nach den Befunden von ZIEGLER und SCHNABEL (1961) finden sich in den Siebröhrensäften einiger Ahornarten (*Acer pseudoplatanus, A. macrophyllum, A. velutinum*), vielleicht auch in geringer Menge bei *Platanus acerifolia* und *Aesculus hippocastanum* neben Aminosäuren und Amiden auch *Allantoinsäure* und *Allantoin* bis zu etwa 10% der löslichen N-Verbindungen, also jene Harnstoffderivate, die von MOTHES und seinen Mitarbeitern zuerst in den Blutungssäften als neue Art der HN_3-Entgiftungsprodukte entdeckt worden sind (s. dieses Handbuch, Band VIII, S. 716). Ganz entsprechend tritt bei Betulaceen (*Betula pubescens, Alnus koehnei, Carpinus betulus, Ostrya carpinifolia* und *Juglans cordiformis*) *Citrullin* in der löslichen N-Fraktion auf, während bei *Robinia pseudacacia Canavanin* gefunden wurde. Bei *Acer platanoides* wurde wie bei den Aminosäuren im Herbst ein Anstieg der Ureide beobachtet. Merkwürdigerweise nimmt die Konzentration an Allantoin, besonders an Allantoinsäure basalwärts, also in der vermuteten Wanderrichtung zu, was im Widerspruch zur Münchschen Druckstromhypothese steht. Darauf wird später noch zurückzukommen sein. Ob dies das Ergebnis einer „Allantionase" ist, die als Ferment im Siebröhrensaft anwesend sein müßte, scheint nicht genügend gesichert. Da die Blutungssäfte aller dieser Pflanzen im allgemeinen sehr viel höhere Konzentrationen an Ureiden enthalten, wird man ohnehin zu erwägen haben, ob diese Stoffe nicht durch radialen Austritt aus dem Xylem ins Phloem gelangten, zumal auch die Parenchymzellen der Rinde meist reichlich diese Stoffe führen.

Wird so der Siebröhrensaft neben dem überwiegenden Gehalt an Zuckern durch die gleichzeitige Anwesenheit einer größeren Zahl von Aminosäuren und Amiden zu einem sehr heterogen zusammengesetzten Substrat, so sind doch in ihm zweifellos noch eine Menge anderer Substanzen, wenn auch immer in relativ geringen Mengen, vorhanden.

Zunächst müssen hier, schon im Hinblick auf die vorstehend genannten Total-N-Werte, die neueren Befunde über das Vorkommen von *Nucleotiden* und *Nucleinsäuren*, eventuell von Viren und deren Bausteinen, erwähnt werden. Nach den Angaben von ZIEGLER u. Mitarb. (1962) sollen im Siebröhrensaft von *Robinia pseudacacia* nur geringe Mengen von DNS und RNS nachweisbar sein (ca. 5 γ/ml

DNS und 1,6 γ/ml RNS). Auch BUVAT (1963) gibt (mit zuverlässigerer Methode) für die Schleimkörper von *Cucurbita Pepo* RNS an und schließt daraus auf die plasmatische Natur des Siebröhrenschleimes. Angaben über die Herkunft und ursprüngliche Lokalisation der Nucleinsäuren in den Siebröhren von *Robinia* fehlen leider völlig. Ein Schleimkörper ist sicher auch hier vorhanden, aber leider nicht cytochemisch untersucht. Auch ist zu bedenken, daß zweifellos des öfteren gewisse Viren in Siebröhren transportiert werden können (ZECH 1952, daselbst auch Literatur, vor allem auch über die Arbeiten von BENNETT und ESAU, besonders ESAU 1961). Doch geht aus diesen Arbeiten nicht hervor, ob wirklich das ganze infektiöse Virus oder nur Teile desselben, eventuell Nucleinsäuren, transportiert werden. Interessant ist der Befund von ZIEGLER u. Mitarb. (1960), die Adenin (62 γ/ml) und geringere Mengen von Uracil im Siebröhrensaft von *Robinia* fanden, ersteres vielleicht aus ATP, letzteres aus Uridin stammend. Neuerdings geben KLUGE u. ZIEGLER (1964) aber an, daß sie im Siebröhrensaft von 17 verschiedenen Laubbäumen, auch in denen von *Robinia*, energiereiche Phosphate, vermutlich ATP gefunden haben. Ihre früheren negativen Befunde gerade bei letzterem Objekt müssen wohl mit technischen Verfahrensmängeln erklärt werden, doch läßt die große Labilität von ATP in wäßriger Lösung einige Zweifel an der Realität der Befunde offen. Die Mengen sollen sogar ziemlich hoch sein, durchschnittlich zwischen 100 und 300 γ/ml, und gegen den Herbst hin ansteigen. Erstaunlich ist jedoch der Befund, daß kein Konzentrationsgefälle in der mutmaßlichen Wanderrichtung besteht, was nach der Meinung der Autoren daher rühren soll, daß dieses ATP stets lokal aus den Geleitzellen in die Siebröhren sezerniert werden soll. Dies wäre natürlich nur dann möglich, wenn das so in die Siebröhren gelangende ATP in diesen irgendwie strukturell gebunden würde oder eben kein allgemeiner Flüssigkeitsstrom existiert. Gegen die Bindung spricht weniger die irrtümliche Meinung, daß Mitochondrien in den Siebröhren nicht existierten (s. BUVAT 1964), als vielmehr das leichte Ausschwemmen mit dem Siebröhrensaft, da Plasma sicher nicht in größeren Mengen austritt. Es wird später auf diese bemerkenswerten Fälle, daß bei deutlichen Zuckergefällen kein Gefälle einer gleichzeitig vorhandenen anderen Substanz vorhanden ist, zurückzukommen sein. Sie sind weitere Einwände gegen die Vorstellung einer Massenströmung. Schon früher hat ZIEGLER (1960) im Gesamtphloem (also nicht im Siebröhrensaft!) von *Heracleum Mantegazzianum* Uridindiphosphatglucose gefunden, die unter anderem bei der Synthese von Saccharose eine Rolle spielt. Eingehendere Analysen über das Vorkommen von Nucleotiden, die sich allerdings ebenfalls nur auf das gesamte Gewebe der isolierten Leitbündel von Zuckerrüben beziehen, stammen von PAVLINOVA und AFANASJEVA (1962). Die Autorinnen fanden besonders Uridinphosphate (Uridinmonophosphat, Uridindiphosphat, Uridintriphosphat, Uridindiphosphatglucose und Uridindiphosphatarabinose) neben Adenylsäure, ADP und ATP (48 mg/1000 g Frischgewicht), wobei interessanterweise im Blattparenchym Adenosinphosphate, im Leitbündel dagegen Uridinphosphate mengenmäßig überwogen. Leider läßt sich weder aus diesen Gesamtanalysen noch aus den Siebröhrensaft-Analysen ein sicherer Rückschluß auf die eigentlichen Leitbahnen ziehen. Auf die jüngsten Befunde von PAVLINOVA (1965) über den Nucleotidgehalt von Phloem und Xylem(!) der Leitbündel von *Heracleum* kann hier nur noch hingewiesen werden. Dagegen fanden jüngst (1964) NEUMANN und WOLLGIEHN, daß kernlose, also vollentwickelte Siebröhren von *Vicia faba* noch in der Lage sind, tritiummarkiertes Phenylalanin in das Siebröhreneiweiß einzubauen, was wohl die Anwesenheit von RNS im Plasma voraussetzt. ^{3}H-Uridin wurde dagegen nur im Kern und von dort aus im Plasma eingebaut, solange der Kern noch intakt war.

γ) Wasserlösliche Vitamine.

Über das Vorkommen von Vitaminen in den Siebröhrensäften liegt zuletzt eine Arbeit von ZIEGLER und ZIEGLER (1962) vor. Die Befunde haben nicht nur für die Fragen der Zusammensetzung jener durch Anschnitt der inneren Baumrinde ausfließenden „Siebröhrensäften" Bedeutung, sondern auch für gewisse Fragen der Stoffwanderungsmechanik. Finden sich doch unter diesen Vitaminen solche, für die etwa die Wurzeln nachgewiesenermaßen heterotroph sind, und die auch bei Rindenringelung einen Staueffekt über der Ringelungsstelle erkennen lassen, so daß ihr Transport in den Siebröhren einigermaßen wahrscheinlich erscheint, während andere eben gerade keinen solchen Effekt zeigen und auch nicht bekannt ist, daß etwa Wurzeln oder andere Organe auf die Zuleitung von anderen Stellen angewiesen sind. Hier müßte also angenommen werden, daß sie in den Siebröhren stationär sind bzw. höchstens zur Versorgung in radialer Richtung in Frage kommen, eine Vorstellung, die nur schwer mit einer Flüssigkeitsströmung in den Siebröhren zu vereinigen ist. Davon wird später die Rede sein.

Nachdem schon BUCHBERGER (1952) Vitamin B_1 im Siebröhrensaft von *Cucurbita Pepo*, *Tilia platyphyllos* und *Quercus rubra* nachgewiesen hatte, untersuchten die genannten Autoren 37 Arten von Bäumen und Sträuchern. In den aus angeschnittenen Rinden gewonnenen Säften wurden meist B_1 (Thiamin), Riboflavin, Nicotinsäuren (Niacin), Pantothensäure, B_6 (Pyridoxin) mit Ausnahme von *Robinia pseudacacia* und vielleicht *Populus nigra*, Biotin, Folsäure, Meso-Inosit und Vitamin C nachgewiesen. Die Mengen schwankten und waren durchweg nicht höher als in den Säften anderer Pflanzengewebe, weshalb auch die Gefahr, daß die gewonnenen „Siebröhrensäfte" durch angeschnittenes Parenchym verunreinigt gewesen sein könnten, bei diesen Analysen besonders groß ist.

Für B_1 wurde eine Stauung nach Ringelung schon durch BONNER (1942) an Tomaten und durch BURHOLDER und SNOW (1942) an Bäumen nachgewiesen. Einen ähnlichen, wenn auch schwächeren Ringelungseffekt fanden BONNER und DORLAND (1943), wiederum an Tomaten, für Pantothensäure und Pyridoxin. Da für alle drei Vitamine Heterotrophie von Wurzeln in Organkulturen nachgewiesen ist, dürfte hier ein Ferntransport (vermutlich aus den Blättern) sehr wahrscheinlich sein. Auch für Niacin besteht Heterotrophie von Wurzelkulturen. Dagegen ergaben sich für Riboflavin keine Staueffekte nach Ringelung (BONNER und DORLAND 1943). Die Wurzeln sind offenbar gegenüber diesem Vitamin autotroph. Sofern also der ziemlich niedrige Gehalt der untersuchten Siebröhrensäfte wirklich aus diesen stammt, liegt hier ein deutlicher Widerspruch zu der an anderer Stelle geäußerten Ansicht der Autoren, daß alle in Siebröhrensäften gelösten Substanzen auch Transportstoffe seien (s. auch KLUGE und ZIEGLER über ATP 1964!). Recht niedrig liegt auch der Gehalt an Biotin und Folsäure. Auch hier scheinen die Wurzeln zu eigener Synthese befähigt zu sein. Ringel- und Stauungsversuche scheinen ebenfalls nicht vorzuliegen. Relativ hoch ist dagegen der Ascorbinsäuregehalt, der bei *Hippophae salicifolia* Don. auf über 700 γ/ml Siebröhrensaft steigt. Nach ÅBERG (1958) kann jedoch über einen möglichen Ferntransport von Ascorbinsäure noch keine bestimmte Aussage gemacht werden.

δ) Fermente im Siebröhrensaft bzw. in den Siebröhren.

Auch hier muß man unterscheiden zwischen den in Siebröhren bzw. in mehr oder weniger reinem Siebröhrensaft gefundenen Enzymen und zwischen den Angaben, die sich lediglich auf das Phloem in toto beziehen. Der erste, der meines Wissens Siebröhrensaft, und zwar von *Robinia pseudacacia*, auf das Vorkommen von Fermenten untersuchte, war Wanner (1953). Er fand lediglich eine Phosphoglucomutase (Überführung von Glucose-1-phosphat in Glucose-6-phosphat) und eine starke Phosphatasewirkung, die eine Abspaltung von anorganischem Phosphat sowohl aus Zuckerphosphaten und Glycerophosphat wie auch aus Adenosintriphosphat bewirkte. Dieser letztere Befund wurde auch später von Ziegler und Kluge (1962) noch einmal bestätigt, die damit unter anderem auch das Vorkommen von Adenin im Siebröhrensaft erklären wollten. Es muß jedoch hier mit allem Nachdruck darauf hingewiesen werden, daß Schlüsse aus dem Fehlen von Fermenten in Siebröhrensäften, wie sie auch Wanner (1953) gezogen hat, deshalb sehr fragwürdig sind, weil ja der Siebröhrensaft nur in seltenen Fällen größere Mengen des Siebröhrenplasmas enthalten dürfte, und es sehr fraglich erscheint, daß z.B. Mitochondrien, die als Sitz vieler Fermente angesehen werden dürfen, mit dem Saft herausgeschwemmt werden, ebensowenig wie sonstige Bestandteile des Plasmas, die wir als den eigentlichen Sitz von Fermenten ansehen müssen. Daher haben nur positive Befunde absolutes Gewicht. Nur leicht lösliche Enzyme werden so faßbar sein. Saure Phosphatasen fanden neben Wanner (1952), der solche besonders für die ekto- und endocyclischen Siebröhren von *Cucurbita* angab, auch der Wanner-Schüler Frey (1954) in Geleitzellen und in Siebröhren und vor allem in den Siebporen (!) von *Zea mays* und *Cucurbita Pepo*, und neuerdings Braun und Sauter (1964) in den Siebröhren und Phloembeckenzellen von *Tamus communis* sowie in den Siebzellen der Nadeln von *Pinus sylvestris*. In einer letzten Arbeit derselben Autoren (1964) ist besonders darauf hinzuweisen, daß die stärksten Phosphatase-Reaktionen in den Siebröhren an den Siebporen (!) auftreten. Auf diese Erscheinung wird später noch einmal zurückzukommen sein. Natürlich darf nicht außer acht gelassen werden, daß auch Geleitzellen, Phloemparenchymzellen und offenbar ganz allgemein stoffwechselaktive Zellen, wie Drüsenzellen, stets reich an Phosphatasen zu sein pflegen (s. G. Frey 1954, Bauer 1953), so daß der so häufig gezogene Schluß, daß der auffällig hohe Phosphatasegehalt z.B. der Geleitzellen etwas mit dem Aus- und Eintritt der Zucker aus oder in die Leitbahnen zu tun hat, einigermaßen fragwürdig erscheint. Bemerkenswert ist jedoch der Befund von Sauter u. Marquardt (1965), daß in den Markstrahlen von *Populus* im Frühjahr während der Stärkemobilisierung besonders an den großen Tüpfeln zu den Gefäßen, bei der erneuten Stärkespeicherung an den Tangentialwänden der Markstrahlparenchymzellen verstärkte Phosphatasereaktionen auftreten, anscheinend sogar polar verschieden. Es ist jedoch in keinem Fall genau bekannt, auf welches natürliche Substrat diese Phosphatasen in situ einwirken (s. Frey (1954), da ihr Wirkungsspektrum offenbar sehr breit ist, und der Rückschluß von dem als Reagens zugesetzten Glycerophosphat auf andere, natürliche Stoffwechselvorgänge mit Vorsicht zu betrachten ist. Man vergleiche dazu die Ausführungen von Cotti (1962) und von Häusermann und Frey-Wyssling (1963) über die Phosphatase-Aktivität in Nektarien und Hydathoden, die viele Befunde von Bauer und Ziegler in anderem Licht erscheinen lassen. Kluge und Ziegler (1964) vermuten, daß mindestens im Siebröhrensaft von *Robinia* eine Phosphatase vorhanden sein muß, die ATP bis zu Adenin aufspaltet.

Wie schon erwähnt, sind Siebröhrensaftanalysen nur bei positivem Ausfall der Fermentaktivität beweisend. Die Anwesenheit von Mitochondrien in den Siebröhren, die nicht mehr bezweifelt werden kann, läßt natürlich erwarten, daß auch alle jene Fermente, deren Lokalisation normalerweise in die Mitochondrien verlegt wird, in den Siebröhren vorhanden sind. Es war schon im anatomischen Teil (S. 80) davon die Rede, daß die besonders von Esau und Cheadle (1962) beobachtete schwächere innere Einfaltung der Mitochondrien nicht unbedingt verallgemeinert werden darf und einen Schluß auf die Aktivität dieser Organelle zuläßt. Merkwürdig ist nur, daß Sauerstoffabschluß bei den ohnehin fast intercellularenfreien Phloemen auf den Stofftransport keine Wirkung zeigt, während Blausäure ein starkes Hemmungsgift darstellt (WILLENBRINK 1954, W. ULLRICH 1961). Während die erste Beobachtung den Schluß nahelegt, daß Cytochrome und Cytochromoxydase, d.h. der normale oxydative Stoffwechsel, keine große Rolle spielen kann, deutet die hohe Cyanidempfindlichkeit doch auf das Vorliegen von Schwermetallkatalysen. Davon wird noch später die Rede sein. Die Unempfindlichkeit gegen den Sauerstoffentzug trifft natürlich in gleicher Weise auch die reich ausgestalteten und sehr zahlreichen Mitochondrien in den Geleitzellen. Hier klafft ein vorläufig noch nicht zu erklärender Widerspruch. Die Beobachtung, daß Bündelphloeme sowohl zu einer anaeroben Gärung wie zu einer normalen oxybiontischen Atmung befähigt sind, läßt leider keinen Schluß auf die Lokalisation dieser Stoffwechselvorgänge zu. ULLRICH hat sich auch mit dem seit RACIBORSKI (1898) bekannten Vorkommen von Peroxydase in Phloemen beschäftigt. Seine Versuche zur Lokalisation dieses Fermentes ergaben für *Passiflora coerulea* und *Morus alba*, daß besonders das Phloemparenchym und etwas weniger die Geleitzellen Peroxydase enthalten, daß aber auch besonders jüngere, wenn auch voll entwickelte Siebröhren ziemlich starke Peroxydase-Reaktionen geben. Zu ganz ähnlichen Ergebnissen war auch schon VAN FLEET (1959) gekommen, der vor allem die Verbindung embryonaler Gewebe durch die im Phloem persistierende Kette von peroxydasehaltigen Zellen betont, wobei er besonders Siebröhren und Geleitzellen erwähnt. Die Abbildungen lassen allerdings Einzelheiten kaum erkennen. Eine weitere Differenzierung der Lokalisation ist offenbar mit den heute bekannten Methoden des Fermentnachweises noch nicht möglich. Das Gebiet des Energiestoffwechsels der Siebröhren muß daher weiter noch für wenig geklärt gelten, doch ist sicher, daß neben Phosphatasen auch Oxydasen vorkommen, von eventuell in Mitochondrien lokalisierten Fermenten ganz abgesehen.

Schließlich ist mit Sicherheit damit zu rechnen, daß das die *Kallosebildung* katalysierende Ferment oder der Fermentkomplex in den Siebröhren lokalisiert sein muß, bei mehrjährigen Siebröhren, bei denen der winterliche Kalloseverschluß im Frühjahr wieder gelöst wird, aber auch das kalloselösende Ferment, mit dem sich besonders ESCHRICH (1961) beschäftigt hat. ESCHRICH fand zunächst im Papain aus dem Milchsaft von *Carica papaya*, ein kalloselösendes Prinzip, das er Kallase nannte. Aber auch in anderen pflanzlichen Sekreten, wie etwa in der Kannenflüssigkeit von *Nepenthes*-Arten, in der Darmflüssigkeit von *Helix pomatia*, in Speichergeweben (Knollen von *Solanum tuberosum*, *Helianthus tuberosus*, in den Zellen von Zwiebelschuppen u.a.m.) wurde dieses Ferment, dessen optimale Wirkung im sauren Bereich bei etwa pH = 4,6 festgestellt wurde, gefunden. Dies entspricht der Tatsache, daß Kallose ja nicht nur in Siebröhren, sondern auch z.B. an den Tüpfeln aller Parenchymzellen und an anderen Objekten vorkommt und hier sogar nach den Befunden CURRIERs erstaunlich rasch (Minuten!) ausgeschieden werden kann, obwohl viel weniger darüber bekannt ist, ob sie auch normalerweise wieder gelöst wird. Das kallosesynthetisierende Ferment soll nach der Meinung ESCHRICHs verschieden von den die Kallose abbauenden Fermenten sein, sein Wirkungsoptimum liegt auch im alkalischen Bereich. Da Siebröhrensäfte, wie gleich noch näher zu erörtern ist, durchweg alkalische Reaktion zeigen, wäre also das Milieu für eine Kallosebildung, nicht aber für eine Kalloselösung, dauernd gegeben. ESCHRICH glaubt jedoch, im Phloemsaft von *Tilia tomentosa*, die dafür bekannt ist, daß sie mehrjährige Siebröhren besitzt, deren Callusverschlüsse im Frühjahr wieder gelöst werden, im zeitigen

Frühjahr Ende Februar und im März plötzlich eine saure Reaktion feststellen zu können, die er mit der Lösung durch Kallase (pH-Optimum 4,5) in Zusammenhang bringt. Dasselbe soll für *Acer platanoides* gelten. Leider hat um diese Zeit bisher noch niemand einen Saftaustritt aus angeschnittenen Siebröhren beobachtet, der allgemein bei Bäumen stets erst für Ende Juni/Anfang Juli angegeben wird. Es ist daher nicht ganz sicher, ob hier nicht eine Vermengung mit den um diese Jahreszeit verstärkt einsetzenden Blutungsvorgängen erfolgt ist. Eine Nachprüfung wäre dringend erwünscht, bei *Acer platanoides* auch wegen der hier im Phloem vorhandenen Milchröhren! Erstaunlich ist auch die weitere Feststellung von ESCHRICH, wonach der normalerweise deutlich alkalische Siebröhrensaft verschiedener Kürbisarten bei künstlicher pH-Erniedrigung auf 4,6 schwache kalloselösende Wirkung zeigt, was bedeuten würde, daß in diesen Säften dauernd neben dem kallosebildenden auch ein inaktives kalloselösendes Ferment anwesend sein müßte, dessen Bedeutung ganz ungeklärt bleiben müßte.

Schließlich muß hier darauf hingewiesen werden, daß sehr oft in abgestorbenen Siebröhren noch nachträglich eine Herauslösung von Kallose erfolgt, die in diesen Fällen kaum anders als durch Abscheidung von Kallase durch die umliegenden Phloemparenchymzellen denkbar ist. Kallase wäre also sowohl zu den Endo- wie Ektoenzymen zu rechnen, was bei dem weit verbreiteten Vorkommen von Tüpfelkallose usw. freilich nicht erstaunen kann. Ein weiteres Ferment, das von ZIMMERMANN (1958) vermutet, nach den Angaben von KURSANOV (1963) von PAVLINOVA im Siebröhrensaft von *Fraxinus sp.* gefunden wurde, ist eine α-d-Galaktosidase, die offenbar im Stoffwechsel der manchmal vorkommenden Oligosaccharide eine Rolle spielt.

Zusammenfassend muß man sagen, daß unsere Kenntnisse über die fermentative Ausstattung der Siebröhren noch recht gering sind, was in erster Linie damit zusammenhängt, daß immer nur bevorzugt Siebröhrensäfte untersucht wurden. Saure Phosphatasen, Peroxydase und Kallase sind sicher nachgewiesen, wobei die kallosesynthetisierenden Fermente besonders auch hinsichtlich ihrer Lokalisation an den Siebporen besonderes Interesse verdienen. Es dürfte aber kaum zweifelhaft sein, daß in Zukunft noch sehr viel mehr Fermente gefunden werden.

ε) Wuchsstoffe im Siebröhrensaft.

Über das Vorkommen von genuinen Wuchsstoffen in Siebröhrensäften berichten erstmalig HUBER, SCHMIDT und JAHNEL (1937). Sie wiesen im *Avena*-Test „mindestens bei *Robinia, Fagus* und *Aesculus* beträchtliche Wuchsstoffmengen“ nach, und zwar im Juli und August, während im September ein Schwund eintrat. Da bekanntlich Saftflüsse aus angeschnittenen Rinden durchweg erst im Hoch- und Spätsommer eintreten, fehlen dementsprechend die wesentlich interessanteren Feststellungen, ob Wuchsstoffe auch vor und nach dem Laubaustrieb, während der Blüte usw. in Siebröhren transportiert werden, zumal da nicht anzunehmen ist, daß die Siebröhren während dieser ganzen Zeit inaktiv sind, auch wenn sich aus ihnen kein Saft gewinnen läßt. Mit der heute zur Verfügung stehenden Methode der Siebröhrensaftgewinnung aus den Kanülen abgeschnittener Rüssel von Blattläusen (s. S. 68) müßte die Feststellung ohne weiteres möglich sein. Vielleicht beruht der aus Läusen zu extrahierende reichliche Wuchsstoff auf durch das Tier aus Siebröhren aufgenommenen Substanzen (LINK, EGGERS und MOULTON 1940). Die Frage ist besonders interessant, weil ja schon lange Beziehungen zwischen dem Knospenaustrieb und der Aktivierung des Cambiums vermutet werden, die irgendwie mit Wuchsstoffleitungen zusammenhängen. Allerdings hat SÖDING (1937) hierfür das Cambium selbst als Leitungsbahn angesprochen, weniger die Siebröhren, ohne ganz überzeugen zu können, zumal aus den Ergebnissen von KOLLMANN (1965) ziemlich klar hervorgeht, daß gerade die jüngsten, cambiumnahen Siebröhren die eigentlichen Leitbahnen darstellen. Neuerdings haben aber auch KLUGE, REINHARD und ZIEGLER (1964) im Herbstsaft der Siebröhren von *Robinia pseudacacia* und *Tilia cordata* einen Stoff mit gibberellinartiger Wirkung auf die Zwergmutante des Mais gefunden. Daß synthetische Substanzen mit Wuchsstoffwirkungen, vor allem 2,4-D (Dichlorphenoxyessigsäure), auf größere Strecken und mit der in Siebröhren für andere Stoffe bekannten Geschwindigkeit im *Phloem* wanderfähig sind, ist mit Hilfe radioaktiv markierter Substanzen von verschiedenen Autoren nachgewiesen worden (s. besonders CRAFTS 1961). Darauf wird in anderem Zusammenhang noch einmal zurückzukommen sein, da sie vielfach als „Tracer" für einen Stofftransport angesehen werden, obwohl der definitive Lokalisationsbeweis in den Siebröhren selbst für sie ebenso noch aussteht wie für andere radioaktive Substanzen, und niemals exakt nachgeprüft wurde, ob wirklich gleichzeitig und in derselben Richtung auch Zucker und andere körpereigene Substanzen wandern.

ζ) Andere in Siebröhren gefundene organische Substanzen.

Nach ZIEGLER (1962) sollen im Siebröhrensaft „verschiedener Bäume" geringe Mengen (ca. 1 γ/ml) *organischer Säuren* (Brenztraubensäure, α-Ketarglutarsäure, Oxalessigsäure, α-Ketobuttersäure, Citronensäure, Weinsäure, Äpfelsäure) vorkommen, die angesichts der bekannten und gleich noch zu besprechenden alkalischen Reaktion der Siebröhrensäfte an irgendwelchen Basen (K, Mg) gebunden sein müßten. Ob es sich um Produkte des eigenen Atmungsstoffwechsels (Mitochondrien in Siebröhren s. anatomischer Teil) oder um Transportstoffe handelt, ist natürlich aus solchen summarischen Angaben nicht zu entnehmen.

Auch die Angaben über das Vorkommen von *Gerbstoffen* bzw. Bausteinen solcher vor allem bei *Quercus*-Arten (ZIEGLER 1956, 1962) sowie von im UV-Licht fluorescierenden Substanzen sind wenigsagend, zumal der Autor selbst die Möglichkeit erwägt, daß sie nicht eigentlich aus den Siebröhren, sondern aus den bei der Methode der Saftgewinnung ebenfalls mit angeschnittenen Parenchymzellen der Rinde stammen könnten. Angesichts der offenbar nicht unerheblichen Mengen müßten natürlich auch die Angaben für andere in sehr geringer Menge aufgefundene Substanzen mit einiger Skepsis betrachtet werden.

Bemerkenswert sind dagegen gewisse Angaben, aus denen hervorgeht, daß im Siebröhrensaft von *Robinia pseudacacia Lipoide* gefunden wurden. ZIEGLER und KLUGE (1962) beschreiben nämlich, anläßlich ihrer Versuche zum Nachweis von Nucleinsäuren, daß sie die Fällung mit Trichloressigsäure, die nach ihren Angaben Proteine und eventuell hochpolymere Nucleinsäuren enthält, mit Äther-Äthanol von Lipoiden befreit hätten. Nähere Angaben wurden leider nicht gemacht. BUVAT (1963) diskutiert dagegen etwas eingehender den Lipoidgehalt der Schleimkörper von *Cucurbita Pepo*, deren Masse nach ihm ja ebenfalls aus Nucleinsäuren besteht. ESCHRICH (1963) spricht bei *Cucurbita ficifolia* von einem „Lipoprotein-Netz", ohne daß aber dafür von ihm irgendwelche biochemischen Grundlagen angegeben werden konnten. Sollten indessen diese Angaben zutreffen, so wäre anzunehmen, daß auch der Lipoidgehalt bei ZIEGLER und KLUGE eher zur plasmatischen Komponente des Siebröhreninhaltes zu rechnen wäre, wie dies BUVAT für *Cucurbita* bewiesen hat. Doch sind bisher die Befunde zu dürftig, als daß sich daraus irgendwelche Schlüsse ziehen ließen. ROUSCHAL (1941) hat gerade die Armut des Siebröhrenplasmas an Lipoiden als besonders charakteristisch hervorgehoben. Erst neuerdings haben BIDDULPH u. CORY (1965) angegeben, daß vor allem junge Blätter von *Glycine max.* Steroide zu den Sproßspitzen exportierten, während ältere Blätter nur Saccharose ableiten. Die Natur dieser „Steroide“ wurde noch nicht näher untersucht.

η) Anorganische Bestandteile in Siebröhren.

Da über den Transport anorganischer Verbindungen in den späteren Teilen dieses Bandes gehandelt wird, kann hier nur kurz auf einiges hingewiesen werden. Am auffälligsten und längsten bekannt ist die alkalische Reaktion der Siebröhrensäfte (Sachs 1862, Zacharias 1884, Kraus 1885). Diese alkalische Reaktion scheint durch das reichliche Vorkommen von *Kalium* bedingt zu sein. Nach Angaben von Ziegler (1962) betrug bei zehn nicht näher genannten Objekten der Kaliumgehalt des Siebröhrensaftes zwischen 750 und 3400 γ/ml, was größenordnungsmäßig mit den Angaben von Moose (1938) übereinstimmt, der einen K-Gehalt von 580—1200 γ/ml, bei *Cucurbita maxima* allerdings nur von 200 γ/ml angibt. Nach Peel und Weatherley (1959, Peel 1963) soll im Siebröhrensaft von *Salix viminalis* sogar 2% K, also das über Zwanzigfache vorhanden sein. Der Phosphatgehalt (vermutlich als PO_4''' berechnet?) wird von Ziegler mit 300—500 γ/ml angegeben. Frühere Angaben desselben Autors (1956) nennen zwar für den Phosphatgehalt noch höhere Werte (*Robinia pseudacacia* im Oktober 720 γ/ml, *Quercus borealis* bis 610 γ/ml, *Acer platanoides* im August einmal 950 γ/ml, „meist unter $^1/_{100}$ mol (= 950 γ/ml), in 2000 Analysen nie über $^1/_{60}$ mol“ (1580 γ/ml). Dies deutet darauf hin, daß das K keineswegs allein als sekundäres oder tertiäres Phosphat vorhanden sein kann. Da andererseits der Gehalt der Siebröhrensäfte an Na und Ca auffallend niedrig ist (Ziegler 1960: Na $<$ 10 γ/ml, Ca ca. 20 γ/ml; Moose gibt allerdings wesentlich höhere Werte bis 1330 γ/ml und nur für *Cucurbita maxima* 100 γ/ml, so daß eine Nachprüfung erwünscht wäre, s. auch Peel 1963). und nur für Mg etwas höhere Werte angegeben werden (Ziegler: 100 bis 550 γ/ml, Moose 390—660 γ/ml, *Cucurbita maxima* 100 γ/ml), muß der genaue Grund der auffälligen alkalischen Reaktion der Siebröhrensäfte noch dahingestellt bleiben (s. auch Peel 1963). Peel und Weatherley (1959) fanden überhaupt kein Phosphat, aber an organischen Säuren Citronen- und Weinsäure.

Die gemessenen pH-Werte schwanken im allgemeinen zwischen 7 und 8, können aber anscheinend auch noch darüber hinaus ansteigen. So gibt Moose (1938) für *Fraxinus americana* Werte zwischen 7,05 und 7,49 an, für *Fraxinus pennsylvanica* 7,2—7,58, für *Platanus occidentalis* 7,28—7,35, für *Robinia pseudacacia* 7,25—7,4, ebenso Wanner (1953) 7,0—7,3, während Ziegler (1956) für diese Baumart Werte zwischen 7,95 und 8,66 ermittelte. Leider fehlt die Angabe der Jahreszeit sowie eventueller jahreszeitlicher oder tageszeitlicher Veränderungen. Für *Quercus*-Arten wurden vom letzten Autor ebenfalls stark alkalische Werte angegeben (*Quercus rubra* 7,45—8,4, *Quercus pedunculata* 7,8—8,55), während Eschrich (1961) in den Sommer- und Herbstmonaten für *Tilia tomentosa* 7,2—8,0 und für *Acer platanoides* 4,0—7,8 fand. Sehr unterschiedlich sind auch die Zahlen für die Siebröhrensäfte von Cucurbitaceen. Cooil (1941) gibt für *Cucurbita pepo* 6,8—7,4, Meyer-Mevius (1959) für verschiedene Kürbisse 7,2 bis 7,6, Moose (1938) für *Cucurbita maxima* 8,0—8,1 an. Auffällig sind Melonen, für die Meyer-Mevius ganz abweichend von allen sonstigen Befunden saure Reaktion fand (5,6—6,8). Auch die Angaben von Eschrich (1961) über das vorübergehende Sauerwerden der Siebröhrensäfte bei *Tilia tomentosa* und *Acer platanoides* bedürfen, wie schon erwähnt, der Nachprüfung.

Dasselbe gilt auch für das Nitratvorkommen, wofür Moose (1938) bei *Fraxinus americana* 111 γ, bei *Fraxinus pennsylvanica* 120 γ, bei *Robinia pseudacacia*

$135\,\gamma$ und bei *Platanus occidentalis* $203\,\gamma$/ml angibt. ZIEGLER fand in seinen Objekten kein Nitrat. Dagegen finden sich in der älteren Literatur sowohl bei ZACHARIAS (1884) wie bei KRAUS (1885) Angaben, daß im Siebröhrensaft von *Cucurbita pepo* Nitrat oder Nitrit vorhanden sei. Vielleicht hängen diese Angaben mit der jeweiligen Düngung bzw. Bodenbeschaffenheit zusammen, vielleicht aber sind sie nur Ausdruck für die Leichtigkeit, mit der nach unseren jetzigen Kenntnissen ein Stoffaustausch zwischen Xylem und Phloem erfolgt (und umgekehrt).

Interessant ist das von MOOSE (1938) spektroskopisch nachgewiesene Vorkommen von Spuren von Li, Ba, Sr, Cu, B, während ZIEGLER (1962) bei *Robinia*-Säften Spuren von Al, Ti und Si fand. Im Blutungssaft (Siebröhrensaft?) von *Arenga saccharifera* sollen nach TAMMES (1958) Co, Cu, Fe, Mn und Zn nachweisbar sein. Insgesamt gibt ZIEGLER (1962) summarisch einen Gesamtaschengehalt von 1—3% an, dessen größter Teil auf K und Phosphat entfallen dürfte.

Bor scheint in Siebröhrensäften nicht nachgewiesen zu sein. Seine angebliche Rolle beim Zuckertransport dürfte eher auf einer Erleichterung der Zuckeraufnahme beruhen (s. zuletzt WEISER, BLANEY und LI 1964). Nach ESCHRICH u. Mitarb. (1965) soll künstlich zugeführtes B jedoch Kallosebildung fördern, trotzdem aber den Assimilattransport beschleunigen, aber auch stauen! Die Angaben bedürfen wohl einer Nachprüfung an anderen Objekten.

ϑ) Zusammenfassung der Inhaltsstoffe der Siebröhren.

Insgesamt kann über die Zusammensetzung der bisher analysierten Siebröhrensäfte gesagt werden, daß sie eine Vielzahl der verschiedensten Substanzen enthalten. Quantitativ vorwiegend sind die Zucker, insbesondere Saccharose, während alle anderen Bestandteile, Eiweiße, lösliche N-Verbindungen, Vitamine, Fermente, Wuchsstoffe und anorganische Aschenelemente an Menge zurücktreten. Daß diese „Siebröhrensäfte" nur Teile des Siebröhreninhaltes darstellen, war schon wiederholt betont worden. Immerhin wird bei der Erörterung der Mechanik der Stoffbewegung gut im Auge behalten werden müssen, daß diese Vielheit der in den Säften vorhandenen Stoffe im Falle einer Saftströmung nur gemeinsam passiv mitgeschwemmt werden kann, so daß es am Ende der Wanderbahn unter Umständen, wenn nicht alles auch gleichmäßig resorbiert wird, zu Stauungen und Umkehrungen des Konzentrationsgefälles kommen müßte, während bei einer andersartigen Mechanik eine Bewegung einzelner Stoffe unabhängig von der der anderen möglich sein müßte. Darauf wird nachstehend zurückzukommen sein.

3. Geschwindigkeit und Menge der in den Siebröhren transportierten Substanzen.

Die ersten Beobachtungen zur quantitativen Seite des Stoff-Ferntransportes dürften von DIXON und seiner Schule (1922) angestellt worden sein (DIXON und BALL 1922; DIXON 1293, 1924; MASON und LEWIN 1926). Das beobachtete Wachstum einer *Kartoffelknolle* setzt z.B. voraus, daß täglich ca. 0,5 g Kohlenhydrate der Knolle durch das Phloem der Stolone zugeleitet wird, deren Querschnittsfläche mit 0,42 mm^2 gemessen wurde. Die Knolle erreichte in 100 Tagen ein Trockengewicht von 50 g. Unter der Annahme, daß der Zucker in einer 10%igen Lösung durch den gesamten Querschnitt des Phloems in die Knolle befördert würde, ergäbe das eine Wanderungsgeschwindigkeit von 50 cm/h. Bei einer nur 4%igen Lösung, wie sie im Blutungssaft gefunden wurde, errechnete sich eine Geschwindigkeit von 110 cm/h. Für ein Blatt von *Phaseolus multiflorus* hatte schon BIRCH-HIRSCHFELD (1920) unter der Annahme einer 10stündigen

Assimilation mit einem Gewinn von 0,5 g Kohlenhydrat pro m^2 Blattfläche eine Durchflußgeschwindigkeit einer 10%igen Zuckerlösung von 6,5 cm/h durch das Phloem errechnet. Bei Bezug auf die Siebröhren allein wären natürlich sowohl die Werte Dixons wie die zuletzt genannten noch um einen Faktor zwischen 4—10 zu erhöhen. Auch Dixon kam für das Blatt von *Tropaeolum* unter Abzug eines Atmungsverlustes von 25% auf eine tägliche Auswanderung von 7,4 mg Zucker, was bei einer 10%igen Zuckerlösung für das gesamte Phloem eine Wanderungsgeschwindigkeit von 3,5 cm/h ergeben würde. Er schloß daraus: "A flow of these velocities in the bast is quite impossible" (1922, 1924), und nahm darum wieder das Xylem als Transportbahn in Anspruch. Seine Schüler Mason und Lewin (1926) bestimmten bei einer Wurzelknolle von *Dioscorea batatas*, daß dieselbe pro Woche um 42,7 g an Trockensubstanz zunahm. Unter der Annahme einer 25%igen(!) Zuckerlösung und erstmaliger Bezugnahme auf das Flächenareal der Siebröhren selbst, das mit 20% der Phloemfläche angesetzt wurde, ergab sich eine Wanderungsgeschwindigkeit von 88 cm/h, was sie ebenfalls für unmöglich hielten. Nur zwei Jahre später legten aber Mason und seine Mitarbeiter selbst durch ihre Arbeiten an Baumwollpflanzen Beobachtungen vor, die sie nötigten, die Dixonsche Konzeption von der alleinigen Transportbahn im Xylem aufzugeben und tatsächlich die Siebröhren als Leitelemente für den organischen Stofftransport anzusprechen. Davon war schon früher die Rede (s. S. 65).

Auch Münch (1930, Tabelle 1 und 2, S. 80/81) hat als Forstmann versucht, aus dem jährlichen Zuwachs des Holzes von Bäumen eine ungefähre Vorstellung über die Menge und Geschwindigkeit der aus der Krone abströmenden Assimilate zu gewinnen. Obwohl seine Grundlagen noch mit sehr viel mehr Unsicherheiten und Fehlerquellen belastet sind, gelangte er doch bei der Annahme von durchschnittlich etwa 20%igen Zuckerlösungen zu Strömungsgeschwindigkeiten durch die Siebröhren in Höhe von 18—73 cm/h. (18—20 cm/h für eine nur 12%ige Zuckerlösung bei *Pinus silvestris*, 30,9 cm/h für *Tilia parvifolia*, 52,7 cm/h für *Quercus rubra* und 73,5 cm/h für *Carpinus betulus*). Die eingesetzten Zuckerkonzentrationen betrugen hier 20,6, 18,5 und 18,3%. Die pro Stunde durch 1 mm^2 des Bastes hindurchtretenden Stoffmengen werden mit 29, 45 und 62 mg angegeben, die Substanzzunahme eines 1 m langen astfreien Stammstückes wurde pro Vegetationszeit mit 300—600 g berechnet. Bei Früchten (Birne, Zwetschge, Buche und Eiche) errechnete Münch eine stündliche Zufuhr von ca. 6 mg Trockensubstanz pro mm^2 leitende Fläche und daraus, unter der ebenfalls unsicheren Annahme einer 20%igen Zuckerlösung, eines Atmungsverlustes von $^1/_3$ und eines Siebröhrenareals von $^2/_3$(!) der Phloemfläche, eine Strömungsgeschwindigkeit von 10 cm/h. Früchte von *Cucurbita Pepo* nahmen nach den Beobachtungen von Colwell (1942) stündlich um bis zu 1,7 g an Trockensubstanz zu. Crafts und Lorenz (1944) berechneten daraus unter Zugrundelegung des gesamten Siebröhrenquerschnittes des Fruchtstiels und einer Lösungskonzentration von 10—20% eine Wanderungsgeschwindigkeit von 55—160 cm/h. Recht unsicher sind auch die Angaben von Huber, Schmidt und Jahnel (1937), die die Zuckerkonzentration von in verschiedener Stammhöhe über dem Erdboden durch Rindeneinschnitt in verschiedene Bäume gewonnener Siebröhrensäfte refraktometrisch bestimmten. Sie glaubten, aus der stammabwärts verspätet eintretenden Konzentrationsschwankung auf einen täglichen Assimilatfluß aus der Laubkrone schließen zu können und berechneten daraus eine Stundengeschwindigkeit zwischen 1,5 und 4,5 m/h. Leider erlauben ihre veröffentlichten Kurven keineswegs überall diese Verzögerung festzustellen, wenn man das Lineal anlegt, ebenso wenig wie die späteren Veröffentlichungen von Ziegler (1956). Auch ist die

Deutung im Hinblick auf die neueren Befunde von PEEL und WEATHERLEY (1962) durchaus zweifelhaft, da die Wasserverhältnisse in den Gefäßen anscheinend einen starken Einfluß haben.

Bei einem ganz andersartigen Objekt hat SCHUMACHER (1934) Berechnungen über Menge und Transportgeschwindigkeit angestellt. Er maß den Zuwachs von *Cuscuta*-Sprossen, die auf Pelargonien schmarotzten, den Querschnitt ihrer Haustorien und errechnete daraus Menge und Geschwindigkeit einer Lösung, die entsprechend dem durchschnittlichen Trockengewicht des Parasiten (mit ca. 15%) angenommen wurde. Es ergab sich, daß durchschnittlich pro Tag durch die Gesamtfläche der Haustorien 20 mg aufgenommen wurden. Dies würde eine Stundengeschwindigkeit zwischen 1,6 und 6 mm bedeuten. Da jedoch sicher nur ein kleiner Teil des Haustorialquerschnittes als leitend zu betrachten ist, wobei dahingestellt bleiben muß, ob überhaupt echte Siebröhren und nicht überwiegend Parenchymzellen die Leitelemente darstellen, müssen diese Zahlen vermutlich mit einem zweistelligen Faktor multipliziert werden, so daß auch hier die Größenordnung von Zentimetern bis Dezimetern pro Stunde erreicht werden. Die Aufnahme von Fluorescein aus den Siebröhren der Wirtspflanze und die lokale Leitung dieses Fluorochroms in einigen Bezirken der Haustorien bildete dabei die Unterlage für die Annahme, daß nur wenige Zellen des Haustorialquerschnittes als Leitbahnen fungieren.

Interessant ist, daß alle diese auf ganz verschiedener Basis errechneten Werte in der Größenordnung übereinstimmen und etwa auf gleicher Höhe wie die modernen mit Isotopen gemessenen Werte liegen, obwohl daraus nichts über die Frage ausgesagt werden kann, ob wirklich eine Lösung in der angenommenen Konzentration in den Siebröhren strömt. Darauf wird gleich noch zurückzukommen sein.

Über die Auswanderung von N aus vergilbenden Blättern von *Pelargonium zonale*, die durch Verdunkelung der Blattspreiten leicht innerhalb einer Woche bis zu 70% des Gesamtgehaltes bewirkt werden kann, hat SCHUMACHER (1930) nähere quantitative Angaben gemacht. Die Auswanderung fand durch operativ isolierte Phloemteile eines Blattstielbündels statt, dessen Siebröhrenanteil auf Grund wenig exakter Meßversuche auf 10% der gesamten Phloemfläche geschätzt wurde. Die Auswanderung aus einer Blattspreite betrug zwischen 4 und 5 mg Total-N. Bei Umrechnung mit dem bekannten Faktor 6,25 wären dies etwa 30 mg Eiweiß bzw. Aminosäuren. Eine 5%ige Lösung würde dann eine Wanderungsgeschwindigkeit zwischen 27 und 28 cm/h ergeben, eine geringer konzentrierte eine entsprechend höhere.

Die direkte Beobachtung der Ausbreitung einer körperfremden Substanz und damit die direkte Bestimmung der Wanderungsgeschwindigkeit gelang SCHUMACHER (1933) durch die Einführung von Fluorescein in die Siebröhren und die fluorescenzoptische Verfolgung dieses streng auf die Siebröhren begrenzt bleibenden Farbstoffes. SCHUMACHER fand damals, daß sich Fluorescein in den Sprossen von *Pelargonium zonale* mit einer Maximalgeschwindigkeit von 32 cm/h (19—32 cm/h) und in den Blattstielen von *Malva silvestris* mit einer Geschwindigkeit zwischen 23—26 cm/h ausbreitete. Diese Größenordnungen stehen in auffallender Übereinstimmung mit den oben angeführten indirekten Berechnungen für Lösungen von Zuckern und N-Körpern. Während dort sowohl die Konzentration wie die leitende Querschnittsfläche Unsicherheitsfaktoren darstellten, läßt sich zwar beim Fluorescein die Wanderstrecke mit genügender Sicherheit bestimmen, die Zeit aber, die bis zur Aufnahme des Farbstoffes in die Siebröhren und bis zum Beginn der Bewegung in den Siebröhren vergeht, ist ebenfalls nur ungefähr abzuschätzen. Über die transportierten Mengen sind gar keine Aussagen möglich; sie können aber nicht groß gewesen sein. Die angeführten Zahlen können indessen nach den Beobachtungen SCHUMACHERs sehr stark variieren, selbst in den verschiedenen Nerven eines einzelnen Blattes, wobei die Ursachen nur teilweise erhellt werden konnten. Die Beobachtungen stimmen aber auffällig überein mit den viel späteren Angaben von HILL (1963) über die unregelmäßige Ausbreitung ^{14}C-markierter Assimilate in Weidenrinden, die mit Hilfe der Läuserüssel-Methode gewonnen wurden. So fand SCHUMACHER in den Blattstielen von *Pelargonium* oft eine wesentlich geringere Geschwindigkeit, die unter Umständen nur 5 cm/h betrug. Er beobachtete auch, daß junge, noch nicht völlig ausgewachsene Blätter in der Regel wesentlich schneller ableiteten als ältere Blätter derselben Pflanze, und daß in den oberen Teilen der Sproßachse oft sehr intensive Leitungen des Farbstoffes nach den Vegetationspunkten, aber auch nach unten oder *gleichzeitig* in beiden Richtungen erfolgten, während in den unteren Achsenteilen, die frei von Blättern waren, nur sehr zögernde und langsame Bewegungen in den großen Siebröhren zu erzielen waren.

Einen starken Einfluß auf die Wanderungsgeschwindigkeit bzw. die Ausbreitungsstrecke des Fluoresceins in den Siebröhren von Pelargonien übt nach SCHUMACHER (1933) auch die Temperatur aus. Er fand stets, daß Abkühlung der ganzen Pflanze auf $+4^0$ C bis $+1^0$ C die Ausbreitung des Farbstoffes stoppt bzw. stark verlangsamt, auch wenn dafür gesorgt wurde, daß dieser zunächst bei höherer Temperatur in die Siebröhren der Blattnerven bzw. des Stammes aufgenommen wurde. Diese Beobachtungen decken sich mit früheren Befunden von CURTIS (1929), der bei Blättern von *Phaseolus* durch lokale Kühlung der Blattstiele zwischen $+1^0$ und $+6^0$ C eine Hemmung der Ableitung von Zuckern aus den Spreiten angibt. Zwar hat KRUSEMANN (1931) diese Ergebnisse nicht völlig bestätigen können, die Gründe dafür mögen aber sehr mannigfaltig sein. An und für sich ist ja zu erwarten, daß eine Temperatursteigerung jeden physiologischen wie chemisch-physikalischen Prozeß ebenfalls bis zu einem gewissen Grad steigert. Man muß jedoch bedenken, daß bei den natürlichen Wanderungsvorgängen stets eine Fülle von Teilvorgängen im Spiele ist, die Mobilisierung der Wanderstoffe, die Einschleusung in die Leitbahnen der Siebröhren, der Ferntransport in diesen sowie eventuelle Rückresorptionen aus diesen durch das umliegende Phloemparenchym, so daß eigentlich nur die direkte Beobachtung des Fluorescenzfarbstoffes in den Siebröhren selbst und die Abhängigkeit seines Verhaltens bei verschiedenen Temperaturen etwas Direktes auszusagen vermag.

Die sehr plausible Ansicht, daß Temperaturerhöhung auch eine Beschleunigung des Stofftransportes, natürlich innerhalb gewisser Grenzen, bewirke, wurde allein von WENT (1944) auf Grund seiner Beobachtungen über den Thermoperiodismus bei Tomaten in Frage gestellt. In einer Arbeit mit HULL (1949), bei der Tomatenblätter in 7% Saccharoselösung getaucht und die Blutungsintensität aus dem wechselnden Temperaturen ausgesetzten Stumpf als Maß für den Saccharosetransport benutzt wurde (!), schlossen die Autoren, daß bei niederen Temperaturen eine stärkere Zuckeraufnahme und Ableitung erfolge als bei höheren. Ihre Erklärung, daß das die ganze Siebröhre erfüllende Plasma (1949!) bei höherer Temperatur stärker quelle und infolgedessen einem Lösungsstrom größeren Widerstand entgegensetze, ist natürlich rein hypothetisch, ihre Methode für den Nachweis eines Stofftransportes überhaupt sehr fragwürdig. CURTIS und HEWITT (1948) haben denn auch in einer sehr sorgfältigen Untersuchung, die sich auf Trockengewichtsbestimmungen wie auf Zuckeranalysen stützte und nicht allein wie bei WENT auf Wachstumsmessungen, gezeigt, daß die Zuckerabwanderung aus Bohnenblättern, aber zur Kontrolle auch aus Tomatenblättern wie aus *Asclepias syriaca*, steigt, wenn die Temperatur von 4° auf 10°, 20° und 30° heraufgesetzt wird. Bei 40° C tritt bereits Hemmung ein, das Optimum wurde zwischen 22° und 25° C gefunden. Sie glauben, daß die Ergebnisse WENTs durch Nichtbeachtung der Atmung, deren Intensität mit der Temperatur linear steigt, sowie durch Anreicherung der Zucker bei +8° C, wo sie nicht mehr genügend verarbeitet werden können, zustande kamen. HULL hat später (1952) zugegeben, daß durch die gleich noch zu besprechenden weiteren Arbeiten der Transport organischen Materials „normally" bei höheren Temperaturen intensiver verlaufe, glaubt aber, mit Hilfe von ^{14}C-markierter Glucose und Saccharose doch bei tieferen Temperaturen einen stärkeren Einfluß auf die Blutung von Tomaten- und Zuckerrübenblättern nachweisen zu können als bei höheren. Da die Blutung ein sehr komplexer Vorgang ist, der sich in erster Linie im Xylem abspielen dürfte, scheint indessen eine direkte Bezugnahme auf den Transportvorgang recht unsicher. Auch SWANSON u. Mitarb. (1951, 1952) haben die Versuche von HEWITT und CURTIS (1948) im Grunde bestätigt. Ihre Technik war der der genannten Autoren insofern überlegen, als sie lediglich Blattstiele oder Hypokotyle lokal kühlten. Dagegen maßen sie wieder nur das Sproßwachstum als angebliche Folge von durch die Blattspreite aufgenommenem Zucker, so daß keine direkte Bestimmung der Transportgeschwindigkeit möglich erscheint. Für *Phaseolus vulgaris* wurde so ein Optimum des „Stofftransportes" zwischen 20° und 30° C festgestellt. Dasselbe fand auch KENDALL (1952). Selbst bei Tomatenpflanzen haben BÖHNING, KENDALL und LINK (1953) im Gegensatz zu WENT optimales Wachstum von Sproß und Blatt bei 24° C gegenüber 12° und 30° C gefunden. Aus jüngster Zeit liegen die Arbeiten von SHIMABUKURO und LINCK (1964) vor, die bei *Phaseolus vulgaris* abermals bei +22° C eine stärkere Ableitung als bei +10° C gefunden haben, desgleichen von WHITTLE (1964), die bei *Pteridium* ein Temperaturoptimum von 25—30° C fand. HARTT (1965) gibt für Zuckerrohr an, daß vor allem der Aufwärtstransport in der Achse stark temperaturabhängig sei ($q_{10} = 3{,}9$—$16{,}2$), während der Abwärtstransport weniger beeinflußt werden soll ($q_{10} = 1{,}05$—$1{,}7$). Sie leitet daraus geradezu einen verschiedenen Transportmechanismus ab! WEBB u. GORHAM (1965) finden bei *Cucurbita melopepo torticollis*, daß eine Kühlung der Blattknoten den Abtransport von mit ^{14}C-markierten Assimilaten (Stachyose, Saccharose) aus den Blattspreiten reversibel hemmt. Es ist daher kaum mehr vertretbar, wenn WENT (1959) im Handbuch der Pflanzenphysiologie seine Ansicht immer noch generell aufrechtzuerhalten versucht, daß der Stofftransport durch niedrigere und nicht durch höhere Temperaturen gefördert werde.

SWANSON und WHITNEY (1953) haben auch mit Isotopen (^{32}P, ^{42}K, ^{45}Ca, ^{137}Co) bei Bohnenblättern, denen Lösungen der entsprechenden Salze auf die Epidermis aufgetropft wurden, beobachtet, daß durch partiell gekühlte bzw. erwärmte Blattstiele die größte Geschwindigkeit des Transportes bei +30° erreicht wurde, während bei +5° C die Geschwindigkeit nur etwa 15% von der bei +20° C betrug. Auch oberhalb +30° C sank die Geschwindigkeit wieder ab. Diese Versuche sind um so bemerkenswerter, als hier die Einwände, die auch gegen WENT gemacht wurden, daß nämlich Atmungsverluste nicht genügend in Rechnung gestellt wurden, wegfallen. Die größte Geschwindigkeit für ^{32}P betrug ca. 30 cm/h, was gut in den Rahmen anderer Befunde hineinpaßt. Beachtenswert ist auch die Angabe, daß ^{32}P und ^{137}Cs mit verschiedener Geschwindigkeit wanderten. Davon wird an anderer Stelle noch zu sprechen sein.

Der Einsatz von Isotopen und isotop markierten Substanzen hat überhaupt seine bisher größten Erfolge bei der Bestimmung von Richtung und Geschwindigkeit des Transportes erzielt, wenngleich auch hier noch gewisse Unsicherheiten bestehen. Diese beruhen größtenteils auf der Frage, von wann ab der Indicator nach seiner Berührung mit dem Pflanzengewebe zu wandern beginnt und bezeichnenderweise, welche Mengen dafür zur Verfügung stehen! Der Verfasser hat alle diese Probleme bereits vor vielen Jahren bei der Beobachtung des Fluoresceintransportes kennengelernt (SCHUMACHER 1933 und 1937) und ist immer wieder erstaunt zu sehen, wie sehr diese den jetzt mit Isotopen beobachteten Erscheinungen ähneln. Die hier angewendeten Methoden sind entweder die Assimilation von $^{14}CO_2$ und die Verfolgung der Aktivität der gebildeten Assimilate durch Zählrohre direkt oder nach vorheriger Extraktion aus Fragmenten der Wanderstrecke. Weniger bedenkenfrei ist die Einführung markierter Zucker oder Aminosäuren durch angeschnittene Nerven, am elegantesten, aber ebenfalls nicht ganz eindeutig (s. später), ist die Analyse von Siebröhrensaft aus zwei in bestimmter Entfernung befindlichen abgeschnittenen Läuserüsseln hinsichtlich des ersten Auftretens aktiver Assimilate. So fanden PEEL und WEATHERLEY (1962) in der Rinde von *Salix viminalis*, deren Blätter $^{14}CO_2$ assimilieren konnten, eine durchschnittliche Geschwindigkeit von 30 cm/h (25 bis 33 cm/h) bei einer Streckenlänge von 65 cm. Die merkwürdig niedrige Wanderungsgeschwindigkeit von nur 2 cm/h, die CANNY (1961) errechnete, dürfte auf einem Irrtum beruhen, wenngleich solche langsamen Bewegungen gelegentlich auch beim Fluorescein beobachtet wurden (s. aber die Kritik bei SPANNER 1962). Die Temperatur ist leider bei den meisten der im folgenden zu besprechenden Versuchen von den Autoren nicht besonders vermerkt, dürfte aber normal ca. 20° C betragen haben. BACHOFEN und WANNER (1962) verwendeten ein Zählrohr, in das zwei 15 mm auseinanderliegende Schlitze eingeschnitten waren, so daß sie den Durchgang der von ^{32}P ausgehenden Strahlungsfront in einem Blattstiel von *Phaseolus vulgaris* in diesem Abstand nacheinander messen konnten. Dasselbe läßt sich auch durch zwei in größerer Entfernung aufgestellte und geeignet gekoppelte Zählrohre erreichen. Sie fanden für das auf die Blattspreite von Bohnenblättern aufgetropfte oder von einem angeschnittenen Blattnerven aufgenommene radioaktive Phosphat, eine Methode, die natürlich ein gelegentliches Rücksaugen ins Xylem nie ganz ausschließt, eine Wanderungsgeschwindigkeit zwischen 75 und 150 cm/h. Weitere Versuche mit dieser Methode sind bisher noch nicht bekannt geworden. In dieser Größenordnung liegen aber auch die meisten von anderen Autoren erzielten Ergebnisse, auch wenn diese oft hinsichtlich der Versuchsanstellung nicht ganz so exakt wie die vorgenannten sind. Hier sollen nur aus der letzten Zeit erwähnt werden die Versuche von BIDDULPH und CORY (1957), die die gleichzeitige Abwanderung von Assimilaten aus $^{14}CO_2$, von aufgetropftem THO und ^{32}P aus Bohnenblättern maßen und für die einzelnen Stoffe etwas abweichende Geschwindigkeiten fanden, für ^{14}C-Verbindungen 107 cm/h, für ^{32}P und THO 86,5 cm/h. Ähnlich fanden auch GAGE und ARONOFF (1960) eine unterschiedliche Geschwindigkeit in der Bewegung von Zucker und THO. Ferner seien genannt die Befunde von SWANSON und EL-SHISHINY (1958), wonach in einem 3 m langen Sproß von *Vitis labruscana* var. Concord, an dem ein Blatt $^{14}CO_2$ assimilierte, eine gleichzeitige Bewegung radioaktiver Assimilate nach oben mit einer Geschwindigkeit von 60 cm/h, nach unten mit wesentlich geringerer Geschwindigkeit erfolgte. MOORBY, EBERT und EVANS (1963) arbeiteten mit dem wesentlich kurzlebigeren $^{11}CO_2$ und fanden etwa 60 cm/h. Interessant wegen des anatomischen Baues der Siebzellen sind auch die Angaben von WHITTLE (1964), denen zufolge in der Rachis der Wedel von *Pteridium aquilinum*, die lokal $^{14}CO_2$ assimilieren konnten, eine Abwärtsleitung mit ca. 30 cm/h beobachtet wurde, während bei noch nicht ausgewachsenen Wedeln gleichzeitig auch eine langsamere Aufwärtsleitung mit ca. 6 cm/h erfolgte. Auch WILLENBRINK und KOLLMANN (1966) haben an Langtrieben von *Metasequoia glyptostroboides* eine Wanderungsgeschwindigkeit ^{14}C-markierter Assimilationszucker von 48—60 cm/h bei 18—20° C gemessen, was wegen der radioautographisch ermittelten Lokalisation auf wenige cambiumnahe Siebzellschichten und der gerade an diesem Objekt von KOLLMANN und SCHUMACHER (1960—1964) genau untersuchten Plasma- und Siebporenstruktur besondere Beachtung verdient. HARTT und KORTSCHAK (1964) fanden nach $^{14}CO_2$-Assimilation bei am Sproß belassenen Blättern des Zuckerrohres 42—120 cm/h, bei abgeschnittenen Blättern 24 cm/h (s. auch HARTT, KORTSCHAK, FORBES und BURR 1963). Demgegenüber geben HATCH und GLASZIOU (1964) ebenfalls für Zuckerrohr, allerdings teilweise mit Aufnahme von ^{14}C-markierter Saccharose und anderer Zucker durch *angeschnittene* Blätter und Blattnerven, eine Wanderungsgeschwindigkeit von 270 cm/h bei 29° C an. Auch die Angaben russischer Autoren bewegen sich im allgemeinen in der Größenordnung bis zu 1 m/h, wofür auf die Ausführungen von KURSANOV (1963) verwiesen sei.

Teilweise aus diesem Rahmen heraus fallen die Beobachtungen von GORHAM, NELSON u. Mitarb. (1957—1962, s. auch zuletzt MORTIMER 1965). Zwar fanden auch diese Autoren bei ihren Versuchen, in denen teilweise markierte Zucker oder Aminosäuren auf intakte Blattflächen aufgetragen, teilweise durch abgeschnittene (!) Blattstiele zur Aufnahme gebracht, teilweise aber auch $^{14}CO_2$ zur Assimilation geboten wurde, einen „langsamen“ Transport im Phloem in der Größenordnung von 100—120 cm/h, wobei nur die Angabe merkwürdig erscheint, daß die radioaktiven Substanzen zuerst in den Geleitzellen auftreten sollen (1959). Daneben beobachteten sie aber auch schon wenige Sekunden nach der Zuführung durch ein Blatt von *Glycine maxima* („Soybean“) einen überaus raschen Transport geringer Mengen aktiver Substanzen, die nicht $^{14}CO_2$ sein sollen, bis hinab zur Wurzel mit einer Geschwindigkeit bis zu 72 m/h! Er soll teilweise im Xylem, teilweise im lebenden Parenchym (Phloem, Mark ?) erfolgen. Es ist schwierig, zu diesen Angaben Stellung zu nehmen, wenn auch KURSANOV über ähnliche Beobachtungen an Kartoffeln durch MOKRONOSOV und BUBENSCHTSCHIKOVA (1961) berichtet. Ob sie mit dem normalen Transport in Siebröhren etwas zu tun haben, läßt sich schwer sagen. Auch ist gerade das Phloem intercellularenfrei! Wie weit sie überhaupt reale Bedeutung für das Problem des organischen Stofftransportes besitzen und nicht experimentell bedingt sind, muß die Zukunft zeigen.

In Ergänzung zu den im Handbuch der Pflanzenphysiologie Band XIV gemachten Angaben mag hier noch angefügt werden, daß LITTLE und BLACKMAN (1963) für die Bewegung von *Indolylessigsäure* in den Nerven und Stengeln von *Phaseolus vulgaris* eine Geschwindigkeit von 20—24 cm/h schätzten, während künstliche, d.h. körperfremde Wuchsstoffe (2,4-D und 2,4,5-T) nur mit etwa der halben Geschwindigkeit bewegt werden sollten. Die angewendete Methode erscheint nicht sehr zuverlässig, die Größenordnung aber im Rahmen der für den Siebröhrentransport bekannten.

Auch die Ausbreitung einer Virus-Infektion, die teilweise sicher im Phloem und hier wahrscheinlich in den Siebröhren erfolgt, kann gewisse Rückschlüsse auf die Geschwindigkeit des Stofftransportes ergeben. Nach ESAU (1961) wurden z.B. für das „curly-top“-Virus Werte zwischen 76 und 150 cm/h gefunden, für andere auch niedrigere Zahlen. Wie man sieht, liegen sie in der üblichen Größenordnung. Über eventuell mögliche Rückschlüsse auf die Bewegungsmechanik wird später gesprochen werden (ESAU 1961, daselbst weitere Literatur, vor allem BENNETT 1961).

4. Die Richtung der Stoffströme.

Da ganz allgemein die grünen Laubblätter die Hauptstätten der Photosynthese der Kohlenhydrate wie vieler anderer Synthesen sind, ist es klar, daß besonders von ihnen aus ein dauernder Strom von Stoffen in die übrigen Organe des Pflanzenkörpers abfließen muß. Dies schließt nicht aus, daß gelegentlich auch andere Stoffquellen von anderen Zentren aus Ausgangspunkte für Stoffströme werden, die sich unter Umständen sogar in entgegengesetzter Richtung bewegen. Ein bekanntes Beispiel hierfür bieten etwa die Gramineenkoleoptilen, bei denen der in der Koleoptilspitze aktivierte und von dort nach abwärts ziehende Wuchsstoffstrom mit dem vom Korn her aufsteigenden Strom des inaktiven Wuchsstoffes, aber auch der Kohlenhydrate, N-Substanzen usw. gerade in entgegengesetzter Richtung verläuft. Allein schon diese Feststellung beweist hier die vollständige Unhaltbarkeit der Vorstellung von osmotischen Druckströmungen nach dem Schema von MÜNCH und gibt jenen recht, die von jeher aus allgemeinen physiologischen Erwägungen die Möglichkeit zu einem unabhängigen Transport verschiedener Substanzen im Pflanzenkörper forderten. HUBERS Ausführungen (1937) über die gegenteilige Meinung von SACHS (1862/63) und PFEFFER (1897) wurden daher schon damals der Sachlage nicht gerecht. Wohl dürfte es sich bei dem oben genannten Beispiel der Koleoptile um einen Transport in Parenchymzellen und nicht in Siebröhren handeln (obwohl die Münschche Druckstromhypothese auch für den parenchymatischen Transport Gültigkeit beanspruchte!). Aber schon 1897 schrieb PFEFFER in seiner Pflanzenphysiologie S. 603: „... eine schnelle Beförderung der Inhaltsstoffe nach beiden Richtungen ... ist Aufgabe der Siebröhren ..., und es würde nur von Nachteil sein, wenn eine einseitige Strömungsbewegung (wie in der Wasserbahn) eine entgegengesetzt gerichtete Stoffbewegung erschwerte oder verhinderte.“ Man muß dazu bedenken, daß zu jener Zeit der exakte experimentelle Nachweis, daß die Siebröhren überhaupt die speziellen Fernleitungsbahnen des organischen Stofftransportes darstellen, noch gar nicht erbracht war, und daß auch die weiteren Einzelheiten, die inzwischen bekannt geworden sind, noch völlig im Dunkeln lagen. Zwar schienen alle Beobachtungen, etwa über das Wachstum von Früchten oder über die Folgen von Ringelungsexperimenten darauf hinzuweisen, daß im Phloem sowohl ein Abwärts- wie ein Aufwärtstransport möglich ist und die alte aus der Forstbotanik stammende Bezeichnung des „absteigenden Saftstromes“ die Verhältnisse schon deshalb nicht völlig richtig wiedergab.

Die ersten direkten Beobachtungen über einen gerichteten Stofftransport in den Siebröhren und über den gelegentlichen Wechsel der Stromrichtung stammen von SCHUMACHER (1933), der die Ausbreitung des Fluorescenzfarbstoffes Fluorescein in den Siebröhren der verschiedenen Pflanzen untersuchte. Er fand, daß in den Blattnerven der Blätter von *Pelargonium zonale* eine stark ausgeprägte polare Ableitung des Farbstoffes ausschließlich zum Blattstiel und durch diesen zum Stamm erfolgte, die selbst schon bei noch ganz unausgewachsenen Blättern zu beobachten war. Nur in ganz seltenen Fällen erfolgte in den Nerven eine umgekehrte Leitung zum Blattrand hin. Auch in den Blattnerven der Blätter von *Primula sinensis* und *Cucurbita Pepo* wurde, wenn auch nicht immer, die Bewegung des Fluoresceins nach abwärts zum Blattstiel bevorzugt. Selbst an abgeschnittenen Blättern blieb diese einseitige Wanderung bis an die untere Schnittfläche des Blattstieles erhalten. Auch das Herausschneiden der Intercostalfelder zwischen den Hauptnerven ändert nichts an dieser einseitigen Ableitung, die ihren Mechanismus also in den Nerven selbst besitzen mußte, sofern der Stiel mit dem Blattgerippe an der Pflanze verbleibt. Erst das Abschneiden bewirkt meist eine Umkehrung der Stromrichtung in den Blattnerven zum Rande hin. Isolierte Blattstiele, denen der Farbstoff etwa in der Mitte zugeführt wurde, leiteten bald zweiseitig, bald behielten sie die alte Polarität der Abwärtsleitung bei. Gegenteilige Angaben von Bauer (1953) erwiesen sich als unrichtig. Die Versuche von Rouschal (1941), durch eine Einwirkung von Glycerin die Fluoresceinwirkung umzukehren, würden zwar von Schumacher (1950) bestätigt, beruhten aber offensichtlich nicht auf osmotischen Wirkungen des Glycerins. Ganz besonders interessant war das weitere Verhalten des aus den Blättern in die Achse eintretenden Fluoresceinstromes. In vielen Fällen bewegte sich der aus ausgewachsenen Blättern kommende Farbstoff in der Achse ausschließlich nach oben und erreichte, ohne jemals in die Blätter (auch nicht in die jüngsten) einzutreten, die noch unausdifferenzierten Procambialbündel bis wenige Schichten unter dem Dermatogen des Hauptvegetationspunktes. Aber auch in die Achselknospen, vor allem in die des ableitenden Blattes, drang der Farbstoff wiederum auf dem Wege der Procambialstränge ein. In anderen Fällen wurde jedoch beobachtet, daß die Bewegung im Stamm gleichzeitig sowohl nach aufwärts wie nach abwärts erfolgte, nach aufwärts jedoch meist mit größerer Geschwindigkeit. Ob es sich dabei um dieselben Siebröhren handelte, die gleichzeitig nach oben und nach unten leiteten, konnte leider nicht genau ermittelt werden. In wieder anderen Fällen wurde allein eine Wanderung des Fluoresceins nach unten gefunden. Zweiseitige, wenn auch langsame Ausbreitung wurde auch oft beobachtet, wenn der Farbstoff an der unteren blattfreien Sproßachse eingeführt wurde, unabhängig davon, ob in der oberen Blattregion raschere Saftströme nach oben oder unten erfolgten, so daß hier von einem „absteigenden" Saftstrom bestimmt nicht gesprochen werden kann.

Diese ersten Beobachtungen über das Verhalten des körperfremden Farbstoffes Fluorescein können natürlich, wie bereits erwähnt, nicht ohne weiteres mit der Bewegung der Zucker usw. gleichgesetzt werden. Dennoch verraten sie eine erstaunliche Mannigfaltigkeit der Stromrichtung eines in den Siebröhren selbst verlaufenden Transportes, wobei die Ursachen der gelegentlichen Umschaltungen noch ganz im Dunkeln liegen, sofern man nicht der einfachen Vorstellung von Münch von einem osmotischen Gefälle im Sinne Rouschals (1940) folgen will. Die Versuche von Both (1937), bei denen an Sproßfragmenten von *Impatiens* ein Einfluß der Hydratur festgestellt und eine Abwanderung von Fluorescein (und Coffein) immer nur dann beobachtet wurde, wenn das ableitende Blatt in höherer Luftfeuchtigkeit gehalten wurde, erlauben kaum ein allgemeines Urteil, zumal sie teilweise im Gegensatz zu den Befunden Schumachers (1950) an Pelargonien stehen; Versuche an dekapitierten und entblätterten Pflanzen sollten immer mit Vorsicht interpretiert werden.

Interessant sind auch die Versuche von Palmquist (1938), der glaubt, bei Blattfiedern von *Phaseolus vulgaris* eine gegenläufige Bewegung von Kohlenhydraten und Fluorescein experimentell nachgewiesen zu haben. Fluorescein wanderte z.B. in die Blattnerven verdunkelter Seitenfiedern ein, während diese (durch Trockengewichtsbestimmungen nachgewiesen) offenbar Kohlenhydrate ableiteten. Diese Ergebnisse stimmen mit den Beobachtungen von Schumacher überein, wonach das Fluorescein unabhängig von einem gleichzeitigen Kohlenhydrat- oder anderem Strom in den Siebröhren wandert. Nach den Beobachtungen von Rouschal (1940) bewegt sich Fluorescein in den extrafasciculären Siebröhren noch wachsender Sprosse von *Cucurbita Pepo* oft gerade in entgegengesetzter Richtung wie in den fasciculären Siebröhren. Rouschal weist selbst auf die Bedeutung dieser Beobachtung hin, ohne allerdings unter Zugrundelegung der osmotischen Druckstromhypothese eine Erklärung geben zu können.

Darauf wird später noch einmal zurückzukommen sein. Die Versuche von MASON und seinen Mitarbeitern (1936) sowie von H. FISCHER (1936), eine gleichzeitige gegenläufige Bewegung von Kohlenhydraten und N-Verbindungen, also von körpereigenen Substanzen, im Phloem von Blattstielen und Rinden nachzuweisen, konnten aus methodischen Gründen nicht restlos überzeugen, obwohl eine gewisse Wahrscheinlichkeit dafür spricht, daß solche aus mechanischen Gründen sehr wichtigen Transportvorgänge tatsächlich vorkommen. Interessant sind aber die Umschaltungen der Bewegungsrichtung von Kohlenhydraten, N-Körpern, P, Mg und K in heranwachsenden Blütenblättern, wie sie von SCHUMACHER (1931), BALL (1933), COMBES (1935, 1936) sowie von PHILLIS und MASON (1936) und GESSNER (1948) beschrieben wurden: Einwanderung bis kurz vor der Anthese und Rückwanderung bereits zur Zeit, wenn sich die Blüte aus der Knospe entfaltet. Eine kausale Analyse dieser Umschaltungen der Bewegungsrichtung ist bis jetzt noch nicht gelungen. Beim Welken der Blütenblätter dürften die Phloemgewebe im Unterschied zum Mesophyll noch längere Zeit turgeszent bleiben.

Die vor allem von BENNETT (1937) und seinen Mitarbeitern erhobenen vielfachen Befunde, daß Virus-Stoffe in der Richtung der Assimilationsströme wanderten, kranken an der Schwäche, daß die Richtung dieser Assimilationsströme nie wirklich nachgewiesen, sondern nur aus Sekundärerscheinungen abgeleitet wurden. Dasselbe gilt für die vielfachen Versuche mit 2,4-D (CRAFTS 1964). Ganz besonders aber erlaubt die Beobachtung, daß zwei Stoffe in derselben Richtung wandern, noch lange nicht den Schluß, daß sie durch einen Massenstrom befördert werden. Es können hier sehr indirekte Zusammenhänge bestehen.

Einen wirklichen weiteren Fortschritt ermöglichte erst der Einsatz von Isotopen, meist in der Form, daß $^{14}CO_2$ zur Photosynthese geboten und die Ausbreitung der markierten Assimilate im ganzen Pflanzenkörper durch Autoradiographie bzw. Extraktion festgestellt wurde. Die Ergebnisse weichen nicht wesentlich von denen am Fluorescein gewonnenen ab, sind aber natürlich insofern bedeutsamer, als es sich ja hier um den Transport der körpereigenen Substanzen und nicht wie beim Fluorescein um einen Fremdkörper handelt. In dieser Hinsicht muß nochmals darauf hingewiesen werden, daß auch die zahlreichen Versuche von CRAFTS mit markiertem 2,4-D genau so einen nicht körpereigenen Stoff betreffen, und alle Einwände, die mit Recht oder Unrecht gegen die Versuche mit Fluorescein erhoben wurden, auch für das 2,4-D gelten müssen (zuletzt CRAFTS und YAMAGUCHI 1964).

Als Beispiel für mehrere diesbezügliche Arbeiten mag hier das jüngste Ergebnis von WEBB und GORHAM (1964) beschrieben sein, die ein Blatt von *Cucurbita melopepo torticollis* Bailey 15 sec lang $^{14}CO_2$ assimilieren ließen und dann bis zu 3 Std lang die Ausbreitung der markierten Assimilate (hauptsächlich Stachyose und Saccharose, Nachweis durch Extraktion aus 2 cm langen Segmenten) durch die ganze Pflanze verfolgten. Schon 5 min nach der Exposition erscheint eine gewisse Aktivität im oberen Blattstielabschnitt ausgewachsener Blätter, deren Herkunft aber ungewiß ist, da sie eine Leitungsgeschwindigkeit von 290 cm/h ergeben würde (freies $^{14}CO_2$ Gas ? Spreitung ?). Das erste abgeleitete Assimilat ist Stachyose, erst nach 30 min erscheint auch Saccharose als Wanderstoff. 55% der assimilierten Aktivität bleibt im Blatt selbst und wird nicht mehr exportiert, davon 14% im Blattstiel, wobei die Autoren es offen lassen, ob die aktiven Stoffe in den Leitbahnen selbst oder im Phloemgewebe bzw. dem umliegenden Parenchym gespeichert werden. In Analogie zu dem Verhalten des Fluorescein könnte auf ein Verbleiben in den Siebröhren selbst geschlossen werden. Sobald der Strom der aktiven Assimilate den Stamm erreicht hat, erfolgt, wiederum ähnlich wie beim Fluorescein, sowohl eine Leitung nach aufwärts zu den jungen, noch unausgewachsenen Blättern und Sproßteilen wie nach abwärts nach den Wurzeln. In ausgewachsene Blätter treten dagegen niemals Assimilatströme ein, sie leiten ihrerseits ab, und es kann durchaus sein, daß in den mittleren Achsenteilen gleichzeitig sowohl auf- wie abwärts fließende Ströme vorhanden sind. Ob dies nur für dieselben Phloemstränge als Ganzes oder auch für eine einzelne Siebröhre gilt, konnte durch Radioautographie leider bisher noch nicht erkannt werden, obwohl diese Feststellung für die Erklärung der Mechanik der Bewegung von größter Wichtigkeit wäre. Ein Unterschied in der Verwendung der extra- und intraxylären Phloeme der bikolateralen Leitbündel konnte nicht gefunden werden. Beide leiteten die markierten Assimilate in gleicher Weise ab.

Recht interessant ist das Verhalten noch junger, unausgewachsener Blätter. Bis zu einem gewissen Entwicklungszustand halten sie die eigenen Assimilate fest, verwenden sie zum eigenen Aufbau und empfangen noch dazu solche von ausgewachsenen Blättern. Noch bevor sie jedoch ganz ausgewachsen sind, beginnen sie bereits mit der Ausfuhr eigener Erzeugnisse, ohne daß die gleichzeitige Zufuhr von anderen Orten schon ganz gestoppt würde. So erfolgt auch hier ca. 24—36 Std lang noch ein *gleichzeitiger gegenläufiger* Transport durch den Blattstiel dieser jungen Blätter, bis schließlich die Ableitung allein übrig bleibt, sobald das Blatt ganz ausgewachsen ist. Eine nähere Lokalisation war auch hier nicht möglich. Es mag aber schon hier darauf hingewiesen werden, daß es recht unwahrscheinlich erscheint, daß innerhalb eines Blattstieles oder sogar innerhalb eines Phloemstranges ganz unterschiedliche osmotische Werte herrschen sollten, wie dies die Münchsche Druckstromhypothese verlangt. An den Knoten kann jeweils die Achse, offenbar durch Querverbindungen zwischen den Siebröhren der einzelnen Phloemstränge, voll umwandert werden. Die an anderen Objekten gelegentlich beobachtete strenge Bindung eines Blattes an einen einzelnen Leitstrang darf daher nicht verallgemeinert werden. Wie immer sind die jeweiligen anatomischen Verhältnisse allein maßgebend. Auch SCHUMACHER (1933) hat bei *Pelargonium* beobachtet, daß Fluorescein glatt auf der Gegenseite der Achse erscheinen kann. Die bei Cucurbitaceen, aber auch bei anderen Pflanzen (z.B. Dioscoreaceen) bekannten sog. Commissuralsiebröhren, die sogar in den einzelnen Internodien von einem Phloemstrang zum anderen ziehen und sich deutlich am Transport aktiven Materials beteiligen, verstärken natürlich auch schon außerhalb der Knoten den Stoffaustausch in tangentialer Richtung. Auch PEEL (1964) hat in der Rinde von Weidenstecklingen mit Hilfe der Rüsselmethode wenigstens die Möglichkeit zu einer tangentialen Umwanderung unter gewissen Bedingungen gefunden, leider ohne jegliche anatomische Nachuntersuchung. JONES, MARTIN und PORTER (1959) haben bei Tabakpflanzen eine stärkere Isolierung der die einzelnen Blätter mit der Achse verbindenden Leitstränge gefunden (anatomische Untersuchungen fehlen leider auch hier), im übrigen aber ebenso wie WEBB und GORHAM (1964) dieselben Beobachtungen über die starke Retention der Assimilate in jungen wachsenden Blättern und den Beginn der Ableitung erst in einem fast ausgewachsenen Stadium gemacht, während welcher Zeit gleichzeitig Ausfuhr und Einfuhr durch dieselben Blattnerven erfolgte. Auch SHIROYA, LISTER, NELSON und KROTKOV (1961) berichteten über ähnliche Erfahrungen. Dasselbe gilt für die Untersuchungen von DORRINGTON WILLIAMS (1964) an *Phleum pratense*. Ausgewachsene Blätter versorgen sowohl die Vegetationspunkte des Sprosses wie die Wurzeln, ältere Blätter leiten nur noch zur Wurzel ab, während reifende Früchte fast allein vom Deckblatt ernährt werden. Sehr beachtlich ist auch die Beobachtung von BACHOFEN und WANNER (1962), wonach bei Verdunkelung der ernährenden Blätter aus grünen reifenden Früchten von *Phaseolus* wieder ein Rücktransport von markierten Assimilaten erfolgen kann, der im Gegensatz zum Einstrom (s. früher) im Phloem erfolgen soll. Auf die Befunde von SWANSON und EL-SHISHINY (1958), wonach in einem 3 m langen Sproß von *Vitis labruscana* die markierten Assimilate aus einem Blatt sowohl nach aufwärts wie nach abwärts wanderten (aufwärts mit größerer Geschwindigkeit!), war schon früher hingewiesen worden. Sie stimmen mit allen anderen Beobachtungen, selbst denen am Fluorescein, überein. Auf die vielfältigen Versuche von CRAFTS und seinen Mitarbeitern (1961, 1964), die Verteilung markierter Wuchsstoffe radioautographisch darzustellen, braucht hier nicht näher eingegangen zu werden, da sich auch diese Stoffe ähnlich verhalten und, sofern sie wirklich im Phloem befördert werden, sowohl einseitige wie zweiseitige Wanderung erkennen lassen.

Auch in der Frage, ob gleichzeitig in demselben Phloemgewebe ein entgegengesetzter Transport möglich ist, hat der Einsatz von Isotopen einen gewissen, wenn auch noch sehr begrenzten Erfolg ermöglicht. So hat CHEN bereits 1951 versucht, eine gegenläufige Bewegung von ^{32}P und ^{14}C im Phloem von *Pelargonium hortense* nachzuweisen. Eine nähere Lokalisation der beiden Isotopen in einzelnen Bauelementen des Phloems war bei seiner Technik jedoch nicht möglich. Die besten autoradiographisch belegten Befunde wurden von BIDDULPH und CORY (1960) an Schminkbohnen (Red Kidney Beans) gemacht, indem es den Autoren gelang, die Wanderung von Assimilaten aus $^{14}CO_2$ in den Leitbündeln nach aufwärts nachzuweisen, während gleichzeitig, teilweise im selben Bündel, ^{32}P (aus auf die Blätter aufgesprühtem $NaH_2P^{32}O_4$) nach abwärts wanderte. Eine Lokalisation in einer Siebröhre, wie dies bei Fluorescein leicht möglich ist, konnte leider auch hier nicht erreicht werden. Die Autoren vermuten lediglich, daß ^{32}P in den älteren, ^{14}C in den jüngeren Siebröhren geleitet wird und möchten hierfür sogar zwei verschiedene Transportmechanismen in Anspruch nehmen. Doch bedarf dies wohl noch einer näheren Bestätigung. In einer jüngsten Veröffentlichung (1965), in der ebenfalls zwei verschiedene Transportmechanismen vermutet werden, scheint klar zu werden, daß entgegengesetzte Transporte doch verschiedene Leitstränge benutzen und nicht im selben Bündel erfolgen. Junge Blätter sollen bevorzugt die Sproßspitzen versorgen, alte (untere) Blätter die Wurzeln, während mittlere Blätter nach beiden Richtungen exportieren. Auch qualitativ soll ein Unterschied bestehen, indem aus jungen Blättern mit ihrem stoffwechselabhängigen Transportmechanismus Steroide abgeleitet werden. Ob die Methode des fluorescenzoptischen Kallosenachweises einen sicheren Hinweis auf die Leitbündelanatomie und ihren Verlauf ermöglicht, mag dahingestellt bleiben. Über die Unwahrscheinlichkeit verschiedener osmotischer Werte in den einzelnen Phloemsträngen war schon S. 129 das Nötige gesagt worden.

Eine ganz besonders bedeutsame Beobachtung über die Stromrichtung von Aminosäuren in Blättern wurde von MOTHES, ENGELBRECHT und KULAJEWA (1959) gemacht. Die Autoren fanden zunächst, daß lokale Bezirke abgeschnittener Blätter von *Nicotiana rustica*, die mit einer schwachen Lösung des Purinderivates Kinetin besprüht werden, ihren Chlorophyllgehalt behielten bzw. noch vermehrten während die übrigen Spreitenteile vergilbten. Die genauere Untersuchung ergab, daß die „Kinetin-Orte" geradezu als Attraktionszentren fungierten, an denen sich die aus dem Eiweißabbau der vergilbenden Blatteile entstehenden Aminosäuren auch gegen ein Konzentrationsgefälle ansammelten, unabhängig davon, ob es an diesen Stellen dann weiterhin zu einer Eiweiß- oder Nucleinsäure(!)-Synthese kam oder nicht. Die natürlicherweise in einem Blatt bestehende Polarität der Aminosäurewanderung aus dem Spreitenparenchym in die Blattnerven und Blattstiele konnte also durch das lokale Anbringen von „Kinetin-Orten" in beliebiger Weise umgelenkt werden. Mit Hilfe von isotop markiertem Stickstoff konnte gezeigt werden, daß dies sowohl für die blatteigenen wie für künstlich durch den Stiel zugeführte ^{15}N-Verbindungen ($^{15}NH_4NO_3$ und Carboxyl-^{14}C-Glycin) Gültigkeit besaß. In jüngster Zeit hat PENOT (1965) über ähnliche Beobachtungen der Kinetinwirkung an anderen Pflanzen (*Pelargonium zonale, Impatiens sultanii, Populus nigra, Tradescantia viridis*) berichtet, diese jedoch auch auf die Bewegung am radioaktiv markierten Zucker, auf ^{32}P und ^{86}Rb ausgedehnt, während Cl und Mo offenbar darin nicht beeinflußt werden und vielleicht auch auf anderen Bahnen wandern. PENOT vermag ebensowenig wie MOTHES eine Erklärung der eigenartigen Kinetinwirkung zu geben, schließt aber aus seinen Versuchen, daß eher ein diffusionsartiger Prozeß als eine osmotische Massenströmung zugrunde liegt. Die Wanderungsrichtung soll von „Attraktionszentren", wie jungen wachsenden Knospen, Calluswucherungen, Wurzelspitzen u.a.m. korrelativ bestimmt werden. Es ist dies die alte Vorstellung von „source and sink", die schon von MASON erörtert worden ist, aber unter dem Eindruck der Kinetin-Experimente verstärkt durch die zusätzliche Annahme einer „Attraktionskraft", die freilich nach wie vor rätselhaft bleibt.

Es wird später bei der Erörterung der Attraktionszentren der Stoffbewegung und ihrer Beziehung zu eventuellen Konzentrationsgefällen noch einmal eingehend darauf zurückzukommen sein. VOGL (1964) vermutet eine korrelative Steuerung der Transportrichtung und Ableitung aus den Blättern. Er beobachtete, daß ^{32}P aus Pappelblättern in verschiedenen Richtungen wandert, je nach der Blattinsertion, der Zahl der Blätter, der Aktivität des Sproßgipfels usw.

5. Der Einfluß von Sauerstoff, Atmungsgiften und Narkose auf den Stofftransport.

Die Ausführungen in diesem Abschnitt leiten bereits zu den im folgenden Kapitel zu behandelnden Fragen nach der Mechanik des Stofftransportes über. Denn es ist klar, daß die Untersuchung des Einflusses von Sauerstoff oder von Atmungsgiften auf die Frage abzielt, wie weit der Stofftransport von vitalen Vorgängen, insbesondere von energetischen Prozessen wie der Atmung, abhängt.

Zwei Dinge müssen hier an den Anfang gestellt werden: Die Phloeme der Leitbündel wie die sekundären Phloembänder etwa der Bäume usw. liegen im allgemeinen im Innern der Pflanzenorgane, also nicht in unmittelbarer Berührung mit dem Luftsauerstoff, und ihre anatomische Charakteristik ist gerade das Fehlen von Intercellularen zwischen Siebröhren, Geleitzellen und Siebparenchym, so daß Sauerstoff, wenn überhaupt, nur durch Diffusion durch lebende Zellen oder durch Transport in gebundener Form zu den eigentlichen Leitorganen gelangen kann.

Unter diesen Umständen nimmt es fast wunder, daß sowohl CURTIS (1929) wie auch MASON und seine Mitarbeiter (1936) glaubten, bei Sauerstoffentzug an Blattstielen oder Rindenphloemen eine Herabsetzung der Stoffwanderung nachweisen zu können. CURTIS (1929) fand diesen Effekt allerdings nur, wenn er die Stickstoffatmosphäre, durch die er die Luft ersetzte, unter einen gewissen Überdruck setzte. MASON u. Mitarb. (1936) bedeckten die Oberfläche von Blattstielen mit einer Vaseline-Paraffin-Mischung und glaubten sogar, daß die Hemmung proportional zu der Länge der so vom Luftzutritt abgeschnittenen Organe stehe. Da SCHUMACHER (1930) bei isolierten Leitbündeln von *Pelargonium*, die in eine dicke Schicht von Vaseline eingebettet waren, eine ungestörte Auswanderung von N-Verbindungen aus Blättern beobachtete und auch andere Versuche späterer Autoren auf diese Weise den Stofftransport nicht hemmen konnten (z.B. CURTIS

1929, H. FISCHER 1936), ist es wahrscheinlich, daß bei Baumwolle eher eine spezifische Wirkung des Abschlußmittels als ein Abschluß des Sauerstoffs wirksam war.

WILLENBRINK (1957) fand keine Wirkung auf die Auswanderung von Fluorescein, N und P, wenn er die Luft durch Stickstoff oder den noch leichter diffundierenden Wasserstoff ersetzte, und auch ULLRICH (1961) bestätigte diese Befunde noch einmal ausdrücklich für die Ausbreitung von Fluorescein in den Siebröhren.

Demgegenüber steht nun die zuerst von KURSANOV und seinen Mitarbeitern (1952) gemachte Feststellung, daß isolierte Blattleitbündel eine erstaunlich hohe Sauerstoffatmung zeigen können, wenn diese etwa mit der Intensität des Parenchyms verglichen wird, in dem sie eingebettet liegen. Diese Befunde sind später von WILLENBRINK (1957), TSAO TSUNG und LIU CHIH-YII (1957), ZIEGLER (1958), DULOY und MERCER (1961) und ULLRICH (1961) grundsätzlich bestätigt worden, doch muß betont werden, daß alle diese Untersuchungen mit isolierten Leitbündelfragmenten durchgeführt wurden, in denen kaum mit einem nennenswerten Stofftransport gerechnet werden darf. Wenn die Angaben von ZIEGLER richtig und an anderen Objekten zu bestätigen sind, wonach bei den Leitbündeln von *Heracleum Mantegazzianum* Phloem und Xylem (berechnet auf den Protein-N-Gehalt der lebenden Zellen) mit etwa derselben Intensität atmen, würde allerdings daraus zu folgern sein, daß diese erhöhte Atmung nicht mit dem Stofftransport in ursächlichem Zusammenhang steht. Leider fand indessen auch in den Leitbündeln bei ZIEGLER (1958) während der Messung kein normaler Stofftransport statt. Nach DULOY u. MERCER (1961) ist die Atmungsintensität von Leitbündelfragmenten, für die leider derselbe Einwand gilt, bei Bezug auf den N-Gehalt nicht größer als die des Grundparenchyms.

Die bisherigen Untersuchungen zeigten bei Sauerstoffgegenwart eine mehr oder weniger normale Atmung, denn die Respirationsquotienten lagen keineswegs bei allen Autoren über 1. W. ULLRICH (1961) hat aber dann nachgewiesen, daß isolierte Leitbündelfragmente bei Luftabschluß auch zu einer kräftigen und lang andauernden Gärung befähigt sind, so daß durchaus mit der Möglichkeit zu rechnen ist, daß die tief im Gewebe eingebetteten und intercellularenfreien Phloembündel nicht oxydativ atmen, sondern gären, zumal auch unter anaeroben Bedingungen noch ein deutlicher Fluoresceintransport gelang.

Wesentlich weiter führten dann die Versuche von WILLENBRINK (1957), in denen versucht wurde, die Abwanderung von N, P, ^{14}C-Assimilaten sowie Fluorescein durch lokale und reversible Einwirkung von Atmungsgiften auf freigelegte Blattstielbündel zu hemmen und so die Frage zu entscheiden, ob Atmungsvorgänge beim Stofftransport beteiligt sind. Schon KENDALL (1955) hatte diese Frage für den Transport von ^{32}P bei Bohnen zu lösen versucht, aber die Hemmung, die er erzielte, ließ nicht erkennen, wie weit die angewandten Gifte die Leitbahnen irreversibel schädigten und abtöteten. WILLENBRINK (1957) legte an Blattstielen von *Pelargonium*-Blättern auf eine begrenzte Strecke das zentrale Leitbündel operativ frei, umgab die operierte Stelle mit einem geschlossenen Zylindermantel, in dem die Atmungsgifte HCN und CO in Gasform, andere, wie 2,4-Dinitrophenol, Arsenit, Azid oder Jodessigsäure in Lösung lokal auf das Bündel einwirken konnten. Beobachtet wurde die Auswanderung von N- und P-Verbindungen aus der Blattspreite von Blättern mit derartig behandelten Blattstielen quantitativ, die von mit ^{14}C markierten Assimilaten und von Fluorescein qualitativ. In allen Fällen mit Ausnahme des CO und des NaF erfolgte eine deutliche Hemmung der Auswanderung an der vergifteten Stelle, die jedoch besonders im Falle der HCN-Vergiftung nach Entfernung des Giftes nach einer gewissen Zeit der Erholung wieder aufgehoben wurde. Auf diese Reversibilität der Hemmung wurde besonders geachtet, weil hierdurch der Einwand ausgeschaltet wurde, daß die Atmungsgifte die Leitbahnen abgetötet und hierdurch für eine Stoffleitung ausgeschaltet haben könnten. Der andere Einwand, daß trotz der lokalen Einwirkung der Atmungsgifte ein Teil dieser Substanzen in das Xylem des Leitbündels übergetreten und hier mit dem Transpirationsstrom bis in die Nervenden der Spreite gelangt sein könnte, wo alsdann nicht der eigentliche Ferntransportvorgang, sondern die Einschleusung der Wanderstoffe aus dem Blattparenchym in die Leitbahnen gehemmt würde, konnte auf folgende Weise ausgeschaltet werden: Es konnte gezeigt werden, daß Fluorescein, das nach dem Verfahren von SCHUMACHER (1933) auf die Unterseite der Blattnerven aufgebracht wurde, bei lokaler Einwirkung der Atmungsgifte auf das Blattstielbündel durchaus noch in die Blattnerven eindrang und in diesen bis in den Stiel abwanderte, erst die vergiftete Stelle aber nicht mehr zu überwinden vermochte. Nach Aufhebung der Atmungssperre wurde dann auch das Fluorescein wieder durch die vorher blockierten Teile des Bündels hindurchgeleitet. Da sich das körperfremde Fluorescein in diesen Versuchen nicht anders verhielt als die körpereigenen N- oder P-Verbindungen oder die markierten Assimilate (WILLENBRINK 1966), dürfte der Schluß erlaubt sein, daß die lokale Atmungshemmung eines Teiles der Leitgewebe die Durchwanderung dieser Strecke verhindert. Da auch anatomisch keine Anhaltspunkte gegeben sind, daß unter der Einwirkung von Atmungsgiften etwa eine Verstopfung der Siebporen durch Kallose die Ursache des Transportblocks sein könnte (W. ULLRICH 1962), wird man weiter folgern müssen, daß die Atmungsenergie irgendwie in das Transportgeschehen eingreift, und zwar in jedes einzelne Segment der Leitbahn, also letzten Endes in jedes Siebröhrenglied, obwohl natürlich nicht im einzelnen gesagt werden kann, ob die Atmungsgifte Siebröhren, Geleitzellen oder das Phloemparenchym spezifisch hemmen. Der einzige Stoff, der bisher in den Siebröhren selbst gesehen werden konnte, war das Fluorescein, aber auch das ermöglichte keinen näheren Aufschluß. Es ist jedoch immerhin interessant, darauf hinzuweisen, daß in Blattstielen der seitliche Aus- und Eintritt von Wanderstoffen gegenüber dem reinen Durchfluß weitgehend zurücktreten dürfte. Daß gerade letzterer durch Atmungsgifte gehemmt wird, scheint darauf hinzuweisen, daß energieerzeugende Atmungsprozesse in den Mechanismus des Transportes selbst eingreifen.

Interessant ist auch die Beobachtung WILLENBRINKS (1957), daß die Blausäure den Transport von Fluorescein und körpereigenen N-Verbindungen stärker zu hemmen scheint als den von P-Verbindungen. Bei anderen Atmungsgiften, bei denen allerdings die Reversibilität nicht so leicht und eindeutig wie bei dem leicht eindringenden HCN-Gas gelang, wurde der Transport von P- und besonders von N-Körpern empfindlich, der von Fluorescein dagegen erst bei höherer Konzentration der Atmungsgifte gehemmt. Dies würde darauf hindeuten, daß die einzelnen Substanzen unabhängig voneinander transportiert werden.

Die angewendeten Hemmstoffe sind bekannt als spezifische Fermentgifte, die an den verschiedenen Teilschritten des Atmungsstoffwechsels angreifen. Blausäure, mit der die Hemmung des Stofftransportes am leichtesten gelingt, ist bekannt als Schwermetallgift, das vor allem häminartige Fermente, wie die Cytochromoxydase, Katalase, Peroxydase u.a., bindet. Es scheint ein Widerspruch zu bestehen zwischen der nachgewiesenen Unabhängigkeit des Stofftransportes von der Sauerstoffzufuhr und der starken Empfindlichkeit gegen HCN. Es wäre denkbar, daß die Schwermetallfermente normal nicht mit Luftsauerstoff reagieren, obwohl sie dies, wie die starke Sauerstoffatmung isolierter Bündel beweist, zweifellos können. Aus diesem Grunde hat W. ULLRICH (1961) die alten Angaben von Raciborski (1898) über das reichliche Vorkommen von „Leptomin", d.h. einer Peroxydase, im Phloem mancher Pflanzen erneut nachgeprüft. Er konnte mit modernerer Methodik im Phloem von *Passiflora coerulea* und *Morus alba* Peroxydasen nachweisen, besonders reichlich im Phloemparenchym, aber auch in jüngeren Siebröhren und Geleitzellen, und konnte auch nachweisen, daß diese Peroxydasen HCN-empfindlich sind. Woher allerdings die notwendigen Peroxyde kommen sollten, blieb nach wie vor ungeklärt. Der Gedanke an einen Transport irgendwie gebundenen Sauerstoffs in den Leitbahnen selbst liegt natürlich nahe, zumal das reichliche Vorkommen von Mitochondrien in den Geleitzellen, aber auch in den Siebröhren selbst (s. besonders Kollmann und Schumacher 1961—1964 bei geleitzellfreien Coniferen, vgl. Abb. 12) ja doch auf einen irgendwie gearteten Energiestoffwechsel hinweist. Aber bisher sind hier nicht mehr als Vermutungen möglich. Die Unabhängigkeit des Stofftransportes vom Sauerstoffgehalt der Atmosphäre, die starke Empfindlichkeit gegen Blausäure und andere Fermentgifte des Atmungsstoffwechsels sind Fakten, die durch weitere Forschungen in unser Bild des Energiestoffwechsels der Phloeme eingebaut werden müssen. Was aus ihnen mit Sicherheit gesagt werden kann, das ist die Tatsache, daß energieliefernde Vorgänge am Stofftransport beteiligt sind, wobei auf die Parallele zu den Ergebnissen von Arisz (s. Teil II, S. 39, 51) beim Transport in Parenchymen hingewiesen sein mag. Auch Arisz (1958) hatte eine Hemmung des Chloridtransportes in den Bündeln von *Vallisneria* durch Azid beobachtet, aber seine Ergebnisse ermöglichen keine so klaren Schlüsse, zumal die Stoffaufnahme mitbetroffen wird.

Demgegenüber ist bemerkenswert, daß die Transportvorgänge offenbar gegen *Narkose* weitgehend unempfindlich sind. Zwar sind auch hierüber in der Literatur widersprechende Angaben zu finden. Doch sind entweder die Stofftransporte nicht eindeutig erfaßt (Stärkeschwund u.dgl. genügt natürlich nicht), oder es besteht keine Gewähr, daß die Narkose nicht zur Abtötung der Leitelemente geführt hat (Czapek 1897; s. auch Krusemann 1941). In den Versuchen Schumachers (1933) gelang es jedenfalls weder durch Einwirkung von Äther- oder Chloroformdampf noch mit Lösungen von Urethanen, die Ausbreitung des Fluoresceins in den Siebröhren zu stoppen. Auch Fischer (1936) erreichte mit Ätherdämpfen keine Wirkung auf die Auswanderung von N-haltigen Verbindungen aus Blättern. Bei der Unsicherheit, die noch immer bezüglich der Narkosewirkung besteht, ist es natürlich schwierig, über die einfache experimentelle Feststellung hinaus weitere Folgerungen abzuleiten. Mit Isotopen scheinen bisher noch keine diesbezüglichen Versuche unternommen worden zu sein.

B. Die treibenden Kräfte der Stoffbewegungen in den Siebröhren.

1. Der Ein- und Austritt der Stoffe in die Leitbahnen.

Wann und wo immer ein Ferntransport von Stoffen in den Siebröhren erfolgt, müssen diese Stoffe am Ausgangspunkt in die Leitbahnen eingeschleust und am Endpunkt wieder ausgeschleust werden. Dies geht immer über die normalerweise in jedem Phloem die Siebröhren begleitenden parenchymatischen Zellen, seien es Geleitzellen oder Parenchymzellen. Das Problem berührt sich also hier auf das engste mit den Fragen des Stofftransportes in Parenchymen, wie es in II. dargestellt wurde. Es besteht kein Grund, hierfür, wie es oft geschieht, allein die Geleitzellen in Anspruch zu nehmen. Neben der bekannten Tatsache, daß Geleitzellen bei Coniferen fehlen, lehrt ein Blick auf den Querschnitt eines Leitbündels, daß der Weg in die Siebröhren eines solchen Bündels hinein oder aus ihnen heraus keineswegs allein durch die meist im Innern des Phloemstranges eingeschlossenen Geleitzellen gehen kann, da vielfach die Siebröhren aneinander grenzen und die Geleitzellen nur in den Ecken angeordnet sind. Geht man von den grünen Laubblättern als den Hauptstätten der Zuckersynthese und des Zuckerabflusses aus, so müssen die Assimilate aus dem Mesophyll in die Blattnerven übertreten. Bei den feinsten Nervenden dürften hierbei vielleicht die auffällig großen Scheidenzellen („Übergangszellen" A. FISCHERS) eine besondere Rolle spielen. Bekanntlich fehlen die Siebröhren an den letzten Auszweigungen des Bündels, sie bestehen hier oft nur aus einem von großen parenchymatischen Scheidenzellen umgebenen Gefäß. Erst etwas weiter abwärts treten die ersten besonders engen Siebröhren mit kaum lichtoptisch erkennbaren Siebporen und typische große Geleitzellen auf (zuletzt LANGE DE MORRETES 1962, s. S. 52ff., s. auch ESAU 1953). Es ist daher auch nicht mit Sicherheit anzugeben, wo die in den assimilierenden Zellen entstehenden Assimilate in die Blattnerven und hier in die Siebröhren eintreten. Daß dies ausschließlich an den Nervendigungen über die Scheidenzellen bzw. Übergangszellen geschieht, ist wenig wahrscheinlich. SCHUMACHER (1933, 1937) beobachtete, daß sich Fluorescein, das auf kräftige also ältere Blattnerven von Pelargonien, bei denen lediglich die Epidermis abgeschabt war, aufgetragen wurde, nach Durchwanderung des Nervparenchyms zunächst in den Scheidenzellen des Bündels konzentrierte, von wo es dann, nach Erreichung eines gewissen Sättigungsgrades, offenbar in einem aktiven Prozeß, in das Phloem abgegeben wurde und die Siebröhren erreichte, wenn auch offenbar niemals alle! Dies ist auch noch bei den dicken Blattnerven in der Nähe des Stielansatzes und natürlich ebenso an allen freigelegten Bündeln des Blattstieles möglich und keineswegs auf die Bündelenden beschränkt. Auch beim Phloem der Sproßachse ist dies der Fall. Bei den Versuchen an Blattnerven wurde wohl einige Male beobachtet, daß nach der Abgabe aus den Scheidenzellen die Geleitzellen des Siebteiles *vor* den Siebröhren selbst Fluorescein enthielten. Doch kann dies nicht als strenger Beweis dafür gewertet werden, daß, vor allem im Hinblick auf die oben erwähnte anatomische Lage, der Weg in die Siebröhren wirklich nur über die Geleitzellen führt. Die Geleitzellen sind besonders plasmareich und stehen in einem so engen plasmatischen Konnex mit den Siebröhren, daß jede Spur des Farbstoffes, der in die Siebröhren gelangt, auch sofort in den Geleitzellen (und nur hier, nicht im Phloemparenchym) auftritt, wo er infolge der hohen Leuchtdichte vielleicht nur früher als in dem hochgradig aufgelockerten Siebröhrenplasma erkannt werden kann. Bei den geleitzellenfreien Siebzellen der Coniferen müssen ohnehin andere Verhältnisse herrschen.

Immerhin zeigten schon diese Beobachtungen, daß der Eintritt eines Stoffes in die eigentliche Leitbahn einer Siebröhre ein recht komplizierter Vorgang und sicher nicht eine einfache Diffusion sein muß.

Fast gleichzeitig mit diesen Untersuchungen fanden PHILLIS und MASON (1933) bei ihren Untersuchungen an Baumwollpflanzen, daß die Blattnerven wesentlich höhere Konzentrationen an Saccharose, die als der eigentliche Transportzucker erkannt wurde, enthielten als das Blattmesophyll, d.h. daß eine Anreicherung der Saccharose gegen ein Konzentrationsgefälle im Phloem der Nerven erfolgte. Offenbar handelt es sich um eine aktive Sekretion der Scheidenzellen oder anderer Elemente des Phloems in die Siebröhren. Diese Beobachtung ist seither vielfach bestätigt und weiter ausgebaut worden, nicht nur für Saccharose, sondern z.B. auch für Aminosäuren. Schon SCHUMACHER (1930) hat die starke Anreicherung von N in Blattnerven bei gehemmtem Abtransport des N aus den Blattspreiten quantitativ erfaßt, wobei allerdings ebensowenig wie bei MASON gesagt werden konnte, in welchen Elementen der Nerven die Anreicherung erfolgte.

Der Grund, warum speziell für die Ein- und eventuelle Ausschleusung der Zucker die Geleitzellen (teilweise entgegen dem anatomischen Bild!) so gern in Anspruch genommen wurden, liegt wohl in den neueren Vorstellungen über die Beteiligung von Phosphorylierungs- und Dephosphorylierungsvorgängen beim Zuckerdurchtritt durch plasmatische Membranen und in dem reichlichen Vorkommen saurer Phosphatasen gerade in Geleitzellen und Scheidenzellen. Als erste haben, wie bereits früher erwähnt (S. 114) wohl YIN (1945) und dann WANNER (1952) mit seinem Schüler FREY (1954) darauf hingewiesen, daß die Parenchymscheiden der Blattleitbündel, die Geleitzellen und die jungen Siebröhren (bei *Cucurbita* auch die ekto- und endocyclischen Siebröhren selbst) Sitz starker Phosphatasewirkungen sind. Sie zogen daraus den Schluß, daß die in der Photosynthese phosphorylierten Zucker beim Eintritt in die Siebröhren dephosphoryliert würden, wodurch ein Konzentrationsgefälle zwischen Assimilationsparenchym und Siebröhren entstünde und das abgespaltete Phosphat zusammen mit den Zuckern, die dabei eventuell noch zu Di- oder Oligosacchariden synthetisiert würden, in die Siebröhren eindiffundieren könnten. Die Vorstellung, daß dies ein aktiver, energieverbrauchender Prozeß sein könnte, fehlt hier im Gegensatz zu der älteren Ansicht von MASON und seinen Mitarbeitern (ab 1928), zumal WANNER auch die Angaben von ROECKL (1949), daß Siebröhrensaft das Blattparenchym plasmolysieren könnte, nicht bestätigen konnte. Diese Angabe konnte auch BAUER (1953) nicht bestätigen, obwohl es angesichts der hohen in Siebröhrensäften nachgewiesenen Zuckerkonzentration (bis über 25% Rohrzucker, s. S. 107ff.) sehr wahrscheinlich ist, daß diese Konzentration oft über der der assimilierenden Zellen liegt. Wohl aber fand auch BAUER auffällig starke Phosphataselokalisationen in den Blattbündeln, wobei nach ihm das Maximum der Aktivität weniger in den Scheidenzellen als in den „Übergangszellen" und Geleitzellen liegen soll. Eine Bestätigung wäre erwünscht; ZIEGLER (1956) hat nämlich später auch auf den hohen Phosphatasegehalt des Gefäßparenchyms in Beziehung zum frühjahrlichen Bluten sowie auf die Verhältnisse bei Nektarien hingewiesen. Doch sind dies alles nur Analogieschlüsse, die keinen direkten Beweis für die Verhältnisse beim Eintritt der Zucker in die Siebröhren darstellen. Sie zeigen lediglich, daß überall da, wo im Stoffwechsel Umsetzungen von Zuckern stattfinden, Phosphorylierungsvorgänge beteiligt sind. Dies ging auch schon teilweise aus den Angaben von G. FREY (1954) hervor. Auf die neueren abweichenden Befunde von COTTI (1962) sowie HÄUSERMANN und FREY-WYSSLING (1963) bei Nektarien war schon früher hingewiesen worden. Wichtiger sind vielleicht die Angaben von BRAUN und SAUTER (1964a u. b), denen zufolge sowohl in den Sieb- und Phloembeckenzellen von *Tamus communis* wie in den Siebzellen der Nadeln von *Pinus sylvestris* starke Phosphatasereaktionen zu beobachten sind. Nachdem ZIEGLER (1960) für die Nadeln von *Pinus cembra* und anderen Coniferen lediglich die seitlich an das Phloem anschließenden „Strasburger-Zellen" als Sitz besonderer Phosphatasetätigkeit angegeben hatte, fanden die genannten Autoren auch das Assimilationsparenchym und das Transfusionsparenchym, bemerkenswerterweise aber eben auch die Siebzellen selbst, reich an Phosphatasen.

Ein wesentlicher weiterer Fortschritt wurde erst durch die Arbeiten von KURSANOV und seiner Schule erzielt. So fanden KURSANOV, BROVČENKO und PARIJSKAJA (1959), daß in den Blättern von *Rheum rhaponticum* L. bei kurzfristiger Assimilation von $^{14}CO_2$ im Mesophyll markierte Saccharose gebildet wird, die sehr rasch in die Blattnerven übertritt, rascher als die ebenfalls markierte Glucose oder Fructose. Nach HATCH und GLASZIOU (1964) wird die Saccharose in den Leitbündeln des Zuckerrohrs dagegen aus den Uridylverbindungen der Fructose oder Glucose aufgebaut. Auch BROVČENKO (1965) schließt aus neuen

Versuchen an der Zuckerrübe, daß aus dem Mesophyll der Blätter im wesentlichen Hexosen bzw. Hexosephosphate auswandern, die gegen ein Konzentrationsgefälle erst im Inneren der feinen Leitbündel, also vermutlich in den Siebröhren selbst oder beim Eintreten in dieselben zu Saccharose synthetisiert werden. Erst in den dicken Blattrippen und in den Blattstielbündeln herrscht die Saccharose als reine Wanderform vor. Die Mesophyllzellen scheinen geradezu Hexosen (Glucose stärker als Fructose) an ein Außenmedium zu sezernieren, was deutlich auf eine aktive Tätigkeit bei der Zuckerwanderung zwischen Mesophyll und Leitbündel hinweist. Unter den markierten Säuren des Citronensäurecyclus bemerkten KURSANOV u. Mitarb. einen bevorzugten Eintritt von Äpfel- und Citronensäure, unter den markierten Aminosäuren trat Threonin rascher als Serin und Alanin in die Leitbündel ein. Die Autoren schlossen aus ihren Beobachtungen, daß der Übertritt der Assimilate aus dem Mesophyll in die Leitbahnen einer Selektion unterworfen ist, also aktiv erfolgt, und keine einfache Diffusion oder gar eine Druckströmung einer Vielheit gelöster Stoffe zu gleicher Zeit sein kann. Noch deutlicher zeigte die Arbeit von TURKINA (1961), daß isolierte Leitbündelfragmente ein erstaunliches Absorptionsvermögen für ganz bestimmte Stoffe besitzen, während andere kaum aufgenommen wurden. Die Autorin fand, daß die Leitbündel der Zuckerrübe und ebenso die von *Heracleum Sosnovsky* besonders Saccharose aus einer Lösung speichern, selbst gegen ein Konzentrationsgefälle, während Glucose und Glycin nur schwach aufgenommen werden und nicht über das Maß der Speicherung im Blattstielparenchym, in dem die Bündel eingebettet liegen, hinausgehen. Bei *Heracleum* wurde sogar gefunden, daß das isolierte Xylem sowohl bei Berechnung auf das Frischgewicht wie auf das Trockengewicht Saccharose noch stärker speicherte als das isolierte Phloem, obwohl normalerweise der Gehalt an Saccharose im Phloem natürlich wesentlich höher zu sein pflegt als im Xylem. Dieser Befund ist nicht ganz leicht zu deuten. Er steht zwar in Übereinstimmung mit den Angaben ZIEGLERs (1958), nach denen Xylem und Phloem der Bündel von *Heracleum Mantegazzianum* etwa dieselbe Atmungsintensität besitzen. Im Xylem ist die Speicherung wohl sicher in den Gefäßparenchymzellen lokalisiert. Beim Phloem ist zu bedenken, daß keiner dieser Versuche während einer wirklich nachgewiesenen Wanderung angestellt wurde, also nur die statischen Verhältnisse eines Gewebefragmentes, nicht aber die Dynamik eines intakten funktionierenden Leitgewebes wiedergibt. Es ist mit Sicherheit anzunehmen, daß bei intaktem Abfluß der Assimilate in den Siebröhren auch der Einstrom der Assimilate um ein Vielfaches höher sein muß, als er in den Versuchen von TURKINA wiedergegeben wurde.

Besonders klare Hinweise darauf, daß der Einstrom von Assimilaten in die Leitbahnen ein aktiver energieverbrauchender Vorgang ist, gaben schließlich die Versuche von KURSANOV und BROVČENKO (1961). Die Autoren infiltrierten Zuckerrübenblätter mit einer Lösung von 6 mmol ATP und fanden, daß die durch $^{14}CO_2$ markierten Assimilate rascher aus dem Mesophyll in die Blattnerven eindrangen und im Stiel nach unten wanderten als bei einer Infiltration mit Wasser. Besonders stieg der Gehalt an Monosephosphaten im Mesophyll an, woraus geschlossen wurde, daß Phosphorylierungsvorgänge den Eintritt der Zucker in die Leitbahnen fördern, während beim Eintritt in die Siebröhren selbst oder auch noch in diesen Dephosphorylierungen und Saccharosesynthese erfolgen müßte. Diese Befunde waren besonders auffällig bei den Zuckern, während der Aminosäureeintritt anscheinend durch ATP auch etwas gefördert wird, aber nur in sehr viel geringerem Maße. Es ist daher interessant, daß gleichzeitig mit den russsichen Forschern auch W. ULLRICH (1962) Beobachtungen mitteilte, denen zufolge 0,001 und 0,002 m Lösungen von ATP die Aufnahme von

Fluorescein in die Blattnerven von *Pelargonium zonale* deutlich förderte. Ein Einfluß auf den Transport in den Siebröhren selbst konnte jedoch nicht festgestellt werden. Ob auch hierbei Phosphorylierungsvorgänge am Fluorescein selbst verlaufen, ist noch völlig ungeklärt, jedoch unwahrscheinlich. KURSANOV hat für den Zuckertransport in die Bündel eine theoretische Vorstellung entwickelt, die sich nahe mit dem Bild berührt, das auch bei der tierischen Zelle für den Zuckerdurchtritt durch Membranen entworfen worden ist und neben der Phosphorylierung auch den Transport durch Carrier-Substanzen annimmt. Angesichts der Tatsache, daß eine Vielzahl von Stoffen, die keine Zucker sind, in die Siebröhren ein- und austreten und hier transportiert werden müssen, wird man gut tun, abzuwarten, bis weitere Erfahrungen gewonnen sind. Die bisherigen Ergebnisse stützen auf alle Fälle die Auffassung, daß der Transport der Stoffe aus dem Mesophyll der Blätter in die Leitbahnen mit Stoffwechselvorgängen verknüpft ist und Energie erfordert, gleichgültig ob er, wie es wahrscheinlich ist, gegen ein Konzentrationsgefälle erfolgen oder nicht. Auch JYUNG und WITTWER (1964) betrachten die Zuckeraufnahme in ein Blatt als aktiven, d.h. energieverbrauchenden Prozeß. Hiermit ist wohl auch der erste Teil der Münchschen Druckstromhypothese, nämlich der osmotisch bedingte Einstrom der Assimilate in die Siebröhren endgültig widerlegt und sollte künftig außerhalb der Diskussion bleiben.

Wesentlich weniger ist über den Austritt der Wanderstoffe aus den Siebröhren bekannt. Grundsätzlich dürften hier dieselben Mechanismen und dieselben Zellen, also eventuell die Geleitzellen oder die Phloemparenchymzellen, beteiligt sein, sofern nicht eben diese Geleitzellen eine völlig andere noch unbekannte Funktion zu erfüllen haben. Ihr Fehlen bei den Coniferen sollte immer wieder bedacht werden.

Was, vor allem durch den Einsatz von Isotopen, bekannt ist, ist die große Leichtigkeit, mit der im Phloem wandernde Stoffe ins Xylem übertreten und hier passiv weitertransportiert werden können, wobei allerdings oft nicht klar zu entscheiden ist, wie weit Applikationstechnik und Analytik hinreichend waren (z.B. hohe Austauschrate bei HTO, Adsorption bei PO_4 u.a.m.). Hier versagt im allgemeinen die Anwendung des Fluoresceins, weil dieser Fluorescenzfarbstoff in der Regel in Siebröhren und Geleitzellen lokalisiert bleibt, ohne von dort auszutreten (s. aber SCHUMACHER 1933, ESCHRICH 1953). Nur in seltenen und in ihrer Ursache noch unbekannten Fällen ist dies anders, und gerade diese haben denn auch ganz unberechtigterweise zu Zweifeln geführt, daß das Fluorescein überhaupt in den Siebröhren transportiert würde (MASON und PHILLIS 1936, aber MASON und PHILLIS 1937). Dabei zeigte in diesen Fällen das Fluorescein lediglich auch in diesem Punkt das Verhalten, wie es inzwischen von einer Reihe von Wanderstoffen bekannt geworden ist. Schon MASON und seine Mitarbeiter, aber auch viele spätere Untersucher haben immer wieder die Beobachtung gemacht, daß unter gewissen, noch wenig bekannten Bedingungen ein leichter Stoffaustausch zwischen Phloem und Xylem erfolgen kann, wobei dahingestellt bleiben muß, ob dies allein durch die Markstrahlen erfolgt. Die gesamten Produkte des Cambiums nach innen und der Aufbau des Xylems muß ja irgendwie seine Baustoffe aus den im Phloem wandernden oder gespeicherten Assimilaten beziehen. Auch das Phloemparenchym, das in unmittelbarer Berührung mit den Siebröhren steht, erscheint dem Beobachter oft wie ein Puffer, der überschüssige Assimilate temporär speichert, aber eventuell auch an die Leitbahnen zurückgibt. Darauf deuten ganz besonders die Ergebnisse von WEATHERLEY und seinen Mitarbeitern (1962, 1963, PEEL 1963, HOAD und PEEL 1965) in ihren Studien mit abgeschnittenen Läuserüsseln, die ganz besonders auch den leichten Wasserverkehr wie auch den Austausch von Salzen (K, Na; PEEL 1965) zwischen Phloem und Xylem klar legten. Darauf wird später noch näher einzugehen sein. Ob allerdings die Ansicht richtig ist, daß der von vielen Beobachtern beobachtete lineare logarithmische Konzentrationsabfall markierter Wanderstoffe mit zunehmender Entfernung von der Stoffquelle allein auf diesen dauernden seitlichen Stoffaustritt aus den Siebröhren in das Phloemparenchym usw. zurückzuführen ist, muß wohl noch dahingestellt bleiben (s. auch die Berechnungen von HORWITZ 1958, SPANNER und PREBBLE 1962). Dasselbe gilt für den Konzentrationsabfall der Zucker in den Leitbahnen großer Bäume, wie er von MÜNCH, PFEIFER, HUBER und ZIMMERMANN in der Wanderrichtung beschrieben wurde, und auf den später noch zurückzukommen sein wird. Es mag hier daran erinnert werden, daß schon das Bild einer Fluoresceinausbreitung in den Siebröhren selbst, wie es SCHUMACHER (1933) geschildert hat, diesen Konzentrationsabfall und dieses „Einschleichen“ der Wanderwelle auf einer Strecke von mehreren Zentimetern direkt visuell zeigt, ohne daß hierbei ein seitlicher Austritt aus den Siebröhren die Ursache sein kann, da er in der Regel gar nicht erfolgt.

Auf alle Fälle ist es sehr unwahrscheinlich, daß auch der Stoffaustritt aus den Siebröhren ein einfacher Prozeß, vergleichbar einem „Leckwerden“ der Siebröhren ist, und daß nicht auch hier komplizierte aktive Stoffwechselprozesse beteiligt sind. Es mag hier auch an die Verhältnisse bei der Schmarotzerpflanze *Cuscuta* erinnert werden, wo sich die absorbierenden hyphenartigen Haustorialzellen fingerartig um eine Siebröhre (oft in Nähe einer Platte!) herumlegen und ohne bisher nachweisbare plasmatische Verbindung mit dem Inneren der Siebröhre selbst aus dieser Stoffe entnehmen (SCHUMACHER 1934, SCHUMACHER und HALBSGUTH 1938, DÖW 1967). Welche Kräfte diese „Ableitung“ aus den Siebröhren in die Schmarotzerzellen ermöglichen, ist noch ganz unbekannt, zumal es sehr unwahrscheinlich ist, daß hier, wie dies früher einmal behauptet wurde, ein höherer osmotischer Wert in den Schmarotzerzellen ursächlich am Werke ist, da diese gerade an den Absorptionsstellen dicht von Plasma erfüllt sind, so daß die Vacuolen hier zurücktreten. Hier mag auch an die Befunde BURGEFFS (1930) bei parasitierenden Mucorineen erinnert werden, denen zufolge die Trennwand zwischen Schmarotzer und Wirt nicht nur keine Plasmodesmen besitzt, sondern Wasser und organische Substanzen gerade in gegenläufiger Richtung durchtreten läßt.

Vermutlich wird sich herausstellen, daß ebenso wie der Stoffeintritt so auch der Stoffaustritt aus den Siebröhren ein aktiver selektiver Prozeß ist, zumal der Gedanke nicht fern liegt, daß die Zellen, die Stoffe aus den Siebröhren entnehmen, wie bei jeder Stoffaufnahme über ein Wahlvermögen verfügen, das ihnen erlaubt, nur einzelne Stoffe zu übernehmen und eventuel weiterzugeben, andere dagegen zurückzuweisen.

2. Die Vorstellungen über die Mechanik des Stofftransportes in den Siebröhren.

a) Die Strömung des gesamten wäßrigen Inhaltes der Siebröhren.

(Saftströmung, Lösungsströmung, fälschlicherweise auch Massenströmung genannt.)

Wie schon im anatomischen Teil erwähnt wurde, hatte bereits THEODOR HARTIG (1858—1861) die Beobachtung gemacht, daß bei vielen Laubbäumen (nicht bei Nadelhölzern) in der zweiten Hälfte des Sommers beginnend und bis zum Herbst ansteigend aus angeschnittenen Innenrinden große Tropfen einer wäßrigen, stark zuckerhaltigen Flüssigkeit austreten. Er entwickelte auf Grund seiner Beobachtungen die seither vor allem in der Forstbotanik weit verbreitete Vorstellung von der Existenz eines im Phloem „absteigenden Saftstromes", eines komplexen Nahrungssaftes, der in den Blättern als den Hauptstätten der Photosynthese sich bilde und von dort in der Innenrinde der Baumstämme bis zu den Wurzeln hinabfließe. Die Erscheinung wurde jedoch bereits von den großen Pflanzenphysiologen des letzten Jahrhunderts, SACHS und PFEFFER, keineswegs als Zeichen eines auch in der unverletzten Pflanze in gleicher Form erfolgenden Stofftransportes gewertet, offenbar schon damals aus guten Gründen. Erst MÜNCH (1926, 1927, 1930) hat diese Vorstellung des einheitlichen Nahrungsstromes wieder aufgegriffen und zu einem großen Hypothesengebäude ausgebaut, das in seinen einfachen Grundgedanken vielleicht nur infolge des Fehlens einer anderen ähnlich plausiblen Erklärung vielfach Anerkennung gefunden hat, und darum im folgenden näher diskutiert werden muß. Zum Teil ist dies bereits beim Parenchymtransport geschehen (s. S. 56).

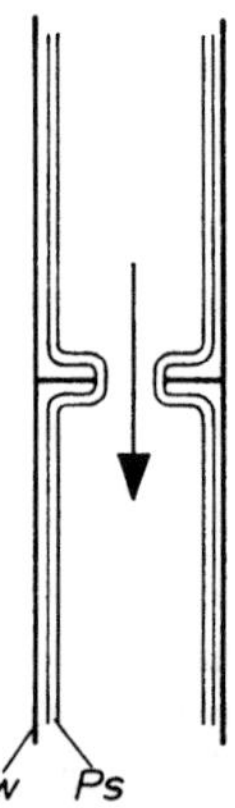

Abb. 17. Schema einer Siebröhre bzw. Siebpore nach MÜNCH. *Zw* Zellwand; *Ps* Protoplasmatischer Wandbelag. Pfeil: die offene Vacuolenverbindung.

Zugrunde liegen der sog. Druckstromhypothese von MÜNCH (1930) einige Annahmen, die merkwürdigerweise bis heute weder von MÜNCH noch von anderen bewiesen worden sind und auch nicht mit den anatomischen Tatsachen übereinstimmen. MÜNCH nahm an, daß der Protoplast in den Siebröhren durch semipermeable Grenzschichten sowohl gegen die Zellwand (Lemma) wie gegen die Vacuole (Tonoplast) ähnlich wie eine normale Parenchymzelle abgegrenzt sei, und daß durch die Siebporen hindurch eine offene Vacuolenkommunikation von Siebröhrenglied zu Siebröhrenglied bestehe, die eben das Ausfließen des Zellsaftes aus angeschnittenen Siebröhren ermögliche (Fig. 17). Daß diese anatomischen Annahmen nicht mit den Tatsachen übereinstimmen, ist heute allgemein anerkannt (s. S. 94ff., besonders das Fehlen eines Tonoplasten sowie die Struktur der Siebporen). Er nahm ferner an, daß die Assimilate aus dem Blattparenchym in gleich noch zu besprechender Weise in die Siebröhren, und zwar in die Vacuole der Siebröhren, gelangten und hier nun auf Grund ihrer hohen Konzentration und osmotischen Potenz Wasser aus den benachbarten Gefäßen des Xylems ansaugten. Der so entstehende hohe osmotische Druck sollte nun die gesamte in den Siebröhren stehende Lösung samt allen in ihr enthaltenen Stoffen nach abwärts pressen, zu allen Stellen, wo die Gesamtkonzentration niedriger als am Ausgangspunkt ist, indem dort das überschüssige Wasser natürlich, vor allem wohl in das Xylem, austreten muß. Das Prinzip erläuterte MÜNCH in einem Modellversuch, der übrigens in ähnlicher Weise schon lange vor ihm (1918) von CURTIS angegeben worden war (s. unter anderem CURTIS und CLARK: An Introduction to Plant Physiology, New York 1950, Fig. 15/10, S. 455). Die nebenstehende Abb. 18 aus MÜNCHs Buch (1930) mag den Grundgedanken anschaulich machen: Die Zelle *A* saugt Wasser *W* an, es entsteht ein Druck, der die Lösung in das Verbindungsrohr *V* hinein und in diesem nach rechts drückt. Da die Konzentration in der Zelle *B* niedriger ist als in *A*, muß das überschüssige Wasser aus *B* wieder ausgepreßt werden und praktisch also die Lösung in *V* von links nach rechts strömen.

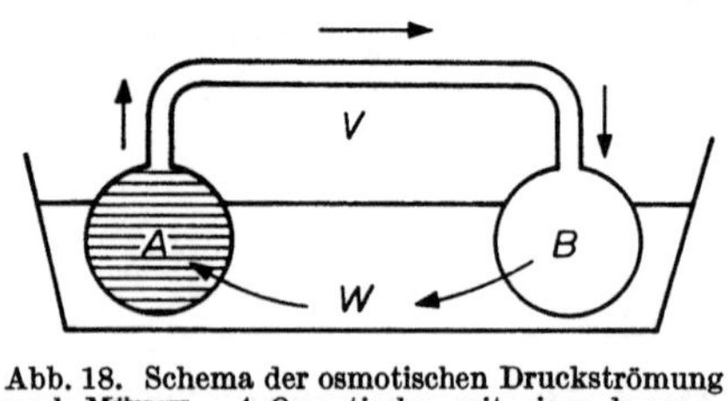

Abb. 18. Schema der osmotischen Druckströmung nach MÜNCH. *A* Osmotische, mit einer konzentrierten Lösung gefüllte Zelle; *V* Verbindungsrohr, das Zelle *B* mit *A* verbindet; *W* Wasser.

Das Rohr *V* soll dabei die Siebröhren symbolisieren, *A* wäre das obere Ende der Siebröhren in den Nerven der assimilierenden Blätter, *B* etwa die Basis oder Wurzel eines Stammes.

Für das Parenchym aber nahm MÜNCH an, daß die „Assimilate" nicht in die Vacuolen eintreten, sondern zwischen Plasmalemma und Tonoplast eingeschlossen ebenfalls in diesem plasmatischen Raum osmotischen Druck erzeugen, der nun wieder die „Lösung" zwischen den ruhenden Plasmaelementen, die nicht näher charakterisiert wurden, und durch die Plasmodesmen von Zelle zu Zelle presse. Auch für die Siebröhren und ihre Siebporen hat MÜNCH später (1943) unter dem Druck der Einwände SCHUMACHERs versucht, seine Druckströmung in das Plasma zu verlegen, ohne natürlich irgendeine begründete Vorstellung über dieses Siebröhrenplasma, wie sie uns heute zur Verfügung steht, zu besitzen. Er hat diese im Vorstehenden nur ganz kurz skizzierten Grundgedanken in seinem Buch ausführlich in allen Einzelheiten rein hypothetisch dargestellt. Es soll daher im folgenden versucht werden, Tatsachen und Spekulationen voneinander zu trennen.

Für den Transport in Parenchymen durch eine solche osmotische Druckströmung lagen seinerzeit MÜNCH keinerlei wirkliche experimentelle Grundlagen vor. Weder ist bis heute sicher bekannt (s. SCHUMACHER S. 11ff.), wo der Stofftransport erfolgt, im Plasma, in der Grenzschicht oder in der Vacuole, wenn auch ARISZ (s. oben) aus plausiblen Gründen, aber doch rein hypothetisch, das Plasma hierfür in Anspruch nimmt. Die einzige unmittelbare Beobachtung einer Stoffwanderung in Parenchymzellen stammt von SCHUMACHER (1935) und ließ für den Transport von Fluorescein und Äsculin direkt erkennen, daß er in Haarzellen wirklich im Protoplasma, aber mit unvergleichlich größerer Geschwindigkeit, als dies den Berechnungen MÜNCHs entspricht und ohne Austritt von Wasser am Ende der Wanderbahn erfolgt. Daß der Übertritt von Zelle zu Zelle auf dem Weg über die Plasmodesmen verläuft, ist ebenfalls sowohl in der Hypothese MÜNCHs wie in den Arbeiten von ARISZ noch immer rein hypothetisch. Die Fluorescenzmethode versagte hier, aber schon PFEFFER hat in seinem Lehrbuch der Pflanzenphysiologie (1904) ausdrücklich darauf hingewiesen, daß a priori der Stoffaustausch zwischen den Zellen ebenso gut auf breiter Plasmafläche wie über die Plasmodesmen erfolgen könne (s. auch SCHUMACHER und HALBSGUTH 1939, BURGEFF 1930). Bei Wasseraustausch zwischen zwei Zellen dürfte dies ziemlich sicher sein! Ganz besonders aber fehlt in den Erörterungen MÜNCHs der Nachweis, daß der Stofftransport in Parenchymen, also etwa der Transport aus dem Assimilationsparenchym in die Siebröhren, wirklich und ausschließlich einem osmotischen Druckgefälle folge. Ja, gerade das Gegenteil hat sich als wahr erwiesen. Wie schon früher (S. 135 ff.) ausgeführt, erfolgt die Einschleusung der Zucker in die Siebröhren in den Blättern gegen ein Konzentrationsgefälle, was Stoffwechselenergie erfordert. Selbst die Anhänger der Münchschen Druckstromhypothese geben heute zu, daß zum mindesten dieser Teil der Erklärung nicht mehr länger diskutiert werden kann.

Fragen wir nun nach den realen Tatsachen, auf die sich die Münchsche Druckstromhypothese für den Ferntransport in den Siebröhren stützen kann, so mag nur am Rande vermerkt sein, daß zur Zeit, als MÜNCH sein Gedankengebäude errichtete, selbst der Nachweis, daß der Stofftransport speziell in den Siebröhren verläuft, noch im strengen Sinne ausstand (MASON u. Mitarb. ab 1928, SCHUMACHER 1930, 1933). Da MÜNCH die Anatomie der Siebröhren, so weit sie schon damals bekannt war (z. B. HILL 1901 für Coniferen, 1908 für Angiospermen, SCHMIDT 1917), nicht beachtete, sondern dafür seine eigenen rein spekulativen Schemata einsetzte (1930, Fig. 8, s. Abb. 17), erkannte er ebenso wenig wie manche andere Forstbotaniker die hier liegenden Probleme und Widersprüche. Er stützte sich allein auf die Hartigsche Beobachtung eines „Saftflusses“ aus angeschnittenen Siebröhren. Warum dieser Saftaustritt bei Bäumen immer erst in der zweiten Hälfte des Sommers beginnt, wurde ebenfalls bis heute nie zum Gegenstand einer Untersuchung gemacht. Die Konsequenz, daß, so lange kein Flüssigkeitsaustritt erfolgt, nach der Druckstromhypothese auch kein Stofftransport erfolgen könne, wurde nie gezogen. Nach den Ergebnissen von Versuchen mit radioaktiven Substanzen erfolgt aber, wie man heute weiß, bereits vor völliger Fertigstellung des Laubes eine Auswanderung! Münch selbst stellte damals nur ein einziges Experiment an, um den nach seiner osmotischen Druckstromhypothese erforderlichen Wasseraustritt am Ende der Wanderbahn nachzuweisen: Er hüllte einen längeren im Cambium vom Holz abgelösten Rindenstreifen, der am oberen Ende noch mit der intakten Rinde in Zusammenhang stand, in eine wasserundurchlässige Hülle und beobachtete in dieser Hülle die Bildung von Wassertropfen. Da keinerlei Temperaturkonstanz gewährleistet war, konnte die Möglichkeit nicht ausgeschlossen werden, daß es sich hierbei um Kondenswasser oder um Atmungswasser handelte, zumal auch jeder Beweis, daß gleichzeitig mit dieser Wasserbildung wirklich ein Stofftransport stattgefunden hatte, unterlassen wurde. Eine Nachprüfung durch Weevers und Westenberg (1931) verlief denn auch völlig negativ. Auch von anderer Seite später unternommene Versuche brachten keine Klarheit oder negative Ergebnisse. Schumacher (1950) verschloß z.B. die Gefäße abgeschnittener Blattstiele von *Pelargonium* bis zum Spreitenansatz des Stieles mit Kakaobutter und erzielte trotzdem eine ganz normale Abwanderung des Fluoresceins aus den Blattnerven bis wenige Millimeter über die Schnittfläche der 8—10 cm langen völlig infiltrierten Blattstiele. Ein Wasseraustritt an der Basis war hier ausgeschlossen. Auch aus völlig welken, sowohl an der Pflanze befindlichen wie aus abgeschnittenen Blättern erfolgt noch eine normale Fluoresceinauswanderung.

In der Folgezeit konzentrierte sich denn auch das Interesse lediglich auf den Nachweis eines Konzentrationsgefälles in der Wanderrichtung, eine der Voraussetzungen, aber kein Beweis für eine osmotische Druckströmung, wobei stets der aus angeschnittenen Phloemen austretende „Saft“ in verschiedenen Stammhöhen von Bäumen untersucht wurde. Bevor jedoch auf diese Dinge näher eingegangen wird, sei der ausgezeichneten Analyse gedacht, die Frey-Wyssling (1932) dem Saftfluß aus angeschnittenen Milchröhren von *Hevea brasiliensis* gewidmet hat. Milchröhren haben ja den großen Vorteil, daß sie wenigstens anatomisch durch das Fehlen von Siebplatten und Siebporen dem Münchschen Schema ideal entsprechen, obwohl sie zur Zeit kaum jemand als Stoffleitungsorgane betrachtet, bzw. die beim Anschneiden ausfließende „Milch“ für einen auch in der unverletzten Pflanze vorkommenden normalen Saftstrom hält; bei der ziemlichen Größe der emulgierten Kautschukteilchen müßte bei einer „Saft“strömung ja eine Anhäufung dieser am unteren Ende erfolgen, da ein Austritt kaum möglich ist. Frey-Wyssling hat aber auch auseinandergesetzt, daß osmotische Saftströme im unverletzten Gewebe auch „Saugströme“ sein könnten, doch fällt diese Möglichkeit beim Ausfließen von Siebröhrensaft aus angeschnittenen Siebröhren, die nur Druckströmungen sein könnten, sowieso weg. Er hat ferner nachgewiesen, daß beim Milchsafterguß aus angeschnittenen Milchröhren eine langsame Verdünnung erfolgt, die Erscheinung also eine Art von Blutung darstellt, ähnlich wie dies auch für angeschnittene Siebröhren gefunden wurde (s. Crafts 1932, 1961).

Im allgemeinen fanden die späteren Autoren (Pfeiffer, Huber, Schmidt und Jahnel 1937; Ziegler 1956; Zimmermann 1957, 1958, 1964) an Baumstämmen, daß mit steigender Entfernung von der Laubkrone die Zuckerkonzentration in den Siebröhren abnahm; HUBER u. Mitarb. glaubten sogar, die von den Blättern kommende tägliche „Assimilatwelle“ mit einer Verspätung von ca. $3^1/_2$ m (ZIMMERMANN $1^1/_2$ m) in der Nacht basalwärts erfassen zu können. Die Ergebnisse von ZIMMERMANN (1958) an *Tilia* sind indessen nicht so einheitlich, vor allem nicht hinsichtlich der verschiedenen von ZIMMERMANN chromatographisch getrennten Zucker, die keineswegs gleichzeitig dieselben Konzentrationsänderungen zeigten, die nach der Druckstromhypothese zu erwarten wären. So konnte es vorkommen, daß zwar die molare Konzentration aller Zucker an einem Eschenstamm von 9 m Höhe bis auf 1 m Höhe über dem Boden etwa um 10% abfiel, wobei die hauptsächliche Konzentrationsabnahme durch Stachyose und Mannit bedingt war, während Raffinose und Saccharose gerade das umgekehrte Verhalten zeigten. Auch in den Analysen von ZIEGLER (1956) finden sich solche Widersprüche, z.B. zwischen der Konzentration von Saccharose und Phosphaten, aber auch bei Vitaminen und ATP. Auch Allantoin nimmt basalwärts zu (s. S. 111). (HUBER arbeitete nur summarisch refraktometrisch, und seine Ergebnisse sind oft etwas gewaltsam in die Kurven hineingedeutet, da vielfach über mehrere Meter Entfernung gar kein Nachhinken zu bemerken ist). Nun muß man sich natürlich darüber klar sein, daß die Befunde über ein fallendes Konzentrationsgefälle in der Wanderrichtung, auf die zuerst wohl schon MASON und seine Mitarbeiter (1928) für Zucker aufmerksam gemacht haben und das auch SCHUMACHER für die Bewegung des Fluoresceins beobachtete (1933), zwar im Einklang mit den Münchschen Forderungen stehen, diese aber keineswegs beweisen, da hierfür auch andere Erklärungen gegeben werden können. Sie können durchaus auch Folgeerscheinungen einer Wanderung sein, die selbst in anderen Bahnen und mit anderen Mitteln erfolgt. Die Beobachtung ZIMMERMANNs (1958), daß nach dem Blattfall das Konzentrationsgefälle in den Leitbahnen sich ausgleicht, weist lediglich darauf hin, daß die Blätter als Stoffquelle fungieren, was ohnehin nicht zweifelhaft war. Auch MASON u. Mitarb., die die Münchschen Hypothesen gleichfalls ablehnten und, wie später noch ausgeführt wird, eine sog. „aktivierte Diffusion“ als Mechanik des Stofftransportes erwogen, fanden ein Konzentrationsgefälle wenigstens für Zucker in der Wanderrichtung, aber nicht für alle löslichen N-Verbindungen, wie alle späteren Untersucher (SCHUMACHER mit Fluorescein, Arbeiten mit Isotopen) bestätigten. Überdies aber hat CURTIS in seinem Buch (1937) die vielen Fälle, vor allem an krautigen Pflanzen, zusammengestellt, wo gerade umgekehrt die „empfangenden“ Wachstumszentren (— das „sink“ der englischsprachigen Literatur —) höhere osmotische Werte aufwiesen als die abgebenden (das „source“), was in völligem Gegensatz zu den Voraussetzungen der Münchschen Druckstromhypothese steht. Besonders gilt dies für Speicherorgane, z.B. Kartoffelknollen, die in der Dunkelheit lange Sprosse austreiben, deren osmotische Werte wesentlich höher liegen als die der welkenden einschrumpfenden Knolle. So eindrucksvoll daher die hohen Transportleistungen bei Bäumen und die oft ausgeprägten Konzentrationsgefälle in der Wanderrichtung erscheinen, so wenig können die an ihnen erhobenen osmotischen Befunde verallgemeinert werden, da eben nicht abzusehen ist, ob die Gefälle Ursache oder Folge der Wanderung sind. Auch die Beobachtungen von MOTHES und seinen Mitarbeitern (1959) über die eigentümliche Attraktionswirkung von „Kinetinorten“ für den Zustrom von Aminosäuren sowie die von PENOT (1965, s. S. 131) können sicher nicht auf einer osmotischen Basis gedeutet werden.

Einen ganz andersgearteten Versuch, das Strömen einer Lösung im intakten Phloem nachzuweisen, unternahmen zuerst HUBER u. Mitarb. (1936), indem sie versuchten, die in der Medizin zur Messung der Blutstromgeschwindigkeit angewendete Messung der Wärmekonvektion auch auf pflanzliche Objekte zu übertragen. Tatsächlich gelang es ihnen mit feinen Thermoelementen, die Verschiebung einer leicht angewärmten Wassersäule im Zuge des Transpirationsstromes in den Gefäßen nachzuweisen und daraus die Geschwindigkeit des Wassertransportes zu berechnen (s. Handbuch der Pflanzenphysiologie, Band III). Im Phloem blieben aber ihre Versuche erfolglos, nach Ansicht der Autoren, weil sie stets durch die stärkere Wasserbewegung im Xylem verdeckt wurde, vielleicht aber auch, weil sie eben gar nicht existierte oder zum mindesten nicht im Augenblick ihrer Versuchsanstellung! Später hat dann ZIEGLER (1960) die Methode noch einmal aufgegriffen und geglaubt, an den isolierten Leitbündeln von *Heracleum mantegazzianum* einen Erfolg erzielt zu haben. Auch hier sind jedoch starke Zweifel nicht zu unterdrücken, da einmal die Strecke, über die eine Wärmekonvektion gemessen wurde, nur wenige Millimeter (!) betrug, zum anderen aber eine solche nur dann auftrat, wenn das Leitbündel durchschnitten wurde, also ein Druckausgleich zwangsläufig zu einer Bewegung des Siebröhreninhaltes führen mußte. Überdies fehlt der exakte Nachweis eines gleichzeitig und gleichsinnig erfolgten Stofftransportes. Aber selbst wenn diese Einwände nicht zutreffen würden, ist nicht einzusehen, wieso mit dieser Methode überhaupt eine Entscheidung der Frage, ob eine Lösungsströmung im Sinne MÜNCHs in den Siebröhren erfolgt oder nicht, erzielt werden kann. Daß in den Siebröhren ein Massenstrom von Zuckern und anderen Substanzen erfolgt, steht ja nicht in Frage; daß dabei auch Wasser unter Umständen mit den übrigen Transportsubstanzen, z.B. als Hydratationswasser u.a.m., bewegt werden kann, hat wohl noch niemand in Abrede gestellt. Die Frage ist allein, ob ein Strom von Wasser alle in ihm gelösten Substanzen passiv, d.h. in einer mehr oder weniger toten Röhre im Sinne MÜNCHs mitreißt, oder ob ein anderer Bewegungsmechanismus vorliegt. Ein dichter Strom von Zuckermolekülen etwa auf elektroosmotischer Basis (s. später) kann aber gerade so gut wie ein Strom von Wassermolekülen eine gewisse Erwärmung weiterleiten. Wird dieses Phänomen also beobachtet, so ist eine Entscheidung über seine Grundlagen keineswegs eindeutig. Der Anspruch ZIEGLERs, die Lösungsströmung im Sinne MÜNCHs endlich nachgewiesen zu haben, hat daher auch nicht allgemeine Anerkennung gefunden.

Abb. 19a. Eine Laus (Longistigma caryae) an der Rinde von *Tilia* saugend und „Honigtau" ausscheidend. (Nach ZIMMERMANN.) (ca 35×)

Eine ganz neue Situation trat erst ein, als es KENNEDY und MITTLER (1953) gelang, eine scheinbar sehr viel schonendere Methode zur „Anzapfung" und

Gewinnung von Siebröhrensäften auszuarbeiten. Wie bereits früher erwähnt, stechen Pflanzenläuse vorzugsweise Siebröhren an und entnehmen diesen „Saft", dessen Überschüsse als „Honigtau" von ihnen wieder abgegeben werden. Den genannten Autoren gelang es, Läuse nach dem Einstich mittels CO_2 zu betäuben und ihnen den Kopf abzuschneiden, ohne daß der Rüssel zurückgezogen wurde. So erhielten sie feine, in die Siebröhren eingestochene Mikrokanülen, aus denen

Abb. 19b. Gekapptes Stechborstenbündel der Rindenlaus (Cupressobium juniperi) auf *Juniperus communis*. Mandibulares Stechborstenpaar abgespreizt. Tropfen des Siebzellenexsudates am freien Ende des Maxillarrohres. (Nach KOLLMANN und DÖRR, ca. 250×.)

dann auch oft über erhebliche Zeit größere Mengen von „Siebröhrensaft" ausflossen, der so einer Analyse zugänglich wurde. Zweifellos ist dieser Eingriff in die Siebröhren sehr viel schonender als die völlige Durchschneidung. Ob er völlig harmlos ist, und ob die aus solchen Experimenten abgeleiteten Schlüsse richtig sind, wird im folgenden erörtert werden. Die Abb. 19a, b und 20 und Abb. 21, S. 147 geben eine Vorstellung von den Größenverhältnissen des Siebröhrendurchmessers und eines in sie eingedrungenen Läuserüssels sowie über den Austritt von Siebröhrensaft aus solchen „Zapfhähnen" und Mikrokanülen. Offenbar genügt, wie MOTHES und ENGELBRECHT (1957) fanden, manchmal schon das im Stichkanal erstarrende röhrenförmige Speichelsekret, auch wenn der Rüssel längst durch das Tier wieder zurückgezogen wurde, um aus der Wunde „Zuckersaft" selbst bei krautigen Pflanzen *(Symphytum officinale)* austreten zu lassen. MITTLERs Methode ist seither von den verschiedensten Autoren zu vielfältigen Untersuchungen herangezogen worden und soll hier besonders unter dem Gesichtspunkt geprüft werden, wie weit der ja nicht zu bezweifelnde langanhaltende Saftaustritt aus solchen Mikrokanülen einen Beweis für einen auch normalerweise, d.h. in den Siebröhren der unverletzten Pflanze fließenden Lösungsstrom darstellt.

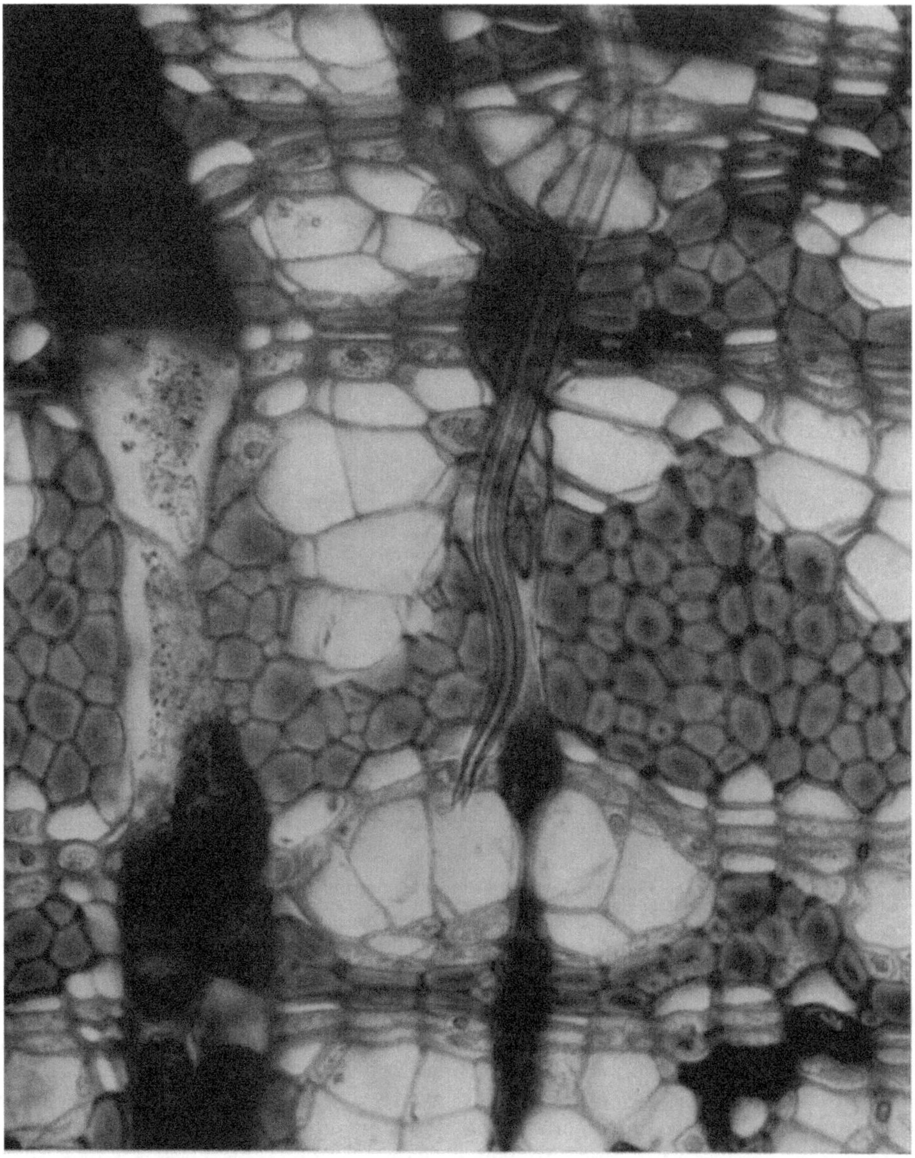

Abb. 20. Rüsselspitze einer Laus in einer Siebröhre des Phloems von *Tilia*. (Nach ZIMMERMANN.)

Hier sind vor allem die Arbeiten von WEATHERLEY und seinen Mitarbeitern PEEL und HILL (1959, 1962, 1963, 1964) von größter Bedeutung, die großenteils an bewurzelten Stecklingen von *Salix viminalis* durchgeführt wurden.

Die Autoren fanden, daß die durchschnittliche Saftausscheidung aus einer einzigen in die Rinde eines ca. 1 m langen Weidenstecklings eingedrungenen

Blattlauskanüle durchschnittlich etwa 1 mm^3/h betrug. Darin waren durchschnittlich 5—15% Rohrzucker, 0,4% Raffinose und etwa 0,5% Animosäuren. Merkwürdigerweise geht diese Saftausscheidung aber auch dann unvermindert tagelang weiter, wenn die eigentliche Stoffquelle, also die assimilierenden Blätter,

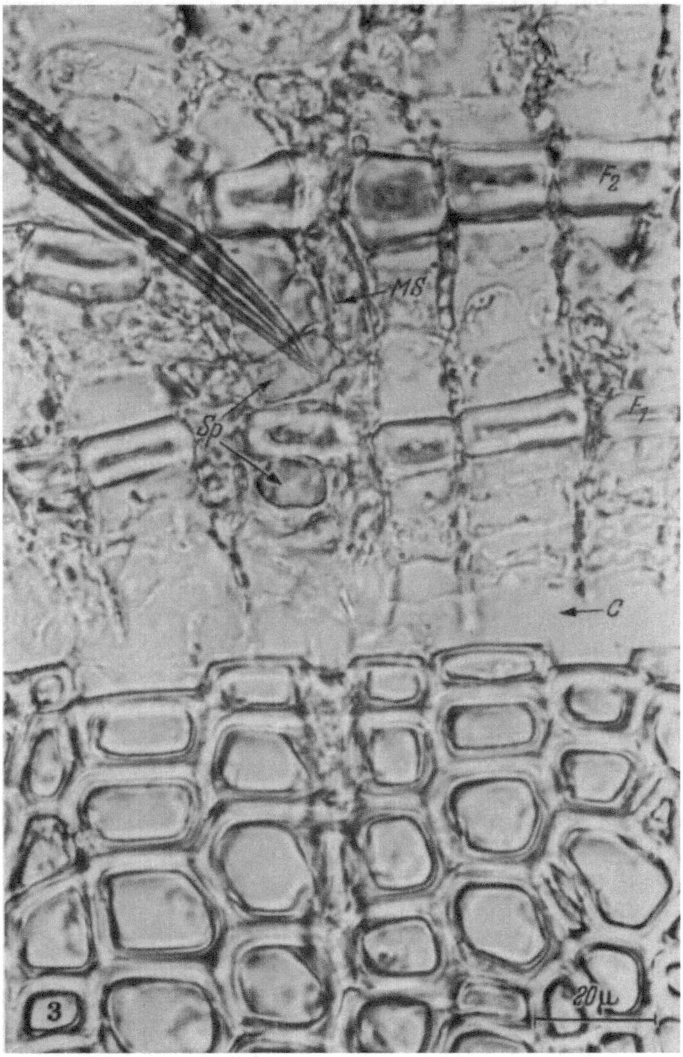

Abb. 21. Rüsselspitze einer Laus in einer jungen Siebzelle von *Metasequoia glyptostroboides*. *Sp* Speichelsekret in Siebzellen; F_1, F_2 erste und zweite Bastfaserschicht; *C* Cambium. (Nach KOLLMANN.)

durch einen Ringelschnitt abgeriegelt wird! Lag der Schnitt 55 cm oberhalb der Rindenkanüle unmittelbar unter den Laubblättern, so daß also immerhin über dem Blattlausrüssel eine längere zusammenhängende Phloembahn in der Rinde bestehen blieb, die aber nicht mehr von den Blättern gespeist wurde, so blieb die Saftausscheidung völlig unverändert. Betrug die Länge dieses Rindenstückes nur 15 cm, so trat eine kurzfristige Senkung der Konzentration des Saftes ein, die aber schon nach einer halben Stunde wieder auf die alte Höhe anstieg. Selbst eine Ringelung, die nur 6,5 cm über der Ausflußstelle den oberen Teil des belaubten Sprosses abriegelte, ließ in einem Versuch die ursprüngliche stündliche Saftmenge lediglich von 3 mm^3/h auf 2,5—2,7 mm^3/h absinken und dauerte in dieser Höhe stundenlang fort. Auch isolierte blattfreie Stammsegmente (Mindestlänge 16 cm) ergeben noch einen reichlichen, länger andauernden Saftaustritt, wobei keinerlei Polarität zu beobachten war, d.h. es war gleichgültig, ob der Rüssel am oberen oder am unteren Ende des Stammsegmentes saß. Wird die Xylembahn eines solchen Segmentes mit einer 25%igen Zuckerlösung oder einer 15%igen Mannitlösung infiltriert, so geht zwar die Menge der ausgeschiedenen Flüssigkeit stark zurück, die Zuckerkonzentration steigt aber bis auf 50% an! Erhöhung des hydrostatischen Druckes in den Gefäßen bis auf 4 Atm. steigert auch über größere Entfernungen hin den Saftausfluß aus den Siebröhren, starke Transpiration der Blätter verhindert ihn. Aus diesem Grunde wird offenbar in der Nacht regelmäßig ein Ansteigen der Flüssigkeitsmenge bei gleichzeitigem Absinken der Konzentration beobachtet, während Welken die ausgeschiedene Flüssigkeitsmenge herabsetzt bei Ansteigen der Konzentration.

Diese ganzen Versuche zeigen klar, daß dem Saftaustritt aus Läuserüsseln osmotische Phänomene zugrunde liegen. Die Siebröhren stehen ja infolge ihres hohen Zuckergehaltes und ihrer semipermeablen Grenzschichten unter einem hohen osmotischen Druck, der sich offenbar über die umliegenden parenchymatischen Zellen aus dem Wasserreservoir des Xylems erhält. Beim Einstich einer Mikrokanüle muß daher flüssiger Siebröhreninhalt ausgepreßt werden, und dieser Vorgang kann dann längere Zeit andauern, wenn die Saugkraft der Siebzelle trotz des Einstiches erhalten bleibt. Das setzt voraus, daß dauernd neues osmotisch wirksames Material sowie Wasser in die Zelle nachströmt und auch die Semipermeabilität wenigstens in einem gewissen Umfang aufrechterhalten wird. Wie weit diese einfachen, von der normalen Parenchymzelle abgeleiteten osmotischen Vorstellungen auf das ganz anders strukturierte Siebröhrenplasma übertragen werden dürfen, wird gleich noch näher erörtert werden.

Das Überraschende bei diesen ganzen Versuchen ist jedoch die Tatsache, daß das Nachströmen sowohl von Wasser wie von osmotisch wirksamem Material keineswegs allein, wie man a priori ohne weiteres annehmen möchte, in der Längsrichtung, also in der Transportrichtung, erfolgt, sondern mit der größten Leichtigkeit auch radial aus dem umliegenden Gewebe der Siebröhren erfolgen kann, ohne in seiner Quantität verändert zu werden. Es läßt sich daher bei solchen Versuchen gar nicht ohne weiteres sagen, woher das Wasser des ausgeschiedenen Saftes stammt. Offenbar herrscht ein dauernder rascher Stoffaustausch zwischen Siebröhren und umliegendem Phloemparenchym, das bald Zucker (und vermutlich auch Wasser) aufnehmen, bald aber auch in die Siebelemente wieder abgeben kann. Selbst mit dem Xylem werden Wechselwirkungen angenommen, wie vor allem aus den jüngsten Arbeiten von Hoad und Peel (1965) hervorgeht. Daß Assimilate aus den Siebröhren je nach Bedarf seitlich austreten müßten, ist schon immer angenommen worden und jüngst auch von Canny (1960) mit Hilfe von ^{14}C-markierten Zuckern in der Weise bewiesen worden, daß er an den Blattstielen von *Vitis vinifera*, deren Blätter $^{14}CO_2$ assimiliert hatten, das Freiwerden einer gewissen Menge ^{14}C-markierter Atmungskohlensäure (ca. 0,3—0,5% der Assimilatzucker) erfaßte. Daß jedoch unter den gegebenen experimentellen Bedingungen das umliegende Phloemparenchym gespeicherte Assimilate in die Siebröhren auch wieder zurücktreten läßt unter nachfolgendem (?) Ansaugen von Wasser, ist eine neue Erkenntnis, die so recht die enge physiologische Verbundenheit des gesamten Phloemgewebes, Siebröhren, Geleitzellen und Siebparenchym untereinander demonstriert. Offenbar wäre es also ganz falsch, wenn man die Siebröhren isoliert für sich als die einzigen funktionellen

Organe des Stofftransportes nach Art von Wasserleitungsrohren betrachten wollte. Aus den Ergebnissen von WEATHERLEY und seinen Mitarbeitern geht auch hervor, daß diese Zuckerabgaben oder Zuckeraufnahmen aktive, d.h. energiebedürftige Prozesse sind, da sie durch Dinitrophenol und Blausäure gehemmt werden. Die Autoren schließen daher: "Exudation from isolated stem segments suggests that it is the individual sieve element with its surroundings cells which is the functional unit and not the sieve tube as a whole." "Clearly the leaf mesophyll plays no special part, but the adjacent cells anywhere along the sieve tube may act as a source or a sink for transportable materials, according the circumstance." HILL (1963) glaubt sogar aus seinen Versuchen folgern zu können, daß die verschiedenen Siebröhren in einem Phloemverband unter Umständen selbst in entgegengesetzten Richtungen leiten können, wenn nämlich die Zustände der jeweiligen umliegenden Phloemzellen derartig sind, daß sie bald resorbieren, bald sezernieren. Auch soll dieses Austauschspiel nach den Seiten nach PEEL und WEATHERLEY (1962) bedingen, daß die Wanderfront radioaktiv markierter Assimilate eventuell langsamer voranschreiten könnte als die Front der Gesamtzucker.

Denn natürlich kann kein Zweifel daran bestehen, daß bei einer unverletzten Pflanze normalerweise ein Längstransport der Assimilate in den Siebröhren erfolgt, der im wesentlichen aus den Blättern kommt. Dies haben WEATHERLEY u. Mitarb. (1962) auch direkt nachgewiesen. Sie maßen mit Hilfe zweier in einer Entfernung von 25—30 cm in die Rinde eingestochener Blattlausrüssel eine Geschwindigkeit der aus den Blättern nach einer $^{14}CO_2$-Fütterung in das Rindenphloem einströmenden markierten Assimilatwelle von ca. 30 cm/h, wobei die Intensität der von den isotopen Zuckern ausgehenden Strahlung am zweiten, entfernteren Orte nach Ankunft der ersten Spuren etwa logarithmisch ansteigt, wie dies auch aus anderen Versuchen und selbst beim Fluorescein bekannt ist. Die Zufuhr dieser markierten Blattassimilate hört aber natürlich sofort auf, sowie die Quelle durch Ringelung abgedrosselt wird, ohne daß hierdurch jedoch, wie gesagt, weder die Menge noch die Konzentration des aus den Blattlausrüsseln ausfließenden Saftes eine Änderung erführe!

Gerade diese leichte Umschaltung von einem longitudinalen auf einen radialen Transport ist es nun, die nachdenklich macht und die Frage aufwirft, ob dieser Saftaustritt aus Läuserüsseln wirklich den normalen Transportmechanismus widerspiegelt oder nicht ebenfalls eine abnorme Blutungserscheinung darstellt. WEATHERLEY und seine Mitarbeiter deuten die Tatsache, daß erst blattfreie Stammsegmente von 16 cm Länge einen völlig normalen Saftaustritt aus Läuserüsseln ermöglichen, so, daß ca. 800—1000 hintereinander liegende Siebröhrenglieder nötig sind, um eine genügende Stoffaufnahme (Wasser + Zucker) aus dem seitlich anliegenden Parenchym zu gewährleisten, ja, sie glauben, daß die Permeabilität der Siebröhrenprotoplasten um ein Mehrfaches höher sein müßte als sie gemessen wurde. Sie übersehen dabei aber, daß in der zoologischen Literatur Angaben existieren, denen zufolge selbst der Einstich einer Mikrokanüle von den Dimensionen eines Läuserüssels, vielleicht infolge der dabei ausgeschiedenen Sekrete, eine stärkere Permeabilitätsänderung einer angestochenen Zelle bewirkt (MAREK 1961, KLOFT 1960, MAREK u. KLOFT 1956). Auch könnte man daran denken, daß der Wundreiz, der sich beim Durchschneiden von Siebröhren auf alle Fälle auf größere Entfernungen hin geltend macht, erst bei einer Länge von 16 cm soweit abklingt, daß noch ein normaler Saftaustritt möglich ist. Sieht man sich die anatomischen Bilder eines solchen Einstiches an (Abb. 20, 21), und bedenkt man all das, was in den früheren Abschnitten über die Struktur des Siebröhrenplasmas ausgeführt worden ist, so versteht man den Ausspruch WEATHERLEYS: "The chief obstacle to the mass-flow-hypothesis is the structure of the sieve tube.“ Hier ist es vor allem die Existenz von Siebplatten und Siebporen, die von den Anhängern der Druckstromhypothese überhaupt nicht gedeutet werden kann und nur als Hindernis erscheinen muß. Münch (1930) hat nicht ohne Grund ein falsches Bild von der offenen Vacuolenverbindung durch einen Siebporus gezeichnet! Sein Schüler Pfeiffer hat schon 1933 aus der Bestimmung der osmotischen Werte der Siebröhrensäfte für *Quercus rubra* einen Abfall des osmotischen Wertes von 0,29 Atm. pro Meter in absteigender Richtung des Stammes gefunden und in ähnlicher Höhe auch die Konzentrationsabnahme bei anderen Bäumen angegeben. Es ist nicht uninteressant, dem folgende Berechnungen von Weatherley (1963) für *Salix* gegenüberzustellen. Bei einem durchschnittlichen Siebröhrendurchmesser von 12 μ würde das Durchpressen einer 10%igen Saccharoselösung beim Fehlen jeglicher Siebplatten, also bei glattwandiger Röhrenstruktur, wie sie allein für Milchröhren charakteristisch ist, einen Druck von 0,6 Atm. pro Meter erfordern. Dies liegt also etwa in der Größenordnung der Pfeifferschen Werte. Nun kommen aber auf dieselbe Strecke von 1 m in den Siebröhren von *Salix* 6000 Siebplatten, die natürlich den Widerstand gegen eine Druckströmung auch dann stark erhöhen müßten, wenn sie völlig offen, d.h. nicht von plasmatischen Strukturen erfüllt wären. Weatherley hat ausgerechnet, daß schon bei einem offenen Porendurchmesser von 0,1 μ (Plasmalemma kleidet ja auf alle Fälle die Porenwandungen aus) der Druck auf 300 Atm. pro Meter steigen müßte, um eine Durchströmung mit der üblichen Geschwindigkeit von ca. 1 m/h zu ermöglichen. Man versteht daher seinen Satz: “But the sieve plates, if blocked with gelatinous cytoplasm, offer a formidable barrier to mass flow”, wobei unter „mass flow“ immer Druckstrom zu verstehen ist. Mathematisch hat Horwitz (1958) die Möglichkeit sowohl für den osmotischen Druckstrom wie für diffusionsartige Bewegungen berechnet, und ist für eine osmotische Druckströmung unter Einschaltung der plasmaerfüllten Siebplatten ebenfalls zu dem Ergebnis gekommen, daß die notwendigen Drucke nicht mit den gefundenen Werten übereinstimmen. Seine Berechnungen sind vor allem auch für die vielfachen Befunde mit radioaktiven Substanzen und deren Verteilung in der Leitbahn von Interesse (lineare Beziehung zwischen dem Logarithmus der Radioaktivität an einem gewissen Punkt und der Entfernung desselben vom Ort der Zufuhr. Die von Kollmann und Schumacher (1961—1964) an der Conifere *Metasequoia glyptostroboides* elektronenoptisch aufgedeckten Strukturen eines hochdifferenzierten Endoplasmatischen Reticulums in den ohnehin engen Siebporen machen nun aber die Vorstellung einer Druckströmung hier einfach aus Gründen der Anatomie unmöglich. Der Einwand von Zimmermann (1964b), die dargestellten Retikulärstrukturen seien Artefakte oder gar fließendes Material, wird gerade bei den Befunden an *Metasequoia* kaum unserer heutigen elektronenoptischen Technik gerecht. Da kein Grund besteht anzunehmen, daß andere Coniferen anders als *Metasequoia* gebaut sein könnten, Coniferen verschiedenster Art aber von Blattläusen ausgebeutet werden (Waldhonig!), d.h. die übliche Saftausscheidung beim Anstich zeigen, scheint es hier völlig klar zu sein, daß für diesen Saftfluß eine andere Erklärung gesucht werden muß (s. auch Ziegler und Mittler 1959) nach denen aus einer Kanüle bei *Picea* das Volumen von 50 Siebzellen auslaufen soll!). Kollmann (1965) ist es gelungen, Läuse auch auf *Metasequoia* zum Stechen zu bringen und nachzuweisen, daß ihre Stechborsten gerade die jüngsten Siebelemente suchen (s. Abb. 21), die in ihren Siebporen die auffälligsten retikulären Elemente zeigen. Man muß daraus schließen, daß sie die aktivsten Leitelemente darstellen. Dasselbe konnte auch radioautographisch gesichert werden (Abb. 22). Auch die Geschwindigkeit der Assimilatwanderung ist nach den jüngsten Befunden von Willenbrink und Kollmann (1966, s. S. 125) bei der Conifere *Meta-*

sequoia trotz ihres abweichenden anatomischen Baues nicht geringer als bei Angiospermen (48—60 cm/h). Nun ist es interessant, daß gerade diese Siebelemente die auffälligsten Strukturen eines Endoplasmatischen Reticulums auch im gesamten Zellumen der Siebzellen zeigen und, wie bereits früher geschildert, Anlaß zu der

Abb. 22. Radioautographischer Nachweis, daß die mit ^{14}C-markierten Assimilate im Metaphloem von *Metasequoia glyptostroboides* nur in den beiden jüngsten Siebzellschichten wandern. *S* Siebzellen; *P* Parenchym; *F* Bastfasern; *C* Cambium. Unten Schwärzung des über dem oben abgebildeten Schnitt gelegenen Films. (Nach KOLLMANN.)

Vorstellung bildeten, daß das gesamte Lumen der Siebzellen von einem hochgradig „verdünnten“ eigenartigen Plasma erfüllt wird. Der Austritt von „Saft“ aus einem derartigen Medium, nachdem seine osmotischen Gleichgewichte durch das grobe Eindringen eines „Zapfhahnes“ gestört worden sind, muß daher mit großer Wahrscheinlichkeit einen pathologischen „Blutungsvorgang“ und nicht den normalen Transportmechanismus zur Ursache haben, dessen Einzelheiten zur Zeit kaum gedeutet werden können. Denn diese Siebzellen verfügen ja nicht einfach über einen wäßrigen Zellsaftraum, wie man das von Parenchymzellen her gewöhnt ist!

Was nun die Verhältnisse bei Angiospermen betrifft, so setzt sich, wie ebenfalls schon früher beschrieben wurde, auch hier in den letzten Jahren immer mehr die Erkenntnis durch, daß beim Fehlen eines Tonoplasten keine Trennung in Plasma und Zellsaftvacuole mehr möglich ist, sondern ebenfalls damit gerechnet werden muß, daß ein hochgradig aufgelockertes „Plasma" das gesamte Zellumen erfüllt. Das Endoplasmatische Reticulum scheint zurückzutreten (s. aber BOUCK u. CRONSHAW 1965, Abb. 12), aber feine fibrilläre Elemente erfüllen den Zellraum und drängen sich vor allem in den Siebporen zusammen. Die ersten Bilder von KOLLMANN (1960b) bei *Passiflora coerulea*, vielleicht nach dem heutigen Stand der Technik noch nicht ganz optimal, reden bereits eine deutliche Sprache. Überlegt man sich ferner die Verhältnisse bei Dioscoreaceen, wie sie jüngst BEHNKE (1965) auch elektronenoptisch erfaßte, d.h. die Tatsache, daß hier sehr große und weite Siebröhren an jedem Knoten in einem Zellkomplex mit immer engeren Poren (bis zur Dimension von Plasmodesmen!) hineinmünden, wobei die überleitenden kurzen „Nodialsiebröhren" in ihren Poren sogar wieder retikuläre Elemente erkennen lassen, so muß man auch hier auf Grund der anatomischen Strukturen einen Druckstrom als bewegendes Medium für unmöglich halten. Nirgendwo wie hier wird es so deutlich, daß die physiologische Theorie sich den anatomischen Gegebenheiten anpassen muß und nicht umgekehrt! Allein die Existenz der Phloembecken bei den Dioscoreaceen macht bei diesem Angiospermentypus eine osmotische Druckströmung ebenso unmöglich, wie dies die Siebporenstruktur bei den Coniferen tut (BEHNKE 1965). Demgegenüber sind die ebenfalls gegen die Druckstromhypothese gerichteten Argumente von LAWTON u. BIDDULPH (1964) von geringerem Gewicht, da die Autoren nicht auf die Phloembecken eingingen. Leider ist die Zahl der eingehend auf die Ultrastruktur ihrer Siebröhren untersuchten Angiospermen noch sehr gering. Doch drängt sich immer mehr die Auffassung auf, daß auch hier das gesamte Zellumen von einem hochgradig hydratisierten und aufgelockerten Plasma erfüllt ist. Dies würde auch völlig dem Fluorescenzbild einer mit Fluorescein gefärbten Siebzelle entsprechen.

Aus alledem muß aber die Folgerung abgeleitet werden, daß Saftaustritte aus Siebröhren, seien sie durch Anschneiden gewonnen, seien es die Ausscheidungen aus Blattlausrüsseln, keineswegs einen untrüglichen Beweis für eine normale, in den unverletzten Organen verlaufende Lösungsströmung darzustellen. Man muß geradezu die Frage aufwerfen, was eigentlich dieser „Saft" ist, der da ausgeschieden wird. Es kann nicht ausgeschlossen werden, daß es sich um mehr oder weniger abnorme, d.h. durch den Eingriff erst zustande kommende, blutungsähnliche Vorgänge handelt und nicht um den Mechanismus, der das natürliche Transportgeschehen lenkt. Insbesondere gilt dies für die osmotische Druckstromhypothese MÜNCHS, der nunmehr auch so viele reale anatomische Tatsachen, die nicht wegdisputiert werden können, entgegenstehen, daß man sie endlich aufgeben sollte. Unter diesen Umständen ist es jedoch nicht uninteressant, darauf hinzuweisen, daß das Prinzip der Münchschen Druckströmung an anderer Stelle in der Natur tatsächlich realisiert zu sein scheint, und zwar bei den Plasmaströmungen bzw. -flutungen in gewissen Pilzhyphen, wie sie vor allem von BURGEFF (1930) und seinen Schülern GREHN (1932) und JAHN (1934) näher untersucht worden sind. BURGEFF hat aus seinen Untersuchungen klar den Schluß gezogen, daß „hier osmotische Erscheinungen, die Wasserleitung verursachend, Plasma und ungelöste Assimilate mit sich reißen", d.h. daß die in den Hyphen auch durch die perforierten Querwände erfolgenden Plasmaströmungen tatsächlich Druckströmungen sind, die ganz nach dem Münchsche Schema verlaufen. Nachdem schon GREHN (1932) bei Mucorineen beobachtete, daß die Stromrichtung des Plasmas stets nach den Stellen gerichtet war, wo Wasser durch Transpiration oder Guttation austrat, hat vor allem JAHN (1934) gezeigt, daß bei dem Discomyceten *Humaria laucoloma* der Plasmastrom durch osmotischen Wasserentzug bzw. lokale Transpiration stets nach den Orten des verminderten Wanddruckes gelenkt wird und auch bei Fusionen stets aus einer Hyphe mit hohem in eine Hyphe mit niederem Wanddruck umgeschaltet wird. Natürlich können diese Plasmaströme samt den in ihnen (teilweise in Vacuolen?) befindlichen Nahrungsstoffen nur so lange fließen, wie die Mycelspitzen weiterwachsen und dem zuströmenden Plasma Raum bieten. Sie können daher auch nicht mit den Verhältnissen bei höheren Pflanzen und schon gar nicht mit denen in den Siebröhren verglichen werden, was besonders im Hinblick auf die im nächsten Abschnitt zu behandelnden Vorstellungen über die Bedeutung der Plasmaströmung für den Stofftransport betont werden muß.

Es war schon zu Beginn (s. auch S. 126, 140) kurz darauf hingewiesen worden, daß die alten Physiologen SACHS und PFEFFER einem Lösungsstrom oder Nahrungsstrom, der alle darin vorkommenden sehr heterogenen Substanzen gemeinsam in den Siebröhren befördern sollte, ablehnend gegenüberstanden. Der Grund dafür dürfte schon damals vorwiegend der gewesen sein, daß die Notwendigkeit, einzelne Stoffe unabhängig voneinander durch den Pflanzenkörper zu bewegen, so selbstverständlich erschien, daß daran jede Theorie, die dieser Forderung nicht genügte, gemessen und zu leicht befunden wurde. Der Hinweis HUBERs, daß auch im Blut die verschiedensten Substanzen befördert würden, verwischt die ganz andersartigen Triebkräfte der Blutzirkulation wie auch den anatomischen Bau der Leitbahnen. Nach der Konzeption MÜNCHs bestimmt ja allein der in höchster Konzentration vorhandene Stoff, in den Siebröhren also immer der Zucker, die Bewegungsrichtung der gesamten Lösung, einschließlich der jeweils nur in geringerer Konzentration vorhandenen andersartigen Substanzen, die auf diese Weise nur passiv verschleppt und, wenn sie nicht ebenfalls sofort resorbiert würden, sich am unteren Ende der Wanderbahn anreichern müßten. Wie ebenfalls schon vorstehend erwähnt, wird aus ebensolchen Erwägungen auch eine Druckströmung des Milchsaftes mit seinen großen Kautschukpartikeln in den Milchröhren für unmöglich gehalten. Eine unabhängige rasche Beförderung von bestimmten Stoffen, etwa von Hormoncharakter u.a.m., wäre auch in den Siebröhren nicht möglich. Etwas derartiges muß es aber im Pflanzenkörper geben. Dafür sprechen nicht nur theoretische Erwägungen, sondern auch eine Anzahl von experimentellen Befunden. Das gelegentliche Fehlen eines Konzentrationsgefälles in den durch Anschneiden gezapften Siebröhrensäften bei Vitaminen (ZIEGLER und ZIEGLER 1962) oder bei energiereichen Phosphaten vom Typus des ATP (KLUGE und ZIEGLER 1964), auf das schon früher hingewiesen wurde (S. 112), kann nicht allein durch lokale Produktion in den Geleitzellen erklärt werden, da auf alle Fälle ein Verschwemmungseffekt (d.h. ein Konzentrationsgefälle) beobachtet werden müßte. Gegen eine Bindung an die plasmatischen Bestandteile der Siebröhren spricht aber ihr Auftreten in den freien Siebröhrensäften! Am meisten aber spricht der Transport des Fluoresceins, wie er von SCHUMACHTR (1933, 1937) näher untersucht wurde, gegen die Mechanik einer Lösungsströmung. Es ist gegen diese Fluoresceinexperimente oft eingewendet worden, daß Fluorescein erstens ein pflanzenfremder Stoff sei, und daß es zweitens erst sekundär durch Adsorption an die Orte gelange, wo es im Fluorescenzmikroskop in den Siebröhren beobachtet wird. Der erste Einwand wiegt nicht schwer, da ja auch andere Indicatoren, wie etwa das 2,4-D, in diese Kategorie fallen, ohne daß man merkwürdigerweise hier Anstoß nimmt, und da auf alle Fälle in den Siebröhren ein Mechanismus existieren muß, der diesen streng auf die Siebröhren beschränkt bleibenden Fluorescenzfarbstoff, der ja nur in ganz verdünnter Konzentration vorhanden sein kann, transportiert. Gerade ein solcher Mechanismus aber erfordert das höchste Interesse. Was den zweiten Einwand der sekundären Absorption betrifft, so ist dieser bis heute nie bewiesen worden. Der Versuch ROUSCHALs (1941), durch das Plasmolyticum Glycerin eine lokale Entspannung des Siebröhrenturgors zu erzielen, was auf eine Anwesenheit des Farbstoffes in der Vacuole hätte hindeuten können, erwies sich in einer Nachprüfung durch SCHUMACHER (1950) als nicht stichhaltig, da andere Plasmolytica, wie etwa Rohrzucker, diesen Effekt überhaupt nicht ergaben. Die Angaben von BAUER (1949 und 1953) beruhten vollends auf einem Irrtum (SCHUMACHER und HÜLSBRUCH 1955). Während an Parenchymzellen ja direkt zu beobachten ist, daß der Farbstoff unmittelbar im Plasma und nicht primär in der Vacuole auftritt (SCHUMACHER 1936), bietet das Bild einer fluorescierenden Siebröhre einen höchst eigenartigen Anblick: Ein ganz homogen leuchtendes Band erfüllt das gesamte Zellumen und zeigt nur über den Siebplatten durch das hier dichter gelagerte Plasma bzw. die sich ansammelnden und ebenfalls fluorescierenden Stärkekörner eine verstärkte Leuchtkraft. Dieses lange Zeit nicht ganz verständliche Bild findet nunmehr wahrscheinlich in der neuen Einsicht, daß das gesamte Zellumen von einem hochverdünnten Plasma erfüllt ist, eine überraschende Erklärung. Da die Fluorescenzhelligkeit in der Wanderrichtung entsprechend dem etwa logarithmischen Anstieg der Strahlungsintensität bei der Ausbreitung radioaktiv markierter Assimilate nur ganz langsam in einem deutlich sichtbaren Gefälle ansteigt, bietet auch die Beobachtung der Spitze der Wanderwelle keine Anhaltspunkte dafür, daß das Fluorescein erst nach sekundärer Adsorption an die plasmatischen Bestandteile aus einem ,,Zellsaftraum“ zur Beobachtung kommt. Jedenfalls geben die Beobachtungen SCHUMACHERs (besonders 1937) keinen Anlaß anzunehmen, daß der Farbstoff passiv durch eine strömende Lösung in den Siebröhren befördert wird.

Die hier eingehend begründete Ablehnung der osmotischen Druckströmungshypothese bedeutet natürlich nicht, daß in den Siebröhren überhaupt kein Wasser bewegt werden könnte. Die Experimente WEATHERLEYs und seiner Mitarbeiter sprechen hier ja eine deutliche Sprache. Seine Bewegung muß nur anders erklärt werden. Was vom Schreiber dieser Zeilen abgelehnt wird, ist der primitive mechanische Druckmechanismus und die Vorstellung einer gemeinsamen Bewegung aller Substanzen im Siebröhreninneren, also die Vorstellung eines ,,Nahrungsstromes“ im Sinne der älteren Forstbotaniker.

Hier muß noch einmal auf gewisse Experimente mit Blattlausrüsseln hingewiesen werden, die HILL (1962) an ruhenden und austreibenden Knospen von *Tilia americana* durchgeführt hat. Es war schon früher darauf aufmerksam gemacht worden, daß bei Bäumen die eigenartige Erscheinung besteht, daß ein wesentlicher Saftfluß erst in der zweiten Hälfte des Sommers beginnt, so daß nach der Druckstromhypothese geschlossen werden müßte, daß bis zu diesem Zeitpunkt kein Stofftransport bei Bäumen existiert. HILL fand, daß aus Zweigen zur Zeit der Knospenruhe mit Hilfe von Blattläusen kaum ein Saftaustritt zu bemerken ist. Erst ab Mitte März, aber noch ca. 6 Wochen, bevor der Laubaustrieb erfolgt, beginnt der Saftfluß aus angestochenen Siebröhren, der während der Knospenöffnung sein Maximum erreicht. Merkwürdigerweise bleibt er auch noch 6 Tage lang bestehen, wenn die Knospen ganz entfernt werden, was ganz besonders deutlich auf eine Art Blutung hindeutet. Wenn sich bei den eröffneten Knospen die Blättchen zu strecken beginnen, läßt der Saftaustritt bereits langsam nach. HILL deutet das als eine Konkurrenz zwischen dem Eigenbedarf der Knospen, die also eine Art von Attraktionszentrum bilden, und den ,,saugenden“

Läuserüsseln. Da aber von einem eigentlichen „Saugen" der getöteten Läuse bzw. ihres isolierten Rüssels kaum gesprochen werden kann, wäre eher an eine Art von Saugströmung im Sinne FREY-WYSSLINGs zu denken, die jedoch den Turgor der Siebröhren soweit herabsetzen müßte, daß aus den Kanülen der Läuserüssel kein Saft mehr ausgepreßt werden könnte. HILL hat auch, leider ohne die erforderlichen anatomischen Untersuchungen, die Meinung geäußert, daß im Frühjahr die „überwinternden" und in einen Ruhezustand übergegangenen Siebröhren (*Tilia* soll ja mindestens zweijährige Siebröhren besitzen!) wieder reaktiviert würden, dann während der Knospenöffnung langsam abstürben (Absinken des Saftaustrittes!) und nun durch neue, aus dem Cambium frisch gebildete Siebröhren ersetzt würden. Eine solche Reaktivierung überwinternder Siebzellen haben SCHUMACHER und KOLLMANN (1961 I) bei *Metasequoia* tatsächlich beobachtet, doch müßten sorgfältige anatomische Untersuchungen die Dinge bei *Tilia* erst klären, bevor daraus weitere Schlüsse gezogen werden können. Eine Entscheidung für oder wider eine Lösungsströmung läßt sich daraus nicht treffen, zumal jede Sicherheit darüber fehlt, in welchem Umfang und auf welche Weise die austreibenden Knospen aus den Zweigstücken tatsächlich mit Bausteinen und Wasser versorgt werden, und ab wann mit einer Ableitung der blatteigenen Assimilate gerechnet werden kann. Im allgemeinen deuten die früher erwähnten Versuche mit radioaktiven Assimilaten darauf hin, daß ein junges Blatt schon vor seiner völligen Streckung und Ausgestaltung mit der Ausfuhr beginnt. Hier müßten entsprechende Untersuchungen über Entwicklung und Differenzierungszustand der Siebröhren einsetzen.

b) Die Strömung des Protoplasmas als Bewegungsmittel des Stofftransportes.

Nachdem schon TH. HARTIG (1858) auf die Möglichkeit aufmerksam gemacht hatte, war es wohl zuerst DE VRIES (1885), der ganz klar auf das Ungenügen einer reinen Diffusion und auf die Bedeutung der Plasmaströmung für den Stofftransport hingewiesen hat. Er beobachtete die Plasmaströmung in Geleitzellen bzw. Phloemparenchymzellen und sah darin das beschleunigende Moment der Stoffbewegung. In Siebröhren dagegen fand er, abgesehen von jungen, unausdifferenzierten Siebröhren, wie die meisten späteren Untersucher keinerlei Plasmaströmung mehr. Wenig später (1889) hat aber LECOMTE in den Siebröhren von *Vitis*-Arten, *Tilia, Rubus* und *Cucurbita* die Existenz einer Zirkulationsströmung und zwar zwei gegenläufige Bewegungen von einer Siebplatte zur anderen angegeben. Auch SMALL (1939) berichtete, daß es ihm mit einer mikrochirurgischen Technik, bei der das Durchschneiden der Siebröhren vermieden wurde, an *Cucurbita pepo* gelungen sei, im Lichtmikroskop die Bewegung kleiner Teilchen in den Siebröhren zu beobachten, die sich mit einer Geschwindigkeit von durchschnittlich 0,4 mm/min aufwärts und abwärts bewegten. Merkwürdigerweise hat bisher niemand diese Angaben nachgeprüft, bis THAINE in mehreren Veröffentlichungen (1961, 1962, 1964a, b, THAINE und BULLAS 1965) bei Blattstielen von *Primula obconica* abermals glaubte, protoplasmatische Stränge und die Bewegung kleiner Teilchen darin, die sogar durch die Siebporen hindurchgehen sollten, und die er unter anderem für Mitochondrien hielt, gesehen zu haben. Es ist davon auch ein Film aufgenommen worden, allein der Film kann bisher nicht überzeugend beweisen, ob es sich wirklich um Stränge und Bewegungen im Innern von Siebröhren und nicht um solche in Phloemparenchymzellen handelt. ESAU u. Mitarb. (1963) haben in scharfer Form dagegen Stellung genommen und die Plasmastränge THAINEs für Lichtbrechungserscheinungen erklärt. Neuerdings haben jedoch EVERT und DERR (1964) im sekundären Phloem von verschiedenen

Bäumen *(Acer negundo, Juglans nigra, Populus grandidentata, Prunus serotina, Robinia pseudacacia* und *Tilia americana)* nach sorgfältiger Präparation sowohl im Lebendzustand wie nach Fixierung lichtoptisch wieder Stränge von einer Dicke zwischen 0,5—2,5 µ durch die ganzen Siebröhrenglieder hindurchgehend angegeben und glauben sogar, bei *Populus* und *Tilia* bis zu fünf feine Stränge durch eine einzige Pore hindurchtreten gesehen zu haben (!), wobei der Siebporus keineswegs von den Strängen erfüllt sein soll, sondern noch Platz für eine Vacuolenverbindung ließ! Eine gewisse Skepsis gegenüber solchen Angaben dürfte wohl angebracht sein. Im Lebendzustand sahen sie bei *Primula obconica,* dem Objekt THAINEs, allerdings weder Stränge noch Plasmaströmung und glauben auch nicht, daß ihre Beobachtungen mit denjenigen THAINEs identisch sind. Die nur bei einer lichtoptischen Vergrößerung von 555mal reproduzierten photographischen Bilder erwecken jedoch leider nicht den Eindruck eines ungestörten Zustandes der Siebröhrenprotoplasten und dürften weit eher Artefakte sein, zumal schon KOLLMANN (1960) auf die Entstehung strangartiger Gebilde bei der bekannten Schlauchkopfbildung an den Siebplatten, die sicher einen Artefakt darstellt, hingewiesen hat. Andererseits ist es sicher nicht berechtigt, wenn THAINE (1964a) glaubt, daß die elektronenoptisch gewonnenen Bilder von Siebröhren, in denen bisher keine Stränge gefunden wurden, Artefakte seien, und daß speziell die von KOLLMANN und SCHUMACHER beschriebenen retikulären Elemente bei *Metasequoia* „disintegrated transcellular strands" seien! Es ist sehr unwahrscheinlich, daß es beim heutigen Stand der elektronenoptischen Präparationstechnik, bei der z.B. SITTE (1963) sogar Hechtsche Fäden nach Plasmolyse darstellen konnte, niemals gelungen sein sollte, die Existenz Thainescher Plasmastränge zur Darstellung zu bringen, wenn sie wirklich existierten. Das stark entwickelte Endoplasmatische Reticulum bei der Conifere *Metasequoia* läßt ohnehin kaum Raum für die Thaineschen Vorstellungen. Es ist daher nicht recht zu verstehen, wenn auch EVERT und MURMANIS (1965) die klaren retikulären Elemente bei *Metasequoia* für „slime" erklären, zumal die Qualität ihrer eigenen elektronenoptischen Bilder, die bei *Tilia* die Existenz von Strängen beweisen sollen, kaum eine nähere Diskussion sinnvoll erscheinen lassen. Schließlich mag darauf hingewiesen werden, daß „Stränge" die Persistenz eines Tonoplasten verlangen, was ebenfalls gegen alle sorgfältigen Beobachtungen verstößt.

Vor allem CANNY hat nun aber trotzdem sofort (1962) die ja noch keineswegs sicher bewiesene Annahme, daß in den Siebzellen längsverlaufende Plasmastränge mit starker Plasmaströmung existierten, auch zu einer Hypothese über die Mechanik des Stofftransportes ausgebaut, statt zuerst einmal abzuwarten, ob es gelingt, die Existenz der Stränge und die von Plasmaströmung in diesen hypothetischen Strängen allgemeingültig zu sichern. Sie basiert auf der Annahme, daß die Plasmastränge durch die Siebporen hindurchziehen, im Zelllumen in dauerndem Stoffaustausch mit dem hochkonzentrierten Zuckersaft der Vacuole stünden (natürlich müßte jeder Strang durch einen Tonoplasten dagegen abgegrenzt sein!) und durch Strömung die Zucker und die sonstigen in die Stränge eintretenden Substanzen weiterbeförderte, wobei ein Teil des Plasmas natürlich auch wieder zurückströmen müßte, so daß ein Stofftransport gleichzeitig in zweierlei Richtungen möglich wäre. Man sieht, daß hier ein ganz andersartiges Bild von der Feinstruktur des Siebröhrenplasmas zugrunde gelegt wird, das mit den neuen Erfahrungen der Elektronenmikroskopie in keiner Weise übereinstimmt und starke Zweifel erweckt, ob es real ist. Aber auch die Fluorescenzmikroskopie, bei der z.B. durch Fluorescein nur lebendes Plasma angefärbt wird und jede Störung oder gar ein Absterben des Plasmas zum sofortigen Erlöschen der Fluorescenz führt, hat in den leuchtenden, also lebenden Siebröhren nie eine Andeutung von längsverlaufenden Strängen erkennen lassen. Vom Standpunkt des Elektronenmikroskopikers ist es jedenfalls viel wahrscheinlicher, daß die Stränge, die EVERT, DERR und auch THAINE sahen, pathologische Zusammenlagerungen feinerer fädiger Strukturen sind. Auch soll nicht unerwähnt bleiben, daß der Schreiber dieser Zeilen wiederholt bei Frischschnitten beobachtete, wie die ursprünglich diffus über das ganze Siebröhrenglied verteilte Siebröhrenstärke sich plötzlich mit ziemlicher Geschwindigkeit, oft in ganzen Reihen, zur Siebplatte hin in Bewegung setzte, wo sie dann die bekannte Brownsche Molekularbewegung ausführte. Er hat diese Vorgänge stets für pathologisch gehalten.

Einer der entschiedensten Vertreter der Ansicht, daß die Protoplasmaströmung das bewegende Agens für den Ferntransport in den Siebröhren sei, war CURTIS (1935), der in seinem Buch auch in kritischer Weise das Für und Wider dieser Hypothese dargestellt hat. Er erklärte die Unmöglichkeit, Plasmaströmung wirklich einwandfrei in Siebröhren nachzuweisen, mit der ungemeinen Empfindlichkeit und Verletzlichkeit dieser Zellen bei der notwendigen Anfertigung von Schnitten, was natürlich keinen Beweis dafür darstellt, daß sie wirklich in unverletzten Siebröhren existiert. Er hat auch Berechnungen über die notwendige Geschwindigkeit der Plasmaströmung angestellt mit dem Ergebnis, daß im allgemeinen die in Parenchymzellen zu beobachtende Geschwindigkeit *unter* der für die transportierten Stoffmengen erforderlichen bleibt. CURTIS bestätigt zunächst in Geleitzellen und Phloemparenchymzellen verschiedener Objekte eine Geschwindigkeit zwischen 0,25 und 0,36 mm/min bei 18° C, von 0,5—0,6 mm/min bei 25° C. In *Elodea*- und *Vallisneria*-Blättern, bei *Chara* und *Nitella* werden Werte von 1—2 mm/min angegeben mit einem Maximum von 5,5—7,9 mm/min bei Temperaturen zwischen 30 und 40° C. SCHUMACHER (1936) maß in Kürbishaaren an schönen Sommertagen eine Geschwindigkeit von 2,4 mm/min. Im allgemeinen haben sehr langgestreckte Zellen eine raschere Strömung als kürzere, und CURTIS erwägt die Möglichkeit, daß sie in den spezialisierten Siebelementen vielleicht noch höher sein könnte als anderswo. Aber natürlich handelt es sich hier um eine reine Spekulation, denn direkte Beobachtungen liegen nicht vor, und die Angaben von THAINE sind zweifelhaft.

Es muß hier noch angemerkt werden, daß auch in Parenchymzellen kein Beweis dafür vorliegt, daß die Protoplasmaströmung irgendwie den Stofftransport fördert. Dies gilt sowohl für den Transport von Wuchsstoff in der Haferkoleoptile (VAN DER WEIJ 1932) wie für den Transport von Fluorescein in die Haarzellen von *Cucurbita pepo* und *Primula sinensis* (SCHUMACHER 1936, s. auch Teil II dieses Bandes). SCHUMACHER fand, daß die Einwanderung, die hier eindeutig auf das Protoplasma beschränkt blieb, hinsichtlich ihrer Geschwindigkeit hinter der einer reinen Diffusion zurückblieb, in ihrem Verlauf zeitlich aber sonst völlig einer Diffusionsbewegung glich. Er beobachtete ferner, daß die Bewegung ganz gleichmäßig von der Basis zur Spitze der Haare hin erfolgte, unabhängig von der Geschwindigkeit der Zirkulationsströmung, die ja bald aufwärts, bald abwärts führt und des öfteren im selben Strang entgegengesetzte Richtungen erkennen läßt. Ja, er fand wiederholt Fälle, wo sich das Fluorescein gerade entgegengesetzt zur Richtung der Strömung in dem betreffenden Plasmastrang bewegte. Auch die Tatsache, daß in einer Zelle oft längere Zeit ein Konzentrationsgefälle sichtbar bestehen bleibt, gleichgültig ob darin eine Plasmaströmung herrschte oder nicht und gleichgültig, in welcher Richtung sie verlief, zeigte klar, daß die beiden Vorgänge unabhängig voneinander verliefen. Man muß daraus auch die schon durch direkte Beobachtung abgeleitete Folgerung ziehen, daß in einem solchen Plasmastrang nur Teile in Bewegung, andere aber in Ruhe sind. Der Schreiber dieser Zeilen ist daher auch skeptisch gegenüber den Erwägungen von Curtis, daß die Protoplasmaströmung sich selbst durch Plasmodesmen von einer Zelle in die Nachbarzelle fortsetzen könne. Was wir zur Zeit elektronenoptisch über den Feinbau von Plasmodesmen wissen, spricht jedenfalls nicht für eine solche Möglichkeit. Und auch der von Thaine behauptete und auf seinem Film keineswegs von allen Beobachtern gesehene Übertritt größerer nicht identifizierter Partikel durch die Siebporen muß mit Vorsicht aufgenommen werden. Nach der Kritik Esaus handelte es sich dabei wahrscheinlich nicht um Siebplatten, sondern um hinter einer Querwand vorbeiziehende Stränge ein- und derselben langen Zelle. Man wird daher weitere Arbeiten von anderer Seite abwarten müssen, bis entschieden werden kann, ob die Protoplasmaströmung überhaupt etwas mit dem Stofftransport zu tun hat, und ob sie überhaupt in Siebzellen und Siebröhrengliedern vorkommt oder nicht. Nur wenn letzteres der Fall ist, kann sie ja überhaupt zum Gegenstand ernsthafter Erwägungen gemacht werden.

c) Die Bewegung der Stoffe unabhängig voneinander.

α) Die „aktivierte" Diffusion.

Wie schon früher erwähnt, haben sowohl Sachs wie Pfeffer aus theoretischen Erwägungen heraus eine gemeinsame Strömung aller Stoffe durch den Pflanzenkörper abgelehnt und die Möglichkeit zum unabhängigen Transport gewisser Substanzen als eine physiologische Notwendigkeit gefordert. Sachs dachte in erster Linie an Diffusionsvorgänge, aber er sowohl wie Pfeffer waren sich wohl schon damals darüber klar, daß die reine Diffusion zur Überbrückung größerer Entfernungen nicht ausreichen konnte. Eben deshalb wurde ja auch von de Vries die Protoplasmaströmung herangezogen. Die ersten genaueren quantitativen Angaben über das Vorliegen eines Konzentrations- und Diffusionsgefälles beim Ferntransport der Zucker und, etwas weniger überzeugend, bei einigen anderen Substanzen, kamen von Mason und seinen Mitarbeitern (ab 1928). Sie deuteten ihre Befunde aber keineswegs im Sinne der Münchschen Druckstromhypothese, die ebenfalls ein Konzentrationsgefälle voraussetzt, und die sie klar ablehnten, sondern sprachen von einer „aktivierten Diffusion", da aus ihren eigenen Befunden klar hervorging, daß die Transporte der Saccharose im Phloem von *Gossypium barbad.* ca. 40000 mal größer war als die einer reinen Diffusion. In diesem Zusammenhang ist es vielleicht nicht uninteressant zu erwähnen, daß schon de Vries (1885) aus den Diffusionsgesetzen der Physik ausrechnete, daß 1 mg Saccharose aus einer 10%igen Lösung 940 Tage benötigte, um durch reine Diffusion in einem 1 cm weiten mit Wasser gefüllten Glasrohr die Strecke von 1 m zurückzulegen. Dies hängt damit zusammen, daß die durch Diffusion zurückgelegte Strecke nur umgekehrt proportional zur Wurzel aus der Zeit zunimmt und die Diffusionsbewegung dreidimensional erfolgt. Deshalb braucht, wie Curtis und Clark (1950) ausführen, ein Milligramm Zucker pro Quadratzentimeter Fläche nur 0,8 sec, um 100 μ zu durchwandern, also etwa die Dimension einer normalen Parenchymzelle. (Man vergleiche damit die um ein Vielfaches niedrigeren Zahlen bei Münch!) Schumacher (1936) maß experimentell die Diffusionsgeschwindigkeit von Fluorescein aus einer 1%igen Agarlösung in reinen Agar und fand, daß nach $^1/_2$ Std bei 20° C bereits 3,7 mm zurückgelegt waren. Es ist also ganz klar, daß die Diffusion bei kleinen Strecken, etwa im Bereich einer Zelle, durchaus als bewegendes Moment der Stoffbewegung dienen kann (tatsächlich hat ja auch Schumacher bei der Einwanderung des Fluoresceins in das Plasma von Kürbishaaren einen diffusionsartigen Verlauf, wenn auch mit geringerer Geschwindigkeit beobachtet), daß sie aber beim Ferntransport in den Siebröhren nicht ohne Hilfsannahmen in Frage kommen kann.

Und ebendeshalb führten MASON u. Mitarb. den Begriff der „aktivierten Diffusion" ein, wobei sie offensichtlich unter dieser Aktivierung das Eingreifen von „metabolic energy", also Stoffwechselenergie, verstanden. Sie schlossen dies aus ihrer (wahrscheinlich nicht richtigen, s. S. 131) Beobachtung, daß angeblich Sauerstoff für den Ferntransport nötig sei. Wir wissen heute, vor allem durch die Arbeiten von WILLENBRINK (1957; s. auch W. ULLRICH 1961) mit Atmungsgiften, daß Stoffwechselvorgänge, vermutlich energetischer Art, tatsächlich in die Transportvorgänge eingreifen, daß also die Grundkonzeption MASONs richtig war, wenn auch die Beteiligung von Sauerstoff fraglich ist. Aber in welcher Weise diese Stoffwechselvorgänge nun mit dem Transportgeschehen verknüpft sein sollten, darüber konnten auch MASON und seine Mitarbeiter leider keine weiteren Auskünfte geben. Und dies war die Schwäche dieser, nach Ansicht des Referenten wahrscheinlich richtigeren Auffassungen, gegenüber der einfachen und ohne weiteres verständlichen Druckstromhypothese MÜNCHs, auch wenn letzterer noch so ernste und nicht wegzudisputierende Gegenargumente gegenüberstanden. Schon der Ausdruck „Diffusion" war vielleicht nicht sehr glücklich, da er ja lediglich auf der (nicht einmal überall zutreffenden) Beobachtung eines Konzentrationsgefälles beruhte. Die Geschwindigkeit des Molekültransportes mußte dabei, um auf die nötigen Raten zu kommen, gleich der einer freien Gasdiffusion gesetzt werden! Da die Autoren auch die Protoplasmaströmung als bewegendes Moment ablehnten, mußte der Widerstand des stationär angenommenen Protoplasmas auf irgendeine Weise stark herabgesetzt sein. Dazu war die Annahme einer damals noch völlig unbekannten inneren Organisation des Siebröhrenplasmas notwendig, die sich uns erst in den letzten Jahren durch den Einsatz des Elektronenmikroskopes langsam etwas enthüllt. MASON und PHILLIS haben in ihrer zusammenfassenden Darstellung (1937) ganz klar die Situation geschildert. Der Einwand HUBERs (1936), eine so hohe Diffusionsbeschleunigung sei gleichbedeutend mit einer ungeheueren, jenseits jeder Lebensmöglichkeit liegenden Temperaturerhöhung in den Siebröhren, versteifte sich zu sehr auf das Wort und den physikalischen Begriff „Diffusion" und übersah jenen allerdings nicht sehr klaren Begriff der „Aktivierung". MASON und PHILLIS verweisen mit Recht dagegen auf eine alte Warnung von SACHS, im Bereich des Biologischen allzu sehr allein mit den bisher bekannten physikalisch-chemischen Gesetzen zu arbeiten und nicht nach neuen Prinzipien Ausschau zu halten. Sie verweisen z.B., wenn auch in sehr vorsichtiger Form, auf Oberflächenkräfte und ähnliches. Aber sie standen, ohne den unbekümmerten „Mut" zu haltlosen Spekulationen, eben vor Schranken, die auch heute noch nicht überwunden sind. Einen Beitrag dazu hat in jüngster Zeit auch PENOT (1965) unter Einsatz von Isotopen geliefert. Inzwischen haben jedoch die langjährigen sorgfältigen anatomischen Studien von KOLLMANN und SCHUMACHER (1960—1964) bei der Conifere *Metasequoia* und die von BEHNKE (1965) bei Dioscoreaceen die anatomische Unmöglichkeit einer Lösungsströmung durch Poren eindeutig aufgezeigt, so daß die Suche nach anderen Möglichkeiten im Sinne MASONs um so begründeter erscheint. Es war in den vorhergehenden Abschnitten wiederholt darauf aufmerksam gemacht worden, daß es eine ganze Reihe von Beobachtungen gibt, die darauf hinweisen, daß die Stoffe in den Siebröhren keineswegs alle mit derselben Geschwindigkeit bewegt werden, wie das der Fall sein müßte, wenn sie gemeinsam in einem Lösungsström hinweggeschwemmt werden. So gibt es Angaben von SWANSON und WHITNEY (1953, s. S. 123), daß ^{32}P und ^{137}Cs mit verschiedener Geschwindigkeit wandern, von BIDDULPH und CORY (1957) über verschiedene Geschwindigkeiten von ^{14}C einerseits, ^{32}P und THO andererseits (s. S. 124), von GAGE und ARONOFF (1960) über unterschiedliche Geschwindigkeit von Zucker und THO (s. S. 124). LITTLE und BLACKMAN (1963) berichten, daß Indolylessigsäure mit etwa der doppelten Geschwindigkeit wandere als 2,4-D (S. 125). Auch das merkwürdige Fehlen eines Konzentrationsgefälles für Allantoin und auch für ATP war bereits angeführt worden (s. S. 112). In dieselbe Richtung weist der Befund von WILLENBRINK (1957), daß die Empfindlichkeit für Atmungsgifte, für P, N und Fluorescein nicht dieselbe ist. Alle diese Befunde ließen sich leicht erklären, wenn ein Bewegungsmechanismus in den Siebröhren angenommen wird, der die unabhängige Wanderung verschiedener Stoffe erlaubt. Einen Beweis dafür stellen sie natürlich nicht dar, da immer mit einer unterschiedlichen Einschleusung der einzelnen Stoffe in die Leitbahnen gerechnet werden muß. Für die Druckstromhypothese sind sie allerdings nicht zu erklären. Aber auch der in den letzten Jahren bei allen Versuchen mit Isotopen immer wieder beobachtete lineare logarithmische Abfall der Aktivität mit steigender Entfernung von der Stoffquelle deutet weit mehr auf einen diffusionsähnlichen Vorgang als auf eine Verschwemmung mit dem Lösungsmittel, zumal es fraglich erscheint, ob dieser Abfall allein durch das seitliche Austreten aus den Leitbahnen zu erklären ist. Auch die teilweise Bindung der aktiven Substanzen kann bereits in der Leitbahn erfolgen und braucht nicht notwendig auf ein solches Austreten hinzudeuten.

Es muß nun hier abermals auf die Experimentalbeobachtungen SCHUMACHERS mit dem Vitalfluorescenzfarbstoff Fluorescein hingewiesen werden (1933, 1937). Diese sind von mancher Seite stark kritisiert worden, da sie mit Recht als eine Widerlegung der Lösungsströmung betrachtet werden mußten. Es wurde eingewendet, daß das Fluorescein eine körperfremde Substanz sei, die nicht mit Zucker usw. verglichen werden dürfe. SCHUMACHER hat dies nie bestritten, ja, von vornherein diese Tatsache selbst betont. Allerdings müßten dieselben Einwände dann auch gegen andere körperfremde Substanzen (etwa 2,4-D) erhoben werden, was jedoch niemand tat, offenbar weil die hiermit durchgeführten Experimente nicht direkt gegen die Lösungsströmung sprachen! Wohl aber hat SCHUMACHER darauf hingewiesen, daß, wenn ein solcher Fluorescenzfarbstoff in den Siebröhren bewegt wird, hier auch ein Bewegungsmechanismus vorhanden sein müsse, und daß es interessant genug wäre, diesen Mechanismus aufzuklären. Der erste visuelle Eindruck deutete ja darauf hin, daß der Farbstoff im Plasma der Siebröhren lokalisiert sein muß. Dies sei eine sekundäre Adsorption, wurde erwidert. Die Münchsche Druckstromhypothese verlangte ja den Transport in einer strömenden Lösung, d.h. im Zellsaft. BAUER (1949, 1953) wollte ihn auch dort primär, d.h. vor seiner Bindung an das Plasma, gesehen haben, aber seine Angaben haben sich bei einer Nachprüfung als nicht reproduzierbar herausgestellt. Dagegen war das Fluorescenzbild in der Tat eigenartig und in jenen Jahren der ersten Experimente keineswegs ganz zu verstehen. Vor allem, wenn etwa in einem Blattstiel von *Pelargonium,* in den das Fluorescein eben von der Blattspreite her einzuwandern begann, das Objektiv auf die äußerste Spitze der Wanderwelle eingestellt wurde, wo eben die ersten ankommenden Spuren des Farbstoffes fluorescenzoptisch wahrgenommen werden konnten, wurde immer beobachtet, daß die gefärbte Zone die gesamte Breite des Siebröhrendurchmessers homogen erfüllte, ohne daß an den Längswänden der Plasmasaum (Plasmalemma!) durch stärkere Leuchtintensität hervortrat. Dies war auch nicht der Fall, wenn die Leuchtintensität nach vermehrter Einwanderung von Farbstoff anstieg. Bei Plasmolyseversuchen glaubte SCHUMACHER zwar einen solchen Effekt zu erkennen, er mag auch in der Tat aufgetreten sein. Allein unser heutiges Wissen über die Konstitution des Siebröhrenplasmas, so wie es die elektronenoptischen Untersuchungen der letzten Jahre uns nahelegen, d.h. die Annahme, daß das gesamte Siebröhrenlumen von einem hochverdünnten und aufgelockerten Plasma erfüllt ist, gibt erst den Schlüssel zu dem eigenartigen Fluorescenzbild der völlig homogen leuchtenden Siebröhre. Hier offenbart sich wieder einmal die auch heute noch gültige Überlegenheit der fluorescenzoptischen Vitalmethode über die Radioautographien, bei denen es bis heute ja noch nie gelungen ist, eine einzelne Siebröhre, geschweige denn Teile ihres Protoplasmas, darzustellen und so Einsicht in die wahre Lokalisation der wandernden Stoffe zu gewinnen.

Nun spricht in der Tat aber manches dafür, daß das Fluorescein adsorptiv oder sonst irgendwie an Bestandteile des Plasmas gebunden ist, und insofern besteht eine gewisse Berechtigung des Einwandes, der Ort, wo der Farbstoff im Fluorescenzmikroskop erkannt werden könne, sei vielleicht nicht der wirklich primäre, also nicht der eigentliche Wanderweg. Daß dies für Parenchymzellen nicht zutreffen kann, war jedoch schon früher dargelegt worden. Allein die Versuche SCHUMACHERs (1937) über das Verhalten sehr kleiner Substanzmengen bei der Bewegung des Farbstoffes in den Siebröhren stimmen nachdenklich. SCHUMACHER beobachtete hier, daß, wenn er eine ganz geringe Konzentration und Menge Fluorescein auf die Blattnerven von *Pelargonium zonale* auftrug, die Bewegung des Farbstoffes in den Siebröhren immer auch nur wenige Zentimeter vom Ort der Zufuhr betrug und dann zum Stillstand kam. War die Farbstoffmenge höher, leuchteten die Siebröhren auch in entsprechend größerer Entfernung. Eine „Verschwemmung“ des Farbstoffes trat nie auf, wie es der Fall sein müßte, wenn man in eine strömende Lösung, etwa in einen Fluß, eine gewisse Farbstoffmenge einbringt. Es ist ja bekannt genug, daß man auf diese Weise den unterirdischen Verlauf von Gewässern verfolgt hat. Auch wenn die Protoplasmaströmung als bewegendes Transportband dienen würde, müßte man eine solche Verschwemmung oder doch wenigstens eine Inhomogenität der Färbung beobachten. Dies war nie der Fall. Vielmehr blieb das Protoplasma von der Stelle des Eintritts in die Siebröhren an dauernd stark gefärbt, und die Intensität der Leuchtkraft nahm lediglich von dort aus in einem deutlich sichtbaren Konzentrationsgefälle, das sich oft über mehrere Zentimeter erstreckte, in der Wanderrichtung ab, bei den Blattnerven polar zum Blattstiel hin, während zum Blattrand hin überhaupt keine Ausbreitung erfolgte. Dasselbe Bild bot auch ein zweiter Fluorescenzfarbstoff, das Glucosid Äsculin, das zum erstenmal von DÖRING (1935) verwendet wurde. Es war nur insofern dem Fluorescein unterlegen, als es wesentlich weniger wasserlöslich ist und infolgedessen in den Siebröhrenbahnen wesentlich früher zum Stillstand kam als ersteres. SCHUMACHER beobachtete nun, daß die beiden Farbstoffe ganz unabhängig in denselben (!) Siebröhren wanderten, d.h. er konnte, wenn etwa die Ausbreitung des Äsculins zum Stillstand gekommen war, ungestört durch die blau leuchtende Äsculinzone das wesentlich weiter gelangende, gelb leuchtende Fluorescein hindurchwandern lassen, wie umgekehrt Äsculin imstande war, durch eine zum Stehen gekommene Fluoresceinzone hindurchzutreten. SCHUMACHER glaubt, mit aller Sicherheit beobachtet zu haben, daß dies in einer Reihe von Fällen in ein und derselben Siebröhre geschah, während in anderen Fällen zweifellos von den beiden Farbstoffen verschiedene Siebröhren benutzt wurden, wie ja überhaupt bei diesen Farbstoffversuchen immer wieder beobachtet wurde, daß keineswegs alle in einem Bündel vorhandenen Siebröhren gleichmäßig den Farbstoff aufnahmen und transportierten. Dies mag hier besonders auch deshalb betont werden, weil ja die Frage der gleichzeitigen gegenläufigen Bewegung in derselben oder in verschiedenen Siebröhren bzw. ganzen Phloemsträngen noch keineswegs eindeutig gelöst ist (s. zuletzt die Versuche von BIDDULPH und CORY 1965 mit Isotopen, die für getrennte Wanderbahnen sprechen).

SCHUMACHER hat nun aber noch etwas weiteres beobachtet: Wenn bei ganz geringen Fluoresceindosen der Farbstoff von der Stelle seines Eintrittes in die Siebröhren nur wenige Zentimeter gewandert und dann zum Stillstand gekommen war, dann vermochte regelmäßig eine zweite Farbstoffgabe seine Ausbreitung in der Siebröhre ein Stück weiter zu „schieben", so daß jetzt eine größere, aber immer völlig geschlossene Strecke der Siebröhren im Fluorescenzlicht leuchtete. Dies geschah aber immer nur, wenn der Farbstoff der zweiten Gabe wieder Fluorescein war, nicht aber etwa bei Äsculin. Fluorescein und Äsculin verhielten sich also auch in diesem Punkte völlig unabhängig voneinander.

CURTIS und CLARK (1950) haben mit einem gewissen Recht darauf hingewiesen, daß dies eigentlich auf eine Adsorptionserscheinung hinweist, und man ähnliche Erscheinungen auch bei Adsorptionen an Filtrierpapier, wie sie bei allen chromatographischen Arbeiten üblich sind, bekommen kann. Sie plädieren daher abermals für einen Transport durch agranuläre, d.h. im Lichtmikroskop unsichtbare, strömende Phasen des Protoplasmas und eine nachfolgende Adsorption an die stationär bleibenden Teile desselben. Dies könnte in der Tat die früher erwähnte seltsame Wanderung des Farbstoffes entgegen der Plasmaströmungsrichtung in Kürbsihaarzellen erklären. Ob dasselbe aber auch für die Siebröhren zutrifft, steht dahin, weil hier ja, wie vorstehend erwähnt, die Grundlage, der sichere Nachweis einer raschen Plasmaströmung, sehr zweifelhaft ist.

Merkwürdig ist immerhin eines: Bis heute ist eigentlich bis auf die Tatsache, daß das Fluorescein nur selten aus den Siebröhren austritt, während dies die körpereigenen Stoffe, die Zucker, Aminosäuren usw. überraschend leicht tun, kein Punkt gefunden worden, in dem sich das Fluorescein anders verhält als die isotop markierten körpereigenen Transportstoffe. Die wechselnde Transportrichtung, das Konzentrationsgefälle in der Wanderrichtung, die Geschwindigkeit und ihre Abhängigkeit von der Temperatur, der Übergang aus den Leitbahnen von Wirtspflanzen in den Körper von Schmarotzern, alles das sind Dinge, die 20 Jahre später mit Isotopen in ganz ähnlicher Weise gefunden wurden, und die es darum berechtigt erscheinen lassen, diese älteren Methoden und ihre Ergebnisse nicht gänzlich beiseite zu schieben, sondern ihre teilweise überlegenen Möglichkeiten zu nutzen. Vorläufig kann auch von der Bewegungsmechanik des Fluoresceins nicht mehr gesagt werden, als daß nichts auf eine Lösungsströmung deutet. Für die „aktivierte Diffusion" MASONs spricht der Befund WILLENBRINKs (1957), daß auch der Fluoresceintransport durch eine partielle Hemmung mit Blausäure reversibel abgestoppt werden kann. Es erübrigt sich eigentlich, darauf hinzuweisen, daß es sich dabei nicht um eine Hemmung der Stoffaufnahme in die Blattnerven handelt, sondern wirklich um eine Blockade der Durchwanderung der Blattstielbündel. Es ist aber völlig klar, daß die letzte Aufklärung nicht an einem körperfremden Farbstoff, sondern am Zucker und den übrigen körpereigenen Transportstoffen gelingen muß. Die letzten Versuche WILLENBRINKs 1966) haben diesen Beweis erbracht.

β) Oberflächen-(Spreitungs-)erscheinungen.

Es ist einigermaßen seltsam, daß weder MASON und seine Mitarbeiter als Vertreter der „aktivierten Diffusion", also einer Molekularbewegung ohne das Lösungsmittel (SCHUMACHER hielt sich in einer Erklärung seiner Experimentalbefunde bewußt zurück, obwohl sie natürlich teilweise sehr eindeutig für eine Molekularbewegung sprachen), noch die Vertreter der Münchschen Druckstromhypothese sich jemals ernstlich mit gewissen, wenigstens theoretisch oder im Modellversuch demonstrierten Möglichkeiten einer auf andere Weise beschleunigten Molekularbewegung beschäftigt haben. Nur CURTIS (1935) hat in seinem

Buch ausdrücklich dazu Stellung genommen. Bereits 1917 hat nämlich MANGHAM in einer rein theoretischen Studie, die er selbst als Hypothese bezeichnet hat, versucht, Adsorptionsvorgänge im Plasma für eine Stoffbewegung in Anspruch zu nehmen. MANGHAM ging davon aus, daß das Plasma ein heterogenes Kolloidsystem sei (von dem uns heute auf Grund der elektronenoptischen Studien bekannten Feinbau des Plasmas und seiner Komponenten war damals noch nichts entdeckt), und daß an der Oberfläche von kleinen Eiweiß- oder Lipoid(!)-Partikelchen Zucker leicht adsorbiert würde und zwar bis zu einem im einzelnen verschiedenen Gleichgewicht mit der Konzentration der Lösung. Liegen die adsorbierenden Teilchen nahe genug beieinander, kann durch Diffusion, die in diesen Dimensionen sehr rasch erfolgt, ein Übergang vom einen zum anderen Teilchen, dessen Attraktion größer ist, erfolgen. Wird irgendwie, etwa durch Verbrauch, das Adsorptionsgleichgewicht gestört, muß sich dieses sofort wieder herstellen, d.h. eventuell ein Stofftransport erfolgen. MANGHAM war der Meinung, daß dieser Ausgleich nur innerhalb des Plasmas erfolgen könne, da das Plasmalemma impermeabel für Zucker sei. Er nahm daher für einen Transport zwischen Parenchymzellen die Plasmodesmen und in den Siebröhren natürlich die großen Siebporen in Anspruch, wobei dem Schreiber nicht ganz klar geworden ist, wieweit MANGHAM bereits die Schranke zwischen Zellsaft, den er nur als großes Reservoir ansieht, und dem Plasma in den Siebröhren für aufgelöst betrachtete, so wie wir dies heute durch den Schwund des Tonoplasten in den Siebröhren für gewiß halten. KIDD (1917) hat gegen die Hypothese MANGHAMs gewisse Bedenken angemeldet, denen sich auch CURTIS anschloß, aber die Tatsache bleibt bestehen, daß hier zum erstenmal ein neuer Faktor in die Diskussion gebracht wurde, eben die *Adsorption*, die zwar schon gelegentlich im Sinne der Münchschen Druckstromhypothese gern für die Lokalisation des Fluoresceins, aber nicht für seine Bewegungsmechanik in Anspruch genommen wurde.

Es gibt aber noch andere Molekularerscheinungen, die eine Bewegung um ein Vielfaches der einfachen Diffusion beschleunigen können. Und hierfür hat VAN DEN HONERT (1932) einen interessanten Modellversuch angegeben. Er zeigte, daß eine Lösung von K-Oleat an einer Grenzfläche zwischen Wasser und Äther mit großer Geschwindigkeit und über große Strecken (95 cm!) bewegt wird, wie dies allgemein bei Substanzen der Fall ist, die die Oberflächenspannung herabsetzen. Die Beschleunigung in diesem Modellversuch entspricht etwa der der „aktivierten Diffusion“ MASONs, sie ist auch konzentrationsabhängig und folgt einem Konzentrationsgefälle. Hier ist also ein neues Prinzip, das deutlich zeigt, wie unrichtig der Einwand HUBERs war, jede molekulare Beschleunigung bedeute auch eine Temperaturerhöhung. VAN DEN HONERT war sich sehr wohl dessen bewußt, daß sein *Spreitungsexperiment* ebenfalls zunächst nur ein Modellexperiment war, dessen Übertragung auf die Wanderbahnen in der Pflanze nicht a priori möglich ist. Er dachte zwar an die Grenzfläche zwischen Plasma und Vacuole, also an den Tonoplasten, aber er hatte natürlich damals noch keine Kenntnis über unsere jetzigen modernen Auffassungen von der Struktur des Siebröhrenplasmas mit seinen stark vermehrten Grenzflächen (z.B. im Reticulum oder in den Fadenstrukturen), wie sie z.B. KOLLMANN und SCHUMACHER (l. c.) besonders bei *Metasequoia* später entdeckten. Er kannte auch noch nicht die Fluoresceinexperimente SCHUMACHERs, die ja sehr stark in seine Richtung deuten. Ganz besonders aber war er sich bewußt, daß Zucker, etwa Saccharose, kein Stoff ist, der grenzflächenaktive Wirkungen ausübt, wenn er auch durchaus die Möglichkeit erwog, daß Zucker etwa in gewissen Bindungen grenzflächenaktiv werden könnten. Dies alles ist indessen auch heute noch reine Spekulation. Aber es zeigt neue physikalisch-chemische Möglichkeiten auf, die bei der Suche nach der Mechanik der Stoffbewegungen durchaus an die Seite der osmotischen Druckströmung, die keineswegs experimentell besser gestützt und die einzige Denkmöglichkeit ist, gestellt werden müssen. Der visuelle Eindruck einer Fluoresceinbewegung etwa in den Plasmasträngen einer Kürbishaarzelle spricht allerdings nicht dafür, daß es lediglich die Tonoplastengrenzfläche ist, die als Wanderbahn dient, da stets das gesamte Plasma samt Kern und Plastidenstärke den Farbstoff aufnimmt. Seit der Entdeckung des Endoplasmatischen Reticulums wissen wir aber, daß auch im Inneren des Cytoplasmas zahlreiche Membransysteme vorhanden sind, die sogar durch die Plasmodesmen hindurchziehen. Das Fibrillennetzwerk im Inneren der Siebröhrenlumina bietet ebenfalls genügend Oberflächen, wobei nochmals darauf hingewiesen werden muß, daß stets das gesamte Lumen der Siebröhre bei einer Fluoresceinfärbung leuchtet. Trotzdem sind das alles keine strengen Beweise, und man wird weitere Versuche abwarten müssen. Erwähnt sei nur, daß auch hier eventuell für die ungewöhnlich raschen Transportbewegungen geringer Mengen von radioaktiven Substanzen, auf die vor allem NELSON und seine Mitarbeiter hingewiesen haben, eine Erklärungsmöglichkeit zu finden wäre.

γ) Elektrische Ladungsunterschiede (Elektroosmose).

Die im folgenden zu beschreibenden Hypothesen (auch hier handelt es sich um nicht viel mehr als um hypothetische Spekulationen) haben den Vorzug, daß sie alle die Existenz der Siebplatten, dieses Charakteristikums der Siebröhren, nicht wie die bisher beschriebenen Vorstellungen ignorieren oder irgendwie als lästiges Hindernis betrachten (s. WEATHERLEY, S. 149): "The chief obstacle to the mass-flow-hypothesis is the structure of the sieve-tube"), sondern als einen wichtigen Bestandteil in die Mechanik einbauen. Bei dieser Gelegenheit mag bemerkt werden, daß nach den Beobachtungen SCHUMACHERs (1934) Schmarotzerpflanzen wie *Cuscuta* oder *Orobanche* ihre Absorptionsorgane bevorzugt, wenn auch nicht unbedingt und ausschließlich, in der Nähe einer Siebplatte an die Siebröhre anschmiegen, was natürlich auch mechanische Gründe haben kann, da hier die Siebröhre dem Wachstumsdruck der Schmarotzerzellen am leichtesten Widerstand leisten kann.

Sowohl von FENSOM (1957, 1958, besonders 1959) wie von SPANNER (1958) wird ein elektroosmotischer Pumpmechanismus an den Siebplatten angenommen, wobei die Ladungsdifferenz (Oberseite der Siebplatte +, Unterseite —) durch vitale Vorgänge aufrechterhalten werden soll. Während FENSOM seine Hypothese ganz generell für alle Strömungserscheinungen, auch die im Xylem, gültig glaubt und sich dabei auf Potentialmessungen an ganzen Organen stützt, hat SPANNER rein theoretisch sein Schema speziell für den Transport in den Siebröhren entwickelt. FENSOM glaubt, daß es vor allem die aus dem Atmungsstoffwechsel stammenden Wasserstoffionen sind, die rascher als alle anderen Ionen diffundieren und besonders bei engporigen Eiweißmembranen hierdurch die eine Seite positiv aufladen, was zu einer elektroosmotischen Bewegung von „sap" durch die nicht näher strukturierten Siebporen führen müsse. SPANNER hat sehr viel detailliertere Vorstellungen entwickelt. Er stellt sich vor, daß vor allem das im Pflanzengewebe immer ional vorhandene und leicht bewegliche K^+-Ion von den Geleitzellen, eventuell auch von den anderen umliegenden Parenchymzellen, in die Siebröhre oberhalb einer Platte sezerniert wird und hier eine positive Aufladung schafft, deren Ausmaß er wesentlich höher als FENSOM einschätzt, da er die Siebporen richtiger als mit Plasma erfüllt, die Kanäle also wesentlich enger annimmt als FENSOM. Dann soll elektroosmotisch Flüssigkeit durch die Porenzwischenräume gepumpt werden, wobei Wasser voraneilt, die großen Zuckermoleküle aber langsamer wandern. Gerade darin sieht SPANNER den Sinn dafür, daß offenbar nicht die kleinmolekularen Hexosen, sondern Di- oder Oligosaccharide wandern, da hierdurch die Polarität zwischen zwei Siebröhrengliedern noch verstärkt wird. Nach dem Durchtritt durch die Platte soll ein Teil des Wassers, und vor allem das K^+, wieder von den Geleitzellen zurückresorbiert werden und in einem Kreislauf aufsteigend wieder zurückkehren. Die Fig. 4 (1958, S. 339) gibt schematisch diese ganze Konzeption wieder. Es ist hierbei bemerkenswert, daß wohl Wasser wandert, aber alle anderen Komponenten des Siebröhrensaftes mit verschiedener Geschwindigkeit je nach Molekülgröße bzw. Ionenradius und Hydratationshülle. SPANNER hat ausgerechnet, daß, um eine 20%ige Zuckerlösung durch eine einzige Siebplatte zu pressen, deren Porenweite mit 0,02 μ angenommen wird, ein Druck von 1 Atm. erforderlich ist, was natürlich zu ganz ungeheuren Drucken führen müßte, wenn die Strecke länger wird und die Zahl der Siebplatten zunimmt. Er hält es aber ohne weiteres für möglich, daß die elektroosmotischen Kräfte groß genug sind, um den Strom der Wanderstoffe in der erforderlichen Geschwindigkeit und Menge zu ermöglichen.

Wie schon gesagt, ist das Ganze bis jetzt kaum durch experimentelle Erfahrungen gestützt, kann also höchstens als Arbeitshypothese gewertet werden. Denn auch bei den Potentialmessungen von FENSOM ist, wie ja bei fast allen Potentialen innerhalb einer Zelle, nie zu sagen, was Ursache und was Folge ist. Immerhin ergeben sich auch hier Denkmöglichkeiten, die besonders auch deshalb Interesse erfordern, weil hier auch mit einer Wasserströmung gerechnet wird, aber eben nicht mit einer osmotischen Druckströmung, die wie bei MÜNCH alle Inhaltsbestandteile der Siebröhren mit gleicher Geschwindigkeit befördert, sondern durchaus mit einer differenzierten Bewegung der einzelnen Komponenten, unter denen das Wasser eben nur eine unter vielen ist. Der Schreiber dieser Zeilen hat nie geleugnet, daß grundsätzlich auch Wasser in Siebröhren bewegt werden könnte. Er hat nur die Ursachen in anderen Vorgängen als in einer einfachen osmotischen Druckströmung gesucht. Hier ist eine solche Denkmöglichkeit, wenn auch leider nicht mehr als eine solche.

Auch KURSANOV (1963) neigt unter dem Eindruck der neuen elektronenoptischen Bilder von den Siebporen, wobei er die von KOLLMANN und SCHUMACHER entdeckten Strukturen bei *Metasequoia* noch gar nicht berücksichtigt hat, ebenso wie unter den Ergebnissen WEATHERLEYs und seiner Schule dazu, den scheinbaren Widerspruch zwischen Saftströmung und Plasmafilter an den Siebplatten dahin aufzulösen, daß er auf alle Fälle den Siebplatten eine aktive, drüsenartige, metabolische Rolle, eine Art von Pumpenfunktion, zuschreibt. Seine Fig. 13b, S. 241, setzt, ohne auf nähere Erklärungen einzugehen, an den Platten den Verbrauch von Energie voraus, die er offenbar aus dem von den immerhin in den Siebröhren vorhandenen Mitochondrien produzierten ATP entnimmt. Es mag an dieser Stelle nochmals darauf aufmerksam gemacht werden, daß sowohl von FREY (1954) wie von BRAUN und SAUTER (1964) starke Phosphatasereaktionen gerade an den Siebporen beobachtet wurden (ebenso von KLUGE und ZIEGLER 1964, s. auch die Angaben über den relativ hohen und bezeichnenderweise kein Gefälle nach unten zeigenden Gehalt von Siebröhrensäften an ATP). Alles dies könnte auf eine besondere Stoffwechselaktivität gerade des Siebröhrenplasmas hinweisen. Die Vorstellungen einer durch Stoffwechselenergie aufrechterhaltenen Membranpumpe sind ja in der tierischen Physiologie in der letzten Zeit durchaus geläufig geworden. Auch die bevorzugte Ausscheidung von Kallose gerade an den Siebporen deutet darauf hin, daß hier eine besondere Aktivität besteht, die keineswegs nur auf das Plasmalemma beschränkt sein dürfte (ESCHRICH). Wer die tubulären Knäuelungen des Endoplasmatischen Reticulums in den Mittelknoten der Siebporen von *Metasequoia* betrachtet, wie sie von KOLLMANN und SCHUMACHER dargestellt wurden, kann nicht umhin, hier einen besonderen Apparat und Mechanismus zu vermuten. Nur so gewinnt die Existenz von Siebplatten in einer Stoffleitungsbahn überhaupt einen Sinn. Ob es notwendig wird, nach der Meinung KURSANOVs, die sich offensichtlich auf die Ergebnisse WEATHERLEYs stützt, einen Kompromiß zwischen Lösungsströmung und stoffwechselaktivem Pumpmechanismus an den Platten zu schließen, müssen weitere Untersuchungen zeigen. Die vorstehend geübte Kritik an den Ergebnissen der Blattlausuntersuchungen zwingt jedenfalls nicht unbedingt dazu. Auch ist nicht gesagt, daß die Vorgänge an den Siebplatten unbedingt elektroosmotisch sein müssen. Nur ausschalten kann man nach unseren heutigen Kenntnissen diese plasmatischen Strukturen aus keiner Theorie mehr, sondern muß versuchen, sie sinnvoll einzubauen. Die Vernachlässigung dieser anatomischen Grundlagen war schon zu Zeiten der Lichtmikroskopie das Versäumnis MÜNCHs und seiner Anhänger. Sie stellen jedoch das A und O jeder physiologischen Forschung dar.

Schlußbetrachtung.

Überblickt man all das, was in den letzten Jahrzehnten über den Ferntransport der Stoffe im Pflanzenkörper erarbeitet worden ist, so bleiben nur wenige Tatsachen, auf denen weiter aufgebaut werden muß. Da ist einmal die Gewißheit, daß der Ferntransport vorzugsweise in den Siebröhren stattfindet, und zwar sowohl aufwärts wie abwärts. Aber schon die Frage, welche Siebröhren leitungsaktiv sind und welche nicht, ist noch nicht völlig gelöst, wenn auch die jüngsten Ergebnisse darauf hindeuten, daß es gerade die jungen, sich eben differenzierenden Elemente sind, die die Hauptleitungsbahnen darstellen und nicht etwa die alten „prämortalen“. Die Abneigung vieler Physiologen, sich erst in sorgfältigen anatomischen Studien ein Bild von dem Substrat zu verschaffen, in dem der Transport verläuft, hat hier lange eine verhängnisvolle Rolle gespeilt. Der Einsatz des Elektronenmikroskopes hat hier endlich neue Erkenntnisse vermittelt. So steht heute fest, daß die Siebröhren trotz des frühzeitigen Kernschwundes weiterhin lebendes Protoplasma enthalten, und zwar nicht nur ein Plasmalemma, wie es noch ESAU sowie DULOY, MERCER und RATHGEBER infolge zu starker $KMnO_4$-Oxydation zu finden glaubten, sondern ein hochgradig aufgelockertes, das ganze Zellumen erfüllendes eigenartiges Protoplasma, das nach Auflösung auch des Tonoplasten keine besondere Zentralvacuole mehr umschließt, aber noch Plastiden, Mitochondrien und — besonders bei Coniferen — ein ausgeprägtes Netzwerk des endoplasmatischen Reticulums enthält. Ganz besonders wichtig ist die Struktur der Siebporen, „the chief obstacle“ nach WEATHERLEY. Die Befunde von KOLLMANN und SCHUMACHER an *Metasequoia*, nach denen ein hochentwickeltes retikuläres System die Siebporen gerade der leitungsaktiven Siebzellen erfüllt, von KOLLMANN an *Passiflora* mit ihren Fibrillenstrukturen, von MEHTA und SPANNER an *Nymphoides*, von BUVAT an *Cucurbita*, von BEHNKE an Dioscoreaceen u.a.m. machen es zur Gewißheit, daß die Siebporen von Plasma erfüllt sind, das offensichtlich dichter als das übrige Siebröhrenplasma ist. Diese Befunde müssen von jeder Theorie in Rechnung gestellt werden, die versuchen will, die Mechanik des Stofftransportes zu erklären. Dies gilt ganz besonders für die starken „Saft“flüsse aus Siebröhren, die nach der alten Methode zeitweilig (!) beim Durchschneiden von ganzen Siebröhren, sehr viel eleganter aber mit der neuen Mittlerschen Methode der Blattlausanstiche erzielt werden können. Auch hier ist an der Realität der Erscheinung kein Zweifel möglich, wohl aber an der Frage, ob solche Saftflüsse das normale

Geschehen beim Stofftransport widerspiegeln. Besonders die Existenz der Siebplatten muß endlich eine Erklärung finden, die Siebröhren können nicht länger als Wasserleitungsrohre mit offenen Verbindungen durch die Siebporen hindurch betrachtet werden, wobei die Wandungen höchstens zum Schutz gegen Stoffverlust mit einem semipermeablen Plasmalemma ausgekleidet sind, dessen fortdauernde Existenz ohne Plasma ein völliges Rätsel darstellen müßte.

Eine weitere wichtige Tatsache ist ferner, daß der Stofftransport ein Vorgang ist, der z.B. durch lokal angreifende Atmungsgifte blockiert werden kann, also Energie erfordert, wiederum ein Beweis, daß rein mechanische Druckströme nicht das Bewegungsprinzip darstellen können. Auch hier sagt WEATHERLEY ganz richtig: "... it is the individual sieve element with its surroundings cells which is the functional unit and not the sieve tube as a whole." WEATHERLEY dachte anscheinend dabei vorzugsweise an den besonders von ihm und seiner Schule nachgewiesenen leichten Stoff- (auch Wasser-)Austausch zwischen Siebrören, Siebparenchym und sogar Xylem, aber vielleicht gilt sein Satz auch in rein mechanischer Beziehung. Denn grundsätzlich hat jede Parenchymzelle bereits das Vermögen zum Stofftransport; und die Möglichkeit, eine Fernleitung an einer ganz begrenzten Stelle durch Atmungsgifte zu blockieren, wie sie vor allem WILLENBRINK durchgeführt hat, deutet ja darauf hin, daß ein solcher begrenzter Phloembezirk nicht nur ein passives „Durchflußrohr“ ist, sondern aktiv an der Fortbewegung der Wanderstoffe teilnimmt.

Neue Möglichkeiten eröffnet zweifellos auch der Einsatz von Isotopen zur Markierung bestimmter Wanderstoffe. Ihre Bedeutung hat sich allerdings bisher auf die Bestimmung von Richtung und Geschwindigkeit des Stofftransportes beschränkt, während die genaue Lokalisation, insbesondere im Inneren einer Zelle oder Siebröhre, etwa durch Radioautographie, zur Zeit noch große technische Schwierigkeiten bereitet. Dies mag in Kürze anders werden.

Nach wie vor völlig ungelöst ist die Frage nach der Mechanik der Stoffbewegungen, und zwar sowohl im Nahverkehr bei den Parenchymzellen, wo nicht einmal die Lokalisationsfrage (Plasmodesmen?) geklärt ist, als auch bei den Siebröhren selbst, wo die Alternative: Lösungsströmung — Molekularbewegung keine echte Alternative mehr ist, seitdem der osmotischen Druckströmungshypothese MÜNCHs der Boden entzogen ist. Es kann durchaus auch Wasser im Phloem bewegt werden, nur ist es nicht das Vehikel, das alle anderen Stoffe mit sich führt und ohne das es keine Stoffbewegung gäbe. Man wird unter Zugrundelegung der Strukturen der jetzt schon bekannten wie der vielleicht noch aufzudeckenden nach neuen Prinzipen forschen müssen, sofern nicht eines der vorstehend aufgezeigten nach gründlicher experimenteller Untermauerung sich tragfähig genug erweist, allgemein zu überzeugen.

Es ist vielleicht kein Zufall, daß gerade dieses Problem der Mechanik des Stofftransportes noch seiner wirklichen Lösung harrt. Denn wie bereits einleitend erwähnt wurde, ist die Befähigung zum Stofftransport so eng mit allen Lebensregungen der Zelle verknüpft, daß seine Darstellung nur unter starker Abstraktion und auch unter Weglassung mancher dem Schreiber weniger wichtig dünkender Literaturstelle versucht werden konnte. Es gibt kaum eine Lebenserscheinung, die nicht mit Stoffwechsel, und dies heißt in unserem Falle mit dem An- und Abtransport der Reaktanden, mit Stoffaufnahme und Stoffabgabe, verbunden wäre. Bekanntlich aber sind gerade dies Fragen, über die sowohl in der tierischen wie in der pflanzlichen Physiologie noch weitgehende Unkenntnis herrscht. „Membranpumpen“-Mechanismen werden überall angenommen, es wäre seltsam, wenn sie nicht auch in der Pflanze realisiert wären. Die einfachen osmotischen Vorstellungen von der Pflanzenzelle, so wie sie die Großtat PFEFFERs prägte, müssen jedenfalls nach unseren heutigen Einsichten in die Ultrastruktur des Protoplasmas aufgegeben oder doch sehr stark abgewandelt werden; Mitochondrien und endoplasmatisches Reticulum stellen möglicherweise eigene osmotische Systeme dar, die Struktur eines Plasmodesmos ist kein homogenes Plasmafädchen, sondern ein komplexes Gebilde; überall bilden sich neue Einsichten, von denen man früher nichts ahnen konnte, und die uns hoffen lassen, doch auch der Lösung des Problemes des Stofftransportes einmal näher zu kommen Bis dahin wird es allerdings noch ein weiter Weg sein.

Der Literaturnachweis dieses Beitrags schließt mit Ende 1964 ab. Nur vereinzelt sind einige Arbeiten, die 1965 noch zur Kenntnis des Autors gelangten, eingearbeitet oder wenigstens ins Literaturverzeichnis eingetragen. Auf folgende zusammenfassende Darstellungen, aus denen oft nur einzelne, dem Autor besonders wesentlich erscheinende Arbeiten angeführt wurden, sei ausdrücklich hingewiesen:

Allgemeine Übersichten mit zahlreichen Literaturangaben: Botanical Review **3** (1937) (MASON und PHILLIS), Botanical Review **17** (1951) (CRAFTS), Annual Review of Plant Physiology **3** (1952) (ARISZ), Annual Review of Plant Physiology **8** (1957) (ESAU, CURRIER und CHEADLE), Annual Review of Plant Physiology **11** (1960) (ZIMMERMANN). Fortschritte der Botanik, Abschnitte Wasserumsatz und Stoffbewegungen, jährlich, Bd. 1—26 (1964) (HUBER, später ZIEGLER), Springer-Verlag, Berlin-Heidelberg.

Anatomie: ESAU, K.: Plant Anatomy. New York, London 1953 (II. Aufl. 1965). KOLLMANN, R.: On the fine structure of the sieve element protoplast. Phytomorphology **14**, 247—264 (1964).

Spezielle Darstellungen über den Stofftransport: MÜNCH, E.: Die Stoffbewegungen in der Pflanze. Jena 1930. CURTIS, O. F.: The translocation of solutes in plants. New York, London 1935. CURTIS, O. F., and D. G. CLARK: An introduction to plant physiology. New York, London 1950, Chapt. 15: Translocation of solutes. STEWART, F. C.: Plant Physiology II, 1959, darin: C. A. SWANSON: Translocation of organic solutes. ESAU, K.: Plant, viruses and insects. Cambridge 1961. CRAFTS, A. S.: Translocation in plants. New York 1961. KURSANOV, A. L.: Metabolism and the transport of organic substances in the phloem. In: Advances in Botan. Research **1**, ed. by PRESTON, London, New York 1963.

Literatur.

ABBE, L. B., and A. S. CRAFTS: Phloem of white pine and other coniferous species. Bot. Gaz. **100**, 695—722 (1939). — ÅBERG, B.: Ascorbic acid. In: Handbuch der Pflanzenphysiologie von W. RUHLAND, Bd. VI. Berlin-Göttingen-Heidelberg: Springer 1958. — ANDERSSEN, F. G.: Some seasonal changes in the tracheal sap of pear and apricot trees. Plant Physiol. **4**, 459—476 (1929). — ARISZ, W. H.: Influence of inhibitors on the uptake and the transport of chloride ions in leaves of *Vallisneria spiralis*. Acta Bot. Néerl. **7**, 1—32 (1958). —ARONOFF and GAGE s. GAGE and ARONOFF.

BACHOFEN, R.: Transport und Verteilung von markierten Substanzen. V. Vjschr. naturforsch. Ges. Zürich **107**, 41—47 (1962). — BACHHOFEN, R., u. H. WANNER: Über die Transportbahnen von Assimilaten in Fruchtstielen von *Phaseolus*. Planta (Berl.) **58**, 225—236 (1962). — Transport und Verteilung von markierten Substanzen. IV. Direkte Messung der Transportgeschwindigkeit mit Isotopen. Planta (Berl.) **58**, 610—618 (1962). — BAILEY, L. W., and B. G. L. SWAMY: The morphology and relationships of *Austrobaileya*. J. Arnold Arb. **30**, 211—226 (1949). — BALL, N.: A physiological investigation of the ephemeral flowers of *Turnera ulmifolia*. New Phytologist **32**, 13—36 (1933). — BARNES, R. L.: Glutamine synthesis and translocation in pine. Plant Physiol. **37**, 323—326 (1962). — BAUER, L.: Über den Wanderungsweg fluoreszierender Farbstoffe in den Siebröhren. Planta (Berl.) **37**, 221—244 (1949). — Zur Frage der Stoffbewegungen in der Pflanze mit besonderer Berücksichtigung der Wanderung von Fluorochromen. Planta (Berl.) **42**, 367—452 (1953). — BEER, C. M.: Fine structure of phloem of *Cucurbita* as revealed by the electron microscope. Proc. IX. Intern. Bot. Congr. **2**, 26 (1959). — BEHNKE, H. D.: Über das Phloem der Dioscoreaceen unter besonderer Berücksichtigung ihrer Phloembecken. I. Z. Pflanzenphysiol. **53**, 97—125 (1965). — II. Elektronenoptische Untersuchungen zur Feinstruktur des Phloembeckens. Z. Pflanzenphysiol. **53**, 214—244 (1965). — BENNETT, C. W.: Biological relations of plant viruses. Ann. Rev. Plant Physiol. **7**, 143—167 (1956). — BIDDULPH, O.: Diurnal migration of injected radiophosphorus from bean leaves. Amer. J. Bot. **28**, 348—352 (1941). — BIDDULPH, B. O., and R. CORY: Demonstration of two translocation mechanisms in studies of bidirectional movement. Plant Physiol. **35**, 689—695 (1960). — BIDDULPH, O., and R. CORY: An analysis of translocation in the phloem of the bean plant using THO, P^{32} and C^{14}. Plant Physiol. **32**, 608—619 (1957). — Translocation of C^{14} metabolites in the phloem of the bean plant. Plant Physiol. **40**, 119—129 (1965). — BIRCH-HIRSCHFELD, L.: Untersuchungen über die Ausbreitungsgeschwindigkeit gelöster Stoffe in der Pflanze. Jb. wiss. Bot. **59**, 171—261 (1920). — BLANCHARD, F. A., and V. M. DILLER: Uptake of aureomycin through the roots of *Phaseolus lunatus*. Amer. J. Bot. **38**, 111—112 (1951). — BODE, H. R.: Beiträge zur Kenntnis der Blutungserscheinungen beim Ahorn. Deutsche Forschung. Aus der Arbeit der Notgemeinschaft der dtsch. Wissenschaft H. 23, 130—136 (1934). — BÖHNING, R. H., W. A. KENDALL, and A. J. LINCK: Effect of temperature and sucrose on growth and translocation in tomato. Amer. J. Bot. **40**, 150—153 (1953). — BÖHNING, R. H., C. A. SWANSON, and A. J. LINCK: The effect of hypocotyl temperature on translocation of carbohydrates from bean leaves. Plant Physiol. **27**, 417—421 (1952). — BOLLARD, E. G.: The use of tracheal sap in the study of appletree nutrition. J. exp. Bot. **4**, 363—368 (1953). — Transport in the xylem. Ann. Rev. Plant Physiol. **11**, 141—166 (1960). — BONNER, J.: Transport of thiamin in the tomato plant. Amer. J. Bot. **29**, 136—142 (1942). — BONNER, J., and R. DORLAND: Some observations concerning riboflavin and pantothenic acid in tomato plants. Amer. J. Bot. **30**, 414—418 (1943). — BOTH, M. P.: Transport of nitrogenous substances under influence of differences in humidity. Kon. Ned. Acad. Wetensch. Proc. **39**, 3—12 (1936). — Stoffwanderung in einfachen Systemen. Rec. Trav. bot. néerl. **34**, 1—68 (1937). — BOUCK, G. B., and J. CRONSHAW: The fine structure of differentiating sieve tube elements. J. Cell Biol. **25**, 79—95 (1965). — BRAUN, H. J.: Die Leitbündelbecken in den Nodien der Dioscoreaceae, mit besonderer Berücksichtigung eines neuartigen Typs assimilateleitender Zellen. Ber. dtsch. bot. Ges. **70**, 305—322 (1957). — BRAUN, H. J., u. J. J. SAUTER: Phosphataselokalisation in Phloembeckenzellen und Siebröhren der Dioscoreaceae und ihre mögliche Bedeutung für den aktiven Assimilat-Transport. Planta (Berl.) **60**, 543—557 (1964a). — Phosphataseaktivität in den Siebzellen der Koniferennadeln. Naturwissenschaften **51**, 170 (1964b). — BROUWER, R.: The arrangement of the vascular bundles in the nodes of the Dioscoreaceae. Acta bot. néerl. **2**, 66—73 (1953). — BRŎVCENKO, M. I.: Movement of sugars from the mesophyll to conducting bundles of sugar beet leaves. Fiziol. Rastenj, Akad. Nauk S.S.S.R. **12**, 270—279 (1965). [Russisch mit engl. Zus.-fass.]. — BUCHBERGER, W.: Aneurin im auf- und absteigenden Pflanzensaft. Phyton **4**, 101 (1952). — BURGEFF: Parasitismus, Wasserleitung und Stofftransport. Z. Bot. **23**, 589—608 (1930). — BURHOLDER, P. R., and R. SNOW: Thiamin in some common american trees. Bull. Torrey Bot. Club **69** (1942). — BURSTRÖM, H.: The rate of the nutrient transport to swelling buds of trees. Physiol. Plantarum (Kbh.) **1**, 124—135 (1948). — Studies on the water balance of dormant buds. Physiol. Plantarum (Kbh.) **1**, 359—378 (1948). — BURSTRÖM, H., and A. KROGH: The biochemistry of the development of buds in trees and the bleeding sap. Kgl. danske Vidnsk. Selsk. Biol. Medd. **20**, 1—27 (1946). — Bleeding and bud development in *Carpinus*. Sv. bot. Tidskr. **41**, 17—44 (1947). — BUVAT, R.: Observations sur les ultrastructures du cytoplasme au cours de la différenciation des cellules criblées de *Cucurbita pepo*. C.R. Acad. Sci. (Paris) **250**, 1528—1530 (1960). — Infrastructure et différentiation de *Cucurbita pepo*. Evolution du tonoplaste et signification du contenue cellulaire final. C.R. Acad. Sci. (Paris) **256**, 5193—5195 (1963). — Sur la présence d'acide ribonucléique dans les «corpuscule muqueux» des cellules criblées de *Cucurbita pepo*. C.R. Acad. Sci. (Paris) **257**, 733—735 (1963). — Les infrastructures et al différenciation des cellules criblées de *Cucurbita pepo* L. Port. Acta biol. A, **7**, 249—299 (1963).

CANNY, M. J.: The breakdown of sucrose during translocation. Ann. Bot. **24**, 330—344 (1960). — Measurements of the velocity of translocation. Ann. Bot. **25**, 152—167 (1961). — The mechanism of translocation. Ann. Bot. **26**, 603—617 (1962). — CHEADLE, V. J., and K. ESAU: Secondary phloem of Calycanthaceae. Univ. Calif. Publ. Bot. **29**, 397—510 (1958). — CHEN, S. L.: Simultaneous movement of P^{32} and C^{14} in opposite direction in phloem tissue. Amer. J. Bot. **38**, 203—211 (1951). — COLWELL, R. N.: The use of radioactive phosphorus in translocation studies. Amer. J. Bot. **29**, 798—807 (1942). — COMBES, R.: Etude biochimique de la fleur. 1. La nutrition minérale de la fleur. C.R. Acad. Sci. (Paris) **200**, 578 (1935). — Etude biochimique de la fleur. 2. La nutrition azotée de la fleur. C.R. Acad. Sci. (Paris) **200**, 1970 (1935). — Etude biochimique de la fleur. 3. La nutrition glycidique de la fleur. C.R. Acad. Sci. (Paris) **203**, 1282 (1936). — COOIL, B. J.: Significance of phloem exudate of *Cucurbita pepo* with reference to translocation of organic materials. Plant Physiol. **16**, 61—84 (1941). — COTTI, T.: Über die quantitative Messung der Phosphataseaktivität in Nektarien. Ber. schweiz. Bot. Ges. **72**, 306—331 (1962). — CURRIER, H. B.: Callose substance in plant cells. Amer. J. Bot. **44**, 478—488 (1957). — CURRIER, H. B., K. ESAU, and V. J. CHEADLE: Plasmolytic studies of phloem. Amer. J. Bot. **42**, 68—81 (1955). — CURRIER, H. B., and S. STRUGGER: Aniline blue and fluorescence microscopy of callose in bulb scales of *Allium cepa* L. Protoplasma (Wien) **45**, 552—559 (1956). — CURRIER, H. B., and D. H. WEBSTER: Callose formation and subsequent disappearance. Studies in ultrasound stimulation. Plant Physiol. **39**, 843—847 (1964). — CURTIS, L. C.: The exudation of glutamine from lawn grass. Plant Physiol. **19**, 1—5 (1944). — CURTIS, O. F.: The upward translocation of foods in woody plants. II. Is there normally an upward transfer of storage foods from the roots or trunk to the growing shoots? Amer. J. Bot. **7**, 286—295 (1920). — Studies on solute translocation in plants. Experiments indicating that translocation is dependent on the activity of living cells. Amer.

J. Bot. **16**, 154—168 (1929). — The translocation of solutes in plants. New York and London 1935. — CURTIS, O. F., and G. N. ASAI: Evidence relative to the supposed permeability of sieve tube protoplasm. Amer. J. Bot. **26**, 16 Suppl. (1939). — CURTIS, O. F., and D. G. CLARK: An introduction to plant physiology. New York-Toronto-London 1950. — CRAFTS, A. S.: Movement of organic materials in plants. Plant Physiol. **6**, 1—38 (1931); **7**, 183—225 (1932). — Sieve-tube structure and translocation in the potato. Plant Physiol. 8, 81—104 (1933). — Translocation in plants. Plant Physiol. **13**, 791—814 (1938). — The relation between structure and function of phloem. Amer. J. Bot. **26**, 172—177 (1939). — Translocation in plants. New York: Holt, Rinehart & Winston 1961. — CRAFTS, A. S., and H. B. CURRIER: On sieve tube function. Protoplasma (Wien) **57**, 188—202 (1963). — CRAFTS, A. S., and O. A. LORENZ: Fruit growth and food transport in cucurbits. Plant Physiol. **19**, 131—138 (1944). — Composition of fruits and phloem exudates of cucurbits. Plant Physiol. **19**, 326—337 (1944). — CRAFTS, A. S., and S. YAMAGUCHI: The autoradiography of plant materials. Calif. Exp. Station Manual, vol. 35, Univ. of California 1964. — CZAPEK, F.: Zur Physiologie des Leptoms der Angiospermen. Ber. dtsch. Bot. Ges. **15**, 124—131 (1897). — Über die Leitungswege der organischen Baustoffe im Pflanzenkörper. S.-B. Akad. Wiss. Wien, math.-physik. Kl. **106**, 117—170 (1897).

DELEANO, N. T.: Über die Ableitung der Assimilate durch die intakten, die chloroformierten und die plasmolysierten Blattstiele der Laubblätter. Jb. wiss. Bot. **49**, 129—186 (1911). — DIXON, H. H.: Transport of organic substances in plants. Notes from the Bot. School of Trinity Coll. Dublin **3**, No 4, 207—215 (1923). — DIXON, H. H., and N. G. BALL: Transport of organic substances in plants. Nature (Lond.) **109**, 236—237 (1922). — Transport of organic substances in plants. Nature (Lond.) **110**, 547—551 (1922). — DÖRING, H.: Versuche über die Aufnahme fluoreszierender Stoffe in lebende Pflanzenzellen. Ber. dtsch. bot. Ges. **53**, 415—437 (1935). — DORRINGTON WILLIAMS, R.: Assimilation and translocation in perennial grasses. Ann. Bot. **28**, 419—425 (1964). — DULOY, M., and F. V. MERCER: Studies in translocation. I. The respiration of the phloem. Aust. J. biol. Sci. **14**, 391—401 (1961). — DULOY, M., F. V. MERCER, and N. RATHGEBER: Studies in translocation. II. Submicroscopic anatomy of the phloem. Aust. J. biol. Sci. **14**, 506—518 (1961). — Studies in translocation. III. The cytophysiology of the phloem of *Cucurbita pepo*. Aust. J. biol. Sci. **15**, 459—467 (1962).

ENGELBRECHT, L.: Über Allantoinsäure und Allantoin. III. Flora (Jena) **141**, 501—522 (1954). — Über Allantoinsäure und Allantoin. IV. Flora (Jena) **142**, 25—44 (1955). — ENGLEMAN, E. M.: Fine structure of the proteinaceous substance in sieve tubes. Planta (Berl.) **59**, 420—426 (1963). — Fine structure of wounded and injured impatiens sieve. tubes. (Abstr.) Ann. J. Bot. **49**, 659 (1962). — Sieve element of *Impatiens sultanii*. 1. Wound reaction. Ann. Bot. **29**, 83—101 (1965). 2. Developmental aspects. Ann. Bot. **29**, 103—116 (1965). — ESAU, K.: A study of some sieve-tube inclusions. Amer. J. Bot. **34**, 224—233 (1947). — Plant anatomy. New York 1953. — Plants, viruses and insects. Cambridge: Harvard University Press 1961. — Anatomy and cytology of vitis phloem. Hilgardia **37**, 17—71 (1965). — ESAU, K., and V. J. CHEADLE: Significance of cell divisions in differentiating secundary phloem. Acta bot. néerl. **4**, 348—357 (1955). — Wall thickening in sieve elements. Proc. nat. Acad. Sci. (Wash.) **44**, 546—553 (1958). — Size in pores and their contents in sieve elements of Dicotyledones. Proc. nat. Acad. Sci. (Wash.) **45**, 156—162 (1959). — Mitochondria in the phloem of *Cucurbita*. Bot. Gaz. **124**, 79—85 (1962). — An evaluation of studies on ultrastructure of tonoplast in sieve elements. Proc. nat. Acad. Sci. (Wash.) **48**, 1—8 (1962). — Cytologic studies on phloem. Univ. Calif. Publ. Bot. **36**, 253—344 (1965). — ESAU, K., V. J. CHEADLE, and E. M. GIFFORD: Comparative structure and possible trends of specialization of the phloem. Amer. J. Bot. **40**, 9—19 (1953). — ESAU, K., V. J. CHEADLE, and E. B. RISLEY: Development of sieve plate pores. Bot. Gaz. **123**, 233—243 (1962). — ESAU, K., E. M. ENGLEMAN, and T. BISALPUTRA: What are transcellular strands? Planta (Berl.) **59**, 617—623 (1963). — ESCHRICH, W.: Beiträge zur Kenntnis der Wundsiebröhrenentwicklung bei *Impatiens holsti*. Planta (Berl.) **43**, 37—74 (1953). — Kallose. Ein kritischer Sammelbericht. Protoplasma (Wien) **47**, 487—530 (1956). — Untersuchungen über den Ab- und Aufbau der Callose. Z. Bot. **49**, 153—218 (1961). — Beziehungen zwischen dem Auftreten von Callose und der Feinstruktur des primären Phloems bei *Cucurbita ficifolia*. Planta (Berl.) **59**, 243—261 (1963). — Der Phloemsaft von *Cucurbita ficifolia*. Planta (Berl.) **60**, 216—225 (1963). — ESCHRICH, W., H. C. CURRIER, S. YAMAGUCHI u. R. B. MCNAIRN: Der Einfluß verstärkter Callosebildung auf den Stofftransport in Siebröhren. Planta (Berl.) **65**, 49—64 (1965). — ESCHRICH, W., u. H. KATING: Aufnahme, Einbau und Transport von ^{14}C in *Cucurbita ficifolia*. I. Planta (Berl.) **60**, 523—539 (1960). — EVERT, R. F., and W. F. DERR: Callose substance in sieve elements. Amer. J. Bot. **51**, 552—559 (1964). — Slime substance and strands in sieve elements. Amer. J. Bot. **51**, 875—880 (1964). — EVERT, R. F., and L. MURMANIS: Ultrastructure of the secundary phloem of *Tilia americana*. Amer. J. Bot. **52**, 95—106 (1965).

FALK, H.: Zur Herkunft des Siebröhrenschleims bei *Tetragonia expansa* Murr. Planta (Berl.) **60**, 558—567 (1964). — FENSOM, D. S.: The bioelectric potentials of plants and their functional significance. I. An eletrokinetic theory of transport. Canad. J. Bot. **35**, 573—582 (1957). — The bio-electric potentials of plants and their functional significance. II. The patterns of bio-electric potential and exudation rate in excised sunflower roots and stems. Canad. J. Bot. **36**, 367—383 (1958). — The bio-electric potentials of plants and their functional significance. III. The production of continuous potentials across membranes in plant tissue by the circulation of the hydrogen ion. Canad. J. Bot. **37**, 1003—1026 (1959). — FISCHER, A.: Untersuchungen über das Siebröhrensystem der Cucurbitaceen. Berlin 1884. — Über den Inhalt der Siebröhren in der unverletzten Pflanze. Ber. dtsch. bot. Ges. **3**, 230—239 (1885). — Studien über die Siebröhren der Dikotylenblätter Ber. sächs. Kgl. Akad. Wiss., math.-phys. Kl. **37**, 245—290 (1885). — Neue Beiträge zur Kenntnis der Siebröhren. Ber. sächs. Akad. Wiss., math.-phys. Kl. **38**, 291—336 (1886). — Beiträge zur Physiologie der Holzgewächse. Jb. wiss. Bot. **22**, 73—161 (1891). — FISCHER, H.: Untersuchungen über die Stickstoffwanderung in der höheren Pflanze. Z. Bot. **30**, 449—488 (1936). — Der Transport der Kohlenhydrate. In: Handbuch der Pflanzenphysiologie, Bd. VI, S. 924—934. Berlin-Göttingen-Heidelberg: Springer 1958. — Transport von organisch gebundenem Stickstoff. In: Handbuch der Pflanzenphysiologie, Bd. VIII, S. 610—636. Berlin-Göttingen-Heidelberg: Springer 1958. — FLEET, D. S. VAN: Analysis of the histochemical localization of peroxidase related to the differentiation of plant tissues. Canad. J. Bot. **37**, 449—458 (1959). — FREY, G.: Aktivität und Lokalisation von saurer Phosphatase in den vegetativen Teilen einiger Angiospermen und einigen Samen. Ber. schweiz. bot. Ges. **64**, 390—452 (1954). — FREY-WYSSLING, A.: Der Milchsafterguß von *Hevea brasiliensis* als Blutungserscheinung. Jb. wiss. Bot. **77**, 560—626 (1932). — FREY-WYSSLING, A., and H. R. MÜLLER: Submicroscopic differentiation of Plasmodesmata and sieve plates in *Cucurbita*. J. Ultrastruct. Res. **1**, 38—48 (1957).

GÄUMANN, E.: Pflanzliche Infektionslehre, 2. Aufl. Basel 1951. — GÄUMANN, E., H. KERN u. W. SANTHOFF: Untersuchungen über zwei Welketoxine. Phytopatholog. Z. **18**, 404—415 (1952). — GÄUMANN, E., CH. STOLL u. H. KERN: Über Vasinfuscarin, ein 3. Welketoxin des *Fusarium lycopersici* Sax. Phytopathol. Z. **20**, 345—347 (1953). — GAGE, R. F., and S. ARONOFF: Translocation. III. Experiments with carbon 14, chlorine 36, and hydrogen 3. Plant Physiol. **35**, 53—64 (1960). — GAGE, R. S., and S. ARONOFF: Radioautography of tritiated photosynthate arising from HTO. Plant Physiol. **35**, 65—68 (1960). — GESSNER, F.: Stoffwanderung in bestäubten Orchideenblüten. Biol. Zbl. **67**, 457—477 (1948). — GEIGER, D. R., and C. A. SWANSON: Sucrose translocation in the sugar beet. Plant Physiol. **40**, 685—691 (1965). — GREENHILL, A. W., and A. C. CHIBNALL: The exudation of glutamine from perennial rye grass. Biochem. J. **28**, 1422—1427 (1934). — GREHN: Untersuchungen über Gehalt und Funktion der Sporangienträger bei den Mucorineen. II. Der Wasser- und Stofftransport. Jb. wiss. Bot. **76**, 167—207 (1932).

HABERLANDT, G.: Physiologische Pflanzenanatomie, 5. Aufl. Leipzig 1918. — Physiologische Pflanzenanatomie, 6. Aufl. Leipzig 1924. — HANSTEIN, J. V.: Versuche über die Leitung des Saftes durch die Rinde und Folgerungen daraus. Jb. wiss. Bot. **2**, 392—467 (1860). — HARTIG, TH.: Untersuchungen über die Organisation des Stammes der einheimischen Waldbäume. Jber. Fortschr. Forstwiss. u. forstl. Naturk. **1**, 125—168 (1837). — Beiträge zur physiologischen Forstbotanik. Allg. Forst- u. Jagdztg **22**, 361—372 (1856). — Über den Herbstsaft der Holzpflanzen. Bot. Z. **16**, 369—370 (1858). — Beiträge zur physiologischen Forstbotanik. Über den Lauf der Wandersäfte in den Holzpflanzen. Allg. Forst- u. Jagdztg **35**, 129—138 (1859). — Beiträge zur physiologischen Forstbotanik. Allg. Forst- u. Jagdztg **36**, 257—261 (1860). — Über die Bewegung des Saftes in den Holzpflanzen. Bot. Z. **19**, 17—23 (1861). — HARTT, C. E.: The effect of temperature upon translocation of C^{14} in sugarcane. Plant Physiol. **40**, 74—81 (1965). — Light and translocation of ^{14}C in detached blades of sugarcane. Plant Physiol. **40**, 718—725 (1965). — HARTT, C. E., and H. P. KORTSCHAK: Sugar gradients and translocation of sucrose in detached blades of sugarcane. Plant Physiol. **39**, 460—474 (1964). — HARTT, C. E., H. P. KORTSCHAK, A. D. FORBES, and G. O. BURR: Translocation of $^{14}CO_2$ in sugarcane. Plant Physiol. **38**, 305—308 (1963). — HATCH, M. D., and K. T. GLASZIOU: Direct evidence for translocation of sucrose in sugarcane leaves and stems. Plant Physiol. **39**, 180—184 (1964). — HÄUSERMANN, E., u. A. FREY-WYSSLING: Phosphataseaktivität in Hydathoden. Protoplasma (Wien) **57**, 371—381 (1963). — HEPTON, C. E. L., and R. D. PRESTON: Electron microscopic observations of the structure of sieve-connexions in the phloem of angiosperms and gymnosperms. J. exp. Bot. **11**, 381—393 (1960). — HEPTON, C. E. L., R. D. PRESTON, and C. W. RIPLEY: Electron microscopic observations on the structure of the sieve plates in *Cucurbita*. Nature (Lond.) **176**, 868—870 (1955). — HEWITT, S. P., and O. F. CURTIS: The effect of temperature on loss of dry matter and carbohydrate by respiration and translocation. Amer. J. Bot. **35**, 746—755 (1948). — HILL, A. W.: The histology of the sieve tubes of *Pinus*. Ann. Bot. **15**, 575—611 (1901). — HILL, G. P.: Exudation from aphid stylets during the period from dormancy to bud break in *Tilia americana* (L.). J. exp. Bot. **13**, 144—151 (1962). — The sources of sugars in sieve-tube sap. Ann. Bot. **27**, 79—87 (1963). — HOAD, G. V., and A. J. PEEL: Studies on the movement of solutes between the sieve tubes and surrounding tissues in willow. I. Interference between solutes and rate of translocation measurements. J. exp. Bot. 16, 438—447 (1965). — II. Pathways of ion transport from the xylem to the phloem. J. exp. Bot. 16, 742—758 (1965). — HOHL, H. R.: Über die submikroskopische Struktur normaler und hyperplastischer Gewebe von *Datura stramonium*. I. Ber. schweiz. bot. Ges. 70, 395—439 (1960). — HORWITZ, L.: Some simplified mathematical treatments of translocation in plants. Plant Physiol. 33, 81—93 (1958). — HUBER, B.: Beobachtung und Messung pflanzlicher Saftströme. Ber. dtsch. bot. Ges. 50, 89—109 (1932). — Referat über JAMES and BAKER, Sap pressure and the movements of sap. Z. Bot. 27, 519—521 (1934). — Hundert Jahre Siebröhrenforschung. Protoplasma (Wien) 29, 132—148 (1937). — Die Gewinnung des Eschen-Manna, eine Nutzung von Siebröhrensaft. Ber. dtsch. bot. Ges. 66, 341—346 (1953). — HUBER, B., u. R. W. KOLBE: Elektronenmikroskopische Untersuchungen an Siebröhren. Sv. Bot. Tidskr. 42, 364—371 (1948). — HUBER, B., u. E. ROUSCHAL: Anatomische und zellphysiologische Beobachtungen am Siebröhrensystem der Bäume. Ber. dtsch. bot. Ges. 56, 380 (1938). — HUBER, B., u. E. SCHMIDT: Weitere thermoelektrische Untersuchungen über den Transpirationsstrom der Bäume. Tharandter Forstl. Jb. 87, 369—412 (1936). — HUBER, B., E. SCHMIDT u. H. JAHNEL: Untersuchungen über den Assimilatstrom. I. Tharandter Forstl. Jb. 88, 1017—15 (1937). — HULL, H. M.: Carbohydrate translocation in tomato and sugar beet with particular reference to temperature effect. Amer. J. Bot. 39, 661—669 (1952).

IYUNG, W. H., and S. H. WITTWER: Foliar absorption — an active uptake process. Amer. J. Bot. 51, 437—444 (1964).

JAHN: Über Wachstum, Plasmaströmung und vegetative Fusionen bei *Humaria leucoloma* Hedw. Z. Bot. 27, 193—250 (1934). — JAMES, W. D., and H. BAKER: Sap pressure and the movement of sap. New Phytologist 32, 317—343 (1933). — JANCZEWSKI, E.: Études comparées sur les tubes cribreux. Cherbourg 1881. — JONES, H., R. V. MARTIN, and H. K. PORTER: Translocation of ^{14}carbon in tobacco following assimilation of ^{14}carbon dioxide by a single leaf. Ann. Bot. 23, 493—508 (1959). — JUNGNER, J. R.: Bidrag till kännedomen om anatomien hos familjen Dioscoraee. Bihang till K. Svenska Vet.-Akad. Handlingar Band 13, Afd. III 7, 1—84 (1888).

KASTENS, E.: Beiträge zur Kenntnis der Funktion der Siebröhren. Mitt. Inst. allg. Bot. Hamburg 6, 33—70 (1924). — KENDALL, W. A.: The effect of intermittently varied petiole temperature on carbohydrate translocation from bean leaves. Plant Physiol. 27, 631—633 (1952). — Effect of certain metabolic inhibitors on translocation of P^{32} in bean plants. Plant Physiol. 30, 347—350 (1955). — KENNEDY, J. S., and T. E. MITTLER: A method for obtaining phloem sap via the mouth parts of Aphids. Nature (Lond.) 171, 528 (1953). — KESSLER, G.: Zur Charakterisierung der Siebröhrenkallose. Ber. schweiz. bot. Ges. 68, 5—43 (1958). — KIDD, F.: Translocation in plant tissues. New Phytologist 17, 44—45 (1917). — KLOFT, W.: Wechselwirkungen zwischen pflanzensaugenden Insekten und den von ihnen besogenen Pflanzengeweben. I. Z. angew. Entomol. 45, 337—381 (360—369) (1960). — KLUGE, M., E. REINHARD u. H. ZIEGLER: Gibberellinaktivität in Siebröhrensäften. Naturwissenschaften 51, 145—146 (1964). — KLUGE, M., u. H. ZIEGLER: Der ATP-Gehalt der Siebröhrensäfte von Laubbäumen. Planta (Berl.) 61, 167—177 (1964). — KOLLMANN, R.: Untersuchungen über das Protoplasma der Siebröhren von *Passiflora coerulea*. I. Lichtoptische Untersuchungen. Planta (Berl.) 54, 611—640 (1960a). — Untersuchungen über das Protoplasma der Siebröhren von *Passiflora coerulea*. II. Elektronenoptische Untersuchungen. Planta (Berl.) 55, 67—107 (1960b). — Zur Feinstruktur des Phloems. Ber. dtsch. bot. Ges. 74, (54)—(55) (1961). — Fine structure in sieve tubes. In: R. D. PRESTON. Progr. Biophys. 13, 241—260 (1963). — On the fine structure of the sieve-element protoplast. Phytomorphology 14, 247—264 (1964). — Zur Lokalisierung der funktionstüchtigen Siebzellen im sekundären Phloem von *Metasequoia glyptostroboides*. Planta (Berl.) 65, 173—180 (1965). — KOLLMANN, R., u. I. DÖRR: Lokalisierung funktionstüchtiger | Siebröhren bei *Juniperus communis* mit Hilfe von Aphiden. Z. Pflanzenphysiol. 55, 131—141 (1966). — KOLLMANN, R., u. W. SCHUMACHER: Über die Feinstruktur des Phloems von *Metasequoia glyptostroboides* und seine jahreszeitlichen Veränderungen. I. Mitt. Das Ruhephloem. Planta (Berl.) 57, 583—607 (1961). — Über die Feinstruktur des Phloems von *Metasequoia glyptostroboides* und seine jahreszeitlichen Veränderungen. II. Mitt. Vergleichende Untersuchungen der plasmatischen Verbindungsbrücken in Phloemparenchymzellen und Siebzellen. Planta (Berl.) 58, 366—386 (1962a). — Über die Feinstruktur des Phloems von *Metasequoia glyptostroboides* und seine jahreszeitlichen Veränderungen. III. Mitt. Die Reaktivierung der Phloemzellen im Frühjahr. Planta (Berl.) 59, 195—221 (1962b). — Über die Feinstruktur des Phloems von *Metasequoia glyptostroboides* und seine jahreszeitlichen Veränderungen. IV. Mitt. Weitere Beobachtungen zum Feinbau der Plasmabrücken in den Siebzellen. Planta (Berl.) 60, 360—389 (1963). — Über die Feinstruktur des Phloems von *Metasequoia glyptostroboides* und seine jahreszeitlichen Veränderungen. V. Mitt. Die Differenzierung der Siebzellen im Verlaufe einer Vegetationsperiode. Planta (Berl.) 63, 155—190 (1964). — KRAUS, G.: Botanische Mitteilungen. III. Zur Chemie des Siebröhrensaftes und alkalischer Pflanzensäfte überhaupt. Abh. naturforsch. Ges. Halle **16**, 16—27 (1885). — Krull, R.: Untersuchungen über den Bau und die Entwicklung der Plasmodesmen im Rindenparenchym von *Viscum album*. Planta (Berl.) **55**, 598—629 (1960). — Krusemann, W. M.: De infloed van temperatur en narcose op het transpoort der Assimilaten. Proefschrift Utrecht 1931. — Kursanov, A. L.: Metabolism and the transport of organic substances in the phloem. Advanc. Bot. Res. 1. London and New York 1963. — Kursanov, A. L., u. M. J. Brovčenko: Der Einfluß von ATP auf die Aufnahme von Assimilaten durch das Leitsystem der Zuckerrübe. (Russisch.) Fiziol. Rastenij Akad. Nauk S.S.S.R. 8, 270—278 (1961). — Kursanov, A. L., M. J. Brovčenko u. A. N. Parijskaja: Der Assimilatstrom zu den Leitgeweben in Rhabarberblättern (*Rheum-rhaponticum* L.). Fiziol. Rastenij Akad. Nauk S.S.S.R. **6**, 527—536 (1959).

Lange de Morretes, B.: Terminal phloem in vascular bundles of leaves of *Capsicum annuum* and *Phaseolus vulgaris*. Amer. J. Bot. **49**, 560—567 (1962). — Lawton, J. R. S., and O. Biddulph: The accumulation of translocated material at the sieve plate of *Dioscorea sansibariensis* Pax. J. exp. Bot. **15**, 201—205 (1964). — Lecomte, H.: Contribution à l'étude du liber des Angiosperms. Ann. Sci. nat. Bot., Sér. VII, **10**, 192—324 (1889). — Link, G. H. K., V. Eggers, and J. E. Moulton: *Avena* coleoptile assay of ether extracts of aphids and their hosts. Bot. Gaz. **101**, 928—939 (1940). — Little, E. C. S., and G. E. Blackman: The movement of growth regulators in plants. III. Comparative studies of transport in *Phaseolus vulgaris*. New Phytologist **62**, 173—197 (1963).

Malpighi, M.: Opera omnia. London 1686. — Mangham, S.: On the mechanism of translocation in plant tissues. An hypothesis, with special reference to sugar conduction in sieve-tubes. Ann. Bot. **31**, 293—311 (1917). — Marek, J.: Die Wirkung von Aphidenstichen auf pflanzliche Zellen. Entomol. exp. et appl. **4**, 20—34 (1961). — Marek, J., u. W. Kloft: Die Wirkung von Stichen der Zwiebellaus *Myzus ascal.* auf die Wasserpermeabilität der Epidermiszellen von *Allium cepa*. Naturwissenschaften **43**, 65—66 (1956). — Maskell, E. J., and T. G. Mason: Studies on the transport of nitrogenous substances in the cotton plant. I. Preliminary observations on the downward transport of nitrogen in the stem. Ann. Bot. **43**, 205—231 (1929). — Studies on the transport of nitrogenous substances in the cotton plant. II. Observations on the concentration gradients. Ann. Bot. **43**, 615—652 (1929). — Studies on the transport of nitrogenous substances in the cotton plant. III. The relation between longitudinal movement and concentration gradients in the bark. Ann. Bot. **44**, 1—29 (1930). — Studies on the transport of nitrogenous substances in the cotton plant. IV. The interpretation of the effects of ringing, with special reference to the lability of nitrogen compound in the bark. Ann. Bot. **44**, 233—267 (1930). — Studies on the transport of nitrogenous substances in the cotton plant. V. Movement to the boll. Ann. Bot. **44**, 657—686 (1930). — Mason, T. G.: Preliminary note on the physiological aspects of certain undescribed structures in the phloem of the greater yam, *Dioscorea alata* Linn. Sci. Proc. roy. Dublin Soc. **18**, 195—198 (1926). — Mason, T. G., and C. J. Lewin: On the rate of carbohydrate transport in the greater yam, *Dioscorea alata* Linn. Sci. Proc. roy. Dublin Soc. **18**, 203—205 (1926). — Mason, T. G., and E. J. Maskell: Studies on the transport of carbohydrates in the cotton plant. I. A study of diurnal variation in the carbohydrates of leaf, bark, and wood, and the effect of ringing. Ann. Bot. **42**, 189—252 (1928). — Studies on the transport of carbohydrates in the cotton plant. II. The factors determining the rate and the direction of movement of sugars. Ann. Bot. **42**, 571—636 (1928). — Further studies on transport in the cotton plant. I. Preliminary observations on the transport of phosphorus, potassium and calcium. Ann. Bot. **45**, 125—173 (1931). — Further studies on transport in the cotton plant. II. An ontogenetic study of concentration and vertical gradients. Ann. Bot. **48**, 119—141 (1934). — Mason, T. G., E. J. Maskell, and E. Phillis: Further studies on transport in the cotton plant. III. Concerning the independence of solute movement in the phloem. Ann. Bot. **50**, 23—58 (1936). — Mason, T. G., and E. Phillis: A tentative account of the movement of food materials during the development of the cotton plant. Empire Cotton Growing Rev. **11** (2), 1—4 (1934). — Studies on the transport of nitrogenous substances in the cotton plant. VI. Concerning storage in the bark. Ann. Bot. **48**, 315—333 (1934). — Further studies on transport in the cotton plant. V. Oxygen supply and the activation of diffusion. Ann. Bot. **50**, 455—399 (1936). — The migration of solutes. Bot. Rev. **3**, 47—71 (1937). — Maxe, M.: Aspects infrastructuraux des cellules criblées de *Polypodium vulgare* (Polypodiacée). C. R. Acad. Sci. (Paris) **258**, 5701—5704 (1964). — McGivern, M. J.: Mitochondria and plastids in sieve tube cells. Amer. J. Bot. **44**, 37—48 (1957). — Mehta, A. S., and D. C. Spanner: The fine structure of the sieve tubes of the petiole of *Nymphoides peltatum* (Gmel.) O. Kunze. Ann. Bot. **26**, 292—299 (1962). — Meyer-Mevius, U.: Vorkommen und Transport von Kohlenhydraten und Stickstoffverbindungen in den pflanzlichen Leitungsbahnen. Flora (Jena) **147**, 553—594 (1959). — Mittler, T. E.: Studies on the feeding and nutrition of *Tuberolachnus salignus* (Gmelin). I. The uptake of phloem sap. J. exp. Biol. **34**, 334—341 (1957). — Studies on the feeding and nutrition of *Tuberolachnus salignus* (Gmelin). II. The nitrogen and sugar composition of ingested phloem sap and excreted honeydew. J. exp. Biol. **35**, 74—84 (1958). — Mokronosov, A. T., and H. K. Bubenscht-

SCHIKOVA: Translocation of assimilates in the potato plant. Fiziol. Rastenij Akad. Nauk S.S.S.R. 8, 560—568 (1961). — MOORBY, J., M. EBERT, and N. T. S. EVANS: The translocation of ^{11}C-labelled photosynthate in the soybean. J. exp. Bot. **14**, 210—220 (1963). — MOOSE, C. A.: Chemical and spectroscopic analysis of phloem exudate and parenchyma sap from several species of plants. Plant Physiol. **13**, 365—380 (1938). — MORTIMER, D. C.: Translocation of the products of photosynthesis in sugar beet petioles. Canad. J. Bot. **43**, 269—280 (1965). — MOTHES, K.: Über Wurzel-Sproßbeziehungen. Kulturpflanze **1**, 157—169 (1953). — Einige Bemerkungen über den gegenwärtigen Stand der botanischen Alkaloidforschung. Sci. pharm. (Wien) **21**, 335—341 (1853). — MOTHES, K., u. L. ENGELBRECHT: Über Allontainsäure und Allantoin. I. Flora (Jena) **139**, 585—616 (1952); **141**, 356—378 (1954). — Über Blatthonigtau. Flora (Jena) **145**, 132—145 (1957). — MOTHES, K., L. ENGELBRECHT u. O. KULAJEWA: Über die Wirkung des Kinetins auf Stickstoffverteilung und Eiweißsynthese in isolierten Blättern. Flora (Jena) **147**, 445—469 (1959). — MOTHES, K., u. K. HIEKE: Naturwissenschaften **31**, 17 (1943). — MÜNCH, E.: Dynamik der Saftströmungen. Ber. dtsch. bot. Ges. **44**, 68—71 (1926). — Versuche über den Saftkreislauf. Ber. dtsch. bot. Ges. **45**, 340—356 (1927). — Die Stoffbewegungen in der Pflanze. Jena 1930. — Die Durchlässigkeit der Siebröhren für Druckströmungen. Flora (Jena) **136**, 223—262 (1943).

NÄGELI, K.: Über die Siebröhren von *Cucurbita*. S.-B. bayer. Akad. Wiss., math.-physik. Kl., München 1861, S. 212—238. — NELSON, C. D.: The translocation of organic compounds in plants. Canad. J. Bot. **40**, 757—770 (1962). — NELSON, C. D., and P. R. GORHAM: Uptake and translocation of C^{14}-labelled sugars applied to primary leaves of soybean seedlings. Canad. J. Bot. **35**, 339—347 (1957). — Translocation of radioactive sugars in the stems of soybean-seedlings. Canad. J. Bot. **35**, 703—713 (1957). — Translocation of C^{14}-labelled aminoacids and amides in the stems of young soybean plants. Canad. J. Bot. **37**, 431—439 (1959). — Physiological control of the distribution of translocated amino acids and amides in young soybean plants. Canad. J. Bot. **37**, 439—447 (1959). — NELSON, C. D., H. J. PERKINS, and P. R. GORHAM: Evidence for different kinds of concurrent translocation of photosynthetically assimilated C^{14} in the soybean. Canad. J. Bot. **37**, 1181—1189 (1959). — NEUMANN, ST., u. R. WOLLGIEHN: Über die Beziehungen der RNS- und Proteinsynthese zum Zellkern in Siebzellen von *Vicia faba*. Z. Naturforsch. **19**b, 1066—1071 (1964).

PALMQUIST, E. M.: The simultaneous movement of carbohydrates and fluorescein in opposite directions in the phloem. Amer. J. Bot. **25**, 97—105 (1938). — PARKER, J.: Sieve tube strands in tree bark. Nature (Lond.) **202**, 926—927 (1964). — Strand characteristics in sieve tubes of some common tree species. Protoplasma (Wien) **60**, 86—93 (1965). — PAVLINOVA, O. A.: A comparative investigation of acid-soluble nucleotides in the phloem and xylem of the conducting bundles of the cow parsnip *(Heracleum Sosnowskyi)* [Russisch]. Fiziol. Rastenij Akad. Nauk S.S.S.R. **12**, 606—617 (1965). — PAVLINOVA, O. A., u. T. P. AFANASJEVA: Säurelösliche Nukleotide und phosphorylierte Zucker in den Leitgeweben der Zuckerrübe [Russ.]. Fiziol. Rastenij Akad. Nauk S.S.S.R. **9**, 133—141 (1962). — PEEL, A. J.: The movement of ions from the xylem solution into the sieve tubes of willow. J. exp. Bot. **14**, 438—447 (1963). — Tangential movement of ^{14}C-labelled assimilates in stems of willow. J. exp. Bot. **15**, 104—113 (1964). — The effect of changes in the diffusion potential of the xylem water on sieve-tube exudation from isolated stem segments. J. exp. Bot. **47**, 249—260 (1965). — PEEL, A. J., and G. P. HILL: The physiology of the sieve tube. J. exp. Bot. **10**, 1—16 (1959). Auch Nature (Lond.) **19**, 1955—1956 (1959). — PEEL, A. J., and P. E. WEATHERLEY: Studies in sieve tube exudation through aphid mouth parts. II. The effect of pressure gradients in the wood and metabolic inhibitors. Ann. Bot. **27**, 197—213 (1963). — PENOT, M.: Étude du rôle des appels moleculaires dans la circulation libérienne. Physiol. végét. **3**, 41—89 (1965). — PFEFFER, W.: Pflanzenphysiologie I. Leipzig 1897. — PFEIFFER, M.: Der osmotische Wert im Baum. Planta (Berl.) **19**, 272—278 (1933). — Die Verteilung der osmotischen Werte im Baum im Hinblick auf die Münchsche Druckstromtheorie. Flora (Jena) **132**, 1—47 (1937). — PHILLIS, E., and T. G. MASON: Studies on the transport of carbohydrates in the cotton plant. III. The polar distribution of sugar in the foliage leaf. Ann. Bot. **47**, 585—634 (1933). — Further studies on transport in the cotton plant. IV. On the simultaneous movement of solutes in opposite directions through the phloem. Ann. Bot. **50**, 161—174 (1936). — Further studies on transport in the cotton plant. VI. Interchange between the tissues of the corolla. Ann. Bot. **50**, 679—697 (1936). — PORTER, K. R., and R. D. MACHADO: Studies on the endoplasmic reticulum. IV. Its form and distribution during mitosis in cells of onion root tip. J. biophys. biochem. Cytol. **7**, 167—180 (1960). — PRAY, T. R.: Foliar venation of angiosperms. I. Mature venation of *Liriodendron*. Amer. J. Bot. **41**, 663—670 (1954). — PRISTUPA, N. A.: Über die transportierte Form von Kohlenhydraten in Kürbispflanzen [Russ.]. Fiziol. Rastenij Akad. Nauk S.S.S.R. **6**, 30—35 (1959). — PRISTUPA, N. A., u. A. L. KURSANOV: Der absteigende Assimilatstrom und seine Beziehung zur Absorptionsaktivität der Wurzel [Russ.]. Fiziol. Rastenij Akad. Nauk S.S.S.R. **4**, 417—424 (1957).

QUANJER, H. M.: Die Nekrose des Phloems der Kartoffelpflanze, die Ursache der Blattrollkrankheit. Medel. Rijks hogere Land-Tuin-en Boschbouwschool **6**, 41—76 (1913).

Raciborski, M.: Ein Inhaltskörper des Leptoms. Ber. dtsch. bot. Ges. **16**, 52—63 (1898).— Weitere Mitteilungen über das Leptomin. Ber. dtsch. bot. Ges. **16**, 119—123 (1898). — Rawitscher, F.: Wohin stechen die Pflanzenläuse? Z. Bot. **26**, 145—168 (1933). — Resch, A.: Beiträge zur Zytologie des Phloems. Entwicklungsgeschichte der Siebröhrenglieder und Geleitzellen von *Vicia faba*. Planta (Berl.) **44**, 75—98 (1954). — Weitere Untersuchungen über das Phloem von *Vicia faba*. Planta (Berl.) **52**, 121—143 (1958). — Über Leptombündel und isolierte Siebröhren sowie deren Korrelationen zu den übrigen Leitbahnen in der Sproßachse. Planta (Berl.) **52**, 467—489 (1959). — Zytologie des Phloems. Ber. dtsch. bot. Ges. **74**, (55)—(58) (1961). — Zur Frage nach den Geleitzellen im Protophloem der Wurzel. Z. Bot. **49**, 82—95 (1961). — Reuter, G.: Über den Citrullinstoffwechsel der Betulaceen. Naturwissenschaften **44**, 45—46 (1957). — Reuter, G., u. H. Wolffgang: Vergleichende Untersuchungen über den Charakter der N-Verbindungen von Baumblutungssäften bei Betulaceen und anderen Holzarten. Flora (Jena) **142**, 146—155 (1955). — Rhodes, A.: The movement of fluoreszein in the plant. Proc. Leeds Phil. Soc. **3** (6) (1937). — Roeckl, B.: Nachweis eines Konzentrationshubes zwischen Palisadenzellen und Siebröhren. Planta (Berl.) **36**, 530—550 (1949). — Rouschal, E.: Untersuchungen über die Protoplasmatik und Funktion der Siebröhren. Flora (Jena) **35**, 135—200 (1941). — Ruhland, W.: Die Wanderung und Speicherung des Zuckers in der Zuckerrübenpflanze. Z. Verb. dtsch. Zuckerrübenindustrie **62** (1912). — Untersuchungen über den Kohlenhydratstoffwechsel von *Beta vulgaris*. Jb. wiss. Bot. **50**, 200—257 (1912).

Sachs, J.: Beobachtungen und Ansichten über den absteigenden Saft. Nördlinger kritische Blätter **45**, 70—110 (1862). — Über saure, alkalische uns neutrale Reaktion der Säfte lebender Pflanzenzellen. Bot. Z. **20**, 257—265 (1862). — Über die Leitung der plastischen Stoffe durch verschiedene Gewebeformen. Flora (Jena) **46**, 33—74 (1863). — Geschichte der Botanik vom 16. Jahrhundert bis 1860. München 1875. — Salmon, J.: Recherches cytologiques sur la différentiation des tubes criblés chez les angiospermes. Rev. Cytol. et Biol. végét. **9**, 55—168 (1946/47). — Sauter, J. J., u. H. Marquardt: Phosphatase-Aktivität und Stofftransport im Holzparenchym von *Populus*. Naturwissenschaften **52**, 67—68 (1965).— Schimper, A. F. W.: Über die Bildung und Wanderung der Kohlehydrate in den Laubblättern. Bot. Z. **43**, 737—743, 753—763, 769—787 (1885). — Schmidt, E. W.: Bau und Funktion der Siebröhre der Angiospermen. Jena 1917. — Schneider-Orelli, O.: Die Miniergänge von *Lyonettia derkella* und die Stoffwanderung in Apfelblättern. Zbl. Bakt., II. Abt. **24**, 158—181 (1909). — Schumacher, Anneliese: Beiträge zur Kenntnis des Stofftransportes in dem Siebröhrensystem höherer Pflanzen. Planta (Berl.) **35**, 642—700 (1948). — Schumacher, W.: Untersuchungen über die Lokalisation der Stoffwanderung in den Leitbündeln höherer Pflanzen. Jb. wiss. Bot. **73**, 770—823 (1930). — Über Eiweißumsetzung in Blütenblättern. Jb. wiss. Bot. **75**, 581—608 (1931). — Referat über Münch, Die Stoffbewegungen in der Pflanze. Bot. Zbl., N.F. **20**, 264—266 (1931/32). — Untersuchungen über die Wanderung des Fluoreszeins in den Siebröhren. Jb. wiss. Bot. **77**, 685—732 (1933). — Die Absorptionsorgane von *Cuscuta odorata* und der Stoffübertritt aus den Siebröhren der Wirtspflanze. Jb. wiss. Bot. **80**, 74—91 (1934). — Untersuchungen über die Wanderung des Fluoreszeins in den Haaren von *Cucurbita Pepo*. Jb. wiss. Bot. **82**, 507—533 (1936). — Weitere Untersuchungen über die Wanderung von Farbstoffen in den Siebröhren. Jb. wiss. Bot. **85**, 422—449 (1937). — Über die Plasmolysierbarkeit der Siebröhren. Jb. wiss. Bot. **88**, 545—553 (1939). — Zur Bewegung des Fluoreszeins in den Siebröhren. Planta (Berl.) **37**, 626—634 (1950). — Siehe auch R. Kollmann u. W. Schumacher. — Schumacher, W., u. W. Halbsguth: Über den Anschluß einiger höherer Parasiten an die Siebröhren der Wirtspflanzen. Jb. wiss. Bot. **87**, 324—355 (1938). — Schumacher, W., u. M. Hülsbruch: Zur Frage der Bewegung fluoreszierender Farbstoffe im Pflanzenkörper. Planta (Berl.) **45**, 118—121 (1955). — Schumacher, W., u. R. Kollmann: Zur Anatomie des Siebröhrenplasmas bei *Passiflora coerulea*. Ber. dtsch. bot. Ges. **72**, 176—179 (1959). — Shimabukuro, R. H., and A. J. Linck: The interaction of temperature and carbohydrate concentration with absorption and translocation of 3-amino-1,2,4-triazole in bean. Physiol. Plantarum (Kbh.) **17**, 100—106 (1964). — Shiroya, M., G. R. Lister, C. D. Nelson, and G. Krotkov: Translocation of C^{14} in tobacco at different stages of development following assimilation of $C^{14}O_2$ by a single leaf. Canad. J. Bot. **39**, 855—864 (1961). — Sinnott, E. W., and E. B. Wilson: Botany: Principles and Problems. New York-Toronto-London 1955. — Sitte, P.: Zellenfeinbau bei Plasmolyse. II. Der Feinbau der *Elodea*-Blattzellen bei Zucker- und Ionenplasmolyse. Protoplasma (Wien) **57**, 304—333 (1963). — Small, J.: Technique for the observation of protoplasmic streaming in sieve-tubes. New Phytologist **38**, 176—177 (1939). — Söding, H.: Wuchsstoff und Kambiumtätigkeit der Bäume. Jb. wiss. Bot. **84**, 639—670 (1937). — Spanner, D. C.: The translocation of sugar in sieve-tubes. J. exp. Bot. **9**, 332—342 (1958). — A note on the velocity and the energy requirement of translocation. Ann. Bot. **26**, 511—516 (1962). — Spanner, D. C., and J. N. Prebble: The movement of tracers along the petiole of *Nymphoides peltatum*. I. A preliminary study with Cs-137. J. exp. Bot. **13**, 294—306 (1962). — Stewart, F. C., and J. H. Priestley: Movement of organic materials in plants.

A note on a recent suggested mechanism. Plant Physiol. **7**, 165—171 (1932). — STRASBURGER, E.: Über den Bau und die Verrichtungen der Leitungsbahnen in den Pflanzen. Histolog. Beiträge 3. Jena 1891. — Über Plasmaverbindungen pflanzlicher Zellen. Jb. wiss. Bot. **36**, 493—601 (1901). — SWANSON, C. A.: Translocation of organic solutes. In: STEWART, Plant Physiol. Vol. 2. New York 1959. — SWANSON, C. A., and R. H. BÖHNING: The effect of petiole temperature on the translocation of carbohydrates from bean leaves. Plant Physiol. **26**, 557—564 (1951). — SWANSON, C. A., and E. D. H. EL-SHISHINY: Translocation of sugars in the concord grape. Plant Physiol. **33**, 33—37 (1958). — SWANSON, C. A., and J. B. WHITNEY: Studies on the translocation of foliar-applied P^{32} and other radioisotopes in bean plants. Amer. J. Bot. **40**, 816—823 (1953).

TAMMES, P. M. L.: Observations on the bleeding of palm trees. Rec. Trav. bot. néerl. **30**, 514—536 (1933). — Micro- and macro-nutrients in sieve-tube sap of palms. Acta bot. neerl. **7**, 233—234 (1958). — THAINE, R.: Transcellular strands and particle movement in mature sieve tubes. Nature (Lond.) **192**, 772—773 (1961). — A translocation hypothesis based on the structure of plant cytoplasm. J. exp. Bot. **13**, 152—160 (1962). — Transcellular strands and particle movement in sieve tubes. In PRESTON: Phloem transport in plants. Progr. Biophys. **13**, 242—260 (1963). — The protoplasmic-streaming theory of phloem transport. J. exp. Bot. **15**, 470—484 (1964a). — Protoplast structure in sieve tube elements. New Phytologist **63**, 236—243 (1964b). — THAINE, R., and D. O. BULLAS: The preservation of plant cells, particularly sieve tubes by vacuum freeze-drying. J. exp. Bot. **16**, 192—196 (1965). — THAINE, R., and R. D. PRESTON: The role of transcellular streaming in phloem transport. In: Formation of wood in forest trees, p. 259—272. New York: Academic Press Inc. 1964. — TOWNSEND, CH. O.: Der Einfluß des Zellkerns auf die Bildung der Zellhaut. Jb. wiss. Bot. **30**, 484—507 (1897). — TRIPP, P., C. D. NELSON, and G. KROTKOV: Selective and preferential translocation of ^{14}C-labeled sugars in white ash and lilac. Plant Physiol. **40**, 740—748 (1965). — TSAO TSUNG HSUN and LIU CHIH-YII: Acta Bot. Sinica **6**, 269—280 (1957) [Chines.]. — TURKINA, M. V.: Absorption von Saccharose durch Leitgewebe der Pflanze [Russ.]. Fiziol. Rastenij Akad. Nauk S.S.S.R. **8**, 649—657 (1961).

ULLRICH, W.: Zur Sauerstoffabhängigkeit des Transportes in den Siebröhren. Planta (Berl.) **57**, 402—429 (1961). — Zur Wirkung von Adenosintriphosphat auf den Fluorescein-Transport in den Siebröhren. Planta (Berl.) **57**, 713—717 (1962). — Beobachtungen über die Kalloseablagerungen in transportierenden und nicht-transportierenden Siebröhren. Planta (Berl.) **59**, 239—242 (1962). — Über die Bildung von Kallose bei einer Hemmung des Transportes in den Siebröhren durch Cyanid. Planta (Berl.) **59**, 387—390 (1963).

VAN DEN HONERT, T. H.: On the mechanism of the transport of organic materials in plants. Kon. Ned. Akad. Wetensch. Proc. **35**, 3—10 (1932). — VAN DER WEIJ, H. G.: Der Mechanismus des Wuchsstoff-Transportes. Rec. Trav. bot. néerl. **29**, 379—496 (1932). — VERNON, L. P., and S. ARONOFF: Metabolism of soybean leaves. IV. Translocation from soybean leaves. Arch. Biochem. **36**, 383—398 (1952). — VOGL, M.: Zur korrelativen Steuerung des Stofftransportes im Phloem der Pappel. Flora (Jena) **155**, 294—304 (1964). — VOGL, M., u. S. BÖRTITZ: Beobachtungen beim Bluten von Pappeln. Biol. Zbl. **82**, 209—216 (1963). — VOLZ, G.: Elektronenmikroskopische Untersuchungen über die Porengröße pflanzlicher Zellwände. Mikroskopie **7**, 251—266 (1952). — VRIES, H. DE: Über die Bedeutung der Circulation und der Rotation des Protoplasmas für den Stofftransport in der Pflanze. Bot. Ztg **43**, 2—6, 26—28, 137, 174, 181 (1885).

WANNER, H.: Phosphataseverteilung und Kohlenhydrattransport in der Pflanze. Planta (Berl.) **41**, 190—194 (1952). — Die Zusammensetzung des Siebröhrensaftes: Kohlenhydrate. Ber. schweiz. bot. Ges. **63**, 162—168 (1953). — Enzyme der Glykolyse im Phloemsaft. Ber. schweiz. bot. Ges. **63**, 201—212 (1953). — WEATHERLEY, P. E.: Mass flow in phloem transport. Progr. Biophys. **13**, 251—255 (1963). — WEATHERLEY, P. E., A. J. PEEL, and G. P. HILL: The physiology of the sieve tube. Preliminary experiments using aphid mouth parts. J. exp. Bot. **10**, 1—6 (1959). — WEBB, K. L., and J. W. A. BURLEY: Sorbitol translocation in apple. Science **137**, 766 (1962). — Stachyose translocation in plants. Plant Physiol. **39**, 973—977 (1964). — WEBB, J. A., and P. R. GORHAM: Translocation of photosynthetically assimilated C^{14} in straight-necked squash. Plant Physiol. **39**, 663—672 (1964). — The effect of node temperatur on assimilation and translocation of C^{14} in the squash. Canad. J. Bot. **43**, 1009—1020 (1965). — WEEVERS, TH., u. WESTENBERG: Versuche zur Prüfung der Münchschen Theorie der Stoffbewegungen in der Pflanze. Kon. Ned. Akad. Wetensch. Proc. **34** (1931). — WEISER, C. J., L. T. BLANEY, and P. LI: The question of boron and sugar translocation in plants. Physiol. Plantarum (Kbh.) **17**, 589—599 (1964). — WENT, F. W.: Plant growth under controlled conditions. II. Thermoperiodicity in growth and fruiting of the tomato. Amer. J. Bot. **31**, 135—150 (1941). — WENT, F. W., and H. M. HULL: The effect of temperature on translocation of carbohydrates in the tomato plants. Plant Physiol. **24**, 505—526 (1949). — WHITTLE, C. M.: Translocation in *Pteridium*. Ann. Bot. **28**, 330—338 (1964). — Translocation and temperature. Ann. Bot. **28**, 339—344 (1964). — WIESNER, J. v.: Die Rohstoffe des Pflanzenreichs, 4. Aufl. Leipzig 1927/28. — WILLENbrink, J.: Über die Hemmung des Stofftransportes in den Siebröhren durch lokale Inaktivierung verschiedener Atmungsenzyme. Planta (Berl.) **48**, 269—342 (1957). — Zur lokalen Hemmung des Assimilattransports durch Blausäure. Z. Pflanzenphysiol. **55**, 119—130 (1966). — Willenbrink, J., u. R. Kollmann: Über den Assimilattransport im Phloem von *Metasequoia*. Z. Pflanzenphysiol. **55**, 42—53 (1966). — Winter, A. G.: Untersuchungen über die Aufnahme von Penicillin und Streptomycin durch die Wurzeln von *Lepidium sativum* und ihre Beständigkeit in natürlichen Böden. Z. Bot. **40**, 153—172 (1952). — Winter, A. G., u. L. Willeke: Untersuchungen über Antibiotica aus höheren Pflanzen und ihre Bedeutung für die Bodenmikrobiologie und Pflanzensoziologie. Naturwissenschaften **38**, 262—264, 457—458 (1951). — Wislicenus, H., u. H. Hempel: Zur Kenntnis des stofflichen Aufbaus der Holzsubstanz aus den holzbildenden Säften der Baumpflanze. Zellulosechemie **14**, 149—168 (1933). — Wolffgang, H., u. K. Mothes: Papierchromatographische Untersuchungen an pflanzlichen Blutungssäften. Naturwissenschaften **40**, 606 (1953). — Wooding, F. B. P., and D. H. Northcote: The fine structure and development of the companion cell of the phloem of *Acer pseudoplatanus*. J. Cell Biol. **24**, 117—128 (1965).

Yin, A.: A histochemical study of distribution of phosphatase in plant tissues. New Phytologist **44**, 191—195 (1945).

Zacharias, E.: Über den Inhalt der Siebröhren von *Cucurbita Pepo*. Z. Bot. **42**, 65—73 (1884). — Zech, H.: Untersuchungen über den Infektionsvorgang und die Wanderung des Tabakmosaikvirus im Pflanzenkörper. Planta (Berl.) **40**, 461—514 (1952). — Ziegler, H.: Untersuchungen über die Leitung und Sekretion der Assimilate. Planta (Berl.) **47**, 447—500 (1956). — Untersuchungen über die Feinstruktur des Phloems. I. Planta (Berl.) **55**, 1—12 (1960). — Über den Nachweis von Uridinphosphatglukose (UDPG) im Phloem von *Heracleum Mantegazzianum* Somm. et Lev. Naturwissenschaften **47**, 140 (1960). — Die chemische Zusammensetzung des Siebröhrensaftes. XI. Intern. Kongr. für Entomologie Wien 1960. Verh.-Bd. 2. 1962. — Ziegler, H., u. F. Huber: Phosphataseaktivität in den „Strasburger-Zellen" der Koniferennadeln. Naturwissenschaften **47**, 305 (1960). — Ziegler, H., u. M. Kluge: Die Nukleinsäuren und ihre Bausteine im Siebröhrensaft von *Robinia Pseudacacia*. Planta (Berl.) **58**, 144—153 (1962). — Ziegler, H., u. T. H. Mittler: Über den Zuckergehalt der Siebröhren bzw. Siebzellsäfte von *Heracleum Mantegazzianum* und *Picea Abies* (L.) Karst. Z. Naturforsch. **14**b, 278—281 (1959). — Ziegler, H., u. M. Schnabel: Über Harnstoffderivate im Siebröhrensaft. Flora (Jena) **150**, 306—317 (1961). — Ziegler, H., u. G. H. Vieweg: Der experimentelle Nachweis einer Massenströmung im Phloem von *Heracleum Mantegazzianum* Somm. et Lev. Planta (Berl.) **56**, 402—408 (1961). — Ziegler, H., u. J. Ziegler: Die wasserlöslichen Vitamine in den Siebröhrensäften einiger Bäume. Flora (Jena) **152**, 257—278 (1962). — Zimmermann, M. H.: Translocation of organic substances in trees. I. The nature of the sugars in the sieve tube exudate of trees. Plant Physiol. **32**, 288—291 (1957). — Translocation of organic substances in trees. II. On the translocation mechanism in the phloem of white ash (*Fraxinus americana* L.). Plant Physiol. **32**, 399—404 (1957). — Translocation of organic substances in trees. III. The removal of sugars from the sieve tubes in the white ash (*Fraxinus americana* L.). Plant Physiol. **33**, 213—217 (1958). — Translocation of organic substances in the phloem of trees. In: The physiology of forest trees. Symposion Harvard Forest, ed. by K. V. Thimann. New York 1958. — Transport in the phloem. Ann. Rev. Plant Physiol. **11**, 167—190 (1960). — The relation of transport to growth in dicotyledonous trees. The formation of wood in forest trees, p. 288—301. New York and London: Academic Press 1964a. — Sap movements in trees. Biorheology **2**, 15—27 (1964b).

Der Transport der phosphor- und schwefelhaltigen Verbindungen.

Von

Johannes Willenbrink.

Mit 4 Abbildungen.

I. Einleitung.

Phosphor und Schwefel gehören zu denjenigen Elementen, welche die Pflanze in relativ großer Menge für eine normale und gedeihliche Entwicklung benötigt. Beide Elemente werden in Form von Phosphat und Sulfat aus dem Boden durch die Wurzel aufgenommen und mit dem Transpirationsstrom in der Pflanze verteilt. Das schließt aber nicht aus, daß nicht auch andere P- und S-Verbindungen verfügbar gemacht werden können. Wenn auch der Phosphor anscheinend nur als Phosphat-Ion aufgenommen wird, so haben doch neben den bekannten, die Stoffaufnahme durch die Wurzel bestimmenden Faktoren, die Art der Phosphatsalze, ihre Löslichkeit und ihre Konzentration im Boden oder Bodenwasser einen wesentlichen Einfluß auf die Verfügbarkeit des Elements[1].

Während bis heute noch keine Angaben darüber vorliegen, ob der Phosphor noch anders als in Form von Phosphat-Ionen aufgenommen wird, kann die Pflanze neben Sulfat auch andere Schwefelquellen verwerten. Bei den meisten Untersuchungen zur Aufnahme anderer Schwefelverbindungen und niedrigerer Oxydationsstufen des Schwefels ist aber nicht gesichert, ob nicht doch vor der Schwefelaufnahme aus reduzierter S-Bindung eine Rückoxydation außerhalb der Wurzel zu Sulfat erfolgt war. Die Tätigkeit der Bodenmikroflora in der Rhizosphäre sollte stets berücksichtigt werden. SAVLOVSKIJ (1953) konnte allerdings an Buchweizensämlingen, die er in sterilem Sand gezogen hatte, die Aufnahme von unverändertem ^{35}S-markiertem Cystein, bzw. Cystin und von ^{35}S-Methionin feststellen. Daraus zieht er den naheliegenden Schluß, daß die Pflanze in der Lage ist, schwefelhaltige Aminosäuren, die von Mikroorganismen abgegeben oder aus diesen nach Autolyse frei werden, als Schwefelquelle zu nutzen. Bereits 1939 machten WOOD und BARRIEN sowie später auch MILLER (1947) eine solche Verwertbarkeit von Cystin für *Phalaris tuberosa* wahrscheinlich, allerdings war hier eine zuvor erfolgte Rückoxydation des Cystins außerhalb der Pflanze nicht ausgeschlossen. Eine Aufnahme von Sulfit und weiteren Oxydationsstufen anorganischen Schwefels durch die Wurzel konnte bisher noch nicht nachgewiesen werden (THOMAS, HENDRICKS, COLLIER und HILL 1943). Dagegen sind die Pflanzen in der Lage, über ihre oberirdischen Organe und hier vor allem durch die Blätter aus H_2S, aus Staub von elementarem Schwefel sowie aus SO_2-Gas Schwefel aufzunehmen und in organische Bindung überzuführen (THOMAS, HENDRICKS und HILL 1944, TURRELL und CHERVENAK 1949, TURRELL und WEBER 1955, TURRELL, COHAN und HORSPOOL 1957, OLSEN 1957, WEIGL und ZIEGLER 1962).

[1] Vgl. auch BAUMEISTER, dieses Handbuch, Band IV, S. 482—502.

Die Schadwirkung des Schwefeldioxyds etwa aus den Industrieabgasen ist zwar bekannt, in geringen Konzentrationen (0,01—0,05 ppm/Vol Luft) aber wird es gut vertragen und kann einen erheblichen Teil des S-Bedarfs der Pflanze decken: bis zu 50% des S-Gehalts junger Baumwollpflanzen konnten unter bestimmten Versuchsbedingungen als aus dem SO_2 der Atmosphäre stammend ermittelt werden (OLSEN 1957).

Die durch die Rhizodermis aufgenommenen Phosphat-Ionen und Schwefelverbindungen gelangen auf bisher kaum geklärte Weise durch die Rinde bis zum Zentralzylinder und dort vermutlich durch die Tätigkeit aktiv sezernierender Parenchymzellen in die Gefäße. Nach den Untersuchungen von LÜTTGE und WEIGL (1964) wird der Übertritt von Sulfat-Ionen aus der Rinde in den Zentralzylinder durch Vergiftung mit Na-Azid blockiert. Danach ist wohl die Passage durch die Endodermis ein aktiver Vorgang, der keineswegs mehr an einen gleichzeitig erfolgenden Wasserstrom gebunden ist. Als Ort der Ionenaufnahme in die Wurzel kommt vor allem die Zone der Wurzelhaare in Frage. KRAMER und WIEBE (1952) zeigten, daß die stärkste Aufnahme von ^{32}P-markiertem Phosphat in jungen Gerste- und Weizenwurzeln in den Zonen 1—2 cm hinter der Wurzelspitze erfolgt[1].

Für den Ferntransport der Nährsalze aus der Wurzel in den Sproß ist sicherlich der Transpirationsstrom im Xylem in erster Linie verantwortlich. Dabei werden die aufgenommenen Ionen in den Gefäßen mit dem Wasserstrom aufwärts transportiert und in den transpirierenden oberirdischen Organen abgelagert. Doch nicht nur die Transpiration steuert den Nährsalztransport; man muß vielmehr beachten, daß das Wahlvermögen der Zelle für bestimmte Ionen, Speicherungsvorgänge und ganz allgemein der Stoffwechsel der Zelle und ganzer Organe eine wichtige Rolle für die Abnahme der verschiedenen Mineralstoffe aus den Gefäßen spielen (vgl. auch Band IV dieses Handbuches). Keineswegs ist aber der apikal gerichtete Ferntransport der Ionen ausschließlich an den Wasserweg gebunden; denn ebenso wie der Assimilattransport im Phloem nicht nur abwärts zur Wurzel gerichtet ist, sondern meist die Siebröhren in erheblichem Maße als Leitbahnen auch zu den wachsenden Organen an den Vegetationskegeln etc. in Anspruch nimmt, so kann auch der Nährsalztransport in den lebenden Zellen des Phloems erfolgen. Diese Hypothese bestätigende Befunde werden im folgenden eingehend berücksichtigt werden[2]. Durch dieses Vermögen der Pflanze, u.U. gleichzeitig zwei verschiedene Bahnen wie Xylem *und* Phloem zum Transport von Nährsalzen benutzen zu können, wird für den Experimentator die genaue Analyse der Transportvorgänge natürlich ungemein erschwert.

II. Methoden.

Unsere Kenntnis vom Ferntransport einzelner Nährsalze gründete sich ursprünglich auf Versuche, durch Ausschaltung eines der beiden Transportwege Xylem oder Phloem Aufschluß über die Folgen einer so gesetzten Blockade für das weitere Wachstum sowie für eventuelle quantitative Veränderungen einer, z.B. der Phosphatfraktion zu erhalten (MASON und MASKELL 1931). Man kann aber auch ohne diese direkten Eingriffe am Transportweg Stoffverschiebungen während des Wachstums einer Pflanze auf chemisch-analytischem Wege erkennen. Allerdings reichte die Empfindlichkeit der Analysen oft nicht aus, um Einzelheiten des Transports zu erkennen. Insbesondere war es vielfach nicht möglich, die Natur des Transportgutes zu identifizieren. Gerade der Transport von Mineral-

[1] Fragen der Stoffaufnahme sind im Band IV dieses Handbuches ausführlich behandelt: ROBERTSON, S. 243—279, ferner in diesem Band von HELDER, S. 20ff.

[2] Siehe SCHUMACHER, in diesem Band, S. 126—131.

stoffen vollzieht sich ja in einem wesentlich kleineren Umfang als etwa der Assimilattransport oder zu gewissen Zeiten des Pflanzenalters der Transport von Stickstoff, so daß es kaum überrascht, wenn auch über die Transportform des Phosphors und des Schwefels bisher keine zuverlässigen Aussagen vorliegen. Alle hierzu in der Literatur vorhandenen Angaben sind bloße Schlüsse, die auf Grund von Analysen aus Gewebsfraktionen (z.B. der gesamten Stengel einer Pflanze oder der Blätter etc.) gezogen wurden, und sind wenig beweisend (z.B. NIGHTINGALE, SCHERMERHORN und ROBBINS 1932 über die Transportform von S). Die inzwischen erzielten Fortschritte in der chemischen und biochemischen Analytik haben es — nicht zuletzt dank des Einsatzes radioaktiver Isotope — mit sich gebracht, daß in den letzten 20 Jahren neue Erkenntnisse über den Transport, über das transportierte Gut sowie Ausmaß und Richtung der Stoffleitung auch für die an dieser Stelle zu behandelnden Elemente P und S gewonnen werden konnten. Eine kurze Darstellung der Methoden und ihrer Grenzen ist im Interesse der kritischen Durchsicht der im folgenden mitgeteilten Ergebnisse hier angezeigt.

Läßt man die Wahl des Pflanzenmaterials und seine Vorgeschichte außer Betracht — obwohl gerade schon aus diesen Gründen die meisten Arbeiten niemals streng miteinander vergleichbar sind —, so ist das erste Problem schon die Art der Applikation der betreffenden Substanz, bzw. des radioaktiv markierten Nährsalzes. So wie etwa das Einbringen eines Blattes in eine $^{14}CO_2$-enthaltende Atmosphäre eine physiologisch einwandfreie Voraussetzung für die nachfolgende Untersuchung eines Assimilattransports schaffen kann, so ist die Gabe von Phosphat- bzw. Sulfat-Ionen über die Wurzeln der in Boden- oder auch in Wasserkultur gehaltenen Pflanzen gewiß die sauberste Methode für die Kontrolle eines physiologischen Transports dieser Stoffe, bzw. ihrer Transportformen im Pflanzenkörper. Während aber die ^{14}C-Assimilation und die anschließende Untersuchung der markierten Assimilate auf ihrem Wanderwege zu brauchbaren Resultaten über Transportrichtung, -geschwindigkeit und auch zur Mechanik des Transports führen kann, ist eine solche Aussage über den Phloemtransport der durch die Wurzel aufgenommenen Ionen natürlich nicht gegeben. Hier wird man die direkte Methode der sog. Blattapplikation zu Hilfe nehmen müssen, also wie beim Arbeiten mit $^{14}CO_2$ versuchen müssen, die Radioaktivität bei ihrer Verteilung von einer gut lokalisierbaren Quelle aus durch die Pflanze zu verfolgen. Dieses Verfahren hat natürlich Nachteile: die physikalischen und physiologischen Vorgänge bei der Aufnahme durch die Blattoberfläche können die Identifizierung des Transports sehr erschweren, vor allem auch dann, wenn es um die Physiologie des Transports selbst geht[1]. BIDDULPH (1941) führte die sog. „flap-technique" ein: er legt operativ einen Blattnerv eine kurze Strecke weit frei, durchtrennt ihn am basalen Ende und taucht das nun angeschnittene Ende des apikal weiterleitenden Nerven in die entsprechende radioaktive Lösung ein. Doch schien diese Methode, die Epidermis zu umgehen, recht teuer erkauft; denn eine Rücksaugung durch Gefäßspannung ist hierbei nicht auszuschließen. Deshalb ist man dazu übergegangen, die radioaktive Lösung innerhalb eines wasserundurchlässigen Ringes (aus Plastilin etc.) durch die Blattfläche eindringen zu lassen, bzw. sie durch Besprühen der Blattfläche zu applizieren (KOONTZ und BIDDULPH 1957). Gelegentlich wird auch die Vakuum-Infiltration mit Erfolg angewandt.

Die Analyse des Transportgutes bereitet große Schwierigkeiten. Selbst unter der Voraussetzung einer optimalen Aufnahme durch die Blattoberfläche werden Sulfat und Phosphat in weit geringeren Mengen als z.B. die Assimilate transportiert. Das ließ bisher z.B. eine weitere Fraktionierung der phosphorhaltigen Verbindungen wenig sinnvoll erscheinen. Meist wurde nur die Gesamtmenge der ^{32}P- bzw. der ^{35}S-Aktivität auf den einzelnen durchwanderten Streckenabschnitten

[1] Vgl. auch WITTWER and TEUBNER, Ann. Rev. Plant Physiol. 10 (1959).

gemessen, wobei von ganzen Gewebestücken ausgegangen wurde, was wegen des Einschlusses von Radioaktivität, die außerhalb der eigentlichen Transportbahn lokalisiert ist, zu Fehldeutungen über den Transport verleiten kann. Die Gewinnung des Siebröhrensaftes und seine Analyse auf transportierte Stoffe ist recht gebräuchlich, doch muß bedacht werden, daß hier — abgesehen von dem Fehler, daß es sich bei dem Saft nicht nur um den Ausfluß aus Siebröhren zu handeln braucht — keine Unterscheidung zwischen bloßem Inhaltsbestandteil und transportiertem Material möglich ist[1]. Die von MITTLER (1953) in die Physiologie des Stofftransports eingeführte Methode, saugende Aphiden Siebröhren anstechen zu lassen und danach den aus den abgeschnittenen Rüsseln austretenden Saft zu untersuchen, ist zwar von WEATHERLEY, PEEL und HILL (1959) und von anderen mit Erfolg zur Klärung des Phloemtransports der Assimilate herangezogen worden. Doch sind bisher keine solchen Versuche mit phosphor- bzw. schwefelhaltigen Verbindungen bekannt geworden.

Wenn man auf eine quantitative Bestimmung der ^{32}P- oder ^{35}S-Aktivität verzichten kann, aber eine genaue Lokalisierung des „tracers" im transportierenden Gewebe erzielen will, muß man autoradiographisch arbeiten. Benötigt man nur eine Übersicht über die Transportrichtung innerhalb einer Pflanze, so kann man die ganze Pflanze trocknen und dann direkt mit dem Röntgenfilm in Kontakt bringen. Bei dieser Methode ist jedoch die Gefahr, im Ergebnis nur Artifakte zu erhalten, sehr groß und teilweise auch nicht beachtet worden (vgl. Kritik von DUGGER jr. 1958). Zur Vermeidung von Sekundärdiffusionseffekten ist vor allem auf eine sichere Fixierung der transportierten — und wohl meist hydrophilen — Substanzen zu achten. Während man auf diese Weise ^{32}P-Aktivität wegen der intensiven β-Strahlung dieses Isotops (MeV = 1,71) auch in geringen Spuren noch wiederfinden kann, ist der Nachweis kleiner Mengen an ^{14}C- bzw. ^{35}S-markierten Stoffen so nicht mehr möglich, falls man sich nicht mit der Erkennung der Haupttransportrichtung begnügen will. Die Mikroautoradiographie hat demgegenüber den entscheidenden Vorteil, daß auch eine gute histologische Lokalisierung der strahlenden Partikel möglich ist, ferner erzielt man durch den nur bei dieser Methode vorhandenen engen Kontakt zwischen Strahlungsort und strahlungsempfindlicher Schicht die gewünschte Empfindlichkeit im lokalen Nachweis der energiearmen Elektronen des ^{14}C und ^{35}S. Dieser Nachweis hat jedoch auch seine Grenzen: so muß man wie für ^{14}C auch für ^{35}S damit rechnen, daß man eine entsprechend markierte Substanz im histologischen Schnitt von 6 μ Dicke bei einer Kontaktautoradiographie nur mit einer Sicherheit von ± 5—6 μ lokalisieren kann (HERRMANN, HARTMANN und BRUST 1962). Für die Radiohistologie des Phloems kommt erschwerend hinzu, daß es sich bei den markierten Verbindungen meist um stark hydrophile Moleküle handelt, die während der umständlichen Präparation mehr oder weniger stark ausgewaschen und auch verlagert werden. Eine kritische Übersicht über die zur Zeit vornehmlich angewandten Methoden zur Mikroautoradiographie wasserlöslicher Substanzen in pflanzlichen Geweben geben LÜTTGE und WEIGL (1965).

Im folgenden soll eine Darstellung des Ferntransports von phosphor- und schwefelhaltigen Verbindungen in der höheren Pflanze gegeben werden. Nach einer systematischen Übersicht werden vor allem die Untersuchungen zur Richtung der Stoffwanderung näher erörtert. Auf das Problem der Transportmechanik wird an dieser Stelle nicht eingegangen, es wird ausführlich in diesem Band von SCHUMACHER, S. 139, behandelt. Zur Frage der Stoffaufnahme und des Übertritts von Zelle zu Zelle (Parenchymtransport) sei auf den Artikel von HELDER in diesem Band, S. 20, verwiesen. Zur Information über den Stoffwechsel der P- und S-Verbindungen in der Pflanze muß auf den Band IX dieses Handbuches verwiesen werden. Eine zusammenfassende Darstellung des Mineralstofftransports ist bereits im Band IV dieses Handbuches, S. 289—306, von FISCHER erschienen.

---

[1] Vgl. auch Kritik von SCHUMACHER, in diesem Band, S. 149ff.

III. Der Ferntransport der phosphorhaltigen Verbindungen.

Die ersten Angaben über den Ferntransport des Phosphors außerhalb des Transpirationsstroms stammen von MASON, MASKELL und PHILLIS (1936). An Baumwollpflanzen, deren Rinde an einer Stelle durch einen ringförmigen Einschnitt unterbrochen worden war, konnten sie keine merkliche Hemmung des aufwärts gerichteten Transports von Stickstoff, Phosphor und Kalium beobachten, wohl aber einen deutlichen Anstau der Elemente in den Stengelinternodien oberhalb der Ringelung. Der basal gerichtete Transport von Phosphor — in Form von Phosphat — aus den Blättern mußte daher wohl im Phloem erfolgt sein. CURTIS (1923) und später auch PHILLIS und MASON (1940) haben dann Anhaltspunkte für einen Mineraltransport in der Rinde auch in apikaler Richtung erhalten. Allerdings waren ihre Resultate nicht eindeutig und teilweise als Folge des schweren Eingriffs der Ringelung auf die ganze Pflanze erklärbar, da z.B. der Transport von Stickstoffverbindungen in geringelten Sprossen anders als unter normalen Bedingungen ablief. In der Diskussion dieser Ergebnisse weist bereits FISCHER (1958) darauf hin, daß auch der Mineralstofftransport durchaus nebeneinander sowohl im Xylem wie im Phloem in gleicher Richtung stattfinden kann und ein möglicher seitlicher Austausch zwischen beiden Systemen die Aussagekraft gerade der Ringelungsversuche stark herabsetzt.

Bei den Untersuchungen zur Hemmbarkeit des Stofftransports durch verschiedene Stoffwechselgifte wie Cyanid, Fluorid, 2,4-Dinitrophenol und Arsenit konnte festgestellt werden, daß der Abtransport von Phosphor aus verdunkelten und vergilbenden Blättern in ähnlicher Weise gehemmt werden kann wie der Transport von Stickstoffverbindungen, ^{14}C und Fluorescein (WILLENBRINK 1957); ebensowenig wird blattappliziertes radioaktives Phosphat durch einen mit 2,4-Dinitrophenol vergifteten Blattstiel geleitet (KENDALL 1955).

Genauere Analysen des P- und S-Transports waren erst seit der Einführung der Isotopentechnik möglich. GUSTAFSON und DARKEN untersuchten 1937 bereits an *Sedum* und *Bryophyllum*, die in der Nährlösung radioaktives Phosphat erhalten hatten, den Transport von Phosphor, und STOUT und HOAGLAND konnten 1939 den Transpirationsstrom als Transportweg für radioaktives Phosphat nachweisen, das durch die Wurzel aufgenommen worden war. Sie kamen bei ihren Arbeiten an *Gossypium*, *Salix* und *Pelargonium* zu dem Schluß, daß der Transpirationsstrom zwar den Hauptweg darstelle, unter bestimmten Bedingungen aber, wie etwa bei verminderter Transpiration, Phosphor durchaus aus der Wurzel in den Sproß über das Phloem geleitet werden könne, wobei auch mit einem gelegentlichen Übertritt von Salzen aus dem Xylem in das Phloem gerechnet werden müsse (vgl. auch PENOT 1959a). An 3—5 Monate alten Tomatenpflanzen prüften dann ARNON, STOUT und SIPOS Korrelationen zwischen Transpiration und Phosphortransport während der Fruchtbildung. Wenn auch Orte stärkerer Transpiration normalerweise viel Phosphor speichern (BIDDULPH 1940), so wird doch hier eine maximale P-Anreicherung vor allem in den ganz jungen, noch wachsenden Früchten beobachtet, welche weniger stark transpirieren als die bereits ausgereiften Früchte. Vor allem die Rückverteilung von Phosphat aus den Blättern soll im Phloem stattfinden. Dieser Transport wird vor allem bei künstlich herbeigeführtem P-Mangel verstärkt (Nährlösung weniger als 5 ppm Phosphat enthaltend). Während diese Autoren die Aufnahme und Verteilung von durch die *Wurzel* aufgenommenem, ^{32}P-Phosphat bestimmten, verfolgten zahlreiche andere den Weg des ^{32}P, das als Phosphat in Lösung zuvor den *Blättern* appliziert worden war (BIDDULPH 1941, BIDDULPH und MARKLE 1944, COLWELL 1942, WITTWER und LUNDAHL 1951, CHEN 1951, SWANSON und WHITNEY 1953 und KENDALL 1955). BIDDULPH präparierte hierfür den Nerv eines Endfiederblättchens von

Phaseolus nach der bereits genannten „flap-technique". Wenn hierbei auch die Xyleminfiltration fast unvermeidlich ist, so verhindert die Aufnahmerichtung doch eine unkontrollierte basale Fernleitung, etwa so, wie sie von der basal gerichteten Schnittstelle her möglich ist, oder aus einem Blattstielstumpf[1]. BIDDULPH stellt starke tagesgangabhängige Unterschiede in der Leitung und Verteilung des Phosphors in den jungen *Phaseolus*-Pflanzen fest. In den Stunden zwischen 6 und 10 Uhr liegt die Transportrate stets höher als zwischen 14 und 22 Uhr. Grundsätzlich ist der Transport in *basaler* Richtung in den ersten Versuchsstunden verstärkt, während eine relativ bedeutende *apikal* gerichtete Wanderung von Phosphor eher in den Abendstunden beobachtet wird. Licht scheint nach diesen ersten Angaben von BIDDULPH nur einen sehr mittelbaren Einfluß auszuüben. Er schließt aus seinen Versuchen schon auf eine *Zirkulation von Phosphor* bzw. Phosphat innerhalb der Pflanze, die einen Apikaltransport im Transpirationsstrom und einen basal gerichteten Transport zur Wurzel im Phloem einschließt. Diese Vorstellung ließ sich dann in der Folgezeit von ihm und anderen experimentell bestätigen und ergänzen (HELDER und BONGA 1956, VLASJUK und GRODZINSKIJ 1955, BIDDULPH, BIDDULPH, CORY und KOONTZ 1958, KURSANOV 1961, WANNER und BACHOFEN 1961).

COLWELL (1942) infiltriert Blätter von Kürbispflanzen mit $^{32}PO_4$-haltiger Lösung. Autoradiographien und Zählrohrmessungen zeigen einen Auf- und Abwärtstransport vom behandelten Blatt in die Wurzel und zu den jüngeren Blättern, wobei aus oberen, ^{32}P-infiltrierten Blättern der apikale, aus unteren ^{32}P-Blättern der basal gerichtete Transport überwiegt. Als Transportbahn nimmt COLWELL das Phloem an, da die Richtung etwa der auch für die Leitung der Assimilate bekannten entsprach, zumal auch die Abtötung eines Blattstielsegmentes mit heißem Wasserdampf zu einer „Stauung" der ^{32}P-Aktivität oberhalb der bedampften Stelle führte. Der sichere Nachweis des Phloemtransports von ^{32}P gelang dann 1944 BIDDULPH und MARKLE. Mittels der von STOUT und HOAGLAND 1939 mit Erfolg angewandten Methode, Holz und Rinde auf der Transportstrecke operativ und durch Einschieben einer wasserundurchlässigen Trennwand auch sicher abzugrenzen, weisen sie einen *basal und apikal gerichteten Transport im Phloem* nach. Dabei unterliegt vor allem der aufwärts gerichtete Transport großen Schwankungen, zumal bei längerer Versuchsdauer der ^{32}P-Transport mit dem Transpirationsstrom aus der Wurzel hinzukommt. Erste Geschwindigkeitsmessungen ergeben bei diesen Versuchen an *Gossypium* Werte von ca. 20 cm/Std für den basal gerichteten Transport von ^{32}P im Phloem der abgelösten Rinde. Im Lichte dieses Nachweises, daß die Rinde oder ein Teil derselben als Transportbahn auch für Nährsalze dient, ist gewiß auch das Resultat von MOORE (1949) zu sehen, der die Primärwurzel von *Zea Mays* in ein Gefäß mit $^{32}PO_4$-haltiger Lösung einsetzte und 3 Std später in den streng von dieser Wurzel getrennten und in ein anderes Gefäß mit Wasser eintauchenden Adventivwurzeln ^{32}P nachweisen konnte. Dort war die Aktivität immer erst dann nachzuweisen, wenn der Sproß bereits radioaktiv war. Auch CHEN (1951) wendete die „stripping-technique" an und wies nach Blattapplikation von $^{32}PO_4$ für *Salix* wie für *Pelargonium* einen Phloemtransport von ^{32}P nach. An dem letztgenannten Objekt gelang ihm dann der Nachweis eines gegensinnigen und gleichzeitigen Transports von ^{14}C-markierten Assimilaten und von $^{32}PO_4$ innerhalb eines Rindenbereichs, also wohl des Phloems[1]. SWANSON und WHITNEY (1953) kühlten bzw. erwärmten den Blattstiel von *Phaseolus*-Blättern und hemmten durch Kühlung die Ableitung von $^{32}PO_4$ aus den Blättern. Gleiches berichteten BARINOV und RATNER (1959)

---

[1] Vgl. auch die methodische Kritik von SCHUMACHER, in diesem Band, S. 124.

von Tomatenpflanzen. Dagegen wird der Xylemtransport durch diese lokalen Temperaturveränderungen an der Transportbahn nicht behindert. Offenbar sind auch die Geschwindigkeiten für verschiedene transportierte Stoffe unterschiedlich, nach SWANSON und WHITNEY z.B. für ^{32}P und ^{137}Cs im Phloem. Die Hemmung des ^{32}P-Transports aus den Primärblättern von *Phaseolus vulgaris* durch verschiedene Stoffwechselgifte, z.B. 2,4-Dinitrophenol, untersuchte KENDALL (1955), die Wirkung von Gibberellinsäure auf die Phosphatverteilung — nach ^{32}P-Aufnahme durch die Wurzel — bei *Phaseolus vulgaris* LINCK und SUDIA (1960). Vergleichend untersuchten BARRIER und LOOMIS (1957) Aufnahme und Transport von 2,4-Dichlorphenoxyessigsäure und $^{32}PO_4$ an Blättern von *Glycine max*. Während die Aufnahme beider Stoffe recht unterschiedlich beeinflußt werden kann, scheint der Transport für beide gleichmäßig gehemmt zu werden, z.B. durch Assimilatentzug, während er ebenso gleichmäßig durch Zusatz von 5% Saccharose gefördert werden soll. Dagegen beobachtete PENOT (1960) an Stecklingen von *Tradescantia* keine Förderung des $^{32}PO_4$-Transports durch Saccharosegaben.

Den Einfluß verschiedener Faktoren auf die Aufnahme und den Transport von Mineralstoffen haben vor allem KOONTZ und BIDDULPH (1957), THORNE (1958), BARINOV und RATNER (1959), WILSON und MCKELL (1961) und SUDIA und LINCK (1961) untersucht. THORNE sprüht Lösungen von $NaH_2{}^{32}PO_4$ auf Blätter von *Brassica napus* und *Phaseolus vulgaris* auf und erzielt ähnliche Resultate wie KOONTZ und BIDDULPH: Höhere Luftfeuchtigkeit erhöht die ^{32}P-Aufnahme in das Blatt, Beschattung senkt die Transportrate, stärkere P-Versorgung (46,5 mg P/Liter Nährlösung) durch die Wurzel verursacht geringeren Transport von P aus den Blättern in die Wurzel, Nährlösung mit geringem (Mangel-) Gehalt an P (7,8 mg P/Liter) führt zu stärkerem Transport in die Wurzel. BARINOV und RATNER untersuchten die Aufnahme verschiedener ^{32}P- und ^{35}S-markierter Salze und die nachfolgende Ableitung aus den Blättern der Tomatenpflanze: Blattalter (vgl. oben COLWELL 1942) und Temperatur beeinflussen den Transport in der bekannten Weise. WILSON und MCKELL prüften den Einfluß der Wasserversorgung auf die Phosphoraufnahme und den Abtransport an Blättern von *Helianthus*. Hohe Bodensaugkraft verursachte deutliche Transportminderung, was der Münchschen Hypothese entspräche, wenn nicht die Wasserversorgung auch über ihren Einfluß auf die Stoffwechselaktivität jeder Zelle ganz und gar indirekt bereits Aufnahme und Transport stören könnte, wie dies die Verfasser selbst betonen. SUDIA und LINCK wiesen schließlich in einer Arbeit über die Wirkung der H-Ionenkonzentration auf die Absorption und den Transport von ^{32}P, ^{59}Fe und ^{89}Sr an Blättern von *Zea Mays* darauf hin, daß der pH-Wert der Versuchslösung nur die Aufnahme in das Blatt und danach erst indirekt auch den Abtransport bestimme. In einer größeren Arbeit von KOONTZ und BIDDULPH (1957) sind viele der vorstehend referierten Resultate im Prinzip ebenfalls bereits vorhanden. Schon die Technik der Applikation der ^{32}P-Lösung kann das Ergebnis erheblich beeinflussen. Die „flap-technique“ schafft durch die Beschädigung der Blattnerven unübersichtliche Verhältnisse, eine genügend hohe Aufnahmerate nach Auftragen eines Lösungstropfens auf die Blattfläche erreicht man nur bei einem bereits nekrotisch wirkenden pH-Wert von 2 (*Phaseolus*, Endfieder der Folgeblätter). Besprühen der Blattfläche mit der betreffenden $^{32}PO_4$-haltigen Lösung ist jedoch ein schonendes und maximale Aufnahme garantierendes Verfahren. Die Transportrate stieg etwa mit der Dosierung an: die älteren Blätter transportierten danach sehr viel ab, die jüngeren, noch nicht entfalteten Folgeblätter jedoch nichts. Von großer Bedeutung ist die Auswahl des Phosphatsalzes, die eher die Aufnahme als den Transport bestimmt.

[1] Zur Aussagekraft solcher Versuche vgl. SCHUMACHER, S. 126ff.

Neben einem niedrigen pH-Wert um 2 ist vor allem auch eine starke Hygroskopizität des Salzes für die Aufnahmerate günstig. Die teilweise davon abhängige Transportmenge (gleichaltrige Blätter und Bedingungen vorausgesetzt) nimmt in folgender Reihe der geprüften Salze ab:

$$NaH_2PO_4 > K_2HPO_4 > K_3PO_4 \geqq Na_2HPO_4 \geqq NH_4H_2PO_4 \geqq (NH_4)_2HPO_4 > H_3PO_4 > KH_2PO_4 \geqq Na_3PO_4.$$

Zusatz von verschiedenen Detergentien veränderte den Transport nicht, und auch das Besprühen der Ober- oder der Unterseite ergab keine Unterschiede.

In einer nachfolgenden Arbeit untersuchten BIDDULPH und CORY (1957) vergleichend den Transport von tritiiertem Wasser, ^{32}P-Phosphat und ^{14}C-markierten Assimilaten in jungen *Phaseolus*-Pflanzen. Hierfür sprühten sie auf die Unterseite des Endfiederchens des 1. Folgeblattes von 2 Wochen alten Pflanzen eine Lösung von $NaH_2{}^{32}PO_4$ in tritiiertem Wasser auf und exponierten gleichzeitig die entsprechende Oberfläche radioaktivem $^{14}CO_2$. Nach 15, 20, 30 und 60 min zerlegten sie die Pflanzenstengel in 2,55 cm lange (1 Zoll) Abschnitte und analysierten diese auf ^{32}P, ^{14}C und ^3H. Dabei stellten sie grundsätzlich *ähnliche* Transportgeschwindigkeiten für alle drei Isotope fest: 86,5 cm für ^{32}P, 86,5 cm für THO und 107 cm für ^{14}C pro Stunde. Bei der Berechnung der transportierten Aktivitätsmengen stellten sie ein annähernd lineares Verhältnis zwischen dem Logarithmus der ^{32}P- und ^{14}C-Konzentration und der Entfernung vom Applikationsort fest, während die Verteilung von THO diesem Verhältnis nicht entsprach. In einem 60 min-Versuch prüften sie, in welchem Umfange ein möglicher Austausch zwischen Phloem und Xylem stattfindet: Das Xylem enthielt zu diesem Zeitpunkt sowohl 24% des gesamten transportierten ^{32}P wie der ^{14}C-markierten Assimilate, und zwar in allen Proben der untersuchten Transportstrecke (15,3 cm lang, vom Nodus des 1. Folgeblattes aus in basaler Richtung). Die Autoren deuteten diesen Befund als Ausdruck einer raschen Lateralbewegung der ^{32}P- und ^{14}C-markierten Transportsubstanzen. Dagegen könnte er ebenso auch Folge eines Rücktransportes von ^{32}P und ^{14}C aus der Wurzel in den Sproß — im Transpirationsstrom — sein, vor allem, wenn man beachtet, daß BIDDULPH und CORY in einem 20 min-Versuch zur Ableitung von THO aus dem Blatt im nodusnächsten Segment des Sprosses 30% der Tritium-Aktivität im Xylem, im weiter basal gelegenen jedoch nur noch Spuren von Tritium im Xylem nachweisen konnten. In diesem Falle handelt es sich vermutlich um echten Lateraltransport, im Falle der ^{32}P- und ^{14}C-Aktivität im Xylem jedoch nicht.

Bei den Studien zum Lateraltransport muß natürlich die Anatomie der betreffenden Versuchspflanze berücksichtigt werden, vor allem die Ausbildung von Xylem- und Phloembecken in den Knoten sowie Anastomosen und Verbindungen zwischen den einzelnen Leitsträngen im Stengel. So stellten RINNE und LANGSTON (1960) an Stecklingen der Pfefferminze lediglich verschwindend geringen Lateraltransport für radioaktiven Phosphor fest. Diese Stecklinge entwickeln Wurzeln an den vier Kanten des quadratischen Stengels, was die getrennte Versorgung der vier Hauptbündel ermöglichte. Die Autoren boten entsprechend einem Viertel des Wurzelwerks $^{32}PO_4$-enthaltende Nährlösung. Noch nach 144 Std war kein nennenswerter Transport zwischen den vier Hauptbündeln untereinander festzustellen.

Die Transportform des Phosphors in der Pflanze.

Über die Natur der Phosphorverbindungen, die im Ferntransport geleitet werden, wissen wir noch sehr wenig. Man ist geneigt, zunächst wie im Transpirationsstrom auch hier das Phosphat-Ion als wichtigste Transportsubstanz anzusprechen. Biddulph und Cory (1957) haben die im Blattstiel (60 min nach Applikation von $^{32}PO_4$ zum Blatt) vorhandene Aktivität papierchromatographisch getrennt und fanden indessen neben Phosphat auch Fructose-1,6-diphosphat, Glucose-6-phosphat und Phosphoglycerinsäure markiert. Da es sich jedoch um Analysen des gesamten Blattstieles handelt, könnte es sich natürlich um Intermediärprodukte des Zuckerstoffwechsels handeln und nicht notwendigerweise um Transportsubstanzen (vgl. auch Kursanov, Pavlinova, Afanasieva 1959, Ziegler (1960), Kursanov und Brovcenko 1961, Pavlinova und Afanasieva 1962). Unter Berücksichtigung der gegen die Ausdeutung von Analysen des Siebröhrensaftes erhobenen Kritik läßt sich daher nur feststellen, daß bis heute noch keine bessere als diese Methode angewandt worden ist, um die Herkunft der phosphorhaltigen Verbindungen aus dem Phloem zu sichern. Maizel u. Mitarb. (1956) konnten im (Phloem-) Exsudat von Spinat- und Gurkenpflanzen radioaktives Phosphocholin nachweisen, wenn den Blättern zuvor Lösung mit markiertem Phosphat injiziert worden war. Da Phosphocholin auch im Blutungssaft gefunden wurde, liegt der Gedanke an einen Zusammenhang mit dem Transport des Phosphats allgemein nahe. Ziegler und Ziegler (1962) untersuchten den Siebröhrensaft aus zahlreichen Pflanzen auf ihren Gehalt an Enzymbausteinen und Vitaminen. Dabei wiesen sie neben Thiamin, Pantothensäure, Biotin und Folsäure auch Nicotinsäureamid nach, das vor allem nach der Hydrolyse des Siebröhrensaftes stets in größerer Menge als aus dem rohen Saft gefunden wird, weshalb wohl TPN und DPN auch im Siebröhrensaft vorkommen müssen Natürlich sagt das ebensowenig über einen Transport dieser Stoffe aus wie der Nachweis von RNS im Siebröhrensaft von *Robinia pseudacacia* (Ziegler und Kluge 1962). Allerdings erscheint das Vorkommen von ATP und dem gesamten Adenosinphosphatsystem in diesem Saft recht interessant; auch hier muß aber noch geprüft werden, ob es sich wirklich um transportiertes ATP handelt (Kluge und Ziegler 1964). Der Nachweis von Glucose-6-phosphat und Fructose-6-phosphat im Phloem von Zuckerrüben (Kursanov und Brovcenko 1961) legt natürlich den Gedanken nahe, daß die Zuckermonophosphate irgendwie am Ferntransport der Assimilate beteiligt sein könnten, ja eventuell sogar selbst transportiert würden. Um so dringender erscheint eine genaue Analyse der phosphorhaltigen Verbindungen in den Siebröhren selbst geboten, eventuell über Punktion durch Aphidenrüssel und histoautoradiographische Kontrolle der Transportstrecke.

IV. Der Transport der schwefelhaltigen Verbindungen.

In den Blättern ist der durch die Wurzel als Sulfat aufgenommene (Kylin 1953) Schwefel in besonders großer Menge in den verschiedenen chemischen Bindungen enthalten (Tucker und Tollens 1900, Andrè 1919, Latshaw und Miller 1924, Mothes 1939, Thomas, Hendricks und Hill 1950a, Biddulph, Cory und Biddulph 1956). Der Eintransport von Sulfat in die Wurzeln ist in den letzten Jahren Gegenstand zahlreicher Untersuchungen gewesen (Kylin 1953, Kylin und Hylmö 1957, Pettersson 1960, 1961, Lüttge und Weigl 1962, 1964). Der Transport des Schwefels im Transpirationsstrom erfolgt vermutlich in Form von Sulfat, das von den Blättern reduziert (Fromageot und Perez-Milan 1956, Biswas und Sen 1957, Asahi und Minamikawa 1960, Kylin 1960, Sinha und Cossins 1963, Willenbrink 1964, Asahi 1964) und in Aminosäuren und andere organische Bindung eingebaut, teilweise aber auch unverändert abgelagert wird. Diese Ablagerung kann mit weiterer Blattentwicklung und dem Altern fortgesetzt werden (Mothes 1939, Mosolov und Vollejdt 1955), und einmal festgelegter Schwefel kann offenbar auch nicht mehr — wie z. B.

Phosphor oder Stickstoff — leicht mobilisiert werden (RIPPEL 1927, ECHEVIN 1931). Bereits der äußere Eindruck der S-Mangelpflanzen[1] mit ihren relativ normal aussehenden älteren Blättern und mit der Chlorose der jungen Blätter legt diesen Gedanken nahe. WOOD und BARRIEN (1939b) stellen in verdunkelten Blättern von *Lolium* nach beginnender Proteolyse eine Oxydation des proteingebundenen Schwefels zu Sulfat fest. Dieses Sulfat wird jedoch — im Gegensatz zu den schwefelfreien Aminosäuren nicht abtransportiert, woraus WOOD (1942) schließt, daß Sulfat in der älteren Pflanze nicht mehr verlagert werden kann. Dagegen beobachteten THOMAS, HENDRICKS, BRYNER und HILL (1944) bei ihren ernährungsphysiologischen Untersuchungen mit ^{35}S-markiertem Sulfat an Weizen und Gerste, daß ein beachtlicher Transport von ^{35}S zur Zeit der Kornreifung aus älteren Blättern in die reifenden Ähren stattfindet. Allerdings nehmen sie für diesen Sekundärtransport als Transportform Sulfat an. Die Autoren gaben später auch an, daß ^{35}S-Sulfat von Blättern der Luzerne gut aufgenommen wird und in die Sproßspitze und in den Stengel abgeleitet werden kann (THOMAS, HENDRICKS und HILL 1950b)[2]. MOTHES (1939) erzwang in Blättern von *Nicotiana* Kohlenhydrat- und Eiweißabbau, doch nur bei nachträglicher S-freier Kultur der entsprechenden Pflanzen wanderten aus diesen Blättern bis zu 80% des gesamten ursprünglich vorhandenen Sulfats aus. ERGLE (1954) berichtete über eine erneute Mobilisierung von Sulfatschwefel aus Sproß und Blattstielen von *Gossypium* unter künstlich herbeigeführtem Schwefelmangel; dabei werden bis zu 70% des ursprünglichen Sulfatgehalts transportiert. Eigene, noch unveröffentlichte Versuche bestätigten und erweiterten diese Angaben insofern, als eine dauernde Zirkulation von Schwefel innerhalb der Pflanze, z.B. aus älteren in jüngere Blätter, während der Entwicklung einer Pflanze auch bei fortdauernder Sulfatzufuhr durch die Wurzel stattfindet (WILLENBRINK, in Vorbereitung).

Eingehend hat sich auch die Arbeitsgruppe von BIDDULPH mit dem Schwefeltransport in der Pflanze befaßt. Sie verwendeten zunächst *Phaseolus vulgaris*; den Pflanzen wurde in der Nährlösung ^{35}S-Sulfat geboten (BIDDULPH, CORY und BIDDULPH 1956). Werden die Pflanzen hier unter Schwefelmangelbedingungen gehalten, so wanderte ^{35}S aus der Wurzel und aus den älteren Blättern in die jungen Blätter, während der ursprünglich dort festgelegte Schwefel, der noch aus dem mobilisierten Vorrat der Samen stammte, nicht mehr remobilisiert werden konnte. Anscheinend bleibt also der neu aus der Nährlösung stammende Schwefel recht beweglich. Bei normaler Schwefelversorgung (0,5—1 mmol Sulfat pro Liter Nährlösung) wird aber auch ein Teil des „Samenschwefels" verlagert.

In weiteren Versuchen haben BIDDULPH u. Mitarb. den Abtransport des durch die Blattfläche aufgenommenen ^{35}S-Sulfat untersucht. Nach direktem Aufsprühen von ^{35}S-Sulfat (pH 6) auf die Fiederblättchen von 12 Tage alten Pflanzen und Versuchsperioden von 30 und 60 min wird ein beträchtlicher Transport registriert und dabei eine Geschwindigkeit von 40 cm pro Stunde gemessen. Dieser Transport kann durch Zusatz von 2,5% Saccharose zur Sulfatlösung nicht gefördert, durch Verbrühen des Blattstiels mit heißem Dampf aber vollständig gestoppt werden. Die ebenfalls an *Phaseolus* durchgeführten vergleichenden Untersuchungen über die Zirkulation von ^{35}S, ^{32}P und ^{45}Ca ergaben für ^{35}S im wesentlichen, daß Schwefel rasch in wachsenden Organen wie in den jüngsten, noch nicht entfalteten Folgeblättern eingebaut wurde in einer Weise, daß er nicht mehr für den Kreislauf in der Pflanze zur Verfügung stand (BIDDULPH, BIDDULPH, CORY und KOONTZ 1958). Dabei entzog die Pflanze allmählich auch

[1] Nähere Beschreibung bei BAUMEISTER, Band IV dieses Handbuches, S. 499ff.

[2] Eine zusammenfassende Darstellung seiner Befunde gab THOMAS in diesem Handbuch, Band IX, S. 37ff.

den Primärblättern fast den gesamten, ursprünglich durch die Wurzel aufgenommenen und in diese Blätter verlagerten radioaktiven S zugunsten der wachsenden. Deshalb entsteht für den Schwefel auch nicht der Eindruck eines so schnellen Kreislaufs, wie er etwa für Phosphor nachgewiesen werden konnte, da der Phosphor in den Blättern nicht so rasch festgelegt und eingebaut wird wie Schwefel. Die früher postulierte Unbeweglichkeit des Schwefel ist also wohl nur eine relative, da ein beträchtlicher Teil des Schwefels offenbar schnell dem Transportgeschehen entzogen wird. Vlasjuk und Grodzinskij (1955) berichteten ebenfalls über eine schnelle Mobilisierbarkeit von Schwefel bei Buchweizenpflanzen, die jedoch so weit gehen soll, daß auch junge Organe (= Blätter) ^{35}S wieder an ältere Blätter abgeben können, ein Befund, der geprüft werden sollte.

Aus den Versuchen von Biswas und Sen (1959) ergibt sich, daß aus dem Boden aufgenommenes ^{35}S-Sulfat zunächst in die jüngsten Blättchen *(Pisum sativum)* transportiert wird, während die unteren, älteren Blätter erst allmählich radioaktiv werden. Ob es sich hier tatsächlich um einen basal gerichteten Transport von Sulfat aus den oberen in die unteren Blätter handelt, der im Phloem abläuft, ist nicht ganz klar. S. F. Biddulph (1956) hat jedoch in ihren Mikroautoradiographien einen solchen basal gerichteten Transport von ^{35}S für *Phaseolus* eindeutig nachweisen können. Einige weitere, technisch nicht ganz so überzeugende Bilder publizierte Thomas (1958) aus jungen Zuckerrüben und Tomatensprossen, die zuvor ^{35}S-Sulfat aufgenommen hatten. Die stärkste Radioaktivität war hier ebenfalls stets im Bereich des Phloems lokalisiert.

Die Transportform des Schwefels in der Pflanze.

Über die Natur der transportierten Schwefelverbindungen im Phloem bestehen bisher nur Meinungen. Meist wird Sulfat als einzige Transportform angenommen (Thomas 1958), doch ist es eigentlich nur konsequent zu fordern, daß die schwefelhaltigen Aminosäuren ebenso transportiert werden können wie die übrigen Aminosäuren. Es ist auch nicht einzusehen, warum z.B. die Verlagerung von reduziertem Schwefel in reifende Ähren nur über eine zuvor ablaufende Oxydation zu Sulfat möglich sein sollte, wie dies Thomas u. Mitarb. (1944) angaben. In der Ähre soll dann eine erneute Sulfatreduktion stattfinden, auf die weiter die (Re-)-Synthese von Cystein etc. folgen müßte. Demgegenüber konnte der Transport von reduziertem Schwefel, vor allem von Cystein, in jungen Tomatenpflanzen sehr wahrscheinlich gemacht werden (Willenbrink 1964). Taucht man nämlich isolierte Wurzeln dieser Pflanzen in eine ^{35}S-sulfathaltige Lösung ein, so enthalten diese nach einigen Stunden nur sehr wenig reduzierten Schwefel, dagegen enthalten die Wurzeln *ganzer, im Dunkeln* gehaltener Pflanzen etwa dreimal so viel reduzierten Schwefel. Offenbar hatten die Blätter hier reduzierten organischen Schwefel an die Wurzeln abgegeben, zumal auch ihr Gehalt an organisch gebundenem Schwefel geringer war als der von abgeschnittenen Blättern, die direkt in die Lösung getaucht worden waren.

Analysen des Siebröhrensaftes (Ziegler und Ziegler 1962), die beträchtliche Mengen an Thiamin bei verschiedenen Species ergaben, bestätigen die ältere Angabe von Bonner (1944) über den Thiamintransport. Thiamin liegt im Siebröhrensaft frei vor; nach Hydrolyse treten keine zusätzlichen Mengen auf.

V. Der histologische Nachweis eines Phloemtransports von Phosphor und Schwefel.

Dis bisher einzigen sicheren Beweise für die Lokalisierung radioaktiver Strahlung im Phloem nach einer Wanderung von Phosphor- und Schwefelverbindungen in der Pflanze stammen von S. F. BIDDULPH (1956) und von BIDDULPH, BIDDULPH und CORY (1958). Als Pflanzenmaterial dienten junge Exemplare von *Phaseolus vulgaris*, deren 2. Folgeblatt voll entwickelt war. Auf die Unterseite des mittleren Fiederblättchens des 1. Folgeblattes wurde ^{32}P-Phosphat- bzw. ^{35}S-Sulfatlösung (pH = 6) aufgesprüht, in weiteren Versuchen (BIDDULPH, BIDDULPH und CORY) wurden vergleichbare Blättchen einer $^{14}CO_2$-Atmosphäre ausgesetzt. Für einzelne Experimente wurde auch noch die frühere „flap-technique" angewandt. Nach Versuchszeiten von 60 und 80 min wurden Segmente aus dem Stengelinternodium unterhalb des 1. Folgeblattes herausgeschnitten, in flüssiger Luft abgetötet, im Vakuum in gefrorenem Zustand getrocknet und in Paraffin eingebettet. Die 15 μ dicken Querschnitte wurden sodann mit photographischer Emulsion übergossen und exponiert. Auf den Mikroradioautographien der Stengelquerschnitte ist deutlich nur der Bereich des Phloems der dem 1. Folgeblatt entsprechenden Blattspuren geschwärzt. Wie die Abbildung zeigt (Abb. 1), sind vor allem die Stellen im Phloem der ^{35}S-aktiven Pflanzen geschwärzt, in denen sich die jüngeren, also cambiumnahen Siebröhren befinden müssen (das sekundäre Dickenwachstum hatte bereits eingesetzt) (vgl. auch KOLLMANN 1965 zum Nachweis von ^{14}C-Aktivität im Phloem von *Metasequoia*).

Trotz des weniger guten Auflösungsvermögens, das der energiereicheren β-Strahlung von ^{32}P entspricht, ist auch auf den Autoradiographien der Stengelquerschnitte von ^{32}P-behandelten Pflanzen eine relativ eindeutige Lokalisierung der Aktivität innerhalb des Phloembereichs möglich. S. F. BIDDULPH bemerkt auf den ^{35}S-Autoradiographien oft eine zusätzliche schwache Schwärzung im Xylem. Diesen Effekt deutet sie als Ausdruck eines Lateraltransports, der für ^{14}C im Bereich der Sproßspitze ebenfalls bemerkt wurde (BIDDULPH u. Mitarb.), bei ^{32}P jedoch nicht auftrat. Es ist natürlich schwer zu entscheiden, ob diese Ansicht zutrifft, oder ob während der Präparation doch Diffusionseffekte und damit Verlagerungen von Radioaktivität im Bündelbereich eintraten. Vielleicht hatte inzwischen schon der Transport von ^{35}S im Transpirationsstrom von der Wurzel her eingesetzt (Versuchszeit war mindestens 60 min!). Andererseits erscheint als Ort der Strahlung im Xylem auf den Bildern vor allem das die Gefäße umgebende Parenchym. BIDDULPH u. Mitarb. untersuchten nun ebenfalls histologisch auch den apikal gerichteten Transport in ganz entsprechender Versuchsanstellung und stellten für diese Transportrichtung ebenfalls fest, daß das Zentrum der Aktivität sowohl für ^{32}P wie für ^{14}C stets im Phloembereich liegt. Damit ist nun kein Zweifel mehr möglich, daß der von zahlreichen Autoren erwiesene Assimilattransport im Phloem in apikaler Richtung im gleichgerichteten Transport von Phosphor und Schwefel nun seine Parallele gefunden hat. Allerdings bleibt die Frage offen, in welcher Form diese Elemente hier transportiert werden[1].

VI. Richtung und Geschwindigkeit des Transports.

Wie bereits früher für den Transport der Assimilate, so konnte in den letzten Jahren auch für den Transport der Mineralstoffe sicher festgestellt werden, daß er im Phloem sowohl in basaler wie auch in apikaler Richtung ablaufen kann. So wie das Zirkulationssystem von Xylem einerseits und Phloem andererseits für die Stoffströme im Pflanzenkörper von entscheidender Bedeutung ist, so scheint gelegentlich auch die in beiden Richtungen erfolgende Stoffwanderung *allein im Phloem* erhebliche physiologische Bedeutung zu gewinnen[2]. Ohne hier

[1] Zum autoradiographischen Nachweis des Assimilattransports vgl. SCHUMACHER, dieses Handbuch, S. 68.

[2] Vgl. SCHUMACHER, in diesem Band, S. 126.

auf die älteren Arbeiten zur Wanderung der Mineralstoffe eingehen zu wollen (CURTIS 1925, ECHEVIN 1931, MASON und PHILLIS 1940), muß an dieser Stelle doch auf die Analysen von BURSTRÖM und KROGH (1947) und BURSTRÖM (1948) hingewiesen werden, die diese an Blutungssäften von verschiedenen Bäumen während des Austreibens der Knospen machten[1]: unter anderem konnten sie aus diesen Daten für *Carpinus betulus*, aus den Phosphoranalysen der Knospen und aus gleichzeitig erfolgten Transpirationsmessungen errechnen, daß die Phosphorkonzentration des Blutungssaftes um ein Vielfaches unter dem Wert lag, der erreicht werden müßte, um die Zunahme des P-Gehaltes in den treibenden Knospen allein als aus dem Transpirationsstrom stammend zu verstehen. Die Knospen nahmen weit mehr Phosphor auf als es der Konzentration im Xylemsaft entsprach. BURSTRÖM berechnete dann, daß die Kapazität des Phloems völlig ausreiche, um diese Wanderung von Phosphor außerhalb des Transpirationsstromes hinreichend zu erklären.

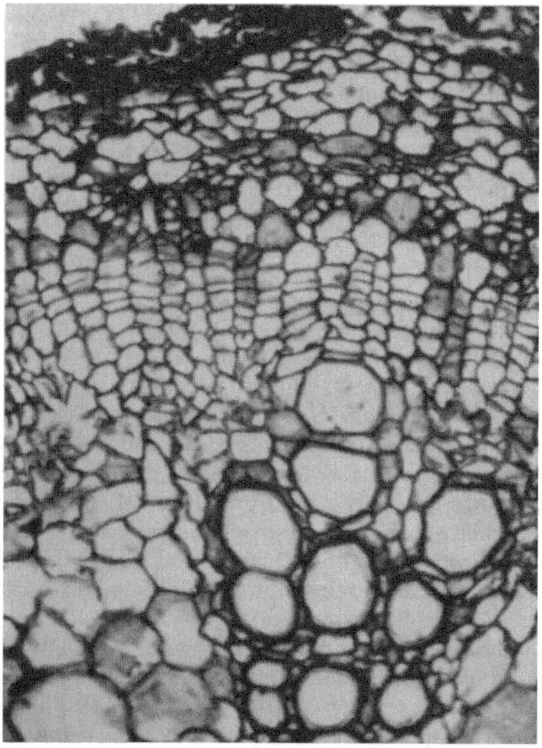

a

Abb. 1a—c. Autoradiographischer Nachweis von ^{35}S- und ^{32}P-Aktivität im Phloem von *Phaseolus vulgaris* L. a Histologischer Querschnitt durch ein Leitbündel im 1. Internodium. b Autoradiographischer Nachweis für ^{35}S in einem solchen Bündel. 60 min vor der Fixierung war auf das 1. Folgeblatt $^{35}SO_4$ aufgebracht worden. c Nachweis für ^{32}P in einem vergleichbaren Bündel. Auf das 1. Folgeblatt war $^{32}PO_4$ aufgesprüht worden. Zu beachten ist die ^{32}P-Aktivität innerhalb des Xylems — abgesehen von der relativ starken Streuung der Schwärzung bei ^{32}P-Strahlung. (Mit freundlicher Genehmigung der Verfn. nach S. F. BIDDULPH 1956.)

Neben diesen großen apikal gerichteten Stoffströmen im Phloem während des Frühjahrs finden aber auch in den krautigen Pflanzen Phloemtransporte in verschiedenen Richtungen statt, wie dies durch zahlreiche Untersuchungen zur Assimilatverschiebung belegt und durch Versuche mit Indicatoren bestätigt worden ist. Mit einer Zirkulation von Phosphor- und Schwefelverbindungen innerhalb der Pflanze allein im Siebröhrensystem muß gerechnet werden. Dabei hat die Pflanze offenbar die Möglichkeit, die Stoffleitung im Phloem tiefgreifender korrelierend zu steuern, als dies etwa im Transpirationsstrom möglich ist. Vor allem zu den Zeiten des Fruchtansatzes und der Reife macht sich das bemerkbar. ARNON, STOUT und SIPOS konnten mit Hilfe von radioaktivem Phosphat zeigen, daß eine maximale Anreicherung von Phosphor in den jungen, weniger stark transpirierenden Früchten stattfindet und nicht in den reifen Früchten, und daß der überwiegende Anteil des Gesamtphosphors aus den Blättern stammt, von wo aus er remobilisiert worden war. Abgesehen von den zahlreichen Angaben zum Stickstofftransport aus den vegetativen Organen in die

[1] Vgl. FISCHER, in diesem Band, S. 207ff.

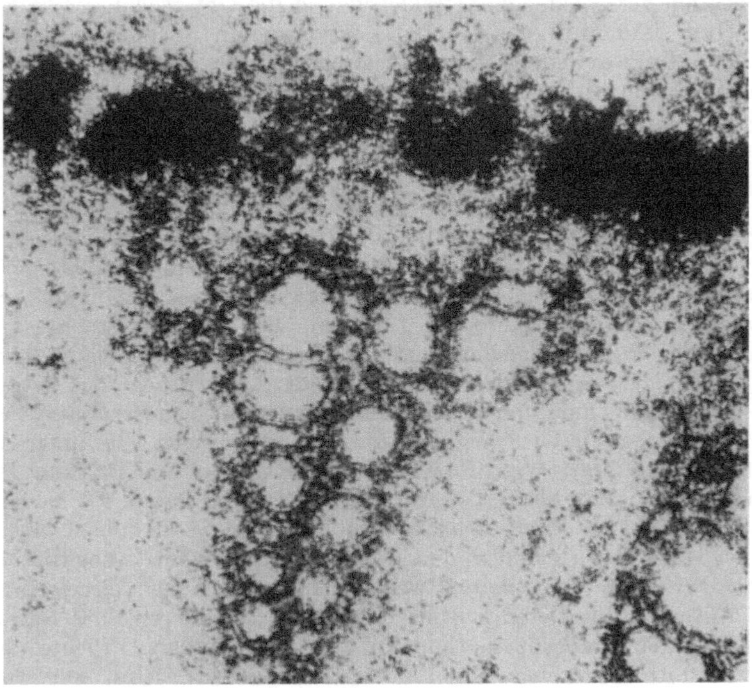

Abb. 1b.

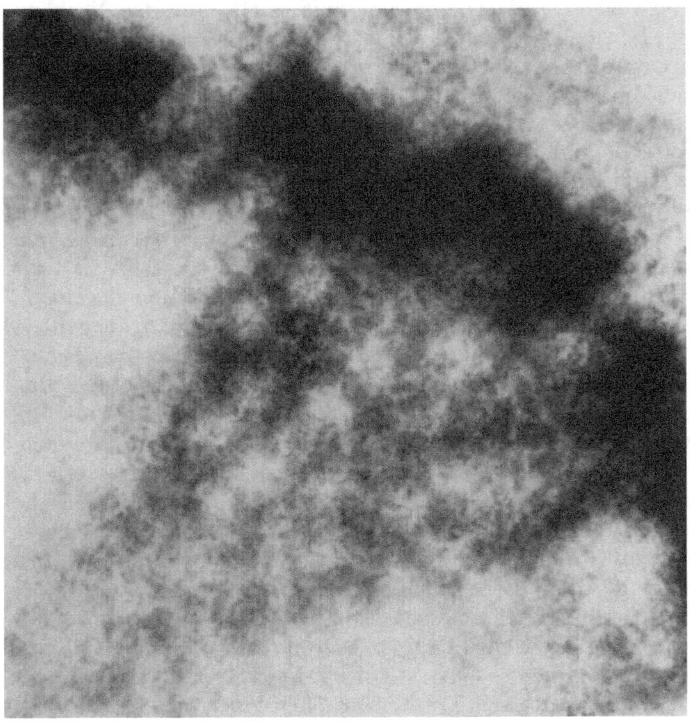

Abb. 1c.

Früchte bei den verschiedenen Getreidearten ist die Untersuchung von FRAZIER, SCHAFF, HEIN und MCFARLAND (1957) zu beachten, die den Transport von $^{32}PO_4$ aus den Wurzeln in die Ähren des Weizens zum Gegenstand hat. Sie machten darauf aufmerksam, daß neben dem Rücktransport aus den Blättern auch der direkte Eintransport von seiten der Wurzel, zumindest bei Phosphat eine Rolle spielen kann. PROKOFJEV und SOBOLEV (1957) infiltrierten Blätter von *Helianthus* mit $Na_2H^{32}PO_4$ und stellten einen raschen und bedeutenden Transport aus den Blättern in die Inflorescenzen fest. Hier wird vor allem derjenige Abschnitt der Inflorescenz aktiv, der zum behandelten Blatt orthostich inseriert ist.

Über den Einfluß der Blüten- und Fruchtbildung auf den Transport von Phosphor in Erbsenpflanzen berichteten LINCK und SWANSON (1960). Sie verabreichten den oberen Blättern der Pflanzen, die bereits 2 Früchte angesetzt hatten, radioaktive Phosphorsäure und untersuchten deren Verbleib nach 3 und 4 Std. 90% des ^{32}P fanden sie in der achselständigen Frucht des betreffenden Blattes wieder, nur einen verschwindenden Bruchteil in entfernteren Früchten. Aus älteren Blättern findet dagegen *ausschließlich* ein basal gerichteter Abtransport in die Wurzel statt (vgl. COLWELL 1942, BARINOV und RATNER 1959). In der Knospe kann noch einen Tag vor der Entfaltung kaum ^{32}P nachgewiesen werden, während vier Tage nach der Blütenentfaltung und nach einer Blattapplikation von ^{32}P vor allem in den Karpellen erhebliche Radioaktivität nachweisbar wird. Gerade dieser Befund wirft die Frage nach der Transportsteuerung auf. Die Autoren diskutieren sie im Sinne einer Regulierung des Stoffstromes seitens der jungen Embryonen. Eine Abkühlung der jungen Früchte (auf 7° C) bremst nicht nur den Transport von Phosphor in diese Früchte, sondern ebenso in alle jungen, auch vegetativen Pflanzenteile. Der Transport bleibt aber unbeeinflußt, wenn bei mehreren vorhandenen Früchten nur eine einzige der Abkühlung unterworfen wird. Dieses Ergebnis dürfte für das Problem des Stofftransports und seine — oft rätselhaft erscheinende — Steuerung durch den pflanzlichen Organismus von besonderer Bedeutung sein. In diesem Zusammenhang ist auch die Frage nach der Natur des transportierten Phosphors dringend. WANNER und BACHOFEN (1961) verfolgten den Transport von ^{32}P aus den Blättern von *Phaseolus* unter dem Einfluß verschiedener Stadien der Fruchtentwicklung. Selbst aus jungen, noch nicht voll entwickelten Blättern wandert stets noch eine geringe, aber deutliche Menge an ^{32}P in die jungen Früchte ein (Abb. 2c). Die Autoren kontrollierten das Ausmaß der Phosphorzufuhr in Abhängigkeit vom Entwicklungsstadium der Früchte. Dabei wurde festgestellt, daß vor Erreichen des halben Endgewichts der ausgewachsenen Hülsen eine maximale Phosphoraufnahme stattfindet, die in späteren Stadien wieder zurückgeht. Ob hier ein relativ kurzzeitiger, besonders ausgeprägter Bedarf an Phosphor besteht, ist völlig offen. Vorläufig ungeklärt bleibt auch der überraschende Befund, daß ^{32}P — wie auch ^{14}C-markierte Assimilate — aus den Früchten auswandern kann, wenn man den Früchten direkt $^{32}PO_4$ verabreicht hat. Bei diesem Phänomen handelt es sich gewiß nicht um eine artifizielle Folge der Applikationsmethode (Injektion in die Fruchtwand); auch der ^{14}C-Assimilattransport konnte nämlich seine ursprüngliche Richtung umkehren, was unter bestimmten Bedingungen (Verdunklung der übrigen Pflanze) zu massivem Austransport aus der Frucht führte. Andererseits zeigt diese Beobachtung, daß offenbar selbst unter dem Einfluß der Fruchtentwicklung noch eine gewisse Zirkulation im Phloem aufrechterhalten bleibt. Die Abhängigkeit der Fähigkeit zum Phosphat-Export vom Blattalter zeigen die Untersuchungen von AHLGREN und SUDIA (1964) an Blättern von *Glycine max*. Sie bestätigten im wesentlichen die Ansicht, daß ältere Blätter in größerem Umfange Assimilate und Mineralstoffe abtransportieren können als junge, noch wachsende Gewebe. Licht und Tagesperiode haben sicherlich bedeutenden Einfluß auf den Transport auch der Mineralstoffe (BIDDULPH 1941, HELDER und BONGA 1956); dabei ist durchaus auch eine Umschaltung der Trans-

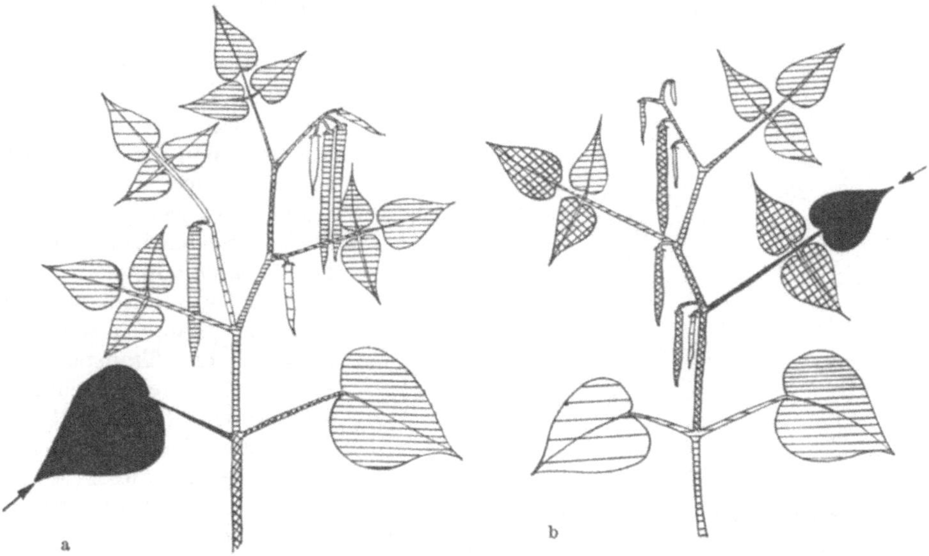

Abb. 2a—c. Transport von ^{32}P aus *Phaseolus*-Blättern unter dem Einfluß der Fruchtentwicklung. a $^{32}PO_4$-Applikation am Primärblatt. b $^{32}PO_4$-Applikation am 1. Folgeblatt. c $^{32}PO_4$-Applikation am 4. Folgeblatt. Spezifische Aktivität (ipm/100 mg Trockengewicht): ▭ 0—100, ▤ 100—1000, ▦ 1000—10000, ▩ 10000—100000, ■ mehr als 100000. (WANNER und BACHOFEN 1961, mit Genehmigung der Verff.)

portrichtung durch die Tagesperiode denkbar, zumal dies die Angaben von BIDDULPH nahelegen (vgl. S. 183).

Die Untersuchungen von PENOT (1959a) zeigen, daß neben dem apikal gerichteten Transport aus den Blättern offenbar auch direkt aus der Wurzel eine Stoffleitung im Phloem in apikaler Richtung erfolgen kann. Werden Stecklinge von *Pelargonium* unter Bedingungen absoluter Wassersättigung gehalten, so nimmt der Steckling $^{32}PO_4$ auch in das Rindengewebe auf und *transportiert es hier* — in einem bestimmten Mengenverhältnis zum Xylemtransport — apikalwärts. Bei solchen Versuchen sind allerdings Effekte eines möglichen Übertritts von Stoffen aus dem Xylem in das Phloem sehr schwer zu erkennen und auch kaum ganz auszuschalten.

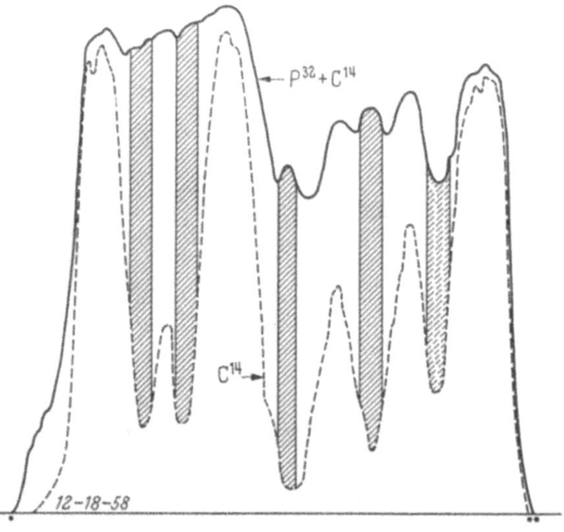

Abb. 3. Mikrodensitometerdiagramm eines Rindenstreifens aus dem 2. Internodium einer Bohnenpflanze. Das 1. Folgeblatt war einer $^{14}CO_2$-Atmosphäre ausgesetzt worden, auf das 2. Folgeblatt war $^{32}PO_4$ aufgesprüht worden. Die durchgezogene Linie gibt die Schwärzungsdichte der ^{32}P- und ^{14}C-exponierten Filmschicht wieder, die gestrichelte diejenige der ^{14}C-exponierten Schicht allein, die Schraffur zeigt die Position der ^{32}P-aktiven Phloemelemente an.

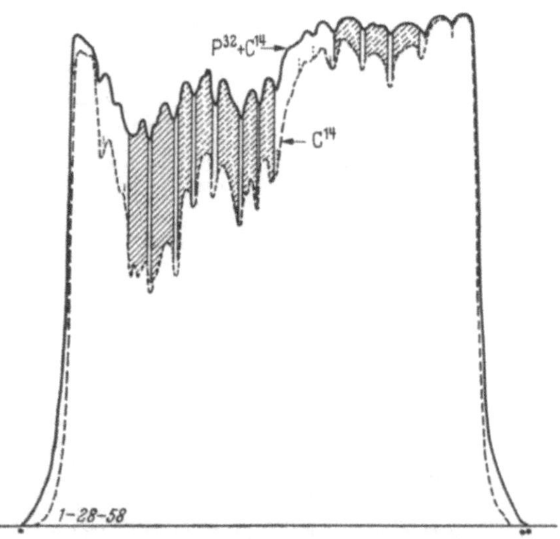

Abb. 4. Mikrodensitometerdiagramm wie in Abb. 3, jedoch Rindenstreifen nach Angaben der Autoren vermutlich direkt am Kambium abgelöst: Nachweis von ^{14}C und ^{32}P im gleichen Phloembereich. (Abb. 3 und 4 aus BIDDULPH u. CORY 1960, mit Genehmigung der Verff.)

In der Pflanze lenken aber nicht nur bestimmte Mechanismen den Transport in bestimmte Richtungen, wobei — wie gezeigt wurde — auch durchaus Umschaltungen vorgenommen werden können. Darüber hinaus kann auch innerhalb eines Internodiums ein Transport in entgegengesetzter Richtung stattfinden (CHEN 1951). Die bisher eindrucksvollsten Resultate zu dieser Frage stammen von BIDDULPH und CORY (1960). Sie exponierten das 1. Folgeblatt einer jungen Bohnenpflanze einer $^{14}CO_2$-Atmosphäre, 5 min darauf applizierten sie dem 2. Folgeblatt $^{32}PO_4$ durch Aufsprühen auf die Blattunterseite. Nach 30 bzw. 25 min zerschnitten sie den Stengel in einzelne Segmente, teilten diese in Holz und Rinde und wiesen die Radioaktivität an dem im Vakuum getrockneten Gewebe der Rinde autoradiographisch nach. Zur Unterscheidung von ^{14}C- und ^{32}P-Aktivität legten sie auf die cambiumnahe Seite der Rinde einen Röntgenfilm auf, darüber ein Aluminiumfilter zur Absorption der ^{14}C-Strahlung und zuletzt einen weiteren Film zum ^{32}P-Nachweis. Nach Ablauf von 10 Halbwertzeiten des ^{32}P (gleich 140 Tagen) wurde ein neuer Film exponiert, der nun nur noch die Strahlung des ^{14}C aus dem Gewebe empfing. Die Röntgenfilme wurden mit einem Mikrodensitometer vergleichend ausgewertet (vgl. Abb. 3 und 4). Durch exakten Positionsvergleich der einzelnen Filme war es möglich, die einzelnen Bahnen der

Radioaktivität — die nicht mit den einzelnen Siebröhren identisch sein müssen! — vergleichend für ^{32}P und ^{14}C zu bestimmen. Dabei stellte sich nun heraus, daß ^{14}C-markierte Assimilate — beim Apikaltransport — einmal *in anderen Bündeln* als ^{32}P — beim Basaltransport — geleitet werden können (Abb. 3), in anderen Fällen aber auch *in ein und demselben Bündel* (Abb. 4). BIDDULPH und CORY erklären den ersten Befund so, daß die Autoradiographie vermutlich der Abdruck älterer Phloemzonen — cambiumferner Zonen — sei, während im zweiten Falle die cambiumnahen Zonen getroffen worden seien. Da dieses Ergebnis die Frage nach der Mechanik des Ferntransportes in den Siebröhren überhaupt berührt, sollte bald geklärt werden, ob tatsächlich die unterschiedliche Lage im Gewebe die Ursache des unterschiedlichen Bildes gewesen ist. Da die Autoren in einer weiteren Arbeit (1965) mit verbesserter Methodik für einerseits ^{14}C-markierte Assimilate und andererseits inaktive Assimilate den Befund eines Auf- und Abwärtstransports im gleichen Phloembündel nicht reproduzieren konnten, sollten jedoch vorläufig keine weiteren Schlüsse gezogen werden.

Die Geschwindigkeit des P- und S-Transports im Phloem.

Wie vorstehend (Kapitel III) bereits erwähnt worden war, haben BIDDULPH und CORY (1957) vergleichend die Geschwindigkeit gemessen, mit der ^{32}P, ^{14}C-Assimilate und THO im Stengel junger Bohnenpflanzen in basaler Richtung wandern. Sie sind dabei auf Werte gekommen, die den bisher über die Wanderung von Assimilaten und Indicatoren im Phloem bekannten in der Dimension ähnlich waren (^{32}P und THO = 86,5 cm/Std und ^{14}C = 107 cm/Std). Bei diesen und vielen anderen, hier nicht erwähnten, in der Literatur bekannten Messungen sind jedoch wesentliche Voraussetzungen nicht erfüllt, die für eine exakte Messung gelten: Als Zeitpunkt null der Messung wurde die Zeit der Applikation des Isotops am Blatt angegeben. Damit werden Aufnahmeprozeß und Transportvorgang gemeinsam in die Berechnung eingehen, die also allein schon deshalb ein unrichtiges Resultat ergeben muß. Ferner war die Meßstrecke auch in ihrem weiteren Verlauf zu inhomogen und umfaßte Blattstielstrecken, Stengelstrecken und den Blattknoten, außerdem war die Meßzeit zu ausgedehnt; inzwischen konnten Speichereffekte und Austritt von Transportsubstanzen aus der Transportbahn in größerem Umfange eingetreten sein. Auch ist die Bestimmung der „ersten, nachweisbaren" Aktivität von der Empfindlichkeit der Meßmethode abhängig. Die eben kurz erwähnten Punkte, die eine Geschwindigkeitsmessung unmöglich machen, sind ausführlich in der Kritik von CANNY (1960) dargestellt.

PENOT (1959b) applizierte Blättern von *Pelargonium*-Stecklingen ^{32}P-Phosphat und maß die Zeit, die eine bestimmte Aktivitätsmenge benötigt, um eine kurze einheitliche Transportstrecke zu passieren. Unter seinen Versuchsbedingungen fand er 93 cm/Std für den basalen Transport von ^{32}P, für den aufsteigenden Phloemtransport 94—102 cm/Std. VOGL (1964) bestimmte auf ähnliche Weise die Geschwindigkeit, mit der ^{32}P im Stamm einjähriger Pappelstecklinge abwärts wandert. Die Geschwindigkeiten variierten sehr stark und lagen zwischen 13 und 17 cm/Std, gelegentlich auch bei 30—40 cm/Std. Der Transport in entblätterten Stengeln schien dabei merklich gehemmt und erreichte nur Werte von 3—8 cm/Std.

Auch die von BACHOFEN und WANNER (1962) beschriebene Methode zur Geschwindigkeitsmessung des Phloemtransports von markiertem Phosphor ist hier noch zu erwähnen. Ein Zählrohr, das in einer Bleiabschirmung angebracht ist, in deren Stirnseite zwei schmale Schlitzblenden eingefräst sind, wird seitlich so gegen einen Blattstiel (von *Phaseolus*) geschoben, daß die zwei Schlitzblenden senkrecht zum Blattstiel orientiert sind und daher nur die Strahlung aus den zwei schmalen Segmenten des Stiels zum Zählrohr durchtreten lassen. Sobald die — meßbare — Aktivitätsspitze in Höhe der ersten Schlitzblende erscheint, wird sie vom Zählrohr registriert. Nach einer bestimmten Zeit wird die Aktivitätsfront in Höhe des 2. Fensters erscheinen, und die registrierte Aktivität wird schlagartig verdoppelt. Aus dem Abstand der beiden Blenden und dem Zeitraum zwischen dem Auftreten der Radioaktivität vor der 1. und der 2. Blende kann die Transportgeschwindigkeit auf der — ideal kurzen — Meßstrecke ermittelt werden. Die von BACHOFEN und WANNER auf diese Weise bestimmten Geschwindigkeiten betrugen 135 ± 52 cm/Std im Blattstiel des 1. Folgeblattes junger Bohnenpflanzen, nachdem $^{32}PO_4$ mittels „flap-technique" in den Blattnerv eingeführt worden war. Die Werte können durch äußere Einflüsse stark verändert werden; so setzt z.B. bloßer Druck auf das Gewebe des Blattstiels die Geschwindigkeit stark herab. Waren die Pflanzen vor dem Versuch unter mangelhaften Lichtbedingungen gehalten worden, so sank die Transportgeschwindigkeit ebenfalls stark ab.

Literatur.

AHLGREN, G. E., and T. W. SUDIA: Absorption of P-32 by leaves of *Glycine max* of different ages. Bot. Gaz. **125**, 204—207 (1964). — ANDRÉ, M. G.: Distribution et migration des matières salines chez un végétal annuel. Bull. Soc. chim. France **25**, 610—613 (1919). — ARNON, D. I., P. R. STOUT, and F. SIPOS: Radioactive phosphorus as an indicator of phosphorus absorption of tomato fruits at various stages of development. Amer. J. Bot. **27**, 791—798 (1940). — ASAHI, T.: Reduction of sulfite to sulfide in mung bean leaf. J. Biochem. (Tokyo) **48**, 772—773 (1960). — Sulfur metabolism in higher plants. IV. Mechanism of sulfate reduction in chloroplasts. Biochem. biophys. Acta **82**, 58—66 (1964). — ASAHI, T., and T. MINAMIKAWA: Sulfur metabolism in higher plants. II. The effect of sulfite on the metabolism of sulfate and its conversion into organic form in excised leaves. J. Biochem. (Tokyo) **48**, 548—556 (1960).

BACHOFEN, R., u. H. WANNER: Transport und Verteilung von markierten Assimilaten. VI. Die Verteilung von ^{14}C-Assimilaten bei Langzeitversuchen. Ber. schweiz. bot. Ges. **72**, 272—279 (1962). — BARINOV, G. V., and E. I. RATNER: Some feature of uptake of substances through leaves during foliar application. Fiziol. Rast. **6**, 324—332 (1959). — BARRIEN, B. S., and J. G. WOOD: Studies on the sulphur metabolism of plants. II. The effect of nitrogen supply on the amounts of protein sulphur, sulphate sulphur and on the value of the ratio of protein nitrogen to protein sulphur in leaves at different stages during the life cycle of the plant. New Phytologist **38**, 257—264 (1939). — BARRIER, G. E., and W. E. LOOMIS: Absorption and translocation of 2,4-dichlorophenoxyacetic acid and P^{32} by leaves. Plant Physiol. **32**, 225—231 (1957). — BIDDULPH, O.: Absorption and movement of radio-phosphorus in bean seedlings. Plant Physiol. **15**, 131—136 (1940). — Diurnal migration of injected radiophosphorus from bean leaves. Amer. J. Bot. **28**, 348—352 (1941). — BIDDULPH, O., S. BIDDULPH, R. CORY, and H. KOONTZ: Circulation patterns for phosphorus, sulfur and calcium in the bean plant. Plant Physiol. **33**, 293—300 (1958). — BIDDULPH, O., and R. CORY: An analysis of translocation in the phloem of the bean plant using THO, P^{32} and C^{14}. Plant Physiol. **32**, 608—619 (1957). — Demonstration of two translocation mechanisms in studies of bidirectional movement. Plant Physiol. **35**, 689—695 (1960). — Translocation of C^{14} metabolites in the phloem of the bean plant. Plant Physiol. **40**, 119—129 (1965). — BIDDULPH, O., R. CORY, and S. BIDDULPH: The absorption and translocation of sulfur in red kidney bean. Plant Physiol. **31**, 28—33 (1956). — BIDDULPH, O., and J. MARKLE: Translocation of radiophosphorus in the phloem of the cotton plant. Amer. J. Bot. **31**, 65—70 (1944). — BIDDULPH, S. F.: Visual indications of S^{35} and P^{32} translocation in the phloem. Amer. J. Bot. **43**, 143—148 (1956). — BIDDULPH S. F., BIDDULPH O., and R. CORY: Visual indications of upward movement of foliar-applied P^{32} and C^{14} in the phloem of the bean stem. Amer. J. Bot. **45**, 648—652 (1958). — BISWAS, P. B., and S. P. SEN: Tracer studies on sulphur metabolism in plants. I. The path of sulphate reduction. Sci. & Cult. (Calcutta) **22**, 697—699 (1957). — Translocation and utilization of sulphate-S^{35} and phosphate-P^{32} in the pea plant. Indian J. Plant Physiol. **2**, 1—8 (1959). — BONNER, J.: Accumulation of various substances in girdled stems of tomato plants. Amer. J. Bot. **31**, 551—555 (1944). — BURSTRÖM, H.: The rate of nutrient transport to swelling buds of trees. Physiol. Plantarum (Kbh.) **1**, 124—135 (1948). — BURSTRÖM, H., and A. KROGH: Bleeding and bud development in *Carpinus*. Sv. bot. Tidskr. **41**, 17—44 (1947).

Canny, M. J.: The rate of translocation. Biol. Rev. **35**, 507—532 (1960). — Chen, S. L.: Simultaneous movement of P^{32} and C^{14} in opposite directions in phloem tissue. Amer. J. Bot. **38**, 203—211 (1951). — Colwell, R. N.: The use of radioactive phosphorus in translocation studies. Amer. J. Bot. **29**, 798—807 (1942). — Curtis, O. F.: The effect of ringing a stem on the upward transfer of nitrogen and ash constituents. Amer. J. Bot. **10**, 361—382 (1923). — Studies in the tissues concerned in the transfer of solutes in plants. The effect on the upward transfer of solutes of cutting the xylem as compared with that of cutting the phloem. Ann. Bot. **39**, 573—585 (1925).

Dugger jr., W. M.: Autoradiography with plant tissue. Bot. Rev. **23**, 351—387 (1957).

Echevin, M. R.: L'azote, le phosphore et le soufre chez les plantes ligneuses *6* feuilles caduques. Rev. gén. Bot. **43**, 517—677 (1931). — Ergle, D. R.: Utilization of storage sulfur by cotton and the effect on growth and chloroplast pigments. Bot. Gaz. **115**, 225—234 (1954).

Fischer, H.: Der Transport der Mineralstoffe. In: Handbuch der Pflanzenphysiologie, Bd. IV, S. 289—306. Berlin-Göttingen-Heidelberg: Springer 1958. — Frazier, J. C., J. F. Schaff, R. E. Hein, and R. H. McFarland: Translocation and distribution of radioactive phosphorus in wheat. Bot. Gaz. **118**, 122—127 (1957). — Fromageot, P., et H. Perez-Milan: La réduction du sulfate en sulfite par la feuille détachée de tabac. C. R. Acad. Sci. (Paris) **243**, 1061—1064 (1956).

Gustafson, F. G., and M. Darken: Further evidence for the upward transport of minerals through the phloem of stems. Amer. J. Bot. **24**, 615—621 (1937). — Upward transport of minerals through the phloem of stems. Science **85**, 482—483 (1937).

Helder, R. J., and J. M. Bonga: The influence of light on the loss of labelled phosphor form bean leaves. Acta bot. neerl. **5**, 115—121 (1956). — Herrmann, W., G. Hartmann u. R. Brust: Das Auflösungsvermögen mikroautoradiographischer Aufnahmen und Untersuchungen über seine Abhängigkeit von der Energie der verwendeten Betastrahlung. II. Atompraxis 8, 8—11 (1962).

Kendall, W. A.: Effect of certain metabolic inhibitors on translocation of P^{32} in bean plants. Plant Physiol. **30**, 347—350 (1955). — Kluge, M., u. H. Ziegler: Der ATP-Gehalt der Siebröhrensäfte von Laubbäumen. Planta (Berl.) **61**, 167—177 (1964). — Kollmann, R.: Zur Lokalisierung funktionstüchtiger Siebzellen im sekundären Phloem von *Metasequoia glyptostroboides*. Planta (Berl.) **65**, 173—179 (1965). — Koontz, H., and O. Biddulph: Factors effecting absorption and translocation of foliar applied phosphorus. Plant Physiol. **32**, 463—470 (1957). — Kramer, P. J., and H. H. Wiebe: Longitudinal gradients of P^{32} absorption in roots. Plant Physiol. **27**, 661—674 (1952). — Kursanov, A. L.: Der Transport organischer Stoffe in den Pflanzen. Endeavour **20**, 19—25 (1961). — Kursanov, A. L., u. M. I. Brovcenko: Der Einfluß von ATP auf die Aufnahme von Assimilaten durch das Leitsystem der Zuckerrübe. Fiziol. Rast. 8, 270—278 (1961) [Russisch]. — Kursanov, A. L., O. A. Pavlinova u. T. P. Afanasieva: Enzymglykolyse der Leitgewebe bei Zuckerrübenpflanzen. Fiziol. Rast. **6**, 286—295 (1959) [Russisch]. — The glycolytic enzymes in the conducting tissues of sugar beet. Arch. Biochem. **83**, 239—247 (1959). — Kylin, A.: The uptake and metabolism of sulphate by deseeded wheat plants. Physiol. Plantarum (Kbh.) **6**, 775—795 (1953). — The accumulation of sulphate in isolated leaves as affected by light and darkness. Bot. Not. (Lund) **113**, 49—81 (1960). — Sulphate accumulation by isolated leaf pieces of *Crassula* as influenced by indole-acetic acid. Bot. Not. (Lund) **113**, 337—339 (1960a). — The influence of the external osmotic conditions upon the accumulation of sulphate in leaves. Physiol. Plantarum (Kbh.) **13**, 148—154 (1960b). — The incorporation of radio-sulphur from external sulphate into different sulphur fractions of isolated leaves. Physiol. Plantarum (Kbh.) **13**, 366—379 (1960). — Kylin, A., and B. Hylmö: Uptake and transport of sulphate in wheat. Active and passive components. Physiol. Plantarum (Kbh.) **10**, 467—484 (1957).

Latshaw, W. L., and E. C. Miller: Elemental composition of the corn plant. J. agric. Res. **27**, 845—859 (1924). — Linck, A. J., and T. W. Sudia: The effect of gibberellic acid on the absorption and translocation of phosphorus-32 by bean plants. Amer. J. Bot. **47**, 101—105 (1960). — Linck, A. J., and C. A. Swanson: A study of several factors affecting the distribution of phosphorus 32 from the leaves of *Pisum sativum*. Plant & Soil (Den Haag) **12**, 57—68 (1960). — Lüttge, U., u. J. Weigl: Mikroautoradiographische Untersuchungen der Aufnahme und des Transportes von ^{35}SOj und $^{45}Ca^{++}$ in Keimwurzeln von *Zea Mays* L. und *Pisum sativum* L. Planta (Berl.) **58**, 113—126 (1962). — Der Ionentransport in intakten und entrindeten Wurzeln. Ber. dtsch. bot. Ges. **77**, 63—70 (1964). — Zur Mikroautoradiographie wasserlöslicher Substanzen. Planta (Berl.) **64**, 28—36 (1965).

Maizel, J. V., A. A. Benson, and N. E. Tolbert: Identification of phosphorylcholine as an important constituent of plant saps. Plant Physiol. **31**, 407—408 (1956). — Mason, T. G., and E. J. Maskell: Further studies on transport in the cotton plant. I. Preliminary observations on the transport of phosphorus, potassium, and calcium. Ann. Bot. **45**, 125—173 (1931). — Mason, T. G., E. J. Maskell, and E. Phillis: Further studies on transport in the cotton plant. III. Concerning the independence of solute movement in the phloem. Ann. Bot. **50**, 23—58 (1936). — Mason, T. G., and E. Phillis: Concerning the upward movement of solutes. Ann. Bot., N.S. **4**, 765—771 (1940). — Miller, L. P.: DL-methionine as a source of sulfur by growing plants. Contr. Boyce Thompson Inst. **14**, 443—456 (1947). — Mittler, T. E.: Amino acids in phloem sap and their excretion by aphids. Nature (Lond.) **172**, 207 (1953). — Moore, R. F.: Downward transport of phosphorus in separated maize-roots. Amer. J. Bot. **36**, 166—169 (1949). — Mosolov, I. V., u. L. P. Vollejdt: Zur Frage der physiologischen Rolle des Schwefels in den Pflanzen. Dokl. Akad. Nauk SSSR **105**, 1045—1048 (1955) [Russisch]. — Mothes, K.: Über den Schwefelstoffwechsel der Pflanzen. II. Planta (Berl.) **29**, 67—109 (1939).

Nightingale, G. T., L. G. Schermerhorn, and W. R. Robbins: Effects of sulphur deficiency on metabolism in tomato. Plant Physiol. **7**, 565—595 (1932).

Olsen, R. A.: Absorption of sulfur dioxide from the atmosphere by cotton plants. Soil Sci. **84**, 107—111 (1957).

Pavlinova, O. A., u. T. P. Afanasieva: Säurelösliche Nukleotide und phosphorylierte Zucker in den Leitgeweben der Zuckerrübe. Fiziol. Rast. **9**, 133—141 (1962) [Russisch]. — Penot, M.: Circulations ascendantes ligneuses et libérienne du ^{32}P. C. R. Acad. Sci. (Paris) **248**, 1847—1849 (1959a). — Vitesses de transport du ^{32}P par le bois et par le liber chez *Pelargonium*. C. R. Acad. Sci. (Paris) **249**, 450—452 (1959b). — Déplacements de l'aminotriazole et du radiophosphore liés aux mouvements glucidiques. C. R. Acad. Sci. (Paris) **251**, 2578—2580 (1960). — Pettersson, S.: Ion absorption in young sunflower plants. I. Uptake and transport mechanisms for sulphate. Physiol. Plantarum (Kbh.) **13**, 133—147 (1960). — Ion absorption in young sunflower plants. II. The sulfate uptake in the apparent free space. Physiol. Plantarum (Kbh.) **14**, 124—132 (1961). — Phillis, E., and T. G. Mason: The effect of ringing and of transpiration on mineral uptake. Ann. Bot., N.S. **4**, 645—650 (1940). — Prokofjev, A. A., and A. M. Sobolev: On the movement of phosphorus from leaves to seeds. Fiziol. Rast. **4**, 14—23 (1957) [Russisch].

Rinne, R. W., and R. G. Langston: Studies on lateral movement of phosphorus 32 in peppermint. Plant Physiol. **35**, 216—219 (1960). — Rippel, A.: Über den Zusammenhang zwischen dem Aufnahmevermögen der Bodennährstoffe bei den höheren Pflanzen und der Beweglichkeit dieser Stoffe in der Pflanze. Untersuchungen über physiologisches Gleichgewicht bei Pflanzen. III. Mitt. Biochem. Z. **187**, 272—282 (1927).

Savlovskij, G. M.: Teilnahme von Mikroorganismen der Rhizosphäre an der Versorgung der Pflanzen mit organischen Schwefelverbindungen. Dokl. Akad. Nauk SSSR **91**, 1213—1216 (1953) [Russisch]. — Sinha, S. K., and E. A. Cossins: Utilization of radiosulphate by higher plant tissues. Nature (Lond.) **199**, 1109 (1963). — Stout, P. R., and D. R. Hoagland: Upward and lateral movement of salt in certain plants as indicated by radioactive isotopes of potassium, sodium, and phosphorus absorbed by roots. Amer. J. Bot. **26**, 320—324 (1939). — Sudia, T. W., and A. J. Linck: The effect of pH on the absorption of Sr^{89}, P^{32}, and Fe^{59} ions by leaves of *Zea mays*. Ohio J. Sci. **61**, 107—112 (1961). — Swanson, C. A., and J. B. Whitney: Studies on the translocation of foliar-applied P^{32} and other radioisotopes in bean plants. Amer. J. Bot. **40**, 816—823 (1953).

Thomas, M. D.: Assimilation of sulfur and physiology of essential S-compounds. In: Handbuch der Pflanzenphysiologie, Bd. IX. Berlin-Göttingen-Heidelberg: Springer 1958. — Thomas, M. D., R. H. Hendricks, L. B. Bryner, and G. R. Hill: A study of the sulphur metabolism of wheat, barley, and corn using radioactive sulphur. Plant Physiol. **19**, 227—244 (1944). — Thomas, M. D., R. H. Hendricks, T. R. Collier, and G. R. Hill: The utilization of sulphate and sulphur dioxide for the sulphur nutrition of alfalfa. Plant Physiol. **18**, 345—371 (1943). — Thomas, M. D., R. H. Hendricks, and G. R. Hill: Some chemical reactions of sulphur dioxide after absorption by alfalfa and sugar beets. Plant Physiol. **19**, 222—226 (1944). — Sulfur content of vegetation. Soil Sci. **70**, 9—18 (1950a). — Sulphur metabolism in alfalfa. Soil Sci. **70**, 19—26 (1950b). — Thorne, G. N.: Factors affecting uptake of radioactive phosphorus by leaves and its translocation to other parts of the plant. Ann. Bot. **22**, 381—398 (1958). — Tucker, G. M., u. B. Tollens: Über den Gehalt der Platanenblätter an Nährstoffen und die Wanderung dieser Nährstoffe beim Wachsen und Absterben der Blätter. J. Landw. **48**, 39—63 (1900). — Turrell, F. M., and M. Chervenak: Metabolism of radioactive elemental sulfur applied to lemons as an insecticide. Bot. Gaz. **111**, 109—122 (1949). — Turrell, F. M., M. S. Cohan, and R. P. Horspool: The mode of action of elemental sulfur in "sulfur-burn". Plant Physiol. **32**, Suppl. VII (1957). — Turrell, F. M., and J. R. Weber: Elementar sulfur dust, a nutrient for lemon leaves. Science **122**, 119—121 (1955).

Vlasjuk, P. A., u. D. M. Grodzinskij: Über die wiederholte Verwertung von Phosphor und Schwefel beim Buchweizen. Dokl. Akad. Nauk SSSR **102**, 845—847 (1955) [Russisch]. — Vogl, M.: Zur korrelativen Steuerung des Stofftransportes im Phloem der Pappel. Flora (Jena) **155**, 294—304 (1964).

WANNER, H., u. R. BACHOFEN: Transport und Verteilung von markierten Assimilaten. I. Planta (Berl.) **57**, 531—542 (1961). — WEATHERLEY, P. E., A. J. PEEL, and G. P. HILL: The physiology of the sieve tube. Preliminary experiments using aphids mouth part. J. exp. Bot. **10**, 1—16 (1959). — WEIGL, J., u. H. ZIEGLER: Die räumliche Verteilung von ^{35}S und die Art der markierten Verbindungen in Spinatblättern nach Begasung mit $^{35}SO_2$. Planta (Berl.) **58**, 435—447 (1962). — WILLENBRINK, J.: Über die Hemmung des Stofftransports in den Siebröhren durch lokale Inaktivierung verschiedener Atmungsenzyme. Planta (Berl.) **48**, 269—342 (1957). — Lichtabhängiger ^{35}S-Einbau in organische Bindung in Tomatenpflanzen. Z. Naturforsch. **19b**, 356—357 (1964). — WILSON, A. M., and C. M. MCKELL: Effect of soil moisture stress on absorption and translocation of phosphorus applied to leaves of sunflower. Plant Physiol. **36**, 762—765 (1961). — WITTWER, S. H., and W. S. LUNDAHL: Autoradiography as an aid in determining the gross absorption and utilization of foliar applied nutrients. Plant Physiol. **26**, 792—797 (1951). — WOOD, J. G.: Metabolism of sulphur in plants. Chron. Bot. **7**, 1—4 (1942). — WOOD, J. G., and B. S. BARRIEN: Studies on the sulphur metabolism of plants. I. Preliminary investigations on the effects of different external concentrations of sulphate, ammonia and cystine on the amounts of sulphur-containing compounds in leaves. New Phytologist **38**, 125—149 (1939a). — Studies on the sulphur metabolism of plants. III. On changes in amounts of protein sulphur and sulphate sulphur during starvation. New Phytologist **38**, 265—272 (1939b).

ZIEGLER, H.: Über den Nachweis von Uridindiphosphatglukose (UDPG) im Phloem von *Heracleum Mantegazzianum* Somm. et Lev. Naturwissenschaften **47**, 140 (1960). — ZIEGLER, H., u. M. KLUGE: Die Nucleinsäuren und ihre Bausteine im Siebröhrensaft von *Robinia pseudacacia* L. Planta (Berl.) 58, 144—153 (1962). — ZIEGLER, H., u. I. ZIEGLER: Die wasserlöslichen Vitamine in den Siebröhrensäften einiger Bäume. Flora (Jena) **152**, 257—278 (1962).

Der Mineralstofftransport.

(Übersicht. — Transport der Alkali- und Erdalkalimetalle.)

Von

Hermann Fischer.

Mit 9 Abbildungen.

I. Einleitung.

Lange Zeit hat die Pflanzenphysiologie dem Transport organischer Substanzen mehr Aufmerksamkeit gewidmet als der Bewegung der Aschebestandteile in den Pflanzen. Das ist verständlich, weil Kohlenstoff- und Stickstoffverbindungen die Hauptmenge der Pflanzensubstanz ausmachen und weil die räumliche Trennung ihrer Bildungsstätten von den Orten der Speichung und des Verbrauchs in größeren Pflanzen intensive Stofftransporte erfordert. Über die chemische Form, in der Kohlenstoff und Stickstoff transportiert werden, besteht heute im allgemeinen weitgehende Klarheit, ebenso über die Bahnen dieser Stoffbewegungen, wenn auch noch viele Einzelfragen ungelöst geblieben sind; auch die Hypothesen über die Triebkräfte der Stofftransporte in den Pflanzen gehen von den „Assimilaten" und ihren Konzentrationsdifferenzen in den Pflanzen aus. Erst seitdem radioaktive Isotope zur Verfügung stehen und dadurch die Markierung von Bewegungen anorganischer Stoffe leicht geworden ist[1], hat sich das Gewicht der Forschung etwas mehr auf die Seite der Mineralstoffe verlagert, wodurch manche Fragen über deren Aufnahme, Verteilung und Transportbahn einer Lösung näher gebracht worden sind.

Bevor die neue Methode dies möglich machte, gab es verhältnismäßig wenige Arbeiten, die speziell den *Transport* anorganischer Stoffe zum Thema hatten, wenige jedenfalls im Vergleich zu der außerordentlich großen Anzahl von Untersuchungen über die Mineralsalz*ernährung*; allerdings sind auch diesen Arbeiten manche Informationen über Stoffbewegungen zu verdanken. Im ganzen ist aber das Studium dieser Literatur zur anorganischen Ernährung der Pflanzen unter dem Gesichtspunkt der Stoffbewegungen enttäuschend, sei es weil die verwendeten Bezugsgrößen (meist die Trockensubstanz) ungeeignet sind, sei es weil das Versuchsmaterial für Schlüsse auf Stofftransporte nicht ausreicht.

Auch mit der Isotopentechnik ist jedoch die Erforschung des Mineralstoffhaushaltes weitgehend bei der Elementaranalyse stehen geblieben; die Stoffe, um die es hier geht, erscheinen im Sprachgebrauch ebenso wie in unserer Vorstellung im Gegensatz zu Kohlenstoff und Stickstoff meist als Aschenelemente, wie sie analytisch als anorganische Ionen bestimmt werden. Diese Vorstellung von den als anorganische Ionen mit dem Transpirationsstrom aufwärts geleiteten „Nährsalzen" ist sicherlich nicht allgemein gültig, und nicht nur Stickstoff wird

[1] Zur Isotopenmethodik bei Untersuchungen des Mineralstoffhaushaltes und -transportes vgl. Band IV, S. 100ff., R. S. Russell, Tracer methods with isotopes; in diesem Bande, J. Willenbrink, Der Transport phosphor- und schwefelhaltiger Verbindungen, S. 179ff.: Methoden.

bereits in der Wurzel in organische Bindungen überführt[1]. Nach MAIZEL, BENSON und TOLBERT (1956) findet sich in Blutungssäften Phosphorcholin und kann darin bei Tomaten bis zu 20% des Gesamtphosphats ausmachen. Da diese Verbindung nach Zufuhr von markiertem Phosphat über die Blätter von Spinat und Kürbis auch im Phloemsaft gefunden wurde, könnte sie auch als transportable Phosphorfraktion im Phloem eine Rolle spielen. Zur Frage der Transportform der Mineralstoffe ist noch fast alles zu tun; wir wissen nur selten, welche Bindungen sie in vivo überhaupt eingehen. Auch die meisten Arbeiten mit ^{32}Phosphor, soweit sie hier interessieren, begnügen sich mit der Markierung des Weges von Aufnahme und Transport. Wegen der relativ größeren Kenntnisse über anorganische und organische Bindungen von Phosphor und Schwefel in Pflanzen und ihre Rolle im Stoffwechsel ist es sinnvoll, Phosphor und Schwefel getrennt von den anderen Aschenbestandteilen zu behandeln; dies ist auch in diesem Band geschehen[2], ebenso wie ein besonderer Band des Handbuches dem Phosphor- und Schwefelstoffwechsel gewidmet ist. Hierin drückt sich keine grundsätzliche Unterscheidung zwischen Phosphor und Schwefel einerseits und den übrigen Mineralstoffen andererseits aus, sondern nur eine nach dem heutigen Stand der Methoden und Ergebnisse zweckmäßige Trennung, die aber nicht Eigenschaften der Stoffe entspricht, welche für den Stofftransport bestimmend sind: So ist etwa Kalium in seiner Transportierbarkeit Phosphor und Stickstoff ähnlicher als Calcium und anderen Aschenbestandteilen.

Da die Stofftransporte über geringe Entfernungen in anderen Abschnitten dieses Bandes behandelt werden[3], beschränkt sich die folgende Darstellung auf den Ferntransport der Mineralstoffe. Auch wegen ihrer Aufnahme und Abgabe durch Wurzeln und oberirdische Teile, wird auf andere Artikel dieses Handbuches verwiesen[4]. Die Zufuhr von Mineralstoffen über oberirdische Pflanzenteile, besonders über die Blätter, wird immer mehr nicht nur in der Düngepraxis sondern auch im physiologischen Transportversuch angewendet, nachdem sich gezeigt hat, daß Blätter leicht Stoffe aller Art aufnehmen und sogar einen einfacheren Aufnahmeweg bilden können als die Wurzeln. Bei solchen Versuchen ist zu beachten, daß die gemessene Veränderung der Stoffmenge in Blättern nicht nur durch die Transportrate und -geschwindigkeit sondern auch durch die Stoffaufnahme begrenzt sein kann.

Dem Nachweis von Stoffverschiebungen über größere Strecken in den Pflanzen dienen vor allem folgende Methoden:

1. Unterschiede im Gehalt zu verschiedenen Zeiten. Diese Methode war lange Zeit wegen der Einfachheit quantitativer anorganischer Analysen die vorherrschende für die Feststellung der Mineralstoffaufnahme und -verteilung in verschiedenen Entwicklungsstadien der Pflanzen. Zu einem Gesamtbild fehlt allerdings in den meisten Fällen die Analyse der Wurzeln. Außerdem wurden viele Ergebnisse quantitativ nicht richtig interpretiert, bevor man erkannt hatte, daß Mineralstoffe regelmäßig mehr oder weniger stark durch Niederschläge ausgewaschen werden können[5]; allerdings brauchte das Gesamtbild des Transportes

[1] Vgl. in diesem Bande S. 62ff.: Das Xylem als Ferntransportbahn für organische Stoffe; ferner Bd. VIII, H. FISCHER, Der Transport von organisch gebundenem Stickstoff, S. 626ff.: Der Gefäßinhalt.

[2] Vgl. in diesem Bande S. 178ff., J. WILLENBRINK, Der Transport der phosphor- und schwefelhaltigen Verbindungen.

[3] Vgl. die entsprechenden Beiträge S. 3ff. von W. SCHUMACHER und R. J. HELDER in diesem Bande.

[4] Vgl. Bd. IV, S. 243ff., R. N. ROBERTSON, The uptake of minerals. — Bd. IV, S. 615ff., G. STENLID, Salt losses and redistribution of salts in higher plants. — Bd. XI, S. 655ff., B. RADEMACHER, Gegenseitige Beeinflussung höherer Pflanzen.

[5] Vgl. Bd. IV, G. STENLID, Salt losses and redistribution of salts in higher plants, S. 621ff.: Losses of salts through leaching with rain or dew.

der Hauptnährstoffe auch bei Berücksichtigung der Auswaschungsverluste nicht wesentlich modifiziert zu werden.

2. Auftreten von Mangelerscheinungen (Müller 1949, Wallace 1951)[1].

3. Markierung der Verteilung und der Transportbahn mit radioaktiven Isotopen.

4. Analyse des Inhaltes von Xylem und Phloem nach klassischen und radiochemischen Methoden.

II. Allgemeiner Teil.

1. Übersicht über die Mineralstofftransporte in höheren Pflanzen.

Die geläufige Vorstellung eines „aufsteigenden" und eines „absteigenden" Saftstromes sieht die chlorophyllführenden Pflanzenteile, insbesondere die Blätter, als die Produktionsstätten an, denen Stickstoff und Mineralstoffe zur Synthese organischer Verbindungen aus den Wurzeln zugeleitet werden. So richtig diese Vorstellung im Prinzip ist, so kann sie doch zu einer starken Schematisierung des Bildes von den Stofftransporten verleiten; diese Schematisierung hat in den vergangenen Jahrzehnten auch die Diskussion über die Triebkräfte des Stofftransports beeinflußt. Neuere Erkenntnisse, besonders über die Synthese organischer Stickstoffverbindungen, haben die Wurzeln als Bildungsstätte mindestens neben die Blätter gestellt und im Zusammenhang damit auf abwärts und aufwärts gerichtete Stoffbewegungen hingewiesen, welche über den Antagonismus von „Transpirationsstrom" und „Assimilatstrom" hinausgehen (Kursanov 1954a, b). Andererseits war für Mineralstoffe ebenso wie für Stickstoff aber schon lange bekannt, daß Mobilisierung und Verbrauch entsprechend den Bedürfnissen der Pflanzen zu einer Vielfalt von Stoffbewegungen führen; ihre Mannigfaltigkeit wie die Vielzahl der beteiligten Stoffe läßt die wechselnden Anforderungen hinsichtlich der Versorgung erkennen.

Wenn dem „aufsteigenden" Strom im allgemeinen die toten Gefäße des Xylems, dem „absteigenden" die spezialisierten lebenden Elemente des Phloems zugeordnet werden, so hat wiederum die genauere Kenntnis des Mineralstofftransportes das Bild ergänzt. Eine rasche Aufwärtsleitung im Xylem ist nicht nur möglich, sondern wird — befördert durch die Transpiration — für die oberirdischen Pflanzenteile vielfach die Regel sein. Das Xylem ist aber für die Aufwärtsbewegung nicht der einzige Weg, wie Ringelungsversuche, ebenso solche mit radioaktiven Isotopen gezeigt haben. Die Arbeiten hierzu sind an anderer Stelle in diesem Handbuch zusammengefaßt[2], dort ist auch die Problematik der Ringelungsversuche erörtert worden. Kürzlich hat Bowling (1965) wieder die Schwierigkeit der Interpretation von Ringelungsversuchen gerade für den Mineralstofftransport und die Verzahnung der Stoffwechselvorgänge in Sproß und Wurzel betont, deretwegen auch die Salzaufnahme isolierter Wurzeln nur mit Vorbehalt mit der von intakten Pflanzen verglichen werden sollte. In seinen Versuchen mit *Ricinus communis* sank die Kaliumaufnahme bei mehr oder weniger unveränderter Wasseraufnahme schon innerhalb 1 Std nach einer Sproßringelung meßbar und in 20 Std auf 8% des Wertes vor der Ringelung. Da ein Kaliumtransport im Xylem nicht bezweifelt zu werden braucht, kann eine Unterbrechung des Assimilattransportes zu den Wurzeln als Ursache der herabgesetzten Kaliumaufnahme angesehen werden.

---

[1] Vgl. Bd. IV, S. 482ff., W. Baumeister, Die Hauptnährstoffe. — Bd. IV, S. 558ff., W. Stiles, Essential micro- (trace) elements. — Bd. IV, S. 599ff., W. Stiles, Other elements.

[2] Vgl. Bd. IV, S. 298ff., H. Fischer, Der Transport der Mineralstoffe.

Isotopenversuche hatten besonders mit ^{32}Phosphor hinsichtlich der Lokalisation der Mineralstofftransporte entscheidende Fortschritte gebracht[1]. Durch sie wurde auch das Phloem als Wanderbahn für den Rücktransport aus Blättern bewiesen, denen markierte Substanzen (besonders mit ^{32}P und ^{35}S) zugeführt wurden, und damit der von MASON und MASKELL (1931) auf Grund von Ringelungsexperimenten in Verbindung mit quantitativen Analysen gezogene Schluß gestützt, daß Mineralstoffe ebenso im Phloem aus den Blättern zurücktransportiert werden können wie Kohlenhydrate und organische Stickstoffverbindungen. Durch die Isotopenversuche ist aber auch MASONs und MASKELLs (1931) Vermutung bestätigt worden, daß ein Stoffaustausch zwischen Phloem und Xylem möglich ist, und zwar in beiden Richtungen; hierdurch wird mancher Mißerfolg bei früheren Versuchen, die Transportbahn ohne radioaktive Substanzen eindeutig zu kennzeichnen, verständlich. Sehr elegant ist der Übertritt von K^+ und Na^+ aus dem Xylem ins Phloem durch Erhöhung der Ionenkonzentration im Honigtau von Blattläusen, die auf dem Phloem parasitieren, von PEEL (1963) nachgewiesen worden. Der Austausch zwischen „Symplasten" und „Apoplasten" erschwert im Einzelfall die Feststellung außerordentlich, welcher Anteil der aus dem Boden aufgenommenen Ionen den Weg über das Xylem in den Sproß nimmt und welcher schon vorher vom lebenden Gewebe aufgenommen und darin weitergeleitet wird; ebenso muß der Nachweis schwierig bleiben, welche Stoffe beim Rücktransport wieder in die Wasserleitungsbahnen übertreten. Für das Verständnis der Stoffverteilung insgesamt ist aber dieser Austausch, insbesondere die Absorption aus dem Apoplasten durch lebende Zellen grundsätzlich wichtig.

Beide Leitsysteme stehen also bei aller Verschiedenheit ihrer Struktur in einem Kontakt, der räumlich und funktionell viel enger ist als es in den Diskussionen über Lokalisation und Mechanik der Stoffbewegungen im allgemeinen zum Ausdruck kommt. Ohne Kenntnis der Einzelheiten hat PFEFFER (1897, S. 595) schon „dem Wesen nach die Wanderung der Aschenbestandtheile gekennzeichnet, die ihre physiologische Bedeutung überhaupt erst im Zusammenwirken mit den Kohlenstoffverbindungen gewinnen ... und theilweise in Verbindung mit diesen, theilweise als anorganische Salze zu den Stätten der Verarbeitung oder der Magazinirung u.s.w. geführt werden. Wenn nun vielfach die wandernden Stoffe und die leitenden Elementarorgane nicht genau ermittelt sind, so besteht doch kein Zweifel, daß im allgemeinen dieselben Leitbahnen für die Beförderung der Aschenbestandtheile und der organischen Körper nutzbar gemacht werden."

PFEFFER (1897) spricht nicht von einem Stoffaustausch zwischen Gefäßen und lebendem Gewebe, wir können ihm aber heute auch darin noch weitgehend folgen, daß die Beförderung der Aschenbestandteile aus dem Boden „im wesentlichen" durch den Transpirationsstrom besorgt wird, und zwar um so mehr, je größer die Pflanze und je stärker ihre Transpiration ist. Die folgenden Sätze PFEFFERs (1897, S. 596) können wörtlich in eine moderne Darstellung übernommen werden: „Jedoch hat der Wasserstrom die Aschenbestandtheile nur nach den lebendigen Geweben zu führen, in welchen sie im Zusammenwirken mit Kohlenstoffverbindungen für den Organismus nutzbar gemacht werden. Dabei werden gewisse Verbindungen der Aschenelemente, ebenso wie gewisse organische Körper festgelegt und dem weiteren Umtrieb in der Pflanze entzogen, während andere Verbindungen zu fernerer Verwendung oder zur Ansammlung in Reservemagazinen fortbewegt werden, in welchen sich natürlich alle notwendigen Aschenbestandtheile sammeln müssen." Zu den Reservemagazinen in

[1] Vgl. in diesem Bande S. 178ff., J. WILLENBRINK, Der Transport der phosphor- und schwefelhaltigen Verbindungen.

diesem Sinne ist auch die Rinde zu rechnen, die nicht nur bei Holzpflanzen Speicher und Transportweg für organische und anorganische Stoffe ist (Curtis 1935, Curtis und Clark 1950, Stout und Hoagland 1939, Chen 1951).

Der geschilderte Stoffaustausch zwischen Xylem und Phloem betrifft in erster Linie die jüngsten Elemente beider Leitgewebe, die an einander grenzen; damit ist noch keine quantitativ bedeutsame Lateralbewegung über größere Entfernungen gegeben. Es ist allerdings nicht zu bezweifeln, daß die Markstrahlen für den Stoffaustausch eine Rolle spielen. ^{32}Phosphor wanderte nicht nur in abgeschnittenen Zweigen, die in einer markierten Phosphatlösung standen, zwischen zwei Rindenringelungen innerhalb einiger Tage aus dem Holz in die Rinde ein (Kiselev 1956), sondern wird auch von außen durch die Rinde aufgenommen[1] und gelangt von dort ins Holz; in einigen Versuchen an vier- bis fünfjährigen Ästen konnte auch ein Phosphortransport aus der Rinde bis ins Mark nachgewiesen werden (Kiselev 1962). Nach Ziegler (1965) ist der Transport in Markstrahlen schneller als die Diffusion.

Dem scheinen manche Angaben entgegen zu stehen, nach denen ein Lateraltransport fehlt oder nur gering ist, hierzu seien nur einige neuere Befunde genannt. Einseitiges Entblättern der Pflanzen führt zu unsymmetrischer Ausbildung von Rüben (Caldwell 1930a) und bei *Helianthus* zur Asymmetrie von Sproß und Blütenstand (Caldwell 1930b). Bei Pflanzen mit dekussierter Blattstellung sind die Ergebnisse noch auffallender: *Lamium album* entwickelte sich auch mit geteiltem Wurzelsystem auf nährstoffreichem bzw. Sandboden auf der einen Seite normal, auf der „Sandseite" wurde die andere Hälfte derselben Pflanze chlorotisch und blieb im Wachstum zurück (Caldwell 1930b). Nach Rinne und Langston (1960b) fand in *Mentha*stecklingen, denen ^{32}Phosphor über einen Teil der Wurzel zugeführt wurde, innerhalb von 6 Tagen kein nennenswerter Phosphortransport über das Interfascicularcambium, das die Leitbündel in den vier Kanten des Stengels verbindet, statt; je nachdem, ob die Hälfte oder nur ein Viertel des Wurzelsystems versorgt wurde, zeigten die Autographien einen Phosphortransport in einen Teil der Blätter oder sogar nur in Blatthälften.

Mit der gleichen „split root technique" zeigten Baker und Milburn (1965) an *Coleus*, daß bei Phosphormangel offenbar ein Phosphortransport stattfindet, der stark genug ist, um die Mangelerscheinungen auf der unversorgten Seite zu beheben. Auch Ratner, Akimochkina und Ukhina (1959) betonen die Bedeutung der Sättigung der einzelnen Gewebe für den Transport zwischen Holz und Rinde auf Grund von Versuchen mit ^{32}Phosphor. Dauer der Versuche, Feinheit der Nachweismethoden und die anatomischen Verhältnisse dürften im Einzelfall darüber entscheiden, ob ein Quertransport neben dem bevorzugten Längstransport nachgewiesen werden kann. Nach Heinrich (1958) wird bei Pflanzen mit geschlossenen Sklerenchymring im Sproß die assimilierende Rinde durch die toten Sklerenchymzellen hindurch mit Wasser und gelösten Stoffen versorgt, der Transport braucht nicht über die Knoten zu gehen, in denen der Sklerenchymzylinder unterbrochen ist. In Heinrichs (1958) Versuchen an *Aristolochia clematitis* gelangten ^{32}Phosphor, ^{131}Jod und verschiedene Fluorochrome, die er durch das Holz aufsteigen ließ, zwischen zwei Ringelungen in die Außenrinde.

---

[1] Die Aufnahme von Stickstoff und Mineralstoffen durch Baumrinden darf auch bei der Ernährung von Bäumen über die Blätter nicht vergessen werden. Nach Tukey, Ticknor, Hinsvarck und Wittwer (1952) nahmen Obstbäume auch während der Ruheperiode ^{42}Kalium und ^{32}Phosphor auf, die über ein um die Rinde gelegtes Gazeband geboten wurden; Radioaktivität war sowohl oberhalb wie unterhalb der Zuführungsstelle, z.T. auch in den Wurzeln nachweisbar. Die Autoren erinnern daran, daß die „Rindendüngung" eine alte Gärtnerpraxis ist; Hinweise auf das Bestreichen von Ästen und Stämmen an Obstbäumen und Reben mit Dünger und Mineralien finden sich schon 1754 in Millers Gardeners Dictionary.

Die Versuchsmethode mit geteilten Wurzelsystemen hat auch gezeigt, daß Kalium, wenn es von einem Teil der Wurzeln junger Pfirsichbäume aufgenommen war, rasch in die andere Hälfte, der kein Kalium zugeführt worden war, geleitet wurde; es findet also ein rascher Aufwärts- und Abwärtstransport in der Wurzel statt (DAVIDSON 1944). Im Gegensatz dazu geben COOIL, DE LA FUENTE und DE LA PENA (1965) an, daß im geteilten Wurzelsystem von Kürbispflanzen zwar Natrium aus einem Teil in den anderen transportiert wurde, nicht aber Kalium. Bei derartigen Versuchen dürfte auch der Gehalt der einzelnen Teile an dem untersuchten Stoff entscheidend dafür sein, ob ein Transport stattfindet oder nicht. In ähnlichen Versuchen mit ^{32}Phosphor bewies MOORE (1949), daß solche Stoffbewegungen nicht direkt von einem Teil des Wurzelsystems in den anderen verlaufen müssen, sondern den „Umweg" über den Sproß nehmen. Dieser war bei Maispflanzen in allen seinen Teilen schon nach 2 Std markiert, die unversorgten Wurzeln dagegen erst nach 8 Std. Nach HAYNES und ROBBINS (1948) wurden in entsprechenden Versuchen an Tomatenpflanzen Calcium und Bor nicht in die andere Wurzelhälfte geleitet; der Befund ist durch den unbedeutenden Rücktransport beider Elemente verständlich (s. unten). Wahrscheinlich ist bei dieser Versuchsanordnung der Weg über den Sproß quantitativ allein bedeutsam; sie zeigt an, daß auch sonst nicht nur ein Austausch zwischen Leitbahnen stattfindet, sondern eine Zirkulation in der Pflanze, obwohl ihr ein geschlossenes Kreislaufsystem fehlt. Eine solche Zirkulation hatten schon MASON und MASKELL (1931) für die Stoffe, die aus den Blättern durch das Phloem wieder auswandern können, gefordert; zusammen mit dem Stoffaustausch zwischen Xylem und Phloem, der dort stattfindet, wo beide benachbart sind, wird durch sie eine rasche und wirksame Stoffverteilung auch in großen Pflanzen erreicht (vgl. KURSANOV 1954a, b).

2. Der Gefäßinhalt.

Der Inhalt der Wasserleitungsbahnen muß Hinweise auf die Substanzen geben können, welche im Transpirationsstrom transportiert werden. Die meisten Analysen des Gefäßinhaltes betreffen Blutungssäfte von krautigen oder Holzpflanzen. Bei aktiv wachsenden krautigen Pflanzen läßt sich der Blutungssaft leicht auffangen, verglichen mit dem Gefäßinhalt von Bäumen aber nur in geringen Mengen. Die Gefäße enthalten eine verdünnte Lösung vor allem von anorganischen Ionen, ihre Zusammensetzung und Konzentration wechselt je nach Zusammensetzung und Konzentration der Außenlösung; organische Substanzen, besonders Kohlenhydrate treten zurück oder können ganz fehlen. Einzelangaben über den Inhalt der Blutungssäfte finden sich bei MASON und MASKELL (1931), KRAMER (1949, S. 177—178) und BOLLARD (1960)[1].

Beim Frühjahrsbluten der Bäume lassen sich leicht größere Saftmengen gewinnen; daher ist die Zusammensetzung dieser Blutungssäfte recht gut bekannt, sie wechselt von Fall zu Fall und auch innerhalb der Blutungsperiode stark. Literaturzusammenfassungen wurden von CURTIS (1935, S. 117ff.), KRAMER (1949, S. 176ff.), ZIEGLER (1956), BOLLARD (1960) und an anderer Stelle in diesem Handbuch gegeben[1, 2]. Auf die mögliche Rolle des Blutungssaftes für den Stofftransport im Frühjahr wird noch einzugehen sein (s. S. 210ff.); seine Zusammensetzung erlaubt jedoch keinen Hinweis auf die des Transpirationsstromes,

[1] Vgl. auch Bd. III, C. R. STOCKING, Guttation and bleeding, S. 495ff.: Bleeding sap. — Bd. IV, M. STEINER u. W. ESCHRICH, Die osmotische Bedeutung der Mineralstoffe, S. 350ff.: Osmotischer Wert und Salzanteil in Blutungssäften. — Bd. IV, G. STENLID, Salt losses and redistribution of salts in higher plants, S. 628ff.: Guttation and bleeding.

[2] Vgl. Bd. VIII, H. FISCHER, Der Transport von organisch gebundenem Stickstoff, S. 626ff.: Der Gefäßinhalt.

da die Blutung im allgemeinen im Spätwinter und Vorfrühling eintritt, also zu einer Zeit, in der die Transpiration minimal ist und das Wachstum noch nicht eingesetzt hat. Mit dem Austreiben der Knospen erlischt die Blutung und nimmt die Konzentration des Gefäßinhaltes rasch ab. Analysen von Blutungssäften können daher nur über den Gefäßinhalt zu einer sehr beschränkten Zeit Auskunft geben, in der er außerdem wenig oder gar nicht bewegt wird. Bei der Bewertung der Blutung als Indiz für Stofftransporte scheint außerdem oft vergessen zu werden, daß nur ein Teil der Holzgewächse blutet. Wichtig ist auch, daß Wurzelexudat und Gefäßinhalt sich in ihrer Zusammensetzung erheblich unterscheiden können, vielleicht weil beim Abschneiden die Sekretion der Wurzelzellen in die Gefäße erhöht wird. MORRISON (1965) zeigte solche Unterschiede an bewurzelten Weidenstecklingen, denen 1—14 Tage lang ^{32}Phosphor zugeführt worden war. Danach wurden Wurzeln und Sprosse getrennt und innerhalb $^1/_2$ Std analysiert. Der Blutungssaft enthielt bis zum Siebenfachen mehr ^{32}Phosphor als der aus dem Sproßsystem gewonnene Saft, in diesem wurde nur anorganisches Phosphat gefunden, im Wurzelblutungssaft auch andere Phosphorverbindungen.

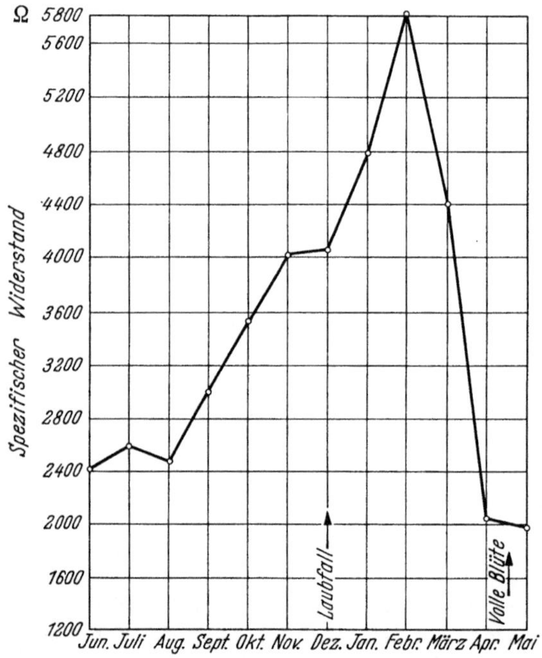

Abb. 1. Spezifischer Widerstand des Gefäßsaftes in Zweigen von Birnbäumen während eines Jahres. (Nach ANDERSSEN 1929.)

Für die Gewinnung größerer Mengen von reinem Gefäßsaft zu allen Zeiten des Jahres hat sich besonders die von BENNETT, ANDERSSEN und MYLAD (1927) eingeführte Methode der Vakuumextraktion bewährt. Mit ihr untersuchte ANDERSSEN (1929) die Zusammensetzung des Gefäßwassers von Birnen- und Aprikosenbäumen. Der Gesamtgehalt an Elektrolyten (Abb. 1) steigt im Vorfrühling rasch und erreicht sein Maximum kurz vor der vollen Blüte der Bäume, nach dem Austreiben des Laubes fällt er im Laufe des Sommers stetig ab. BOLLARD (1953, 1958; Übersicht 1960) bestätigte und erweiterte diese Untersuchungen an Apfelbäumen (Abb. 2). Obwohl die Kurven sich nicht völlig gleichen, zeigen sie für Stickstoff, Phosphor, Kalium und Magnesium einen Anstieg in der Woche des Aufblühens der Bäume und ein zweites Maximum etwa 11 Wochen nach der Blüte, danach wird der Gehalt an allen vier Elementen geringer, bis um die Zeit des Laubfalls der niedrige Winterwert erreicht wird. Es läßt sich erkennen, daß offenbar Aufnahme durch die Wurzel, Mobilisierung von Reserven und „Verdünnung" durch den Transpirationsstrom gemeinsam die Konzentration der einzelnen Stoffe im Gefäßwasser bestimmen; zwischen der Konzentrationserhöhung vor dem Austreiben, Mobilisierung und Cambiumtätigkeit bestehen Zusammenhänge, die aber im einzelnen noch undurchsichtig sind.

Stichproben an einer großen Anzahl von Arten sprechen für einen ähnlichen Jahresgang bei vielen Laubbäumen, über die Verhältnisse bei Immergrünen kann man sich noch kein Bild machen (BOLLARD 1958, 1960). Allgemein ist der Salzgehalt des Gefäßinhaltes gering, er liegt in derselben Größenordnung wie bei Leitungswasser (ANDERSSEN 1929). Die höchsten Werte liegen nach Abb. 2 bei 160 p.p.m. N, 175 p.p.m. K, 30 p.p.m. P und 20 p.p.m. Mg. Der pH-Wert liegt im Gegensatz zu den schwach alkalischen Phloemsäften in der Regel zwischen 5 und 6.

Die quantitativen Beziehungen zwischen Transpiration, Mineralstoffaufnahme und -transport sind schon an anderer Stelle in diesem Handbuch behandelt worden[1]; die neuere Literatur haben auch RUSSELL und BARBER (1960) zusammengefaßt. Da die Wurzel kein passives Organ ist, durch welches die Transpira-

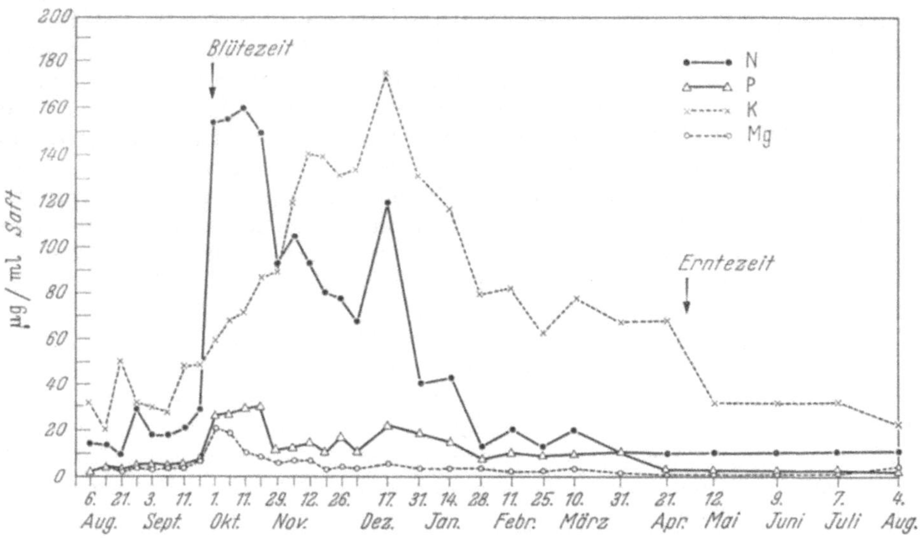

Abb. 2. Mineralstoffe im Gefäßsaft von Apfelbaumzweigen während eines Jahres. (Nach BOLLARD 1958.)

tion eine Salzlösung einfach hindurchsaugt, ist eine vollkommene Proportionalität von Wasser- und Salztransport im allgemeinen nicht zu erwarten. Die Relationen müssen je nach der Art und Dauer der Versuche, der transpirierten Wassermenge und allen Faktoren, die die Salzaufnahme bestimmen, verschieden sein. Neben dem Salzgehalt im Gewebe und im Außenmedium ist die aktive Komponente der Salzaufnahme entscheidend, die für die einzelnen Ionen anscheinend mit der Entwicklung variiert. Durch die Transpiration wird vor allem die Weiterleitung der bereits ins Gefäßsystem transportierten Stoffe und damit ihre Verteilung, besonders in größeren Pflanzen, bestimmt (MICHAEL und MARSCHNER 1961).

3. Der Transport beim Austreiben im Frühjahr.

Da Stofftransporte bei ausdauernden Pflanzen relativ leicht zu übersehen sind, sollen sie zuerst beschrieben werden. Sie sind — vor allem im Jahreszeitenklima — durch Austreiben des Laubes, Rückwanderung in die ausdauernden Teile und durch Versorgung von Blüten und Früchten bestimmt.

Übersichten über die ältere Literatur hierzu geben CZAPEK (1920, S. 400ff.) und BÜSGEN (1927, S. 327ff.); sie enthält meist nur auf die Trockensubstanz bezogene Analysen, welche zwar Stoffbewegungen erkennen lassen, die trans-

[1] Vgl. Band III, S. 669ff., J. G. KISSER, Wasserumsatz und Salzstoffwechsel. — Band IV, H. FISCHER, Der Transport der Mineralstoffe, S. 297ff.: Beziehungen zwischen Mineralstofftransport und Transpiration.

portierten Stoffmengen aber nicht festzustellen erlauben. Besonders die umfangreichen Analysen RAMANNs und seiner Mitarbeiter geben Hinweise auf die Mobilisierung im Frühjahr und über die Stoffaufnahme wenige Jahre alter Bäume. Der Beginn der Stoffaufnahme hängt nicht nur von der Düngung ab, sondern ist auch artspezifisch sehr verschieden (Übersicht hierzu bei RAMANN und BAUER 1912), z. T. findet eine starke Ausnutzung der Sproßreserven für den Laubaustrieb statt, bevor die Stoffaufnahme aus dem Boden stärker einsetzt. Die Arbeiten betreffen nicht nur das Frühjahr sondern alle vier Jahreszeiten, sie gewinnen dadurch an Wert, daß außer Stamm und Blättern auch die Wurzeln analysiert wurden (BAUER 1910, 1911, 1912, KÜBLER 1912, RAMANN und GOSSNER 1912).

Für Phosphor und Schwefel hat ÉCHEVIN (1931) Versuche an jungen Buchen mitgeteilt: Der Gesamtphosphorgehalt blieb während des ganzen Jahres mehr oder weniger gleich; im Frühjahr wurde Phosphor in den Wurzeln und im Stamm löslich, die Hälfte der Gesamtmenge wanderte in die jungen Blätter ein, die ihren maximalen Phosphorgehalt schon vor dem Abschluß ihres Wachstums erreicht. Ende Mai und Anfang Juni gaben sie bereits wieder Phosphor an die ausdauernden Teile ab. Diese Rückwanderung dauerte bis zum Herbst fort, beim Vergilben der Blätter wurde sie ebenso wie die Stickstoffauswanderung gesteigert. Für Schwefel dagegen ließ sich im Herbst keine Rückwanderung aus den Blättern feststellen; auch die Mobilisierung aus den Achsenorganen beim Laubausbruch im Frühjahr war für Schwefel geringer als für Phosphor.

Absolute Zahlen gibt auch ANDRÉ (1900) für *Aesculus hippocastanum* vom 26. Februar (ruhende Knospen) bis zum 28. April (Blütenstand in Knospen), aus denen hervorgeht, daß Stickstoff, Phosphor und Kalium rasch mobilisiert wurden, Calcium dagegen nur langsam in die jungen Triebe aufgenommen wurde. Eine Analyse des Absolutgehaltes von Mineralstoffen, wie sie GÄUMANN (1935) für die Kohlenhydrate und Stickstoffverbindungen in ganzen älteren Buchen gegeben hat, scheint zu fehlen.

Die genannten Arbeiten gestatten zwar einen Überblick über die Stofftransporte in Holzpflanzen im Jahresrhythmus, sie sind aber wegen des Aufwandes, den das Experimentieren mit Holzpflanzen erfordert, naturgemäß lückenhaft und nicht ohne große Versuchsfehler. Da die Zweige am Baum blieben oder mit ganzen jungen Pflanzen gearbeitet wurde, konnte nur der Gesamtgehalt an Mineralstoffen zu verschiedener Zeit untersucht werden, Aufnahme durch die Wurzeln und Mobilisierung von Reserven ließen sich aber nicht trennen. RIPPEL (1921b, 1923, 1926) hat dagegen die Mobilisierung an gleichmäßigen Proben *abgeschnittener* Zweige von *Salix fragilis, Corylus avellana* und *Sambucus nigra* untersucht, die er im Frühjahr austreiben ließ. Er modifizierte die von ihm zunächst (RIPPEL 1921b) gemachte Unterscheidung der Nährstoffe in stark mobilisierbare (N, P, K), schwächer mobilisierbare (Mg, Na) und „stabile", d. h. nicht nachweislich mobilisierbare (Ca, S, Si), nachdem er auch die Knospen untersucht hatte, dahin, daß Calcium und Schwefel nicht völlig unbeweglich bleiben, sondern ebenfalls mobilisiert werden, wenn auch in relativ geringem Maße (RIPPEL 1926). Versuche mit *Sambucus*, bei denen Holz und Rinde der Zweige getrennt analysiert wurden, zeigen, daß beide Gewebe die mobilisierbaren Mineralstoffe abgeben (RIPPEL 1923); auffallend ist eine Kaliumzunahme im Holz, welche mit älteren Angaben über die Vermehrung des Kaliumanteils in der Asche übereinstimmt (Literatur bei CZAPEK 1920, S. 405). Dies bestätigen PASTÝRIK und PRIEHRADNÝ (1958) an 1- bis 3-jährigen Ästen von Apfel- und Birnbäumen. Auch der Ca-Gehalt (pro Trockensubstanz) war zur Blütezeit im Holz viel höher als im September, der Phosphorgehalt blieb etwa gleich. In der Rinde fällt vor allem der erhöhte Calciumgehalt im Herbst auf, den die Verfasser mit der mangelnden Mobilisierbarkeit von Calcium in Verbindung bringen. Versuche dieser Art können aber über den Transport kaum etwas aussagen, sondern spiegeln nur Speicherungsphänomene wider, abgesehen davon, daß die Veränderungen nicht berücksichtigt wurden, welche die Gewebe durch den Zuwachs während des Sommers erfahren haben.

Auch nach SCHULZE und LEHMANN (1962) hat das Holz in Zweigen von *Populus nigra* den höchsten Kaliumgehalt (bezogen auf Trockengewicht) des ganzen Jahres im Frühjahr. Hierzu passen auch Angaben von SIEBER (1912), welche hier erwähnt werden sollen, obwohl Kalium nicht direkt bestimmt wurde. SIEBER (1912) isolierte die Cambiumzone von *Ulmus campestris* und *Paulownia tomentosa* im Februar, April, Mai und August. Während des Austreibens fiel der Ca-Anteil der Asche stark ab (bei *Paulownia* auf $^1/_3$ des vorherigen Gehaltes); da der Aschengehalt in der Trockensubstanz gleichzeitig sogar etwas stieg, muß ein anderer Mineralstoff, wahrscheinlich Kalium, in der Asche vermehrt worden sein, Magnesium und Phosphor zeigten zur gleichen Zeit keine deutliche Vermehrung oder Verminderung. Auch im Verhältnis zum Frisch- und Trockengewicht nahm Calcium im Frühjahr ab, doch können hieraus gerade bei einem rasch wachsenden Gewebe keine Schlüsse auf *Transport*vorgänge gezogen werden, ebenso wenig aus den Angaben von SCHULZE und LEHMANN (1962), nach denen das neugebildete Holz (bezogen auf Trockensubstanz) besonders reich an Kalium ist. Beide Arbeiten bestätigen auch den hohen Kaliumgehalt von Meristemen und jungen Geweben (WEEVERS 1911, SCHMALFUSS 1936, S. 9).

Beim Vergleich von austreibenden *Sambucus*zweigen auf 0,2%iger NaCl-Lösung mit solchen auf destilliertem Wasser fand RIPPEL (1926), daß zugeführtes Natrium zum großen Teil in den Achsen gespeichert wurde, Chlor dagegen mit Kalium, Magnesium und Calcium in die austreibenden Teile einwanderte; dabei wurden die schwer mobilisierbaren Kationen (Mg, Ca) beweglicher. Dieser Effekt wird als Kationenaustausch gedeutet, wodurch allerdings weder die ebenfalls gesteigerte Stickstoff- und Phosphormobilisierung noch die erhöhte Trockensubstanzproduktion in den Natriumchlorid-Versuchen erklärt wird; er ließ sich in weniger eingehenden Versuchen auch mit Kalium-, Magnesium- und Ammonsalzen anstelle von Natriumchlorid erzielen und verdient für die Frage der Mobilisierung von Mineralstoffen wohl Beachtung. Eine Bestätigung hierzu bringt JOHAM (1955): Baumwollpflanzen, die ohne Calcium aufgezogen waren, wurden teils mit, teils ohne Natrium weiterkultiviert. Ohne Natrium begannen die Pflanzen nach 5 Tagen zu welken, während die Pflanzen mit Natrium weiterwuchsen. JOHAM (1955) rechnet mit einer Calciummobilisierung in älteren Geweben und glaubt, sie auch nachgewiesen zu haben.

Über den Transportweg der mobilisierten Stoffe sagen die Versuche nichts aus; sicher kann aber der Wurzeldruck in den Gefäßen isolierter Zweige keine Rolle spielen. Die Vorstellung eines aufsteigenden und eines absteigenden Stoffstromes schließt meist auch die Annahme ein, daß im Frühjahr beim Austreiben des Zuwachses der Gefäßinhalt als Vehikel für die notwendigen organischen und anorganischen Stoffe und der Wurzeldruck als Antrieb diene; der *relativ* hohe Gehalt des Gefäßwassers an gelösten Stoffen im Frühjahr und die Erscheinung des Blutens scheinen diese Annahme zu stützen. Quantitative Überlegungen veranlaßten aber sowohl CURTIS wie MÜNCH zur Ablehnung dieser Anschauung, obwohl beide in ihrer grundsätzlichen Konzeption hinsichtlich der Stoffbewegungen nicht übereinstimmen. MÜNCH (1930, S. 183ff.) gibt einen Überblick über die „aufsteigenden Strömungen des Bildungssaftes", wobei er vor allem die Befunde von FAIVRE (1875) über das Austreiben von Rindenstreifen von Weiden, die vom Holz abgelöst waren, und eigene entsprechende Versuche über die Bildung von

Adventivwurzeln (MÜNCH 1930, S. 184) heranzieht; er bespricht auch die Ringelungsversuche zu dieser Frage und ihre Problematik. Von CURTIS, der die Rolle der Rinde als Transportweg für aufwärts gerichtete Strömungen besonders betont hat, stammen weitere Ringelungsversuche (Zusammenfassungen bei CURTIS 1935, CURTIS und CLARK 1950). In grundsätzlichen Erörterungen hebt CURTIS (1935, S. 117) hervor, daß zwar das Fehlen eines Stoffes in einer Leitbahn gegen dessen Transport zur Zeit der Untersuchung spreche, dieser Satz aber nicht ohne weiteres umgekehrt werden dürfe; von seinen Einwänden gegen eine solche Umkehrung treffen für den „Frühjahrssaft" die beiden folgenden zu: Die Lösung bewegt sich zu der Zeit, in der sie die Baustoffe enthält, nicht oder wenigstens nicht in ausreichendem Maße und sie enthält die betreffenden Stoffe nicht in genügender Menge.

Zum ersten Einwand wurde schon gezeigt (S. 206), daß die höchste Saftkonzentration ebenso wie die stärkste Blutung tatsächlich in der Zeit *vor* dem Öffnen der Knospen liegt, also zu einer Zeit, in der höchstens eine schwache Wasserbewegung im Holz vorhanden ist. Nach STEWARD (1954) bewegen sich in der eigentlichen Ruheperiode gelöste Stoffe im Holz nur in der Größenordnung der Diffusion aufwärts. BRAUN (1961) zeigte, daß die Wasserbewegung in den Bäumen im zeitigen Frühjahr mit einer Radialverschiebung aus dem Holz in die Rinde beginnt, und zwar am stärksten in den jüngeren Trieben; erst als Folge davon wird Wasser aus den tieferen Teilen des Stammes und aus den Wurzeln nachgesaugt. Diese Aufwärtsbewegung kann jedenfalls nur sehr langsam sein; auch mit der verfeinerten thermoelektrischen Meßmethode mit einer Empfindlichkeit von 3 cm/h gelang VIEWEG und ZIEGLER (1960) bei *Betula lenta* während der Blutungsperiode kein Nachweis einer Wasserbewegung im Holz. Die laterale Wasserbewegung in die Rinde erfolgt auch ohne Wassernachschub in von der Wurzel getrennten Bäumen und Pfropfreisern, bei bewurzelten Bäumen bewirkt sie eine Vermehrung des Wassers im Stamm insgesamt. Sie dauert an, bis zwischen den Knospen und der Sproßachse eine Gefäßverbindung hergestellt ist (s. u. S. 212) und der Transpirationsstrom beherrschend wird. Als ihre Ursache ist nach BRAUN (1961) Stärkeabbau in der Rinde am wahrscheinlichsten, der dort schon vor der Wasserverschiebung beginnt und zu einer osmotischen Ansaugung von Wasser aus dem Holz führt; die Stärke in den Holzmarkstrahlen wird erst später mobilisiert. Jedenfalls ist die Wasserverschiebung vom Frühjahrsbluten unabhängig, da sie schon vor dem ersten Bluten beginnt und auch bei nichtblutenden Bäumen auftritt. Zur Erklärung der Wasser- und Stoffbewegungen im Holzkörper muß man ja schon deswegen ohne die „zusätzliche Erscheinung des Blutens" (BRAUN 1961) auskommen, weil sie bei der Mehrzahl der Bäume und Sträucher nicht beobachtet worden ist. Auch neuere Versuche von BODE (1959) sprechen gegen eine zwangsläufige Verbindung von Wurzeldruck, Frühjahrsbluten der Bäume und Stofftransport: Bei *Juglans regia* sterben die Saugwurzeln, die als Sitz des Wurzeldrucks angesehen werden, während des Winters zum größten Teil ab und werden erst ungefähr gleichzeitig mit der Blattentfaltung, also nach der Blutungsperiode, neu gebildet. BODE (1959) betont den Unterschied zwischen dem Bluten krautiger Pflanzen, das auf dem Wurzeldruck beruht, und dem Frühjahrsbluten von Holzgewächsen, dessen Ursache unbekannt ist, das aber wohl nicht auf einer Osmometerwirkung des Gefäßwassers mit den darin gelösten Stoffen beruht. Auch bei den Bemühungen, Xylemtransport und Frühjahrsmobilisierung zu verstehen, sollten diese beiden Arten des „Blutens" begrifflich getrennt werden.

Ungefähr gleichzeitig mit der Entfaltung der Blätter und dem Beginn starker Transpiration oder auch erst später (Abb. 2) sinkt die Konzentration gelöster

Stoffe im Xylemsaft. Es ist aber fraglich, ob diese Saftverdünnung lediglich eine Folge des einsetzenden Transpirationsstromes ist. Auf Grund seiner Ringelungsversuche nimmt CURTIS (1920a, b) an, daß Zucker, Stickstoff und Mineralstoffe überhaupt in der Rinde aufwärts bewegt werden, die Anreicherung von gelösten Stoffen im Gefäßwasser aber nichts mit dem Transport zu tun habe. MÜNCH (1930, S. 187) weist darauf hin, daß Weiden- und Pappelzweige in feuchten Kammern, also ohne zu transpirieren, austreiben.

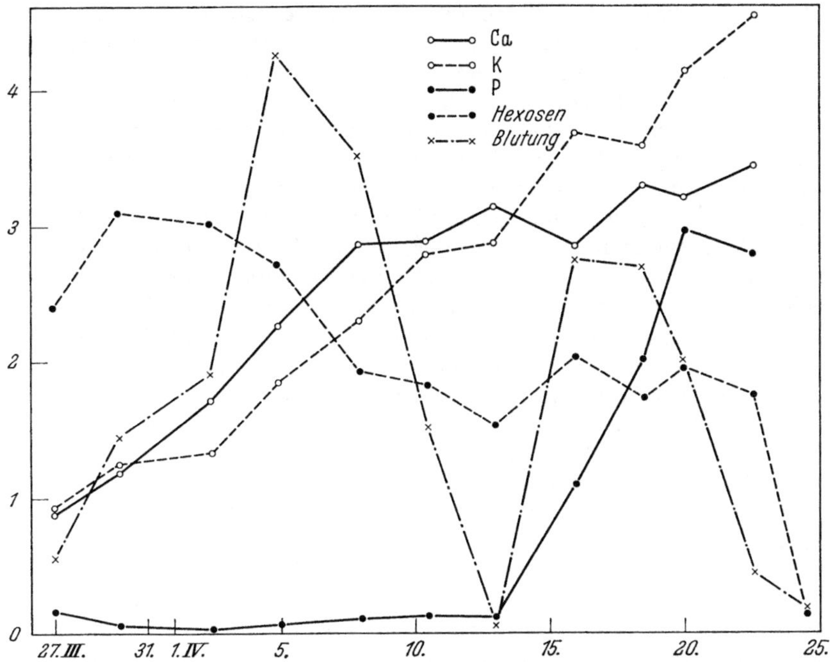

Abb. 3. Mineralstoffe und Hexosen im Blutungssaft von *Carpinus betulus* (Durchschnittswerte von drei Ästen). Blutung im Durchschnitt für die Zeitintervalle zwischen den Analysen. Einheiten der Ordinate: K = 0,5 mgat/l, Ca = 2 mgat/l, P = 0,2 mgat/l, Hexosen 10 m mol/l, Blutung 5 ml/h. (Nach BURSTRÖM und KROGH 1947.)

Damit wird selbstverständlich nicht ausgeschlossen, daß gelöste Stoffe mit dem Transpirationsstrom im Frühjahr oder durch den Wurzeldruck im Xylem krautiger Pflanzen befördert werden können. Die Bedeutung des Transpirationsstromes als Transportmittel wird dadurch nicht herabgesetzt, daß für die Zuleitung zu den Knospen oder auch zu den Früchten (S. 221ff.) anscheinend überwiegend das Phloem benutzt wird. Für die Versorgung des jungen Zuwachses im Frühjahr reicht aber offenbar — entsprechend dem zweiten der obengenannten Einwände — auch die Stoff*menge* in den Gefäßen nicht aus. Hierzu hat MÜNCH (1930, S. 186ff.) aus dem Gehalt der Blutungssäfte berechnet, daß diese vielleicht genügend Zucker enthalten, nicht aber genügend Stickstoff. Das Problem ist von BURSTRÖM und KROGH (1946) experimentell zunächst in orientierenden Versuchen an verschiedenen blutenden und nichtblutenden Hölzern, darauf in einer eingehenden Arbeit an einem 18 m hohen Exemplar von *Carpinus betulus* angegriffen worden (BURSTRÖM und KROGH 1947).

Ihre Ergebnisse, welche auch Kohlenhydrat-, Stickstoff- und Atmungsbestimmungen umfassen, zeigen für die Blutungsperiode ein Überwiegen von Calcium über Kalium im Blutungssaft und einen ständigen Anstieg beider Ionen (Abb. 3), das Nachlassen der Blutung in der ersten Aprilhälfte fiel mit einer

Schlechtwetterperiode zusammen. Diese Depression war ebenso wie die erneute Steigerung der Blutung ohne Einfluß auf den Gehalt an Calcium und Kalium; beide Mineralstoffe wurden ständig in den Blutungssaft abgegeben. Die Versuche wurden mit dem Ende der Blutungsperiode abgebrochen (erst danach öffneten sich die Knospen). Sie ermöglichen, aus dem Gehalt der Blutungssäfte und der Stoffaufnahme der Knospen unter Berücksichtigung von deren Transpiration und Atmung eine Berechnung zu der Frage, ob die austreibenden Knospen lediglich mit Substanzen aus dem Blutungssaft versorgt werden können. Dies ist nur für Calcium der Fall, wo die von den Knospen aufgenommene Wassermenge genügen würde, um die gesamte aufgenommene Calciummenge zu transportieren, nicht für Zucker, Stickstoff, Kalium und Phosphor; bei diesen Stoffen müßte die Konzentration des Inhalts der Gefäße bis zum tausendfachen über der gefundenen liegen, um ihre Aufnahme mit dem Gefäßwasser zu erklären. Da sich die gelösten Stoffe darin nicht unabhängig vom Lösungsmittel bewegen können und eine Rückleitung des überschüssigen Wassers aus den Knospen unwahrscheinlich ist, müßten die Knospen, wenn sie aus den Gefäßen versorgt würden, Ionen aktiv aus dem Saft aufnehmen. Analysen der jungen Zweige zeigen weiter, daß die Knospen auch aus älteren Zweigen und Ästen versorgt werden, womit frühere Angaben bestätigt werden (vgl. CZAPEK 1920, S. 398ff. u. 402ff.).

BURSTRÖM (1948a) hat weiter an *Carpinus betulus* und als Beispiel eines nichtblutenden Baumes auch an *Fagus sylvatica* den Phosphorgehalt von Zweigen verschiedener Stärke bestimmt mit dem Ergebnis, daß Phosphor zu den Knospen aus größerer Entfernung (bis zu 1 m und mehr) herangeführt wird; nach seiner Berechnung reicht das Phloem nicht nur für die Zuleitung von Phosphor, sondern auch von Wasser zu den Knospen aus. Er betont, daß auch diese Arbeit keine Lösung des Problems gebracht habe. Daß die Nährstoffe nicht passiv mit dem Transpirationsstrom in die Knospen geschwemmt werden, sondern daß lebende Zellen durch aktive Stoffaufnahme oder als Leitbahnen im Phloem entscheidend sind, stützt BURSTRÖM (1948b) in einer weiteren Arbeit über die Transpiration der Knospen von *Carpinus* und *Fagus*, die er mit anatomischen Untersuchungen verbindet: Die Knospen haben zwar ein gut ausgebildetes Phloem, es besteht aber zwischen ihnen und den Leitbahnen der Zweige noch keine Gefäßverbindung, der sehr langsame „Transpirationsstrom“ muß daher seinen Weg durch lebendes Gewebe nehmen.

In einer der Anatomie der Seitenknospen gewidmeten Arbeit hat BRAUN (1960) dieses Bild erweitert. Die Schuppen der sog. sitzenden Seitenknospen sind anfangs wie Laubblätter an das Leitungssystem des Tragastes angeschlossen. Ähnlich wie die Blattspuren infolge des sekundären Dickenwachstums in der Regel nach dem Blattfall und der Winterruhe zerreißen, werden auch die sehr schwachen Gefäßprimanen der Knospenschuppen früher oder später abgetrennt, und zwar vielfach schon in der Vegetationsperiode, in der die Knospen angelegt werden. Als Folge davon sind im nächsten Jahr austreibende Knospen oft, später treibende aber stets ohne Gefäßverbindung mit dem Holz des Astes; Wasser mit darin gelösten Stoffen kann nur über die Rinde oder das Mark der Knospenbasis einströmen. Erst wenn die Knospen schon gut entfaltet sind, wird aus dem Procambiumrest, der Knospe und Knospenbasis umschließt, ein Cambium mit Anschluß an die Tragachse, das die Verbindung zwischen deren neugebildeten Leitelementen und denen des Seitentriebes herstellt. Anders liegen die Dinge bei den sog. gestielten Seitenknospen, wie sie bei *Fagus* und *Betula* neben den sitzenden am gleichen Trieb vorkommen: Sie sind im Bau einer Gipfelknospe ähnlich; das sekundäre Holz, das in ihre Basis abzweigt, enthält aber zur Zeit des Knospenschwellens noch sehr wenige oder gar keine Gefäße. Knospen dieses Typs fallen übrigens ab, falls sie nicht schon im ersten Jahr nach ihrer Ausbildung austreiben, während die sitzenden Seitenknospen jahrelang „schlafen“ können (BRAUN 1960, 1961).

Nachdem die Knospen der Holzpflanzen im Laufe der sommerlichen Vegetationszeit ausgebildet worden sind, meistens ohne einen Anschluß an das Gefäßsystem des Sprosses zu behalten, treten sie bald in ein Ruhestadium ein, während dessen ihre Salzaufnahme minimal ist. Erst im Frühjahr, wenn das Cambium aktiv wird und die Knospen austreiben, wird — von den Knospen ausgehend — eine Gefäßverbindung zum Sproß hergestellt und zwar zu den vom Cambium neugebildeten Gefäßen. STEWARD (1954) weist besonders darauf hin, daß diese Zusammenhänge in ihrer Bedeutung für den Stofftransport zu sehr übersehen worden sind; sein Schüler HARRISON (1938) hat sie in seiner Dissertation über die Bromaufnahme und -verteilung bei *Populus nigra* belegt. Mit dem Beginn seines Wachstums akkumuliert das Cambium (analysiert wurden Cambium und Zellen in der Differenzierung) aus der verdünnten Lösung im Holz Salze zur Weitergabe an den jungen Zuwachs. In HARRISONs (1938) Versuchen wurde der Cambialregion durch austreibende Blattknospen in unmittelbarer Nachbarschaft rasch Brom entzogen, fehlten solche Knospen, so reicherte das Cambium Brom an, wie variierte Versuchsbedingungen (Entblätterung, Ringelung) zeigten. Die Rolle des Cambiums als Attraktionszentrum für Ionen wird ferner durch Versuche von POLLOCK (1950) und MILLAR (1953) gestützt, in denen dem Cambium von *Acer*-zweigen im Frühjahr von außen ^{137}Caesium durch ein Rindenfenster zugeführt wurde; das Isotop wurde vor allem senkrecht aufwärts geleitet und von den noch sehr jungen Blättern darüber, am stärksten aber von der Apikalknospe aufgenommen (STEWARD 1954). Dies geschah nur bei Versuchen im Licht; im Dunkeln wurde in Blättern und Knospen nur eine sehr geringe Radioaktivität gefunden (vgl. Abb. 64 B, S. 461 bei STEWARD und SUTCLIFFE 1959). Nach BROWN (1964) trat ^{137}Caesium, das im Frühjahr ins Holz von *Liriodendron tulipifera* injiziert und mit dem Transpirationsstrom aufwärts geleitet wurde, leicht durch das Cambium in die Rinde über, welche im Autoradiogramm im Gegensatz zum Holz stark markiert wurde.

Die Arbeiten aus STEWARDs Schule ergänzen die vorher besprochenen von BURSTRÖM und KROGH, wenn auch körperfremde Ionen als Testsubstanzen benutzt wurden. Caesium und Kalium sind aber im Transportverhalten sehr ähnlich (s. S. 243); die von SIEBER (1912) im Frühjahr gefundene Kaliumanreicherung in der Asche der Cambiumzone (s. S. 209) entspricht der von Caesium. Nach unseren heutigen zellphysiologischen Vorstellungen ist es nicht zu bezweifeln, daß das wachsende Cambium auch für andere Stoffe als selektives Akkumulationszentrum dient und die im Holzwasser gelösten Stoffe ausbeutet; der Nutzen daraus für die Knospen ist um diese Zeit besonders groß, weil ihnen Gefäßverbindung und Transpiration fehlen und das Holzwasser besonders reich an gelösten Nährstoffen ist. Es ist unbestimmt, wieweit diese aus der Wurzel stammen oder (vielleicht zum größeren Teil) im Laufe des Winters oder im Vorfrühling infolge der Permeabilität der Markstrahlzellen in die Gefäße gelangt sind, aus denen sie bei wiederbeginnender Cambiumaktivität in lebende Zellen zurückresorbiert und zum Nah- oder Ferntransport an andere lebende Gewebe weitergegeben werden. Jedoch verlangt die ungenügende Menge der Nährstoffe im Holzwasser eine Mobilisierung der bereits in der Rinde vorhandenen Reserven, die über weitere Strecken durch das Phloem transportiert werden können.

Die Sonderstellung, die Calcium in den Berechnungen von BURSTRÖM und KROGH (1947) einnimmt, weist auf verschiedenes Verhalten der einzelnen Stoffe bei der Akkumulation und beim Transport hin. Caesium breitet sich leicht in der Pflanze aus (vgl. S. 243) und dürfte im Phloem transportiert werden; wenn andererseits STEWARD (1954) mitteilt, daß die jungen Pappelblätter erst dann nennenswerte Brommengen aufnahmen, wenn eine Gefäßverbindung zu ihnen bestand — sie waren bis auf 4,4 g herangewachsen, bevor die Bromaufnahme ihrem weiteren Wachstum entsprach — so ist zu vermuten, daß hier ein Transport von Brom ebenso wie von Calcium in *größerem* Umfange nur mit dem Transpirationsstrom möglich ist.

Experimentelle Befunde über den Stofftransport im Frühjahr sind, wie gezeigt wurde, noch recht spärlich; um hier aktive Stoffbewegungen und ihre Auslösung von den Meristemen her klarzustellen, ist nur die Zeit vor dem Einsetzen des Transpirationsstromes geeignet, der als Lösungsströmung großen Umfangs jene überdeckt. Der Fragenkomplex sollte mit modernen quantitativen Methoden bearbeitet werden. Er ist vielfältiger als man früher angenommen hat und geht über Alternativen wie aufsteigender und absteigender Saftstrom, Apoplast und Symplast hinaus. Mutatis mutandis ist jedoch der von HANSTEIN (1860) und MÜNCH (1930) aus Ringelungsversuchen gezogene Schluß bestätigt worden: „Daß auch die *austreibenden Knospen* ihre Bildungsstoffe ausschließlich durch die Siebröhren zugeführt erhalten, ist für mehrere Pflanzen ... sicher nachgewiesen. Für die übrigen Nadelhölzer und die Laubhölzer mit geringer Konzentration des Holzsaftes ist die Zuleitung durch die Siebröhren zuverlässig anzunehmen. Eine wesentliche Unterstützung dieser Zufuhr durch den Transpirationsstrom erscheint nur möglich, wenn der Holzsaft größere Mengen gelöster Stoffe enthält. Es bestehen aber berechtigte Zweifel darüber, ob diese Stoffe den Knospen und jungen Trieben unmittelbar mit dem Transpirationsstrom zugeführt werden ..." (MÜNCH 1930, S. 209).

4. Der Transport bei der Samenkeimung.

Wie die Reserven des Stammes bei der Frühjahrsmobilisierung werden auch die Reservestoffe der Samen bei der Keimung in verschiedenem Maße ausgenutzt. Die Wurzel des Keimlings beginnt schon sehr früh, gelöste Stoffe aus dem Substrat aufzunehmen, welche nicht nur in den jungen Sproß, sondern auch in den Samen selbst transportiert werden können. Nach MCALISTER und KROBER (1951) verloren die Kotyledonen von Sojabohnen innerhalb von 38 Tagen bei Kultur in Sand nicht nur den größten Teil ihrer organischen Reserven, sondern auch 92% ihres absoluten Phosphor- und 69% ihres absoluten Kaliumgehaltes; dagegen folgte bei Magnesium auf einen geringfügigen Verlust in den ersten Tagen wieder ein Anstieg durch Aufnahme, der schließlich zu einem Überschuß von 4% über den Anfangswert führte. Calcium blieb während der Keimung anfangs unverändert und stieg danach stetig bis auf 400% des Anfangsgehaltes. Damit stimmen die Versuche von LAUSCH (1958) mit *Phaseolus vulgaris* auf v. d. Crone-Lösung überein: Die Kotyledonen nahmen im Verlauf von 2 Wochen 150% der Anfangsmenge an Calcium auf, während der Aschengehalt auf 9,7%, das Trockengewicht auf 12,5% des Anfangswertes fiel; der Calciumanteil in der Asche lag im ungekeimten Samen bei 1,4%, nach 2 Wochen bei 35%. Mit histochemischen Nachweisen zeigte v. OHLEN (1931) bei der Keimung von Sojabohnen eine Erschöpfung des Kaliumvorrats in den Kotyledonen bis unter die Grenze der histochemischen Nachweisbarkeit, eine Phosphor- und Magnesiumabnahme auf schätzungsweise die Hälfte.

Schon SCHRÖDER (1869) hat versucht, den Transport aus den Keimblättern von *Phaseolus vulgaris* zu erfassen, indem er die Samen auf destilliertem Wasser keimen ließ. Er untersuchte die Samen ohne Schale und trennte zur Analyse Kotyledonen und Keimlinge. Setzt man in seinen Zahlen die Mobilisierung von Calcium als Einheit (CZAPEK 1920, S. 388), so ergibt sich für die anderen Aschenbestandteile eine vielfach stärkere Ableitung aus den Kotyledonen:

K 15.67, P 10.02, Na 9.74, Mg 7.98, Fe 7.16, Ca 1.0.

Die Eisenmengen liegen an der Fehlergrenze, so daß die Zahl wenig aussagt, auch die Verlagerung von Calcium war sehr gering; da beide Elemente in der Gesamtbilanz zunahmen, ist mit Verunreinigungen in der Kultur zu rechnen. Die Relationen der vier anderen Elemente dürften schon eher der Wirklichkeit entsprechen.

Die Tatsache, daß SCHRÖDER (1868) seine Pflanzen bis zur Schrumpfung der Kotyledonen kultivieren konnte, spricht dafür, daß er sie nicht völlig frei von Calcium gehalten hat; auch könnte Calcium aus den Kotyledonen an das Wasser abgegeben und daraus über die Wurzeln wieder aufgenommen worden sein. Dieser Vorbehalt ist auch gegenüber den Versuchen von ANDRÉ (1918) zu machen: Bohnen, die auf feuchtem Sand im Dunkeln keimten, entwickelten sich innerhalb von 25 Tagen zu etiolierten Pflanzen von über 30 cm Höhe, dabei wurden alle untersuchten Stoffe mehr oder weniger mobilisiert (N, P > S > K > Mg > Ca). Versuche wie diese vermitteln keine wirkliche Bilanz, weil eine Auslaugung der Mineralstoffe nicht vermieden wurde, so auch bei BUCKNER (1919) nicht, welcher Keimlinge von *Canavalia ensiformis* bis zur Höhe von 29 cm heranzog und eine Mobilisierung von Calcium in den Keimblättern mit 70% (!), von Phosphor nur mit 33% angibt. Auch in der genannten Arbeit von ANDRÉ (1918) dürfte die Calciumabnahme in den Kotyledonen zum großen Teil durch Begießen der Bohnen in Sandkultur hervorgerufen worden sein. Unverständlich ist ein Befund von v. PORTHEIM und SAMEC (1905), daß in den Kotyledonen calciumfrei gezogener Bohnen der Calciumgehalt weniger abgenommen habe als in voll ernährten.

Für längere Dauer derartiger Bilanzversuche ist eine Schwierigkeit nicht leicht zu überwinden: Bei völligem Calciumentzug auf destilliertem Wasser werden die Wurzeln schon in den ersten Tagen nach der Keimung so stark geschädigt, daß weiteres Wachstum und weitere Mobilisierung von Reservestoffen unterbleibt. Zusatz von Calcium zu solchen Mangelkulturen bewirkt aber sofort eine kräftige Entwicklung der Pflanzen (BOEHM 1875, LIEBENBERG 1881, v. PORTHEIM und SAMEC 1905). Bei sorgfältiger Versuchsmethodik stellen Keimlinge, wenn sie auf calciumfreie Lösungen übertragen werden, ihr Wachstum bald ein (z. B. SOROKIN und SOMMER 1940, SCHROPP und ARENZ 1939). Für die Beurteilung derartiger Versuche aus der Literatur ist die Entscheidung im Einzelfall nicht leicht, ob Calciummangel an den Vegetationspunkten das weitere Wachstum verhindert hat, weil kein Calcium dorthin transportiert wurde, oder ob die Wurzel durch calcium- oder ganz ionenfreies Wasser unmittelbar geschädigt wurden.

Bei Weizen, der in Berührung mit destilliertem Wasser keimte, erfolgten nach LECLERC und BREAZEALE (1911) Mobilisierung im Korn und Transport zu den Keimlingen gemäß der Reihe

$$K > N > P > Mg > Ca.$$

Nach 12 Tagen waren im Samenrest von der ursprünglichen Menge noch vorhanden: 4% Kalium, 17% Stickstoff, 20% Phosphor, 31% Magnesium und 40% Calcium. Da eine Auswaschung nicht vermieden wurde, ist auch hier damit zu rechnen, daß ein Teil der abgegebenen Stoffe nicht oder nicht direkt in den Keimling transportiert wurde. Unter ähnlichen methodischen Mängeln, die wohl besonders eine viel zu hohe Mobilisierung von Magnesium und Calcium vortäuschen, leiden auch die neueren Versuche von BUŠUEVA, ESJUNINA und ČAIKINA (1961), welche vor allem der Calciummobilisierung gelten. Auf calciumfreier Nährlösung wurden aus dem Endosperm bzw. den Kotyledonen (bezogen auf die Menge im trockenen Samen) in den ersten 9—10 Tagen abgegeben: beim Weizen 77% N, 57% P, 85% Mg, 74% Ca, bei Erbsen 30% Ca und bei Lupinen 12% Ca. Die Versuchsbeschreibungen sind sehr knapp gefaßt, man muß sehr große Verluste an die Lösung annehmen, aus der die Stoffe auch z. T. wieder aufgenommen worden sein könnten, da die Calciumbilanz beim Weizen (Verteilung zwischen Endosperm und Embryo) wenigstens angenähert gleich bleibt; für die übrigen Stoffe werden keine Bilanzen gegeben.

AULICH (1936) ließ Weizenkörner *über* destilliertem Wasser und über Nährlösungen von verschiedener Calciumkonzentration keimen; die Versuchspflanzen wurden durch häufiges Besprühen mit destilliertem Wasser frisch gehalten. Nach 7 Tagen enthielt der Samenrest ohne Calciumzufuhr noch 65% der Calciummenge des trockenen Korns, etwa 29% wurden im Sproß, der Rest in der Wurzel gefunden. Mit steigenden Calciumkonzentrationen in der Nährlösung stieg die Calciummenge im Samenrest, bei den höheren Gaben lag sie über der ursprünglich im Korn vorhandenen. AULICH (1936) zweifelt nicht daran, daß auf allen Lösungen „mit den Stoffströmen“ zunächst eine Calciumauswanderung aus dem Korn in Trieb und Wurzel eintritt, welcher mit zunehmender Calciumaufnahme von außen ein in das Korn gerichteter Transport entgegenläuft. „Wahrscheinlich hält aber die Ca-Wanderung vom Samenrest mit dem Stoffstrom nach der Wurzel trotzdem an“. Ähnlich fand BURSTÖM (1934) eine Auswanderung von Kationen aus keimenden Haferkörnern auf destilliertem Wasser; nach einer Woche war eine mehr oder weniger große Menge teils an das Medium abgegeben, teils vom Keimling aufgenommen worden. Bei der Aufnahme wurden auch hier die einwertigen Kationen bevorzugt: In den mitgeteilten Versuchen (BURSTRÖM 1934, S. 233) wurden vom Keimling im Laufe von 20 Tagen (bezogen auf den Gehalt des ungekeimten Korns) 57% K, 72% Na, 19% Mg, 26% Mn und 22% Ca aufgenommen; SiO_2 wurde weder abtransportiert noch ausgelaugt. Wurden die Körner danach wieder auf Nährlösung übertragen, so stieg der Gehalt an den genannten Kationen wieder und übertraf sogar den Calciumgehalt vor der Keimung.

In Versuchen von BIDDULPH (1961) gaben keimende Bohnen in den ersten zwei Tagen, bevor die Wurzeln so weit entwickelt waren, daß sie Stoffe aufnehmen konnten, 50% der in ihnen vorhandenen Eisenmenge an das Keimbett ab. Nach Übertragung der Samen auf ein frisches Substrat wurde Eisen aus den Kotyledonen etwa in gleichem Maße in den Keimling geleitet wie Kohlenhydrate. ROTTOVÁ (1947) untersuchte den Transport von Eisen, Mangan und Kupfer (dieses durch Tüpfeln in der Asche bestimmt) aus keimenden Samen von *Aesculus hippocastanum* während 55 Tagen. Die Verteilung in der Asche der einzelnen Hauptabschnitte von Hauptwurzel, Epicotyl und Primärblättern zeigt eine Verschiebung aller drei Elemente zu den wachsenden Teilen; für Eisen sind die Ergebnisse nicht eindeutig, weil das Keimbett (Sägespäne) ziemlich viel Eisen enthielt.

KLEIN (1965) studierte die Mobilisierung an keimenden Maiskörnern, deren Scutellum, obwohl es nur $^1/_8$ des Korngewichtes ausmachte, erheblich größere Mengen an Phosphor, Kalium und Magnesium speicherte als das Endosperm (mit Testa und Perikarp). Wie bei der Keimung des Weizens (LE CLERC und BREAZEALE 1911) wurde Kalium am stärksten, schwächer Phosphor, noch schwächer Magnesium in den Keimling abgeleitet, Calcium höchstens in nicht nachweisbarem Umfange; die Calciummenge stieg vielmehr durch Aufnahme von außen, auch Magnesium nahm bei reichlicher Versorgung im Endosperm zu. Bei Kaliummangel wurde mehr Kalium mobilisiert. Umgekehrt wirkte Fehlen von Phosphor im Substrat durch Hemmung des Wachstums der jungen Pflanzen dahin, daß die Phosphorreserve des Korns weniger ausgenutzt wurde. Unter Kaliummangelbedingungen im Dunkeln wurde nach SUTCLIFFE (1962, S. 128) aus Erbsenkotyledonen in den ersten 10 Tagen der Keimung Kalium ungefähr in gleichen Mengen an Sproß und Wurzel abgegeben; nach etwa zwei Wochen hörten die Wurzeln auf zu wachsen und erhielten kein Kalium mehr (der Kaliumverlust der Keimpflanzen nach außen war nur gering). Mangelnde Belüftung der Wurzeln hemmte deren Wachstum und Kaliumaufnahme, ohne daß die gleichen Vorgänge im Sproß beeinflußt wurden. Beide Teile der jungen Pflanze wurden also recht unabhängig voneinander versorgt; entsprechend wurde der Kaliumtransport aus den Keimblättern zur Wurzel nicht verändert, wenn der Sproß in den ersten Stadien der Keimung entfernt wurde. KLEINs (1965) Daten aus einem Keimungsversuch mit destilliertem Wasser sprechen für einen Magnesiumtransport aus Scutellum und Endosperm in den Maiskeimling, aber gegen eine Calciumabwanderung. Eine Calciumspeicherung im Samenrest von Mais auf „destilliertem Wasser", das vielleicht stark verunreinigt war, wird von BUCKNER (1915) angegeben.

Bei der Keimung werden also schwer bewegliche Mineralstoffe von außen aufgenommen, aber auch bei den leichter transportablen hängt das Ausmaß, in dem sie mobilisiert werden, von der Zusammensetzung des Nährsubstrats neben dem Verbrauch durch den Keimling ab. Hinsichtlich der Mobilisierung von Stickstoff, Phosphor, Kalium und wohl auch von Magnesium stimmen die genannten Arbeiten überein, sie konnten aber nicht klar entscheiden, ob Calcium in nennenswerter Menge aus den Speichergeweben direkt in die Keimlinge transportiert wird, wie es AULICH (1936) annimmt, ja nicht einmal, ob dies überhaupt geschieht. LAUSCH (1958) hält die von AULICH (1936) im Samenrest gefundene Calciumabnahme, für die nur ein Beispiel und keine Sicherung gegeben wird, für zu hoch, um so mehr, als eine Auswaschung wohl nicht völlig vermieden wurde. Ein gewisser Calciumtransport, wenigstens über eine geringe Entfernung, ist mit dem Beginn der Keimung notwendig verbunden, und wenn auch bei völligem Ausschluß einer Calciumzufuhr von außen Wurzel- und Sproßwachstum sehr bald aufhören, so wird doch bis dahin — ob nun mangelnder Calciumtransport oder unausgeglichenes Ionenmilieu die Ursache der Wachstumshemmung ist — Calcium in einem Umfange wandern, der vielleicht über eine Diffusion von Zelle zu Zelle hinausgeht. Es wäre allerdings noch in jedem Falle zu prüfen, wieweit solche Calciumverschiebungen Mobilisierung aus den Reservegeweben des Samens oder nur Verteilung von Calcium sind, das bereits in den Zellen des Embryos deponiert war; bei verschiedenem Samenbau dürfte diese oder jene Bewegung überwiegen.

Die Widersprüche in der Literatur und die Unzulänglichkeit der meisten Versuche veranlaßten LAUSCH (1958) in seiner Arbeit über den Calciumtransport auch die Mobilisierung bei der Samenkeimung mit zuverlässiger Versuchsmethodik zu überprüfen. Er untersuchte den Transport von den Kotyledonen zum Keimling bei *Phaseolus vulgaris* nach Entfernen der Samenschale, analysierte aber im Gegensatz zu AULICH (1936) schon im ungekeimten Samen Keimling und Keimblätter getrennt; Auswaschung aus den Keimblättern wurde sorgfältig vermieden. Bei fehlender Calciumzufuhr waren aus den Keimblättern nach einer Woche 9% der vor der Keimung in ihnen vorhandenen Calciummenge ausgewandert; diese Abnahme ließ sich statistisch ebenso sichern wie die Zunahme in den Keimlingen. Da etwa $^2/_3$ der von den Kotyledonen abgegebenen Calciummenge nicht in den Keimlingen wiedergefunden wurde, ist mit einem Calciumverlust durch die Wurzeln, die deutliche Mangelschäden zeigten, nach außen zu rechnen. Nach LAUSCHs (1958) Versuchen kann der Keimling bei der Bohne zunächst auch ohne Calciumzufuhr wachsen, da er verglichen mit den Keimblättern einen hohen Calciumgehalt hat; daneben findet aber schon früh eine Calciumeinwanderung statt, die jedenfalls bei verhinderter Zufuhr von außen aus den Keimblättern kommt. Wie es auch KLEIN (1965) für Maiskörner diskutiert, ist dieser Calciumtransport aber so gering, daß er bei Keimung auf calciumhaltigem Substrat neben der schon früh einsetzenden Calciumaufnahme durch die Wurzel verborgen bleiben muß; daher ist Calcium bei der Samenkeimung scheinbar immobil. Wenn man annehmen darf, daß in den älteren Arbeiten Mängel in der Versuchsanstellung vielfach zu unkontrollierten Calciumverlusten geführt haben, so zeigen LAUSCHs

(1958) Versuche, daß Calcium bei der Keimung mobilisiert werden *kann*; diese Mobilisierung ist aber relativ gering und macht es verständlich, daß schon in den frühen Keimungsstadien Calcium durch die Wurzel aufgenommen wird. während die junge Pflanze von den beweglicheren unter den Reservestoffen des Samens längere Zeit leben kann. Nach BIDDULPH, CORY und BIDDULPH (1959) reicht die Mobilisierung von Calcium aus den Kotyledonen von Bohnen nur für die Ausbildung von Keimwurzel, Hypokotyl und Primärblättern aus; später ist die Pflanze auf Calciumzufuhr von außen angewiesen.

5. Der Transport beim Austreiben unterirdischer Reservestoffbehälter.

Über den Mineralstoffhaushalt der Kartoffelpflanze unterrichtet die zuverlässige Arbeit von HAGEMANN (1964), welche auf Grund von Feld- und Gefäßversuchen die Stoffbewegungen besonders berücksichtigt. Tabelle 1 faßt nach einem Gefäßversuch, in dem auch die abgefallenen älteren Blätter gesammelt

Tabelle 1. *Mineralstoffverlagerungen in der Kartoffelpflanze während der Vegetationsperiode (in mg je Pflanze).* (Nach HAGEMANN 1964.)

	Wochen nach dem Auspflanzen								
	0	2	4	6	8	10	12	14	16
P_2O_5-Gehalt in mg:									
Mutterknolle	74	75	55	29	12	5	2		
Sprosse			45	152	279	183	130	102	97
Ernteknollen					108	323	443	519	540
K_2O-Gehalt in mg:									
Mutterknolle	432	418	332	244	185	113	74		
Sprosse			198	887	1374	1008	799	681	616
Ernteknollen					324	972	1303	1487	1554
CaO-Gehalt in mg:									
Mutterknolle	10	11	23	30	37	37	35		
Sprosse			43	249	599	802	913	957	1031
Ernteknollen					16	38	40	38	42
MgO-Gehalt in mg:									
Mutterknolle	27	26	23	22	18	14	10		
Sprosse			13	59	132	143	124	125	146
Ernteknollen					22	67	99	114	116

und gemeinsam mit den übrigen oberirdischen Pflanzenteilen analysiert wurden, die absoluten Mengen je Pflanze zusammen. Am stärksten wurde der Phosphorvorrat der Mutterknolle ausgenutzt, das Kartoffelkraut erreichte sein Phosphormaximum zur Blütezeit, danach wurde Phosphor mehr und mehr in die Tochterknollen (Ernteknollen) verlagert; ebenso verliefen auch die Kaliumbewegungen. Magnesium nahm nur wenig ab, Calcium wurde durch die Mutterknolle von Anfang an neu aufgenommen, übrigens auch Natrium. Die Verhältnisse sind also denen bei der Samenkeimung vergleichbar.

HAGEMANN (1964) bestätigt damit im wesentlichen die Befunde von KELLERMANN (1877), der den Umsatz von Stickstoff, Phosphor, Kalium und Calcium in der Kartoffelpflanze untersuchte (vgl. auch Tabelle 4 bei SCHMALFUSS 1936), sowie von WAGNER (1933) und CARPENTER (1957). Allerdings nahm in WAGNERS (1933) Gefäßversuch Calcium beim Austreiben der Mutterknolle nicht zu, sondern geringfügig ab. Auch LUDWIG (1927), der Kartoffelknollen auf destilliertem Wasser keimen ließ, gibt Calciumverlust (unter 20%) an, aber auch die Abnahme von Kalium, Magnesium, Phosphor und Schwefel in den Knollen ist mit nicht mehr als 25% sehr gering; Unterschiede in der Mobilisierbarkeit der einzelnen

Elemente sind kaum zu erkennen. Die Fehler in LUDWIGS (1927) Arbeit sind offenbar sehr groß, auch eine mögliche Abgabe an das Wasser wurde nicht berücksichtigt.

Die schon von KELLERMANN (1877) festgestellte Sonderstellung, die Calcium beim Austreiben der Knollen einnimmt, veranlaßte HAGEMANN (1964) zu einem Wasserkulturversuch bei gestaffelter Calciumgabe; er versuchte festzustellen — ähnlich wie LAUSCH (1958) an Bohnen —, in welchem Umfang Calcium bei Calciummangel mobilisiert werden kann. Nach Abb. 4 gaben die Knollen nicht

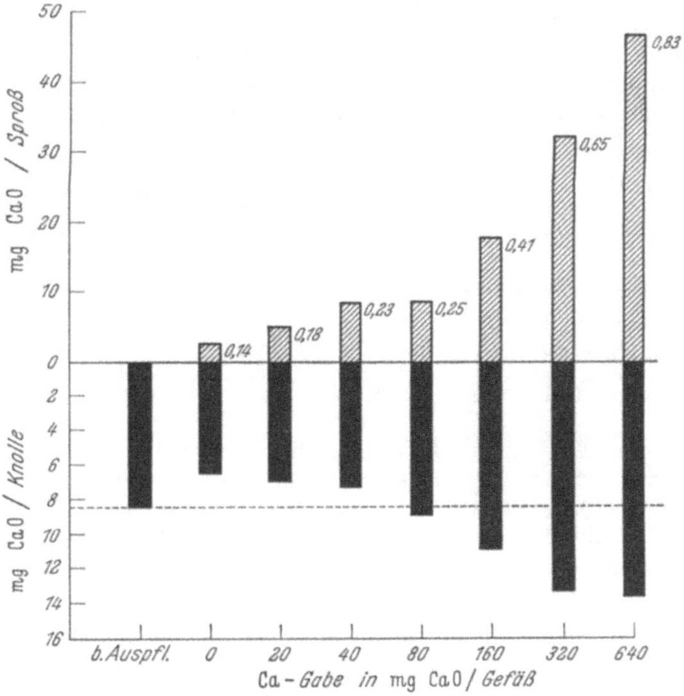

Abb. 4. Calcium in der austreibenden Knolle und im Sproß von Kartoffelpflanzen bei gestaffelter Calciumgabe (als $CaSO_4$). Die Zahlen neben der oberen Ordinate bedeuten CaO in Prozenten der Trockensubstanz im Sproß. (Nach HAGEMANN 1964.)

nur ohne Calciumzufuhr von außen Calcium ab, sondern auch bei sehr niedrigen Calciumgaben. Eine Auswaschung dürfte hier wie in LAUSCHS (1958) Versuchen durch die Versuchsanstellung ansgeschlossen worden sein, nicht aber eine Calciumabgabe durch die Wurzeln an das Wasser; denn bei völligem Calciumausschluß wurde im Sproß etwas weniger Calcium wiedergefunden als die Knolle abgegeben hatte. Ein Verlust durch die Wurzeln ist in der Nullreihe besonders plausibel, da diese Pflanzen am Ende des 39 Tage dauernden Versuchs abgestorben waren.

Die Ergebnisse entsprechen denen bei Samen, indem bei Calciummangel Calcium mobilisiert wird; dies geschieht nicht nur bei völligem Fehlen sondern auch bei schwacher Zufuhr von Calcium. Nach Abb. 4 besteht ein Zusammenhang zwischen dem Mangelgrad im Sproß und dem Haushalt der Knolle: Diese zeigte erst eine Calciumzunahme bei einem CaO-Gehalt des jungen Sprosses von 0,25% der Trockensubstanz, bei dieser Reihe traten die für Calciummangel typischen Absterbeerscheinungen an der Pflanze nicht mehr auf, und nach LUNDEGÅRDH (1945) beträgt die Grenzkonzentration in der grünen Pflanzensubstanz kurz vor dem Blühen der Kartoffel ebenfalls 0,25% CaO. Man darf daher wohl annehmen, daß Calcium in einem dem Mangel entsprechenden Maße aus dem Speicherorgan abtransportiert wird, ob dies (vielleicht in einer bestimmten Calciumfraktion) neben der Aufnahme stets geschieht, bleibt hier wie bei der Samenkeimung offen. Zu dieser Frage sagen HAGEMANNs (1964) Versuche nichts aus; er zeigte aber durch Calciumfraktionierung, daß bei der Keimung der Mutterknollen (im Feldversuch) vor allem die salzsäurelösliche, also die Oxalatfraktion erhöht wird. Auch KELLERMANN (1877) beobachtete schon eine Vermehrung der Oxalatkristalle in der Mutterknolle.

Die Frage, ob Calcium überhaupt aus Speicherorganen mobilisiert wird, wird wohl jeder Unbefangene bejahen, der einmal gesehen hat, wie Hyazinthenzwiebeln im Zimmer in den üblichen Gläsern über Wasser getrieben werden oder wie Kartoffeln im Keller keimen. Auch hierzu hat HAGEMANN (1964) einen Versuch mitgeteilt, dessen Ergebnis Tabelle 2 zeigt.

Tabelle 2. *Calciumauswanderung aus Kartoffelknollen bei Licht- und Dunkelkeimung.* (Nach HAGEMANN 1964.)

	mg CaO je Knolle	% der Anfangsmenge	mg CaO je Keime	% der Anfangsmenge
Einlagerung 9. 10.	10,38	100		
Keimungsbeginn 19. 2. . .	10,27	98,9		
Dunkelkeimung 25. 6. . .	8,82	85,0	2,84	27,4
Lichtkeimung 25. 6. . . .	8,88	85,5	1,59	15,3

Hier verloren die Knollen 15% Calcium, bei der Lichtkeimung wurde die Gesamtmenge in den Trieben wiedergefunden. Den über den Verlust der Knollen hinausgehenden Calciumgehalt der Triebe bei der Keimung im Dunkeln erklärt der Verfasser damit, daß die Knollen unter diesen Bedingungen Wurzeln gebildet hatten, so daß bei der Lagerung (in Kisten) Calcium aufgenommen werden konnte.

6. Der Transport in die Früchte und Samen.

Nach ARNON, STOUT und SIPOS (1940) nehmen Tomaten ^{32}Phosphor unabhängig von der Transpiration auf, und zwar am stärksten, solange die als „Attraktionszentrum“ dienenden Früchte noch wachsen; als Phosphorquelle dienen dabei in erster Linie die Blätter, aus denen Phosphor sekundär verlagert wird[1]. Der ganze Vorgang hat also eine deutliche Ähnlichkeit mit dem Zustrom zu den Knospen als einem ebenfalls wachsenden Gewebekomplex. Bei weiterem Heranreifen der Tomaten blieb in den Versuchen von ANSIAUX (1960, Tabelle 4) das Verhältnis von Phosphat zu den anderen Ionen unverändert; die reifen Früchte enthielten, verglichen mit Magnesium und Calcium, viel Kalium (ebenso nach ARNON und HOAGLAND 1943). Bei Äpfeln nimmt der Gehalt an Phosphor, Kalium, Magnesium und Calcium in der Trockensubstanz im Laufe des Fruchtwachstums ab; jedoch verhalten sich die drei Kationen typisch verschieden: Während Calcium vor allem von den jungen Früchten aufgenommen wird, hält die Kaliumaufnahme mit der Frischgewichtszunahme Schritt, Magnesium nimmt eine Zwischenstellung zwischen Kalium und Calcium ein (KOHL 1966).

Die bevorzugte Aufnahme von Mineralstoffen in frühen Stadien der Fruchtentwicklung, die sich in einem abnehmenden Anteil an der Trockensubstanz beim weiteren Wachstum ausdrückt, ist offenbar weit verbreitet, ebenso wie bei Samen und unterirdischen Reservestoffbehältern (hierzu die ältere Literatur bei

[1] Weitere neuere Arbeiten über den Transport von ^{32}Phosphor zu Früchten s. in diesem Bande S. 192.

CZAPEK 1920, S. 383ff. und 395ff.). Nach AMTHOR (1882) nehmen in jungen Kirschen und Johannisbeeren Phosphor und Gesamtasche zunächst rascher zu als das Trockengewicht; bei *Prunus insititia* eilt nach DELEANO (1908b) die Phosphoraufnahme (absolut) gleichfalls der Vergrößerung der Frucht voraus, ebenso Gesamtasche und Stickstoff, während hier Kalium in der Trocken- und Frischsubstanz mit der Reife zunimmt. Es ist wegen der Unterschiede im Bau der Früchte und der Art ihrer Reservestoffe zu erwarten, daß sich verschiedene Früchte und ihre Teile in ihrem Mineralstoffhaushalt nicht gleichen; bei *Prunus* stellt z. B. der Stein sein Wachstum früher ein als das Fruchtfleisch (DELEANO 1908b). Vielfach dürfte die Phosphorzuleitung (analog zur Anziehung von Aminosäuren zu wachsenden Zentren) durch den Einbau von anorganischem Phosphat in organische Phosphorverbindungen gefördert werden, wie ZALESKI (1907) bei Erbsen feststellte. Auch in Haferkörnern nimmt die absolute Phosphormenge bis zum Abschluß der Reife zu, wie schon aus der Arbeit von ARENDT (1859) hervorgeht; aber auch der Phosphorgehalt in der Trockensubstanz stieg hier bis zum Schluß (ebenso der Magnesium- und Stickstoffgehalt), während Kalium, Calcium und Silicium zwar absolut zunahmen, im Anteil am Trockengewicht und an der Asche aber abnahmen (vgl. Tabelle 7, S. 20 bei SCHMALFUSS 1936).

Über die Aufnahme von Stickstoff, Phosphor, Kalium, Magnesium, Calcium und Asche bis zur Reife von *Aesculus*samen bringen DELEANO und BORDEIANU (1933) Absolutwerte, aus denen keine bevorzugte Aufnahme des einen oder anderen Elementes durch die jungen Samen zu erkennen ist, vielmehr ähneln die Kurven der für die Zunahme der Trockensubstanz; das Verhältnis K:Mg:Ca bleibt während der ganzen Samenentwicklung konstant (vgl. Tabelle 9 bei ANSIAUX 1959). Aus der neueren Arbeit von CARLES und RIVENQ (1951) über Phosphor, Kalium, Natrium, Magnesium und Calcium in den Blütenständen und jungen Früchten der Roßkastanie ist für den Transport leider kaum etwas herauszulesen, weil die Analysen nur auf die Trockensubstanz bezogen werden.

Schon CZAPEK (1920, S. 461ff., dort ältere Literatur) unterschied zwischen „assimilierenden" Früchten, deren Aschenzusammensetzung mit relativ viel Calcium den Laubblättern ähnlich ist, und Speicherfrüchten mit wenig Calcium, aber viel Kalium und Phosphor in der Asche (vgl. die oben angegebenen Kationengehalte von Tomaten nach ANSIAUX 1960). Die Literatur über die Kationenversorgung der Früchte im Vergleich zu den vegetativen Teilen der gleichen Pflanzen hat ANSIAUX (1959) zusammengefaßt; auf seine ausführlichen Tabellen sei besonders hingewiesen. Sie zeigen für einen großen Teil der Früchte einen relativ geringen Calciumgehalt; auch darin, daß der Calciumanteil an den gesamten Kationen ($K^+ + Mg^{++} + Ca^{++}$) mit dem Alter fällt, verhalten sich die Früchte umgekehrt wie die Laubblätter. Höherer Calciumgehalt findet sich meist bei solchen Früchten, die nach CZAPEK (1920) zu den „assimilierenden" gehören, ihr höherer Calciumgehalt läßt sich mit ihrem Bau, der auch eine stärkere Transpiration verursacht, in Einklang bringen. Beispiele dafür sind Früchte von Papilionaceen, Umbelliferen, *Acer*, *Carpinus*, *Fagus* und *Alnus* (s. Tabelle 8, S. 249). Es lohnte sich wohl auch die anatomisch-physiologische Untersuchung von Früchten wie denen von *Lithospermum officinale* und *Celtis* mit über 80% Calcium (Äquivalentanteil an der Summe $K^+ + Mg^{++} + Ca^{++}$). Die Daten sind in ihrer Gesamtheit mit der Auffassung zu vereinbaren, daß Calcium im Gegensatz zu den anderen Hauptnährstoffen, die im Phloem transportiert werden, auf den Transpirationsstrom angewiesen ist; eine gleichmäßige Aufnahme aller Mineralstoffe, wie sie DELEANO und BORDEIANU (1933) bei den Samen der Roßkastanie fanden, müßte zufällig sein.

Die eben erwähnte Auffassung wird durch eine Reihe weiterer Tatsachen gestützt. Während vegetative Organe in der Regel gut mit Calcium versorgt sind und unter normalen Verhältnissen eher einen Überschuß daran haben, der sich in Oxalatausscheidung und Abgabe mit dem Guttationswasser ausdrückt, kann die beschränkte Calciumzufuhr bei fleischigen Früchten zu Mangelerscheinungen führen. Nach VAN SCHOOR (1957) und ANSIAUX (1959) hängt die Samenproduktion bei *Gossypium* nicht mit der vegetativen Entwicklung zusammen, sondern läuft dem Calciumgehalt in der Asche der Samen parallel. Ebenso ist der Calciumanteil unter den Kationen in Tomatenfrüchten um so höher, je größer diese bei der Reife werden (LYON, BEESON und BARRENTINE 1942, BEESON, LYON and BARRENTINE 1944; Übersicht bei ANSIAUX 1959, Tabelle 2). Als Calciummangelkrankheit ist die Stippigkeit (bitter pit, blotchy cork) der Äpfel anzusehen, deren Auftreten in Korrelation zum Calciumgehalt der Früchte bzw. zum Verhältnis Ca:Mg in ihnen steht (DELONG 1936, BAXTER 1962, KOHL 1966). Auf Calciummangel beruht auch die Blütenendfäule (blossom end rot) der Tomaten (LYON, BEESON und BARRENTINE 1942, ANSIAUX 1959, SPURR 1959); die Symptome dieser Krankheit ähneln Bormangelerscheinungen an Tomatenfrüchten (vgl. die Abb. 254 und 265 bei WALLACE 1951). Auch andere Übereinstimmungen zwischen Calcium- und Bormangelerscheinungen, wie das Absterben der Vegetationspunkte lassen sich durch die mangelhafte Remobilisierung beider Elemente (Phloemimmobilität?) verstehen. Nach SYWOROTKIN (1958) enthielten Samen von *Papaver somniferum* wenig Bor (20,7 p.p.m. in der Trockensubstanz), während die offenbar stark transpirierenden Fruchtkapseln zur gleichen Zeit mit 69,0 p.p.m. einen wesentlich höheren Borgehalt hatten als die Laubblätter (34,3 p.p.m.). Nach ANSIAUX (1959, Tabelle 16) gehören die Früchte (als ganze) von *Papaver somniferum* zu denen mit besonders hohem Calciumgehalt, der Calciumanteil an den Gesamtkationen liegt in den Früchten ebenfalls über dem der Blätter der gleichen Pflanze.

In neueren Versuchen an *Gossypium hirsutum* bei verschiedener Kalium-, Magnesium- und Calciumdüngung erhöhte besonders die letztere den Gehalt der Samen an dem variierten Nährstoff, während sich Kalium und Magnesium weniger stark auswirkten (VAN SCHOOR 1957; vgl. auch Tabelle 1 bei ANSIAUX 1959). Anscheinend spiegeln sich ganz allgemein Unterschiede in der Calciumversorgung in den Früchten stärker wider als in den vegetativen Teilen.

In ihrer Arbeit über den Mineralstofftransport in der Baumwollpflanze untersuchten MASON und MASKELL (1931) auch die Stoffaufnahme der heranwachsenden Früchte, wobei sie die Samenanlagen getrennt von den äußeren Teilen der Frucht („Karpelle") analysierten. Der Vergleich der von den Samen in den ersten 7 Tagen nach der Befruchtung aufgenommenen Stoffe mit dem Gehalt des aus den Gefäßen aufgenommenen Saftes an diesen Stoffen führte sie zum gleichen Schluß, wie ihn später BURSTRÖM und KROGH (1946, 1947) für den Transport zu den Laubknospen zogen: Unter der Annahme, daß die sich rasch vergrößernde Samenanlage in der Baumwollkapsel weitgehend vor Transpiration geschützt ist, besteht nur für Calcium eine Proportionalität zwischen dem Gehalt des Gefäßwassers und der Aufnahme durch die Samen, während Kohlenhydrate, Stickstoff, Phosphor und Gesamtasche in ihnen stark angereichert werden. Wenn der Schluß richtig ist, daß Calcium ausschließlich mit dem Transpirationswasser transportiert wird, die übrigen Stoffe aber mindestens z. T. im Phloem (s. S. 238), so müßte Calcium in den äußeren transpirierenden Teilen der Frucht im Vergleich zu den Samen angereichert werden. Dies ist tatsächlich der Fall: Setzt man den durchschnittlichen Gehalt der einzelnen Stoffe in der Trockensubstanz der jungen Samen gleich 1, so ergeben sich für die „Karpelle" die Werte:

Kohlenhydrate 1,62, Stickstoff 1,02, Phosphor 0,87, Calcium 5,35.

Auch die Zusammensetzung der Baumwollsamen, verglichen mit der der Blätter spricht für verschiedene Transportbahnen der einzelnen Stoffe: Elemente, die wie Calcium mit dem Transpirationsstrom in die Blätter gelangen, aber nicht durchs Phloem zurücktransportiert werden, müssen in den Blättern angereichert werden; im Samen, der in erster Linie auf dem Phloemwege versorgt wird, werden sie in relativ geringer Menge gefunden werden. Dies zeigt sich bei *Gossypium* sehr deutlich (Tabelle 3).

Tabelle 3. *Gewichte je 100 g Trockengewicht im Baumwollsamen in Prozenten des Gehalts der Blätter.* (Nach BROWN 1927, aus MASON und MASKELL 1931.)

P	292	S	10,5
N	157	Fe	7,0
K	103	Ca	6,1
Na	42,4	Si	1,2
Mg	31,9		

Ganz allgemein ist in der Asche von Samen der prozentuale Gehalt an Phosphor und Kalium, aber auch an Magnesium hoch, an Calcium, Eisen und Silicium niedriger; Angaben hierzu finden sich bei CZAPEK (1920, S. 372ff.). In den stärker transpirierenden Samenschalen kann allerdings der Calciumgehalt hoch sein; diese Beziehung zwischen Transport und Gehalt der einzelnen Elemente wird bei getrennter Analyse von geschälten Samen und ihren Testae deutlich (Tabelle 4).

Besonders unterscheiden sich die Zahlen für Phosphor, dessen hoher Anteil im Sameninneren aber sicher durch die Speicherung organischer Phosphorreserven entscheidend mitbestimmt ist, einerseits und Calcium andererseits, Kalium nimmt wie auch beim Baumwollsamen, eine Mittelstellung ein. Samen gehören übrigens, besonders ohne Testa, zu den magnesiumreichsten Pflanzenteilen; Mehl von Roggen, Gerste, Hafer, Mais, Reis und Buchweizen enthält nach WILLSTÄTTER (1909) ebenfalls mehr Magnesium als Calcium.

Tabelle 4. *Gehalte in Prozenten der Asche.* (Nach SCHULZE und GODET 1908.)

	Geschälte Samen				Samenschalen			
	P_2O_5	K_2O	MgO	CaO	P_2O_5	K_2O	MgO	CaO
Lupinus angustifolius	40,5	31,4	10,6	5,0	6,1	27,5	9,4	38,7
Cucurbita pepo	55,8	18,8	19,0	1,1	6,4	35,0	7,6	8,5
Ricinus communis	31,9	—	19,8	4,0	0,6	23,7	4,3	43,9
Pinus cembra	42,8	29,4	9,9	6,7	3,2	44,9	11,0	12,6

Die Frage, welcher Weg für den Transport in die Früchte benutzt wird, ist früher vor allem durch Ringelungsversuche bearbeitet worden, diese sind bei MÜNCH (1930, S. 183ff.) und bei CURTIS (1935, S. 9 und S. 33ff.) zusammengefaßt. Aus ihnen ergab sich, daß die heranreifenden Früchte den austreibenden Knospen insofern gleichen, als sie mindestens sehr weitgehend mit allen Stoffen durch das Phloem versorgt werden, jedenfalls wenn ihre eigene Photosynthese nicht nennenswert ist. Erst MASON und MASKELL (1931) haben diese Auffassung ergänzt, indem sie für Calcium den Transport im Xylem annahmen. Nach seiner Auffassung von einer Lösungsströmung in den Siebröhren mußte MÜNCH (1930) allerdings fordern, daß bei der schwachen Transpiration vieler Früchte das Lösungswasser durch den Fruchtstiel zurückgeleitet werde. Zu dieser Frage hat ZIEGLER (1963) einige Versuche mitgeteilt, bei denen Früchten von *Cucurbita maxima* $^{45}CaCl_2$-Lösung an der Basis injiziert wurde. Unter der Voraussetzung, daß Calcium im Phloem nicht transportiert werden kann, müßte sich ein Rücktransport von Wasser aus der Frucht durch das Xylem mit ^{45}Calcium markieren lassen. Neben apikalem Transport sprach die Verteilung der Radioaktivität nach 12 Std tatsächlich für eine basipetale Calciumbewegung, deren Geschwindigkeit größer war als bei reiner Diffusion zu erwarten gewesen wäre. ZIEGLER (1963) bezeichnet diese Versuche als ein Indiz für einen Wasserrücktransport im Xylem; er kündigt zum schlüssigen Beweis weitere Versuche mit radioautographischer Festlegung des Calciumtransportweges an.

Hier sind die Versuche von BACHOFEN und WANNER (1962) zu erwähnen, weil sie der sonst vertretenen Vorstellung widersprechen. In Fruchtstielen von *Phaseolus vulgaris* waren die jungen noch lebenden Zellen des Xylems markiert, wenn $^{14}CO_2$ über ein Blatt zugeführt worden war, markierte Assimilate also in die Frucht einströmten. Dagegen zeigte sich das Cambium und eine schmale Zone des sekundären Phloems nur dann markiert, wenn durch Assimilation der Früchte und Verdunkelung der vegetativen Teile die Früchte zum Abtransport von Assimilaten veranlaßt worden waren. Eine Bestätigung und Erweiterung dieser Befunde würde wohl auch Konsequenzen für unsere Vorstellungen über die Bahnen des Mineralstofftransportes haben können. Die Versuche sind auf jeden Fall schon darum interessant, weil sie zeigen, daß Stofftransporte durch den Fruchtstiel, jedenfalls bei einer assimilierenden Frucht, in beiden Richtungen verlaufen können. BACHOFEN (1962) hat dies an den Früchten von insgesamt 15 verschiedenen Pflanzen bestätigt, allerdings war die ^{14}C-Auswanderung nach Fruchtfütterung bei der von ihm angewendeten Dauerbeleuchtung nur gering. Nach früheren Versuchen der Verfasser kann eine *Phaseolus*-Frucht aber, wenn sie allein beleuchtet und die übrige Pflanze verdunkelt wird, in 24 Std bis zu 50% der gebildeten ^{14}C-Assimilate abgeben, die zum größten Teil in die anderen Früchte einwandern (WANNER und BACHOFEN 1961). Wurde den Früchten ^{32}Phosphor injiziert (durch Eintauchen der Schnittstelle nach Abschneiden der Fruchtspitze in die aktive Lösung), so ließ sich auch eine Phosphatauswanderung aus den Früchten nachweisen, die allerdings nur wenige Prozente der von ihnen aufgenommenen Menge betrug[1].

Bei der Beurteilung von Vorgängen an Früchten und Samen sollte man stets ihre — besonders verglichen mit der relativen Gleichförmigkeit der Laubblätter — außerordentliche Mannigfaltigkeit des Aufbaus im Auge behalten, die eine entsprechende physiologische Verschiedenheit erwarten läßt. MÜNCH (1930) und andere hatten vor allem die fleischigen Speicherfrüchte im Auge; das von ihm entworfene Bild des Stoffwechsels und Transports wird um so stärker abzuwandeln sein, je blattähnlicher die Früchte sind. Wie gezeigt wurde, geht dies hinsichtlich des Kationenverhältnisses aus der Zusammenstellung von ANSIAUX (1959) hervor. Aus Ringelungsversuchen und sonst indirekt gezogene Schlüsse über die Transportbahn der wichtigsten Stoffe können heute durch radioaktive Markierung auch an Früchten überprüft werden.

7. Herbstliche Rückwanderung aus den Blättern.

Dem Laubfall am Ende einer Vegetationsperiode geht eine Rückwanderung eines Teils der Inhaltsstoffe in die ausdauernden Teile von Holzpflanzen voraus, welche Kohlenhydrate, Stickstoff und einen Teil der Mineralstoffe umfaßt. SACHS (1887) hat in seinen Vorlesungen über Pflanzenphysiologie das Sinnvolle dieses Vorganges betont, den er mit der Ablagerung und Speicherung von „allen noch brauchbaren Stoffen“ in den Samen nur einmal fruktifizierender Pflanzen vergleicht und den er zuerst (SACHS 1863) aus dem Verschwinden von Stärke und Chlorophyll geschlossen hatte. „Ich konnte die Auswanderung der Stoffe, zumal der Stärke, mikrochemisch durch die Gewebe der Blattstiele hindurch in die Sproßaxen hinein deutlich verfolgen, und außerdem ergiebt die Aschenanalyse assimilirender grüner Blätter verglichen mit der der abgefallenen, daß auch die werthvollsten Mineralbestandtheile der Blätter, besonders das Kali und die Phosphorsäure, mit den organischen Substanzen gleichzeitig durch die Blattstiele auswandern und in die überwinternden Sproßtheile zurückkehren, offenbar um gleich diesen in der nächsten Vegetationsperiode als Nahrungsstoffe für die austreibenden Sprosse zu dienen.“ (SACHS 1887, S. 313). Er schreibt weiter, wenn auch speziell auf die einjährigen Pflanzen nach der Fruchtreife bezogen:

---

[1] Vgl. in diesem Bande S. 193.

„Von Aschenbestandtheilen bleibt regelmäßig die gesamte Kieselsäure, sowie auch der größte Theil des Kalkes in Form von Calciumoxalat in den entleerten Assimilationsorganen zurück.“ (SACHS 1887, S. 313—314).

SACHS' „den offenbaren Stempel einer naturwidrigen Teleologie tragende Auffassung“ (WEHMER 1892a) war das Ziel einer scharfen Kritik, welche neben dem Einwand, daß eine Stoffauswanderung aus den Blättern infolge einer Stoffauswaschung durch Niederschläge nur vorgetäuscht werde, vor allem betonte, daß die Verwendung des Trockengewichtes als Bezugsgröße zu falschen Schlüssen führen müsse (WEHMER 1892a, b). Kritische Übersichten über die ältere Literatur finden sich bei COMBES (1911), SWART (1914), RIPPEL (1921a) und CZAPEK (1920; S. 293ff. für Stickstoff, S. 427ff. für Mineralstoffe)[1].

Während CZAPEK (1920) ebenso wie COMBES (1911) eine Rückwanderung im Herbst noch nicht für bewiesen hält, tut dies SWART (1914) für Stickstoff, Phosphor und Kalium nach eigenen Versuchen und auf Grund von Umrechnungen älterer Arbeiten vom Trockengewicht auf die absolute Bezugsgröße, welche zeigen, daß in den Blättern von Buchen (RISSMÜLLER 1874, DULK 1875a, RAMANN 1912a), Platanen (TUCKER und TOLLENS 1900) und *Acer negundo* (SCHULZE und SCHÜTZ 1909) diese Elemente vor dem Laubfall pro Blatt im allgemeinen abnehmen; bei Magnesium, Calcium, Eisen, Silicium, Schwefel und Chlor ist dies nicht der Fall, für Gesamtasche und Calcium wird meist eine Zunahme gegen Ende der Vegetationsperiode angegeben, in einigen Fällen auch eine Abnahme am Schluß. Schon vor SWART (1914) zeigte DELEANO (1908b) an *Prunus insititia* (je 200 Blätter) eine starke Abnahme von Stickstoff, Phosphor und Kalium im September, aber nur einen schwachen Rückgang bei Calcium, Silicium und Gesamtasche. Auch nach ÉCHEVIN (1927) verlieren bei verschiedenen Pflanzen die Blätter, kurz bevor sie abgeworfen werden, Calcium und Asche, während gleichzeitig eine Stoffaufnahme in Stamm und Wurzel stattfindet. (Es muß allerdings dahingestellt bleiben, ob die in der gleichen Arbeit festgestellten Unterschiede im Aschen- und Calciumgehalt ganzer junger Buchen, aus denen auf eine Mineralstoffabgabe geschlossen wird, außerhalb der Fehlergrenze liegen.) In einer späteren Arbeit bringt ÉCHEVIN (1931) neben einer umfassenden Literaturbesprechung Versuche über die Rückwanderung im Herbst und den Schwefel- und Phosphorhaushalt ganzer drei- bis sechsjähriger Buchen. Nach diesen Versuchen gaben die Blätter schon im Frühjahr wieder Phosphor ab, beim Vergilben im Herbst wurde die Rückwanderung verstärkt, während gleichzeitig die lösliche Fraktion auf Kosten der mit Trichloressigsäure fällbaren zunahm (ÉCHEVIN 1936); es überrascht nicht, wenn gleichzeitig mit dem Chlorophyllabbau die lipoidlösliche Phosphorfraktion weitgehend, vielfach bis auf Spuren, verschwand (ÉCHEVIN 1934, 1936). Von neun Arten laubwechselnder Bäume fand auch FRIES (1952) nur bei *Quercus petraea* keine Abnahme im Lipoid-Phosphor während des Vergilbens; er bestätigt eine Umwandlung von organisch gebundenem in anorganischen Phosphor. Obwohl beide Fraktionen im Herbst erheblich abnahmen, blieb noch ein gewisser P-Anteil in Lipoiden und Nucleinsäuren gebunden. FRIES (1952) bestimmte auch Adenin in den Blättern (mikrobiologisch mit *Ophiostoma* nach Extraktion mit absolutem Äthanol): Das freie oder sehr locker gebundene Nucleotid nahm vom August bis Oktober etwa auf die Hälfte ab, der Abbau von Nucleinsäuren führt offenbar nicht zu einer Adeninvermehrung; auch in den Fällen, in denen im September — bei *Acer platanoides* und *Tilia platyphyllos* — ein vorübergehendes Adeninmaximum gefunden wurde, bestanden keine Beziehungen zum Nucleinsäureabbau, der erst später einsetzte. Obwohl

[1] Vgl. Bd. IV, G. STENLID, Salt losses and redistribution in higher plants, S. 616ff.: The translocation of minerals from the leaves.

nach ÉCHEVIN (1931) im Herbst auch organisch gebundener Schwefel in Sulfat überführt wurde, zeigte sich keine Abnahme im Gesamtschwefel der Blätter;

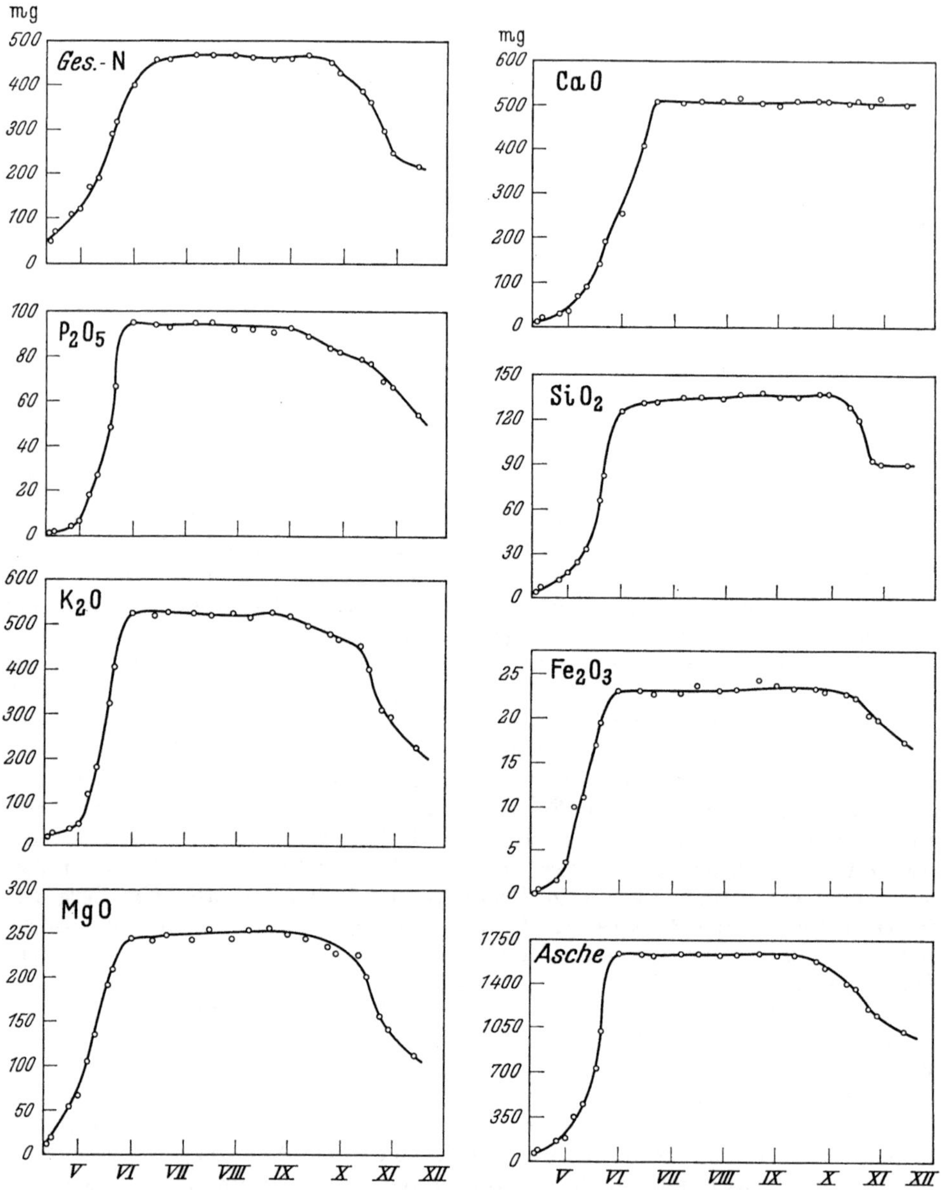

Abb. 5. Gehalt an Stickstoff und Mineralstoffen in 100 Blättern von *Salix fragilis* während einer Vegetationsperiode. (Nach DELEANO und ANDREESCO 1932, S. 264, Tabelle A.)

es ist aber wohl nicht gesichert, daß gar kein Schwefel abtransportiert worden ist (MOTHES 1939).

Die Arbeiten von DELEANO und ANDREESCO (1932) an Weiden und DELEANO und BORDEIANU (1933) an Roßkastanien bestätigen frühere Untersuchungen an Baumblättern und die Unterschiede hinsichtlich der Rückwanderung der einzelnen Aschenstoffe im Herbst (Abb. 5). Obwohl DELEANO und seine Mitarbeiter dies ausdrücklich ablehnen, ist ein Verlust infolge von Auswaschung durch Regen und Tau bei ihren wie bei den meisten anderen Arbeiten zum mindesten nicht auszuschließen[1]. Allerdings fand OLSEN (1948) an Buchenblättern keinen Unterschied im Mineralstoffgehalt im Herbst, ob die Blätter vor Regen geschützt waren oder nicht, doch läßt sich dieser Befund sicher nicht verallgemeinern. OLSENs (1948) Kurven unterscheiden sich von den in Abb. 5 wiedergegebenen nur in Einzelheiten: Bei Stickstoff und Phosphor nimmt der Absolutgehalt der Blätter schon im Frühjahr etwas ab, die Stickstoffkurve fällt im Herbst stark, während die Phosphormenge unverändert bleibt, ebenso auch der Magnesiumgehalt. Die Kaliumkurven bei OLSEN (1948) gleichen denen bei DELEANO und ANDREESCO (1932) und DELEANO und BORDAIANU (1933) weitgehend, Calcium, Silicium, Eisen und Mangan nehmen dagegen bis zum Ende der Vegetationsperiode zu. (Einige von OLSENs Kurven sind in diesem Handbuch Bd. IV, S. 617, Fig. 1a—d, abgedruckt.)

Bei DELEANO und ANDREESCO (1932) und DELEANO und BORDEIANU (1933) bleibt der Calciumgehalt der Blätter im Herbst gleich; Magnesium nimmt ab, aber schwächer als Kalium, Phosphor und Stickstoff. Dies spricht dafür, daß der uneinheitliche Verlauf der Kurven, besonders für Calcium, wie er im Herbst auch bei den Kurven in Erscheinung tritt, die SWART (1914) nach den Ergebnissen älterer Arbeiten gezeichnet hat, nicht nur Rückwanderung sondern auch Auswaschung anzeigt. Der Anteil, der durch Auswaschung verlorengeht, ist unbekannt; er wird wohl bei Kalium besonders hoch sein, da Kalium besonders leicht aus Blättern ausgewaschen wird (MANN und WALLACE 1925, WALLACE 1930). Auch die Beurteilung, wieweit Elemente zurückwandern, die wie Magnesium und Eisen im Herbst nur einen geringen Rückgang zeigen, wird erschwert, wenn der Verlust durch Niederschläge nicht vermieden wird. Auffallend ist die starke Abnahme von Silicium in den Versuchen von DELEANO und ANDREESCO (1932) und DELEANO und BORDEIANU (1933), nach anderen Arbeiten verhält sich Silicium wie Calcium, indem es bis zum Laubfall zunimmt (SAMPSON und SAMISCH 1935, OLSEN 1948); in der übrigen Literatur findet sich nirgends ein Beweis für Mobilisierung und Rücktransport von Silicium aus Blättern.

Wenn auch noch MCHARGUE und ROY (1932) an 23 laubwechselnden Bäumen auf Grund ausgedehnter Analysen der Hauptnährstoffe und verschiedener Spurenelemente, die sie allerdings auf Trockengewicht beziehen, keinen Beweis für die herbstliche Rückwanderung zu finden glauben, so hat sich doch in den letzten Jahrzehnten folgendes Bild ergeben: Kalium geht (wie Stickstoff) allgemein im Herbst am meisten zurück, die Phosphorabnahme ist geringer oder kann auch fehlen wie bei *Quercus gambelii* und *Q. keloggii*, an deren Blättern SAMPSON und SAMISCH (1935) nur für Kalium eine Abnahme fanden, für Calcium und Silicium eine Zunahme bis zum Spätherbst. Nach DAVIS und MOORE (1934) nahmen beim Vergilben von Birnbaumblättern Kalium, Phosphor und Stickstoff mehr oder weniger stark ab, Calcium bis zum Abfallen der Blätter zu, bei Magnesium schwanken die Ergebnisse zu stark, als daß sich eine Veränderung in bestimmter Richtung erkennen ließe. Auch TAMMs (1951b) Untersuchungen an Birkenblättern zeigen, obwohl sie auf Trockengewicht bezogen werden, eindeutig den Unterschied von Calcium mit einer Zunahme vom Mai bis zum November gegenüber dem steilen Abfall der Stickstoff-, Phosphor- und Kaliumkurven. SCHULZE (1956) sowie SCHMALFUSS und SCHULZE (1961) bringen neue Analysen von verschiedenen Holzpflanzen, aus denen sich der Unterschied in der Beweglichkeit von Stickstoff, Phosphor, Kalium, Natrium und Calcium ebenfalls erkennen läßt, sie fanden

[1] Vgl. Band IV, G. STENLID, Salt losses and redistribution of salts in higher plants, S. 621ff.: Losses of salts through leaching with rain or dew.

auch einen Zusammenhang zwischen Kationengehalt und Auswaschung: Gelegentlich wurden nach stärkeren Regenfällen geringere Zunahme von zweiwertigen Metallen und zum Teil auch Kaliumabnahme festgestellt. Insgesamt macht die Arbeit von SCHMALFUSS und SCHULZE (1961) die auch bei Verwendung größerer Blattproben unvermeidliche Schwankungsbreite deutlich, durch welche wohl alle Untersuchungen dieser Art gekennzeichnet sind, ihretwegen sollte auf den Einzelbefund nicht zu großes Gewicht gelegt werden; auch Bäume, die benachbart wachsen, können sich bei grundsätzlicher Übereinstimmung in Einzelheiten des Mineralstoffhaushaltes unterscheiden. FRIES (1952) zeigte an neun verschiedenen Baumarten aus dem Botanischen Garten in Uppsala, daß die Phosphorabnahme im Herbst sehr verschieden ausgeprägt ist oder sogar ganz fehlen kann; es ist unklar, wieweit artspezifische, individuelle oder Standortsunterschiede hierbei maßgebend sind. Die gleiche Art kann sich aber sehr verschieden verhalten, wie der Vergleich der Ergebnisse von ÉCHEVIN (1931) und OLSEN (1948) an Buchen zeigt. Eine relative Erhöhung der löslichen Phosphorfraktion verglichen mit der unlöslichen tritt im Zusammenhang mit Abbauvorgängen im Herbst auch dann auf, wenn die gesamte Phosphormenge gleichbleibt (OLSEN 1948). Standortbedingte Unterschiede sind bei ÉCHEVIN (1927) angedeutet: Von seinen Pflanzen zeigte nur *Corylus avellana* in den Blättern eine Calciumzunahme bis zum Ende der Vegetationszeit; der Autor bemerkt hierzu, daß der Strauch als einzige von sechs untersuchten Arten auf einem kalkreichen Boden wuchs. Nach BÖTTICHER und BEHLING (1940) beginnt in den kaliumreichen Sonnenblättern von *Acer pseudoplatanus* der absolute Kaliumgehalt schon nach Beendigung des Wachstums abzusinken, bei den Schattenblättern erst im Herbst. Bei allen derartigen Untersuchungen ist stets im Auge zu behalten, daß die Analysen nicht einseitig gerichtete Stoffbewegungen aufzeigen müssen, sondern vielfach Bilanzen aus Ein- und Auswanderung erfassen werden.

Einige neuere Arbeiten bestätigen die besprochenen über den Zusammenhang zwischen Mineralstoffgehalt, Blattalter und Jahreszeit bei Holzgewächsen (MYERS und BRUNSTETTER 1946, BATJER und WESTWOOD 1951, ROGERS und BATJER 1953, BOULD 1955, MASON 1958). In Orangenblättern fiel der Gehalt an Stickstoff, Phosphor und Kalium vom Mai des ersten bis zum Mai des zweiten Jahres stetig ab (JONES und PARKER 1951); wenn diese Analysen auch auf die Trockensubstanz bezogen sind, so zeigen sie doch deutlich den Unterschied gegenüber Magnesium und Calcium, die beide bis in den Winter hinein ansteigen und erst danach fallen. Die Natriumkurve stimmt mit der für Magnesium und Calcium so gut wie vollständig überein. Sonst gibt es nur wenig Angaben über Stofftransporte bei wintergrünen Blättern. Ebenso wie Eiweißabbau und Stickstoffabwanderung im Herbst ausbleiben, solange die Blätter grün sind (SATTLER 1929), und erst beim Vergilben einsetzen (MICHEL-DURAND 1932), erhalten die grünen Blätter auch ihren Bestand an Phosphor (ÉCHEVIN 1936) und Kalium (SABALITSCHKA und WIESE 1926). Beim Vergilben von *Prunus laurocerasus* wandern nach MICHEL-DURAND (1932, 1935) auch Phosphor und Kalium aus, nicht aber Schwefel; nach SABALITSCHKA und WIESE (1926) nimmt bei vergilbenden Efeublättern der Kaliumgehalt im Vergleich zur Trockensubstanz ab. Nadeln von *Pinus nigra* nahmen nach SCHMALFUSS und SCHULZE (1961) bis zum dritten Jahr Calcium, Magnesium und Natrium auf, Stickstoff, Phosphor und Kalium dagegen nur bis zum zweiten; diese „mobilen“ Stoffe wanderten von der zweiten zur dritten Vegetationsperiode eindeutig zurück (die Proben wurden jeweils am 1. Juni genommen). Damit stimmen auch ältere Angaben wie die von SCHROEDER (1875) überein, dessen Zahlen SWART (1914) auf die gleiche Anzahl von Kiefernnadeln umgerechnet hat. Der Vergleich von Nadeln des gleichen Jahres mit älteren ergibt eine Abnahme mit dem Alter bei Kalium und Phosphor, eine Zunahme bei Calcium und Silicium, aber auch bei Magnesium, Mangan und Eisen. Als drittes Stadium untersuchte SCHROEDER (1875) Nadeln, die noch am Baum standen, aber abgestorben und völlig entfärbt waren; sie zeigten gegenüber den noch grünen für alle Aschenelemente außer Silicium eine Abnahme, die sicher zum Teil auf Auslaugung beruht, aber bei den beweglichen (Kalium, Phosphor, auch Natrium) besonders ausgesprochen ist. Auch aus den Analysen von DULK (1875b) an Nadeln von *Pinus sylvestris* geht eine Abnahme von Kalium und Phosphor vom ersten zum vierten Jahr hervor, ebenso sank auch der Schwefelgehalt, der Eisengehalt blieb etwa gleich, Calcium, Magnesium, Mangan und Silicium nahmen zu. Nach dieser Arbeit ist es auch wahrscheinlich, daß im Frühjahr Kalium und Phosphor aus den Nadeln der vorhergehenden Jahre für den jungen Zuwachs genutzt werden. — Auch SEIDEN (1926) bringt einige Analysen von *Pinus nigra* (im August): Der Aschengehalt der Nadeln stieg mit dem Alter, der Anteil von Calcium und Silicium in der Asche war bei mehrjährigen Nadeln höher als bei denen des Untersuchungsjahres, während Kalium und Phosphor mit dem Alter abnahmen.

SCHMALFUSS und SCHULZE (1961) bestätigen auch frühere Befunde über die Stoffaufnahme der Blätter: Die Knospen bringen schon einen erheblichen Phosphorvorrat mit, die Aufnahme hört bald auf und wird durch eine Phosphorabnahme (vermutlich Rückwanderung) abgelöst, wie sie ähnlich ÉCHEVIN (1931) und OLSEN (1948) fanden; Stickstoff wandert länger ein. Auch Kalium wird vor allem von den jungen Blättern aufgenommen, während Magnesium und Calcium gleichmäßiger zunehmen, Natrium steigt wie die zweiwertigen Kationen bis zum Ende der Vegetationsperiode (vgl. die schon erwähnte Arbeit von JONES und PARKER 1951). Die relative Zunahme von Calcium und Magnesium (verglichen mit Kalium) mit dem Blattalter, die bei allen Blättern, also auch bei krautigen Pflanzen, die Regel ist, kann zwei Gründe haben: Neben einer bevorzugten Kaliumaufnahme im Jugendstadium, der eine mehr passive Aufnahme der Erdalkalielemente gegenübersteht, ist an eine laufende Kaliumrückwanderung zu denken, welche die Gesamtbilanz mitbestimmt, ohne direkt erkennbar zu sein. Da sich Natrium nicht wie Kalium verhält, sondern wie Magnesium und Calcium, kann die Wertigkeit der Ionen für die Beweglichkeit nicht entscheidend sein.

8. Der Transport bei Blütenblättern.

Aus den Korollen vieler Blüten werden mit dem Verblühen Stoffe zurückgeleitet, wie besonders SCHUMACHER (1931) in seiner Arbeit über den Stickstoffumsatz der Blütenblätter gezeigt hat; die dabei auftretenden Stofftransporte gehören zu den intensivsten, die aus dem Pflanzenreich bekannt sind[1]. Sie lassen sich mit der herbstlichen Rückwanderung aus Laubblättern vergleichen: Hier wie dort kehrt sich am Ende der Lebenszeit des Blattes die Transportrichtung für einen Teil der Stoffe um; der Punkt in der Entwicklung, an dem die „Umkehrung der Polarität" eintritt (oder auch die Ableitung den Zustrom überwiegt ?) ist besonders bei ephemeren Blüten genau festgelegt. Der Ablauf des Blühens erscheint wie ein Zeitrafferfilm des Lebens der Laubblätter, wobei hier nicht diskutiert werden soll, wieweit sich die Knospen und Stadien der Entfaltung bei Blüten- und Laubblättern stoffwechsel- und entwicklungsphysiologisch in den Einzelheiten vergleichen lassen.

[1] Vgl. in diesem Bande S. 128; ferner Bd. VIII, S. 554ff., H. S. MCKEE, Protein metabolism in flowers.

Schon hinsichtlich des Gesamtgehalts an Mineralstoffen unterscheiden sich beide: Ivanow (1927) fand, daß verblühte Blütenblätter (bezogen auf die Trockensubstanz) mehr Mineralstoffe enthielten als bald nach dem Aufblühen gesammelte. Er folgerte daraus eine fortgesetzte Anreicherung von Aschenstoffen durch die Transpiration; diese liegt aber nach Curtel (1898) und Helfferich (1942) nur in den Größenordnung der cuticulären Transpiration der Laubblätter. Combes (1935) bestätigte an den Blüten von *Lilium croceum* zwar Ivanows (1927) Befunde, nicht aber seine Interpretation: Der Aschengehalt in der Korolle stieg zwar in der Trockensubstanz von der jungen Knospe bis zum völligen Welken, der absolute Aschengehalt nahm aber nur bis zum Aufblühen zu und sank danach, einen Mineralstoffrücktransport anzeigend, steil ab.

Die Ergebnisse von Coïc, Lesaint, Tendille und Papin (1963) über den Gehalt von *Dahlia*-Petalen in verschiedenen Entwicklungsstadien scheinen zu bestätigen, daß sich Stickstoff, Phosphor, Kalium, Magnesium und Calcium in den Blütenblättern so verhalten wie bei der herbstlichen Rückwanderung, wenn auch die Bezugsgrößen (Frisch- und Trockengewicht) keine quantitativen Schlüsse auf die stattfindenden Stofftransporte zulassen. Während die „beweglichen" Elemente abnahmen, stieg der Magnesium- und Calciumgehalt mit dem Alter in den Petalen wie in den Laubblättern an. Mit den Laubblättern verglichen enthielten aber die Petalen in allen Stadien relativ viel Kalium und wenig Calcium (Laubblätter: $Ca > Mg > K$, Blütenblätter: $K > Mg > Ca$); dieser Unterschied läßt sich zwanglos aus der kürzeren Lebensdauer und der geringeren Transpiration der Blüten verstehen, die es nicht zu einer so starken Anreicherung von Calcium und Magnesium kommen lassen wie in den Laubblättern.

Unter den sehr wenigen Arbeiten über den Mineralstoffhaushalt von Blüten ist für den Transport vor allem die von Phillis und Mason (1936) an den ephemeren Blüten von *Gossypium barbadense* wichtig. Bei diesen wanderten Stickstoff, Phosphor, Kalium, Magnesium und Chlor in der Nacht vor dem Aufblühen in die Korolle ein, die Höchstwerte wurden morgens etwa beim Aufblühen (auf Trinidad um 8 Uhr) erreicht, danach fand eine Rückwanderung statt, die in den Versuchen (vom Höchstwert) 56% N, 45% P, 24% K, 22% Cl, 12% Mg und 6% Ca betrug. (Die Veränderungen in den anderen Teilen der Blüte waren sehr gering, so daß die Verluste in der Korolle fast ausschließlich den Rücktransport durch den Blattstiel und eventuell auch Auswaschung durch Tau darstellen.) Die Ähnlichkeit mit der herbstlichen Rückwanderung ist also gegeben. Auch hier nimmt Calcium eine Sonderstellung ein, indem seine absolute Menge in der Korolle in der Nacht vor dem Aufblühen gleichblieb, merkwürdig ist eine signifikante Calciumabnahme von 13% am Blühtage bis zum frühen Nachmittag, darauf ein Wiederanstieg auf 96% des Anfangswertes, erst danach trat der Abfall um 6% ein. Auch die Magnesiumkurve zeigt einen ähnlichen Verlauf, wenn auch abgeschwächt. Anscheinend handelt es sich um keine Zufallsbeobachtung, denn in einem zweiten Versuch fiel Calcium bei Tage zunächst um 12%, stieg wieder auf 94% und fiel in der folgenden Nacht um 8%. Phillis und Mason (1936) interpretieren dieses Ergebnis mit einer zeitweiligen Rücksaugung von Calcium durch das Gefäßsystem des Blütenstiels infolge starker Transpiration der ganzen Pflanze, da sie Immobilität von Calcium im Phloem annehmen; es ist fraglich, ob diese Deutung zutrifft (Kritik bei Lausch 1958).

Auffallend ist, daß auch Champigny (1953) in ihrer Arbeit über den Mineralstoffhaushalt des Perianths von *Narcissus pseudonarcissus* eine vorübergehende Abnahme von Calcium und (schwächer) von Magnesium zu Anfang der etwa 12 Tage dauernden Anthese verzeichnet; allerdings war die Menge der Gesamtasche in der gleichen Probe ebenfalls geringer, es könnte sich daher um eine scheinbare Rückwanderung handeln (die Größe der Proben wird nicht angegeben, obwohl die Ergebnisse auf 100 Perianthe bezogen werden). Von dieser Unklarheit abgesehen zeigt auch die *Narcissus*-Blüte die gewohnten Unterschiede in der Beweglichkeit der Mineralstoffe: Gesamtasche, Magnesium und Calcium nahmen bis zum Verblühen zu, Phosphor wanderte nach dem Aufblühen, Kalium etwas später aus. Hinsichtlich der Zunahme von Asche, Calcium und Magnesium geht die Ähnlichkeit zu den herbstlichen Laubblättern hier also weiter als bei den ephemeren Korollen von *Gossypium* (Magnesium wandert offenbar aus, der geringe Calciumverlust könnte auch auf Auswaschung durch Tau beruhen) und *Lilium* (Asche nimmt nach dem Aufblühen ab) in den Arbeiten von PHILLIS und MASON (1936) bzw. COMBES (1935). Anscheinend stellen die Laubblätter einen physiologisch einheitlicheren Typ als die Blütenblätter dar, unter denen es nach SCHUMACHER (1931) solche gibt, die wie vergilbende Laubblätter ihren Stickstoffvorrat zu einem mehr oder weniger großen Teil ableiten, und andere, bei denen er der Pflanze mit dem Abwerfen der Blütenblätter verlorengeht.

Ob aus abblühenden Blütenblättern ein Rücktransport von Calcium stattfinden kann, der in der Bilanz durch eine Zufuhr mit dem Transpirationswasser verdeckt sein könnte, ist fraglich. LAUSCH (1958) fand bei den ephemeren Blüten von *Hydrocleis nymphoides,* die nach SCHUMACHER (1931) auch Stickstoff nicht ableiten, keine Calciumabnahme; bei *Ipomoea Leari* und *Oenothera lamarckiana* ist nach seinen Analysen ein Rücktransport zwar möglich, aber nicht gesichert. ABUTALYBOV (1955) bringt über den Abtransport von ^{45}Calcium, das auf Blütenblätter von Rosen gebracht wurde, einige wenige Zahlen, die aber nicht überzeugen können; die Auswanderung soll durch eine Ringelung des Blütenstiels zwar verzögert, aber nicht völlig verhindert worden sein.

9. Weiterverteilung und Rückwanderung bei krautigen Pflanzen.

Die Phänomene bei der herbstlichen Rückwanderung und an Blütenblättern bestätigen die Berechtigung der Einteilung von RIPPEL (1926) in leicht und schwerer bewegliche Elemente (s. S. 208), wenn auch über das Ausmaß, in dem der Transport in der zweiten Stoffgruppe möglich ist, manche Unklarheiten bleiben. Diese Gruppierung gilt auch für Stofftransporte, die im Laufe der Entwicklung von krautigen Pflanzen stattfinden, und bei der Samenkeimung.

Zum Unterschied von Holzpflanzen mit ausdauernden oberirdischen Teilen, bei denen die Blätter mehr oder weniger gleichzeitig ausgetrieben und ebenso im Herbst abgestoßen werden, physiologisch also zu einer bestimmten Zeit recht gleichwertig sind, trägt eine krautige Pflanze Blätter, die — nach der Insertion gestaffelt — verschieden alt und physiologisch ungleich sind. Bei dieser Anordnung ist charakteristisch, daß die jüngeren Blätter den älteren Stoffe entziehen, sich also zum Teil auf Kosten der älteren ernähren, soweit es sich um transportable Stoffe handelt; deren Mobilisierung folgt hier unmittelbar ein Transport zu den jüngeren Organen (neben jüngeren Blättern auch zu Blüten und Früchten), nicht wie bei Holzgewächsen, Samen und anderen Ruhestadien eine zeitweilige Ablagerung in ausdauernden Teilen der Pflanze. Im Zusammenhang mit solchen Stofftransporten steht ein frühzeitiges Altern und Absterben der älteren Blätter, das um so rascher eintritt, je weniger der Pflanze an leicht transportablen Stoffen zur Verfügung steht. Die gleichen Stoffe können, wenn sie in ausreichender Menge von der jungen Pflanze aufgenommen werden, immer wieder in den Stoffwechsel neu einbezogen werden, während die Pflanze schwer bewegliche Stoffe, die in den Blättern nicht wieder mobilisiert werden können, auch in späteren Lebensstadien weiter aufnehmen muß, um Mangelerscheinungen zu vermeiden. Bei Mangel von Calcium, aber auch von Bor, treten die aus Nährlösungskulturen bekannten Mangelsymptome zuerst an den jungen Blättern und Meristemen auf, die bei starkem Mangel nicht mehr weiterwachsen; umgekehrt zeigen sich Stickstoff-, Phosphor- und Kaliummangelsymptome zuerst an den älteren Blättern (bzw. bei Monokotyledonen an den Blattspitzen), welche um so schneller absterben, je rascher ihnen der Minimalstoff entzogen wird (z. B. MÜLLER und LARSEN 1935, ARNON und HOAGLAND 1943, MÜLLER 1949, WALLACE 1951).

Bei dikotylen Pflanzen führt bei Stickstoff-, Phosphor- oder Kaliummangel die Stoffverschiebung aus den älteren Blättern vor allem zu einem Weiterwachsen des Hauptsprosses, dem die mobilisierten Nährstoffe zugute kommen, während das Austreiben von Seitenknospen gehemmt wird. Umgekehrt zeigte LÖHR (1953) an Gerste und Hafer, daß bei Gramineen unter Kaliummangel der Haupttrieb abstirbt, dafür aber Nebentriebe entwickelt werden. Die andersartige Monokotyledonen-Organisation drückt sich auch in der normalen Entwicklung des Einzelblattes aus, das an der Basis noch weiterwachsen kann, während die Spitze schon „altert“ und abstirbt; unter den Gymnospermen ist dieser Typ extrem bei *Welwitschia* verwirklicht. Das interkalare Meristem an der Basis von Monokotyledonenblättern akkumuliert Ionen wie andere wachsende Zentren; hierzu wird über Versuche mit ^{137}Caesium (STEWARD 1954) und mit ^{45}Calcium (ABUTALYBOV und DŽANGIROVA (1960) berichtet. Ob in solchen Blättern den apikal gerichteten Stoffbewegungen ein basal gerichteter Rücktransport beweglicher Stoffe aus der älter werdenden Spitze zur gleichen Zeit entgegenläuft, ist unbekannnt. Es dürfte sich lohnen, Richtungen und Lakolisierung der Stoffbewegungen in monokotyloiden Blättern zu untersuchen; die Schwierigkeiten hinsichtlich der Bezugsgröße, die wohl ein Grund für die stiefmütterliche Behandlung dieses Blatttyps in der Pflanzenphysiologie sind, lassen sich bei Verwendung radioaktiver Isotope überwinden.

Die Stoffbewegungen durch das basale Meristem grasartiger Blätter sind auch beachtenswert, weil hier die Bündel der Sproßachse und der Blätter erst durch ausdifferenzierte Leitbahnen verbunden werden, wenn das meristematische Wachstum erlischt. CONWAY (1940), die wohl zuerst auf die Bedeutung dieser Verhältnisse auch für den Phloemtransport hingewiesen hat, zeigte im Rahmen ihrer Untersuchungen über die Ökologie von *Cladium mariscus*, daß die Bündelverbindung zum Blatt nur aus wenigen zarten Protoxylem- und Protophloemelementen besteht. Die Folge ist eine Wachstumshemmung der Blätter bei starker Transpiration, weil die geringe Leitfläche zum begrenzenden inneren Faktor für den Wassertransport wird. Entsprechend fand ROUSCHAL (1941) an *Glyceria aquatilis* und *Carex gracilis* (also ebenso wie *Cladium* Arten extrem feuchter Standorte), an der Basis halbwüchsiger Blätter eine Begrenzung der Leitfähigkeit durch die kleinere Leitfläche und den geringeren Gefäßdurchmesser auf etwa ein Hundertstel dessen, was der apikale Teil des Blattes leisten kann. Ob auch das Phloem an der Blattbasis einen „Flaschenhals“ bildet, ist unbekannt. Mit geeigneter Markierung ließe sich wohl nebeneinander die Stoffbewegung in meristematischen und Phloemzellen studieren; hier laufen Stofftransporte vermutlich in beiden Richtungen durch aktives Meristem!

Stoffverschiebungen innerhalb der Pflanze lassen sich analytisch leicht feststellen, allerdings stehen der quantitativ richtigen Erfassung auch bei kritischer Verwendung der Bezugsgrößen vor allem zwei Schwierigkeiten entgegen: Die Auswaschung durch die Niederschläge und die Rückwanderung in den Boden bzw. in die Nährlösung. Beide Fehlerquellen haben in den zurückliegenden Jahrzehnten bei der Diskussion von Analysenergebnissen eine Rolle gespielt, wobei die einzelnen Autoren bald die eine, bald die andere höher bewerteten; mit beiden muß gerechnet werden[1]. In den meisten Untersuchungen ist die Auswaschung nicht vermieden worden; wieweit eine Rückwanderung durch die Wurzeln stattgefunden hat, läßt sich nur selten entscheiden, weil in der Regel nur die oberirdischen Pflanzenteile untersucht wurden, sich also keine Gesamt-

[1] Vgl. Bd. IV, S. 615ff., G. STENLID, Salt losses and redistribution of salts in higher plants.

bilanz gewinnen läßt. Eine Ausnahme bildet die Arbeit von DELEANO und GOTTERBARM (1936), in der der Kalium- und Aschengehalt der Wurzeln von Roggen und Gerste mitbestimmt wurde; da die Zunahme in den Wurzeln kleiner war als die Abnahme in den oberirdischen Teilen, wird auf eine Rückwanderung in den Boden geschlossen. Allerdings ist dieser Schluß nicht eindeutig, da Auswaschung durch Niederschläge, welche die Verfasser grundsätzlich ablehnen, nicht vermieden und auch eventuelle Materialverluste (Feldversuche!) nicht berücksichtigt wurden. Letzteres gilt auch für entsprechende Befunde von ANDRÉ (1912) an Gerste; der Verfasser betont ausdrücklich, daß zwischen Blüte und Reife kein Regen gefallen sei, in dieser Zeit verloren die Pflanzen (einschließlich der Wurzeln) Kalium und Natrium, aber nicht Magnesium und Calcium. Diese Arbeit zeigt sogar eine Calciumzunahme in der Wurzel zur Zeit der Reife, gleichzeitig nahm der Calciumgehalt oberirdisch ab. Soweit die sehr unregelmäßigen Werte, welche die Schwierigkeiten bei den Wurzelanalysen im Feldversuch widerspiegeln, etwas aussagen können, wäre auch an eine Fortdauer der Calciumaufnahme bei sistierter Kaliumaufnahme in den älteren Pflanzen zu denken.

Tabelle 5. *Abnahme von Aschenstoffen in den oberirdischen Teilen vom Weizen.* (Nach KNOWLES und WATKIN 1931.)

	Prozent der maximalen absoluten Menge		Gramm pro 3200 Pflanzen
	1929	1930	1930
K_2O	−25	−50	89,6
CaO	−43	−19	−7,20
Cl	−32	−43	−14,58
SiO_2-freie Asche	−20	−36	−143,0

DELEANO und GOTTERBARM (1936) analysierten Roggen und Gerste, indem sie die beblätterten Halme von den Ähren trennten, auf Stickstoff, Phosphor, Kalium, Magnesium und Calcium. Aus ihren Kurven läßt sich schließen, daß Stickstoff, Phosphor und Kalium aus den beblätterten Halmen in die Ähren verschoben wurden. Der Gesamtgehalt der oberirdischen Teile an Magnesium stieg bis zum Schluß, es wurde also weiter Magnesium aufgenommen, obwohl die Kurven wenigstens beim Roggen für eine zusätzliche Magnesiumversorgung der Ähren durch die Blätter sprechen. Die Calciummenge in den vegetativen Teilen verminderte sich bei der Gerste nicht, die Verfasser schließen wohl mit Recht, daß keine Calciumverschiebung innerhalb der Pflanze stattfand, sondern die Ähren ausschließlich aus dem Boden mit Calcium versorgt wurden. Beim Roggen nahm dagegen zu der Zeit, in der die Ähren Calcium aufnahmen, die Calciummenge in den vegetativen wie in den gesamten oberirdischen Teilen ab; die Verfasser vermuten wieder eine Rückwanderung in den Boden, da sie eine Auswaschung ablehnen.

Die Ergebnisse der Feldversuche von KNOWLES und WATKIN (1931)[1] an Winterweizen, in denen 7 Wochen vor dem Ährenschieben bis zur Ernte Stickstoff, Phosphor, Kalium, Calcium, Silicium und Chlor in den vegetativen Teilen und Ähren (nicht in den Wurzeln) bestimmt wurden, geben ebenfalls einen Einblick in die Stofftransporte, da der absolute Gehalt angegeben wird. Sie stimmen mit denen von DELEANO und GOTTERBARM (1936) hinsichtlich der Gesamtabnahme von Kalium und Calcium mit dem Reifen der Pflanzen überein, gleichzeitig mit diesen beiden Elementen nahm auch Chlor ab. Die Verluste sind so hoch, daß sie nicht durch Materialverluste erklärt werden können, dem würde auch widersprechen, daß Phosphor und Stickstoff nicht abnahmen. Am Hafer fand BERRY (1920) nur eine Kaliumabnahme; auch er weist auf die Möglichkeit hin, daß durch ein Gleichgewicht zwischen Aufnahme und Abgabe bei der älteren Pflanze eine fehlende Stoff„aufnahme“ nur vorgetäuscht werden könnte.

[1] Vgl. Tabelle 1, S. 618 in Band IV dieses Handbuches.

Obwohl KNOWLES und WATKIN (1931) die Möglichkeit einer Auswaschung durch Niederschläge zugeben, lehnen sie eine Erklärung so großer Verluste an Kalium, Calcium und Chlor auf diese Weise ab und schließen auf Rückwanderung in die Wurzeln. Aus ihren Daten ließe sich ferner auf einen Transport von diesen Elementen (dazu von Phosphor und Stickstoff, aber nicht von Silicium) aus den vegetativen Teilen in die Ähren schließen, soweit die Abnahme im Stroh nicht teilweise (oder für Calcium ganz ?) auf Auswaschung beruht. Die in Tabelle 5 angegebenen prozentualen Verluste sind zwar im Durchschnitt der beiden Versuchsjahre von der gleichen Größenordnung; doch ist hier zu berücksichtigen, daß die *absoluten* Fehlbeträge bei den einzelnen Elementen sehr ungleich sind; bei Calcium und Chlor könnte daher die Auswaschung eher entscheidend gewesen sein als bei Kalium. Dies sollte angesichts der Widersprüche in den Ergebnissen von DELEANO und GOTTERBARM (1936) und KNOWLES und WATKIN (1931) zu den im folgenden besprochenen Arbeiten von WAGNER (1932a) und MASON und MASKELL (1931) nicht übersehen werden.

Tabelle 6. *Abnahme von Aschenstoffen und Stickstoff in der ganzen Pflanze (einschließlich Wurzeln).* (Nach WILFARTH, RÖMER und WIMMER 1906.)

	In Prozenten der maximalen absoluten Menge		In kg/ha	
	Sommerweizen	Gerste	Sommerweizen	Gerste
K_2O . .	−41	−35	−55,5	−27,54
Na_2O . .	−54	−39	−6,44	−2,85
N . . .	−19	−25	−24,78	−6,74
P_2O_5 . .	0	−7	−0,34	−2,95

Tabelle 7. *Stoffabgabe von Gerste bei verschiedener Kaligabe. Gefäßversuche.* (Nach WILFARTH, RÖMER und WIMMER 1906.)

Kalidüngung		1/12	1/4	1/2	1/1
K_2O	prozentual	−40	−30	−23	−16
	mg/Pflanze	−27	−47	−65	−80
Na_2O	prozentual	−47	−29	−51	−39
	mg/Pflanze	−27	−26	−46	−42
N	prozentual	−27	−15	−10	−10
	mg/Pflanze	−79	−54	−38	−36

Schon vorher hatten WILFARTH, RÖMER und WIMMER 1906) in Feldversuchen die Stoffverteilung in den Teilen der Getreidepflanzen während der Vegetationsperiode untersucht; da sie auch die Wurzeln analysierten, konnten sie einen Stoffverlust der *ganzen* Pflanze feststellen, den sie mit einer Rückwanderung in den Boden erklären. Sommerweizen verlor (in Prozenten der maximalen absoluten Menge) 41% K_2O, 54% Na_2O und 19% N, Gerste 35% K_2O, 39% Na_2O und 25% N; die P_2O_5-Menge nahm nicht oder nur geringfügig ab. In Gefäßversuchen (auf Sand bei verschiedener Kaligabe im Gewächshaus) lagen die Stoffverluste in der gleichen Größenordnung (Tabelle 6). Die Stoffverluste sind ungefähr ebenso groß wie in den Feldversuchen von KNOWLES und WATKIN (1931), jedoch wurde auch Stickstoff abgegeben; gegen nennenswerte Materialverluste spricht die gleichbleibende Phosphorsäuremenge. Da sich Feld und Gefäßversuche nicht wesentlich unterscheiden, ist an einer erheblichen Rückwanderung in den Boden kaum zu zweifeln. Auch Erbsen und Senf zeigten in Gefäßversuchen von WILFARTH, RÖMER und WIMMER (1906) Stoffverluste, die aber besonders beim Natron geringer waren; dagegen speicherte die Kartoffel alles Material, bei ihr war eine Abgabe an den Boden nicht festzustellen.

Tabelle 7 zeigt die zu erwartende Abhängigkeit der prozentualen und absoluten Kalirückwanderung von der Kaliernährung. Bei der niedrigsten Kalistufe war der Gehalt an beiden Alkalimetallen fast gleich, bei der höchsten Kaligabe betrug der Kaliumgehalt ein Vielfaches des Natriumgehaltes, hier enthielten die Pflanzen auch mehr Natrium und gaben, wie die Tabelle zeigt, auch mehr ab. In entsprechenden Versuchen an Erbsen, die viel weniger Natrium aufnahmen, fehlte auch eine Natriumabnahme fast ganz. Sicher sind die Rückwanderungsraten bei verschiedenen Pflanzen sehr ungleich, artspezifische Unterschiede und Ernährungsbedingungen mögen die Rückwanderung in den Boden ebenso beherrschen wie die Stoffaufnahme.

Der Zusammenhang der Anthese mit der Rückwanderung wird besonders durch eine Arbeit von DELEANO und VLADESCU (1937) betont, welche ganze Tabakpflanzen mit Wurzeln untersuchten. Bis zur Blütezeit wurden Stickstoff, Phosphor, Kalium, Magnesium, Calcium, Eisen, Mangan und Silicium aufgenommen, mit der Blüte nahmen die Gesamtmengen von Stickstoff, Phosphor, Kalium, Magnesium und Calcium ebenso wie die Trockensubstanz und auch der Wassergehalt ab und stiegen danach wieder. Als Grund wird eine Rückwanderung in den Boden angesehen; sie hörte mit dem Austreiben der Seitenknospen auf und wurde durch eine abermalige Zunahme der genannten Stoffe abgelöst. Wenn die Seitentriebe zur Blüte kamen, hörte diese Stoffaufnahme wieder auf, der weitere Verlauf der Kurven deutet auf eine zweite „negative Wanderung“ hin; diese beiden Phasen waren abgeschwächt, wenn die Seitenknospen entfernt wurden und damit eine zweite Blüte verhindert wurde. Eine Rückwanderung von Eisen, Mangan und Silicium wurde zu keinem Zeitpunkt festgestellt. Dies und die Parallelität der Kurven für die einzelnen Mineralstoffe, Gesamtasche und Trockensubstanz spricht für eine wirkliche Stoffabgabe; allerdings blieb auch hier die Auswaschung unberücksichtigt.

Durch Analyse des Kulturmediums ist die Rückwanderung von Stickstoff und Mineralstoffen ebenfalls wiederholt nachgewiesen worden; auch nach solchen Versuchen findet sie vor allem bei älteren Pflanzen statt, und auf eine Stoffabgabe während der Blütezeit kann später noch einmal ein Überwiegen der Aufnahme folgen (z.B. HALL 1949). Da die Problematik der Stoffabgabe durch die Wurzeln an anderer Stelle in diesem Handbuch ausführlich behandelt wird[1], sei hier nur auf einige zusammenfassende Darstellungen hingewiesen (ACHROMEIKO 1936, LOEHWING 1948, 1951). Nach RATNER (1945), der versucht hat, im Experiment dem Zusammenhang zwischen Ionenabgabe durch die Wurzel und Gehalt des Bodens an austauschbaren Ionen nachzugehen, kann *ein* Wurzelsystem in verschiedenen Bodenhorizonten Ionen gleicher Art teils eintauschen und teils austauschen; es können als Folge Ionenlängstransporte in der Wurzel in der einen oder anderen Richtung auftreten, ebenso wie Wasser aus einer feuchten in eine trockene Bodenschicht durch Wurzeln geleitet wird.

In WAGNERS (1932a) Gefäßversuchen mit Hafer[2] sind Materialverluste und Auswaschung offenbar vermieden worden, sie zeigen sehr schön die Unterschiede im Kalium- und Calciumhaushalt (Abb. 6 und 7). Die Calciumkurven steigen stetig an, eine sekundäre Verlagerung fand nicht statt, „jedes Pflanzenorgan deckte seinen Kalkbedarf selbst“. Dagegen bezogen die Rispen ihr Kalium fast quantitativ aus den Blättern; aus den Halmen wurde kein Kalium mobilisiert, nach derselben Arbeit aber Phosphor und Stickstoff. WAGNERS (1932a) Ergebnisse entsprechen also hinsichtlich der Beweglichkeit der Mineralstoffe völlig denen für die herbstliche Rückwanderung.

Vor einigen Jahren hat ANSIAUX (1960) eine umfassende Untersuchung über Wachstum und Nährstoffgehalt von Tomatenpflanzen auf Nährlösungskulturen veröffentlicht, in denen zum Teil Kalium, Magnesium und Calcium variiert wurden; zum Nachweis der Stoffverschiebungen im Sproßsystem wurde auch die absolute Bezugsgröße verwendet. Danach fand unter den Hauptnährstoffen nur

[1] Vgl. Bd. IV, G. STENLID, Salt losses and redistribution of salts in higher plants, S. 630ff.: Losses of salts from roots.
[2] Vgl. Tabelle 2, S. 619 in Bd. IV dieses Handbuches.

eine nennenswerte Verschiebung und Wiederverwendung von Stickstoff, Phosphor und Kalium statt, in geringerem Maße auch von Schwefel; aber auch für Magnesium und Calcium wurde vor allem in älteren Blättern mehrfach eine Abnahme festgestellt, die in diesen Versuchen sicher nicht auf Auswaschung beruhte. Der Autor schließt, daß nicht nur Magnesium, sondern auch Calcium die Blätter verläßt, wenn dieses auch nur schwer in die Früchte einwandert. Leider wird dieser wichtige Befund an so sorgfältigen Versuchen nicht durch eine statistische Auswertung gestützt. Das gleiche gilt für den Umfang der Rückwanderung aus den Blättern von *Brassica napus* im Zusammenhang mit der Bildung der „Kohlrübe", und die überraschende Reihenfolge der Elemente dabei: Phosphor und Magnesium wurden nach NASSOGNE (1959) stärker als Stickstoff, Kalium und Calcium (diese *prozentual* etwa gleich) weiterverteilt. Quantitative Unterschiede bei verschiedenen Pflanzenarten und -typen sind wohl zu erwarten.

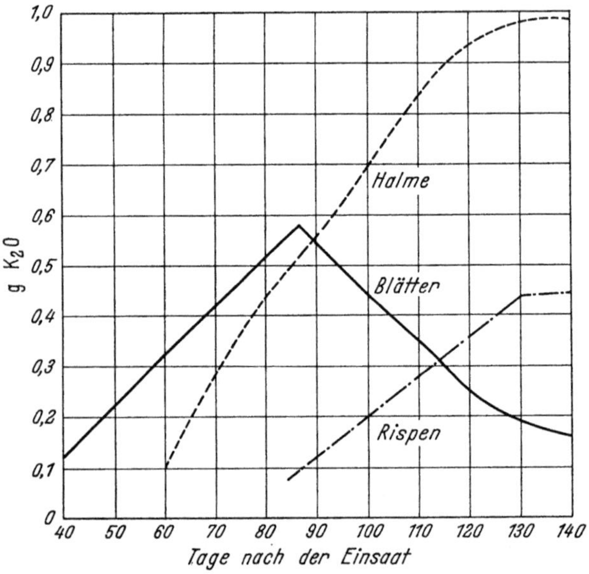

Abb. 6. K_2O-Umsatz beim Hafer (schematisiert), Gehalt je 3 Versuchsgefäße. (Nach WAGNER 1932a.)

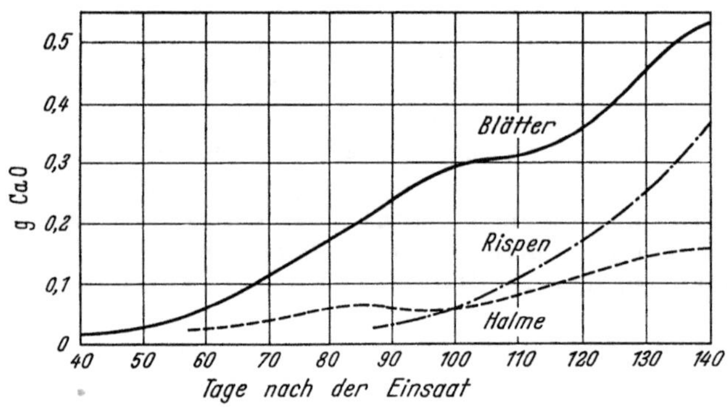

Abb. 7. CaO-Gehalt beim Hafer (schematisiert), Gehalt je 3 Versuchsgefäße. (Nach WAGNER 1932a.)

Die Kartoffelpflanze gleicht anderen Einjährigen in ihren Mineralstoffhaushalt, bei ihr bilden aber anstelle der Blütenregion hauptsächlich die jungen Knollen das Attraktionszentrum für die aus den vegetativen Teilen auswandernden Stoffe, besonders bei Sorten, die nur schwach oder gar nicht blühen (WAGNER 1933). Wie viele Früchte und Samen nehmen auch die neuen Knollen Stickstoff und Mineralstoffe besonders am Anfang ihrer Entwicklung auf, so daß deren prozentualer Gehalt mit der späteren Einlagerung von Stärke abnimmt (KELLERMANN 1877, WAGNER 1933, HAGEMANN 1964); dies ist auch bei anderen unterirdischen Speicherorganen der Fall (CZAPEK 1920, S. 395ff.). Eine Gesamtübersicht über den Mineralstoffhaushalt der Kartoffelpflanze wurde schon in Tabelle 1 (S. 218) gegeben.

In einer weiteren Arbeit hat WAGNER (1932b) auch den Mineralstoffhaushalt einer zweijährigen Pflanze, der Zuckerrübe, untersucht, wobei er Rüben, Blätter und Blütenstände analysierte (Abb. 8 und 9). Wenn seine Ergebnisse hier (wohl wegen der größeren Streuung) nicht so klar sind wie beim Hafer, so spiegelt sich doch auch im zweiten Jahr der Unterschied in der Beweglichkeit von Kalium und Calcium wider: Die Blätter gaben an den Blütenstand etwa ein Drittel ihres Kaliumbestandes ab, während ihr Calciumgehalt nur vorübergehend eine Depression zeigte, die vielleicht ebenso innerhalb der Fehlergrenze liegt wie eine vorübergehende Calciumabnahme in der Rübe. Da der Calciumgehalt in der Rübe gleich blieb, in der Pflanze insgesamt aber stieg, muß Calcium aufgenommen worden sein. Ebenso wurden Kalium, Phosphor und Stickstoff im zweiten Jahr aus dem Boden aufgenommen, die Vorräte in der Rübe dienten nur teilweise der Ausbildung von Blättern und Blütenständen. Ähnlich fand schon DELEANO (1908a) an *Daucus carota*, daß Kalium im ersten Jahr in die Wurzel zurückwanderte, diese aber im zweiten Jahr ihren Kaliumgehalt nicht wesentlich veränderte; es muß also Kalium neu aus dem Boden aufgenommen worden sein.

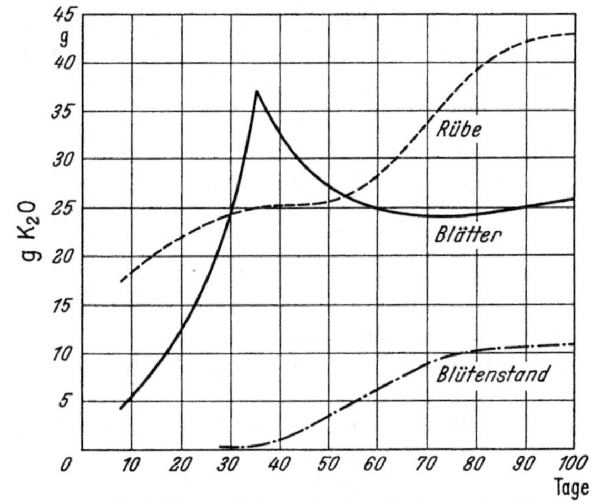

Abb. 8. K_2O-Umsatz bei der Zuckerrübe im zweiten Wachstumsjahr (schematisiert), Gehalt je 10 Pflanzen. (Nach WAGNER 1932b.)

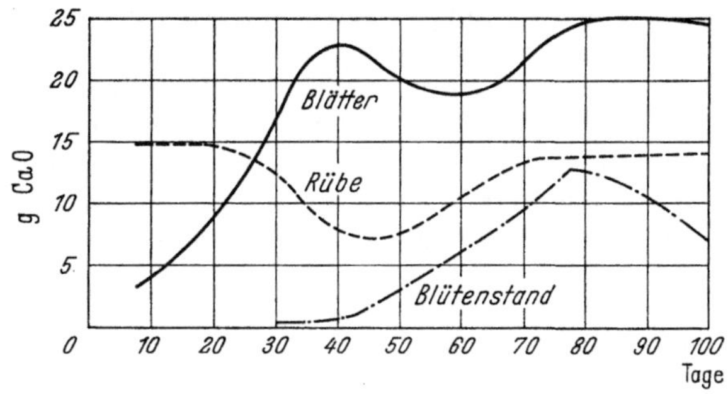

Abb. 9. CaO-Gehalt bei der Zuckerrübe im zweiten Wachstumsjahr (schematisiert), Gehalt je 10 Pflanzen. (Nach WAGNER 1932b.)

Rückwanderung in den Boden und Auswaschung aus den oberirdischen Teilen verschleiern, wie gezeigt wurde, oft die Transporte innerhalb der Pflanze. Zu diesen tritt also ein äußerer Stoffkreislauf, da die abgegebenen Stoffe durch die Wurzeln derselben oder anderer Pflanzen bald wieder aufgenommen werden können. Daher bestimmen Auswaschung und Rückwanderung in den Boden neben der primären Aufnahme und dem Transport den Mineralstoffhaushalt. So wird etwa Calcium, auch wenn es nicht aus den Blättern zurücktransportiert wird, aus diesen ausgewaschen, durch die Wurzeln wieder aufgenommen und neu in der Pflanze verteilt werden (vgl. auch S. 251 über die Neuaufnahme von ausgewaschenem Strontium). Dieser äußere Kreislauf kann eine nennenswerte Rolle für die Ernährung spielen, wofür nur zwei Beispiele genannt seien: Nach TAMM (1951a) genügen die aus den Baumkronen ausgewaschenen Stoffe zur Ernährung der Waldmoose. TUKEY und MECKLENBURG (1964) zeigten, daß ^{32}Phosphor, ^{45}Calcium, ^{89}Strontium und ^{14}C-markierte Verbindungen, die aus Kürbisblättern ausgewaschen waren, von anderen Pflanzen aufgenommen werden; sie konnten mit einer derartigen sekundären „Nährlösung" Bohnenpflanzen bis zur Bildung reifer Früchte und keimfähiger Samen kultivieren. Die ökologische Bedeutung der Auswaschung hat wohl ARENS (1934) zuerst betont.

Die meisten Arbeiten an ein- und mehrjährigen Kräutern und Stauden geben nur im Rahmen anderer Fragestellungen, meist aus der Ernährungsphysiologie und dem Pflanzenbau, Informationen über Mineralstofftransporte. Im Rahmen ihrer Untersuchungen über den Stofftransport bei *Gossypium barbadense* haben aber Mason u. Mitarb. auch grundsätzlich wichtige Beiträge zum Transport einiger Aschenbestandteile geliefert. Soweit diese Arbeiten mit Hilfe von Ringelungen die Lokalisation des auf- und abwärts gerichteten Transports der Mineralstoffe zu klären suchen, sind sie in ihrer Problematik an anderer Stelle in diesem Handbuch[1] besprochen worden (Mason, Maskell und Phillis 1936; Phillis und Mason 1940a, b; Mason und Phillis 1940, 1945). Versuche mit radioaktiven Isotopen haben, wie schon erwähnt, in dieser Beziehung rasch weitergeführt und erwiesen, daß Mineralstoffe leicht aus dem Phloem ins Xylem übertreten können, wie Mason und Maskell (1931) schon für Stickstoff, Phosphor und Kalium vermuteten, aber auch in umgekehrter Richtung. Der letztgenannten Arbeit, die speziell dem Mineralstofftransport gewidmet ist, verdanken wie die meisten Informationen unter den Experimenten aus der Zeit vor der Anwendung der Isotopenmethode. Sie bringt überzeugende Hinweise darauf, daß bei der Baumwollpflanze die von der Wurzel aufgenommenen Mineralstoffe und Stickstoff im wesentlichen das Xylem zum Aufwärtstransport benutzen, aber durch das Phloem aus dem Blatt ebenso weiterverteilt werden wie Kohlenhydrate; daher fand trotz sekundärem Übertritt aus der Rinde ins Holz über einem Ringelschnitt, der die Rinde entfernte, eine Anreicherung von Kohlenhydraten, Stickstoff, Phosphor, Kalium und anderen Aschenbestandteilen (geschlossen aus der Zunahme der Gesamtasche) statt. Da Calcium über der Ringelung nicht vermehrt wurde, wird gefolgert, daß fehlender Rücktransport mit mangelnder Mobilität von Calcium im Phloem zusammenhängt. Danach entscheidet die Transportierbarkeit im Phloem über die Verteilung eines Stoffes in der Pflanze: Ein phloemmobiler kann, nachdem er einmal aufgenommen worden ist, innerhalb der Pflanze mehr als einmal verwendet werden, während etwa Calcium fortgesetzt neu aufgenommen werden muß. So erklärt es sich, daß Pflanzen während ihrer Ontogenese am längsten Calcium und auch Eisen brauchen, Stickstoff, Phosphor und Kalium ihnen dagegen später vorenthalten werden können, wenn diese Stoffe im Jugendstadium in genügender Menge gegeben wurden. Die unterschiedlichen Aufnahmeraten der einzelnen Stoffe während der Entwicklung stehen also mit ihrer Weiterverteilung im Zusammenhang; gerade diejenigen, die für den Aufbau und das Wachstum der Pflanze in größerer Menge notwendig sind (Stickstoff, Kalium, Phosphor), werden rasch aufgenommen und können später innerhalb der Pflanze zu Orten neuen Bedarfs wandern, so wie sie auch bei der Samenkeimung und vor dem Laubfall leicht mobilisiert und abtransportiert werden. Das Risiko für das Auftreten eines Mangels ist bei einem Element, das wie Calcium in geringerer Menge gebraucht wird, unter natürlichen Bedingungen nicht groß, in diesem Falle ist sogar in der Regel ein Überschuß vorhanden, der schon bald durch Ionenspeicherung im Zellsaft oder Festlegung in unlöslichen Verbindungen aus dem Stoffwechsel herausgenommen wird. Auch ohne ein Kreislaufsystem, das ihren Zellen ständig Calcium und andere schwerer bewegliche Elemente zuführt, sind die höheren Landpflanzen mit diesen in der Regel gut versorgt; für die anderen Stoffe tritt an die Stelle einer echten Zirkulation, wie sie bei Tieren vorhanden ist, eine Weiterverteilung auf Grund ihrer leichten Remobilisierung und Beweglichkeit, wodurch eine oft unzureichende Versorgung aus dem Boden ausgeglichen werden kann (vgl. Loehwing 1951, Williams 1955).

---

[1] Vgl. Bd. IV, H. Fischer, Der Transport der Mineralstoffe, S. 290ff.: Die Transportbahn.

Der von SACHS (1887) für die herbstliche Rückwanderung betonte Gesichtspunkt der Ökonomie tritt also im Nährstoffhaushalt auch sonst sehr weitgehend in Erscheinung, die Pflanzen verfahren wirklich „haushälterisch". Das schließt einen „Luxuskonsum", z.B. von Kalium, keineswegs aus! Die Art und das unterschiedliche Ausmaß der Verteilung für die einzelnen Stoffe wird durch die Annahme verständlich, daß offenbar nicht allen Aschenbestandteilen in gleichem Maße wie den organischen Stoffen die Siebelemente als Transportbahn offenstehen. Dabei gelten trotz manchen Abweichungen im einzelnen, die aber weniger grundsätzlicher Art als methodisch bedingt sein dürften, allgemein die von RIPPEL (1921a, b, 1923) bei der Frühjahrsmobilisierung gefundenen Unterschiede.

Wenn MASON und MASKELL (1931) die Frage der Beweglichkeit mit der Transportbahn der Stoffe in Zusammenhang gebracht haben, so hat RIPPEL (1927) auf die Beziehung zur Stoffaufnahme hingewiesen. Er prüfte die schon früher bekannte Erscheinung, daß die einzelnen Nährstoffe aus dem Boden von der jungen Pflanze in verschiedenem Maße aufgenommen werden, in Gefäßversuchen an *Helianthus annuus* mit dem Ergebnis, daß die Trockensubstanzproduktion der Aufnahme um so weniger proportional ist, je größer die Beweglichkeit des betreffenden Stoffes bei der Mobilisierung im Frühjahr und Herbst ist; die Aufnahme durch die Wurzel eilt der Trockensubstanzproduktion entsprechend der Reihe voraus:

$$N > K > P > Ca, S, Mg$$

(stark) (sehr wenig)

Diese Parallele, auf die wohl zuerst RIPPEL und LUDWIG (1926) für Stickstoff hingewiesen haben, fanden wir immer wieder bestätigt. Die Vergleichbarkeit der Stoffaufnahme mit einem Stofftransport, der wahrscheinlich an lebende Zellen gebunden ist, dürfte wohl keine zufällige sein, wenn sich auch die Gründe nicht erkennen lassen, warum ein Teil der Stoffe von der jungen Pflanze bevorzugt aufgenommen wird.

III. Der Transport der Alkali- und Erdalkalimetalle.

1. Kalium.

Unter den Kationen vertritt Kalium den Typ des leicht beweglichen und in großer Menge vorhandenen Mineralstoffes. Der immer wieder belegte höhere Kaliumgehalt jüngerer Blätter verglichen mit älteren (SCHMALFUSS 1936) ist schon sehr bald mit einer Kaliumverschiebung innerhalb der Pflanze gedeutet worden; unter den Arbeiten mit physiologischer Fragestellung wären hier die von JAMES (1930, 1931), PENSTON (1931), JAMES und PENSTON (1933), ALTEN, GOEZE und FISCHER (1937) und ILJIN (1944) zu nennen. Dieselbe Kaliumverteilung findet sich auch bei Wasserpflanzen: Nach PIRSON (1936) haben junge Sproßspitzen von *Fontinalis* (auf Trockensubstanz bezogen) einen zwei- bis dreimal größeren Kaliumgehalt als ältere Sproßteile; ebenso nimmt (bezogen auf 100 Blätter und in Prozenten der Asche) der Kaliumgehalt bei *Fontinalis* und *Elodea* mit dem Alter der Blätter ab (FISCHER 1948). Auch die Calciumverteilung entspricht in diesen Wasserpflanzen der bei den Landpflanzen; allerdings ist bei diesem Vergleich nicht zu vergessen, daß besonders auf den älteren Blättern von Submersen oft größere Mengen von Calciumcarbonat abgelagert werden und daß die Unterschiede im Kaliumgehalt hier noch weniger als bei Luftblättern ausschließlich durch Stoffbewegungen verursacht sein müssen.

Ähnlich wie bei Stickstoff- und bei Phosphormangel sterben auch bei mangelhafter Kaliumversorgung krautiger Pflanzen die unteren Blätter in der Regel früher ab als bei voller Ernährung, wobei die beweglichen Stoffe in die jüngeren Teile transportiert werden. Für Kalium zeigten dies unter anderem Janssen und Bartholomew (1929), James (1930), Richards (1932), Hartt (1934a) und Alten, Goeze und Fischer (1937). Durch Entfernen von Blüten und Früchten, welche Kalium an sich ziehen, kann das Auftreten von Mangelerscheinungen aufgehalten werden (z.B. Arnon und Hoagland 1943 für Tomaten). Einen besonders starken Kaliumtransport (verglichen mit anderen Mineralstoffen) zu Früchten von *Phaseolus multiflorus* fand Haworth (1963). Da die jüngeren Gewebe meist reicher an Kalium sind, verläuft dieser Transport gegen einen Kaliumgradienten, der aber nichts über die Konzentrationen in den Leitbahnen selbst aussagt, da das Gefälle in ihnen durch den Kaliumgehalt des übrigen Gewebes überdeckt sein kann (Mason und Maskell 1934). Da Kalium den Kohlenhydraten, Stickstoff und Phosphor darin gleicht, daß es beim Rücktransport aus den Blättern mindestens überwiegend im Phloem geleitet wird (Ringelungsversuche von Mason und Maskell 1931; s. S. 238), ebenso wie im Frühjahr zu den austreibenden Knospen (Münch 1930; Burström und Krogh 1947; s. S. 211) und in die Früchte (Münch 1930; Mason und Maskell 1931; s. S. 222), müßte die Abwanderung aus den älteren Blättern auch durch ein entsprechendes Konzentrationsgefälle bedingt sein, wenn man mit Mason und Maskell (1931) annehmen will, daß jeder Stoff längs seines spezifischen Gradienten wandert. Es ist weder aus der Literatur zu beweisen noch zu widerlegen, daß ein Konzentrationsgefälle, das unter Mangelbedingungen steiler sein sollte, diese und andere Mineralstoffbewegungen auslöst, obwohl es einzuleuchten scheint, daß ein Mangel in den jungen Geweben einen Sog auf die älteren ausübt. Dabei könnte der Abbau größerer Moleküle die Beweglichkeit der fraglichen Stoffe erhöhen und gleichzeitig den Gradienten vergrößern. Da gerade bei Kaliummangel der Eiweißanteil am Gesamt-Stickstoff herabgesetzt ist (Hartt 1934b, Alten, Goeze und Fischer 1937, Gregory und Sen 1937, Richards 1938; weitere Literatur bei Schmalfuss 1936, S. 53ff.), ist die Voraussetzung für einen Abtransport von Stickstoff und Phosphor in Form löslicher Verbindungen zweifellos gegeben, ebenso wie die herbstliche Rückwanderung nicht ohne Eiweißabbau eintritt. Vom Kalium wissen wir allerdings nicht, ob dieser „freie“ Mineralstoff beim Transport im lebenden Leitgewebe eine Bindung eingeht; der naheliegende Gedanke eines Kaliumtransports von den alten in die jungen Blätter in der Form aminosaurer Salze ist schon von James und Penston (1933) ausgesprochen worden; er ist aber experimentell nicht gestützt. Olsen (1948a, b) hat ältere Angaben über die Wasserlöslichkeit von Kalium im Blattgewebe bestätigt, aber darüber hinaus gezeigt, daß ein Teil anscheinend locker an Zellbestandteile adsorbiert ist; diese adsorptiv gebundene Kaliumfraktion nimmt in Buchenblättern im Herbst ab, die vollkommen wasserlösliche gleichzeitig zu. Wenn man mit Olsen (1948b) annimmt, es handele sich dabei um eine Adsorption an Eiweiß, so würde die Auswanderung von Kalium aus alternden Blättern und bei Kaliummangel leichter verständlich. Es wäre auch für die Grundfragen des Stofftransportes wichtig zu wissen, ob Kalium in organischer Bindung oder als Ion transportiert wird; Wasserlöslichkeit der beweglichen Fraktion(en) wird man in jedem Falle annehmen dürfen.

Zweifelhaft ist es allerdings gerade bei Mineralstoffen, welche Rolle die Konzentrationsgefälle überhaupt spielen, diese werden beim Ferntransport vielleicht an den Transportvorgängen selbst, nicht aber bei deren Auslösung beteiligt sein. Die Konkurrenz der die Stoffe akkumulierenden wachsenden Zentren gewinnt unter Mangelbedingungen eher und in größerem Maße das Übergewicht über ältere Blätter oder Speicherorgane; die Gründe für den Abbau in den älteren

Organen und seine Beschleunigung bei mangelhafter Ernährung sind ebenso unbekannt wie das Wesen der Attraktionswirkung der wachsenden Zentren. Wenn dabei in vielen Fällen und grundsätzlich Auslösung und Steuerung hormonaler Art erkannt worden sind, so bedeuten diese Erkenntnisse für das Gesamtproblem noch nicht mehr als die Zwischenschaltung eines oder verschiedener bekannter Glieder in eine Kausalkette unbekannter Länge.

Über Tagesschwankungen im Kaliumgehalt von Blättern berichtet PENSTON (1935, 1938); sie nahm aber nur während der Tagesstunden Proben, und nicht an mehreren Tagen nacheinander. Ihre Ergebnisse, die übrigens für Kartoffel- und Maisblätter keineswegs gleiche Veränderungen im Laufe des Tages ergaben, sind wohl nicht signifikant; die parallel laufenden Schwankungen von Kalium, Wasser und Trockensubstanz dürften auf der Probeentnahme beruhen. Eher lassen sich aus der Arbeit von PHILLIS und MASON (1942), welche Baumwollblätter über vier Tage um 6, 12, 18 und 24 Uhr untersuchten, Schlüsse auf Schwankungen im Mineralstoffgehalt ziehen. Deren Sicherheit wird allerdings durch den starken nächtlichen Tau eingeschränkt; die Verfasser fanden in Tauproben, die von den Blättern um Mitternacht genommen wurden, neben etwas Calcium viel Kalium. Die Kurven deuten eine Zuwanderung bei Tage und Auswanderung bei Nacht für Kalium und Magnesium an, schwächer für Calcium und Chlor, am wenigsten für Natrium und Phosphor. TRUBETZKOVA und ZHIRNOVA (1959) fanden bei Sonnenblumen einen 24 Std-Rhythmus der Blutung sowie der Kaliumkonzentration im Blutungssaft.

2. Andere Alkalimetalle.

Nächst Kalium ist *Natrium* unter den Alkalimetallen in der Pflanzenwelt am stärksten vertreten, wenn auch, abgesehen von halophilen Pflanzen, meist in weit geringerer Menge als Kalium. Beide Ionen werden von der jungen Pflanze rasch aufgenommen, wobei die Natriumaufnahme der von Kalium sogar vorauseilen kann (Literatur bei BAUMEISTER 1960, S. 8ff.). Obwohl die Unterschiede im Verhältnis K:Na auch bei gleicher Ernährung außerordentlich groß sind (z.B. COLLANDER 1941a, b), enthalten in vielen Fällen die Wurzeln verglichen mit dem Sproß relativ viel Natrium (BAUMEISTER 1960, S. 31ff.). JACOBY (1964) führte Bohnensprossen mit und ohne Wurzeln Natriumchlorid aus Lösungen verschiedener Konzentration zu und schloß aus der gefundenen Natriumverteilung, daß diese auf selektiver Natriumbindung in der Wurzel und auch in den unteren Stengelstücken, also nicht auf einer Transporthemmung für Natrium in der Wurzel beruhe. Auch COOIL, DE LA FUENTE und DE LA PENA (1965) fanden bei Kürbispflanzen einen geringen Transport von Natrium aus den Wurzeln in die Blätter; Natrium und Kalium verhielten sich aber auch bei der Aufnahme durch Blätter aus Salzlösungen gegensätzlich, indem hier viel Natrium, aber wenig Kalium aufgenommen wurde.

Ein weiterer Unterschied in der Verteilung von Kalium und Natrium besteht darin, daß ältere Blätter natriumreicher sind als jüngere (z.B. APPLING und GIDDENS 1954, JOHAM 1955, SOWELL und ROUSE 1958 für Baumwolle, BEHRENS 1956 für Zuckerrüben; vgl. auch BAUMEISTER 1960, S. 38ff.). Diese Verteilung, die der von Calcium entspricht, deutet ebenso auf einen geringen sekundären Transport hin, wie die schon besprochenen (s. S. 228) Arbeiten von JONES und PARKER (1954), aus denen kein Rücktransport aus Orangenblättern hervorgeht, und von SCHMALFUSS und SCHULZE (1961). Auch die ältere Arbeit von RISSMÜLLER (1874) spräche eher gegen eine Natriumrückwanderung aus Buchenblättern im Herbst; die Natriumverluste der Kiefernnadeln bei SCHROEDER (1875) könnten durch Auslaugung hervorgerufen sein (s. S. 229).

Nach COOIL, DE LA FUENTE und DE LA PENA soll Natrium bei solchen Pflanzen im lebenden Gewebe abwärts transportiert werden, deren Sprosse durch beschränkte Natriumzufuhr aus der Wurzel natriumarm sind; die Autoren fanden eine Anreicherung von Natrium (aber nicht von Kalium!) über einer „Ringelung" mit Wasserdampf. Das Vortragsreferat von WALLACE und HEMAIDAN (1963) bestätigt die Natriumspeicherung in der Wurzel für *Phaseolus vulgaris*, während in *Raphanus sativus* Natrium leichter in den Sproß geleitet wurde. Über die Blätter zugeführtes ^{22}Natrium verteilte sich in beiden Pflanzen ähnlich wie durch die Wurzeln aufgenommenes Natrium. Hiernach ist also Natrium rücktransportierbar; dafür sprechen auch die Natriumverluste ganzer Pflanzen (WILFARTH, RÖMER und WIMMER 1906), die eine Auswanderung in den Boden annehmen lassen (s. Tabelle 6 und 7, S. 234). BUKOVAC und WITTWER (1957) sowie BUKOVAC und DAVIDSON (1961) stellen Natrium auf Grund ihrer Versuche über die Ableitung radioaktiver Stoffe aus Blättern zusammen mit Rubidium, Kalium, Phosphor, Chlor und Schwefel zu den beweglichen Elementen. Auch in keimenden Samen scheint Natrium mobilisiert zu werden (s. S. 214ff.), jedoch verhält es sich nach HAGEMANN (1964) beim Austreiben von Kartoffelknollen ebenso wie Calcium, indem es von außen aufgenommen wird (s. S. 218).

BARBIER und CHABRANNES (1951) haben mit der „split root technique" (s. S. 204) zu zeigen versucht, ob der hohe Natriumgehalt der Wurzeln darauf beruht, daß Natrium in den Wurzeln zurückgehalten oder aus den oberirdischen Teilen dorthin zurücktransportiert wird. Da in Versuchen an Erbsen in dem Wurzelanteil ohne Natrium der Natriumgehalt in der Trockensubstanz ungefähr ebenso hoch war, wie in dem mit Natrium versorgten, entscheiden sie sich für die zweite Möglichkeit. Das Problem sollte in kurzdauernden Versuchen wie den auf S. 205 besprochenen von MOORE (1949) noch einmal bearbeitet werden.

Die Literatur erlaubt noch kein abschließendes Urteil; je nach dem Natriumgehalt der Gewebe und nach anderen Faktoren, die noch nicht erkannt worden sind, dürfte Natrium transportiert werden können, anscheinend aber in geringerem Maße als Kalium. Die Frage des Natriumtransportes ist bisher im Gegensatz zur Bewegung der Hauptnährstoffe, die von vornherein größeres Interesse beanspruchen und in größerer Menge vorhanden sind, nur sehr wenig bearbeitet worden; kleinere Natriumbewegungen, die absolut gering, aber im Vergleich zum Gesamtnatrium hoch sein mögen, können leicht übersehen worden sein.

Lithium ist früher wegen der Einfachheit, mit der es spektralanalytisch nachgewiesen werden kann, zur Markierung des Stofftransports, besonders in Parenchymen, verwendet worden (BIERBERG 1909, BIRCH-HIRSCHFELD 1920, KOK 1933; s. S. 7). Es wird wie alle Aschenbestandteile leicht im Transpirationsstrom mitgenommen. MICHAEL und WILBERG (1951) verglichen die Aufnahme von Lithium und Kalium durch Roggenkeimpflanzen in äquivalenten Lösungen von LiCl + KCl in Beziehung zur Transpiration; dabei eilte die Kaliumaufnahme wie üblich der Wasseraufnahme voraus, während die Lithiumaufnahme der Wassereinfuhr gegenüber zurückblieb. Bei höherem Alter der Pflanzen wurde der Aufnahmequotient Li:K größer, d.h. Lithium hat in dieser Hinsicht Ähnlichkeit mit Calcium. Im übrigen scheinen quantitative Untersuchungen über den Ferntransport von Lithium in der Pflanze zu fehlen; jedoch gibt BIRCH-HIRSCHFELD (1920), deren Versuche auch CURTIS (1935, S. 88—94) ausführlich wiedergibt, einige Hinweise hierzu. Sie versuchte, Lithiumnitrat als „tracer" für den Stofftransport in parenchymatischem und Leitgewebe zu verwenden; Lithium wurde in den Gewebestückchen qualitativ in der Gasflamme nachgewiesen. Eine große Anzahl verschiedenartiger Versuche ergab übereinstimmend: In Parenchymen wandert Lithium mit Geschwindigkeiten, die in der Größenordnung der Diffusion liegen; eine Beschleunigung darüber hinaus wurde nur beobachtet, wenn gleichzeitig Wasserbewegungen in den Gefäßen anzunehmen waren, sei es aufwärts mit dem normalen Transpirationsstrom, sei es abwärts durch Umkehrung desselben oder Rücksaugung. Ein beschleunigter Lithiumtransport in der Rinde ließ sich nicht erreichen. BIRCH-HIRSCHFELD (1920) brachte auch Lithiumnitratlösung in Gelatinetropfen auf Blätter; nach 33 Std war Lithium nur im Umkreis von 2—4 cm um den Tropfen nachweisbar, ein Rücktransport hatte also wahrscheinlich nicht stattgefunden. Alle diese Befunde sprechen dafür, daß Lithium im Gegensatz zu den anderen Alkalielementen sehr wenig beweglich und phloemimmobil ist; eine Bestätigung wäre grundsätzlich wichtig.

Auch *Rubidium* ist oft (besonders als ^{86}Rubidium) als Indicator für Mineralstoffaufnahme und -transport verwendet worden. Dabei hat es sich seit HANSON und BIDDULPH (1953) immer wieder gezeigt, daß es Kalium gleicht, indem beide leicht aufgenommen, aufwärts geleitet und in der Pflanze verteilt werden (z.B. MENZEL und HEALD 1955, CLINE und HUNGATE 1960, FRIED, OBERLANDER und NOGGL 1961; vgl. auch COLLANDER 1941a, b). Nach MENZEL und HEALD (1955) reicherte sich ^{86}Rubidium besonders in den Blüten und jüngeren Blättern an. FRASER und MAWSON (1953) injizierten ^{86}Rubidium in das Holz von *Betula alba* und *Pinus strobus* und fanden außer einer Aufnahme ins Holz auch einen Abwärtstransport in der Rinde, in die Rubidium übergetreten war (die gleichen Versuche auch bei FRASER 1958). Auch über die Blätter zugeführtes ^{86}Rubidium wird leicht abtransportiert (BUKOVAC und WITTWER 1957, HALEVY und WITTWER 1965).

Obwohl *Caesium* das seltenste unter den Alkalimetallen ist, hat seine Bedeutung als Bestandteil radioaktiver Niederschläge (^{137}Cs) zu recht vielen Arbeiten über seine Bewegung im Boden und in der Pflanze geführt (Literatur bei RUSSELL 1963). Sein Verhalten in der Pflanze ist dem von Kalium und Rubidium sehr ähnlich, wenn auch Abweichungen im einzelnen erwartungsgemäß vorkommen. Über Aufnahme und Verteilung von Caesium verglichen mit anderen Kationen unterrichten die Arbeiten von COLLANDER (1941a, b), MENZEL und HEALD (1955), CLINE und HUNGATE (1960), GULIAKIN und YUDINTSEVA (1960), MIDDLETON, HANDLEY und OVERSTREET (1960) und MARSCHNER (1961a, b). Da die Abweichungen wohl nicht in erster Linie mit dem Ferntransport in der Pflanze zusammenhängen, sollen sie hier nicht im einzelnen diskutiert werden. Nach MARSCHNER (1961b) wird Kalium gegenüber Caesium sowohl bei der Akkumulation aus dem Salzstrom etwas bevorzugt (daher steigt das Verhältnis Caesium zu Kalium im Sproß in apikaler Richtung) wie bei der Mobilisierung; dies muß sich besonders bei älteren Blättern und bei ungenügender Kaliumversorgung bemerkbar machen.

Jedoch gehört Caesium zu den in der Pflanze besonders leicht beweglichen Elementen. Dies geht auch aus der Arbeit einer amerikanischen Arbeitsgruppe hervor, welche ^{137}Caesium und ^{134}Caesium zur Markierung von Bäumen verwendete mit dem Ziel, den Umsatz eines leichtbeweglichen Elementes in Waldbeständen quantitativ zu erfassen. Die radioaktive Lösung wurde im Frühjahr in Stämme injiziert (vgl. BROWN 1964; s. S. 213) und ihr Verbleib durch Analyse der Blätter am Baum und nach dem Laubfall, des abtropfenden Regenwassers, der Bodenflora und der oberen Bodenschichten erfaßt. Die Versuche liefen an *Liriodendron tulipifera* mit ^{137}Caesium über einen Sommer (AUERBACH, OLSON und WALLER 1964), an *Quercus alba* mit ^{134}Caesium vom Frühjahr bis zum Herbst des folgenden Jahres (WITHERSPOON 1964). Beispielsweise gelangten im Durchschnitt von zwei Jahren bei *Quercus* ca. 40% der injizierten ^{134}Caesium-Mengen (2,0 mC je Baum) in die Krone, *davon* wurden etwa 15% durch Regen ausgewaschen, 32% gingen beim Laubfall verloren, 52% wurden in den Stamm zurücktransportiert. Während von den Eichen in dieser Bilanz 20% der injizierten

*Gesamt*menge von Caesium an den Boden abgegeben wurden, waren es bei den (größeren) Tulpenbäumen nur 7%. Nach der Befruchtung strömte ^{137}Caesium in die Frucht von *Liriodendron tulipifera* ein, bei der Samenkeimung aus den Kotyledonen in den Keimling, wo es von der Keimwurzel und den Blättern rasch aufgenommen wurde (Witherspoon und Brown 1965); in dem 70 Tage dauernden Keimversuch, bei dem drei Blattpaare ausgebildet worden waren, scheint auch bereits eine Caesiumverschiebung aus den älteren in die jüngeren Blätter stattgefunden zu haben.

Aus allen einschlägigen Arbeiten geht hervor, daß ^{137}Caesium auch bei Zufuhr über die Blätter leicht abgeleitet wird. Dies zeigte Middleton (1958) für verschiedene Pflanzen, ebenso Guliakin und Yudintseva (1956). In einer weiteren Arbeit von Middleton (1959) an Kartoffeln wurden bis über 50% der auf die Blätter gebrachten ^{137}Caesiummenge in den Knollen wiedergefunden. Ludwieg (1962), der die Aufnahmebedingungen für ^{137}Caesium durch Kartoffelblätter im einzelnen untersucht hat, konnte dies bestätigen; aus alten, vergilbenden Blättern scheint der Abtransport besonders stark zu sein. Nach Barbier und Brossard (1963) wandert ^{137}Caesium aus Maisblättern rasch in die Wurzeln, wo es festgehalten wird, aber auch in die Nährlösung ausgetauscht werden kann, wenn diese reichlich Kalium oder stabiles Caesium enthält. Auch aus Bohnenblättern wird ^{137}Caesium ebenso wie ^{42}Kalium und ^{32}Phosphor leicht abgeleitet (Swanson und Whitney 1953).

Wenn diese Versuche durchweg die Ähnlichkeit von Caesium und Kalium im Transportverhalten zeigen, so kommt denen von Moorby (1964) vielleicht allgemeinere Bedeutung zu. Er führte jungen Erbsenpflanzen über ein Blättchen ^{137}Caesium zu und bestimmte dessen Verteilung in der Pflanze. Mehrfach abgewandelte Versuchsanordnungen, in denen die Pflanze ganz oder zum Teil verdunkelt wurde, auch die Anwendung verschiedener Hemmstoffe, führten den Verfasser zu dem Schluß, daß Aufnahme und Transport mit dem Kohlenhydratstoffwechsel des aufnehmenden Blattes zusammenhängen (größere Bedeutung von „source“ als „sink“), und daß der Caesiumübertritt vom Mesophyll zum Phloem der Blattnerven ein stoffwechselabhängiger Prozeß sei; er ist vielleicht mit dem Übertritt von Kohlenhydraten in die Siebröhren vergleichbar, der nach Phillis und Mason (1933) und Roeckl (1949) mit einer Akkumulation von Saccharose verbunden ist. Die interessanten Gesichtspunkte sollten weiter verfolgt werden, wobei zu klären wäre, wieweit die Ähnlichkeit zwischen einem körperfremden Stoff wie Caesium und einem Nährstoff wie Kalium im einzelnen geht.

3. Calcium.

Im allgemeinen Teil dieses Beitrages kam immer wieder die mangelhafte Beweglichkeit zum Ausdruck, die Calcium von den anderen Nährstoffen unterscheidet. Sie bedeutet allerdings keine absolute Festlegung etwa in der Weise, daß einmal aufgenommene und mit dem Transpirationsstrom verlagerte Calciumionen stets in der Form unlöslicher Salze endgültig abgelagert würden. Mindestens ist bei Samen und anderen Speicherorganen auch Calcium in einem gewissen Umfang mobilisierbar, wenn auch in einem so geringen, daß unter natürlichen Bedingungen sehr bald Calcium von außen aufgenommen wird und sogar aufgenommen werden muß, um Calciummangel bei der weiteren Entwicklung der Pflanze zu verhindern. Es war bei der Besprechung der Literatur noch unklar geblieben, ob regelmäßig eine Rückwanderung aus Blättern stattfindet, die vielleicht nur sehr gering ist und darum in der Calciumbilanz verborgen bleibt. Ferner blieb die Frage offen: liegt die Ursache der mangelhaften oder vielleicht ganz fehlenden Rückwanderung darin, daß Calcium im Gegensatz zu anderen Stoffen nicht im Phloem transportiert werden kann?

Die Frage der Rückwanderung aus Blättern hat ARENS (1939) im Anschluß an RAMANN (1912b) untersucht; beide geben übereinstimmend für den Calciumgehalt von Blättern verschiedener Laubbäume nachts höhere Werte an als tags; da aber auf Trockensubstanz bezogen wird, kann daraus keine Calciumabnahme am Tage abgeleitet werden. Angesichts der nächtlichen Trockensubstanzabnahme muß Calcium relativ zunehmen; berücksichtigt man dies, so könnte man nach LAUSCH (1958) aus ARENS' (1939) Analysen sogar den entgegengesetzten Schluß ziehen. Wenn RAMANN (1912b) die besagte Veränderung nur für Calcium, nicht für Phosphor, Kalium, Magnesium, Eisen und Silicium findet, so liegt der Grund dafür wohl in seinem sehr inhomogenen Blattmaterial.

LAUSCH (1958) hat die Frage der tagesperiodischen Calciumauswanderung aufgegriffen. Er konnte bei einer Reihe von Bäumen und Sträuchern wie auch bei *Phaseolus vulgaris* bei kritischer Berücksichtigung der verwendeten Bezugsgrößen in einer Anzahl von Fällen eine Calciumabnahme in den frühen Abendstunden oder nachts statistisch sichern, in anderen Fällen gelang die Sicherung nicht. PHILLIS und MASON (1942) fanden in vier aufeinanderfolgenden Nächten Calciumabnahmen an Baumwollblättern, die von ihnen auf Auswaschung durch Tau zurückgeführt werden, aber doch eine Rückwanderung andeuten können (vgl. LAUSCH 1958).

Gegen eine auch geringe Calciumableitung aus Laubblättern schien zunächst der fehlende Abtransport von ^{45}Calcium, das der Pflanze über die Blätter zugeführt wurde, zu sprechen, wie SWANSON und WHITNEY (1953), BUKOVAC und WITTWER (1957), PETERBURGSKIJ und SIDOROVA (1955) übereinstimmend an verschiedenen Pflanzen feststellten. Auch die Versuche von BIDDULPH, BIDDULPH, CORY und KOONTZ (1958) schienen zu zeigen, daß zum Unterschied von ^{32}Phosphor und ^{35}Schwefel einmal aufgenommenes ^{45}Calcium nicht weiter verteilt wird: wurden junge Bohnenpflanzen, die 1 Std lang ^{45}Calcium durch die Wurzeln aufgenommen hatten, auf inaktive Lösungen zurückübertragen, so zeigten die neugebildeten Teile wenig oder gar keine Aktivität. Nach FRASER und MAWSON (1953; vgl. auch FRASER 1958) wird ^{45}Calcium nach Injektion in das Holz von Baumstämmen aufwärts nur mit dem Transpirationsstrom transportiert, während ^{86}Rubidium auch in der Rinde abwärtsgeleitet wird (s. S. 243).

Die verfeinerte Möglichkeit des Calciumnachweises als radioaktives Isotop hatte aber auch schon Ergebnisse gebracht, die eine Calciumrückwanderung nicht völlig ausschlossen. So fanden MOSOLOV, LAPŠINA und PANOVA (1954) zwar keinen Rücktransport aus Tabakblättern, wohl aber aus Kleeblättern; allerdings wurde Calcium nur aufwärts, nicht abwärts transportiert. BIDDULPH, CORY und BIDDULPH (1959) wiesen einen Abtransport von aufgesprühtem ^{45}Calcium innerhalb von 24 Std nach; dabei nahm die transportierte Menge mit der Calciumkonzentration in der aufgesprühten Lösung zu. Der Calciumtransport war allerdings nur gering: in Versuchen, bei denen *gleichzeitig* Phosphor als $NaH_2{}^{32}PO_4$ in der gleichen Konzentration (30 mM) auf das Blatt gesprüht wurde, betrug die abtransportierte Calciummenge höchstens 1% der aktiven Phosphormenge. Auch BARINOV (1959, 1963), der $^{45}Ca(H^{32}PO_4)_2$-Lösung auf obere Blätter von Tomatenpflanzen auftropfte, fand einen Abtransport beider Isotope innerhalb von drei Tagen, und zwar sowohl aufwärts wie abwärts bis in die Wurzeln. Die erstaunlich niedrigen Relationen von $^{32}P:^{45}Ca$ für den „Transport", die zwischen 1,6 und 7 liegen, beruhen allerdings auf einem Irrtum, da nur die Aktivität beider Isotope in den verschiedenen Teilen der Pflanze gemessen wurde, und daher der wahrscheinlich erhebliche Transport inaktiver Phosphorverbindungen verborgen blieb. Die sehr knappen Angaben zur Meßtechnik lassen auch hinsichtlich der angegebenen, ziemlich hohen ^{45}Calcium-Auswanderung aus den Blättern Zweifel aufkommen. (Man wird dem Verfasser ferner darin nicht folgen können, daß er auf eine Aufnahme des zugeführten sekundären Calciumphosphats als Molekül und nicht als einzelne Ionen schließt, wenn er ^{32}Phosphor und ^{45}Calcium im aufnehmenden Blatt im Verhältnis 2:1 fand, was in einem Falle geschah!)

Im Gegensatz zu BIDDULPH, BIDDULPH, CORY und KOONTZ (1958), nach denen einmal abgelagertes Calcium in jungen Bohnenpflanzen nach dem radioautographischen Nachweis nicht weiterverteilt wird, zeigten RINNE und LANGSTON (1960a) in entsprechenden Versuchen an Stecklingen von *Mentha piperita* eine deutliche Calciumverschiebung in die neugebildeten Teile. Die Unterschiede mögen teilweise im Objekt begründet sein, hängen aber auch sicherlich mit der Versuchsdauer zusammen: die Bohnenpflanzen wurden 6—96 Std nach der Rückübertragung auf inaktive Lösungen zur Radioautographie geerntet, die *Mentha*-Stecklinge nach 2—8 Wochen. Die Bilder zeigen vor allem Aufwärtswanderung sowohl in die neugebildeten Blätter wie in die Achselsprosse, aber auch schwache Abwärtsleitung bis zu den neugebildeten Wurzeln (die alten waren nach der Isotopaufnahme entfernt worden). Nach der Intensität der Schwärzung wird Calcium vor allem in den Stengeln remobilisiert, weniger oder nicht in den Blättern, womit sich vielleicht auch Widersprüche zu Arbeiten über den Rücktransport aus Blättern erklären.

Auch BACQ (1959) fand ebenfalls durch quantitative Analyse eine sekundäre Wanderung von Calcium in jungen Radieschenpflanzen (*Raphanus sativus*), die ^{45}Calcium über die Wurzel aufgenommen hatten. Dabei verloren besonders das Hypokotyl und die Kotyledonen Calcium, aber auch die älteren Blätter (1. und 2.) gaben innerhalb einer Woche Calcium an die neugebildeten Blätter (3. und 4.) ab. Wenn auch die Umsätze gering sind (insgesamt 7% der gesamten aufgenommenen ^{45}Calciummenge in der ersten, 3% in der zweiten Woche), so überrascht doch besonders die Calciumauswanderung aus Blättern in so jugendlichen Pflanzen. ^{45}Calcium reicherte sich bei den *Raphanus*-Blättern besonders stark in den Haaren an, die wie bei anderen Cruciferen mit Calciumcarbonat inkrustiert sind. FERRELL und JOHNSON (1956) injizierten im Hochsommer ^{45}Calcium in das Holz von *Pinus monticola*. Nach 2—4 Wochen wurden in den Blättern Radioaktivität und Gesamtcalcium bestimmt; im nächsten und zum Teil auch im übernächsten Jahr auch in den neugebildeten Knospen. Aus der Tatsache, daß die spezifische Aktivität in den meisten Fällen in den ein Jahr alten Knospen erheblich größer als in den Blättern war, schließen die Verfasser mit Recht, daß Calcium in nennenswerter Menge sekundär verlagert wurde.

Recht widerspruchsvoll in sich und zu anderen Arbeiten ist die Mitteilung von ABUTALYBOV und DŽANGIROVA (1960) über den Transport von ^{45}Calcium, das der Stengelrinde von Baumwolle, Flieder und *Hibiscus rosa sinensis* zugeführt wurde. Es wurde in 4—6 Tagen lediglich ein Aufwärtstransport, niemals ein Abwärtstransport festgestellt, der nach den mitgeteilten Zahlen in der Rinde verlaufen soll, zum Teil aber auch im Holz. Einen Ringelungsversuch mit recht unklaren Ergebnissen versuchen die Verfasser mit einem wechselnden Transport in Rinde und Holz, je nachdem welcher Weg zur Verfügung steht, zu verstehen. Ihre Angaben über die Versuchsanstellungen im einzelnen sind recht spärlich; da nur ein aufwärtsgerichteter Calciumtransport gefunden wurde, wird man vor einer Bestätigung an einem nennenswerten Calcium*transport* in der Rinde weiterhin zweifeln. Daß ^{45}Calcium nach Injektion ins Holz in der Rinde, und zwar offenbar speziell in den Siebelementen selbst *angereichert* werden kann, geht aus den Autoradiogrammen an *Pinus strobus* von FRASER (1958) hervor, dessen

Versuche einen Längstransport des Isotops, aber nur mit dem Transpirationsstrom, gezeigt haben. In diesem Zusammenhang ist wohl auch der interessante Befund von Bedeutung, daß ^{45}Calcium nach Aufnahme durch die Wurzel von *Cucurbita maxima* zwar nur in den Gefäßen transportiert aber spezifisch in *neugebildeter* Callose der Siebröhren angereichert wird (Eschrich, Eschrich und Currier 1964); dabei braucht kein Calcium das Plasmalemma des Siebelements zu passieren, da die Callose außerhalb des Protoplasten abgelagert wird.

Bukovac, Wittwer und Tukey (1956) konnten radioautographisch eine Auswanderung von ^{45}Calcium aus Bohnenprimärblättern nur dann nachweisen, wenn die behandelten Blätter mit Diäthyläther begast wurden. Die Annahme, daß durch die Ätherbehandlung eine eventuelle Transportpolarität aufgehoben werde, veranlaßte Kessler und Moscicki (1958), auf Tomaten- und Apfelblätter gemeinsam mit ^{45}Calcium auch 2,3,5-Trijodbenzoesäure, welche den polaren Transport von Auxinen aufheben soll, und Maleinhydrazid als weiteren Wachstumshemmstoff aufzusprühen. Sie stellten besonders bei Behandlung mit Trijodbenzoesäure eine Calciumverschiebung in die tiefer inserierten Blätter fest. Nach Taylor, Moore und Drinkwater (1961) handelt es sich hierbei aber um ein Artefakt, das mit und ohne Hormonbehandlung vorkommt, wenn die ganzen Pflanzen für die Radioautographie getrocknet werden, so daß sich Calcium während des Trocknungsprozesses verlagert, aber nicht, wenn man die Pflanzen vorher zerlegt. Biddulph, Cory und Biddulph (1959) fanden bei der Zerlegung der Pflanzen sogar eine geringere Calciumabwanderung aus Bohnenblättern mit Trijodbenzoesäure als aus den Kontrollblättern; sie zeigten auch, daß die beschriebene Ätherwirkung (Bukovac, Wittwer und Tukey 1956) nur eintritt, wenn die Gewebe durch die Behandlung so stark geschädigt werden, daß sie Wasser und Calcium an andere Teile der Pflanze abgeben müssen. Calcium wird infolgedessen durch das Xylem zurückgesaugt und tritt nun sekundär in die Rinde über, wie an der Aktivitätsverteilung nachgewiesen wurde.

Der Gedanke, durch chemische Behandlung könne eine Umkehr der Transportpolarität hervorgerufen werden, hat eine Arbeit von Anderson, Wittwer und Bukovac (1961) angeregt. ^{45}Calcium wurde jungen Bohnenpflanzen über das Epikotyl gegeben und eine elektrische Spannung an die Spitze der Primärblätter gelegt. Ein basipetaler Abtransport wurde auf diese Weise nicht erreicht, auch die Aufnahme blieb unbeeinflußt. Auffallenderweise strömte ^{45}Calcium vor allem zu dem Primärblatt, an welches die Anode angelegt war (Calciumbindung an einen negativen Träger ?).

Faßt man die älteren und neueren Ergebnisse zusammen, so ergibt sich: Calcium ist nicht völlig immobil, sondern kann sekundär transportiert werden. Dabei ist die Transportrate wechselnd, aber stets klein verglichen mit den anderen Hauptnährstoffen; Rippel (1926) hat Calcium mit Recht als schwach mobilisierbar bezeichnet. Relativ starke Calciumbewegungen treten bei der Samenkeimung und beim Austreiben anderer Speicherorgane auf, gewöhnlich ist die Weiterverteilung innerhalb der Pflanze aber sehr gering, wobei der Calciumgehalt und der gesamte Ionenhaushalt eine Rolle spielen dürften. Besonders gering ist wohl die Auswanderung von Calcium, das über die Blätter gegeben wird. Rücktransport mag wohl bei verschiedenen Pflanzen und Entwicklungsstadien ungleich sein; vielleicht ist er auch gerade bei den vielfach als Versuchspflanzen benutzten jungen Bohnen relativ gering, bei denen Biddulph, Cory und Biddulph (1959), wie gezeigt wurde, zwar einen Abtransport von aufgesprühtem ^{45}Calcium aus den Blättern, aber normalerweise höchstens eine ganz schwache Calciumverlagerung (von einer Abgabe an die Nährlösung abgesehen) nachweisen konnten. Die früher besprochenen älteren Arbeiten deuten spezifische Unterschiede ebenso an wie die neueren mit der Isotopentechnik. In jedem Falle ist nur ein geringer Calciumanteil transportabel. Die Frage nach dem Transportweg schließt die weitere ein, ob es sich dabei um eine phloemmobile Calciumfraktion handeln könne.

BIDDULPH, CORY und BIDDULPH (1959) sprechen dies nur in einem Satz aus; die von ihnen festgestellte ^{45}Calciumabwanderung aus Blättern wurde durch eine Dampfringelung des Blattstiels verhindert; andererseits verlief der Calciumentzug aus den äthergeschädigten Blättern offensichtlich durchs Xylem. ABUTALYBOV (1955, 1956) trennte in Baumwollpflanzen wasserlösliches, austauschbares (mit 2n $NaNO_3$), essigsäurelösliches und salzsäurelösliches Calcium und fand dabei, daß der übliche apikale Gradient im Calciumgehalt der Blätter nur für Gesamtcalcium und die säurelöslichen Fraktionen gilt, die beiden „aktiven" Fraktionen aber einen umgekehrten Gradienten zeigten. Mit zunehmendem Alter nahm säurelösliches „inaktives" Calcium gegenüber „aktivem" in den Blättern zu. Die Verteilung in Holz und Rinde folgte dem gleichen Schema (ABUTALYBOV 1956). Aus der Verteilung bei normal ernährten, aus einem Calciummangelversuch und einem nicht näher beschriebenen Isotopenversuch, der nach den mitgeteilten Zahlen an sehr wenigen Versuchspflanzen allerdings nicht überzeugend wirkt, folgert er, daß seine „aktiven" Fraktionen der sekundären Calciumverteilung dienen, die inaktiven vor allem in älteren Teilen der Pflanze aber dem Stoffwechsel entzogen sind (ABUTALYBOV 1955). Sollte die Beziehung zwischen Wasserlöslichkeit und Transport wirklich bestehen, so müßten die Anteile der Fraktionen bei verschiedenen Pflanzen mit verschiedener Calciumbeweglichkeit zusammenfallen; allerdings enthalten viele Pflanzen so viel wasserlösliches Calcium, daß man eine höhere Calciummobilität erwarten sollte. So ist z.B. nach LEHMANN und GARZ (1964) in Rapspflanzen fast alles Calcium wasserlöslich oder austauschbar, nur in älteren Blättern findet sich etwas Carbonat und Oxalat; auch eine Reihe anderer Kulturpflanzen speichert Calcium überwiegend in wasserlöslicher Form. Zum Unterschied davon sind beim Spinat, obwohl der Calciumgehalt in der Trockensubstanz relativ niedrig ist, stets über 50% als Oxalat gebunden, in den basalen Blättern noch wesentlich mehr.

Seit MASON und MASKELL (1931) auf Grund der fehlenden Calciumanreicherung über einer Ringelung die Meinung vertraten, Calcium könne nicht im Phloem transportiert werden, hat sich diese Ansicht immer mehr durchgesetzt. Dafür sprachen neben manchen indirekten Indizien, die im allgemeinen Teil besprochen wurden, die Analysen des Siebröhreninhaltes, die wenig Calcium neben viel Kalium und Phosphor ergaben (s. S. 118). Einige weitere Argumente seien noch hinzugefügt.

Ernährungsphysiologisch unterscheiden sich die phanerogamen Holoparasiten von den grünen Hemiparasiten dadurch, daß die einen auf dem lebenden Leitsystem des Wirtes schmarotzen, die anderen die Gefäßbahnen anzapfen. Während bei diesen die Zusammensetzung der Asche ähnlich wie bei ihren Wirten und anderen grünen Pflanzen ist, zeichnen sich die Vollschmarotzer (bei überhaupt geringem Aschengehalt) durch einen sehr niedrigen Calciumanteil in der Asche aus. Dieser läßt sich wie bei Früchten zwanglos mit der Annahme erklären, daß die fehlende Xylemverbindung die Calciumzuleitung einschränkt. Die Literatur hierzu ist in letzter Zeit von ANSIAUX (1958) und SCHEIDECKER (1963) zusammengefaßt worden[1]. Einige Zahlen bringt Tabelle 8.

Danach sind die Vollparasiten nicht nur sehr arm an Calcium, sondern enthalten auch relativ wenig Magnesium, infolgedessen ist der Quotient K:(Mg + Ca) sehr hoch; er erreicht bei ihnen den Wert von 6,7, bei Hemiparasiten nur 1,2 (ausgedrückt in Äquivalenten).

[1] Vgl. Bd. XI, S. 33ff., O. HÄRTEL, Der Erwerb von Wasser und Mineralstoffen bei Hemiparasiten. — Bd. III, S. 951ff., O. HÄRTEL, Der Wasserhaushalt der Parasiten.

Tabelle 8. *Relativer Gehalt an Kalium, Calcium und Magnesium (in Prozenten der Summe der drei Kationen als Äquivalente) von Holoparasiten, Hemiparasiten, Früchten, Samen und Blättern.*

	K	Ca	Mg	Autor
Orobanche ramosa	80	3	17	BORESCH (1935) nach ANSIAUX (1958)
Orobanche ramosa	84	10	6	NICOLOFF (1923) nach SCHEIDECKER (1963)
Cuscuta europaea	81	4	15	
Lathraea squamaria[1]	60	3	37	BORESCH (1935) nach ANSIAUX (1958)
Viscum album (Zweige und Blätter)	54	28	18	NICOLOFF (1923) nach SCHEIDECKER (1963)
Loranthus europaeus (Zweige)	38	40	22	
Lycopersicum esculentum (Früchte)	76	4	20	ANSIAUX (1959)
Cucurbita pepo (Früchte)	29	3	68	BORESCH (1935) nach ANSIAUX (1959)
Vitis vinifera (Früchte)	81	9	10	
Triticum vulgare (Früchte)	45	6	49	
Foeniculum vulgare (Früchte)	33	33	34	
Medicago lupulina (Früchte)	19	73	8	
Gossypium hirsutum (Früchte)	53	11	36	VAN SCHOOR (1957)
Gossypium hirsutum (Samen)	42	36	22	
Arachis hypogaea (Samen)	54	8	38	BORESCH (1935) nach ANSIAUX (1959)
Pisum sativum (Samen)	62	11	27	
Aesculus hippocastanum (Samen ohne Schale)	63	21	16	DELEANO und BORDEIANU (1933)
Blätter:				
Lycopersicum esculentum (obere)	64	24	12	ANSIAUX (1959)
Lycopersicum esculentum (mittlere)	51	36	13	
Lycopersicum esculentum (untere)	35	52	13	
Lycopersicum esculentum, 6. Blatt (jung)	64	24	12	
Lycopersicum esculentum, 6. Blatt (ausgewachsen)	45	41	19	
Lycopersicum esculentum, 6. Blatt (alt)	24	56	20	
Aesculus hippocastanum (28. April)	82	12	6	DELEANO und BORDEIANU (1933) nach ANSIAUX (1959)
Aesculus hippocastanum (24. Juli)	50	35	15	
Aesculus hippocastanum (10. Oktober)	25	60	15	

[1] Nach ZIEGLER (1955) ist *Lathraea* ein Blutungssaftschmarotzer, parasitiert also nicht auf dem Phloem. Es wäre wissenswert, wie sich der Ionengehalt von *Lathraea* zu dem des Blutungssaftes der Wirtswurzel verhält. Da Blutungssäfte relativ viel Calcium enthalten können (s. S. 211 und Abb. 3), müßte man annehmen, daß der relativ hohe Kalium- und Magnesiumanteil auf einer selektiven (aktiven?) Aufnahme seitens des Parasiten beruht, die aber selbstverständlich auch bei den Phloemparasiten nicht auszuschließen ist. Bei *Lathraea* wäre der niedrige Calciumgehalt der Pflanze nicht auf die Calciumarmut der Nahrungsquelle, sondern nur auf die geringe Transpiration zurückzuführen, und zwar in dem Maße, wie die Salzaufnahme des Parasiten transpirationsabhängig ist.

Schon MOLLIARD (1912, 1913) hat eine Parallele in der Aschenzusammensetzung von Früchten, Knollen und Parasiten erkannt, nach seinen Arbeiten sind auch Gallen calciumarm, die gemeinsame Ursache dafür dürfte die niedrige Transpiration sein, die es nicht zu einer Calciumanreicherung kommen läßt. Nach Tabelle 9 sind in der Asche von Gallen die leicht beweglichen Elemente (Phosphor und Kalium), in den Laubblättern der Wirtspflanze die schwer bzw. nicht transportablen (Calcium, Eisen, Mangan, Silicium) stärker vertreten.

Tabelle 9. *Vergleich des Mineralstoffgehaltes (in Prozenten der Asche) in Gallen von Schizoneura lanuginosa und Blättern ihrer Wirtspflanze (Ulmus campestris).* (Nach MOLLIARD 1913.)

	P_2O_5	K_2O	CaO	SiO_2	Fe_2O_3	Mn_2O_3
Gallen	1,50	42,64	20,73	12,10	0,47	0,04
Blätter	0,40	9,20	38,92	35,80	1,42	0,21

Eine Reihe von Arbeiten über den Mineralstofftransport durch Pfropfstellen zeigt, daß der Calciumtransport durch Unterbrechung der Leitbahnen besonders behindert wird, während Phosphor, Kalium und Magnesium leicht über die Pfropfstelle transportiert werden; sie können offenbar den Weg durch lebendes Gewebe benutzen, sei es in Parenchympassage, sei es weil Siebelementanschlüsse vor den Gefäßanschlüssen hergestellt werden. Da die Literatur ebenfalls von SCHEIDECKER (1963) zusammengefaßt worden ist, sei hier nur auf die Arbeiten von BUKOVAC, WITTWER und TUKEY (1958) und von HOMÈS (1959) verwiesen.

RIRIE und TOTH (1952) suchten mit der „split root technique" (vgl. S. 204) den Transport von ^{45}Calcium aus einem Teil des Wurzelsystems in den anderen an Tomatenpflanzen festzustellen. Ein solcher fand, wie auch in den Versuchen von HAYNES und ROBBINS (1948), im allgemeinen nicht statt, nur wenn die „aufnehmende" Hälfte calciumfrei gemacht wurde, traten ganz geringe Mengen über. Wenn der Befund von MOORE (1949) verallgemeinert werden kann, daß ein solcher Transport über den Sproß und von dort abwärts verläuft, kann ein phloemimmobiles Element nicht in die andere Wurzelhälfte gelangen. Ob die Spuren von Calcium, die bei extremem Calciummangel transportiert wurden, auf eine phloemmobile Fraktion hinweisen oder durch Rücksaugung in das Xylem der Wurzel abwärts geleitet wurden, bleibt offen.

Den überzeugendsten Beweis für eine Verbindung des Transports von Wasser und Calcium liefern Versuche mit den Früchten von *Arachis hypogaea*, bei der sich der Blütenstiel nach der Befruchtung zum Gynophor streckt und abwärts wächst, so daß die junge Erdnuß sich im Boden entwickelt. In diesem Stadium nimmt die Frucht Wasser aus dem Boden auf, eine nennenswerte Wasserleitung durch den Gynophor zur Frucht findet in der Regel nicht mehr statt, wie Farbstoffversuche von WIERSUM (1951) mit Fast Green zeigten. Nur wenn die ganze Pflanze sehr unter Wasserverlust litt oder die Früchte aus dem Boden genommen wurden, also transpirierten, drang auch Farbstoff durch den Gynophor ein. Umgekehrt ließ sich aber die Aufnahme von Kaliumferrocyanid durch die Früchte im Stengel der Pflanze bis zu zwei Internodien über der Insertion des Gynophors mit Ferrichlorid nachweisen. Trennt man das Nährmedium von Wurzel und Frucht, so kümmern die Früchte vor allem dann, wenn ihnen kein Calcium zugeführt wird; andere Stoffe werden anscheinend durch den Gynophor zugeleitet (BRADY, REED und COLWELL 1945, HARRIS 1949, BLEDSOE, COMAR und HARRIS 1949, BOLHUIS und STUBBS 1955). Daß hier der Calciumtransport zur Frucht entscheidend ist, bewiesen BLEDSOE, COMAR und HARRIS (1949): wurde ^{45}Calcium dem Wurzelmedium zugeführt, so fand sich nach 9 Tagen in Früchten, die noch transpirieren konnten, 0,70 μg ^{45}Ca/g Trockensubstanz, in weiterentwickelten, die sich schon im Boden befanden, nur 0,09 μg. Erhebliche Mengen wurden dagegen aufgenommen und in die Mutterpflanze bis in die jüngsten Blätter weitergeleitet, wenn ^{45}Calcium der Frucht zugeführt wurde. BLEDSOE und HARRIS (1950) haben diese Tatsachen mit der Phloemimmobilität in Verbindung gebracht, und es ist kein Zweifel, daß ein nennenswerter Calciumtransport durch den Gynophor nicht mehr stattfindet, sobald die Transpiration aufgehört hat.

Vieles spricht also gegen eine Bewegung von Calcium im Phloem; ob es eine phloemmobile Calciumfraktion gibt, ist nicht bewiesen, allerdings auch nicht widerlegt. Es bleibt auch offen, auf welchem Wege ein eventueller Rücktransport in den Boden sich vollzieht (s. S. 233ff.

4. Strontium und Barium.

Durch die Anreicherung der Atmosphäre mit Kernspaltungsprodukten wurde auch das Interesse für die Strontiumaufnahme durch Pflanzen geweckt, viele

Arbeiten sind hierzu entstanden, die zum Teil radioaktive Strontium- und Caesium-Isotope gemeinsam untersuchen und sehr aufschlußreich den Gegensatz eines beweglichen (Caesium) und unbeweglichen Stoffes (Strontium) zeigen, entsprechend dem Paar Kalium—Calcium (Übersicht bei RUSSELL 1963).

Bei der Aufnahme und Verteilung in der Pflanze unterscheiden sich Calcium und Strontium nur wenig (MICHAEL und SCHILLING 1960, SCHILLING 1960, MYTTENAERE 1963, 1964, 1965, MYTTENAERE und MASSET 1965). Die Pflanze kann offenbar bei der Aufnahme zwischen Calcium und Strontium ,,nicht unterscheiden", einige Befunde sprechen dafür, daß in der Pflanze Strontium von den Kationenträgern etwas stärker gebunden wird als Calcium (SCHILLING 1960), wodurch gewisse Unterschiede in der Verteilung erklärt werden können. Bei Erbsen liegt der größte Teil von Strontium wie von Calcium in der wasserlöslichen Fraktion vor, welche mit dem Alter zunimmt, während die austauschbare abnimmt (SCHILLING 1960, MYTTENAERE 1965); vielleicht deutet dies auf eine zunehmende Speicherung im Zellsaft. In der unlöslichen Fraktion zeigt sich ein chemischer Unterschied beider Elemente: an Stelle von Calciumoxalat fällt in alternden Erbsenblättern Strontiumsulfat aus (SCHILLING 1961).

Tabelle 10. *Strontiumgehalt verschiedener Teile von Pisum sativum (in γ/g Trockengewicht).* (Nach LÄUCHLI 1962.)

	Anfangskonzentration von Sr in der Nährlösung	
	10 γ/ml	100 γ/ml
Blüten	191	1160
Samen	43	167
Hülsen	526	3540
Blätter zur Blütezeit	1040	7340
Blätter bei der Fruchtreife	1120	8010

Die chemisch so nah verwandten Elemente stellen auch hinsichtlich des Transports die gleichen Probleme; sie werden leicht mit dem Transpirationsstrom aufwärtsgeleitet, aber nur schwer weiterverteilt (RUSSELL und SQUIRE 1958, SCHILLING 1960, MOSTAFA und HASSAN 1964). Im Hinblick auf die radioaktive Verseuchung ist die Aufnahme über die Blätter oft untersucht worden. Zwar zeigen die Autoradiographien (ungeteilter) Erbsenpflanzen eine gewisse Verschiebung von ^{89}Strontium und ^{90}Strontium auch abwärts vom zuführenden Blatt, doch sind die oberhalb davon liegenden Teile viel stärker geschwärzt (SCHILLING 1960); die Verteilung ist bei einem Parallelversuch mit ^{45}Calcium ganz ähnlich (beide Versuche dauerten 6 Tage). Strontium und Calcium können hier mit dem Transpirationsstrom transportiert worden sein. BUKOVAC und WITTWER (1957) stellten Strontium wie REDISKE und SELDERS (1953) zu den unbeweglichen Elementen, und es wurde immer wieder bestätigt, daß radioaktives Strontium zum größten Teil im behandelten Blatt verbleibt (MIDDLETON 1958, 1959, MOSTAFA und HASSAN 1964, BARBIER und BROSSARD 1963, AMBLER 1964). ^{89}Strontium aus den Blättern gelangt nicht auf dem Wege durch die Pflanze in die Kartoffelknollen, sondern wird nach Auswaschung aus den Blättern wieder aus dem Boden aufgenommen (MOORBY und SQUIRE 1963, MECKLENBURG und TUKEY 1963). Ebenso wie Calcium nicht völlig unbeweglich ist, läßt sich auch eine gewisse Strontiumrückwanderung feststellen. Nach AMBLER (1964) ließ sie sich steigern, wenn die Applikationsstelle von ^{85}Strontium auf Mais- und Bohnenblättern wiederholt befeuchtet wurde, jedoch blieben in wochenlangen Versuchen stets 99% der applizierten Menge im behandelten Blatt zurück. Nach SUDIA und LINCK (1961) gaben Maisblätter je nach dem pH-Wert der aufgetropften Lösung auch mehr als 1% der aufgetropften ^{89}Strontiummenge ab.

Nach LÄUCHLI (1962) wird Strontium in der gleichen Weise auf die verschiedenen Organe der Pflanze verteilt wie Calcium; die Samen sind daran am ärmsten, und die übrigen Organe enthalten um so mehr Strontium, je stärker sie transpirieren (Tabelle 10; vgl. auch Tabellen 3, 4 und 8).

Barium bildet nach BUKOVAC und WITTWER (1957) mit Calcium, Strontium und Magnesium die Gruppe der bei Zugabe über die Blätter immobilen Elemente.

5. Magnesium.

OLAND und OPLAND (1956) fanden ebenfalls keinen Anhaltspunkt dafür, daß Magnesium, welches als Magnesiumsulfatlösung auf Apfelblätter gesprüht wurde, in andere Teile der Pflanze abgeleitet wird. Ebenso gaben nach BUKOVAC, TEUBNER und WITTWER (1960) Primärblätter weder bei Keimpflanzen noch bei fruchtenden Bohnen ^{28}Magnesium ab. Nach diesen wenigen Versuchen ist Magnesium jedenfalls bei dieser Methode nicht leicht transportabel. Auch RIPPEL (1927) stellte es zu den schwerbeweglichen Elementen, und NEALES (1958) konnte bei *Trifolium repens* keine Magnesiumableitung aus den Blättern feststellen, auch dann nicht, wenn die Pflanzen auf magnesiumfreier Lösung neue Stolonen bildeten, an denen die Blätter mit Ausnahme des jüngsten durch Magnesiummangel chlorotisch waren. Ein gewisser Magnesiumtransport muß in solchen Fällen aber stattfinden; die geringen Mengen, die den neuen Teilen zugeführt werden, müssen, wenn nicht aus den Blättern, doch aus dem Sproß oder den Wurzeln stammen. Manche Beobachtungen sprechen auch beim Calciumtransport dafür, daß die Remobilisierung im Stengel leichter vor sich geht, so daß bei Analyse der Blätter Transporte schwerer beweglicher Stoffe verborgen bleiben könnten (s. S. 246).

Urteilt man nach dem Bilde der Mangelerscheinungen, so müßte Magnesium rücktransportiert werden können, da in der Regel die Symptome von den ältesten Blättern zu den jüngeren fortschreiten. Daher schreibt wohl WALLACE (1951) in seinem Buch über Mangelsymptome: "The element seems to be very mobile within the plant." Nach SUCOFF (1960) gaben in Keimlingen von *Pinus taeda* die älteren Nadeln Magnesium an die jüngeren ab, wenn die Pflanzen auf magnesiumfreie Nährlösung übertragen wurden. In jungen Blättern ist der Magnesiumgehalt (in Prozenten der Trockensubstanz) von der Versorgung relativ unabhängig, nicht dagegen bei älteren, so daß eine Abwanderung in die jüngeren mindestens bei Magnesiummangel angenommen werden kann; bei guter Magnesiumversorgung ist in der Regel der prozentuale Magnesiumgehalt in den älteren Blättern höher als in den jüngeren, bei Magnesiummangel verwischen sich die Unterschiede (MICHAEL 1941). In anderen Fällen enthielten die jüngeren Blätter stets mehr Magnesium, so nach LUTMAN und WALBRIDGE (1927) bei der japaschen Hirse *(Echinochloa crus-galli* var. *frumentacea)*. Die ebenfalls auf Trockengewicht bezogenen Ergebnisse von DIX und BISCHOF (1930) erlauben mit den erforderlichen Vorbehalten den Schluß, daß bei der Haferreife Magnesium aus den Halmen und Blättern in die Körner einwandert (Calcium, falls überhaupt, sehr viel weniger); allerdings werden beide Kationen zu dieser Zeit noch aus dem Boden aufgenommen. Nach den absoluten Zahlen von DELEANO und GOTTERBARM (1936) ist dies auch beim Roggen der Fall (s. S. 233); auch wandert Magnesium nach DELEANO und VLADESCU (1937) aus der Tabakpflanze in den Boden zurück (s. S. 235). Nach MICHAELS (1941) Versuchen nehmen vollernährte Haferpflanzen zur Blütezeit noch Magnesium in die älteren Blätter auf, bei Magnesiummangel wird allerdings ein großer Teil in diesen mobilisiert und wandert aus. Es besteht daher kein Zweifel, daß Magnesium transportabel ist und den jüngeren Pflanzenteilen und den Fortpflanzungsorganen mindestens unter Mangelbedingungen ähnlich wie Kalium, wenn auch wohl in geringerem Maße, zugute kommt. In der Mobilisierung bei der Samenkeimung steht Magnesium zwischen Kalium und

Calcium (s. S. 214ff.). An der herbstlichen Rückwanderung scheint Magnesium dagegen relativ wenig teilzunehmen, eine Magnesiumrückwanderung ist jedoch nicht ausgeschlossen (s. S. 225ff.).

Nach MASON und MASKELL (1931) staut sich Magnesium über einer Rindenringelung, wird also offenbar im Phloem abwärts geleitet. Auch die Arbeit über den Mineralstoffhaushalt der ephemeren Baumwollblüten (PHILLIS und MASON 1936) zeigt eine größere Beweglichkeit von Magnesium als von Calcium, allerdings ist die Kurvenform für beide Stoffe ähnlich (s. S. 230). Magnesium nimmt in vieler Hinsicht beim Transport eine Zwischenstellung zwischen Kalium und Calcium ein, wie die Angaben im allgemeinen Teil dieses Beitrages zeigen. Der Magnesiumgehalt von Früchten ist verglichen mit dem von Calcium relativ hoch (z.B. ARNON und HOAGLAND 1943; vgl. auch Tabelle 8), Samen enthalten viel Magnesium (s. S. 223). Wenn in vielen Fällen geringer Gehalt an Calcium mit dessen Phloemimmobilität in Verbindung gebracht wurde, so darf hier gefolgert werden, daß Magnesium wenigstens Verbindungen bildet, die im Siebröhrensystem geleitet werden. Auch Erdnüsse werden über den Gynophor mit Magnesium versorgt (HARRIS 1949), ebenso wird Magnesium leicht über Pfropfstellen transportiert (s. S. 250).

Bei der Extraktion junger und alter Blätter fand MICHAEL (1941) keine Unterschiede in der Magnesiumlöslichkeit; mit einer Festlegung größerer Mengen unlöslicher Magnesiumverbindungen in Blättern ist daher wohl nicht zu rechnen. Wenn Magnesium vielfach als „Phosphorsäureträger" angesehen worden ist, so fehlen doch die Beweise, daß Magnesiumphosphate beim Stofftransport eine Rolle spielen.

Der Magnesiumtransport bietet also noch eine große Anzahl offener Fragen, darunter auch die nach dem Verbleib der im Chlorophyll gebundenen Magnesiumfraktion beim Vergilben der Blätter, in denen sie ein Viertel der gesamten Magnesiummenge betragen kann.

ALLEN (1960) bestätigte für Apfelblätter die von PHILLIS und MASON (1942) bei der Baumwolle gefundenen Tagesschwankungen im Magnesiumgehalt der Blätter.

IV. Schlußbemerkungen.

Der Vergleich des Transportes der Alkali- und Erdalkalimetalle wirft die Frage nach den Gründen für die unterschiedliche Beweglichkeit der einzelnen Stoffe auf; sie gilt vor allem für den Transport im lebenden Gewebe. Allerdings stellt sich immer mehr heraus, daß auch bei der Aufwärtsleitung im Transpirationsstrom neben der passiven Verfrachtung ständig eine Regulation durch das benachbarte lebende Gewebe ausgeübt wird. Bei Pflanzen mit sekundärem Dickenwachstum liegt das Cambium zwischen den jüngsten Leitbahnen und vermag sehr rasch Stoffe zwischen beiden „Saftströmen" auszutauschen; auch in dieser Hinsicht gewinnt die Erkenntnis an Bedeutung, daß die jüngsten Siebröhren besonders stark am Transport beteiligt sind (s. S. 150). Ein solcher Austausch mag wie Stoffaufnahmevorgänge in anderen Teilen der Pflanze und bei jeder Zelle „aktiv" oder „passiv" sein. Auch für den Transpirationsstrom stellen sich mehr und mehr Fragen, die mit der Affinität des einzelnen Mineralstoffes zu bestimmten Bindungsorten im Zellinhalt wie auch in den Zellwänden zusammenhängen; der Vergleich mit einer Austauschersäule wird in der Literatur vielfach gebraucht. Von neueren Arbeiten seien hier nur die von BIDDULPH, NAKAMAYA und CORY (1961) und BELL und BIDDULPH (1963) genannt, welche den Austausch gegenüber der Massenbewegung in den Vordergrund stellen, und zwar für einen im allgemeinen als „passiv" geltenden Stoff wie Calcium: es findet nur dann ein akropetaler Calciumtransport statt, wenn von der Wurzel zweiwertige Kationen nachgeliefert werden, welche die an den Gefäßwänden adsorbierten Calciumionen austauschen können; darüber hinaus werden die Ionen zweifellos auch mit dem lebenden Gewebe ausgetauscht. So werden auch Befunde verständlich, nach denen die Aufnahme von ^{45}Calcium durch die Wurzel nach Calciumauswaschung aus den Blättern erhöht wurde (MECKLENBURG und TUKEY 1964). Nach BARBIER und BROSSARD (1963) behinderte sogar auf die Blätter von Maispflanzen aufgebrachtes ^{89}Strontium, ohne aus ihnen nennenswert auszuwandern, signifikant die Aufnahme von Strontium durch die Wurzeln, während dies in einem gleichartigen Versuch mit einem beweglichen Element (^{137}Caesium) nicht der Fall war! Die Vorgänge, die sich im einzelnen auf dem Transportweg abspielen, sind noch kaum zu deuten; zweifellos ist aber der aufwärts gerichtete Salzstrom nicht so „passiv" wie der Transpirationsstrom. Eine Proportionalität zwischen Salz- und Wassertransport ist nicht nur wegen der verschiedenen Schritte bei der Stoffaufnahme, sondern auch wegen der offenbar sehr differenzierten Regulationsvorgänge bei der Weiterleitung in der Regel nicht zu erwarten (vgl. RUSSELL und BARBER 1960, MICHAEL und MARSCHNER 1961). Die Konzeption von Apoplast und Symplast muß also erweitert werden; übrigens hat auch MÜNCH (1930) den Austausch zwischen beiden besonders betont.

Der Phloemtransport wird noch stärker durch die Affinitäten der einzelnen Mineralstoffe zu den Zellbestandteilen charakterisiert sein. Für die Mobilität wird die Bindung, in die ein anorganischer Stoff eintritt, von großer Bedeutung sein; leider wissen wir kaum, welche Verbindungen transportiert werden. Die Alkali- und Erdalkalimetalle sind zum größten Teil im Pflanzengewebe nicht in größeren organischen Molekülen gebunden, auch bei den schwerer beweglichen überwiegen die wasserlöslichen oder locker adsorbierten Fraktionen. Danach beruhen die Unterschiede im Transport wohl nicht auf verschiedener Wasserlöslichkeit. Gegen eine einfache Beziehung zur Wertigkeit der Elemente spricht, daß Natrium und wahrscheinlich auch Lithium relativ schwer beweglich sind; auch Beziehungen zu den lyotropen Eigenschaften werden nicht deutlich. In der Alkalireihe sind, wie gezeigt wurde, zwar Kalium, Rubidium, Caesium ziemlich gleich transportabel; leider sind die Angaben über den Natriumtransport sehr lückenhaft und die für Lithium in unserem Zusammenhang noch wenig beweiskräftig.

RIPPEL (1926) hat Zusammenhänge zwischen Stoffaufnahme und Mobilisation erwogen. Wir sind heute noch weit davon entfernt, solche Zusammenhänge zu erkennen, doch soll auf eine Parallele hingewiesen werden. Nach EPSTEIN und HAGEN (1952) besteht bei der Stoffaufnahme durch die Wurzel eine sehr weitgehende kompetitive Hemmung zwischen Kalium, Rubidium und Caesium, während diese drei Ionen mit Natrium nur sehr wenig und mit Lithium gar nicht konkurrieren. Unter den Erdalkaliionen konkurrieren anscheinend Calcium, Strontium und Barium untereinander um denselben Träger, aber nicht mit Magnesium (EPSTEIN und LEGGETT 1954; vgl. auch COLLANDER 1941a). Die besprochenen Unterschiede in der Mobilität und Verteilung werden in diesen Gruppierungen widergespiegelt.

Fragt man nach den Gründen der Immobilität im Phloem, so wird man an die besonderen Eigenschaften der Siebelemente, wie ihre Plasmastruktur und die neutrale bis alkalische Reaktion denken, von denen der Transport abhängig sein könnte. Aber schon MASON und MASKELL (1931) haben erwogen, daß Calcium möglicherweise gar keinen Zutritt zu den Siebröhren oder Geleitzellen habe, denen es wie allen Zellen mit dem Wasserstrom zugeführt wird (es war ihnen allerdings wahrscheinlicher, daß Calcium schon vorher ausgefällt wird, so daß nicht viele freie Ionen die Leitbahnen erreichen; Oxalatanreicherung im Bündelparenchym ist ja von vielen Pflanzen bekannt). Vieles spricht für die zweite Auffassung, welche die Transportfrage zu einer Frage der Aufnahme in die Leitbahn macht; der Schritt vom Parenchym in die Geleitzellen oder von diesen in die Siebelemente wäre dafür entscheidend, ob ein Stoff im Phloem transportiert werden kann oder nicht. Wo dieser Schritt getan wird, der nach MOORBY (1964) stoffwechselabhängig ist, wissen wir nicht. Das Problem ist dem der Stoffausscheidung in die Wurzelstele vergleichbar; die besonderen Charakteristika der Siebelemente könnten von Bedeutung sein.

Die hier gebotene Bearbeitung des Stofftransports fußt in ihrem speziellen Teil vor allem auf den Kationen der Alkali- und Erdalkalireihe. Bei den Schwermetallen wären noch andere Gesichtspunkte zu berücksichtigen, dort ist in der letzten Zeit die Chelatbildung und ihre mögliche Bedeutung bei Transportvorgängen in die Diskussion gebracht worden. Insgesamt haben wir aber auf dem Gebiete des Transports von Schwermetallen und Spurenstoffen trotz einer ständig zunehmenden Zahl von Arbeiten noch weniger festen Boden unter den Füßen als bei den Hauptnährstoffen, und es ist noch nicht möglich, gemeinsame Gesichtspunkte in der verwirrenden Fülle der Tatsachen zu finden[1]. Die Frage, in Form welcher Verbindungen die einzelnen Mineralstoffe transportiert werden, ist besonders dringend; Fortschritte auf diesem Gebiet werden auch Fortschritte der allgemeinen Stofftransportforschung sein.

Literatur.

ABUTALYBOV, M. G.: Die sekundäre Calcium-Verteilung im Pflanzenorganismus. Dokl. Akad. Nauk SSSR **105**, 1042—1044 (1955) [Russisch]. — Distribution of calcium in plants. Fiziol. Rastenij **3**, 306—312 (1956) [Russisch mit engl. Zus.fassg.]. — ABUTALYBOV, M. G., and S. G. DŽANGIROVA: Translocation of calcium in plants. Fiziol. Rastenij **7**, 558—563 (1960) [Russisch mit engl. Zus.fassg.]. — ACHROMEIKO, A. J.: Über die Ausscheidung mineralischer Stoffe durch Pflanzenwurzeln. Z. Pflanzenernähr., Düng. u. Bodenkde. **42**, 156—186 (1936). — ALLEN, M.: The uptake of metallic ions by apple trees. I. The magnesium content of untreated leaves. J. hortic. Sci. **35**, 118—126 (1960). — ALTEN, F., G. GOEZE u. H. FISCHER: Kohlensäureassimilation und Stickstoffhaushalt bei gestaffelter Kaligabe. Bodenkde. u. Pflanzenernähr. **5**, 259—289 (1937). — AMBLER, J. E.: Translocation of strontium from leaves of bean and corn plants. Radiat. Bot. **4**, 259—265 (1964). — AMTHOR, C.: Reifestudien an Kirschen und Johannisbeeren. Hoppe-Seylers Z. physiol. Chem. **7**, 196—208 (1882). — ANDERSON, J. R., S. H. WITTWER, and M. J. BUKOVAC: Effect of electrical currents on the transport of radiocalcium (Ca^{45}) in *Phaseolus vulgaris*. Physiol. Plantarum (Copenh.) **14**, 548—553 (1961). — ANDERSSEN, F. G.: Some seasonal changes in the tracheal sap of pear and apricot trees. Plant Physiol. **4**, 459—476 (1929). — ANDRÉ, G.: Sur les transformations chimiques qui se passent pendant l'évolution du bourgeon. C. R. Acad. Sci. (Paris) **131**, 1222—1225 (1900). — Sur la distribution des basses minérales chez l'orge, au cours de l'évolution de ce végétal. C. R. Acad. Sci. (Paris) **154**, 1817—1819 (1912). — Répartition des éléments minéraux et de l'azote chez le végétal étiolé. C. R. Acad. Sci. (Paris) **167**, 1004—1006 (1918). — ANSIAUX, J. R.: Sur l'alimentation minérale des phanérogames parasites. Bull. Acad. roy. Belgique, Cl. Sci., 5. sér. **44**, 787—793 (1958). — La composition minérale des fruits et la voie de transport des ions alimentaires vers ceux-ci. Ann. Physiol. végét., Univ. Bruxelles **4**, 53—88 (1959). — Les migrations des substances minérales et l'évolution de la composition ionique chez la tomate au cours de la croissance. Ann. Physiol. végét., Univ. Bruxelles **5**, 19—260 (1960). — APPLING, E. D., and J. GIDDENS: Differences in sodium and potassium content of various parts of the cotton plant at four stages of growth. Soil Sci. **78**, 199—203 (1954). — ARENDT, R.: Untersuchungen über einige Vorgänge bei der Vegetation der Haferpflanze. Landw. Versuchsstat. **1**, 31—68 (1859). — ARENS, K.: Die kutikuläre Exkretion des Laubblattes. Jb. wiss. Bot. **80**, 248—300 (1934). — Die Tag-Nacht-Differenz des Calciumgehaltes der Laubblätter. Jb. wiss. Bot. **88**, 169—175 (1939). — ARNON, D. J., and D. R. HOAGLAND: Composition of the tomato plant as influenced by nutrient supply, in relation to fruiting. Bot. Gaz. **104**, 576—590 (1943). — ARNON, D. J., P. R. STOUT, and F. SIPOS: Radioactive phosphorus as an indicator of phosphorus absorption of tomato fruits at various stages of development. Amer. J. Bot. **27**, 791—798 (1940). —

[1] Nach dem ursprünglichen Plan sollten die anderen Mineralstoffe ebenfalls in diesem Beitrag behandelt werden; eine Reihe unvorhergesehener Umstände verhinderten den Verfasser aber, diesen Teil vor dem notwendigen Abschluß des Bandes zu bearbeiten. Eine Bibliographie der neueren Literatur hierzu findet sich als Anhang auf S. 264ff.

AUERBACH, S. J., J. S. OLSON, and H. D. WALLER: Landscape investigations using caesium-137. Nature (Lond.) **201**, 761—764 (1964). — AULICH, K.: Beiträge zur Kenntnis der Calcium-Wirkung auf das Keimlingswachstum von Weizen. Ber. schweiz. bot. Ges. **45**, 335—371 (1936).

BACHOFEN, R.: Transport und Verteilung von markierten Assimilaten. VII. Die Teilnahme von Früchten am Stoffkreislauf der Pflanze. Ber. schweiz. bot. Ges. **72**, 280—285 (1962). — BACHOFEN, R., u. H. WANNER: Transport und Verteilung von markierten Assimilaten in Fruchtstielen von *Phaseolus*. Planta (Berl.) **58**, 225—236 (1962). — BACQ, C. M.: Pénétration, localisation et redistribution de l'ion Ca^{++} chez *Raphanus sativus* L. Bull. Soc. roy. Sci. Liège **28**, 275—290 (1959). — BAKER, D. A., and J. A. MILBURN: Lateral movement of inorganic solutes in plants. Nature (Lond.) **205**, 306—307 (1965). — BARBIER, G., et M. BROSSARD: Relations entre l'absorption racinaire et l'absorption foliaire du strontium et du cesium chez le maïs. Agrochimica (Pisa) **7**, 216—225 (1963). — BARBIER, G., et J. CHABRANNES: Accumulation du sodium dans les racines des plantes. C. R. Acad. Sci. (Paris) **232**, 1372—1374 (1951). — BARINOV, G. V.: Comparative rate of P^{32} and Ca^{45} supply and their mobility in plants in the course of foliar nutrition. Dokl. Akad. Nauk SSSR **125**, 227—228 (1959) [Russisch]. — Über die Beweglichkeit von P^{32} und Ca^{45} in den Pflanzen. Akad. Nauk SSSR, Izvest. Sibirsk. Otdeln., Ser. biol.-med. Nauk **4**, 41—46 (1963) [Russisch]. — BAUER, H.: Stoffbildung und Stoffaufnahme in jungen Nadelhölzern. Naturwiss. Z. Forst- u. Landw. **8**, 457—498 (1910). — Stoffbildung und Stoffaufnahme bei jungen Laubhölzern. Naturwiss. Z. Forst- u. Landw. **9**, 409—419 (1911). — Zur Periodizität der Stoffbildung und Nährstoffaufnahme in jungen Laubhölzern. Naturwiss. Z. Forst- u. Landw. **10**, 188—199 (1912). — BAUMEISTER, W.: Das Natrium als Pflanzennährstoff. Stuttgart: Gustav Fischer 1960. — BATJER, L. P., and M. N. WESTWOOD: Seasonal trend of several elements in leaves and fruits of Elberta peach. Proc. Amer. Soc. hortic. Sci. **71**, 116—126 (1951). — BAXTER, P.: Bitter pit of apples. Outlook on Agric. **3**, 247—277 (1962). — BEESON, K. C., C. B. LYON, and M. BARRENTINE: Ionic absorption by tomato plants correlated with variations in the composition of the nutrient medium. Plant Physiol. **19**, 258—277 (1944). — BEHRENS, W. U.: Das Natrium als Vegetationsfaktor. Landw. Forsch., Sonderheft **7**, 94—107 (1956). — BELL, C. W., and O. BIDDULPH: Translocation of calcium. Exchange versus mass flow. Plant Physiol. **38**, 610—614 (1963). — BENNETT, J. P., F. G. ANDERSSEN, and Y. MYLAD: Methods of obtaining tracheal sap from woody plants. New Phytol. **26**, 316—323 (1927). — BERRY, R. A.: Composition and properties of oat grain and straw. J. agric. Sci. **10**, 359—414 (1920). — BIDDULPH, O.: The translocation of minerals in plants. In: E. TRUOG (ed.), Mineral nutrition of plants, p. 261—275. Madison: University of Wisconsin Press 1961. — BIDDULPH, O., S. BIDDULPH, R. CORY, and H. KOONTZ: Circulation patterns for phosphorus, sulfur and calcium in the bean plant. Plant Physiol. **33**, 293—300 (1958). — BIDDULPH, O., R. CORY, and S. BIDDULPH: Translocation of calcium in the bean plant. Plant Physiol. **34**, 512—519 (1959). — BIDDULPH, O., F. S. NAKAMAYA, and R. CORY: Transpiration stream and ascension of calcium. Plant Physiol. **36**, 429—436 (1961). — BIERBERG, W.: Die Bedeutung der Plasmarotation für den Stofftransport. Flora (Jena) **99**, 51—80 (1909). — BIRCH-HIRSCHFELD, L.: Untersuchungen über die Ausbreitungsgeschwindigkeit gelöster Stoffe in der Pflanze. Jb. wiss. Bot. **59**, 170—262 (1920). — BLEDSOE, R. W., and H. C. HARRIS: The influence of mineral deficiency on vegetative growth, flower and fruit production and mineral composition of the peanut plant. Plant Physiol. **25**, 63—77 (1950). — BLEDSOE, R. W., C. L. COMAR, and H. C. HARRIS: Absorption of radioactive calcium by the peanut fruit. Science **109**, 329—330 (1949). — BODE, H. R.: Über den Zusammenhang zwischen Blattentfaltung und Neubildung der Saugwurzeln bei *Juglans*. Ber. dtsch. bot. Ges. **72**, 93—98 (1959). — BOEHM, J.: Über den vegetabilischen Nährwert der Kalksalze. S.-B. kais. Akad. Wiss. (Wien), math. nat. Kl., I. Abt. **71**, 287—304 (1875). — BÖTTICHER, R., u. L. BEHLING: Licht, Transpiration und Blattstruktur. Ein Beitrag zum Problem der Sonnen- und Schattenblätter. Flora (Jena) **134**, 1—44 (1940). — BOLHUIS, G. G., and R. W. STUBBS: The influence of calcium and other elements on the fructification of the peanut in connection with the absorption capacity of its gynophores. Netherland J. agric. Sci. **3**, 220—237 (1955). — BOLLARD, E. G.: The use of tracheal sap in the study of apple tree nutrition. J. exp. Bot. **12**, 363—368 (1953). — Nitrogenous compounds in tree xylem sap. In: K. V. THIMANN (ed.), The physiology of forest trees, p. 83—93. New York: Ronald Press 1958. — Transport in the xylem. Ann. Rev. Plant Physiol. **11**, 141—166 (1960). — BORESCH, K.: Gehalt der Pflanzen an Mineralstoffen. Tabul. biol. (s'-Grav.) **10**, 315—353; **11**, 136—191 (1935). — BOULD, C.: Seasonal changes in the major nutrients of black currant leaves. J. hortic. Sci. **30**, 188—196 (1955). — BOWLING, D. J. F.: Effect of ringing on potassium uptake by *Ricinus communis* plants. Nature (Lond.) **206**, 317—318 (1965). — BRADY, R. W., J. F. REED, and W. E. COLWELL: The effect of certain mineral elements on peanut fruit filling. J. Amer. Soc. Agron. **40**, 155—167 (1945). — BRAUN, H. J.: Der Anschluß von Laubbaumknospen an das Holz der Tragachsen. Ber. dtsch. bot. Ges. **73**, 258—264 (1960). — Die frühjahrszeitliche Wasserverschiebung in Bäumen und Pfropfreisern. Z. Bot. **49**, 96—109 (1961). — BROWN, G. N.: Cesium in *Liriodendron* and other woody species: Organic bonding sites. Science **143**, 368—369 (1964). — BUCKNER, G. D.: Translocation of mineral constituents of seeds and tubers of certain plants during growth. J. agric. Res. **5**, 449—458 (1915). — The translocation of the mineral constituents of the jack bean. J. Amer. chem. Soc. **41**, 282—287 (1919). — BÜSGEN, M.: Bau und Leben unserer Waldbäume, 3. Aufl. v. E. MÜNCH. Jena: Gustav Fischer 1927. — BUKOVAC, M. J., and H. DAVIDSON: Absorption and distribution of sodium, phosphorus, chlorine, calcium and zinc in some selected woody ornamentals. Biol. Plantarum (Prag) **3**, 39—46 (1961). — BUKOVAC, M. J., F. G. TEUBNER, and S. H. WITTWER: Absorption and mobility of magnesium-28 in the bean (*Phaseolus vulgaris* L.). Proc. Amer. Soc. hortic. Sci. **75**, 429—434(1960). — BUKOVAC, M. J., and S. H. WITTWER: Absorption and mobility of foliar applied nutrients. Plant Physiol. **32**, 428—435 (1957). — BUKOVAC, M. J., S. H. WITTWER, and H. B. TUKEY: Anesthetization by di-ethyl ether and the transport of foliar applied radiocalcium. Plant Physiol. **31**, 254—255 (1956). — Effect of stock-scion interrelationship on the transport of ^{32}P and ^{45}Ca. J. hortic. Sci. **33**, 145—152 (1958). — BURSTRÖM, H.: Über die antagonistischen Erscheinungen bei der Kationenaufnahme des Hafers. Svensk bot. Tidskr. **28**, 157—263 (1934). — The rate of nutrient transport to swelling buds of trees. Physiol. Plantarum (Copenh.) **1**, 124—135 (1948a). — Studies in the water balance of dormant buds. Physiol. Plantarum (Copenh.) **1**, 359—378 (1948b). — BURSTRÖM, H., and A. KROGH: The biochemistry of the development of buds in trees and the bleeding sap. Kgl. danske Videnskab. Selsk. biol. Medd. **20** (2), 1—27 (1946). — Bleeding and bud development in *Carpinus*. Svensk bot. Tidskr. **41**, 17—44 (1947). — BUŠUEVA, T. M., A. J. ESJUNINA, and L. F. ČAIKINA: Forms of calcium components in plants at different levels of calcium nutrition. Vestnik Leningradsk. Univ., biol. Ser. Nr 3, 24—35 (1961) [Russisch].

CALDWELL, J.: Studies in translocation. I. Movement of food materials in swedish turnip. Proc. roy. Soc. Edinb. B **50**, 130—141 (1930a). — Studies in translocation. II. The movement of food materials in plants. New Phytol. **29**, 27—43 (1930b). — CARLES, J., et F. RIVENQ: L'afflux printanier des minéraux dans les fleurs et les fruits du maronnier *(Aesculus hippocastanum)*. C. R. Acad. Sci. (Paris) **233**, 583—585 (1951). — CARPENTER, P. N.: Mineral accumulation in potato plants. Maine Agric. exp. Stat. Bull. **562** (1957); zit. n. HAGEMANN (1964). — CHAMPIGNY, M. L.: Variations de la composition minérale du perianth de *Narcissus pseudonarcissus* au cours de son développement. Rev. gén. Bot. **60**, 475—484 (1953). — CHEN, S. L.: Simultaneous movement of P^{32} and C^{14} in opposite directions in the phloem tissue. Amer. J. Bot. **38**, 203—211 (1951). — CLINE, J., and F. P. HUNGATE: Accumulation of potassium, cesium 137 and rubidium 86 in bean plants grown in nutrient solutions. Plant Physiol. **35**, 826—829 (1960). — COÏC, Y., C. LESAINT, C. TENDILLE et J. L. PAPIN: Le métabolisme anions-cations dans divers organes du *Dahlia*; en particulier, comparaison feuilles-pétales. Ann. Physiol. végét. (Paris) **5**, 19—27 (1963). — COLLANDER, R.: Selective absorption of cations in higher plants. Plant Physiol. **16**, 691—720 (1941a). — The distribution of different cations between root and shoot. Acta bot. fenn. **29**, 1—12 (1941b). — COMBES, R.: Les opinions actuelles sur les phénomènes physiologiques qui accompagnent la chute des feuilles. Rev. gén. Bot. **23**, 129—164 (1911). — Étude biochimique de la fleur. La nutrition minérale de la corolle. C. R. Acad. Sci. (Paris) **200**, 578—580 (1935). — CONWAY, V. M.: Growth rates and water loss in *Cladium mariscus* R.Br. Ann. of Bot., N.S. **4**, 151—164 (1940). — COOIL, B. J., R. K. DE LA FUENTE, and R. S. DE LA PENA: Absorption and transport of sodium and potassium in the squash. Plant Physiol. **40**, 625—632 (1965). — CURTEL, G.: Recherches physiologiques sur la fleur. Ann. Sci. natur., 8. sér., Bot. **6**, 221—308 (1898). — CURTIS, O. F.: The upward translocation of foods in woody plants. I. Tissues concerned in translocation. Amer. J. Bot. **7**, 101—124 (1920a). — The upward translocation of foods in woody plants. II. Is there normally an upward translocation of storage food from the root or trunk to the growing shoots? Amer. J. Bot. **7**, 286—295 (1920b). — The translocation of solutes in plants. New York and London: McGraw-Hill Book Co. 1935. — CURTIS, O. F., and D. G. CLARK: An introduction to plant physiology. New York-Toronto-London: McGraw-Hill Book Co. 1950. — CZAPEK, F.: Biochemie der Pflanzen, 2. Aufl., Bd. II. Jena: Gustav Fischer 1920.

DAVIDSON, O. W.: The translocation of potassium among peach roots. Soil Sci. **58**, 51—59 (1944). — DAVIS, L. D., and N. P. MOORE: Seasonal changes in Bartlett pear leaves. Proc. Amer. Soc. hortic. Sci. **32**, 131—138 (1934). — DELEANO, N. T.: Étude sur le rôle et la fonction des sels minéraux dans la vie de la plante. II. Plantes bisannuelles. Trav. Inst. de Bot., Univ. Genève, 8. sér. **2**, 1—33 (1908a). — Étude sur le rôle et la fonction des sels minéraux dans la vie de la plante. III. Sur la variation quantitative du poids des matières minérales et organiques au cours du developpement des feuilles et des fruits. Trav. Inst. de Bot., Univ. Genève, 8. sér. **3**, 35—53 (1908b). — DELEANO, N. T., u. M. J. ANDREESCO: Beiträge zum Studium der Rolle und Wirkungsweise der Mineral- und organischen Stoffe im Pflanzenleben. I. Mitt. Der quantitative Stoffwechsel der Mineral- und organischen

Substanzen in *Salix fragilis*-Blättern während ihrer Entwicklung. Beitr. Biol. Pflanz. **19**, 249—286 (1932). — DELEANO, N. T., u. C. BORDEIANU: Beiträge zum Studium der Rolle und Wirkungsweise der Mineral- und organischen Stoffe im Pflanzenleben. II. Mitt. Der quantitative Stoffwechsel der Mineral- und organischen Stoffe in Blättern und geschälten Samen von *Aesculus hippocastanum* während ihrer Entwicklung. Beitr. Biol. Pflanz. **20**, 179—197 (1933). — DELEANO, N. T., u. P. GOTTERBARM: Beiträge zum Studium der Rolle und Wirkungsweise der Mineral- und organischen Stoffe im Pflanzenleben. III. Mitt. Der quantitative Stoffwechsel der Mineral- und organischen Stoffe des Roggens und der Gerste. Beitr. Biol. Pflanz. **24**, 19—49 (1936). — DELEANO, N. T., et J. D. VLADESCU: La variation des substances minérales et organiques pendant le developpement de *Nicotiana tabacum*. Bull. Soc. Chim. biol. **19**, 1366—1392 (1937). — DELONG, W.: Variations in the chief ash constituents of apples affected with blotchy-cork. Plant Physiol. **11**, 453—456 (1936). — DIX, W., u. S. BISCHOF: Düngungsversuche mit Magnesiasalzen an Hafer zur Ermittlung der Wirkungsweise des Magnesiums. Z. Pflanzenernähr., Düng. u. Bodenkde. A **18**, 158—179 (1930). — DULK, L.: Untersuchung der Buchenblätter in ihren verschiedenen Wachstumszeiten. Landw. Versuchsstat. **18**, 188—204 (1875a). — Untersuchung der Kiefernnadeln in ihren verschiedenen Entwicklungsstadien. Landw. Versuchsstat. **18**, 209—215 (1875b).

ÉCHEVIN, R.: Variations de la matière minérale des feuilles au cours de jaunissement automnal. Rev. gén. Bot. **39**, 405—419, 488—514 (1927). — L'azote, le phosphore et le soufre chez les plantes ligneuses à feuilles caduques. Rev. gén. Bot. **43**, 517—677 (1931). — L'évolution des phospholipides des feuilles au cours de jaunissement automnal. C. R. Acad. Sci. (Paris) **198**, 1254—1257 (1934). — Sur quelques formes biologiques du phosphore des feuilles chez les arbres. Rev. gén. Bot. **48**, 505—517 (1936). — EPSTEIN, E., and C. E. HAGEN: A kinetic study of the absorption of alkali cations by barley roots. Plant Physiol. **27**, 457—474 (1952). — EPSTEIN, E., and J. E. LEGGETT: The absorption of alkaline earth cations by barley roots: kinetics and mechanics. Amer. J. Bot. **41**, 785—791 (1954). — ESCHRICH, W., B. ESCHRICH u. H. B. CURRIER: Historadioautographischer Nachweis von Calcium-45 im Phloem von *Cucurbita maxima*. Planta (Berl.) **63**, 146—154 (1964).

FAIVRE, M. E.: Nouvelles recherches sur le transport ascendant, par l'ecorce, des matières minérales nourricières. C. R. Acad. Sci. (Paris) **77**, 1083—1086 (1873). — FERREL, W. K., and F. D. JOHNSON: Mobility of calcium-45 after injection into western white pine. Science **124**, 364—365 (1956). — FISCHER, H.: Plasmolyseform und Mineralsalzgehalt in alternden Blättern. I. Untersuchungen an *Helodea* und *Fontinalis*. Planta (Berl.) **35**, 513—527 (1948). — FRASER, D. A.: The translocation of rubidium^{86} and calcium^{45} in trees. In: K. V. THIMANN (ed.), The physiology of trees, p. 347—363. New York: Ronald Press 1958. — FRASER, D. A., and C. A. MAWSON: Movement of radioactive isotopes in yellow birch and white pine as detected with a portable scintillation counter. Canad. J. Bot. **31**, 324—333 (1953). — FRIED, M., H. E. OBERLANDER, and J. C. NOGGLE: Kinetics of rubidium absorption and translocation by barley. Plant Physiol. **36**, 183—191 (1961). — FRIES, N.: Variations in the content of phosphorus, nucleic acids and adenine in the leaves of some deciduous trees during the autumn. Plant and Soil **4**, 29—42 (1952).

GÄUMANN, E.: Der Stoffhaushalt der Buche (*Fagus silvaticus* L.) im Laufe eines Jahres. Ber. schweiz. bot. Ges. **44**, 157—334 (1935). — GREGORY, F. G., and P. K. SEN: Physiological studies in plant nutrition. VI. The relation of respiration rate to the carbohydrate and nitrogen metabolism of the barley leaf as determined by nitrogen and potassium deficiency. Ann. of Bot., N.S. **1**, 521—562 (1937). — GULIAKIN, J. V., and E. V. YUDINTSEVA: Supply of radioactive isotopes to the plant by way of leaves. Dokl. Akad. Nauk SSSR **111**, 709—712 (1956) [Russisch]. — The entrance into plants and accumulation in the yield of some radioactive products of division. Izv. Akad. Nauk SSSR, ser. biol. **25**, 874—885 (1960) [Russisch].

HAGEMANN, O.: Mineralstoffernährung der Kartoffel. Kühn-Arch. **78**, 225—258 (1964). — HALEVY, A. H., and S. H. WITTWER: Foliar uptake and translocation of rubidium in bean plants as affected by root absorbed growth regulators. Planta (Berl.) **67**, 375—383 (1965). — HALL, W. C.: Effects of photoperiod and nitrogen supply on growth and reproduction in the gherkin. Plant Physiol. **24**, 753—769 (1949). — HANSON, J. B., and O. BIDDULPH: The diurnal variation in the translocation of minerals across bean roots. Plant Physiol. **28**, 356—370 (1953). — HANSTEIN, J.: Versuche über die Leitung des Saftes durch die Rinde und Folgerungen daraus. Jb. wiss. Bot. **2**, 392—467 (1860). — HARRIS, H. C.: The effect on the growth of peanut of nutrient deficiencies in the root and the pegging zone. Plant Physiol. **24**, 150—161 (1949). — HARRISON, J. A.: Ph. D. Thesis, Univ. of London 1938; zit. n. STEWARD (1954). — HARTT, C. E.: Some effects of potassium upon the growth of sugar cane and upon the absorption and migration of ash constituents. Plant Physiol. **9**, 399—452 (1934a). — Some effects of potassium upon the amounts of protein and amino forms of nitrogen, sugars, and enzyme activity of sugar cane. Plant Physiol. **9**, 453—490 (1934b). — HAWORTH, F.: The effects of manurial treatments on the yield and mineral composition of runner beans. J.

hortic. Sci. 38, 26—39 (1963). — Haynes, J. L., and W. R. Robbins: Calcium and boron as essential factors in root environment. J. Amer. Soc. Agron. 40, 795—803 (1948). — Heinrich, A.: Untersuchungen zur Wasser- und Mineralstoffversorgung der Rinde bei Pflanzen mit einem geschlossenen Sklerenchymring. Z. Bot. 46, 417—441 (1958). — Helfferich, R.: Über die Transpiration der Blüten. Planta (Berl.) 32, 493—516 (1942). — Homès, J. L. A.: Les échanges de cations entre porte-greffe et le greffon. Ann. Physiol. végét., Univ. Bruxellse 4, 1—52 (1959).

Ivanow, S.: Zur Physiologie der Korolle. Ber. dtsch. bot. Ges. 45, 582—587 (1927). — Iljin, W. S.: Salze und organische Säuren bei Kalkpflanzen. Flora (Jena) 137, 265—299 (1944).

Jacoby, B.: Function of bean roots and stems in sodium retention. Plant Physiol. 39, 445—449 (1964). — James, W. O.: Studies of the physiological importance of the mineral elements in plants. I. The relation of potassium to the properties and function of the leaf. Ann. of Bot. 44, 173—198 (1930). — Studies of the physiological importance of the mineral elements in plants. II. Potassium, its distribution, movement and relation to growth in the potato. Ann. of Bot. 45, 425—442 (1931). — James, W. O., and N. L. Penston: Studies of the physiological importance of mineral elements in plants. IV. The quantitative distribution of potassium in the potato plant. Ann. of Bot. 47, 279—293 (1933). — Janssen, G., and R. P. Bartholomew: The translocation of potassium in tomato plants and its relation to their carbohydrate and nitrogen distribution. J. agric. Res. 38, 447—465 (1929). — Joham, H. E.: The calcium and potassium nutrition of cotton as influenced by sodium. Plant Physiol. 30, 4—10 (1955). — Jones, W. W., and R. E. Parker: Seasonal trends in mineral composition of Valencia orange leaves. Proc. Amer. Soc. hortic. Sci. 57, 101—103 (1951).

Kellermann, C.: Die Kartoffelpflanze rücksichtlich der wichtigsten Baustoffe in den verschiedenen Perioden ihrer Vegetation. Landw. Jb. 6, 647—673 (1877). — Kessler, B., and Z. M. Moscicki: Effect of triiodobenzoic acid and maleic hydrazide upon the transport of foliar applied calcium and iron. Plant Physiol. 33, 70—72 (1958). — Kiselev, N. N.: Horizontal conductivity of mineral substances in trunks of arboreal plants. Dokl. Akad. Nauk SSSR 108, 349—351 (1956) [Russisch]. — Movement of radioactive phosphorus through the bark to the wood. Fiziol. Rastenij 9, 142—148 (1962) [Russisch mit engl. Zus.fassg.]. — Klein, G.: Mineralstoffernährung und Mineralstoffhaushalt des keimenden Maises. Z. Pflanzenernähr., Düng. u. Bodenkde. 108, 19—29 (1965). — Knowles, F., and J. E. Watkin: The assimilation and translocation of plant nutrients in wheat during growth. J. agric. Sci. 21, 612—637 (1931). — Kohl, W.: Die Calciumverteilung in Äpfeln und ihre Veränderung während des Wachstums. Diss. Bonn 1966. — Kok, A. C. A.: Über den Transport körperfremder Stoffe durch parenchymatisches Gewebe. Rec. trav. bot. néerl. 30, 23–139 (1933). — Kramer, P. J.: Plant and soil water relationships. New York-Toronto-London: McGraw-Hill Book Co. 1949. — Kübler, W.: Zur Periodizität der Nährsalzaufnahme und Trockensubstanzproduktion von zweijährigen Buchen. Naturwiss. Z. Forst- u. Landw. 10, 161—199 (1912). — Kursanov, A. L.: Die Bedeutung der Isotopen und anderer neuer biologischer Arbeitsmethoden für die Entscheidung landwirtschaftlicher Fragen. Izvest. Akad. Nauk SSSR, ser. biol., 1954, Nr. 1, 8—19 [Russisch]. — Circulation des matières organiques dans la plante et action du système radiculaire. Essais de Botanique, vol. I, p. 142—153. Moscou et Léningrade: Ed. de l'Acad. des Sci. de l'URSS 1954 (b).

Läuchli, A.: Über die Aufnahme von Strontium durch die höhere Pflanze. Ber. schweiz. bot. Ges. 72, 147—197 (1962). — Lausch, E.: Untersuchungen über den Calcium-Rücktransport in höheren Pflanzen. Flora (Jena) 145, 542—588 (1958). — Le Clerc, J. A., and J. F. Breazeale: Translocation of plant food and elaboration of organic plant material in wheat seedlings. U.S. Dept. Agric., Bureau of Chemistry, Bull. 138 (1911). — Lehmann, K., u. J. Garz: Zur Calciumernährung einiger Kulturpflanzen. Z. Pflanzenernähr., Düng. u. Bodenkde. 104, 1—11 (1964). — Liebenberg, A. v.: Untersuchungen über die Rolle des Kalkes bei der Keimung von Samen. S.-B. kais. Akad. Wiss. (Wien), math. nat. Kl., I. Abt. 84, 405—447 (1881). — Loehwing, W. F.: The developmental physiology of seed plants. Science 107, 529—533 (1948). — Mineral nutrition in relation to ontogeny in plants. In: E. Truog, Mineral nutrition of plants, p. 343—358. Madison: Univ. of Wisconsin Press 1951. — Löhr, E.: Die Redistribution von Kalium in Getreide. Physiol. Plantarum (Copenh.) 6, 859—862 (1953). — Ludwieg, F.: Die Aufnahme von ^{137}Caesium durch Kartoffelblätter. Z. Pflanzenernähr., Düng. u. Bodenkde. 99, 190—194 (1962). — Ludwig, O.: Über die Mobilisation der Mineralstoffe beim Austreiben der Kartoffel. Beitr. Biol. Pflanz. 15, 263—274 (1927). — Lundegårdh, H.: Die Blattanalyse. Jena: Gustav Fischer 1945. — Lutman, B. F., and N. L. Walbridge: The role of magnesium in the aging of plants. Vermont Agric. Exp. Stat. Bull. 296, 1—48 (1929). — Lyon, C. B., K. C. Beeson, and M. Barrentine: Macroelement nutrition of the tomato plant as correlated with fruitfulness and occurrence of blossom end rot. Bot. Gaz. 103, 651—667 (1942).

Maizel, J. V., A. A. Benson, and N. E. Tolbert: Identification of phosphorylcholine as an important constituent of plant saps. Plant Physiol. **31**, 407—408 (1956). — Mann, C. E. T., and T. Wallace: The effects of leaching with cold water on the foliage of the apple. J. Pomol. and hortic. Sci. **4**, 146—161 (1925). — Marschner, H.: Untersuchungen über die Aufnahme von Strontium durch Pflanzenwurzeln. Z. Pflanzenernähr., Düng. u. Bodenkde. **95**, 30—51 (1961a). — Die Aufnahme von Cäsium und dessen Verteilung in der Pflanze. Z. Pflanzenernähr., Düng. u. Bodenkde. **95**, 130—142 (1961b). — Mason, A. C.: The concentration of certain nutrient elements in apple leaves taken from different positions on the shoot and at different dates through the growing season. J. hortic. Sci. **33**, 128—138 (1958). — Mason, T. G., and E. J. Maskell: Further studies on transport in the cotton plant. I. Preliminary observations on the transport of phosphorus, potassium and calcium. Ann. of Bot. **45**, 125—173 (1931). — Further studies on transport in the cotton plant. II. An ontogenetic study of concentrations and vertical gradients. Ann. of Bot. **48**, 119—141 (1934). — Mason, T. G., E. J. Maskell, and E. Phillis: Further studies on transport in the cotton plant. III. Concerning the independence of solute movement in the phloem. Ann. of Bot. **50**, 25—58 (1936). — Mason, T. G., and E. Phillis: Concerning the upward movement of solutes. Ann. of Bot., N.S. **4**, 765—771 (1940). — The effect of ringing and of transpiration on mineral uptake. A reply to criticism. Ann. of Bot., N.S. **9**, 345—351 (1945). — McAlister, D. F., and O. A. Krober: Translocation of food reserves from soy bean cotyledones and their influence on the development of the plant. Plant Physiol. **26**, 525—538 (1951). — McHargue, J. S., and W. R. Roy: Mineral and nitrogen content of the leaves of some forest trees at different times in the growing season. Bot. Gaz. **94**, 381—393 (1932). — Mecklenburg, R. A., and H. B. Tukey: Uptake by root and subsequent distribution within the plant by strontium-89 in the foliage. Nature (Lond.) **198**, 562—563 (1963). — Influence of foliar leaching on root uptake and translocation of calcium-45 to the stems and foliage of *Phaseolus vulgaris*. Plant Physiol. **39**, 533—536 (1964). — Menzel, R. G., and W. R. Heald: Distribution of potassium, rubidium, cesium, calcium and strontium within plants grown in nutrient solutions. Soil Sci. **80**, 287—293 (1955). — Michael, G.: Über die Aufnahme und Verteilung des Magnesiums und dessen Rolle in der höheren grünen Pflanze. Bodenkde. u. Pflanzenernähr. **25**, 65—120 (1941). — Michael, G., u. H. Marschner: Einfluß unterschiedlicher Luftfeuchtigkeit auf Mineralstoffaufnahme und -verteilung. Z. Pflanzenernähr., Düng. u. Bodenkde. **96**, 200—212 (1962). — Michael, G., u. G. Schilling: Strontium in der höheren Pflanze. I. Die Aufnahme des Strontiums durch Erbsen und Hafer und seine Wirkung auf das Pflanzenwachstum. Z. Pflanzenernähr., Düng. u. Bodenkde. **91**, 147—158 (1960). — Michael, G., u. E. Wilberg: Untersuchungen über die Stoffaufnahme der höheren Pflanze. II. Die Lithiumaufnahme bei Roggenkeimpflanzen. Z. Pflanzenernähr., Düng. u. Bodenkde. **52**, 242—258 (1951). — Michel-Durand, E.: Sur l'azote, le soufre, le phosphore, le potassium des feuilles de *Prunus laurocerasus* au moment de leur chute. C. R. Acad. Sci. (Paris) **195**, 1419—1420 (1932). — Sur le métabolisme du phosphore dans les feuilles de quelques plantes à feuillage persistante au cours de jaunissement. C. R. Acad. Sci. (Paris) **201**, 1215—1217 (1935). — Middleton, L. J.: Absorption and translocation of strontium and cesium by plants from foliar sprays. Nature (Lond.) **181**, 1300—1303 (1958). — Radioactive strontium and cesium in the edible parts of crop plants after foliar contamination. J. Radiat. Biol. **1**, 387—402 (1959). — Middleton, L. J., R. Handley, and R. Overstreet: Relative uptake and translocation of potassium and cesium in barley. Plant Physiol. **35**, 913—918 (1960). — Millar, F. K.: Ph. D. Thesis, Univ. of Rochester 1953; zit. n. Steward (1954). — Miller, P.: Gardeners dictionary. London 1754. — Molliard, M.: Comparaison des galles et des fruits au point de vue physiologique. Bull. Soc. bot. Fr. **59**, 201—204 (1912). — Recherches physiologiques sur les galles. Rev. gén. Bot. **25**, 225—252, 285—307, 341—370 (1913). — Moorby, J.: The foliar uptake and translocation of caesium. J. exp. Bot. **15**, 457—469 (1964). — Moorby, J., and H. M. Squire: The entry of strontium in potato tubers after foliar contamination. Radiat. Bot. **3**, 95—98 (1963). — Moore, R. F.: Downward transport of phosphorus in separated maize roots. Amer. J. Bot. **36**, 166—169 (1949). — Morrison, T. M.: Xylem composition in woody plants. Nature (Lond.) **205**, 1027 (1965). — Mosolov, J. V., A. N. Lapšina u. A. V. Panova: Transport von radioaktivem Ca^{45} in den Pflanzen bei Zufuhr über die oberirdischen Teile der Pflanze. Dokl. Akad. Nauk SSSR **98**, 495—496 (1954) [Russisch]. — Mostafa, J. Y., and A. Hassan: Translocation of strontium 90 within pumpkin plant after seed and foliar contamination. Naturwissenschaften **51**, 483 (1964). — Mothes, K.: Über den Schwefelstoffwechsel der Pflanzen. II. Planta (Berl.) **29**, 67—109 (1939). — Müller, D.: Die physiologische Grundlage für die Mangelsymptome der Pflanzen. Physiol. Plantarum (Copenh.) **2**, 11—23 (1949). — Müller, D., u. P. Larsen: Analyse der Stoffproduktion bei Stickstoff- und Kalimangel. Planta (Berl.) **23**, 501—517 (1935). — Münch, E.: Die Stoffbewegungen in der Pflanze. Jena: Gustav Fischer 1930. — Myers, A. T., and B. C. Brunstetter: Spectrographic determination of mineral composition in the tung leaf as influenced by the position on the plant. Proc. Amer. Soc. hort. Sci. **47**, 169—174 (1946). — MYTTENAERE, C.: Influence of the strontium-calcium ratio on the growth and absorption of strontium and calcium in *Pisum sativum*. Ann. Physiol. végét., Univ. Bruxelles **3**, 47—59 (1963). — Effect of the strontium-calcium ratio in the nutrient solution on the growth, absorption and distribution of the two ions in *Pisum sativum*. Physiol. Plantarum (Copenh.) **17**, 814—827 (1964). — The influence of strontium-calcium ratio of the nutrient solution on the translocation of chemical forms of strontium and calcium in *Pisum sativum*. Radiat. Bot. **5**, 143—151 (1965). — MYTTENAERE, C., et M. MASSET: Distribution du strontium et du calcium chez *Pisum sativum* en relation avec le rapport strontium-calcium de la solution nutritive. Ann. Physiol. végét. (Paris) **7**, 97—104 (1965).

NASSOGNE, A.: Rapport physiologiques entre l'alimentation minérale et la tubérisation chez *Brassica napus* L. Bull. Soc. roy. Sci. Liège **28**, 82—89 (1959). — NEALES, F. F.: The movement of leaf magnesium during the growth of white clover. Aust. J. biol. Sci. **11**, 343—348 (1958). — NICOLOFF, T.: Contribution à la physiologie de la nutrition des parasites végétaux supérieurs. Rev. gén. Bot. **35**, 545—552, 539—601 (1923).

OHLEN, F. W. VAN: A microchemical study of soybean during germination. Amer. J. Bot. **18**, 30—49 (1931). — OLAND, K., and T. B. OPLAND: Uptake of magnesium by apple leaves. Physiol. Plantarum (Copenh.) **9**, 401—411 (1956). — OLSEN, C.: The mineral, nitrogen and sugar content of beech leaf and beech leaf sap at various times. C. R. Trav. Lab. Carlsberg, sér. chim. **26**, 197—230 (1948a). — Adsorptively bound potassium in beech leaf cells. Physiol. Plantarum (Copenh.) **1**, 136—141 (1948b).

PASTÝRIK, L., and S. PRIEHRADNÝ: Seasonal changes of relation of some mineral nutrients in xylem and phloem of apple and pear trees. Studies in Plant Physiol. (NĚMEC-Festschrift), p. 123—131. Prag 1958. — PEEL, A. J.: The movements of ions from the xylem solution into the sieve tubes of willow. J. exp. Bot. **14**, 438—447 (1963). — PENSTON, N. L.: Studies of the physiological importance of the mineral elements in plants. III. A study by microchemical methods of the distribution of potassium in the potato plant. Ann. of Bot. **45**, 673—692 (1931). — Studies of the physiological importance of the mineral elements in plants. VIII. The variation in potassium content of potato leaves during the day. New Phytologist **34**, 296—309 (1935). — Studies of the physiological importance of the mineral elements in plants. The variation of potassium content of maize leaves during the day. New Phytologist **37**, 1—14 (1938). — PETERBURGSKIJ, A. V., u. N. K. SIDOROVA: Über den Calcium- und Phosphortransport in der Pflanze. Dokl. Akad. Nauk SSSR **105**, 1049—1052 (1955) [Russisch]. — PFEFFER, W.: Pflanzenphysiologie, 2. Aufl., Bd. I. Leipzig: Wilhelm Engelmann 1897. — PHILLIS, E., and T. G. MASON: Studies on the transport of carbohydrates in the cotton plant. III. The polar distribution of sugar in the foliage leaf. Ann. of Bot. **47**, 585—634 (1933). — Further studies on transport in the cotton plant. VI. Interchange between the tissues of the corolla. Ann. of Bot. **50**, 679—697 (1936). — The effect of ringing on the upward movement of solutes from the root. Ann. of Bot., N.S. **4**, 635—644 (1940a). — The effect of ringing and of transpiration on mineral uptake. Ann. of Bot., N.S. **4**, 645—650 (1940b). — On diurnal variations in the mineral content of the leaf of the cotton plant. Ann. of Bot., N.S. **6**, 437—442 (1942). — PIRSON, A.: Ernährungs- und stoffwechselphysiologische Untersuchungen an *Fontinalis* und *Chlorella*. Z. Bot. **31**, 193—267 (1937). — POLLOCK, B. M.: Ph. D. Thesis, Univ. of Rochester 1950; zit. n. STEWARD (1954). — PORTHEIM, L. v., u. M. SAMEC: Über die Verbreitung der unentbehrlichen anorganischen Nährstoffe in den Keimlingen von *Phaseolus vulgaris*. I. Flora (Jena) **94**, 263—286 (1905).

RAMANN, E.: Die Wanderungen der Mineralstoffe beim herbstlichen Absterben der Blätter. Landw. Versuchsstat. **76**, 157—164 (1912a). — Mineralstoffgehalt von Baumblättern zur Tages- und zur Nachtzeit. Jb. wiss. Bot. **50**, 84—91 (1912b). — RAMANN, E., u. H. BAUER: Trockensubstanz, Stickstoff und Mineralstoffe von Baumarten während einer Vegetationsperiode. Jb. wiss. Bot. **50**, 67—83 (1912). — RAMANN, E., u. B. GOSSNER: Aschenanalysen der Esche (*Fraxinus excelsior* L.). Landw. Versuchsstat. **76**, 119—124 (1912). — RATNER, E. J.: Interaction between roots and soil colloids as a problem of mineral nutrition of plants. Role of the root system. C. R. (Doklady) Acad. Sci. URSS **48**, 64—67 (1945) [Russisch]. — RATNER, E. J., T. A. AKIMOCHKINA, and S. F. UKHINA: On the paths and mechanisms of movement of mineral substances from roots to the aerial organs of plants as exemplified by translocation of P^{32}. Fiziol. Rastenij **6**, 3—12 (1959) [Russisch mit engl. Zus.fassg.]. — REDISKE, J. H., and A. A. SELDERS: The absorption and translocation of strontium by plants. Plant Physiol. **28**, 594—605 (1953). — RICHARDS, F. J.: Physiological studies in plant nutrition. III. Further studies of the effect of potash deficiency on the rate of respiration in barley leaves. Ann. of Bot. **46**, 367—388 (1932). — Physiological studies in plant nutrition. VIII. The relation of respiration rate to the carbohydrate and nitrogen metabolism of the barley leaf as determined by phosphorus and potassium supply. Ann. of Bot., N.S. **2**, 491—534 (1938). — RINNE, R. W., and R. LANGSTON: Effect of growth on redistribution of some mineral elements in peppermint. Plant Physiol. **35**, 210—215 (1960a). — Studies on lateral movement of phosphorus 32 in peppermint. Plant Physiol. **35**, 216—219 (1960b). — RIPPEL, A.: Zur Frage der Eiweißwanderung beim herbstlichen Vergilben der Laubblätter. Biol. Zbl. **41**, 508—523 (1921a). — Untersuchungen über die Mobilisation der Aschenbestandteile und des Stickstoffs in Zweigen beim frühjahrlichen Austreiben. Biochem. Z. **113**, 125—144 (1921b). — Über die Mobilisation der Mineralstoffe und des Stickstoffs aus Holz und Rinde beim frühjahrlichen Austreiben. Biochem. Z. **135**, 518—531 (1923). — Quantitative Untersuchungen über den Kationenaustausch in der Pflanze. Jb. wiss. Bot. **65**, 819—850 (1926). — Über den Zusammenhang zwischen Aufnahmeverlauf der Bodennährstoffe bei den höheren Pflanzen und der Beweglichkeit dieser Stoffe in der Pflanze (Untersuchungen über physiologisches Gleichgewicht bei Pflanzen. III. Mitt.). Biochem. Z. **187**, 272—282 (1927). — RIPPEL, A., u. O. LUDWIG: Untersuchungen über physiologische Gleichgewichtszustände bei Pflanzen. Verlauf der Trockensubstanzerzeugung und Stickstoffaufnahme bei *Helianthus annuus* L. unter verschiedener Höhe der Stickstoffversorgung. Biochem. Z. **177**, 310—334 (1926). — RIRIE, D., and S. J. TOTH: Plant studies with radioactive calcium. Soil Sci. **73**, 1—10 (1952). — RISSMÜLLER, L.: Über die Stoffwanderung in der Pflanze. Landw. Versuchsstat. **17**, 17—31 (1874). — ROECKL, B.: Nachweis eines Konzentrationshubs zwischen Palisadenzellen und Siebröhren. Planta (Berl.) **36**, 530—550 (1949). — ROGERS, B. L., and L. P. BATJER: Seasonal trends of six nutrient elements in the flesh of Winesap and Delicious apple fruits. Proc. Amer. Soc. hortic. Sci. **63**, 67—73 (1954). — ROTTOVÁ, M.: The movement of iron, manganese and copper in the germination of *Aesculus hippocastanum*. Acta Facult. rer. nat. Univ. Carol. (Prag) Nr. 179, 1947. — ROUSCHAL, E.: Beiträge zum Wasserhaushalt der Gramineen und Cyperaceen. I. Die fasciculäre Wasserleitung in den Blättern und ihre Beziehung zur Transpiration. Planta (Berl.) **32**, 66—87 (1941). — RUSSEL, R. S.: The extent and consequences of the uptake by radioactive nuclides. Ann. Rev. Plant Physiol. **14**, 271—294 (1963). — RUSSELL, R. S., and D. A. BARBER: The relationship between salt uptake and the absorption of water by intact plants. Ann. Rev. Plant Physiol. **11**, 127—140 (1960). — RUSSELL, R. S., and H. M. SQUIRE: The absorption and distribution of strontium in plants. I. Preliminary studies in water culture. J. exp. Bot. **9**, 262—276 (1958).

SABALITSCHKA, T., u. A. WIESE: Das Verhalten des Kalis vor und bei dem herbstlichen Absterben der Blätter von *Populus nigra* L. und *Hedera helix* L. Z. Pflanzenernähr., Düng. u. Bodenkde. A **7**, 166—173 (1926). — SACHS, J.: Beiträge zur Physiologie des Chlorophylls. Flora (Regensburg) **21**, 193—203, 214—220 (1863). — Vorlesungen über Pflanzenphysiologie, 2. Aufl. Leipzig: Wilhelm Engelmann 1887. — SAMPSON, A. W., and R. SAMISCH: Growth and seasonal changes in composition of oak leaves. Plant Physiol. **10**, 738—751 (1935). — SATTLER, H.: Beiträge zur Kenntnis des N-Stoffwechsels wintergrüner Pflanzen. Planta (Berl.) **9**, 315—333 (1929). — SCHEIDECKER, D.: La nutrition minérale des phanérogames parasites et des greffes. Intérêt de ces plantes comme matériel de l'étude. Année biol. (Paris), sér. 4, **2**, 307—336 (1963). — SCHLLING, G.: Strontium in der höheren Pflanze. II. Verteilung und Bindungszustand in der Pflanze. Z. Pflanzenernähr., Düng. u. Bodenkde. **91**, 212—224 (1960). — Über den Einfluß von Alterungsprozessen auf die Verteilung von Calcium und Strontium im Erbsenblatt. Biol. Zbl. **80**, 33—36 (1961). — SCHMALFUSS, K.: Das Kalium. Eine Studie zum Kationenproblem im Stoffwechsel und bei der Ernährung der Pflanze. Naturwissenschaft und Landwirtschaft, Heft 19. Freising u. München: P. Datterer & Cie. 1936. — SCHMALFUSS, K., u. W. SCHULZE: Über Nährstoffverlagerung in Holzgewächsen. Flora (Jena) **150**, 353—371 (1961). — SCHOOR, G. H. J. VAN: Les relations entre la composition élémentaire de la plante et son alimentation. Ann. Physiol. végét., Univ. Bruxelles **2**, 7—424 (1957). — SCHROEDER, J.: Untersuchungen über die Vertheilung des Stickstoffs und der Mineralbestandtheile bei der Keimung der Schminkbohne. Landw. Versuchsstat. **10**, 493—510 (1868). — Beiträge zur Kenntniß des Mineralstoffgehaltes der Streumaterialien. Tharand. forstl. Jb. **25**, 29—41 (1875). — SCHROPP, W., u. B. ARENZ: Über den Calcium- und Magnesiummangel bei einigen Öl- und Gespinstpflanzen. Bodenkde. u. Pflanzenernähr. **12**, 32—45 (1939). — SCHULZE, E., u. C. GODET: Über den Calcium- und Magnesiumgehalt einiger Pflanzensamen. Hoppe-Seylers Z. physiol. Chem. **58**, 156—161 (1908). — SCHULZE, B., u. J. SCHÜTZ: Die Stoffwandlungen in den Laubblättern des Baumes, insbesondere in ihren Beziehungen zum herbstlichen Laubfall. Landw. Versuchsstat. **71**, 299—352 (1909). — SCHULZE, W.: Über die Veränderungen der Chloroplastenfarbstoffe und Mineralstoffe von Roßkastanienblättern während einer Vegetationszeit. Flora (Jena) **144**, 154—158 (1956). — SCHULZE, W., u. K. LEHMANN: Über Nährstoffverlagerungen in Pappeln. Flora (Jena) **152**, 253—256 (1962). — SCHUMACHER, W.: Über Eiweißumsetzungen in Blütenblättern. Jb. wiss. Bot. **75**, 581—608 (1931). — SEIDEN, R.: Vergleichende Untersuchungen über den Einfluß verschiedener äußerer Faktoren insbesondere auf den Aschengehalt der Pflanzen. Landw. Versuchsstat. **104**, 1—50 (1926). — SIEBER, F. W.: Über die physiologische Rolle von Kalk, Magnesia und Phosphorsäure im Kambium. Verh. physik.-med. Ges. Würzburg, N.F. **41**, 215—270 (1912). — SOROKIN, H., and A. L. SOMMER: Effects of calcium deficiency upon the roots of *Pisum sativum*. Amer. J. Bot.

27, 308—318 (1940). — SOWELL, W. F., and R. D. ROUSE: Effect of Na on content of leaves and boll production of cotton plants grown in solution cultures in growth chambers. Soil Sci. **86**, 70—74 (1958). — SPURR, A. R.: Anatomical aspects of blossom-end rot in the tomato with special reference to calcium nutrition. Hilgardia **28**, 269—295 (1959). — STEWARD, F. C.: Salt accumulation in plants. B. Salt accumulation in the plant body. Sympos. Soc. exp. Biol. 8, 393—406 (1954). — STEWARD, F. C., and J. F. SUTCLIFFE: Plants in relation to inorganic salts. In: F. C. STEWARD, Plant Physiology. A Treatise, vol. II, p. 253—478. New York and London: Academic Press 1959. — STOUT, P. R., and D. R. HOAGLAND: Upward and lateral movement of salt in certain plants as indicated by radioactive isotopes of potassium, sodium, and phosphorus absorbed by roots. Amer. J. Bot. **26**, 320—324 (1939). — SUCOFF, E. J.: Distribution and redistribution of potassium, magnesium and calcium in loblolly pine *(Pinus taeda)* seedlings. Plant Physiol. **35**, Suppl. XXII (1960). — SUDIA, T. W., and A. J. LINK: The effect of pH on the absorption of Sr^{89}, P^{32} and Fe^{59} ions by leaves of *Zea mays*. Ohio J. Sci. **61**, 107—112 (1961). — SUTCLIFFE, J. F.: Mineral salts absorption in plants. Oxford, London, New York, Paris: Pergamon Press 1962. — SWANSON, C. A., and J. B. WHITNEY: Studies on the translocation of foliar applied P^{32} and other radioisotopes in bean plants. Amer. J. Bot. **40**, 816—823 (1953). — SWART, N.: Die Stoffwanderung in ablebenden Blättern. Jena: Gustav Fischer 1914. — SYWOROTKIN, G. S.: Über den Borgehalt von Pflanzen mit einem Milchgefäßsystem. In: A. P. WINOGRADOW und M. TRÉNEL (Hrsg.), Spurenelemente in der Landwirtschaft, S. 283—288. Berlin: Akademie-Verlag 1958.

TAMM, C. O.: Removal of plant nutrients from the tree crowns by rain. Physiol. Plantarum (Copenh.) **4**, 184—188 (1951a). — Seasonal variation in the composition of birch leaves. Physiol. Plantarum (Copenh.) **4**, 461—469 (1951b). — TAYLOR, G. H., J. N. MOORE, and W. O. DRINKWATER: Influence of 2,3,5-trijodbenzoic acid, indole-3-acetic acid and method of sample collection on translocation of foliar applied radiocalcium. Plant Physiol. **36**, 360—363 (1961). — TRUBETSKOVA, O. M., and N. G. ZHIRNOVA: Diurnal rhythm of potassium transfer from the root system to the aerial organs of plants. Fiziol. Rastenij **6**, 129—137 (1959) [Russisch mit engl. Zus.fassg.]. — TUCKER, G. M., u. B. TOLLENS: Über den Gehalt der Platanenblätter an Nährstoffen und die Wanderung dieser Nährstoffe beim Wachsen und Absterben der Blätter. J. Landw. **48**, 39—63 (1900). — TUKEY, H. B., and R. A. MECKLENBURG: Leaching of metabolites from foliage and subsequent reabsorption and redistribution of the leachate in plants. Amer. J. Bot. **51**, 737—742 (1964). — TUKEY, H. B., R. L. TICKNOR, O. N. HINSVARCK, and S. H. WITTWER: Absorption of nutrients by stems and branches of woody plants. Science **116**, 167—168 (1952).

VIEWEG, G. H., u. H. ZIEGLER: Thermoelektrische Registrierung der Geschwindigkeit des Transpirationsstromes. I. Ber. dtsch. bot. Ges. **73**, 221—226 (1960).

WAGNER, H.: Zum Wachstumsverlauf verschiedener Getreidearten, insbesondere von Hafer. Z. Pflanzenernähr., Düng. u. Bodenkde. A **25**, 48—102 (1932a). — Beiträge zum Wachstumsverlauf und zur Nährstoffaufnahme der Zuckerrübe im ersten und zweiten Wachstumsjahr. Z. Pflanzenernähr., Düng. u. Bodenkde., A **25**, 129—155 (1932b). — Beiträge zum Wachstumsverlauf der Kartoffelpflanze. Z. Pflanzenernähr., Düng. u. Bodenkde., A **30**, 232—249 (1933). — WALLACE, A., and N. HEMAIDAN: Sodium transport from roots to shoots in bush bean plants and radish. Plant Physiol. **38**, Suppl. VIII (1963). — WALLACE, T.: Experiments on the effect of leaching with cold water on the foliage of fruit trees. I. The course of leaching of dry matter, ash and potash from leaves of apple, pear, plum, black currant and gooseberry. J. Pomol. and hortic. Sci. 8, 44—60 (1930). — The diagnosis of mineral deficiencies in plants by visual symptoms, 2. ed. London: His Majesty's Stationary Office 1951. — WANNER, H., u. R. BACHOFEN: Transport und Verteilung von markierten Assimilaten. Planta (Berl.) **57**, 531—542 (1961). — WEEVERS, T.: Untersuchungen über Lokalisation und Funktion des Kaliums in der Pflanze. Rec. trav. bot. néerl. 8, 289—332 (1911). — WEHMER, C.: Die dem Laubfall vorausgehende vermeintliche Blattentleerung. Ber. dtsch. bot. Ges. **10**, 152—163 (1892a). — Zur Frage nach der Entleerung absterbender Organe, insbesondere der Laubblätter. Unter Berücksichtigung der Aschenanalysen vom kritischen Standpunkt beleuchtet. Landw. Jb. **21**, 513—570 (1892b). — WIERSUM, L. K.: Water transport in the xylem as related to calcium uptake by groundnuts (*Arachis hypogaea* L.). Plant and Soil **3**, 160—169 (1951). — WILFARTH, H., H. RÖMER u. G. WIMMER: Über die Nährstoffaufnahme der Pflanzen in verschiedenen Zeiten ihres Wachstums. Landw. Versuchsstat. **63**, 1—70 (1906). — WILLIAMS, R. F.: Redistribution of mineral elements during development. Ann. Rev. Plant Physiol. **6**, 25—42 (1955). — WILLSTÄTTER, R.: Über den Calcium- und Magnesiumgehalt einiger Pflanzensamen. Hoppe-Seylers Z. physiol. Chem. **58**, 438—439 (1909). — WITHERSPOON, J. P.: Cycling of cesium-134 in white oak trees. Ecol. Monogr. **34**, 403—420 (1964). — WITHERSPOON, J. P., and G. N. BROWN: Translocation of cesium-137 from parent trees to seedlings of *Liriodendron tulipifera*. Bot. Gaz. **126**, 181—185 (1965).

ZALESKI, W.: Über den Umsatz der Phosphorverbindungen in reifenden Samen. Ber. dtsch. bot. Ges. **25**, 59—66 (1907). — ZIEGLER, H.: *Lathraea*, ein Blutungssaftschmarotzer. Ber. dtsch. bot. Ges. **68**, 311—318 (1955). — Untersuchungen über die Leitung und Sekretion der Assimilate. Planta (Berl.) **47**, 447—500 (1956). — Verwendung von ^{45}Calcium zur Analyse der Stoffversorgung wachsender Früchte. Planta (Berl.) **60**, 41—45 (1963). — Use of isotopes in the study of translocation in rays. Isotopes and radiation in soil-plant studies, p. 361—370. Wien: Internat. Atomic Energy Agency 1965.

Anhang.

Der Transport anderer Mineralstoffe.

(Übersicht über neuere Arbeiten.)

Die folgende Übersicht stellt neuere Arbeiten zusammen, welche Angaben über den Transport derjenigen Mineralstoffe enthalten, die in diesem Bande bisher noch nicht behandelt worden sind. Dabei wurden nur Untersuchungen berücksichtigt, die für den Ferntransport Bedeutung haben, nicht aber solche, in denen anorganische Stoffe (z. B. Bromsalze) zur Markierung des Transpirationsstromes benutzt wurden. Auch Arbeiten über den Transport schwermetallhaltiger Pesticide wurden nicht herangezogen. Einige Hinweise zum Transport von Schwermetallen und Spurenelementen finden sich bereits im allgemeinen Teil des Artikels „Mineralstofftransport", ältere Literatur auch bei CZAPEK (1920). Über die Aufnahme verschiedener Spurenelemente durch Blätter berichtet zusammenfassend die schon mehrfach erwähnte Arbeit von BUKOVAC und WITTWER (1957).

Eisen.

OLSEN (1935). — DELEANO und VLADESCU (1937). — FRANCO und LOOMIS (1947). — ROTTOVÁ (1947). — BIDDULPH und WOOLBRIDGE (1952). — REDISKE und BIDDULPH (1953). — RUSSELL und MARTIN (1953). — WEINSTEIN, ROBBINS und PERKINS (1954). — DE KOCK (1955). — HOLMES und BROWN (1955). — HEINONEN und WARRIS (1956). — DE KOCK (1956).— BROWN, HOLMES und TIFFIN (1958). — BROWN, TIFFIN, HOLMES, SPECHT und RESNICKY (1958). — OLSEN (1958). — KESSLER und MOSCICKI (1958). — BROWN, TIFFIN und HOLMES (1960). — DONEY, SMITH und WIEBE (1960). — TIFFIN, BROWN und KRAUSS (1960). — HALE und WALLACE (1960, 1961). — FERNANDEZ (1961). — JEFFREYS, HALE und WALLACE (1961).— SCHMID und GERLOFF (1961). — HILL-COTTINGHAM und LLOYD-JONES (1961). — BIDDULPH (1961). — SUDIA und LINCK (1961). — TIFFIN und BROWN (1961, 1962). — BRANTON und JACOBSON (1962). — SIMONS, SWIDLER und BENEDICT (1962). — LINGLE, TIFFIN und BROWN (1963). — KHAVKIN (1964). — HALE und WALLACE (1964). — HILL-COTTINGHAM und LLOYD-JONES (1965). — BROWN, YAMAGUCHI und LEAL-DIAZ (1965).

Mangan.

BERTRAND und ROSENBLATT (1922a, b). — DELEANO und VLADESCU (1937). — PIPER und WALKLEY (1943). — ROTTOVÁ (1947). — MILLIKAN (1951). — WILLIAMS und MOORE (1952). — ROMNEY und TOTH (1954). — WILLIAMS und VLAMIS (1957). — SINGLE (1958). — SINGLE und BIRD (1958). — VLASIUK, KLIMOVIZKAYA und VIZIR (1960). — BOKEN (1960). — COOPER und GIRTON (1963). — MUNNS, JOHNSON und JACOBSON (1963a, b, c). — VOSE (1963).

Molybdän.

WALKER (1948). — STOUT und MEAGHER (1948). — STEWART und LEONARD (1952). — WILLIAMS und MOORE (1952). — MININA (1963).

Kobalt.

GUSTAFSON (1956). — GUSTAFSON und SCHLESSINGER (1956). — LANGSTON (1956). — DE KOCK und MITCHELL (1957). — GULIAKIN und YUDINTSEVA (1958). — RINNE und LANGSTON (1960).

Kupfer.

PIPER und WALKLEY (1943). — WOOD und WOMERSLEY (1946). — ROTTOVÁ (1947). — WILLIAMS und MOORE (1952). — DE KOCK und MITCHELL (1957). — RICEMAN und JONES (1956; 1958a, b).

Zink.

PIPER und WALKLEY (1943). — WOOD und SIBLY (1950). — WILLIAMS und MOORE (1952). — WALLIHAN und HEYMANN-HIRSCHBERG (1956). — RICEMAN und JONES (1956). — DE KOCK und MITCHELL (1957). — RICEMAN und JONES (1958a, b, c; 1960a, b). — RINNE und LANGSTON (1960). — BUKOVAC und DAVIDSON (1961). — ESSINGTON, NISHITA und WALLACE (1962). — SUDIA und LINCK (1963). — CHI-CHENG CHANG (1963).

Cadmium.

GORDEE, PORTER und LANGSTON (1960).

Blei.

v. HEVESY (1923).

Yttrium.

REDISKE und SELDERS (1954). — ESSINGTON, NISHITA und WALLACE (1963, 1964).

Bor.

JAKOVLJEVA (1955). — SKOK (1957a, b). — SYWOROTKIN (1958). — THELLIER (1959). — MCILRATH (1960). — SCHOLZ (1960). — BENSON, DEGMAN und CHMELIR (1961). — KOHL und OERTLI (1961). — OERTLI und KOHL (1961). — OERTLI (1962). — THELLIER (1963). — MCILRATH und SKOK (1964). — WEISER, BLANEY und LI (1964). — MCILRATH (1965). — HUSA und MCILRATH (1965).

Chlor.

PHILLIS und MASON (1936). — LONG (1943). — TOTH und KRETSCHMER (1954). — ULRICH und OHKI (1956). — WOOLLEY, BROYER und JOHNSON (1958). — GROENEWEGEN, BOUMA und GATES (1959). — GAGE und ARONOFF (1960). — BUKOVAC und DAVIDSON (1961). — BUDD und LATIES (1964).

Fluor.

LEDBETTER, MAVRODINEANU und WEISS (1960). — HITCHCOCK, ZIMMERMAN und COE (1963).

Literatur zum Anhang.

BENSON, N. R., E. S. DEGMAN, and J. C. CHMELIR: Translocation and re-use of boron in broccoli. Plant Physiol. **36**, 296—301 (1961). — BERTRAND, G., et M. ROSENBLATT: Sur la répartition du manganèse dans l'organisme des plantes supérieures. Ann. Inst. Pasteur **36**, 230—232 (1922a). — Recherches sur les variations de la teneur en manganèse des feuilles avec l'âge. Ann. Inst. Pasteur **36**, 494—501 (1922b). — BIDDULPH, O.: The translocation of minerals in plants. In: Mineral nutrition of plants (ed. by E. TRUOG), p. 261—275. Madison: The University of Wisconsin Press 1961. — BIDDULPH, O., and C. G. WOOLBRIDGE: The uptake of phosphorus by bean plant with particular reference to the effects of iron. Plant Physiol. **27**, 431—444 (1952). — BOKEN, E.: On the effect of foliar applied manganese on the concentration of manganese in oat roots. Physiol. Plantarum (Copenh.) **13**, 786—792 (1960). — BRANTON, D., and L. JACOBSON: Iron transport in pea plants. Plant Physiol. **37**, 539—545 (1962). — BROWN, A. L., S. YAMAGUCHI, and J. LEAL-DIAZ: Evidence for translocation of iron in plants. Plant Physiol. **40**, 35—38 (1965). — BROWN, J. C., R. S. HOLMES, and L. O. TIFFIN: Iron chlorosis in soybeans as related to the genotype of rootstalk. Soil Sci. **86**, 75—82 (1958). — BROWN, J. C., and L. O. TIFFIN: Iron chlorosis in soybeans as related to the genotype of rootstock: 2. A relationship between susceptibility to chlorosis and capacity to absorb iron from iron chelate. Soil Sci. **89**, 8—15 (1960). — BROWN, J. C., L. O. TIFFIN, and R. S. HOLMES: Competition between chelating agents and roots as factor affecting absorption of iron by plant species. Plant Physiol. **35**, 878—886 (1960). — BROWN, J. C., L. O. TIFFIN, R. S. HOLMES, A. W. SPECHT and J. W. RESNICKY: Internal inactivation of iron in soybeans as affected by root growth medium. Soil Sci. **87**, 89—94 (1958). — BUDD, K., and G. G. LATIES: Ferricyanide-mediated transport of chloride by anaerobic corn roots. Plant Physiol. **39**, 648—654 (1964). — BUKOVAC, M. J., and H. DAVIDSON: Absorption and distribution of sodium, phosphorus, chlorine, calcium, and zinc in some selceted woody ornamentals. Biol. Plantarum (Prag) **3**, 39—46 (1961). — BUKOVAC, M. J., and S. H. WITTWER: Absorption and mobility of foliar applied nutrients. Plant Physiol. **32**, 428—435 (1957).

Chi-Cheng Chang: Effects of manganese induced chlorosis on the absorption and translocation of zinc. Taiwania (Taipei) **9**, 59—64 (1963). — Cooper, E. E., and R. E. Girton: Physiological effects of manganese deficiency related to age in soybeans *(Glycine max)*. Amer. J. Bot. **50**, 105—110 (1963). — Czapek, F.: Biochemie der Pflanzen, 2. Aufl., Bd. II. Jena: Gustav Fischer 1920.

Deleano, N. T., et J. D. Vladescu: La variation des substances minérales et organiques pendant le développement de *Nicotiana tabacum*. Bull. Soc. Chim. biol. (Paris) **19**, 1366—1392 (1937). — Doney, R. D., R. L. Smith, and H. H. Wiebe: Effects of various levels of bicarbonate, phosphorus, and pH on the translocation of foliar applied iron in plants. Soil Sci. **89**, 269—275 (1960).

Essington, E., H. Nishita, and A. Wallace: Influence of chelates on availability of fission products to plants grown in contaminated soil. Soil Sci. **94**, 96—105 (1962). — Effect of chelating agents on the uptake of Y^{91}, Ru^{106}, Ce^{144}, and Pm^{147} by beans grown in a calcareous soil. Soil Sci. **95**, 331—337 (1963).

Fernandez, C. E.: The effect of triiodobenzoic acid, urea and iron in correcting iron chlorosis of coffee. Proc. Amer. Soc. hortic. Sci. **77**, 236—239 (1961). — Franco, C. M., and W. E. Loomis: The absorption of phosphorus and iron from nutrient solutions. Plant Physiol. **22**, 627—634 (1947).

Gage, R. S., and S. Aronoff: Translocation. III. Experiments with carbon 14, chlorine 36 and hydrogen 3. Plant Physiol. **35**, 53—64 (1960). — Gordee, R. S., C. L. Porter, and R. C. Langston: Uptake and distribution of cadmium 115-m in peppermint. Proc. Amer. Soc. hortic. Sci. **75**, 525—528 (1960). — Groenewegen, H., D. Bouma, and C. T. Gates: Uptake and translocation of chlorine in citrus cuttings during and after a short salt treatment. Aust. J. biol. Sci. **12**, 16—25 (1959) — Guliakin, I. V., and E. V. Yudintseva: Co^{60} supply to plants and its accumulation in the crop. Dokl. Akad. Nauk SSSR **123**, 368—370 (1958) [Russisch]. — Gustafson, F. G.: Absorption of Co^{60} by leaves of young plants and its translocation through the plant. Amer. J. Bot. **43**, 157—160 (1956). — Gustafson, F. G., and M. J. Schlessinger: Absorption of cobalt^{60} by leaves of bean plants in the dark. Plant Physiol. **31**, 316—318 (1956).

Hale, V. Q., and A. Wallace: Bicarbonate and phosphorus effects on uptake and distribution in soybeans of iron chelated with ethylenediamine di-o-hydroxyphenyl acetate. Soil Sci. **89**, 285—287 (1960). — Translocation and retranslocation of C^{14}-labeled chelating agents in plants. Proc. Amer. Soc. hortic. Sci. **78**, 597—604 (1961). — Effect of pretreatment with chelating agents or with Fe^{59} on Fe^{59} distribution in plants. Crop Sci. **4**, 489—491 (1964). — Heinonen, S., and H. Waris: The uptake of iron as ferric sequestrene by *Vicia faba* and *Phaseolus vulgaris*. Physiol. Plantarum (Copenh.) **9**, 618—623 (1956). — Hevesy, G. v.: The absorption and translocation of lead by plants. Biochem. J. **17**, 439—445 (1923). — Hill-Cottingham, D. G., and C. P. Lloyd-Jones: Absorption and breakdown of iron-ethylenediamine tetraacetic acid by tomato plants. Nature (Lond.) **189**, 312 (1961). — The behaviour of iron chelating agents with plants. J. exp. Bot. **16**, 233—242 (1965). — Hitchcock, A. A., P. W. Zimmerman, and R. R. Coe: The effect of fluorides on milo maize (*Sorghum* sp.). Contr. Boyce Thompson Inst. **22**, 175—206 (1963). — Holmes, R. S., and J. C. Brown: Chelates as correctives for chlorosis. Soil Sci. **80**, 167—179 (1955). — Husa, J. G., and W. J. McIlrath: Absorption and translocation of boron by sunflower plants. Bot. Gaz. **126**, 186—194 (1965).

Jakovljeva, V. V.: Zum Problem des Bortransports in der Pflanze. Fiziol. Rastenij **2**, 12—19 (1955) [Russisch]. — Jeffreys, R. A., V. Q. Hale, and A. Wallace: Uptake and translocation in plants of labelled iron and labelled chelating agents. Soil Sci. **92**, 268—273 (1961).

Kessler, B., and J. M. Moscicki: Effect of triiodobenzoic acid and maleic hydrazide upon the transport of foliar applied calcium and iron. Plant Physiol. **33**, 70—72 (1958). — Khavkin, E. E.: Iron accumulation in leaves as a function of age. Dokl. Akad. Nauk SSSR **156**, 474—477 (1964) [Russisch]. — Kock, P. C. de: Iron nutrition of plants at high pH. Soil Sci. **79**, 167—175 (1955). — Heavy metal toxicity and iron chlorosis. Ann. of Bot., N.S. **20**, 133—141 (1956). — Kock, P. C. de, and R. L. Mitchell: Uptake of chelated metals by plants. Soil Sci. **84**, 55—62 (1957). — Kohl, H. C., and J. J. Oertli: Distribution of boron in leaves. Plant Physiol. **36**, 420—424 (1961).

Langston, R.: Studies on marginal movement of cobalt-60 in cabbage. Proc. Amer. Soc. hortic. Sci. **68**, 366—369 (1956). — Ledbetter, M. C., R. Mavrodineanu, and A. J. Weiss: Distribution studies of radioactive fluorine-18 and stable fluorine-19 in tomato plants. Contr. Boyce Thompson Inst. **20**, 331—348 (1960). — Lingle, J. C., L. O. Tiffin, and J. C. Brown: Iron uptake and transport of soybeans as influenced by other cations. Plant Physiol. **38**, 71—76 (1963). — Long, E. M.: The effect of salt additions to the substrate on the intake of water and nutrients by roots of approach-grafted tomato plants. Amer. J. Bot. **30**, 594—601 (1943).

McIlrath, W. J.: Boron and sugar translocation in plants. Science **132**, 898—899 (1960).— Mobility of boron in several dicotyledonous species. Bot. Gaz. **126**, 27—30 (1965).—McIlrath. and J. Skok: Distribution of boron in the tobacco plant. Physiol. Plantarum (Copenh), **17**, 839—845 (1964). — Millikan, C. R.: Radioautographs of manganese in plants. Aust. J. Sci. Res., Ser. B, **4**, 28—41 (1951). — Minina, E. J.: Rate of molybdenum uptake and translocation in plants. Fiziol. Rastenij **10**, 369—371 (1963) [Russisch mit engl. Zus.fassg.]. — Munns, D. N., D. M. Johnson, and L. Jacobson: Uptake and distribution of manganese in oat plants. I. Varietal variation. Plant and Soil **19**, 115—126 (1963a). — Uptake and distribution of manganese in oat plants. II. A kinetic model. Plant and Soil **19**, 193—204 (1963b). — Uptake and distribution of manganese in oat plants. III. Analysis of biotic and environmental effects. Plant and Soil **19**, 285—295 (1963c).

Oertli, J. J.: Loss of boron from plants through guttation. Soil Sci. **94**, 214—219 (1962). — Oertli, J. J., and H. C. Kohl: Some considerations about the tolerance of various plant species to excessive supplies of boron. Soil Sci. **92**, 243—247 (1961). — Olsen, C.: Iron absorption and chlorosis in green plants. C. R. Lab. Carlsberg, Sér. chim. **21**, 15—52 (1935). — Iron uptake in different plant species as a function of the pH value of the nutrient solution. Physiol. Plantarum (Copenh.) **11**, 889—905 (1958).

Phillis, E., and T. G. Mason: Further studies on transport in the cotton plant. VI. Interchange between the tissues of the corolla. Ann. of Bot. **50**, 679—697 (1936). — Piper, C. S., and A. D. Walkley: Copper, zinc, and manganese in some plants of agricultural interest. J. Council for Scient. and Industr. Res. (Melbourne) **16**, 217—234 (1943).

Rediske, J. H., and O. Biddulph: The absorption and translocation of iron. Plant Physiol. **28**, 576—593 (1953). — Rediske, J. H., and A. A. Selders: The uptake and transport of yttrium by higher plants. Amer. J. Bot. **41**, 238—242 (1954). — Riceman, D. S., and G. B. Jones: Distribution of zinc and copper in seedlings of subterranean clover (*Trifolium subterraneum* L.) in solution culture. Aust. J. agric. Res. **7**, 495—503 (1956). — Distribution of zinc and copper in subterranean clover (*Trifolium subterraneum* L.) grown in culture solutions supplied with graduated amounts of zinc. Aust. J. agric. Res. **9**, 73—122 (1958a). — Distribution of dry weight and of zinc and copper among the individual leaves of subterranean clover (*Trifolium subterraneum* L.) grown in complete culture solution and in a culture solution deficient in zinc. Aust. J. agric. Res. **9**, 446—463 (1958b). — Distribution of zinc in subterranean clover (*Trifolium subterraneum* L.) grown to maturity in a culture solution containing zinc labelled with the radioactive isotope ^{65}Zn. Aust. J. agric. Res. **9**, 730—744 (1958c). — Distribution of zinc in subterranean clover (*Trifolium subterraneum* L.) during the onset of zinc deficiency, as determined by the use of the radioactive isotope ^{65}Zn. Aust. J. agric. Res. **11**, 162—168 (1960a). — Distribution of recently absorbed zinc in subterranean clover (*Trifolium subterraneum* L.) determined by adding radioactive zinc to the culture solution. Aust. J. agric. Res. **11**, 887—893 (1960b). — Rinne, R. W., and R. Langston: Effect of growth and redistribution of some mineral elements in peppermint. Plant Physiol. **35**, 210—215 (1960). — Romney, E. M., and S. J. Toth: Plant and soil studies with radioactive manganese. Soil Sci. **77**, 107—117 (1954). — Rottová, M.: The movement of iron, manganese, and copper in the germination of *Aesculus hippocastanum*. Acta Fac. rer. nat. Univ. Carol. (Prag) Nr. 179 (1947). — Russell, R. S., and R. P. Martin: A study of the absorption and utilization of phosphate by young barley plants. I. The effect of external concentration on the distribution of absorbed phosphate between roots and shoots. J. exp. Bot. **4**, 108—127 (1953).

Schmid, W. E., and G. C. Gerloff: A naturally occurring chelate of iron in xylem exudate. Plant Physiol. **36**, 226—231 (1961). — Scholz, G.: Über die Translokation des Bors in Tabak-Blattstecklingen mit geteilten Wurzelsystemen. Flora (Jena) **148**, 484—488 (1960). — Simons, J. N., R. Swidler, and H. M. Benedict: Absorption of chelated iron by soybean roots. Plant Physiol. **37**, 460—466 (1962). — Single, W. V.: The mobility of manganese in the wheat plant. I. Redistribution and foliar application. Ann. Bot., N.S. **22**, 479—488 (1958). — Single, W. V., and J. F. Bird: The mobility of manganese in the wheat plant. II. Redistribution in relation to concentration and chemical state. Ann. Bot., N.S. **22**, 489—502 (1958). — Skok, J.: The substitution of complexing substances for boron on plant growth. Plant Physiol. **32**, 308—312 (1957a). — Relationship of boron nutrition to radiosensitivity of sunflower plants. Plant Physiol. **32**, 648—658 (1957b). — Stewart, J., and C. D. Leonard: Molybdenum deficiency in Florida *Citrus*. Nature (Lond.) **170**, 714—715 (1952). — Stout, P. R., and W. R. Meagher: Studies on the molybdenum nutrition of plants with radioactive molybdenum. Science **108**, 471—473 (1948). — Sudia, T. W., and A. J. Linck: The effect of pH on the absorption of Sr^{89}, P^{32} and Fe^{51} ions by leaves of *Zea mays*. Ohio J. Sci. **61**, 107—112 (1961). — The absorption and translocation of zinc-65 in *Pisum sativum* in relation to fruit development. Plant and Soil **19**, 249—254 (1963). — Syworotkin, G. S.: Über den Borgehalt von Pflanzen mit einem Milchgefäßsystem. In:

Spurenelemente in der Landwirtschaft (hrsg. von A. P. WINOGRADOW und M. TRÉNEL), S. 283—288. Berlin: Akademie-Verlag 1958.

THELLIER, M.: Pénétration et transport du bore fourni en application foliaire utilisant l'isotope stable 10 comme traceur. Proc. IX. Intern. Bot. Congr. Montreal, vol. II, p. 396 (1959). — Contribution à l'étude de la nutrition en bore des végétaux. Thèse Univ. Paris 1963. — TIFFIN, L. O., and J. C. BROWN: Selective absorption of iron from iron chelates by soybean plants. Plant Physiol. **36**, 710—714 (1961). — Iron chelates in soybean exudate. Science **135**, 311—313 (1962). — TIFFIN, L. O., J. C. BROWN, and R. W. KRAUSS: Differential absorption of metal chelate components by plant roots. Plant Physiol. **35**, 362—367 (1960). — TOTH, S. J., and A. E. KRETSCHMER: Plant studies with radioactive chlorine. Soil Sci. **77**, 293—302 (1954).

ULRICH, A., and K. OHKI: Chlorine, bromine, and sodium as nutrients for sugar-beet plants. Plant Physiol. **31**, 171—181 (1956).

VLASIUK, P. A., Z. M. KLIMOVIZKAYA, and K. L. VIZIR: The role of the root system in translocation and transformation of manganese in plants. Izv. Akad. Nauk SSSR, ser. biol. **25**, 865—873 (1960) [Russisch mit engl. Zus.fassg.]. — VOSE, P. B.: The translocation and redistribution of manganese in *Avena*. J. exp. Bot. **14**, 448—457 (1963).

WALKER, R. B.: Molybdene deficiency in serpentine barren soils. Science **108**, 473—475 (1948). — WALLIHAN, E. F., and L. HEYMANN-HIRSCHBERG: Some factors affecting absorption and translocation of zinc in *Citrus* plants. Plant Physiol. **31**, 294—299 (1956). — WEINSTEIN, L. H., W. R. ROBBINS, and H. F. PERKINS: Chelating agents and plant nutrition. Science **120**, 41—43 (1954). — WEISER, C. J., L. T. BLANEY, and P. LI: The question of boron and sugar translocation in plants. Physiol. Plantarum (Copenh.) **17**, 589—599 (1964). — WILLIAMS, C. H., and C. W. E. MOORE: Te effecht of stage of growth on the copper, zinc, manganese, and molybdenum contents of Algerian oats grown on thirteen soils. Aust. J. agric. Res. **3**, 343—361 (1952). — WILLIAMS, D. E., and J. VLAMIS: The effect of silicon on yield and manganese-54 uptake and distribution in the leaves of barley plants grown in culture solutions. Plant Physiol. **32**, 404—409 (1957). — WOOD, J. G., and P. M. SIBLY: The distribution of zinc in oat plants. Aust. J. scient. Res., Ser. B **3**, 14—27 (1950). — WOOD, J. G., and H. B. S. WOMERSLEY: Development and metabolism of copper deficient oat plants. Aust. J. Biol. med. Sci. **24**, 79—94 (1946). — WOOLLEY, J. T., F. C. BROYER, and G. V. JOHNSON: Movement of chlorine within plants. Plant Physiol. **33**, 1—7 (1958).

Namenverzeichnis. — Author Index.

Die *kursiv* gesetzten Seitenzahlen beziehen sich auf die Literatur.
Page proofs in *italics* refer to the bibliography.

Sachverzeichnis.

(Deutsch-Englisch.)

Bei gleicher Schreibweise in beiden Sprachen sind die Stichworte jeweils einfach aufgeführt. Ä, Ö, Ü sind wie Ae, Oe, Ue eingereiht.

Subject Index.

(English-German.)

Where English and German spellings of a word are identical, the *italicized* (German) entry is omitted.
Ä, Ö, Ü are taken as Ae, Oe, Ue.

GPSR Compliance

The European Union's (EU) General Product Safety Regulation (GPSR) is a set of rules that requires consumer products to be safe and our obligations to ensure this.

If you have any concerns about our products, you can contact us on ProductSafety@springernature.com

In case Publisher is established outside the EU, the EU authorized representative is:

Springer Nature Customer Service Center GmbH
Europaplatz 3
69115 Heidelberg, Germany

Batch number: 10683525

Printed by Printforce, the Netherlands